DGZfP-Jahrestagung 2021

AA005300

Berichtsband BB 176

Online
10-11 May 2021

ISBN: 978-1-7138-3713-8

Printed from e-media with permission by:

Curran Associates, Inc.
57 Morehouse Lane
Red Hook, NY 12571

proceedings.com

Some format issues inherent in the e-media version may also appear in this print version.

Deutsche Gesellschaft Fuer Zerstoerungsfreie Pruefung (DGZfP)
Max-Planck-Str. 6
12489 Berlin
Germany

Phone: +49 30 67807-0
Fax: +49 30 67807-109

mail@dgzfp.de

Additional copies of this publication are available from:

Curran Associates, Inc.
57 Morehouse Lane
Red Hook, NY 12571 USA
Phone: 845-758-0400
Fax: 845-758-2633
Email: curran@proceedings.com
Web: www.proceedings.com

TABLE OF CONTENTS

SESSION 5: ZUSTANDS- UND FERTIGUNGSÜBERWACHUNG

SESSION 6: ZFP 4.0 / KÜNSTLICHE INTELLIGENZ

POSTERS

Untersuchung und quantitative Bewertung der Leistungsfähigkeit eines neuen Phased-Array-Sensors für die Pipeline-Inspektion

Martin SPIES [1], Olaf MÜLLER [1], Iryna LACHTCHOUK [1], Martin TSCHUCH [1]
[1] Baker Hughes - Process & Pipeline Services, Stutensee

Kontakt E-Mail: martin.spies@bakerhughes.com

Kurzfassung. Die Phased-Array-Technik ermöglicht eine flexible Anpassung der Ultraschallprüftechnik an ein breites Spektrum von Prüfaufgaben. Durch ihre Nutzung im Bereich der Pipeline-Inspektion können unterschiedliche Inspektionsarten gleichzeitig ausgeführt werden, sodass Baker Hughes (vormals PII Pipeline Solutions) einen auf der Phased-Array-Technik basierenden Inspektionsmolch entwickelte, der seit mehr als einem Jahrzehnt erfolgreich eingesetzt wird. Um durch die Phased-Array-Technik ermöglichte weitere Prüfmodalitäten optimal nutzen zu können, insbesondere im Hinblick auf die Identifikation unterschiedlicher Defektmorphologien, wurde eine neue Generation von Phased-Array-Sensoren entwickelt.

Im Rahmen von umfangreichen Tests wurde anschließend der mit den auf Basis der Simulationen erarbeiteten Designparameter gefertigte protypische Sensor unter anderem hinsichtlich seiner Schallfeldeigenschaften untersucht. Ziel der Untersuchungen war die Validierung der Simulationsergebnisse anhand von experimentellen Ergebnissen. Für eine ganze Reihe von unterschiedlichen Ansteuerungsmodi (Schallfeldsteuerung und - fokussierung) wurden Schallfeldprofile im Wasserbad mittels Hydrophon vermessen und den Simulationsergebnissen gegenübergestellt. Zur quantitativen Bewertung wurde ein Akzeptanzkriterium anhand einer ‚Performance Number' definiert, die für die jeweiligen Fälle ermittelt wurde.

Wir berichten in diesem Beitrag über den experimentellen Laboraufbau, das zur Validierung gewählte Akzeptanzkriterium und die erzielten Ergebnisse, die die Leistungsfähigkeit des neuen Phased-Array-Sensors belegen.

Einführung

Neue Entwicklungen im Bereich der Ultraschallprüfung basieren im Wesentlichen auf der Phased-Array-Technik, die ein Steuern und Fokussieren der Schallfelder ermöglicht. Damit besitzt sie ein erhebliches Potential zur flexiblen Anpassung der Ultraschallprüftechnik an ein breites Anwendungsspektrum. Sie stellt zudem eine leistungsfähige Alternative zu Prüftechniken mit verschiedenen konventionellen Prüfköpfen dar. Beim Einsatz im Bereich der Pipeline-Inspektion können verschiedene Prüftechniken zur Rissdetektion und zur Detektion von Materialverlust, beispielsweise durch Korrosion, gleichzeitig ausgeführt werden. Im Hinblick auf diese Vorteile hat Baker Hughes (vormals PII Pipeline Solutions) einen Inspektionsmolch auf Basis der Phased-Array-Technik entwickelt, den sogenannten UltraScan™ DUO ([1], Abbildung 1).

Abb. 1. UltraScan™ DUO - Blick auf die Sensorträger mit den Phased-Array-Prüfköpfen (links) und das Ausschleusen des Molches nach einem Inspektionslauf (rechts).

In Abbildung 2 sind die verschiedenen Inspektionsarten schematisch dargestellt, die durch die zeitverzögerte Ansteuerung der jeweils aktiven Array-Elemente ausgeführt werden können. Zur Detektion von Materialverlust werden senkrecht eingeschallte Longitudinalwellen eingesetzt, während zur Detektion von externen und internen Rissen Transversalwellen mit einem Einschallwinkel von üblicherweise 45° verwendet werden. Bei der Wanddickenmessung ist auch eine Fokussierung möglich, bei der Rissprüfung können über die Standardanwendung hinaus weitere Einschallwinkel, beispielsweise zur verbesserten Detektion von geneigten Rissen, eingesetzt werden.

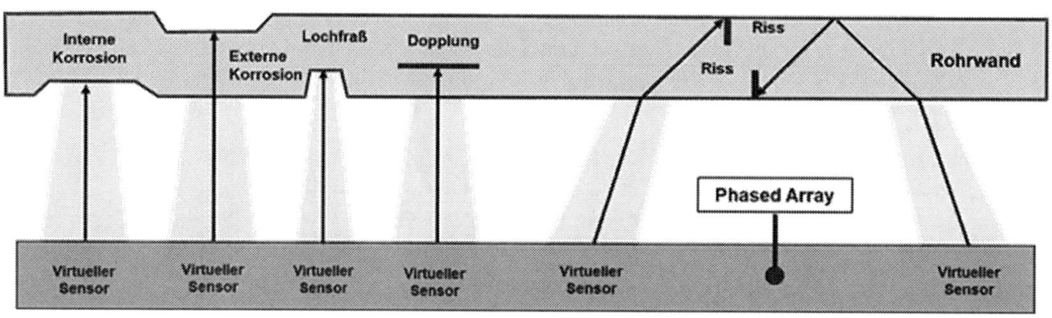

Abb. 2. Schematische Darstellung der Prüfkonfigurationen, die für die Detektion verschiedener Fehlstellen eingesetzt werden. Für die Wanddickenmessung (links) kann eine Schallfeldfokussierung hilfreich sein, während das Schallfeld bei der Rissprüfung (rechts) auf einen oder mehrere Einschallwinkel gesteuert wird.

Im Gegensatz zur vereinfachten Darstellung in Abbildung 2 sind in der Realität die Fehlermorphologien und daher die Gefahrenszenarien für Pipelines wesentlich komplexer. Risse können in Pipelines vorhanden sein, ohne dass sie eine Gefahr darstellen. Wirkt jedoch eine externe Kraft auf sie, können sie während des Betriebs wachsen. Solche Kräfte können mechanischer Natur sein (z.B. Ermüdung, Dehnung) oder umgebungsbedingt oder eine Kombination von beiden, die beispielsweise zu Spannungsrisskorrosion führt (Abb. 3). Manche Rissarten sind schwierig zu detektieren und schwierig von anderen Anomalien (z.B. geometrischen Merkmalen) zu unterscheiden, deren Größenbestimmung stellt darüber hinaus eine zusätzliche Herausforderung dar.

Es ist offensichtlich, dass Prüftechniken, die ein oder zwei Zielgrößen zur Beschreibung von geometrisch einfachen Fehlstellen nutzen, die Erfordernisse im Hinblick auf die Wahrscheinlichkeit der Detektion (Probability of Detection, POD), der Identifikation

(POI) und des Sizing (POS) erfüllen. Risse können jedoch erheblich unterschiedliche Morphologien aufweisen, sodass wesentlich anspruchsvollere Prüftechniken erforderlich sind, um auch diese komplexen Fehlerarten bei der Leistungsspezifikation des Inspektionsmolches berücksichtigen zu können.

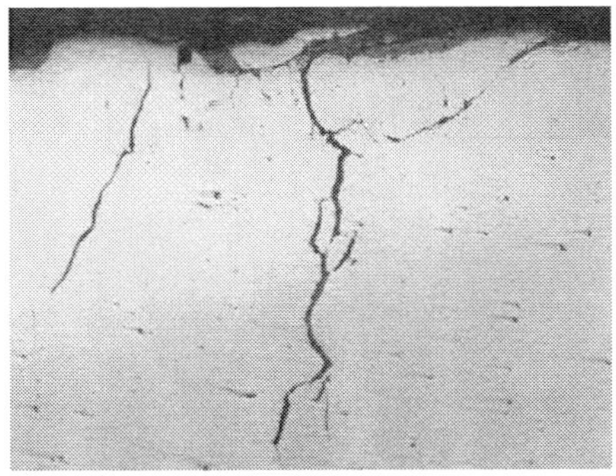

Abb. 3. Schliffbild eines typischen Spannungskorrosionsrisses [2].

Durch den Einsatz der Phased-Array-Technik können Prüftechniken mit verbessertem Leistungsvermögen entwickelt und angepasst werden, die Grundlage hierzu bildet ein Sensor mit entsprechend optimierten Design-Parametern. Im Rahmen einer simulationsbasierten Untersuchung wurde daher eine neue Generation von Phased-Array-Sensoren entwickelt, über die wir bereits auf der Jahrestagung 2019 berichtet haben [3].

Dieser Beitrag widmet sich nun der Validierung der optimierten Sensor-Eigenschaften im Hinblick auf die verschiedenen Inspektionsmodi: Schallfeldsteuerung bis zu einem Einschallwinkel von 70° für die Transversalwelle sowie Schallfeldfokussierung für die Longitudinalwelle bei der Wanddickenmessung. Wir berichten noch einmal kurz über die Optimierungsziele, die als Grundlage für die Simulationen mittels Generalisierter Punktquellensynthese (GPSS [4]) dienten. Im Anschluss zeigen wir repräsentative Ergebnisse der umfangreichen Schallfeldmessungen in Wasser, die wir zur Validierung der Simulationsergebnisse und der Sensor-Eigenschaften durchgeführt haben.

1. Sensor-Optimierung – Ziele und Vorgehensweise

Der Einsatzbereich des optimierten Phased-Array-Sensors umfasst Pipelines größeren Durchmessers mit unterschiedlichen Wandstärken. Die Optimierung wurde im Hinblick auf die Rissdetektion mittels Transversalwellen mit verschiedenen Einschallwinkeln zur weiteren Verbesserung der Amplitudenverhältnisse durchgeführt. Im Hinblick auf die Wanddickenmessung mittels Longitudinalwellen bei Senkrechteinschallung wurde die Möglichkeit zur wandstärkenabhängigen Schallfeldfokussierung auf verschiedene Tiefen berücksichtigt. Die Optimierungsprozedur umfasst verschiedene Aspekte, die schrittweise abgearbeitet wurden und im Folgenden kurz zusammengefasst sind.

1.1 Unterdrückung von Grating Lobes

Ein bekanntes Problem bei der Konfiguration von Phased-Array-Sensoren betrifft die Ausbildung von Nebenkeulen höherer Ordnung, den sogenannten Grating Lobes. Diese entstehen durch Interferenzeffekte beim Steuern und Fokussieren durch die zeitverzögerte Anregung der einzelnen Array-Elemente unter Ausnutzen der Verzögerungsgesetze. Eine ungünstige Konfiguration des Prüfkopfes kann zur Ausbildung von Grating Lobes führen, deren Amplitude unter Umständen noch über derjenigen der Hauptkeule liegt.

1.2 Homogene Ausbildung des Schallfelds in der Rohrwand

Ein weiteres Problem betrifft die Ausbildung des Schallfeldes im Bauteil in Abhängigkeit der Wasservorlaufstrecke. Liegt die Oberfläche des Bauteils beispielsweise im extremen Nahfeld des Prüfkopfes, so weist das Schallfeld die bekannte Interferenzstruktur auf, die im Hinblick auf die Detektion von Fehlern und deren Größenbestimmung vermieden werden sollte. Zur Anpassung der Nahfeldlänge eignet sich die Variation der Frequenz/Wellenlänge sowie die Reduktion der Anzahl und der Länge der aktiven Elemente.

1.3 Schallfeldoptimierung hinsichtlich der Prüfspezifikation

Neben diesen beiden Optimierungszielen musste ein weiterer Aspekt berücksichtigt werden, sodass der Optimierungsprozess iterativ erfolgte. Um während der Inspektion den Prüfbereich optimal abzudecken, werden Mindestanforderungen an Breite und Höhe der Echodynamikkurven für externe und interne Nuten unterschiedlicher Tiefen gestellt. Weitere wichtige Aspekte betreffen die Sensitivität des Sensor-Schallfeldes hinsichtlich eines Verkippens des Prüfkopfes in der Pipeline, beispielsweise beim Überfahren von Schweißnahtüberhöhungen.

Die Leistungsfähigkeit des auf diese Weise optimierten Sensors wurde in [3] anhand repräsentativer Ergebnisse für die Schallfelder und die Echodynamikkurven illustriert. Im Folgenden zeigen wir eine Auswahl von Validierungsergebnissen im Hinblick auf die Effektivität der verschiedenen Ansteuerungsprozeduren.

2. Schallfeldsimulation und Validierung

2.1 Messaufbau und Datenauswertung

Die Basis für die Entwicklung des neuen Sensor-Designs bildeten Simulationen, daher wurden Schallfeldmessungen in Wasser zur Validierung durchgeführt. Dazu wurden zweidimensionale Scans in verschiedenen Abständen zum Sensor mit Hilfe eines kommerziell verfügbaren Messsystems aufgenommen. Das System besteht aus einer Wanne, in einem x-y-z-Manipulator, einem Hydrophon als Empfänger, einem Oszilloskop und einem Ultraschallgerät. Die Wanne und die Sensor-Manipulationseinheit sind in Abbildung 4 zu sehen. Die Messungen wurden für einen Reihe unterschiedlicher Steuerungs- und Fokussierungsmodi durchgeführt.

Die gemessenen und die simulierten Schallfeldprofile haben wir verglichen und quantitativ bewertet. Für diesen Vergleich wurden Linienprofile aus den zweidimensionalen Schallfelddaten extrahiert. Bedingt durch den experimentellen Aufbau sind die aufgenommenen Datensätze im Vergleich zu den simulierten leicht verschoben. Daher wurden die simulierten und die experimentellen Profile überlagert und in Schritten von 0.2 mm (Messauflösung) gegeneinander verschoben bis der mittlere Fehler der Summe der quadratischen Fehler der einzelnen Messpunkte minimal wurde. Dieser minimale Fehler, skaliert in [dB], charakterisiert dann das Maß der Übereinstimmung von Simulation und Messung. Betrachten wir N Datenpunkte der i-ten Überlagerung der beiden Profile, dann ergibt sich der Fehler gemäß

$$e_i = \sum_{1}^{N} (A_n - \bar{A}_n)^2 / N$$

wobei e_i : durchschnittlicher Fehler für jede Überlagerung der Linienprofile,

A_n : Amplitude des gemessenen Datenpunkts,
$\bar{A}_n$: Amplitude des simulierten Datenpunkts.

Daraus haben wir die Güte oder ‚Performance Number' s in [dB] ermittelt gemäß

$$s = \sqrt{\min e_i}.$$

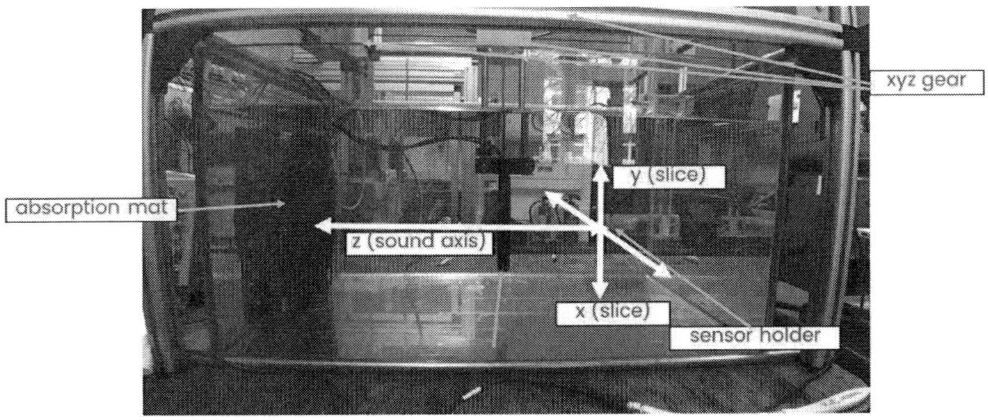

Abb. 4. Aufbau zur Schallfeldvermessung in Wasser.

2.2 Ergebnisse

Die experimentelle Validierung im Rahmen der Qualifizierung des neuen Sensors adressierte eine ganze Reihe von Inspektionsmodi. Dazu zählen die Schallfeldsteuerung auf Einschallwinkel im Bereich von 30° bis 70° für Transversalwellen in der Rohrwand, dies entspricht einem Einschallwinkel bis zu 25° in Wasser. Im Hinblick auf die Fokussierungseigenschaften des Sensors wurde bei Senkrechteinschallung auf unterschiedliche Tiefen fokussiert. Die Schallfeldprofile wurden jeweils in unterschiedlichen Abständen zum Sensor gemessen und mit den Simulationsergebnissen verglichen.

Aus der Fülle der experimentellen Validierungsergebnisse zeigen wir zwei repräsentative Fälle für die Schallfeldsteuerung und die Schallfeldfokussierung. Die Ergebnisse werden jeweils illustriert anhand des zweidimensionalen Plots des simulierten Schallfelds in Wasser (x-z-Ebene), des zweidimensionalen Plots (x-y-Ebene) der Simulation und der Messung im jeweiligen Abstand zum Prüfkopf sowie den Vergleich der zur quantitativen Bewertung ausgewählten Lateralprofile.

2.2.1 Fall 1 – Einschallwinkel 19°, unfokussiert, Profil bei z = 28 mm

Der Einschallwinkel von 19° in Wasser generiert eine Transversalwelle von 45° im Stahl und wurde daher als Beispiel ausgewählt. Die x-y-Plots sind logarithmisch skaliert und zeigen qualitativ übereinstimmende Merkmale (Abb. 5). Da die Simulationen für monochromatische Anregung durchgeführt wurden, sind die jeweiligen Merkmale höher aufgelöst. Demgegenüber wurden die Messungen mittels Impulsanregung durchgeführt, daher erscheint das gemessene Schallfeld geglättet. Für den quantitativen Vergleich wurden Linienprofile aus den 2D-Plots ausgewählt. Die y-Position der ausgewählten Linienprofile sind jeweils durch die schwarzen Linien in den gemessenen Plots gekennzeichnet.

Für den quantitativen Vergleich wurden in diesem Fall nur Datenpunkte mit Amplitudenwerten über -9 dB herangezogen, da die Güte der Messung unterhalb dieser Schwelle durch Rauschen beeinträchtigt ist (Abb. 6). Die Schallfeldsimulation in der x-z-Ebene (Abb. 5) zeigt die Ausbildung einer Grating Lobe, allerdings unter einem Winkel, der an der Rohroberfläche zur Totalreflexion führt. In unserer Auswertung haben wir uns auf die Hauptkeule konzentriert. Für den Vergleich wurden die Lateralprofile an den y-Positionen 9.2 mm und 11.2 mm (Abb. 6) verwendet, die ermittelten Werte für die Performance Number s betragen 1.87 dB und 1.5 dB

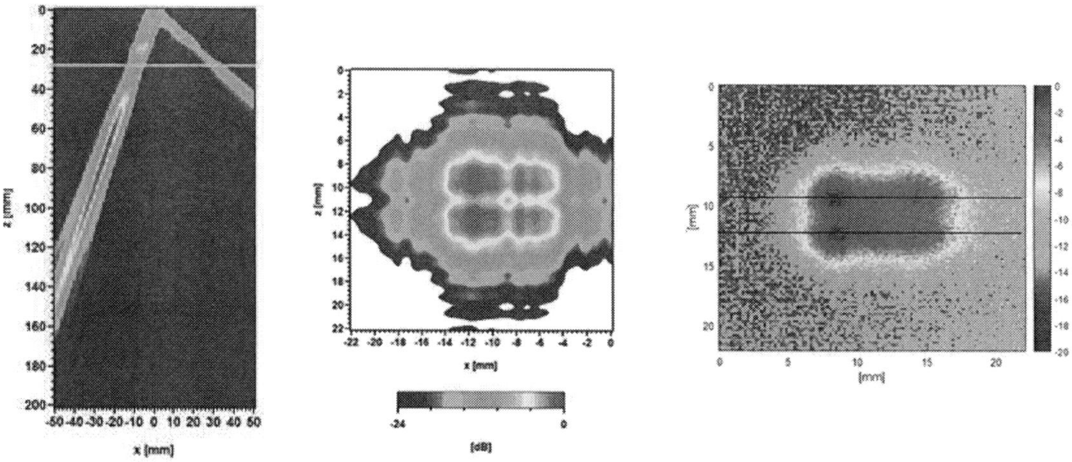

Abb. 5. Fall 1: Simuliertes Schallfeld in Wasser in der x-z-Ebene (lineare Skala, links). Die simulierten (Mitte) und gemessenen (rechts) Schallfelder in der x-y-Ebene sind logarithmisch skaliert. Die für den quantitativen Vergleich ausgewählten Linienprofile sind durch die schwarzen Linien im Bild rechts gekennzeichnet.

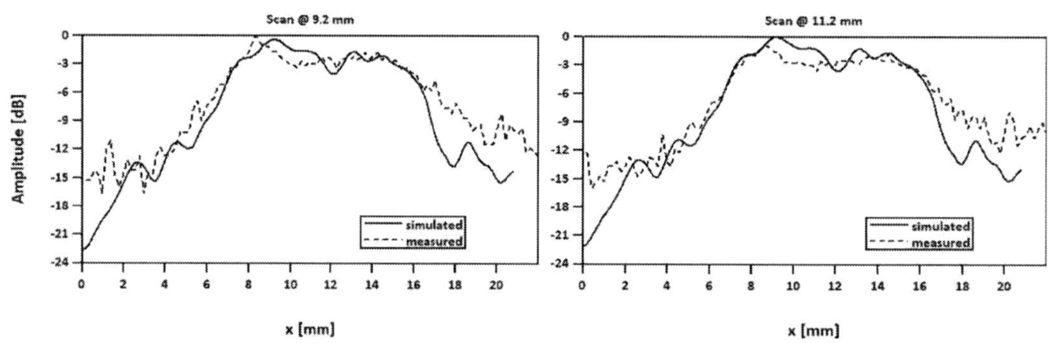

Abb. 6. Fall 1: Simulierte und gemessene Linienprofile bei y = 9.2 mm und y = 11.2 mm für den quantitativen Vergleich.

2.2.2 Fall 2 – Einschallwinkel 0°, fokussiert auf z = 60 mm, Profil bei z = 60 mm

Wie im vorhergehenden Fall stimmen die simulierten und die gemessenen Profile quantitativ gut überein (Abb. 7). Für den qualitativen Vergleich wurde das Profil bei der Position y = 12 mm im gemessenen Schallfeld ausgewählt (Abb. 8). Für die Auswertung wurden Datenpunkte mit einer Amplitude oberhalb von -12 dB verwendet, die berechnete Performance Number s beträgt in diesem Fall 0.98 dB.

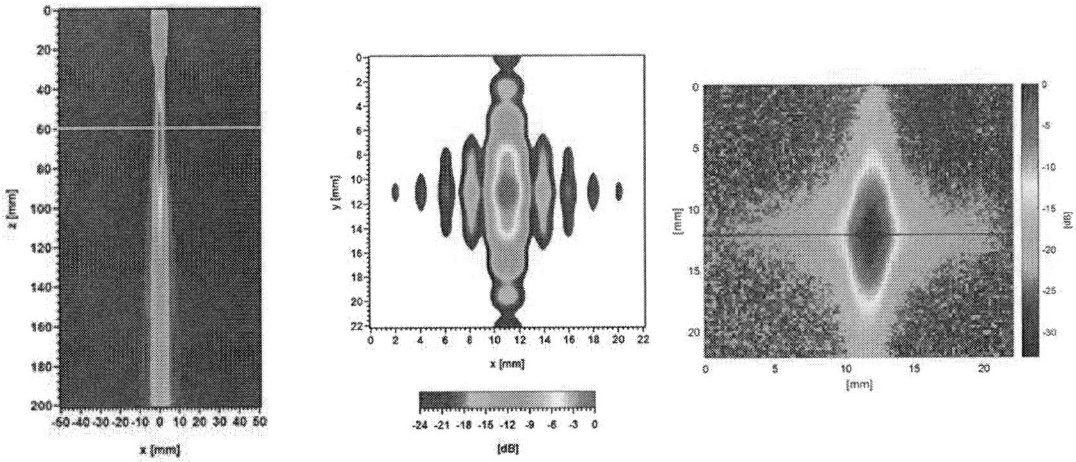

Abb. 7. Fall 2: Simuliertes Schallfeld in Wasser in der x-z-Ebene (lineare Skala, links). Die simulierten (Mitte) und gemessenen (rechts) Schallfelder in der x-y-Ebene sind logarithmisch skaliert. Das für den quantitativen Vergleich ausgewählte Linienprofil ist durch die schwarze Linie im Bild rechts gekennzeichnet.

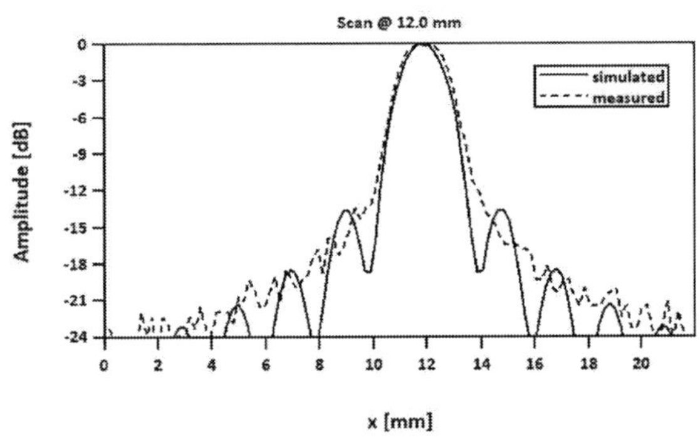

Abb. 8. Fall 2: Simuliertes und gemessenes Linienprofil bei y = 12 mm für den quantitativen Vergleich.

2.2.3 Bewertung

Üblicherweise liegt die Reproduzierbarkeit von Ultraschallmessungen im Bereich von 1 bis 2 dB. Aufgrund von vielen Vergleichen in der Vergangenheit kann man die gleiche Übereinstimmung zwischen experimentellen und simulierten Ergebnissen erwarten. Für alle im Rahmen dieser Untersuchung ausgewerteten Schallfeldprofile resultierten Performance-Zahlen von weniger als 2 dB. Wir betrachten dies als ein akzeptables Ergebnis, um die Übereinstimmung von Simulation und Messung zu belegen. Weiterhin sehen wir dies als einen Beleg für die Leistungsfähigkeit des neuen Sensor-Designs im Hinblick auf seine Schallfeldsteuerungs- und -fokussierungseigenschaften.

3. Zusammenfassung

In diesem Beitrag haben wir Ergebnisse weiterer Untersuchungen zu dem für die Pipeline-Inspektion optimierten Phased-Array-Sensor vorgestellt. Dieser stellt die Basis für die Implementierung und den Einsatz verschiedener Prüftechniken dar, deren Leistungsfähigkeit über diejenige von Standard-Prüfmethoden hinausgeht. Der gleichzeitige Einsatz mehrerer dieser Verfahren in einem Inspektionslauf erlaubt es, wesentlich mehr Informationen aus den aufgezeichneten Daten zu extrahieren, insbesondere im Hinblick auf die Detektion, Identifikation und die Größenbestimmung komplexer Fehlermorphologien.

Der stetige Entwicklungsfortschritt im Bereich der Computer-Technologie regt inzwischen sogar dazu an, über den Einsatz von speziell angepassten Phased-Array Imaging-Verfahren nachzudenken, wie beispielsweise das sogenannte Plane Wave Imaging. Entsprechende Untersuchungen und Implementierungen wurden bereits durchgeführt [5] und werden zum gegebenen Zeitpunkt weiter betrachtet werden.

Referenzen

[1] A. Hugger, et al.; Ultrasonic Phased Array Crack Detection Update; 4th Pipeline Technology Conference 2009

[2] P.G. Fazzini, J.L. Otegui; Experimental Determination of Stress Corrosion Crack Rates and Service Lives in a Buried E.R.W. Pipeline; International Journal of Pressure Vessels and Piping (2007)

[3] M. Spies, H. Rieder, I. Lachtchouk, M. Tschuch; Applikationsspezifische Optimierung eines Phased-Array-Sensors am Beispiel der Pipeline-Inspektion; DACH-Jahrestagung 2019, DGZfP-Berichtsband BB 171, ISBN 978-3-947971-02-2 (2019)

[4] M. Spies; Efficient Optimization of Single and Multiple Element Transducers for the Inspection of Complex-shaped Components; NDT&E International, **37**, 455-459 (2004)

[5] R.K. Rachev, et al.; Plane Wave Imaging Techniques for Immersion Testing of Components with Nonplanar Surfaces; IEEE Transactions on Ultrasonics, Ferroelectrics and Frequency Control, **67**, 1303-1316 (2020), doi: 10.1109/TUFFC.2020.2969083.

Bildgebender luftgekoppelter Ultraschall ohne mechanisches Scannen

Yannick BERNHARDT [1], Kai-Uwe KOHN [2], Dmitry SOLODOV [1], Marc KREUTZBRUCK [1]
[1] Institut für Kunststofftechnik, Stuttgart
[2] CAE Software und Systems GmbH, Gütersloh

Kontakt E-Mail: Yannick.Bernhardt@ikt.uni-stuttgart.de

Kurzfassung. Prüfung mit Phased-Array Prüfköpfen erhöht zum einen die Prüfgeschwindigkeit und zum anderen können durch den Einsatz von Rekonstruktionsverfahren wie SAFT oder TFM Defektgeometrien besser erfasst werden. Obgleich bei luftgekoppeltem Ultraschall standardmäßig noch keine Rekonstruktionsverfahren eingesetzt werden, bieten sich bei der mittels lokaler Defektresonanz (LDR) induzierten Luftschallerzeugung der Einsatz bildgebender Algorithmik an. Im niederfrequenten Ultraschallbereich (15 kHz bis 200 kHz) lassen sich Schwachstellen in Bauteilen lokal mit ihrer Resonanzfrequenz zum Schwingen anregen. Diese LDR wird in diesem Beitrag mittels Lautsprechern oder Vakuumshakern bei sehr geringem Energieeintrag global angeregt. Die Defekte schwingen aufgrund der Resonanz lokal dann mit einer solch hohen Amplitude, dass wiederum Schallenergie als Punktquelle an die Luft abgegeben wird. Ursprünglich wurden die Schwingungen der Defekte mittels eines scannenden Laservibrometers abgebildet. Es konnte aber im Fortgang gezeigt werden, dass zwecks Kostenreduktion auch das einfache Abrastern des Bauteils mittels Mikrofon zu bildgebenden Defekterfassung führt. Diese Methode ist auch als Resonant Acoustic Emission (RACE) Methode bekannt. Ziel dieser Arbeit ist es, die Prüfzeit zu verringern und die Prüfmethode in ein komplett berührungsloses und bildgebendes Inspektionsverfahren zu überführen. Hierbei kommt ein Array bestehend aus 64 Mikrofonen als akustische Kamera zum Einsatz. Mittels Beamformingalgorithmen lässt sich zum einen die Schallquelle genau lokalisieren sowie prinzipiell die Anregungsschallquelle bei der Detektion ausblenden. Der Vergleich der Ergebnisse zeigt, dass mit der modifizierten RACE Methode in Verbindung mit einer vergleichsweise günstigen akustischen Kamera Bauteile schneller und berührungslos geprüft werden können, als dies mit konventionellen Ansätzen möglich ist.

Einführung

Um den Anforderungen an den Klimaschutz gerecht zu werden und hohen Energieverbrauch zu reduzieren werden Transportmittel wie Automobile, Bahnwaggons oder Flugzeuge immer leichter gebaut. Ingenieure haben zur Gewichtsreduzierung verschiedene Ansätze entwickelt. Durch besondere Konstruktionsmethoden und Werkstoffe mit niedriger Dichte und hinreichender Festigkeit und Steifigkeit lassen sich besonders leichte Entwürfe realisieren. Insbesondere faserverstärkte Kunststoffe mit Kohlenstofffasern sind in vielen Anwendungen nicht mehr wegzudenken. Im Gegensatz zu Metallen können sich in Faserkunststoffverbunden versteckte Fehler sehr leicht durch Impactbelastungen entwickeln. Beispielsweise kann ein heruntergefallener Schraubenschlüssel (Tool Drop) schon eine

unsichtbare Delamination im Bauteil erzeugen. Um katastrophale Strukturausfälle insbesondere in der Luftfahrt zu verhindern, müssen alle Strukturbauteile regelmäßig komplett auf interne Defekte untersucht werden. Gefundene Defekte werden anhand ihrer Größe bewertet und repariert. Die zerstörungsfreie Fehlersuche ist ein sehr zeit- und personalintensiver Prozess. Die meisten Flugzeugteile werden von Hand mit einem einzelnen Ultraschallprüfkopf abgesucht oder mittels Ultraschall mechanisch Punkt für Punkt abgescannt [1]. Durch die manuelle oder langsame Prüfmethode ist die zerstörungsfreie Prüfung oft ein Nadelöhr in der Herstellung von Faserkunststoffverbundbauteilen.
Eine weitere Möglichkeit ist das Erkennen von Rissen schon in der Betriebsphase. Wenn ein Riss entsteht wird ein Schallsignal erzeugt, das durch mechanisch angekoppelte Prüfköpfe empfangen werden kann. Dieses Verfahren zum Structural Health Monitoring (SHM) wird als Acoustic Emission (AE) [2] bezeichnet. Die Verwendung mehrerer Empfänger mit bekanntem Abstand zueinander und bekannter Schallgeschwin-digkeit im Prüfkörper lässt eine örtliche Lokalisierung eines akustischen Events zu.
Eine ähnliche, noch nicht in der ZfP eingesetzte Methode zur Lokalisierung von Schallquellen sind akustische Beam Forming Mikrofon Arrays. Durch regelmäßige Anordnung vieler Mikrofone im Raum lassen sich Schallquellen direkt orten. Hierzu wird ein sogenannter Beam Forming Algorithmus verwendet. In Kombination mit einer optischen Kamera bildet sich eine akustische Kamera [3]. Die ortsaufgelösten Ergebnisse einer Schallmessung mit einem Mikrofonarray werden hierbei in das Bild einer Kamera projiziert. Mit dieser Methode lassen sich Schallquellen frequenz- und ortsabhängig finden. Anwendungsbereiche dieser Technik gibt es in der Biologie um beispielsweise Tiergeräusche zu orten, in der Instandhaltungstechnik um Druckluftlecks zu orten oder um Lärm durch Kenntnis des genauen Ursprungsorts gezielt auszuschalten.
Schallquellen können aber auch durch resonante Schwingungen von Defekten entstehen. Durch die mechanische Anregung von Bauteilen mit einem breiten Frequenzspektrum werden auch die spezifischen Resonanzfrequenzen von Defekten im Bauteil getroffen. In letzter Zeit haben sich die am IKT initiierten Forschungsaktivitäten im Bereich lokale Defektresonanz (LDR) weltweit immer weiter verstärkt [4–7]. Die Defekte schwingen so stark, dass sie wiederrum Schall emittieren. In diesem Fall spricht man nicht von einer rissinduzierten Schallemission, sondern von ei-ner durch Resonanzeffekte induzierten (resonant air-coupled emission, RACE) [8].

Versuchsdurchführung

Für die Versuche wurden CFK Platten mit künstlich hergestellten Defekten (entweder als Flachbodenbohrung oder als Impactschaden) mit einem Vakuumshaker PS-X-03 des Herstellers Isi-Sys, Kassel, Deutsch-land angeregt. Der Vakuumshaker wurde auf der Prüfkörperrückseite befestigt. Auf der gegenüberlie-genden Seite wird entweder eine akustische Kamera aufgestellt (SoundCam, Hersteller CAE Software und Systems GmbH, Gütersloh, Deutschland) oder ein Kondensatormikrofon B& K4130 (Brüel & Kjær, Nærum, Dänemark) befestigt an einem Sechsachsroboter IRB 120 (Hersteller ABB, Zürich, Schweiz).

Der Versuchsaufbau mit der akustischen Kamera ist in Abb. 1 dargestellt und in Abb. 2 der Aufbau mit dem scannenden Sechsachsroboter.

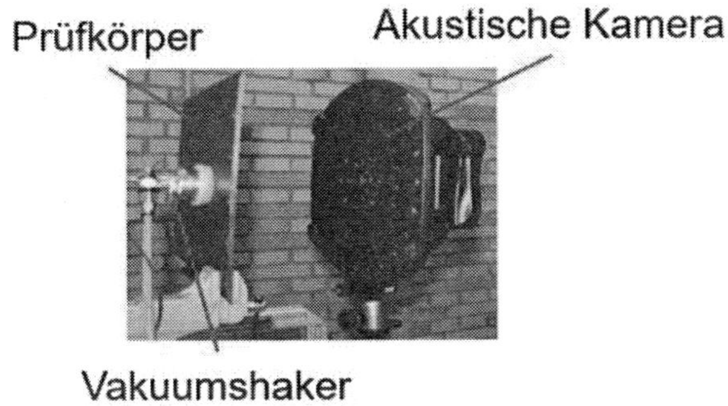

Abb. 1. Prüfkörper angeregt mit Vakuumshaker und akustischer Kamera zur Fehlerdetektion

Das Kondensatormikrofon für das RACE Verfahren mit dem Roboter wurde an einem Low-Noise-Amplifier (LNA) mit einem Verstärkungsfaktor von 40 dB (B&K 2642, Hersteller Brüel & Kjær, Nærum, Dänemark) betrieben. Aufgenommen und ausgewertet wurden die Signale mit einem Luftultraschallgerät Aiscope TT des Herstellers Dasel Sistemas, Madrid, Spanien.

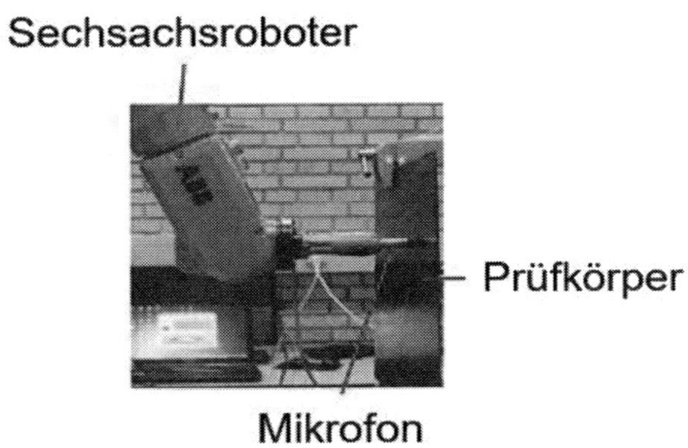

Abb. 2. Versuchsaufbau mit Mikrofon im Nahfeld der abgestrahlten Schallwellen, um scannend mit dem Roboter Defekte zu finden.

Die Schwingungsanregung der Prüfkörper erfolgte mit einem Chirpsignal mit Frequenzen im Bereich 1 kHz – 150 kHz.
Im Gegensatz zum einzelnen Kondensatormikrofon beinhaltet die akustische Kamera eine integrierte Auswerteeinheit. In Abb. 3 ist die Nutzerschnittstelle der Kamera bei der Betrachtung des schwingenden Vakuumshakers dargestellt. Die Schallquellen werden direkt frequenz- und ortsaufgelöst angezeigt.

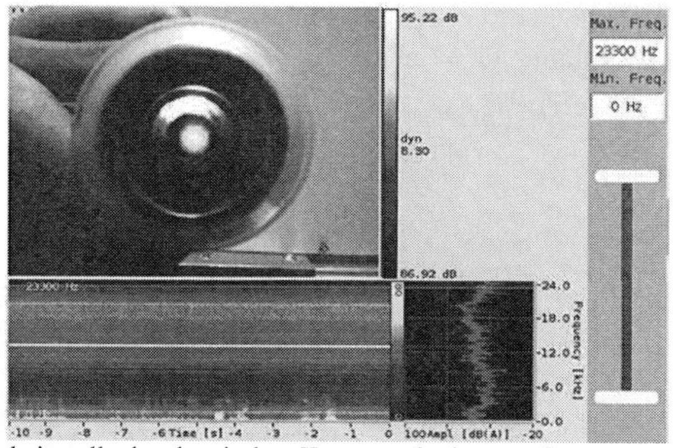

Abb. 3. Nutzerschnittstelle der akustischen Kamera mit einem aufgenommenem Piezoshaker.

Ergebnisse und Diskussion

Um die Einsetzbarkeit der akustischen Kamera zu untersuchen, wurde zuerst auf einen Prüfkörper mit Flachbodenbohrungen und homogenem Material zurückgegriffen. Verwendet wurde eine durchsichtige 10 mm dicke PMMA-Platte, bei der alle Defekte durch die Transparenz direkt erkennbar sind. Die Durchmesser der Bohrungen betragen 10 mm und durch unterschiedliche Restwandstärken sind verschiedene Resonanzfrequenzen gegeben. In Abb. 4. sind die Untersuchungsergebnisse an der PMMA-Platte dargestellt. Um die Aufwändige Suche nach den LDRs zu reduzieren, wurde die Platte zunächst mit einem breitband-gen weißen Rauschen angeregt. Durch die Anregung mit einem breiten Spektrum an Frequenzen werden alle LDRs getroffen und alle Flachbodenbohrungen schwingen. In Abb. 4. b) sind die Ergebnisse nach einer solchen Anregung und Abscannen mit dem Kondensatormikrofon dargestellt. Die Schwingung ist allerdings von einer geringeren Intensität als mit einer Anregung mit einem Chirpsignal oder eine kontinuierliche Anregung bei genau der Defektresonanzfrequenz. Aus diesem Grund konnte die breitbandige Anregung nur bei der scannenden Untersuchung im Nahfeldbereich mit einem Einzelmikrofon Ergebnisse liefern. In c) und d) sind die Ergebnisse mit der akustischen Kamera dargestellt. In c beträgt die Resonanzfrequenz 16830 Hz und in d) 11750 Hz. Die linke Bohrung konnte nicht dargestellt werden, da bei der verwendeten Kamera die Bandbreite auf 10 Hz bis 24 kHz eingeschränkt ist und die LDR aufgrund der größeren Restwandstärke schon bei höheren Frequenzen liegt.

Zusätzlich wurde ein Impactschaden in einer kohlenstofffaserverstärkten Kunststoffplatte untersucht, Abb. 5. a). Auf die Platte wurde direkt ein dünnes Piezoelement mit Wachs geklebt um Kontaktprobleme bei der Anregung so gut wie möglich zu unterdrücken. Nach der Anregung mittels Chirpsignal konnte das in Abb. 5. b) dargestellte Ergebnis erzielt werden. Auch wenn der Schaden auf der Rückseite mit einer Größe von ca. 30 mm ausgeprägt ist kann mit der akustischen Kamera nicht die volle Schadensfläche detektiert werden, sondern nur ein Teil des Defekts. Es ist anzunehmen, dass verschiedene Teile des Defekts mit verschiedenen Resonanzfrequenzen schwingen und bei der Auswertung deshalb nur ein kleinerer Teil sichtbar wird.

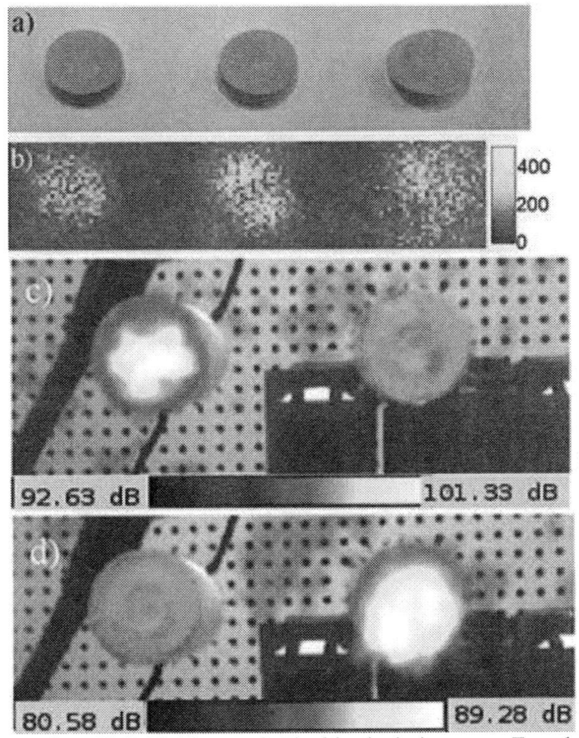

Abb. 4. Untersuchung einer PMMA-Platte mit Flachbodenbohrungen. Zu sehen sind a) Abbildung der drei Flachbodenbohrungen, b) Ergebnis des Scans mit Mikrofon, c) und d) Ergebnis der Messung mit der akustischen Kamera der beiden rechten Flachbodenbohrungen.

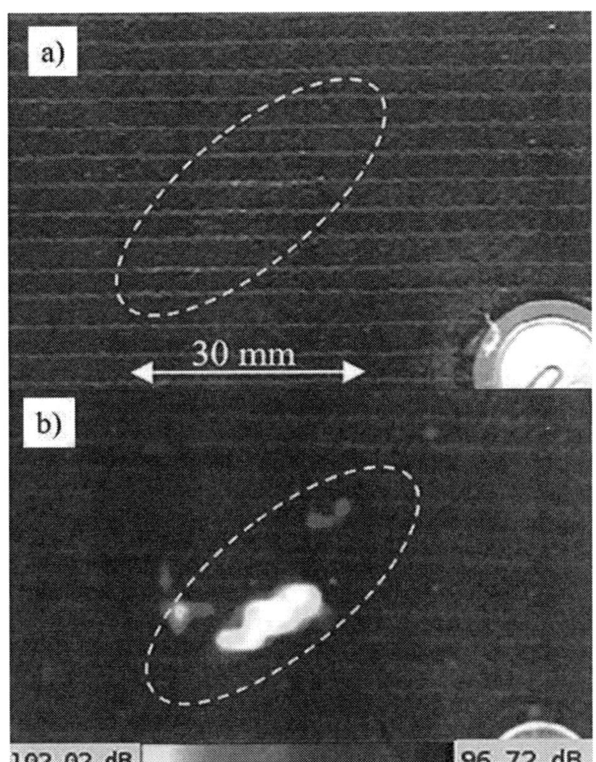

Abb. 5. Impactschaden in einer CFK-Platte a) Fotografie und b) Ergebnis der Untersuchung mit akustischer Kamera.

Fazit

Defekte lassen sich mit einem einzelnen Mikrofon sowie einem Mikrofonarray gleichermaßen erkennen. Messungen mit Einzelmikrofon ergeben ein besseres Signal-Rauschverhältnis und nehmen den abgestrahlten Schall direkt im Nahfeld auf. Eine scannende Messung mit dem Roboter einer ca. DIN A4 großen Fläche mit einer Rasterauflösung von 1 mm x 1 mm dauerte mit den verwendete Geschwindigkeitseinstellungen ungefähr 15 Minuten. Durch Erhöhen der Scangeschwindigkeit und einem steiferen Messaufbau lässt sich die Untersuchungszeit einer solchen Fläche sicherlich auf weniger als fünf Minuten optimieren. Jedoch kann mit der akustischen Kamera trotz der etwas geringeren Bandbreite bis nur derzeit ungefähr 24 kHz sofort ohne Wartezeit ein Prüfergebnis erzeugt werden. Um Fehler zu finden muss immer zuerst eine Frequenzanalyse durchgeführt werden um die lokale Defektresonanzfrequenz zu finden. Einer Prüfung außerhalb der Laborumgebung muss deshalb immer eine Defektcharakterisierung an Musterdefekten vorrausgehen.

Danksagung

Dieses Forschungs- und Entwicklungsprojekt wird mit Mitteln des Bundesministeriums für Wirtschaft und Energie (BMWi) innerhalb des Zentralen Innovations-programms Mittelstand (ZIM) gefördert.

Weiterer Dank gelten den Firmen CAE Software und Systems GmbH, Gütersloh und der Wölfel Gruppe, Höchberg für die Überlassung einer akustischen Kamera um die hier dargestellten Versuche durchzuführen.

Literatur

[1] STOESSEL, R., N. KROHN, K. PFLEIDERER and G. BUSSE. Air-coupled ultrasound inspec-tion of various materials. In: Ultrasonics, 2002, 40(1-8), 159–163. Doi:10.1016/s0041-624x(02)00130-0

[2] WEVERS, M. and M. SURGEON. Acoustic Emission and Composites. In: Comprehensive Composite Materials: Elsevier, 2000, 345–357. ISBN 9780080429939.

[3] CAE SOFTWARE AND SYSTEMS (N.D.). Acous-tic Camera/Sound Source Localization- Noise In-spector., 2020. https://www.cae-systems.de

[4] SOLODOV, I., J. BAI, S. BEKGULYAN and G. BUSSE. A local defect resonance to enhance acoustic wave-defect interaction in ultrasonic nondestructive evaluation. In: Applied Physics Letters, 2011, 99(21), 211911. Doi:10.1063/1.3663872

[5] SOLODOV, I., D. DÖRING and G. BUSSE. Air-coupled laser vibrometry: analysis and applica-tions. In: Applied optics, 2009, 48(7), C33-7. Doi:10.1364/AO.48.000C33

[6] BERNHARDT, Y., D. SOLODOV, D. MÜLLER and M. KREUTZBRUCK. Listening for Airborne Sound of Damage: A New Mode of Diagnostic Imaging. In: Frontiers in Built Environment, 2020, 6, 4. Doi:10.3389/fbuil.2020.00066

[7] SEGERS, J., S. HEDAYATRASA, E. VER-BOVEN, G. POELMAN, W. VAN PAEPEGEM and M. KERSEMANS. In-plane local defect res-onances for efficient vibrothermography of im-pacted carbon fiber-reinforced polymers (CFRP). In: NDT & E International, 2019, 102, 218–225. Doi:10.1016/j.ndteint.2018.12.005

[8] SOLODOV, I., A. DILLENZ and M. KREUTZ-BRUCK. A new mode of acoustic NDT via reso-nant air-coupled emission. In: Journal of Applied Physics, 2017, 121(24), 245101. Doi:10.1063/1.4985286

Neuer Prüfansatz – Prüfen von Kurbelwellen von Großmotoren mit FMC/TFM im Vergleich mit einem Phased Array Sektorscan

Heiko KÜCHLER [1], Stephan ECKERT [2], Alexander MÄSCHKE [2]
[1] Olympus Deutschland GmbH, Hamburg
[2] Wildauer Schmiede- und Kurbelwellentechnik GmbH, Wildau

Kontakt E-Mail: heiko.kuechler@olympus.de

Kurzfassung. Die Firma Wildauer Schmiede- und Kurbelwellentechnik GmbH stellt Kurbelwellen für Großmotoren her. Diese Motoren treiben Generatoren in Schiffen mit Leistungen über 17.000 kW an. Es handelt sich unter anderem um Viertakt V-Motoren mit 18 Zylindern.
Die Kurbelwellen sind extrem hohen Dauerbelastungen ausgesetzt. Entsprechend genau muss geprüft werden. Neben Oberflächenrissprüfung und Videoskopie von Bohrlöchern für die Schmiermittelzuführung wird der Übergang vom Haupt- zum Pleuellager mit Ultraschall geprüft.
Vor vier Jahren wurde die konventionelle Ultraschallprüfung der Kurbelwellen ergänzt durch die Prüfung mit der Phased Array Technik, um die Auffindwahrscheinlichkeit (POD) von Anzeigen zu erhöhen.
Durch die Weiterentwicklung der tragbaren Phased Array Ultraschallprüfgeräte ist es möglich, auch in Echtzeit mit der FMC/TFM Methode zu prüfen. Diese Technologie bietet den Vorteil, dass Anzeigen ortstreuer und genauer detektiert werden können. Die Nachweisgrenze kleiner Anzeigen wird erhöht.
In diesem Vortrag wird untersucht, inwieweit die Prüfung mittels Phased Array Sektorscan durch die FMC/TFM Methode ergänzt werden kann, um Anzeigen in der Kurbelwelle besser zu charakterisieren. Es wird untersucht, welcher Prüfkopf und welcher Vorlaufkeil die Aufgaben dieses neuen Prüfansatzes am besten abdecken.
Ziel ist es, die Qualität in der Produktion zu erhöhen.

Einführung

Die Firma Wildauer Schmiede- und Kurbelwellentechnik GmbH stellt Kurbelwellen für Großmotoren her. Diese Motoren treiben Generatoren in Schiffen mit Leistungen über 17.000 kW an. Es handelt sich unter Anderem um Viertakt V-Motoren mit 18 Zylindern.
Die Kurbelwellen sind extrem hohen Dauerbelastungen ausgesetzt. Entsprechend genau muss geprüft werden. Neben Oberflächenrissprüfung und Videoskopie von Bohrlöchern für die Schmiermittelzuführung, wird der Übergang vom Haupt- zum Pleuellager mit Ultraschall geprüft.
Vor vier Jahren wurde dabei die konventionelle Ultraschallprüfung der Kurbelwellen, um die Prüfung mit der Phased Array Technik ergänzt, um so die Auffindwahrscheinlichkeit (POD) von Anzeigen zu verbessern.

Page 3 Prüfen von Kurbelwellen für Großmotoren mit FMC/TFM im Vergleich zu einem Phased Array Sektorscan OLYMPUS

Einführung

Durch die Weiterentwicklung der tragbaren Phased Array Ultraschallprüfgeräte ist es möglich, auch in Echtzeit mit der FMC/TFM Methode zu prüfen. Diese Technologie ermöglicht ein höheres Auflösungsvermögen von UT-Anzeigen sowie eine genauere Ermittlung von Anzeigenkoordinaten. Durch eine erhöhte Nachweisempfindlichkeit wird die Nachweisgrenze kleiner.
In diesem Vortrag wird untersucht, inwieweit die Prüfung mittels Phased Array Sektorscan durch die FMC/TFM Methode ergänzt werden kann, um Anzeigen in der Kurbelwelle besser zu charakterisieren. Es wird untersucht, welcher Prüfkopf und welcher Vorlaufkeil die Aufgaben dieses neuen Prüfansatzes am besten abdecken.
Ziel ist es, die Materialqualität in der Produktion zu erhöhen.

Page 4 Prüfen von Kurbelwellen für Großmotoren mit FMC/TFM im Vergleich zu einem Phased Array Sektorscan OLYMPUS

Phased Array vs. FMC / TFM

Bei beiden der genannten Ultraschallprüfstrategien wird ein Ultraschallprüfkopf, der aus vielen Einzelelementen besteht, zeitversetzt angesteuert.

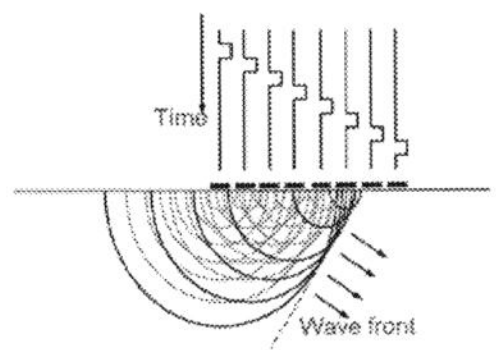

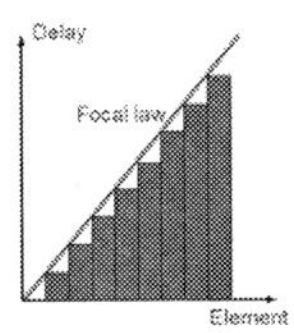

Senden eines Phased Array Winkelschwenks

- Schallstrahl wird nach dem Huyghens`schen Prinzip erzeugt
- Die erzeugten Zeitverzögerungen generieren einen Winkelschwenk, moderates Datenaufkommen bei Winkelbereich 40-70° → 31 Winkel / A-Bilder

FMC = Full Matrix Capture

- 1. Element sendet, alle empfangen
- 2. Element sendet, alle empfangen
- usw. ....

Alle Laufzeiten /Amplituden werden in einer Matrix erfasst, viele Datenpunkte (8x8 im Bsp.)

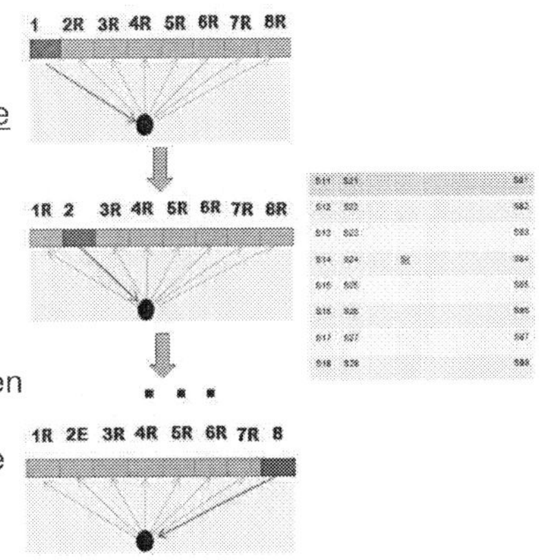

Page 5 Prüfen von Kurbelwellen für Großmotoren mit FMC/TFM im Vergleich zu einem Phased Array Sektorscan OLYMPUS

Die aktuell durchgeführte Prüfung mit Phased Array

Die Prüfung wird mit der Phased Array Technik im Sektorscan über Prüfköpfe mit radiusangepassten Vorlaufkeilen durchgeführt. Zum Einsatz kommt ein OmniScan SX mit dem dafür spezifizierten 10MHz Prüfkopf 10L16-4.96X5-A00.

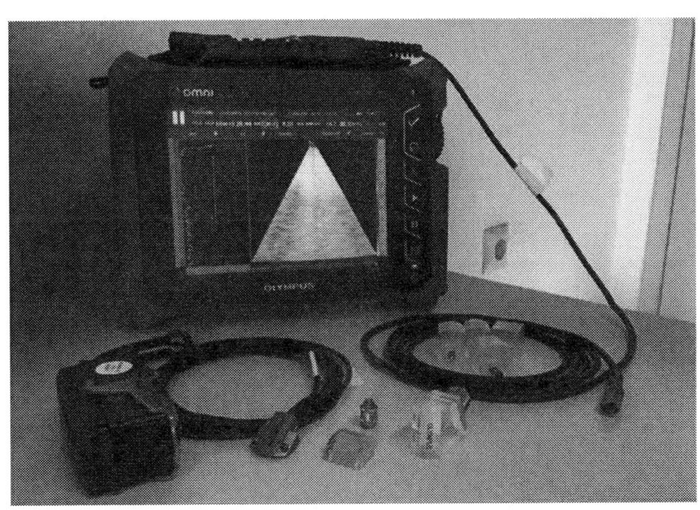

Page 6 Prüfen von Kurbelwellen für Großmotoren mit FMC/TFM im Vergleich zu einem Phased Array Sektorscan OLYMPUS

Die aktuell durchgeführte Prüfung mit Phased Array

Justiert wird an einem eigens angefertigtem Testblock mit 0,5mm Flachbodenbohrungen in verschiedenen Tiefen.

Dieser Testkörper entspricht der zu prüfenden Oberfläche und Bauteilgeometrie.

Justiert wird damit eine TCG Kurve.

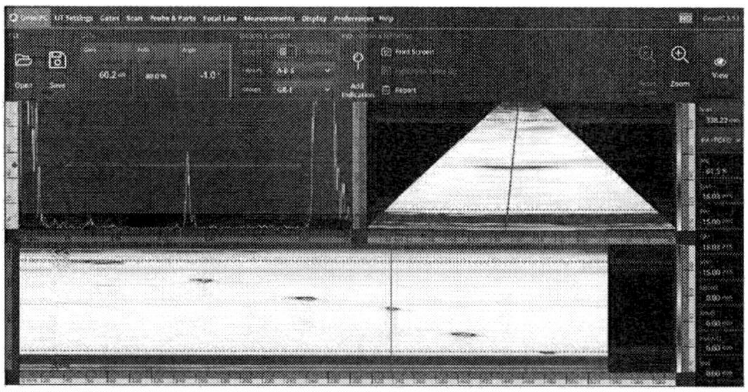

Die aktuell durchgeführte Prüfung mit Phased Array

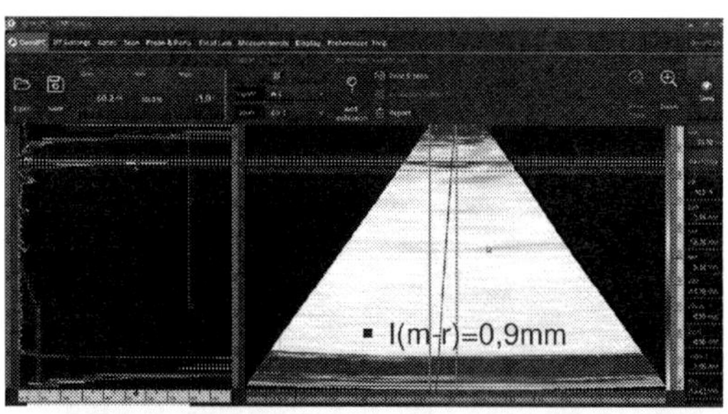

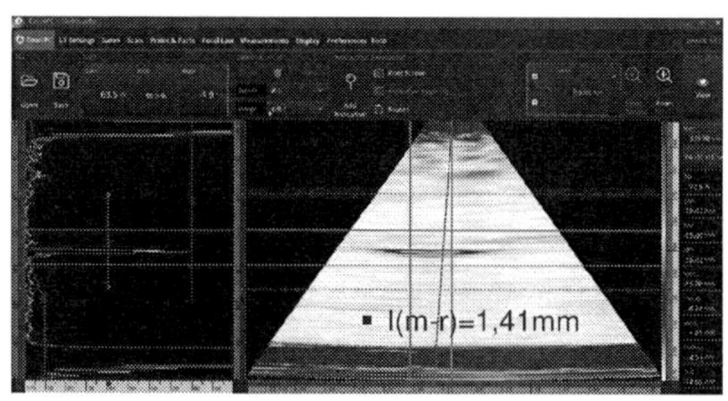

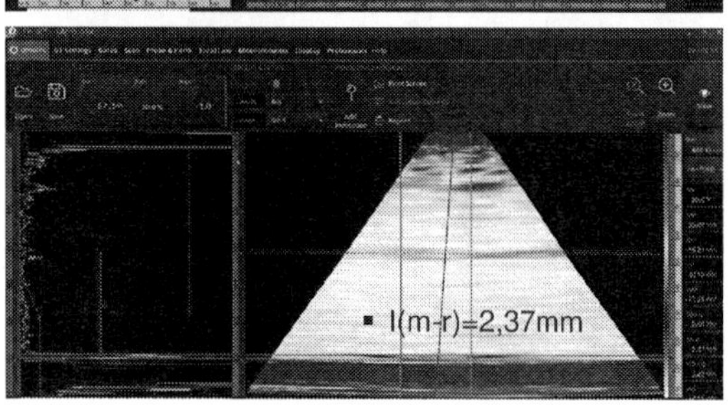

Anhand der Justierung an den 0,5mm Flachbodenbohrungen wird eine TCG Kurve aufgenommen. Damit ist eine Vergleichbarkeit der Anzeigen in verschiedenen Tiefen möglich

Der Nachteil beim Sektorscan ist, dass bei größeren Tiefen die Anzeigen immer breiter dargestellt werden.

Die Fragestellung ist, ob mittels FMC / TFM das Auflösungsvermögen verbessert werden kann.

Die aktuell durchgeführte Prüfung mit Phased Array

Das nach ISO 9712 zertifizierte Personal führt dann in der Produktion die Prüfung durch

Kann FMC / TFM diese Prüfung verbessern?

Setup für diese Prüfaufgabe

AIM – Amplitude Influence Map

Die AIM (Acustic Influence Map) zeigt die Zonen der höchsten zu erwartenden Amplitude. Die AIM kann Amplitudenhöhen für sphärische oder flächige Reflektoren darstellen. Daneben wir der Sensitivitätsindex angezeigt. Dies ist ein errechneter Wert für die maximal zu erwartende Amplitude

In der AIM ist deutlich zu sehen, dass das Schallfeld aufgrund des kleinen Phased Array Sensors 10L16-A00 , Fläche ca. 25mm², nur stark eingeschränkt im dargestellten Tiefenbereich bis 40mm nutzbar ist.

Da die Größe des Sensors mit der passenden Vorlaufstrecke durch die Prüfaufgabe definiert ist, stellt sich die Frage: „kann man mit einem Tiefenausgleich über die AIM eine Verbesserung erreichen?“

Kann FMC / TFM diese Prüfung verbessern?

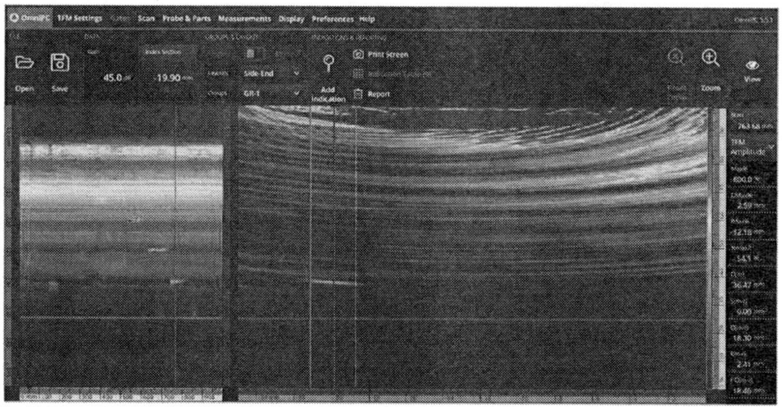

Die Seitenansicht, links in der Bildschirmkopie, zeigt die 0,5mm KRS Bohrungen ohne Tiefenausgleich.

Kann FMC / TFM diese Prüfung verbessern?

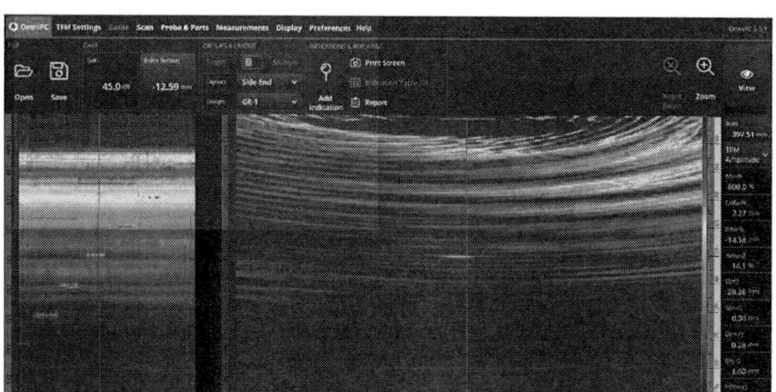

- Hier wurde mit Hilfe der AIM über die Prüftiefe ein Tiefenausgleich errechnet.
- Die Unterschiede im B-Scan sind durch Ankoppelschwankungen zu erklären.
- Die Flachbodenbohrungen im B-Scan in 30 und 40mm Tiefe sind nicht mehr bei 80% Amplitudenhöhe, hier wirkt die TCG, die aus der AIM errechnet wurde, nicht mehr.

Kann FMC / TFM diese Prüfung verbessern?

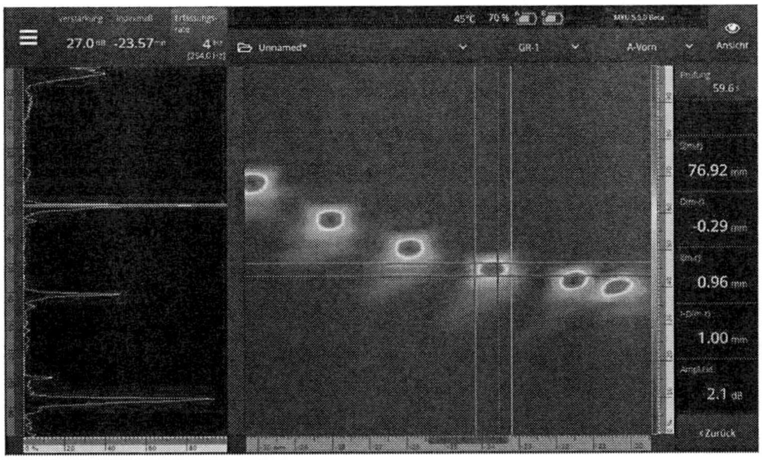

Um Anzeigen besser klassifizieren zu können war die Idee, die Anzeigen in der Ultraschallachse (Messindex) m-r (Mess- minus Referenzkursor) in Ihrer Breite auszumessen. Die Tiefe kann mit den Messkursoren ermittelt werden.

Ausmessen der 1mm Querbohrung an einem Testblock , das passt gut!

Kann FMC / TFM diese Prüfung verbessern?

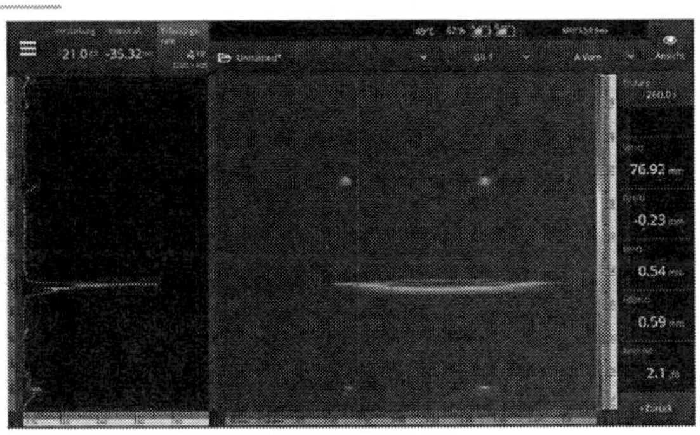

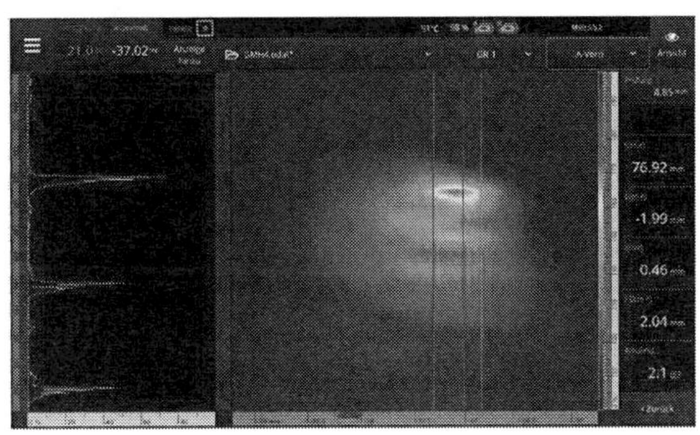

Darstellung der 0,5mm Querbohrungen aus dem Testblock. Das rechte Bild zeigt im Messwert I(m-r), dass im 6dB Abfall der Durchmesser recht genau bestimmt werden kann (0,46mm).

Kann FMC / TFM diese Prüfung verbessern?

- Nun stellt sich die Frage: Kann die Fläche der Kreisscheibe der Testbohrung direkt in mm ausgemessen werden? Das wäre ein direkter Vorteil gegenüber des bisher benutzten Phased Array Sektorscan.

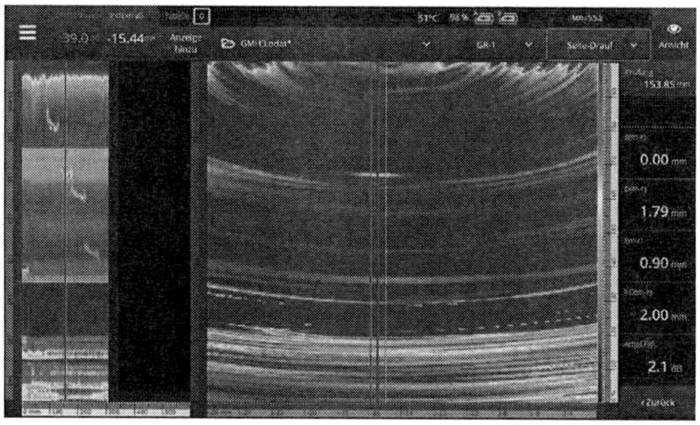

- Darstellung einer Anzeige. Diese wurde mit den Indexkursoren I(m-r) vermessen. I(m-r) – Index ergibt eine Ausdehnung von 0,9mm unterhalb des Prüfkopfes. Die Fläche der Flachbodenbohrung wird also zu groß dargestellt, wenn man den 6dB Abfall als Maßstab nimmt.

- Dennoch liegt die Größenausmessung nahe am Original und das in allen Tiefen, im Unterschied zur Messung beim Sektorscan

Page 15 Prüfen von Kurbelwellen für Großmotoren mit FMC/TFM im Vergleich zu einem Phased Array Sektorscan OLYMPUS

Kann FMC / TFM diese Prüfung verbessern?

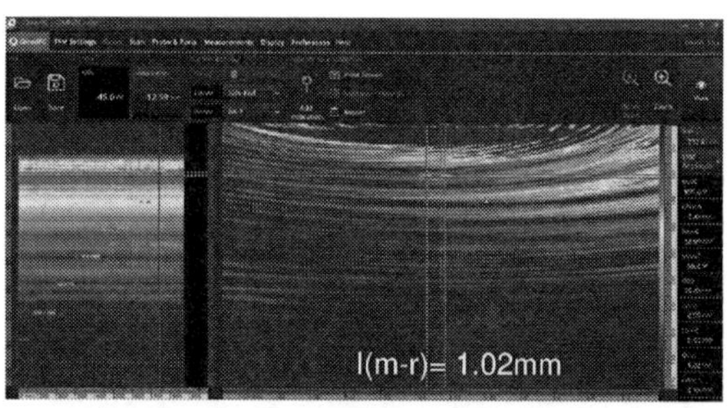

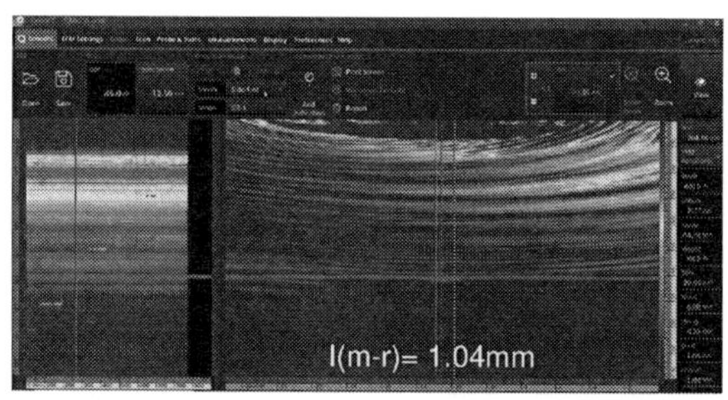

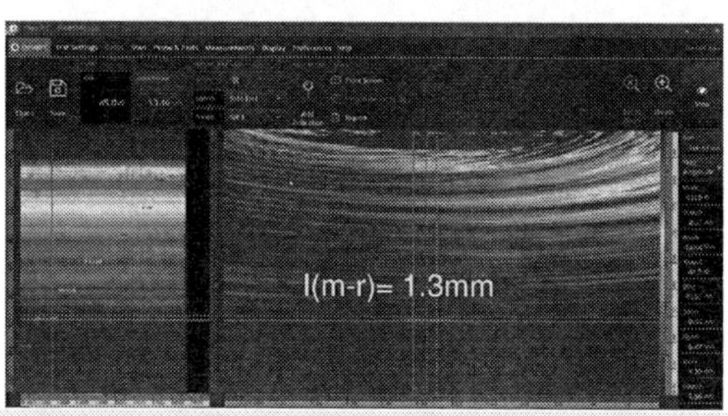

Die Messabweichung I(m-r) ist deutlich kleiner als beim Sektorschwenk

Page 16 Prüfen von Kurbelwellen für Großmotoren mit FMC/TFM im Vergleich zu einem Phased Array Sektorscan OLYMPUS

Kann FMC / TFM diese Prüfung verbessern?

- Hier Beispiele für AIM mit größerer Apertur,

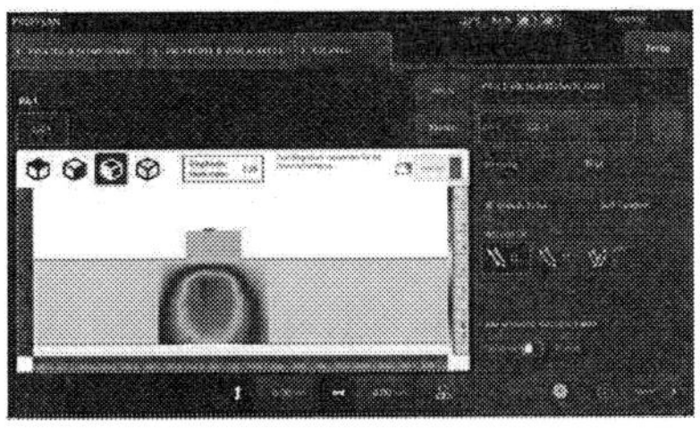

- 10L16-A00, SI = 2,28

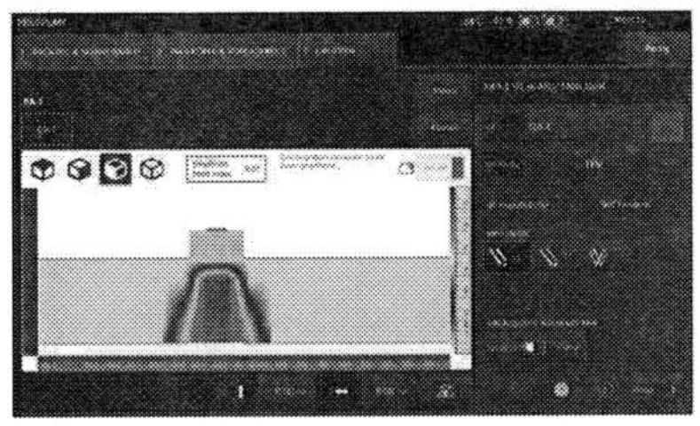

- 10L16-A10, SI = 5.0

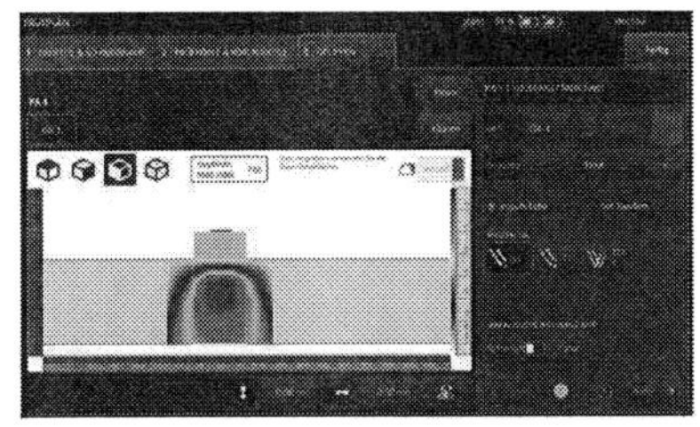

- 10L32-A10 , SI = 7,0

Die AIM = Amplituden Einflußverteilung ist eine grafische Darstellung, bei der die zu erwartende Echo-amplitude eines Reflektors bestimmter Form (sphärisch, flächig, Orientierung) in der Einschallebene eines Arrays für TFM farbcodiert und auf 100% BSH normiert dargestellt wird. Der zugehörige Empfindlichkeitsindex SI (Sensitivitätsindex) ist die theoretisch berechnete, maximale Amplitude des gewählten Reflektors in der Einschallebene vor der Normierung: Je höher der SI, um so sicherer wird der Nachweis des gewählten Reflektortyps, bzw. um so höhere Amplituden sind zu erwarten.

Fazit

Mit der derzeit benutzten Phased Array Konfiguration des 10L16-A00 und der TCG Kurve an den 0,5mm Kreisscheibenbohrungen ist die Bewertung der Fehlergröße sicherer als mit TFM.

Das Auffinden von kleinen Anzeigen ist im Sektorscan einfacher als mit TFM.

Wenn es möglich wäre, einen Sensor mit größerer Apertur zu benutzen, kann die Darstellung und Auffindwahrscheinlichkeit von Ultraschallanzeigen im FMC / TFM Modus besser werden.

Schnelle Phased-Array-Prüfung von dickwandigen, nahtlosen Rohren mit verbesserter Schrägfehlerprüfung

Dr. Wolfram DEUTSCH [1], Cristian DRÎNCIU [2], Gabriela BĂRBULESCU [2], Silviu BĂRBULESCU [2], Jörn BOLTEN [1], Daniel COMUZZI [1], Michael JOSWIG [1], Patrick PICHARD [1], Helge RAST [1], Mathias RAZENG [1], Timur SAYFULLAEV [1], Daniel SCHAEFERS [1], Simon STEVES [1], Raimund ZEMAN [3]

[1] KARL DEUTSCH, Wuppertal

[2] TMK ARTROM, Slatina, Rumänien

[3] SOLUŢII CND, Bukarest, Rumänien

Kontakt E-Mail: w.deutsch@karldeutsch.de

Kurzfassung. Bei der Herstellung vergüteter, dickwandiger Rohre können Inhomogenitäten in jeder Orientierung entstehen. Deshalb müssen bei der Ultraschallprüfung dieser Rohre neben Längs- und Querfehlern auch schrägliegende Fehler detektierbar sein.

In diesem Beitrag wird eine erweiterte Phased-Array-Technik vorgestellt, bei der die Schallbündel so geschwenkt werden, dass auch Schrägfehler bis ±75° an standard- und dickwandigen Stahlrohren nachgewiesen werden können. Es wird eine Prüfbrücke mit schraubenförmigen Prüfspuren beschrieben, bei der sich das Rohr dreht und die Prüfköpfe linear verfahren werden.

Die Prüfanlage ist für den Nachweis von Längs-, Quer- und Schrägfehlern, Dopplungen und zur Wanddickenmessung ausgelegt. Dafür werden hochempfindliche Phased-Array-Prüfköpfe in mehreren Prüfkopf-Clustern verwendet.

Hervorragende Testergebnisse mit hoher Empfindlichkeit und zuverlässigem Signal-Rausch-Verhältnis konnten erzielt werden. Darüber hinaus ist bei dickwandigen Rohren die Optimierung der Einschallwinkel und ggf. der Einsatz von modenkonvertierten Wellen zur Erkennung von Innen- und Außenfehlern unerlässlich.

Es kommen mehrere parallele PAUT-Elektronikmodule zum Einsatz. Eine hohe Prüfgeschwindigkeit mit parallelen Schussfolgen und mehreren parallelen Berechnungen im Empfangsmodus sind wichtige Merkmale. Daher können hohe Empfindlichkeit, Wiederholbarkeit und Produktivität für den gesamten Durchmesser- und Wanddickenbereich der Rohre gewährleistet werden.

Einführung

Die Firma TMK-ARTROM ist ein weltweit führender Hersteller von nahtlosen Rohren mit Sitz in Slatina, Rumänien. Im Jahr 2018 wurde eine neue hochmoderne Wärmebehandlungsanlage mit einer Produktionskapazität von 165.000 Tonnen pro Jahr in Betrieb genommen. Die neue, fortschrittliche Anlage dient der Fertigung von Rohren mit

Durchmessern von 60 mm bis 273 mm und Wanddicken von 5 mm bis 60 mm. Die hohen Wandstärken sind bezüglich der Ultraschallprüfung eine besondere Herausforderung. Die Rohrlängen betragen zwischen 3,5 m und 14 m.

Solche hochwertigen Stahlrohre sind für anspruchsvolle Anwendungen in den Bereichen Maschinenbau, Automotive, Hochleistungshydraulik und Energieerzeugung vorgesehen. Der sichere Einsatz dieser Rohre erfordert strenge zerstörungsfreie Prüfungen. Bei der Herstellung von vergüteten, dickwandigen Rohren können Fehlstellen jeglicher Orientierung auftreten, was eine Ultraschallprüfung mit mehr Einschallwinkeln erforderlich macht.

Derzeit wird die Prüfung auf Schrägfehler mit einigen diskreten Orientierungen von internationalen Standards und den Spezifikationen der wichtigsten Endverbraucher für nahtlose Rohre empfohlen oder vorgeschrieben. Es ist zu erwarten, dass zukünftige Normen einen immer größeren Schrägfehlerwinkelbereich einfordern werden. Die neue Ultraschallprüfanlage wurde daher für Schrägfehler bis ± 75° auf den Außen- und Innen-Rohroberflächen ausgelegt. Die Prüfanlage weist eine Produktivität auf, die dem Durchsatz der neuen Wärmebehandlungsanlage entspricht.

Die Firma KARL DEUTSCH wurde mit der Entwicklung dieser komplexen Ultraschallprüfanlage beauftragt, die im zweiten Halbjahr 2021 in Betrieb genommen werden soll. Der After-Sales-Service wird durch die Firma Soluții CND in Bukarest, Rumänien, gewährleistet.

1. Historie der PAUT-Prüfung für Rohre mittlerer Abmessungen

Phased-Array-Prüfköpfe mit der Möglichkeit zur elektronischen Fokussierung und Winkelsteuerung bieten interessante Vorteile für die Online-Inspektion von Rohren. Die Anordnung linearer Phased-Array-Prüfköpfe, die parallel zur Rohrachse ausgerichtet sind, hat sich als robuste und äußerst vielseitige Lösung erwiesen. Die Länge der Prüfköpfe korrespondiert mit der Prüfspurbreite der Helix, mit der die Rohre abgetastet werden. Die ersten Prüfanlagen solchen Typs mit mindestens drei linearen Phased-Array-Prüfköpfen wurden Anfang der 2000er-Jahre vorgestellt [1], [2]. Erstmals war eine Schrägfehlerprüfung mit hoher Produktivität erzielbar, wobei der Bereich der Schrägfehlerwinkellagen noch eingeschränkt war.

In den Folgejahren wurde die Anzahl der Prüfköpfe erhöht und damit auch der Bereich für die Schrägfehlerprüfung. Dies wurde auch möglich durch leistungsfähigere Prüfelektroniken, die eine quasi lückenlose Schrägfehlerprüfung bis ±45° ermöglichen [3]-[6]. Die Prüfköpfe für die Querfehlerprüfung und die Senkrechteinschallung wurden separiert. Ein kleinerer Pitch bei der Querfehlerprüfung sorgte für verbesserte Prüfergebnisse.

In jüngster Zeit wurden auch Lösungen auf Basis von Matrixprüfköpfen vorgestellt, um Fehler aller Orientierungen zu detektieren [7]-[9]. Spezielle Paintbrush-Techniken reduzieren hierbei die benötigte Anzahl von Sendeschüssen. Nachteilig sind die sehr hohen Kanalzahlen und die teuren Matrixprüfköpfe. Auch die Ankopplung solch großer Prüfköpfe stellt eine Herausforderung dar. Die Rohrabmessungen zeigten normale Wanddicken.

Eine Prüfanlage für sehr dickwandige Rohre mit speziellen Matrixprüfköpfen bei reduzierter Elementanzahl und mit der Möglichkeit, die Einschallwinkel zur Längsfehlerprüfung elektronisch zu verstellen wurde im Jahr 2011 in Betrieb genommen [10], [11]. Diese Anlage verfügte jedoch nicht über Prüfköpfe zur Schrägfehlerfehlerprüfung.

2. Umsetzung der PAUT-Rohrprüfung für dickwandige Rohre mit einer ECHOGRAPH-RPTR-PAUT-Anlage bei TMK-ARTROM

Die Machbarkeit des Projekts wurde mit Hilfe einer Versuchsanlage bei KARL DEUTSCH und vielen Testrohren mit typischen Abmessungen verifiziert. Die Prüfkopfhalter wurden komplett neu entwickelt. Die Prüfkopfentwicklung wurde durch hauseigene CIVA-Untersuchungen beschleunigt. Als Besonderheit im Lastenheft sind die Rohrenden zu nennen. Diese können gesägt sein. Es ist aber auch möglich, dass Rohre ungesägt aus dem Walzprozess in die Prüfanlage eingebracht werden. Es ist durch geeignete Stopper sicherzustellen, dass sich die Rohre während der Prüfung nicht in Achsrichtung bewegen.

Um einen möglichst hohen Durchsatz zu gewährleisten, ist die Anlage als Prüfbrücke ausgelegt. Die Rohre werden im Quertransport in die Anlage eingefördert und nach der Prüfung unterhalb der Brücke ausgebracht. Zehn Drehrollenstationen (Abb. 1) waren Teil des Lieferumfangs. Der Vorschub des Prüfschlittens wird über eine Zahnstange präzise eingestellt, um eine 100%ige Überdeckung des Prüfvolumens inkl. 10 % Überlapp der Prüfspuren zu gewährleisten.

Die Prüfanlage ermittelt zunächst die Rohrlänge mit einer anschließenden automatischen Anpassung der Verfahrwege. So können Rohre unterschiedlicher Längen nacheinander effizient geprüft werden.

Abb. 1. Prüfbrücke mit einer Länge von 32 m zur schnellen PAUT-Prüfung nahtloser Rohre mit Kalibrierstation (links mit Bediener und drei Rollenböcken) und freitragender Prüfstation (rechts, sieben Rollenböcke)

Die flexiblen Prüfkopfhalter sind kardanisch aufgehängt und weisen drei Freiheitsgrade auf. Dies ist zur Prüfung von Rohren mit größeren Geradheitstoleranzen unerlässlich. Die pneumatische Anstellung (mit einstellbarem Anstelldruck) sorgt für eine zuverlässige Abtastung und Ankopplung. Bis zu acht Cluster mit ein bis zwei Prüfköpfen kommen je nach Rohrabmessung zum Einsatz. Die Cluster sind modular aufgebaut und können untereinander schnell ausgetauscht werden. Die Wassersäule zur Ankopplung wird durch eine akustische Kunststoffmembran im Cluster gehalten. Somit ist nur noch eine Benetzung zur Überbrückung des verbleibenden Wasserspalts erforderlich. Jedes Cluster wird einzeln auf das Rohr abgesenkt bzw. nach der Prüfung angehoben. Ungeprüfte Enden bleiben dadurch möglichst kurz. Die Prüfkopfhalter sind mit gekrümmten Hartmetallkufen ausgestattet, die ungefähr dem Rohrdurchmesser entsprechen. Sie können werkzeuglos und schnell getauscht werden. Die Einschallwinkel der Längs- bzw. Schrägfehlerprüfköpfe können (falls erforderlich) ebenfalls werkzeuglos und schnell verändert werden.

Abb. 2. Prototyp eines Prüfkopfhalters (Clusters) mit einem PAUT-Prüfkopf zur Senkrechteinschallung

Abb. 3. Prüfkopfhalter mit gekrümmter Gleitkufe (auf der Unterseite und somit nicht sichtbar), Prüfkopfaufnahme mit Wasserdüse (grün), Aluminium-Grundrahmen mit kardanischem Gelenk (3 Freiheitsgrade). Cluster für zwei Prüfköpfe (links) und für einen Prüfkopf (rechts).

Jeder Prüfkopf wird von einer parallelen, leistungsfähigen Prüfelektronik mit jeweils 128 Kanälen angesteuert. Bis zu 12 Elektronikmodule mit insgesamt über 1500 Kanälen sind gleichzeitig im Einsatz. Die kompakten ECHOGRAPH-PAUT-Module sind über kurze Kabellängen mit den Prüfköpfen verbunden und direkt im Prüfwagen oberhalb der Cluster montiert.

Abb. 4. Prüfschlitten mit acht Clustern zur Detektion von Längs-, Quer-, Schrägfehlern und Dopplungen und zur Messung der Wanddicke

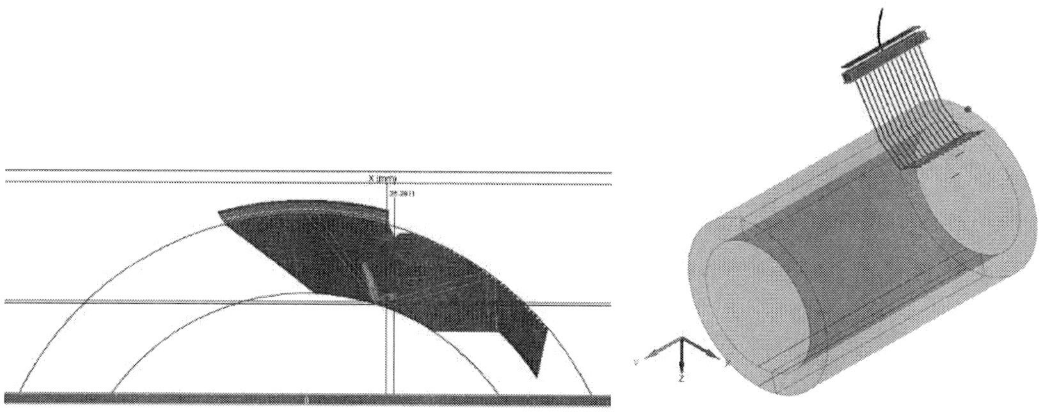

Abb. 5. CIVA-Visualisierung der Längsfehlerprüfung auf der Rohrinnenseite

Mit Hilfe vieler Testrohre wurde die Prüfaufgabe validiert. Die Testrohre bestehen aus mehreren Segmenten, um auch eine Anbringung der Testfehler auf der Rohrinnenwand zu ermöglichen. Die Schrägfehlerprüfung wurde mit Hilfe von Nuten von 7,5° bis 75° in 7,5°-Schritten erprobt. Die Testrohre enthielten auch eine 10-%-Ausfräsung zur Überprüfung der Wanddickenmessung und Flachbodenbohrungen mit Durchmessern von 3,2 mm in 25 %, 50 % und 75 % Tiefe bezogen auf die Wanddicke.

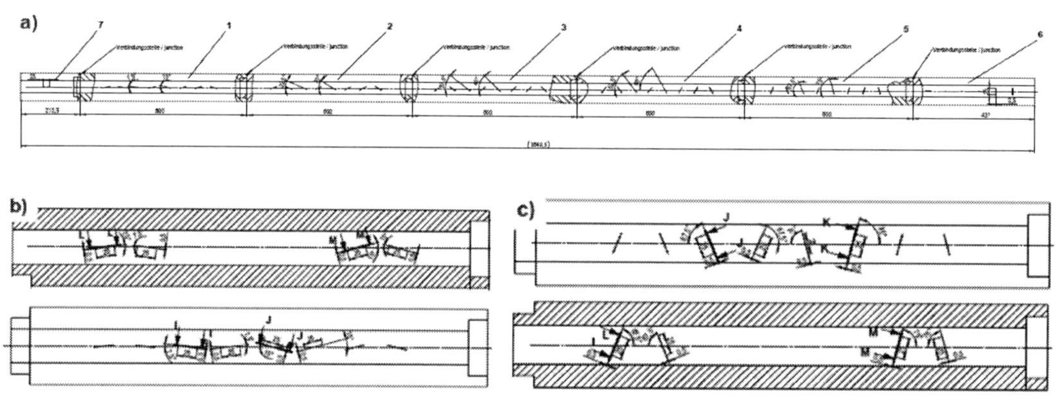

Abb. 6. a) Dickwandiges Testrohr (101,8 mm x 28 mm) bestehend aus sechs Segmenten, **b)** Rohrsegment Nr. 1 mit schräg liegenden Nuten (innen, außen, ±7,5°, ±15°), **c)** Rohrsegment Nr. 5 mit schräg liegenden Nuten (innen, außen, ±67,5°, ±75°)

Bei dickwandigen Rohren müssen ggf. getrennte Cluster zur Innen- und Außenfehlerprüfung zum Einsatz kommen. In besonderen Fällen werden auch moden-konvertierte Wellen zur Fehlerdetektion verwendet.

Eine mechanische Schrägstellung der Prüfköpfe in Kombination mit einem elektronischen Schallbündelschwenk in Rohrachsrichtung erzeugt ein Schallbündel zur Schrägfehlerprüfung. Mehrere Rekonstruktionen im Empfangsmodus erlauben die Abdeckung eines gewissen Bereichs für die Schrägfehler. Eine sorgfältige Auslegung der Prüfanlage sorgt für die optimalen Prüfparameter für das gesamte Produktspektrum von TKM-ARTROM. Besonders die Schrägfehlerwinkellagen um 60° bei dickwandigen Rohren waren bezüglich der Auslegung komplex. Um die Justierung möglichst komfortabel zu halten, ist es auch möglich, dass nicht alle Cluster und Prüfköpfe für jede Rohrabmessung im Einsatz sind.

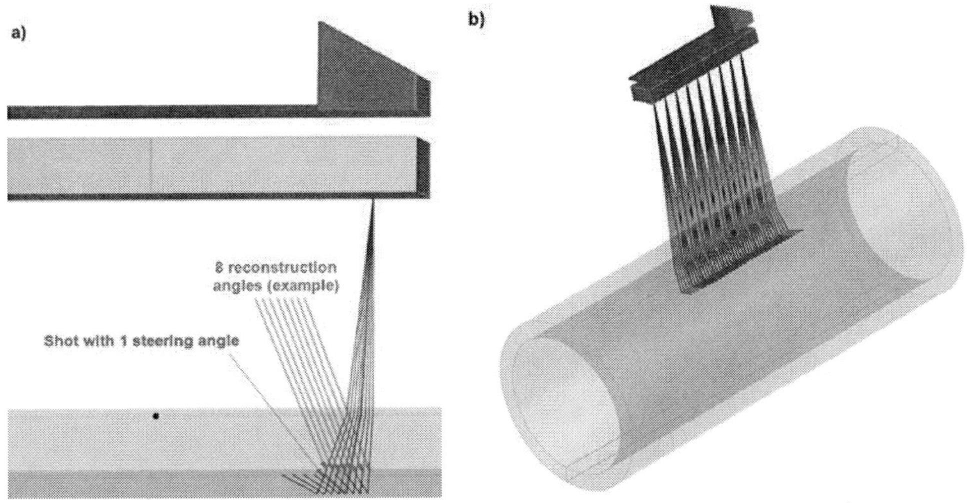

Abb. 7. Schrägfehlerprüfung mit Phased Arrays, **a)** ein Sendeschuss und acht Rekonstruktionen im Empfangsmodus, **b)** mehrere Sendeschüsse und die zugehörigen Empfangsrekonstruktionen

Das folgende Beispiel zeigt die Längs-/Schrägfehlerprüfung in einem Bereich zwischen 0° und 30°, die in diesem Fall nur ein Cluster erfordert. Pro Prüfkopf sind acht Prüffunktionen (Salvos) aktiv. Der Amplitudenschrieb zeigt die Nutanzeigen mit gutem Signal-Rausch-Verhältnis.

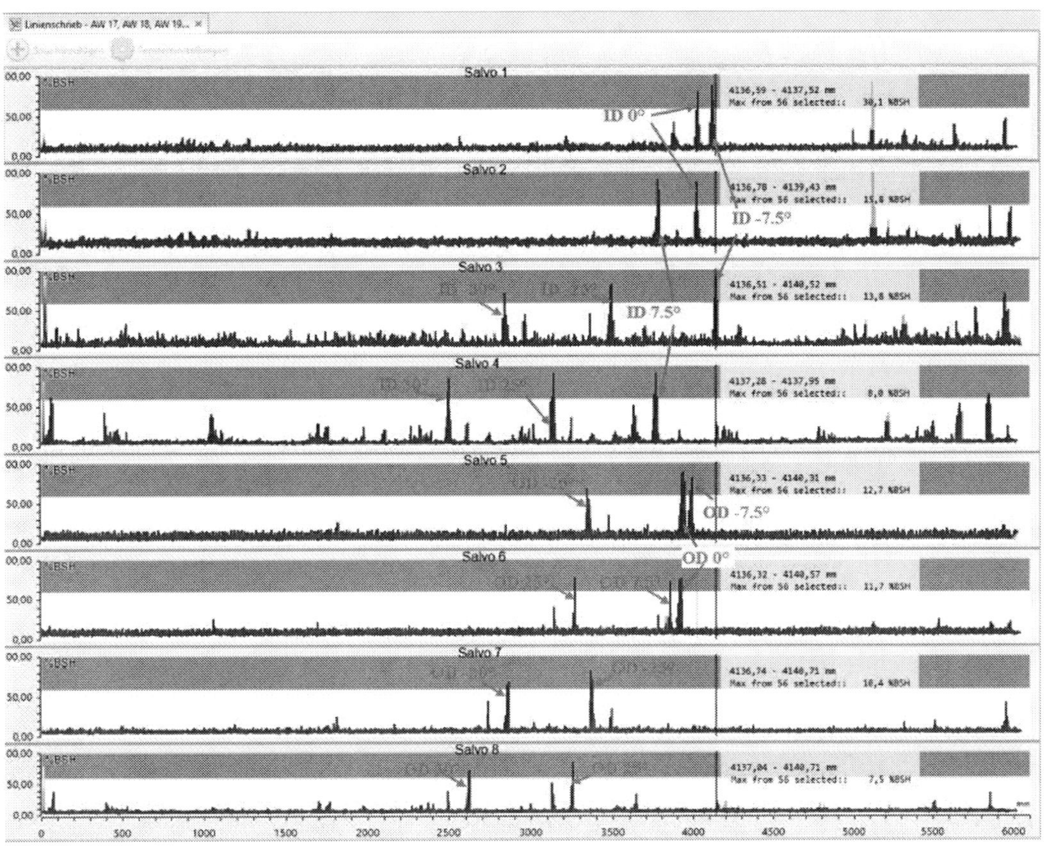

Abb. 8. Schrägfehlerprüfung bis ±30° mit Cluster 1 und zwei Prüfköpfen in dickwandigem Testrohr

Bei Helix-Rohrprüfanlagen ist die Querfehlerprüfung ebenfalls eine Herausforderung. Ein feiner Pitch der Prüfköpfe und ausreichend virtuelle und überlappende Prüfköpfe sorgen für eine gleichmäßige Prüfempfindlichkeit (Abb. 9b unten). Des Weiteren wurden mehrere parallele Schüsse im gleichen Prüfkopf gezündet, um Prüfzeit zu sparen.

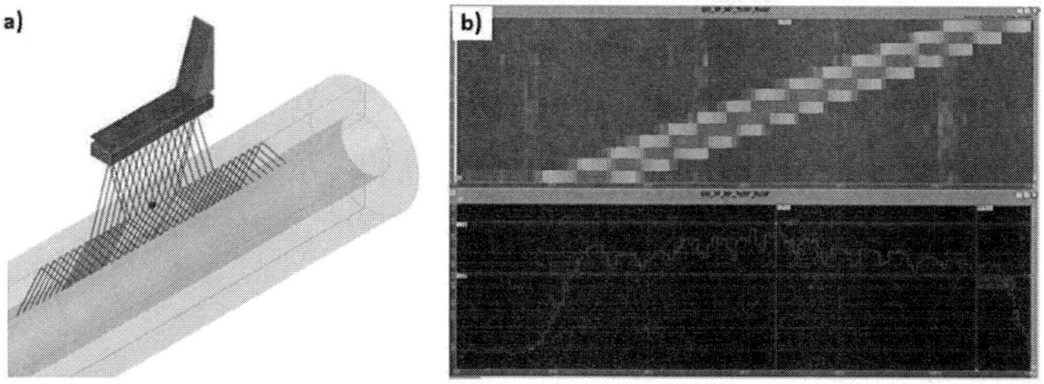

Abb. 9. Querfehlerprüfung mit Phased Arrays, **a)** Schallbündelschwenk in beide Rohrachsrichtungen mit jeweils 14 Schüssen, **b)** Beispiel der überlagerten Schallbündeldurchmesser entlang des Prüfkopfes für eine außen liegende Quernut

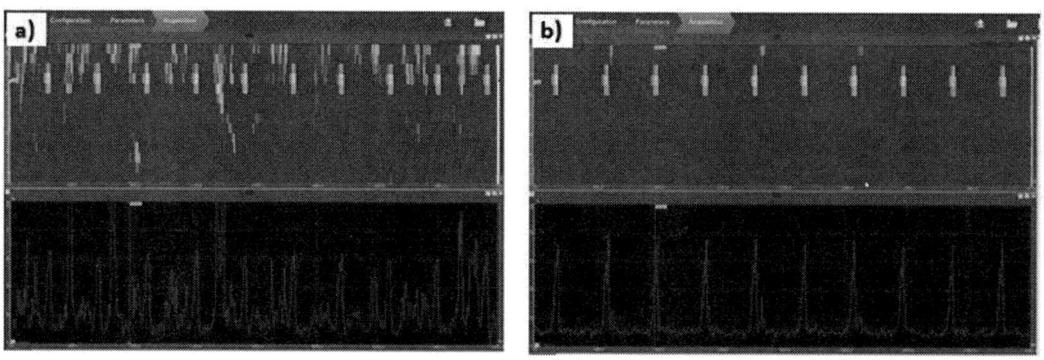

Abb. 10. Signal-Rausch-Verhältnis für 10 Rohrrotationen mit 1,5 m/s Umfangsgeschwindigkeit für außen liegende Quernut, **a)** Sequentielle Schussfolgen, **b)** Schussfolgen mit zwei zeitgleich arbeitenden virtuellen Prüfköpfen

3. ECHOVIEW-Datensoftware

Bei über 1500 parallelen Prüfkanälen und einer Vielzahl von Empfangsrekonstruktionen fallen ungeheure Datenmengen an. Daher ist eine Vorverdichtung der Prüfdaten in separaten PCs erforderlich, bevor die sie kundenspezifisch mit der ECHOVIEW-Datensoftware visualisiert werden. Eine Schnittstelle zum Warenwirtschaftssystem des Kunden wird ebenfalls implementiert.

Zusammenfassung

In diesem Beitrag wird ein noch laufendes Projekt vorgestellt. Im Laufe des Sommers 2021 wird die Prüfanlage vollständig getestet den Anlagenbau von KARL DEUTSCH verlassen. In der zweiten Jahreshälfte erfolgt die Inbetriebnahme bei TMK-ARTROM.

Abb. 11. ECHOGRAPH-RPTR-PAUT-Prüfbrücke (rechts) während der Montage bei KARL DEUTSCH in Wuppertal (links im Bild ein ECHOGRAPH-TTPS-Tauchtankprüfsystem während des Zusammenbaus)

Abb. 12. Impression der Doppelrollenstationen

Referenzen

[1] D. O. Comuzzi, et al., „Equipamente de Ultra-Som de Corpo para Tubos Casing Tratados e Line Pipe", 3rd. Pan-American NDT Conference, June 2003

[2] R. H. Pawelletz et al., „Practical Application of the Phased-Array Technology with Paint-Brush Evaluation for Seamless-Tube Testing". Proceedings of the ECNDT 2006.

[3] S. Falter et al., „Practical Application of the Phased-Array Technology with Paint-Brush Evaluation for Seamless-Tube Testing". Proceedings of the WCNDT 2004.

[4] C. Breidenbach et al., „New Phased-Array Ultrasonic Testing Gantry with Extended Testing Functions for Testing of Hot Rolled Seamless Steel Tubes and Pipes". Proceedings ECNDT 2014.

[5] E. Grondin, „Inspecting Seamless Tubes with Phased Array Using the Gapless Inspection Method", Proceedings of the ECNDT 2018.

[6] P. Copèret, „DEVICE AND METHOD FOR ANALIZING THE STRUCTURE OF A MATERIAL". Patent WO 03029808.

[7] P. Copèret et al., „Phased Array pour le Contrôle Rapide de Tube en Production". Proceeding Journees COFREND 2011.

[8] X. Harrich et al., „ FAAST Very Fast Phased Array System ". Proceedings of the WCNDT 2016.

[9] R. Peters et al., „Automatic Ultrasonic Testing of Seamless Steel Pipes with Matrix Arrays". Proceedings of the ECNDT 2018.

[10] W. A. K. Deutsch et al., „Phased Array Ultrasonic Testing of Heavy-Walled Seamless Tubes by Means of a Testing Portal". Proceedings of the ECNDT 2010.

[11] M. Vahe et al., „Utilisation de Capteur Ultrason Multiélément 1.5D pour le Contrôle de Défauts Longitudinaux sur Tube à Fort Rapport Épaisseur/Diamètre". Proceeding Journees COFREND 2017.

Bewertung der Ungenauigkeiten bei der Fehlergrößenbestimmung mit Ultraschall an Rissfeldern in großen Schmiedeteilen

Anne JÜNGERT [1], Jacobs OLIVER [1]
[1] MPA Universität Stuttgart, Stuttgart

Kontakt E-Mail: anne.juengert@mpa.uni-stuttgart.de

Kurzfassung. Bei der Herstellung großer Schmiedekomponenten können sich bei unsachgemäßer Verarbeitung oder ungünstiger chemischer Zusammensetzung der Schmelze Risse, z. B. in Form von wasserstoffinduzierten Rissbildungen (sog. Wasserstoffflockenrisse), bilden. Derartige Rissbildungen wurden 2012 in den belgischen Kernkraftwerke Doel 3 und Tihange 2 bei einer Ultraschallprüfung in der drucktragenden Wand der Reaktordruckbehälter (RDB) entdeckt. Dabei handelte es sich um zahlreiche, quasi-laminar über den gesamten Umfang angeordnete, rissartige Anzeigen, die dann mit Ultraschallverfahren vermessen und kartiert wurden.

Zur genaueren Untersuchung und zur Bewertung derartiger Rissfelder werden die Risslagen und -ausdehnungen mithilfe von Ultraschallprüfungen bestimmt. Wird zur Bestimmung der Ausdehnungen der 6dB-Amplitudenabfall verwendet, führt das zu einer Überschätzung der Rissausdehnung, sofern die Rissausdehnung kleiner ist als die Schallbündelbreite des verwendeten Ultraschallprüfkopfs ist. Die Schallbündelbreite ist bekanntermaßen abhängig vom Schwingerdurchmesser, von der Prüfkopffrequenz und von der Entfernung. Bei dickwandigen Schmiedeteilen und Fehlstellen in größerer Tiefe ist die Schallbündelbreite nicht mehr zu vernachlässigen.

An einem Testkörper mit einem Wasserstoffflockenrissfeld wurden vergleichende Untersuchungen mit einem Senkrechtprüfkopf und mit Matrix-Array-Prüfköpfen durchgeführt, die eine gezielte Fokussierung des Schallbündels ermöglichen. Außerdem wurde beispielhaft TFM eingesetzt und Simulationen der jeweiligen Schallfelder mit CIVA berechnet. Ziel der Untersuchungen war es, herauszufinden, ob der Einsatz von Array-Prüfköpfen mit Fokussierung in die Fehlerebene einen entscheidenden Vorteil bei der Bewertung der Fehlerausdehnung liefert und die Berechnung POD-Kurven ermöglicht.

Einführung

In Reaktordruckbehältern belgischer Kernkraftwerke wurde im Zuge von wiederkehrenden Prüfungen 2012 eine große Anzahl von Ultraschallanzeigen detektiert [1,2]. Weitere Untersuchungen führten zur Hypothese, dass es sich bei den Anzeigen um Wasserstoffflocken handelt [3,4]. Die Reaktordruckbehälter werden aus geschmiedeten Ringen zusammengefügt. Bei der Herstellung von zwei dieser Ringe, wurde atomarer Wasserstoff in der Schmelze belassen, der nach der Abkühlung zur Ausbildung charakteristischer Fehlstellen, den Wasserstoffflocken, führte. Die Lage und Orientierung der Anzeigen in den RDB-Ringen stimmt gut mit der theoretischen Lage von Wasserstoff in der Ursprungsschmelze überein.

Die Anzeigen wurden weitergehend untersucht und die Ultraschalluntersuchungen wurden 2015, 2017 und 2019/20 wiederholt, um eventuelle Veränderungen zu dokumentieren. Die Ultraschallanzeigen zeigen seit den ersten Untersuchungen 2012 keine nennenswerten Veränderungen [5].

Die MPA Universität Stuttgart untersucht vor dem Hintergrund der Rissfeldproblematik neue Bewertungsverfahren für Komponenten mit Mehrfachrissen. Hierfür kommen neben künstlich erzeugten Rissen auch Reststücke einer Bramme zum Einsatz, die in den 1980er Jahren im Rahmen des Forschungsvorhabens Komponentensicherheit (FKS) hergestellt wurde [6]. Hierfür wurde eine Schmelze erzeugt, die in der chemischen Zusammensetzung typischen Reaktordruckbehälterstählen ähnelt, aber dahingehend modifiziert wurde, dass die Bildung von Wasserstoffflocken begünstigt wird. Mithilfe einer entsprechend ungünstigen Wärmebehandlung wurden Wasserstoffflocken im Material provoziert und das Material für weitere Untersuchungen im FKS-Programm verwendet. Vorhandene Reststücke wurden zunächst zerstörungsfrei untersucht. Hierbei kamen aufgrund der Dimensionen der Testkörper zunächst Ultraschalluntersuchungen und Magnetpulverprüfungen zum Einsatz. Im späteren Verlauf wurden Teile weiter zerlegt und erlaubten zusätzliche Untersuchungen an den Schnittkanten und mithilfe von Durchstrahlungsprüfungen. Teile der Ergebnisse wurden bereits bei der DGZfP Jahrestagung 2018 vorgestellt [7].

Inzwischen wurde die Zuverlässigkeit der Ultraschallprüfungen weiter untersucht. Die Anzeigengrößen in den untersuchten Testblöcken wurden über den 6 dB Amplitudenabfall bestimmt. Die Methode ist geeignet die Größe von Anzeigen zu bestimmen, die größer sind als das Schallbündel. Sind die Anzeigen kleiner als das Schallbündel, werden sie systematisch überschätzt. Für die Bewertung der Integrität der Komponente spielt das eine untergeordnete Rolle, da lediglich eine Unterschätzung der Anzeigen problematisch wäre. Im Hinblick auf die Beobachtung eines möglichen Risswachstums mithilfe wiederkehrender Prüfungen, ist es dennoch ein Punkt, der im Folgenden genauer untersucht wird.

1. Untersuchungen an Testkörpern mit Rissfeldern

1.1 Verwendete Testkörper

Die vorgestellten Untersuchungen fanden an zwei verschiedenen Testkörpern, die aus derselben Bramme der Schmelze mit der Bezeichnung KS07C entnommen sind. Im Folgenden werden sie zur Unterscheidung mit TK1 und TK2 bezeichnet. Die Abmessungen der Testkörper sind Tabelle 1 zu entnehmen.

Tabelle 1: Testkörperabmessungen

Testkörper	TK1	TK2
Länge [mm]	375	360
Breite [mm]	233	258
Höhe [mm]	773	790

Der TK1 wurde nach den Untersuchungen zerlegt, so dass die Ergebnisse der Ultraschalluntersuchungen anhand anderer Verfahren verifiziert werden konnten. Drei hier betrachtete Scheiben aus dem TK1 sind mit ABA, ABB, ABC bezeichnet (Abbildung 1). TK2 steht aktuell für Untersuchungen zur Verfügung. Beide Testkörper enthalten je ein Rissfeld, dass in Höhenrichtung etwa in der Mitte der Testkörper liegt. Die genauere Lage der Rissfelder wird aus den Ultraschalluntersuchungen deutlich.

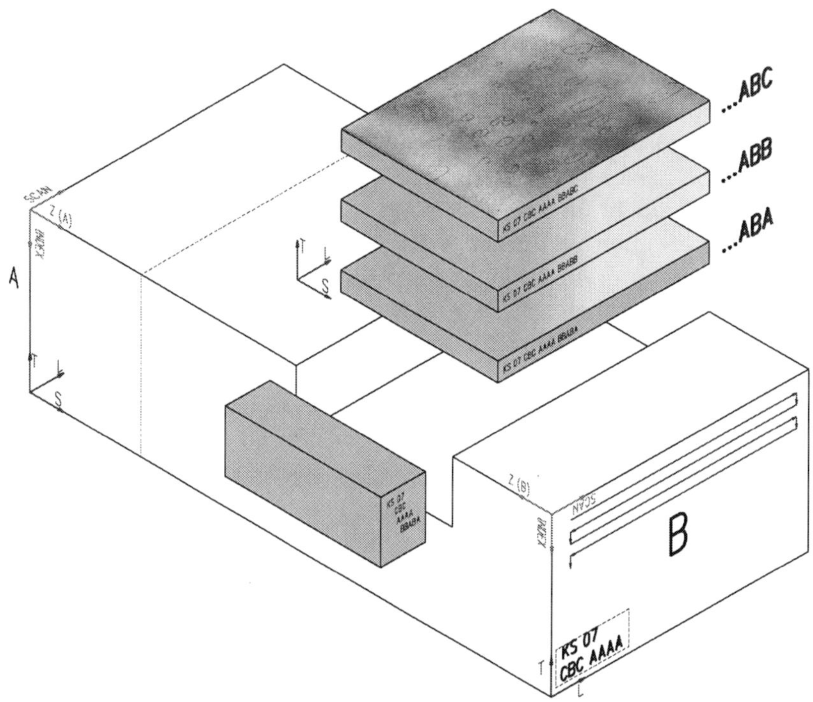

Abbildung 1: TK1 mit Darstellung der herausgesägten Platten

1.2 Ultraschalluntersuchungen

An den Testkörpern wurden Ultraschalluntersuchungen mit Senkrechteinschallung von den Flächen A und B durchgeführt. Die Fläche B des TK1 ist in Abbildung 1 als Stirnfläche zu sehen, Fläche A bezeichnet die gegenüberliegende Fläche. Im Laufe der Untersuchungen kamen verschiedene Ultraschallprüfköpfe zum Einsatz, die in Tabelle *2* aufgelistet sind. Die Schallschwächungseigenschaften von TK1 ließen eine Prüfung mit höheren Prüfkopffrequenzen zu, als am TK2 möglich war.

Tabelle 2: Verwendete Prüfköpfe für die Ultraschallprüfung am TK1 und TK2

Bezeichnung	Frequenz [MHz]	Einsatz am TK1	Einsatz am TK2	
B2SN	2	-	+	Einzelschwinger
B4SN	4	+	-	Einzelschwinger
DMA	2,25	-	+	Matrix Array
3L64	3,5	-	+	Linear Array
5L64	5	+	-	Linear Array

In Abbildung *2* sind die Ergebnisse der Ultraschallprüfung, jeweils mit einem Einzelschwinger Senkrechtprüfkopf am TK1 und TK2 zu sehen. Auf der Oberseite ist die

Draufsicht und zu sehen, auf den Seitenflächen jeweils die B-Scan Projektionen auf die jeweilige Fläche. So kann man gut die Lage der Rissfelder in den Testkörpern erkennen. Im TK1 beschränkt sich die Lage des Testfelds auf die Mitte der vordere Hälfte des Testkörpers. Im TK2 liegt das Testfeld in der vorderen Ecke des Testkörpers. Es ist anzumerken, dass in dieser Darstellung nur die Ergebnisse der Prüfungen von der jeweiligen Oberseite dargestellt sind. Die Ausdehnung der Rissfelder in Z-Richtung ist größer als in Abbildung 2 dargestellt. Risse, die tiefer im Rissfeld liegen, werden durch Abschattungseffekte und durch den langen Laufweg der Ultraschallwellen nicht mehr abgebildet. Die Prüfung von der Gegenseite liefert zusätzliche Rissanzeigen und es kommt zu einer Überlappung der Anzeigen in der Mitte des Testfelds.

Die Rissfelder beginnen jeweils bei einer Tiefe von mehr als 120 mm. Die Schalllaufwege sind vergleichsweise lang und die Schallbündelaufweitung entsprechend groß.

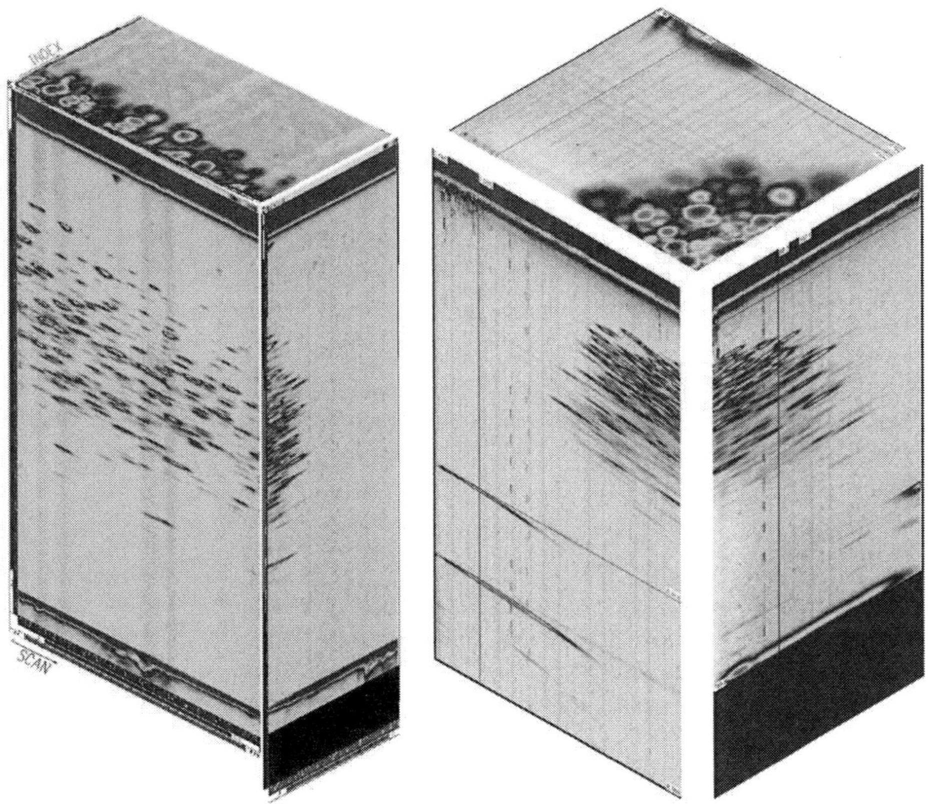

Abbildung 2: Ultraschallprüfung an TK1 (links) und TK2 (rechts) von der Oberseite

1.3 Verifikation der Anzeigen an TK1

TK1 wurde entsprechen der Schnittdarstellung in Abbildung 1 zerlegt. Dadurch wurde es möglich, die herausgeschnittenen Platten weiterführend zu untersuchen. An den entstandenen Schnittflächen konnten MT-Prüfungen durchgeführt werden. Außerdem erlaubte die Wanddicke von 28 mm eine Durchstrahlungsprüfung. Die Anzeigen, die mit RT und MT gefunden wurden, sind in Abbildung 3 für die oberste Platte mit der Bezeichnung ABC gemeinsam dargestellt. Die blauen Anzeigen sind MT-Anzeigen, die an der ursprünglichen Testkörperoberseite gefunden wurden, die rosafarbenen Anzeigen sind die MT Anzeigen von der Rückseite der Schnittplatte. Die RT-Anzeigen sind in grün dargestellt. Die MT und RT-Anzeigen decken sich in manchen Fällen (z.B. Anzeigen Nr. 7, Nr. 45). Es gibt aber auch RT Anzeigen ohne MT Anzeigen (z.B. Nr. 68, Nr. 22), wenn die Risse keine der beiden Oberflächen erreichen. MT-Anzeigen ohne RT-Anzeigen (z.B. Nr. 19, Nr. 15) sind dadurch zu begründen, dass Rissanzeigen bei RT Prüfungen nur gefunden werden, wenn die Risse ideal zum Strahlengang liegen. Die Wanddicke von 28 mm ist für die Untersuchung mit Röntgenstrahlen außerdem vergleichsweise groß, so dass die Aufnahmebedingungen nicht optimal sind. Demensprechend weichen auch die Anzeigenlängen voneinander ab. Bei Anzeigen, die mit beiden Verfahren detektiert wurden, wurde die jeweils längere Anzeige als Referenzanzeigenlänge festgelegt.

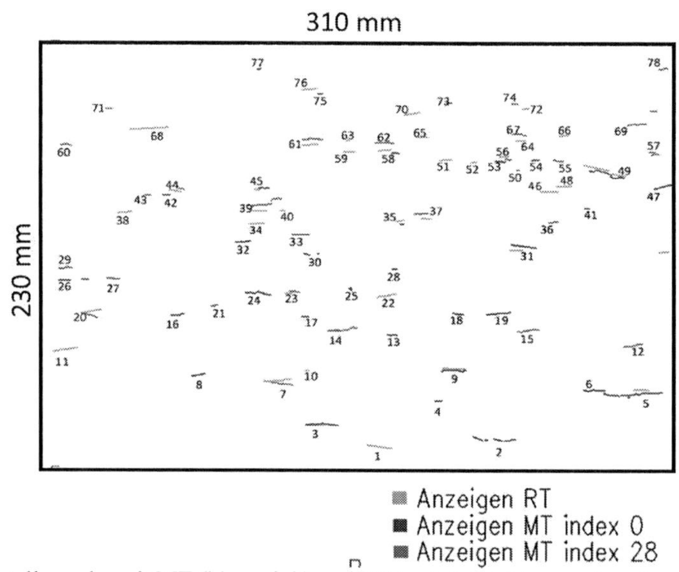

Abbildung 3: Darstellung der mit MT (blau, pink) und RT (grün) detektierten Anzeigen an der Platte ABC Testkörpers TK1

2. Bestimmung der Anzeigenlängen

Die Anzeigenausdehnungen der Anzeigen, die bei den Ultraschalluntersuchungen detektiert wurden, wurden über den 6 dB Amplitudenabfall bestimmt. Die Ränder der Anzeige werden dort festgelegt, wo die maximale Amplitude um 6 dB abgenommen hat. Die Methode ist ein Standardverfahren, jedoch weicht die Anzeigengröße mitunter von der realen Fehlergröße stark ab. Für Fehlstellen, deren Ausdehnung größer sind als die Breite des Schallbündels, das der Ultraschallprüfkopf aussendet, ist die Größenbestimmung der Anzeigen vergleichsweise gut. Ist die Schallbündelbreite größer als die Fehlergröße, wird mit der 6 dB Methode statt der Fehlstelle das Schallbündel ausgemessen. Das führt zu einer systematischen Überschätzung dieser Anzeigen. Je weiter die Entfernung der Fehlstelle vom Fokuspunkt des Prüfkopfs entfernt liegt, umso weiter ist das Schallbündel aufgeweitet.

Die Größe der Ultraschallanzeigen am TK1 wurde über den 6 dB Abfall bestimmt. Die mittlere Anzeigenlänge beträgt 17 mm. Wie bereits erläutert, konnten die Anzeigen über Referenzuntersuchungen verifiziert werden und Ultraschallanzeigen wurden den MT und RT Anzeigen zugeordnet. Die mittlere Länge der Anzeigen, die mit RT und MT ausgemessen wurden, beträgt lediglich 7 mm. Die Ultraschallanzeigen werden erwartungsgemäß deutlich überschätzt. Die untersuchten Testkörper sind mit mehr als 700 mm einfachem Laufweg und Fehlerlagen zwischen 150 mm und 600 mm sehr groß. Die Schallfeldaufweitung ist in dieser Tiefe bereits sehr groß, deshalb ist die Bestimmung der Anzeigenausdehnungen über den 6 dB Abfall stark fehlerbehaftet.

2.1 Schallfeldsimulationen

Anhand von Simulationen mit CIVA wurden Unterschiede in den Schallbündelbreite für unterschiedliche Fokussierungen mit Array-Prüfköpfen untersucht. In Abbildung 4 sind die Simulationen für ein 2 MHz Lineararray mit 64 Elementen dargestellt. Es wurden verschiedene Fokustiefen von 10 mm bis 400 mm simuliert. An den Bildern wird deutlich, dass ab einer Fokustiefe von 100 mm nur noch sehr geringe Änderungen des Schallfelds zu erkennen sind.

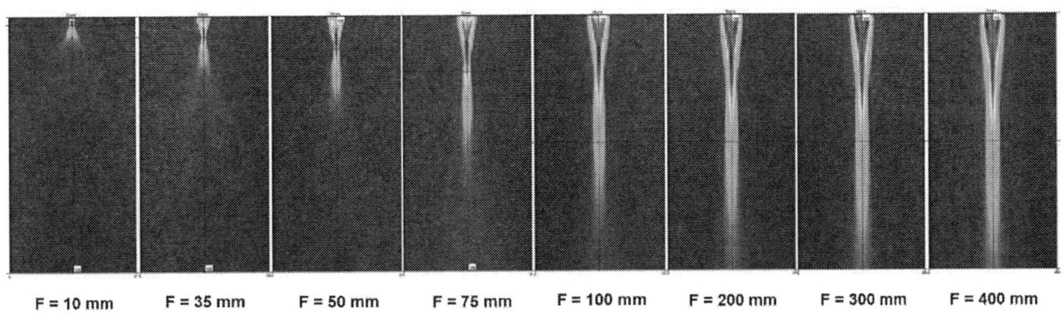

Abbildung 4: Schallfeldsimulationen für ein 2 MHz Lineararray mit 64 Elementen mit unterschiedlichen Fokustiefen

Als nächstes wurde ein Sende-Empfangs-Prüfkopf mit je einem Sender-Empfängerarray betrachtet. Im linken Bild in Abbildung 4 ist das Schallfeld für den Dual Matrix Arrayprüfkopf für einen Fokus von 25 mm zu sehen. Im mittleren Bild ist das Schallfeld für eine Fokussierung in 126 mm zu sehen. Das simulierte Schallfeld unterscheidet sich nur wenig für beide Einstellungen. Deshalb wurde versucht, den Fokuspunkt nach unten zu verschieben, indem die Prüfköpfe weiter voneinander entfernt wurden. Im rechten Bild in Abbildung 5 ist eine Simulation gezeigt, bei der die beiden Prüfkopfarrays mit einem Abstand von 25 mm aufgesetzt wurden. Hier ist eine Verschiebung des Schallbündelfokus in größere Tiefe zu erkennen.

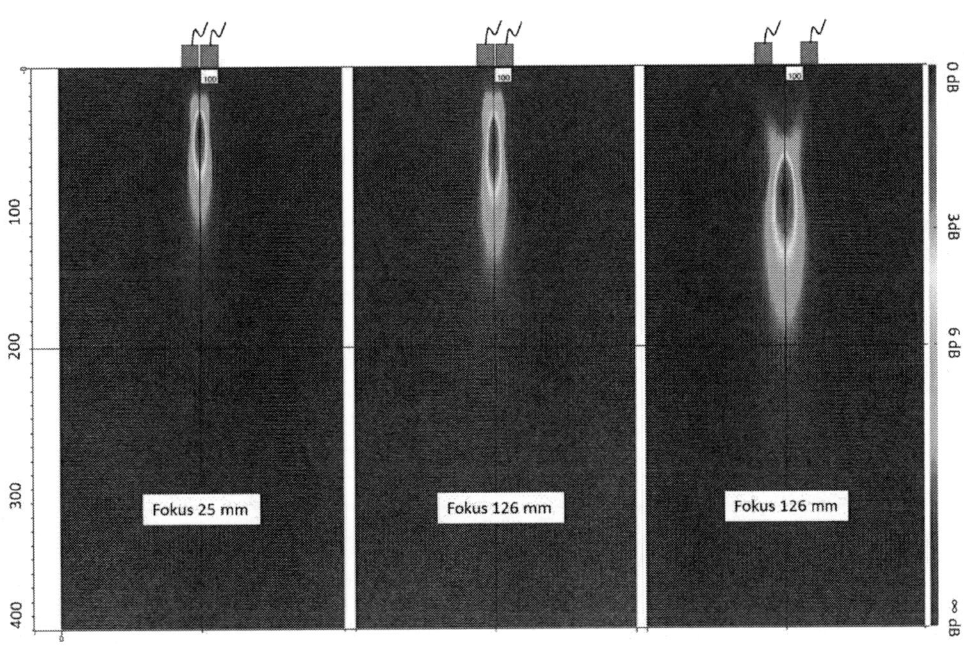

Abbildung 5: Schallfeldsimulationen mit 2,25 MHz Dual Matrix Array Prüfkopf

2.2 Bestimmung von Anzeigenlängen mit angepasster Fokussierung

Wie sich die Schallfeldfokussierung auf die Fehlergrößenbestimmung auswirkt, wurde ebenfalls in Simulationen untersucht. Hierfür wurden Fehlstellen mit einer Länge von 5 mm, 10 mm und 20 mm und jeweils einer Breite von 10 mm in drei unterschiedlichen Tiefenlagen eingebracht. Die Tiefenlagen wurden auf 50 mm, 126 mm und 175 mm festgelegt (siehe Abbildung 6). Die Ultraschallprüfungen wurden mit drei verschiedenen Prüfköpfen simuliert, einem 2 MHz Senkrechtprüfkopf, einem 2,25 MHz Matrix Array ohne Abstand der Prüfköpfe und einem 2,25 MHz Matrix Array mit 25 mm Abstand zwischen den beiden Prüfköpfen, mit einem theoretischen Fokus in 126 mm Tiefe. Die Fehlstellengrößen wurden anschließend über den 6dB-Abfall bestimmt.

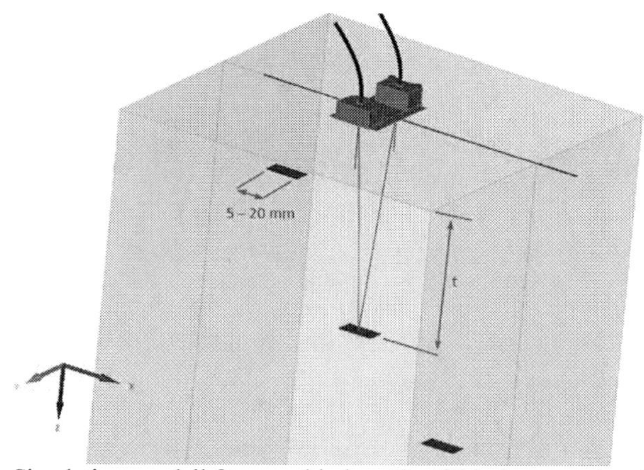

Abbildung 6: Simulationsmodell für verschiedene Testfehlerlagen und -größen

Die Ergebnisse der Fehlerlängenbestimmung sind in **Tabelle 3** zusammengefasst. Mit dem Senkrechtprüfkopf werden die kleinsten Fehlstellen (5 mm) in allen Tiefenlagen um mindestens 100 % überschätzt. Die größten Fehlstellen (20 mm) hingegen werden in allen drei Tiefenlagen und nahezu exakt bestimmt. Der Einsatz der Matrix Array Prüfköpfe mit einem Fokus von 126 mm Tiefe, verbessert die Größenbestimmung des 5 mm und des 10 mm Testfehlers in allen Tiefenlagen. Für die Tiefe 50 mm und 126 mm macht es hierbei keinen Unterschied, ob die Matrix-Prüfköpfe mit einem Abstand oder direkt nebeneinander verwendet werden. Die Anordnung mit 25 mm Abstand verbessert die Fehlergrößenbestimmun in der größten Tiefe von 175 mm gegenüber der Anordnung ohne Abstand. Auch mit den Matrix-Array-Prüfköpfen wurden die Fehlergrößen von 20 mm exakt bestimmt.

Tabelle 3: Ergebnisse der Längenbestimmung der simulierten Testfehler in unterschiedlicher Tiefenlage

	l [mm]	t = 50 mm			t = 126 mm			t = 175 mm		
		l [mm] gemessen	Diff. [mm]	Diff. [%]	l [mm] gemessen	Diff. [mm]	Diff. [%]	l [mm] gemessen	Diff. [mm]	Diff. [%]
B2 SN	5	10	5	100	17	12	240	22	17	340
	10	14	4	40	16	6	60	22	12	120
	20	20	0	0	19	-1	5	20	0	0
DMA ohne Offset	5	8	3	60	14	9	180	20	15	300
	10	12	2	20	14	4	40	17	7	70
	20	20	0	0	20	0	0	20	0	0
DMA 25mm Offset	5	8	3	60	14	9	180	18	13	260
	10	12	2	20	14	4	40	16	6	60
	20	20	0	0	20	0	0	20	0	0

2.3 Anwendung am Testkörper

Die Simulationen gehen von exakt rechteckigen Reflektoren parallel zur Oberfläche aus. In den verwendeten Testkörpern liegen die Fehlstellen teilweise mit einer leichten Neigung zur Oberfläche und die Rissoberflächen sind nicht eben. Die Ergebnisse lassen sich also nicht direkt auf die Anwendung am Testkörper übertragen. Dennoch wurden erste Versuche mit der vorgeschlagenen Prüfkopfanordnung am TK2 durchgeführt. Durch die Breite der Prüfkopfanordnung mit 25 mm Abstand, konnte nur ein Teil des Testkörpers bei der Prüfung erfasst werden.

In Abbildung 7 sind die Ergebnisse der Prüfung als B-Scan Projektion und Draufsicht dargestellt. Zum Vergleich wurden daneben die Ergebnisse mit einem 2 MHz Senkrechtprüfkopf dargestellt.

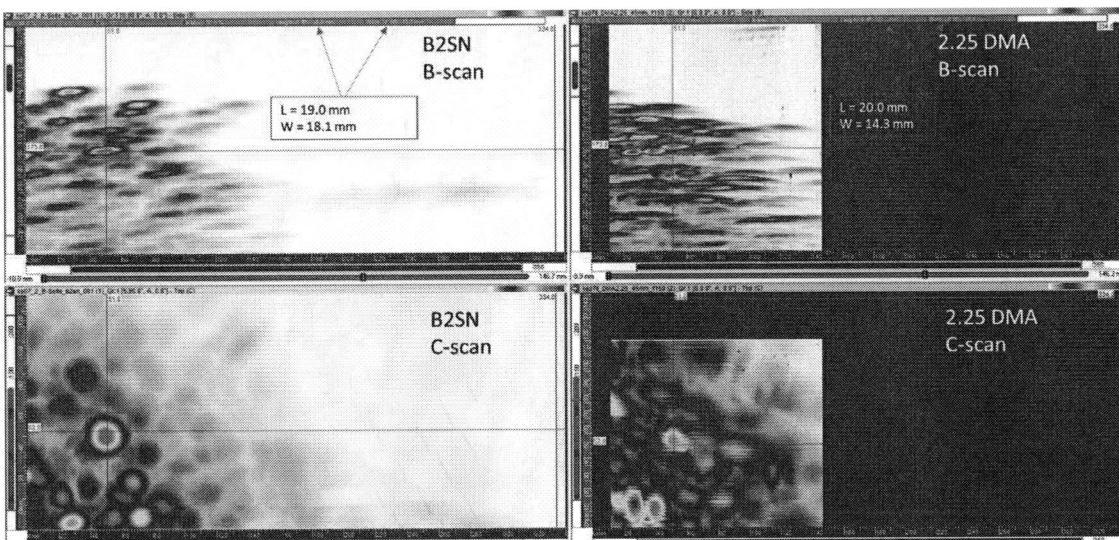

Abbildung 7: Vergleich der Ultraschallprüfung mit 2 MHz Senkrechtprüfkopf (links) und 2,25 MHz Dual Matrix Array mit 25 mm Abstand (rechts)

Zunächst fällt auf, dass mit der Matrix-Array-Anordnung mehr Anzeigen mit höherer Amplitude (rot und gelb) detektiert wurden als mit dem 2 MHz Senkrechtprüfkopf. Dies kann darauf zurück zu führen sein, dass mit der Matrix-Array-Anordnung die Fokussierung des Schallfelds im Prüfbereich verbessert wird. Es ist aber nicht auszuschließen, dass es sich bei den zusätzlichen Anzeigen um komplexere Reflexionsmuster handelt, die aufgrund der Einschallung im Winkel in des Rissfeld nicht mehr ohne weiteres nachvollzogen werden können.

Eine Anzeige, die in beiden Prüfungen identifiziert werden konnte (x = 51 mm, y = 53 mm, z = 173 mm), wurde mit dem 6 dB Amplitudenabfall ausgemessen. Für den 2 MHz Senkrechtprüfkopf ergab sich eine Ausdehnung von 19 mm x 18 mm. Mit der Dual Matrix Anordnung wurde die Ausdehnung auf 20 mm x 14 mm ermittelt. Es kann anhand dieser Messungen nicht ermittelt werden, was die tatsächliche Fehlerausdehnung ist und ob die geringere Fehlstellenbreite bei der Matrix-Array-Anordnung auf die verbesserte Schallfeldfokussierung zurück zu führen ist. Um hier genauere Aussagen zu erhalten, muss der Schritt zurück zu einfacheren Testobjekten mit bekannten Fehlstellen gemacht werden. Der Testkörper mit dem Rissfeld bietet zu viele Unbekannte, um eine Interpretation zu ermöglichen.

2.4 Untersuchungen mit TFM/FMC

Die Verwendung von TFM/FMC ermöglicht ebenfalls eine besser fokussierte Darstellung von Ultraschallanzeigen. Bei „Full Matrix Capture“ (FMC) werden die einzelnen Elemente eines Array-Prüfkopfs nacheinander zur Erzeugung einer Ultraschallwelle als Punktquelle verwendet; alle anderen Elemente dienen als Empfänger. Es entsteht so eine Matrix, die alle Sender-Empfänger-Konstellationen enthält und aus der über die Verwendung von Rekonstruktionsalgorithmen, z.B. der Total Focusing Method (TFM) ein Bild erzeugt wird. Der entscheidende Vorteil ist, dass Fehlstellen im ganzen Prüfvolumen mit ähnlich guter Fokussierung dargestellt werden, wohingegen bei Standard-Ultraschallverfahren der Bereich, der im Fokuspunkt des Prüfkopfs liegt, am besten dargestellt wird. Ein Nachteil des TFM Verfahrens ist allerdings, dass die Schallenergie, die ein einzelnes Element des Prüfkopfs aussendet, begrenzt ist. Bedingt durch die Schallschwächung im Materials ist die Eindringtiefe des Verfahrens entsprechend limitiert. Dies ist für die hier betrachteten Testkörper relevant und macht das Verfahren nur bedingt einsetzbar.

Dennoch wurden ein Bereich zwischen 120 und 240 mm Tiefe am TK2 mit dem Verfahren untersucht. In Abbildung 8 links sind die Ergebnisse eines Linienscans mit einem 3,5 MHz Lineararray zu sehen. Der gleiche Prüfkopf wurde verwendet um ein TFM-Bild zu erzeugen, das in Abbildung 8 rechts zu sehen ist. Es ist zu sehen, dass die Anzeigen, die im Linienscan sehr langezogen erscheinen, im TFM Bild kürzer sind und mit höherer Amplitude dargestellt werden. Der TFM-Algorithmus ist also in der Lage eine bessere Fokussierung zu erreichen. Untersuchungen am ganzen Testkörper, sowie die Auswirkungen auf die Bestimmungen der Anzeigenlängen stehen noch aus.

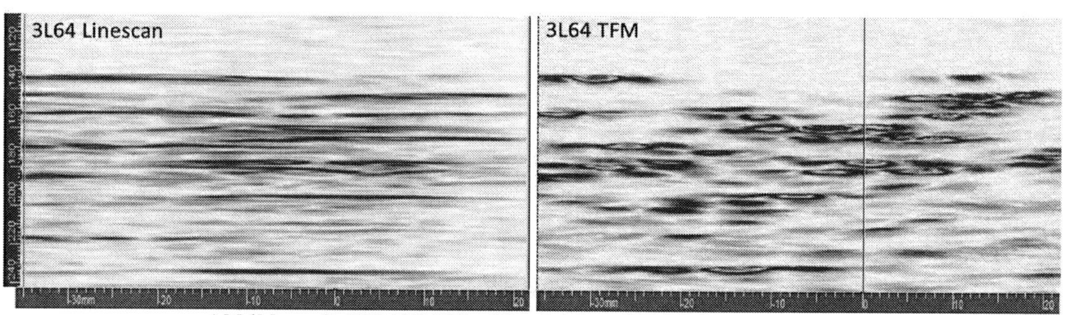

Abbildung 8: TFM/FMC im Vergleich zu UT-Linienscan am TK2

3. Zusammenfassung

Im Beitrag wurden verschiedene Untersuchungen vorgestellt, die sich auf Untersuchungen an zwei Testkörpern mit Wasserstoffflockenrissen bezogen. An beiden Testkörpern wurden Ultraschalluntersuchungen durchgeführt, um die Rissfelder zu kartieren. Am TK1 wurden außerdem Anzeigenlängen über den 6 dB Amplitudenabfall bestimmt. Der TK1 wurde für weiterführende Untersuchungen zerlegt. An den Schnittkörpern konnten MT Untersuchungen und RT Untersuchungen durchgeführt und zur Verifikation der UT Anzeigen verwendet werden. Hierbei fiel auf, dass die mit Ultraschall ausgemessenen Anzeigenlängen von durchschnittlich 17 mm, die mit den Referenzverfahren ausgemessenen Fehlstellenlängen von durchschnittlich 7 mm deutlich überschätzen. Der Grund hierfür ist die Schallbündelaufweitung bei der Ultraschallprüfung, die sich bei großen Laufwegen auf die Bestimmung der Anzeigenlängen auswirkt.

Im Folgenden wurden verschiedene Versuche unternommen, die Schallfeldfokussierung zu verbessern. Zunächst wurde versucht die Schallfeldfokussierung über den Einsatz von Phased Array Prüfköpfen zu verbessern. Die Simulationen zeigten aber, dass eine Fokussierung in mehr als 100 mm Tiefe sich mit einzelnen Lineararrays nicht mehr erreichen lässt. Alternativ wurde eine Sende-Empfangs-Anordnung mit Matrix Array Prüfköpfen vorgeschlagen, bei der Sender und Empfänger mit Abstand platziert werden. Dadurch konnte in den Simulationen eine Verschiebung des Fokuspunkts in größere Tiefen erreicht werden. Die Bestimmung der Anzeigenlängen simulierter Testfehler konnte für kleine Anzeigen in großer Tiefe (170mm) über diese Prüfkopfanordnung ebenfalls verbessert werden.

Die erste praktische Umsetzung zeigte, dass die Anzeigenmuster aus dem Testkörper mit Rissfeld zu komplex sind, um eine Verbesserung zu quantifizieren. Hier sind weitere Untersuchungen an weniger komplexen Testkörpern mit bekannten Fehlstellenausdehnung notwendig.

Im letzten Schritt wurden Untersuchungen mit TFM/FMC durchgeführt, da diese ebenfalls eine verbesserte Fokussierung von Anzeigen versprechen. Das Verfahren stößt allerdings aufgrund der Testkörperausdehnungen hier an seine Grenzen. Dennoch konnte gezeigt werden, dass im TFM Bild gegenüber einem Linienscan die Anzeigenfokussierung verbessert werden kann. Weitere Untersuchungen dazu stehen jedoch ebenfalls noch aus.

Referenzen

[1] Doel 3 Reactor Pressure Vessel Assessment, Safety Case Report, Electrabel GDF Suez, 5.12.2012

[2] Tihange 2 Reactor Pressure Vessel Assessment, Safety Case Report, Electrabel GDF Suez, 5.12.2012

[3] Doel 3 Reactor Pressure Vessel Assessment, Safety Case Report, Electrabel GDF Suez, 28.10.2015

[4] Tihange 2 Reactor Pressure Vessel Assessment, Safety Case Report, Electrabel GDF Suez, 28.10.2015

[5] AFCN: Indications de défauts dans les cuves des réacteurs de Doel 3 et Tihange 2. Available online: https://afcn.fgov.be/fr/dossiers/centrales-nucleaires-en-belgique/actualite/indications-de-defauts-dans-les-cuves-des, last checked 16/03/2021 (Französisch)

[6] Unterlagen zur Reaktorsicherheitsforschung (u.a. Forschungsvorhaben Komponentensicherheit - FKS der Materialprüfungsanstalt) 1977-1997. Online verfügbar: https://www.archiv.ub.uni-stuttgart.de/Online-Findbuecher/Bestand_200_20150504/index.htm, online seit 2015, zuletzt überprüft 15/01/2021

[7] Jüngert, A.; Swacek, C.; Gauder, P.; Schuler, X. (2018): Ultraschalluntersuchungen an Rissfeldern in großen Schmiedekomponenten. In: DGZfP (Hg.): Jahrestagung 2018. Leipzig, 7.-9. Mai.

Untersuchung der elektromagnetischen Emission beim Bruch spröder Materialien

Christoph F. APPEL [1], Markus G. R. SAUSE [1]
[1] Universität Augsburg, Institut für Materials Resource Management, Mechanical Engineering, Augsburg

Kontakt E-Mail: christoph.appel@mrm.uni-augsburg.de

Kurzfassung. Das Phänomen der elektromagnetischen Emission (EME) beim Bruchversagen von Materialien war ursprünglich wegen seiner vielversprechenden Anwendung in der Geologie als Frühwarnsystem für Erdbeben in den Fokus der Forschung gerückt und wurde inzwischen in vielen theoretischen und experimentellen Studien untersucht. Nichtsdestotrotz ist die Analyse der EME eine noch weitgehend unbekannte zerstörungsfreie Prüfmethode. Aufgrund der Vielfalt der in der Literatur verfolgten experimentellen Ansätze bei der Untersuchung des Phänomens an bestimmten Materialien haben wir begonnen, mit einheitlichen SENB (Single-Edge-Notched Bend) Probengeometrien und einer definierten Sensorik ein breites Spektrum an unterschiedlichen Materialien systematisch im Drei-Punkt-Biegeversuch mit begleitender EME-Messung zu untersuchen. Diese Experimente lassen keinen Zweifel daran, dass EME beim Bruch aller Werkstoffe auftritt, solange es sich um ein spontanes Bruchereignis ohne übermäßige plastische Verformung handelt. Im Gegensatz zu gängigen EME-Modellbeschreibungen der Literatur wurde das Phänomen sogar bei elektrisch hochleitfähigen Materialien beobachtet. Diese Universalität zeigt das enorme Potenzial als neue zerstörungsfreie Prüfmethode, die komplementär zur Schallemission (SE) eingesetzt werden kann, um in Zukunft die Vorteile beider Methoden zu kombinieren. Hier liegt die Hoffnung auf der Möglichkeit zur Unterscheidung von Bruchereignissen und Ruckgleiten. Unsere Forschung konzentriert sich derzeit einerseits auf die Entwicklung eines praxistauglichen Sensorkonzepts und andererseits auf die Nutzung der Informationen aus der EME-Signalanalyse. Dazu gehören Parameter der mikroskopischen Bruchdynamik wie die Risswachstumsgeschwindigkeit, sowie die angenommene Korrelation zwischen resultierender Bruchflächengröße und Amplitude des elektromagnetischen Signals. In diesem Beitrag wollen wir einen Überblick über die bisher im Rahmen unseres Forschungsprojekts gewonnenen Ergebnisse geben.

1. Die elektromagnetische Emission als zerstörungsfreie Prüfmethode

Dass beim Bruchversagen von Festkörpern Schallwellen emittiert werden, ist gemeinhin bekannt und entspricht unserer alltäglichen Erfahrung. Auch im Kontext der zerstörungsfreien Prüfung hat sich die Schallemissionsanalyse längst etabliert und Einzug in industrielle Anwendungen gefunden. Doch dass neben der Schallemission (SE) auch eine elektromagnetische Emission (EME) stattfindet, ist weit weniger bekannt. Diese entsteht primär durch ein sich während des Risswachstums bildendes Ladungsungleichgewicht auf den Bruchflächen aufgrund der getrennten chemischen Bindungen im Festkörper. Das sich dadurch aufbauende elektrische Feld kann im Experiment mithilfe kapazitiver Sensoren gemessen werden. Dynamische Folgeprozesse betreffend die Ladungsträger auf den

Bruchflächen können weitere Beiträge zum EME-Signal erzeugen. Für das genaue Zusammenspiel von Ursachen dieses Phänomens finden sich in der Literatur im Detail unterschiedliche Erklärungsansätze. Die am häufigsten herangezogene Modellvorstellung führt die EME auf drei Hauptbeiträge zurück. Diese sind erstens die Entstehung eines elektrischen Ladungsungleichgewichts – durch das Aufbrechen chemischer Bindungen – mit einer zur Rissfläche proportionalen Stärke, zweitens die Ladungsschwingungen auf beiden Seiten des Risses durch elektrische Oberflächenwellen und drittens das exponentielle Abklingen durch Ladungsrelaxation. Dieses Modell der elektrischen Ladungsoberflächenschwingungswellen (charge surface vibrational waves) wurde von Frid et al. [1] und Rabinovitch et al. [2] vorgeschlagen und war in der Lage, Unzulänglichkeiten bereits bestehender Modelle hinsichtlich ihrer Übereinstimmung mit experimentellen Befunden zu überwinden. Basierend auf dieser Überlegung schlugen Gade et al. eine Erweiterung des EME-Modells vor, die den dynamischen Beitrag der Bruchflächenbewegung ausgehend vom plötzlichen Bruch hinzufügt [3]. Dies wiederum erwies sich als äquivalent zum hochfrequenten Beitrag, der in der Schallemission gesehen wird [4].

Warum aber ist die EME eine interessante und vielversprechende zerstörungsfreie Prüfmethode? Ein entscheidender Vorteil gegenüber der Schallemission ist die nahezu ungehinderte Ausbreitung des Signals, welche vom Probenmaterial selbst kaum beeinflusst wird. Eine Veränderung des Signals allein durch den Propagationsweg zwischen Quelle und Sensor wie im Falle der Schallemission findet demnach hier in dem Maße nicht statt. Aufgrund der theoretisch zu vermutenden Korrelation der Signalamplitude mit der neu entstehenden Rissfläche ist eine direkte Deduktion der Rissdynamik denkbar. Durch die ausgeprägte Richtcharakteristik der EME-Signale [3] bietet die Analyse von mit einem Sensorarray aufgenommenen EME-Signalen potentiell die Möglichkeit, Rückschlüsse auf die Orientierung der Bruchfläche ziehen zu können [5].

2. Entstehung von elektromagnetischer Emission beim Bruch

In der Literatur wird über die Messung von EME bei einer Vielzahl unterschiedlicher Materialien, wie Gesteinsarten und Zement [6] - [10], Gläsern [1], [11], [12], Metallen [13], Polymeren [3], [14] - [16], Eis [17] und faserverstärkten Kunststoffen [5], [18] - [21] berichtet. Unklar war bisher jedoch, ob es sich dabei tatsächlich um die Art EME handelt, welche mit der hier zugrunde gelegten Modellvorstellung in Verbindung steht, oder ob diese EME-Signale einen anderen Ursprung besitzen.

Ziel unserer Untersuchungen war es, die bruchinduzierte EME mithilfe eines definierten Sensorsystems und gleichbleibender Messmethodik an einer repräsentativen Auswahl verschiedener Materialklassen mit einheitlicher Probengeometrie zu messen. Dabei stand unter anderem die Frage im Fokus, ob sich das Phänomen der elektromagnetischen Emission auch bei elektrisch leitfähigen Materialien zeigt, was ausgehend von der beschriebenen Modellvorstellung kaum zu erwarten wäre. Die Zeitkonstante der Ladungsträgerrelaxation wäre in diesem Fall mindestens in derselben Größenordnung wie die Bruchzeit selbst, was eine Akkumulation von Ladungsträgern auf den Bruchflächen und somit die Erzeugung messbarer elektrischer Feldstärken über dem Rauschlevel unmöglich machen sollte.

Dazu wurden Drei-Punkt-Biegeversuche mithilfe einer Universalprüfmaschine des Typs Zwick ZT 5.0 in einem etablierten Prüfstand [3] durchgeführt (Abb. 1). Hierfür wurden einheitliche SENB-Proben (Abb. 2-a) mit einer Länge von $l = 25$ mm und einer Höhe von $h = 5$ mm verwendet. Die Breite b sowie die Kerbtiefe wurden variiert, um unterschiedliche Bruchflächengrößen $A = a \cdot b$ zu erhalten. Der eigentliche Bruchversuch fand in einer geerdeten Abschirmkammer aus einer 3 mm starken Aluminiumlegierung statt, welche eine

Beeinflussung der Messung durch äußere Störquellen verhindert und von der Universalprüfmaschine elektrisch isoliert angebracht ist. Die Krafteinleitung erfolgt über einen durch ein Loch im Deckel der Abschirmkammer geführten Stab mit Druckstempel, welche beide aus Polymethylmethacrylat (PMMA) gefertigt wurden. Auch alle anderen Teile des experimentellen Aufbaus innerhalb der Abschirmkammer – bis auf die Sensoren, Kabel und einem Vorverstärker – bestehen aus Kunststoff. Als Auflagepunkte der Drei-Punkt-Biegung wurden Keramikstäbe aus Al_2O_3 gewählt.

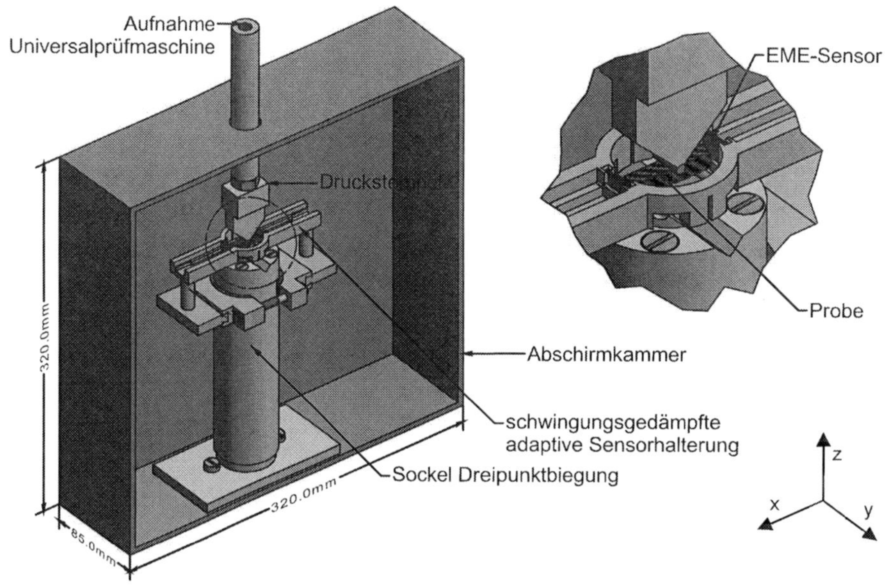

Abbildung 1: Experimenteller Aufbau zur Messung der EME-Signale bei Belastung in Drei-Punkt-Biegung (links), sowie Detail der EME-Sensorplatzierung relativ zur Bruchfläche (yz-Ebene).

Die Verwendung von elektrisch nicht leitfähigen Materialien ist essentiell, um die Signalausbreitung möglichst nicht zu beeinflussen. Als kapazitiver Sensor wurde eine 7 x 10 mm^2 Kupferplatte mit einer Dicke von 1 mm verwendet. Unmittelbar am Sensor schließt sich eine Vorverstärkerschaltung an – basierend auf einem Sperrschicht-Feldeffekttransistor (J-FET) – der eine Verstärkung des Signals um 27 dB ermöglicht. Die Abschirmkammer dient als Bezugsmasse für den Sensor. Schließlich wird das Signal mit einem PCI-2 System der Firma Mistras aufgezeichnet. Ein Beispiel eines EME-Signals ist in Abb. 2-b zu sehen. Zudem wurde vor jeder Messung der Kunststoff-Aufbau mit ionisierter Druckluft aus einer Ion Air Gun (Top Gun von Simco-Ion) entladen, um eine statische Aufladung des gesamten Aufbaus weitgehend zu neutralisieren.

Anhand des Beispielsignals (Abb. 2b) lassen sich die zur Auswertung herangezogenen Haupt-Features verdeutlichen: die maximale Amplitude, die Anstiegszeit t_{rise} als Zeit zwischen erstmaligem Überschreiten des Schwellwerts bis zum Erreichen der maximalen Amplitude, sowie die Signalenergie E – definiert als

$$E = \frac{1}{Z_M} \int_{t_0}^{t_E} \left(U(t)\right)^2 \mathrm{d}t$$

Dabei ist $Z_M = 10\ \mathrm{k\Omega}$ die Eingangsimpedanz des Messsystems, t_0 der Zeitpunkt des erstmaligen Überschreitens des Schwellwerts und messtechnisch damit der Beginn des EME-Signals. Wir setzen außerdem $t_E = t_0 + t_{rise}$. Somit betrachten wir für die Feature-Berechnung ausschließlich den ersten Teil des Signals bis zum Erreichen der maximalen Amplitude, was dem physikalisch relevanten Zeitintervall der Rissentstehung entspricht. Das liegt daran, dass nach der theoretischen Modellvorstellung das Erreichen der maximalen Signalstärke zeitlich mit dem Abschluss des Bruchvorgangs korrelieren sollte. Nur solange weitere Bindungen getrennt werden, kann das Ladungsungleichgewicht und somit die Feldstärke zunehmen. Basierend auf dieser Annahme kann die Rissgeschwindigkeit direkt aus der Steigung des Signalanstiegs abgeleitet werden, was wertvolle Informationen über die Rissdynamik liefert [15]. Zudem wird erwartet, dass die Intensität der EME nahezu linear zur entstehenden dreidimensionalen Bruchfläche ist.

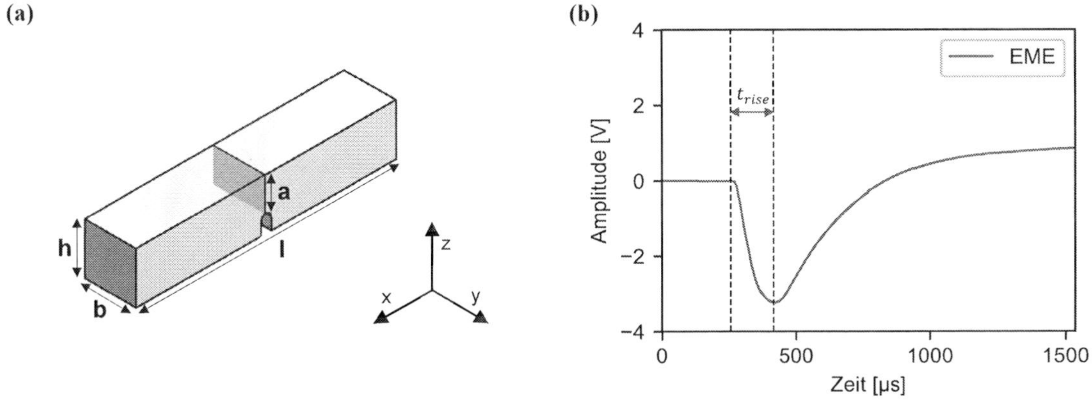

Abbildung 2: Geometrie der SENB-Proben (a), sowie Beispiel eines EME-Signals (b).

Bisher wurden im Projekt verschiedene Kunststoffe (RTM6, PEEK, PE, PP, PMMA), Metalle (Aluminiumguss $AlSi_9Cu_3$, Grauguss GG25), kristalline Materialien (Aluminiumoxid Al_2O_3, Siliziumdioxid SiO_2, Siliziumeinkristall [100]), Verbundwerkstoffe (CFK, GFK – jeweils quer zur Faser) und Naturstoffe (Schiefer, Granit, Beton, Holz T-Richtung) untersucht. In allen Fällen zeigten sich deutlich messbare EME-Signale. Eine Auswahl hierzu ist in Abb. 3-a für vier verschiedene Materialien gezeigt.

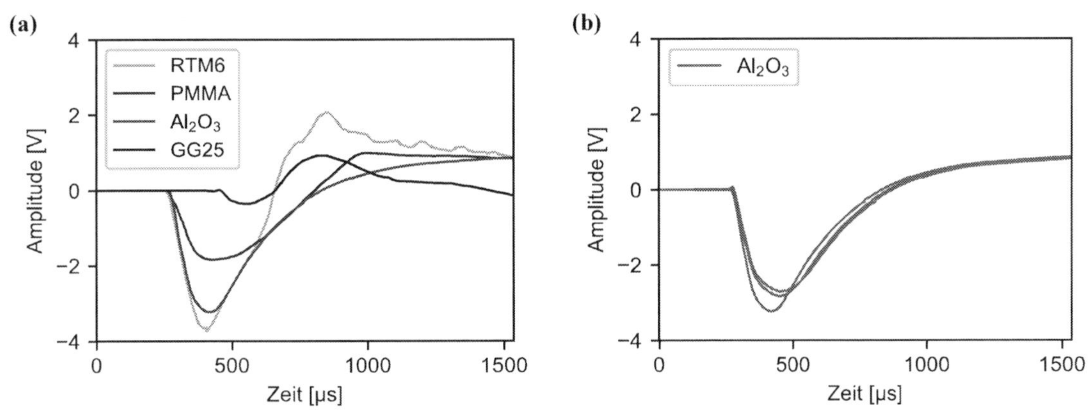

Abbildung 3: Auswahl von EME-Signalen des finalen Bruchvorgangs von vier unterschiedlichen Werkstoffen verschiedener Materialklassen (a), sowie reproduzierbare EME-Signale einer konstanten Probengeometrie von Aluminiumoxid (b).

Überraschend ist dabei das Auftreten von EME auch bei leitfähigen Materialien, was damit grundsätzlich andere experimentelle Berichte in der Literatur bestätigt. Sofern die Rissentstehung schnell genug abläuft, scheint es aufgrund der damit verbundenen hohen Dynamik keinen hinreichend schnellen Abfall der Intensität durch Ladungsträgerrelaxation zu geben. Vor allem Materialien mit einer homogenen Mikrostruktur, wie das verwendete Al_2O_3, zeigen eine hohe Reproduzierbarkeit in den resultierenden EME-Signalen (Abb. 3-b). Zudem konnte durch eine Variation der Probenbreite oder Kerbtiefe gezeigt werden, dass eine zunehmende Bruchflächengröße zu höheren EME-Signalstärken führt. Dies gilt jedoch nur uneingeschränkt, solange nicht beide Parameter gleichzeitig variiert und verglichen werden. Neben der Bruchflächengröße scheint demnach auch die Bruchdynamik selbst einen erheblichen Einfluss auf die Stärke und Signatur des EME-Signals zu haben.

3. Entstehung von elektromagnetischer Emission bei tribologischer Beanspruchung

Ein weiterer Teil unserer Untersuchungen war neben der bruchinduzierten elektromagnetischen Emission auch die Erforschung des Phänomens bei tribologischer Beanspruchung. Hierbei sollten nach der bisherigen Modellvorstellung beim Ruckgleiten zweier Festkörper keine EME-Signale entstehen, da es zu keiner Trennung von chemischen Bindungen kommt. Allerdings sind Sekundärprozesse wie statische Kontaktaufladung an den Reibflächen oder die tatsächliche Bildung von Mikrorissen durch Abrasion denkbare Quellen für mögliche EME.

Zur Untersuchung der EME beim Ruckgleiten wurde daher ein eigener Prüfstand in Anlehnung an ASTM D1894 konzipiert, der in Abb. 4 dargestellt ist. Aufbauend auf den Erfahrungen mit der Drei-Punkt-Biegung wurde im Unterschied zu herkömmlichen Prüfständen dieser Lastrahmen für die Begleitung mit EME-Messungen vollständig aus elektrisch nicht leitfähigen Materialien gefertigt. Zusätzlich wurden EME-Sensoren in jeweils einer der drei Hauptachsen des Aufbaus instrumentiert (s. Abb. 4), um auszuschließen, dass eine Vorzugsorientierung der EME-Quelle zu einer verringerten Detektionswahrscheinlichkeit führt. Außerdem wurde eine Feder zum Zugseil hinzugefügt, so dass es zu einem erzwungenen und ausgeprägten Stick-Slip-Effekt zwischen den beiden Festkörpern kommt. Der Lastrahmen wurde so konzipiert, dass er ebenfalls in einer Abschirmkammer platziert und die Zugkraft mit einer Universalprüfmaschine eingebracht werden kann.

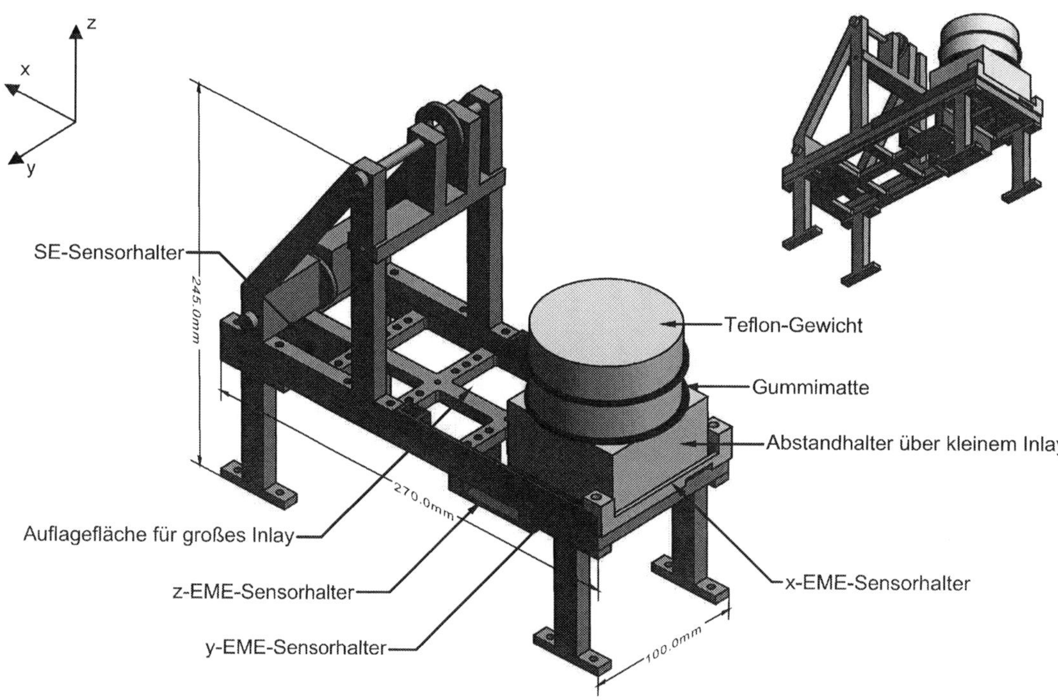

Abbildung 4: Darstellung des konstruierten Prüfstands zur EME-Messung bei tribologischer Beanspruchung.

Im Rahmen der bisherigen Untersuchungen wurden die Materialpaarungen PMMA-PMMA, CFK-CFK, Alu-Alu und PVC-PVC getestet. In allen Materialpaarungen zeigten sich im Frequenzbereich von 20 kHz – 1 MHz EME-Signale in jeder Sensororientierung, was zunächst im Widerspruch zur formulierten Erwartungshaltung zu sein scheint. Diese würde die Entstehung von EME grundsätzlich nur in Verbindung mit dem Aufbrechen von Bindungen, d.h. beim Bruchvorgang, erwarten lassen.

Anhand des in Abb. 5-a dargestellten Beispiels eines PMMA-PMMA Versuches ist gezeigt, dass der typische Zeitpunkt des Auftretens von EME-Signalen direkt bei der Stick-Slip-Bewegung ist. Zu diesem Zeitpunkt entstehen sowohl zahlreiche SE-Signale, als auch jeweils ein EME-Signal, welches als Beispiel in Abb. 5-b dargestellt ist. Im Unterschied zu den typischen EME-Signalen beim Bruchvorgang von Materialien (s. z.B. Abb. 3-a) weisen die EME-Signale bei der tribologischen Belastung eine um den Faktor 1000 größere Signallänge auf. Es ist daher zu erwarten, dass diese Signale einen anderen Ursprung besitzen.

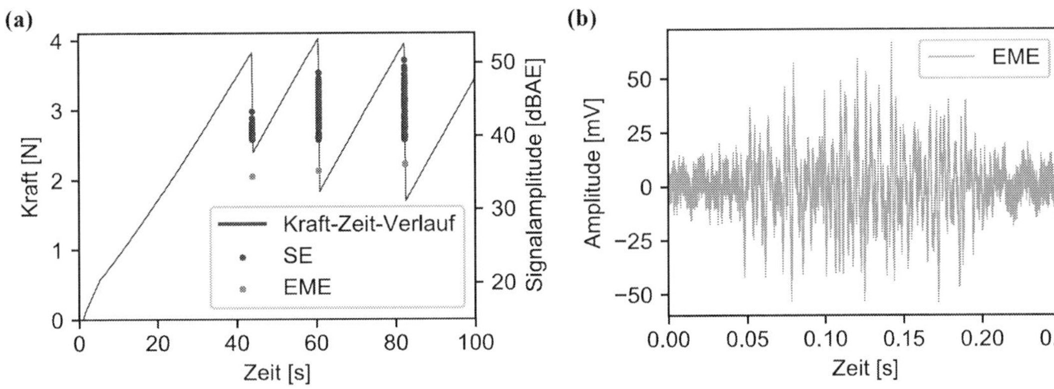

Abbildung 5: Zeitlicher Verlauf des Kraftsignals bei Stick-Slip-Bewegung mit überlagerten SE und EME Entstehungszeitpunkten (a) und Beispielsignal der EME für die Materialpaarung PMMA-PMMA (b).

Zudem wurden die Kontaktflächen der Reibung nach den Messungen mikroskopisch auf Schädigungen untersucht. Vor allem bei den PMMA-Platten ließ sich mit zunehmender Anzahl der Stick-Slip-Bewegungen eine Zunahme an Kratzern deutlich feststellen und zweidimensional quantifizieren. Eine Auftragung gegenüber der Intensität der EME-Signale zeigte jedoch keine eindeutige Korrelation.
Im Zuge der Untersuchungen stellte sich heraus, dass die elektrostatische Aufladung des Aufbaus und der beiden Kunststoff-Prüfkörper tatsächlich einen erheblichen Einfluss auf die aufgezeichnete EME und sogar auf das tribologische Verhalten hat. Durch die Verwendung der Ion Air Gun konnte dieser Effekt zwar nicht vollständig unterdrückt, aber zumindest erheblich reduziert werden. Da insbesondere auch bei den Aluminiumproben eine EME zu beobachten ist, reicht die elektrostatische Aufladung allerdings nicht für eine umfassende Erklärung aus.

Somit können sowohl die Kontaktaufladung als auch die Bildung von Mikrorissen durch Abrasion nicht alleinige Erklärungsmodelle für die in diesen Versuchen gemessenen und durchaus ausgeprägten EME-Signale bei tribologischer Belastung sein. Ein weiterer entscheidender Faktor könnte – ähnlich wie im Drei-Punkt-Biegeversuch – die Translationsbewegung der Probekörper relativ zu den EME-Sensoren sein. Diese Annahme wird durch die mithilfe eines Laservibrometers gemessenen Geschwindigkeitsprofile der Stick-Slip-Bewegung gestützt. Dabei korreliert die maximal erreichte Geschwindigkeit der Bewegung mit der Signalstärke der EME. Unter Berücksichtigung dieser Erkenntnisse sind weitere Untersuchungen zur Klärung der Frage geplant, ob tribologisch induzierte EME tatsächlich auftreten kann.

4. Wiederkehrende Belastung von Faserverbundwerkstoffen

Eine spezielle Anwendung, die erheblich von einer Kombination der Messtechniken der SE und der EME profitieren kann, ist die Untersuchung des Versagensverhaltens von Faserverbundwerkstoffen. Im Rahmen des laufenden Projekts soll die existierende Kombination von SE und Computertomographie (CT) um eine simultane Messung der EME erweitert werden. Durch die aufgenommenen Volumenbilder mittels CT bei einer stufenweisen Belastung der Probe lässt sich so die Entstehung der SE- und EME-Signale direkt mit den beobachteten Schäden korrelieren.

Die Verwendung einer Abschirmkammer für in-situ Messungen im Computertomographen ist nicht umsetzbar. Im Hinblick auf derlei Anwendungen wurde ein differentielles Messprinzip (Common-Mode-Rejection) geplant und umgesetzt. In Abb. 6 ist diese Weiterentwicklung der bisherigen Messkette am Beispiel des Drei-Punkt-Biegeversuchs schematisch gegenübergestellt. Hierzu wird das Prüfobjekt im differentiellen Messprinzip (Abb. 6-b) zwischen den beiden Leitern des bipolaren Sensors positioniert und die Signalleitung direkt am Vorverstärker (20 dB oder 40 dB) angeschlossen. Hauptziel war die weitgehende Unterdrückung von Hintergrundrauschen im Frequenzbereich von wenigen kHz bis etwa 1 MHz.

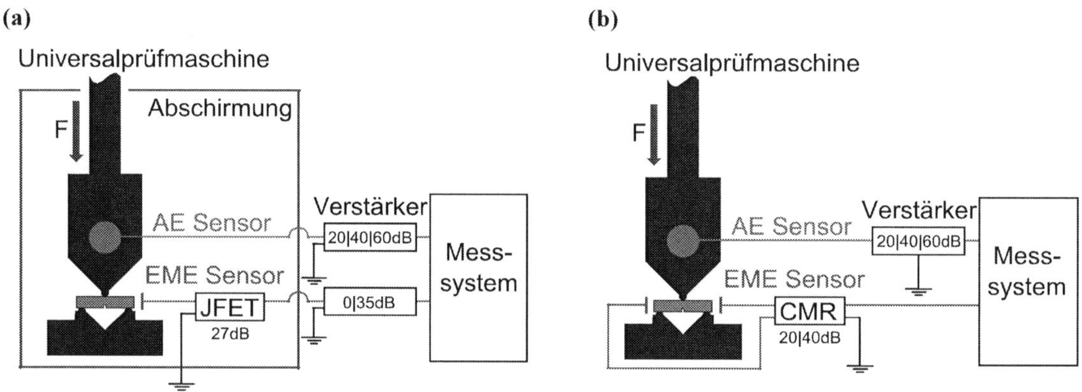

Abbildung 6: Skizze des Messprinzips der bisherigen Messkette (a) und der neuen Messkette mit differentiellem Sensorprinzip (b).

Ein entsprechender Vergleich der Signal-Rausch-Verhältnisse (SNR) der beiden Messketten ist hierzu in Abb. 7 gezeigt. Als Hintergrundrauschen wurde das kontinuierliche Rauschen für einen Zeitraum von insgesamt 30 s getriggert mit einer Einzelsignallänge von 1536 µs aufgezeichnet. Das resultierende Frequenzspektrum des Hintergrundrauschens wurde über alle Einzelsignale gemittelt. Als Testquelle kam ein piezoelektrisches Feuerzeug im Abstand von 15 mm zum EME-Sensor zum Einsatz. Die Signale des piezoelektrischen Feuerzeugs sind sehr gut reproduzierbar [4] und stellen damit eine gute Referenzquelle dar. Zur statistischen Absicherung wurde ein Mittelwert von 15 Signalen berechnet und die erhaltenen Frequenzspektren über 100 Punkte mit einem Savitzky-Golay Filter 5. Ordnung gemittelt. Das Signal-Rausch-Verhältnis der neuen Messkette liegt demnach in einem Frequenzbereich von einigen Hz bis 1 MHz im Durchschnitt nur ungefähr 5,7 dB unter dem der bisherigen Messkette, wodurch eine Detektion der EME auch ohne Abschirmkammer gut möglich ist.

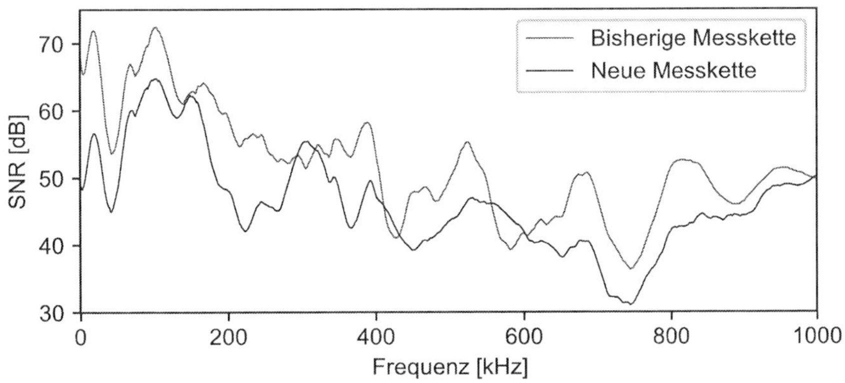

Abbildung 7: Vergleich der Signal-Rausch-Verhältnisse der beiden Messketten unter Nutzung einer Piezofeuerzeugquelle als Signalgeber.

Tests im Inneren der verwendeten kommerziellen Röntgencomputertomographieanlage haben gezeigt, dass das Signal-Rausch-Verhältnis der Messkette innerhalb der Anlage zudem besser ist, als außerhalb (Abb. 8). Hieraus kann gefolgert werden, dass das Gehäuse des Vollschutzgeräts eine gewisse Abschirmwirkung entfaltet und der Betrieb von Komponenten im Inneren die Messtechnik nicht zusätzlich stört.

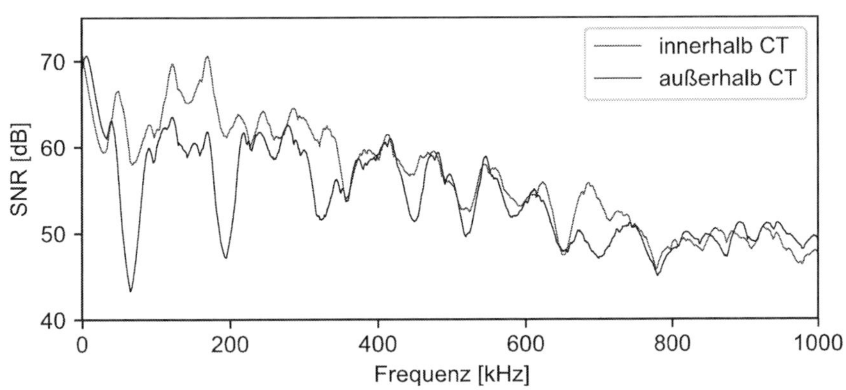

Abbildung 8: Untersuchung des S/N-Verhältnisses bei Messung im Röntgencomputertomographen.

Mithilfe einer eigens für in-situ CT-Messungen entworfenen Load Stage (Abb. 9-a) für Maximalbelastungen bis 25 kN [22] wurden erste Laststeigerungsversuche an GFK- und CFK-Zugproben zusammen mit einer simultanen Messung von EME und SE (Abb. 9-b) durchgeführt. Hierbei lässt sich deutlich eine Korrelation zwischen SE- und EME-Aktivität erkennen, die bei zunehmender Schädigung der Probe einsetzen. Eine genauere Quantifizierung der Korrelation vor allem zwischen gemessener Schädigung durch die Volumenbilder und der EME-Signalenergie wird im Rahmen des laufenden Projekts angestrebt. Hierzu sei erwähnt, dass es für die EME von Faserverbundwerkstoffen einer Auswerteroutine bedarf, die sich von einzelnen Sprödbruch-Ereignissen wie im Falle der Drei-Punkt-Biegung unterscheidet. Anders als dort kommt es bei Faserverbundwerkstoffen zu einer Vielzahl an einzelnen Faser- oder Matrixbrüchen, deren Signale sich teils überlagern. Eine weitere Herausforderung liegt in der generellen Steigerung der Sensitivität der EME-Sensorik aufgrund der teils noch sehr schwachen Signale, was die Auswertung zusätzlich erschwert.

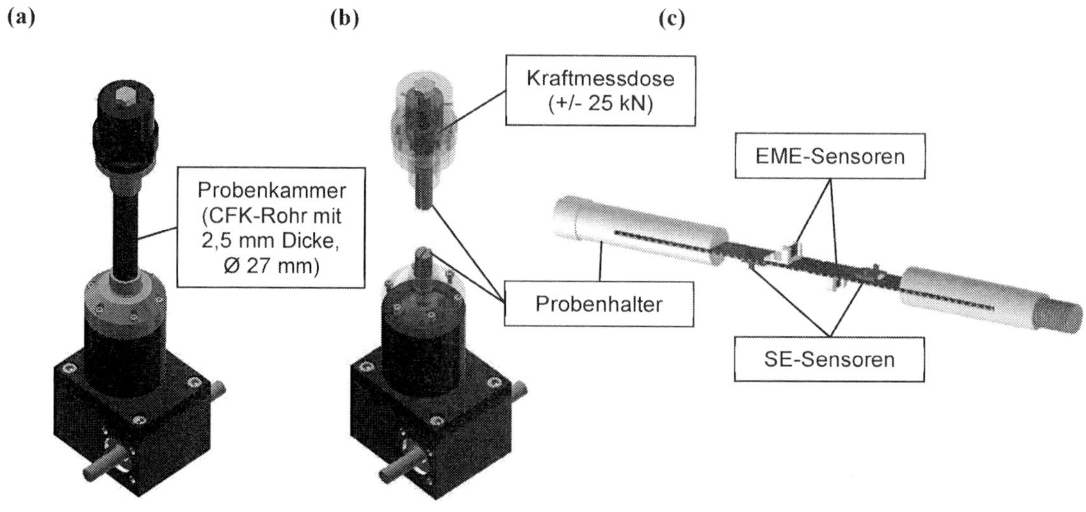

Abbildung 9: 25kN Load Stage für in-situ Messungen im CT (a), dessen transparente Darstellung ohne eingebauten Zugprüfkörper (b), sowie Zugprüfkörper mit angebrachter SE- & EME-Sensorik (c).

5. Zusammenfassung

Es wurde ein Überblick über die bisherigen im Rahmen eines DFG-Projekts durchgeführten Forschungen zur elektromagnetischen Emission bei Bruchversagen vorgestellt. Bislang bestätigen alle Experimente, dass es keinen Grund zur Annahme gibt, das Phänomen der EME wäre auf bestimmte Materialklassen beschränkt, solange es sich um ein spontanes Bruchereignis ohne übermäßige plastische Verformung handelt. Auch bei elektrisch leitfähigen Materialien konnte EME nachgewiesen werden. Durch eine Variation der Probenbreite oder Kerbtiefe der SENB-Proben konnte im Drei-Punkt-Biegeversuch gezeigt werden, dass eine zunehmende Bruchflächengröße zu höheren EME-Signalstärken führt. Jedoch scheint neben der Bruchflächengröße auch die Bruchdynamik selbst einen erheblichen Einfluss auf die Stärke und Signatur des EME-Signals zu haben. Es wurde ferner auch bei tribologischer Beanspruchung eine EME nachgewiesen, deren Ursache noch nicht zufriedenstellend geklärt werden konnte. Hierzu werden weitere Untersuchungen zur potentiellen Klärung der noch unbeantworteten Fragen durchgeführt. Ein differentielles Messprinzip wurde vorgestellt, welches die Detektion von EME-Signalen auch ohne Abschirmkammer ermöglicht und z.B. für in-situ Messungen im CT eingesetzt werden kann. Die erste Erprobung dieser Messung stellt in Kombination mit dem erzielten Signal-Rausch-Verhältnis in einer kommerziellen Röntgencomputertomographieanlage einen wichtigen Schritt zur Demonstration der Machbarkeit einer simultanen Messung von SE und EME bei einer CT-Aufnahme dar und soll dazu beitragen, den Ursprung der EME-Signale noch besser zu verstehen.

Danksagung

Die hier vorgestellten Ergebnisse wurden im Rahmen des von der Deutschen Forschungsgemeinschaft geförderten Projekts SA 2310/3-1 „Zusammenhang zwischen Materialmikrostruktur und elektromagnetischer Emission“ erzielt. Auch die in diesem Rahmen von Joshua Winkeljann angefertigte Masterarbeit, sowie die Bachelorarbeit von Maximilian Mihm haben erheblich dazu beigetragen.

Referenzen

[1] V. Frid, A. Rabinovitch and D. Bahat, "Fracture induced electromagnetic radiation," *J. Phys. D. Appl. Phys.,* vol. 36, no. 13, pp. 1620-1628, Jul. 2003.

[2] A. Rabinovitch, V. Frid and D. Bahat, "Surface oscillations – A possible source of fracture induced electromagnetic radiation," *Tectonophysics,* vol. 431, pp. 15-21, Feb. 2007.

[3] S. O. Gade, U. Weiss, M. A. Peter and M. G. R. Sause, "Relation of Electromagnetic Emission and Crack Dynamics in Epoxy Resin Materials," *J. Nondestruct. Eval.,* vol. 33, pp. 711-723, Dec. 2014.

[4] M. G. R. Sause, In Situ Monitoring of Fiber-Reinforced Composites, Springer International Publishing, 2016.

[5] S. O. Gade, B. B. Alaca and M. G. R. Sause, "Determination of Crack Surface Orientation in Carbon Fibre Reinforced Polymers by Measuring Electromagnetic Emission," *J. Nondestruct. Eval.,* vol. 36, no. 2, p. 21, 2017.

[6] I. Yamada, K. Masuda and H. Mizutani, "Electromagnetic and acoustic emission associated with rock fracture," *Phys. Earth Planet. Int.,* vol. 57, no. 1-2, pp. 157-168, Oct. 1989.

[7] G. Lacidogna, A. Carpinteri, A. Manuello, G. Durin, A. Schiavi, G. Niccolini and A. Agosto, "Acoustic and electromagnetic emissions as precursor phenomena in failure processes," *Strain,* vol. 47, no. SUPPL. 2, pp. 144-152, 2011.

[8] A. Rabinovitch, V. Frid, D. Bahat and J. Goldbaum, "Fracture area calculation from electromagnetic radiation and its use in chalk failure analysis," *Int. J. Rock Mech. Min. Sci.,* vol. 37, pp. 1149-1154, 2000.

[9] S. Koshevaya, V. Grimalsky, N. Makarets, A. Kotsarenko, J. Siquieros-Alatorre, R. Perez-Enriquez and D. Juarez-Romero, "Electromagnetic emission from magnetite plate cracking under seismic processes," *Adv. Geosci.,* vol. 14, pp. 25-28, Jan. 2008.

[10] Y. Mori, Y. Obata and J. Sikula, "Acoustic and electromagnetic emission from crack created in rock samples under deformation," *J. Acoust. Emiss.,* vol. 27, pp. 157-166, 2009.

[11] A. Rabinovitch, V. Frid, J. Goldbaum and D. Bahat, "Polarization-depolarization process in glass during percussion drilling," *Philos. Mag.,* vol. 83, no. 25, pp. 2929-2940, Sep. 2003.

[12] S. Aman, A. Aman and J. Tomas, "Method of Crack Formation Analysis Based on Mechanoluminecence," *Mater. Sci. Appl.,* vol. 3, no. 10, pp. 739-744, 2012.

[13] A. Misra, R. C. Prasad, V. S. Chauhan and B. Srilakshmi, "A theoretical model for the electromagnetic radiation emission during plastic deformation and crack propagation in metallic materials," *Int. J. Fract.,* vol. 145, no. 2, pp. 99-121, 2007.

[14] S. O. Gade and M. G. R. Sause, "Untersuchung elektromagnetischer Emission von Polymeren in Verbindung zur Schallemissionsanalyse," in *19. Kolloquium Schallemission*, 2013.

[15] S. O. Gade and M. G. R. Sause, "Measurement and Study of Electromagnetic Emission Generated by Tensile Fracture of Polymers and Carbon Fibres," *J. Nondestruct. Eval.,* vol. 36, no. 1, p. 9, Mar. 2017.

[16] J. T. Dickinson, L. C. Jensen and R. P. Dion, "Fracto-emission from high density polyethylene: Bond breaking versus tribological stimulation," *J. Appl. Phys.*, vol. 73, no. 6, pp. 3047-3054, Mar. 1993.

[17] Y. Mizuno, "Light emission associated with deformation and fracture of ice," *J. Japanese Soc. Snow Ice,* vol. 64, no. 3, pp. 241-248, 2002.

[18] J. T. Dickinson, A. Jahan-Latibari and L. C. Jensen, "Electron emission and acoustic emission from the fracture of graphite/epoxy composites," *J. Mater. Sci.,* vol. 20, no. 1, pp. 229-236, Jan. 1985.

[19] P. Sedlak, M. Enoki, T. Ogasawara and J. Sikula, "Electromagnetic and Acoustic Emission in PEEK/Carbon Nanotube Composites," in *29th European Conference on Acoustic Emission Testing*, 2010.

[20] B. B. Alaca, S. O. Gade and M. G. R. Sause, "Untersuchung von elektromagnetischen und akustischen Emissionen während Bruchvorgängen in faserverstärkten Kunststoffen," *20. Kolloquium Schallemission,* pp. 1-8, 2015.

[21] V. V. Astanin, G. O. Shchegel, W. Hufenbach, A. Hornig and A. Langkamp, "Characterising failure in textile-reinforced thermoplastic composites by electromagnetic emission measurements under medium and high velocity impact loading," *Int. J. Impact Eng.,* vol. 49, pp. 22-30, Nov. 2012.

[22] F. Thum, P. Potstada and M. G. R. Sause, "Development of a 25kN in-situ Load Stage combining X-ray computed tomography and acoustic emission measurement," in *22. Symposium Verbundwerkstoffe und Werkstoffverbunde*, Kaiserslautern, 2019.

Mikrostruktur- und spannungsunabhängige Materialcharakterisierung in der Reaktorsicherheitsforschung

Cyril ZIMMER, Sargon YOUSSEF, Yashashwini Nikhitha RALLABANDI,
Klaus SZIELASKO, Christian EICHHEIMER [2], Majid FARAJIAN [2], Michael LUKE [2]
[1] Fraunhofer IZFP, Saarbrücken
[2] Fraunhofer IWM, Freiburg

Kontakt E-Mail: cyril.zimmer@izfp.fraunhofer.de

Kurzfassung

Auch unter den mit dem deutschen Ausstieg aus der Kernenergie verbundenen Rahmenbedingungen gelten für den Betrieb von Kernkraftwerken weiterhin höchste Sicherheitsanforderungen. Im Rahmen eines Förderprogramms des BMWi zur Reaktorsicherheitsforschung soll ein signifikanter Beitrag zum sicheren Betrieb von Reaktorsicherheitsanlagen in der Restlaufzeit und ggf. darüber hinaus geleistet werden. Das zerstörungsfreie 3MA-Prüfsystem hat diesbezüglich bereits einen erheblichen Beitrag zum Verständnis unterschiedlicher Alterungsmechanismen von Komponentenwerkstoffen und deren Charakterisierung geleistet. Die Grundlage dieses Prüfverfahrens beruht auf der Tatsache, dass Mikrostruktur und Last- bzw. Eigenspannungen sowohl das mechanische als auch das magnetische Werkstoffverhalten bestimmen. Die Korrelation von Kenngrößen des magnetischen und mechanischen Werkstoffverhaltens erlaubt die mikromagnetische Vorhersage mechanischer Eigenschaften sowie des Spannungszustandes, die entscheidend die Lebensdauer beeinflussen können.

Eine Herausforderung insbesondere unter Praxisbedingungen besteht in der Überlagerung von Mikrostruktur- und Spannungseinflüssen, welche zu Mehrdeutigkeiten in den mikromagnetischen Kenngrößen führen und in der Folge die Vorhersagequalität deutlich verschlechtern. Die Anwendung in der Praxis setzt jedoch eine wirtschaftliche Lösung zur Reduzierung dieser Störeinflüsse voraus. Im Rahmen dieses Vorhabens wird das 3MA-Prüfverfahren speziell für die in der Reaktorsicherheit relevanten Bedingungen, wie beispielsweise überlagerte Mikrostruktur- und Spannungseinflüsse, weiterentwickelt. Untersuchungen, die sich mit der Erweiterung der Merkmalsextraktion und Methoden des maschinellen Lernens befassen, führen hierbei zu einer genaueren Unterscheidung zwischen mikrostrukturellen und spannungsabhängigen Einflüssen.

DEUTSCHE GESELLSCHAFT FÜR ZERSTÖRUNGSFREIE PRÜFUNG e.V.

Quelle: https://jahrestagung.dgzfp.de/portals/_default/logos/dgzfp.png

Mikrostruktur- und spannungsunabhängige Materialcharakterisierung in der Reaktorsicherheitsforschung

C. Zimmer[1], S. Youssef[1], Y.N. Rallabandi[1], K. Szielasko[1], C. Eichheimer[2], M. Farajian[2], M. Luke[2]

[1] Fraunhofer-Institut für Zerstörungsfreie Prüfverfahren IZFP, Saarbrücken
[2] Fraunhofer-Institut für Werkstoffmechanik IWM, Freiburg

Gefördert durch:
Bundesministerium für Wirtschaft und Energie
aufgrund eines Beschlusses des Deutschen Bundestages
Förderkennzeichen: 1501564

Fraunhofer IZFP Fraunhofer IWM 1

© Fraunhofer

Inhalt

- Einleitung
- Mikromagnetische Materialcharakterisierung
- Ablauf und Ergebnisse
- Fazit

Fraunhofer IZFP Fraunhofer IWM 2

© Fraunhofer

Einleitung

Überblick

- **Ausgangssituation**
  - Wechsellasten auf Druckbehälter
    - Plastifizierungen
    - Spannungsvariationen
  - → Einfluss auf die Lebensdauer

- 3MA-X8 System erlaubt die Charakterisierung ferromagnetischer Werkstoffe im Hinblick auf Mikrostruktur und Lastspannung

Fraunhofer IZFP Fraunhofer IWM

3

© Fraunhofer

Mikromagnetische Materialcharakterisierung

3MA-X8 Grundlagen

- **Magnetische Hysterese:**
  - Merkmale (z.B. Koerzitivfeldstärke Hc) beschreiben magnetisches Verhalten
  - Magnetisches Verhalten korreliert mit mechanischem Verhalten (z.B. Vickershärte)

- **Problem: Spezielle Messanforderung**
  - statische Veränderung von H, Probengeometrie, siehe DIN1324
  - → Messungen sind unpraktikabel

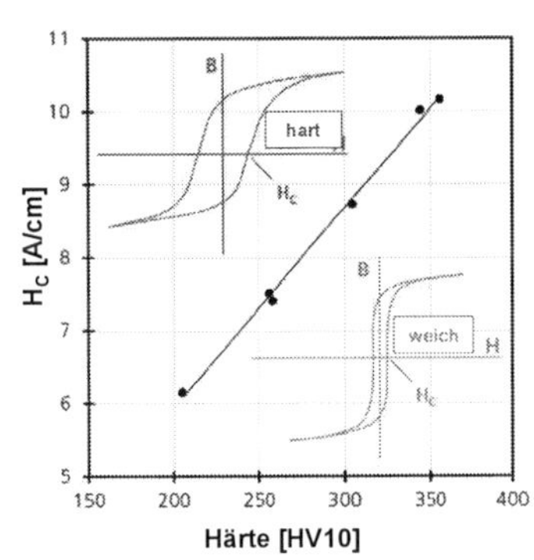

Fraunhofer IZFP Fraunhofer IWM

4

© Fraunhofer

Mikromagnetische Materialcharakterisierung

3MA-X8 Grundlagen

- Erzeugung hystereseähnlicher Merkmale aus Kombination von drei Messmethoden:
  - Wirbelstromimpedanzanalyse
  - Überlagerungspermeabilitätsanalyse
  - Oberwellenanalyse
- 21 Merkmale beschreiben das magnetische Verhalten

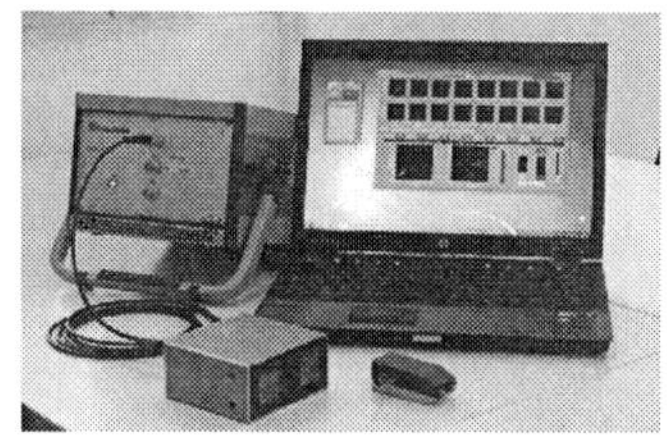

→ Charakterisierung des mechanischen Verhaltens möglich

Fraunhofer IZFP Fraunhofer IWM

Mikromagnetische Materialcharakterisierung

Merkmalsextraktion

- Woher kommen die 21 Merkmale?
  → Subjektive Analyse von Kurvenverläufen

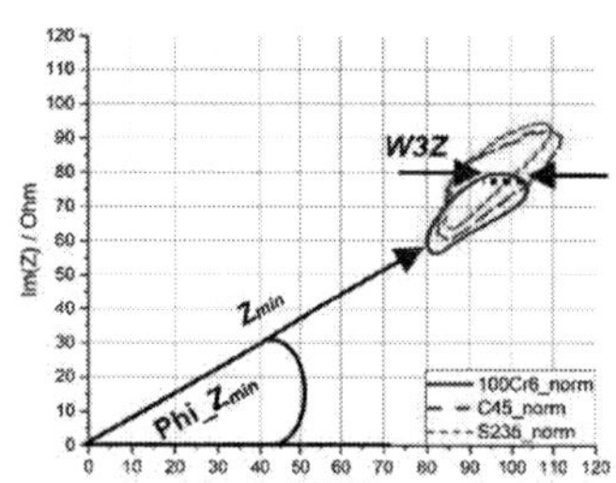

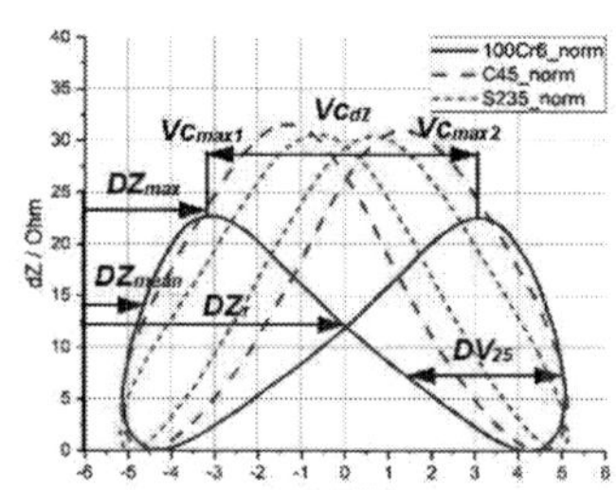

Fraunhofer IZFP Fraunhofer IWM

Mikromagnetische Materialcharakterisierung

Problemstellung

- Gefüge - und Spannungseinflüsse werden überlagert abgebildet
- Erschwert die
  - Spannngsunahängige Gefügecharakterisierung
  - Gefügeunabhängige Spannungscharakterisierung
- Unschärfe bei Gefügeklassifikation und Spannungsregression

→ Gibt es Optimierungspotenzial?

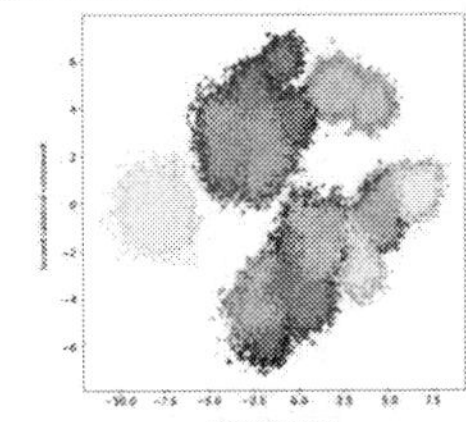

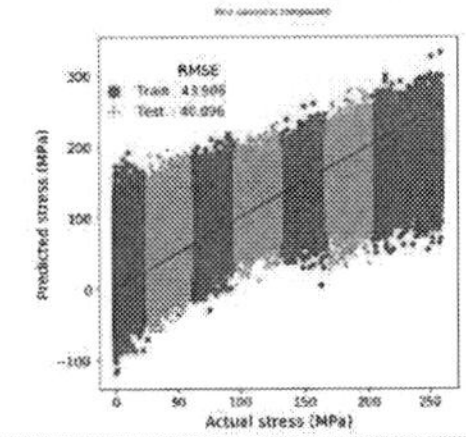

Mikromagnetische Materialcharakterisierung

Optimierungsansatz

- **Erweiterung des Merkmalsraums:**
  - 21 subjektive 3MA-X8 Merkmale
  - \+ Merkmale aus automatisierter Merkmalsextraktion
  - \+ Rohsignale als Merkmale

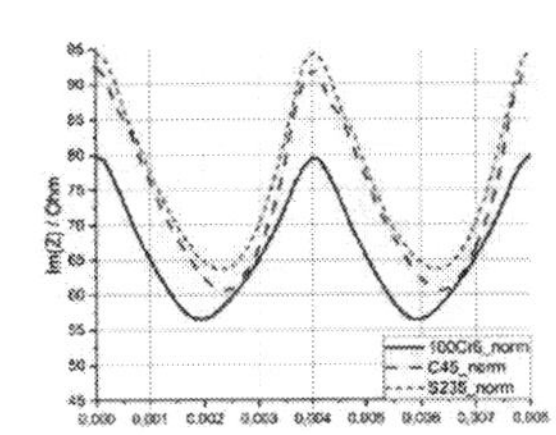

- **Einsatz maschineller Lernalgorithmen**
  - Lineare Diskriminanzanalyse zur überwachten Dimensionsreduktion
  - K-Nächste-Nachbar Klassifikator zur Gefügevorhersage
  - Multivariate lineare Regression zur Spannungsvorhersage

Ablauf und Ergebnisse

Probenherstellung

- Werkstoffe:
  - 22NiMoCr3-7
  - 20MnMoNi5-5

- Entwicklung einer geeigneten Probengeometrie zur:
  - Plastifizierung in der Zugmaschine
  - Low-Cycle-Fatigue Versuche
  - In-Situ Messungen in Zugmaschine im elastischen Bereich

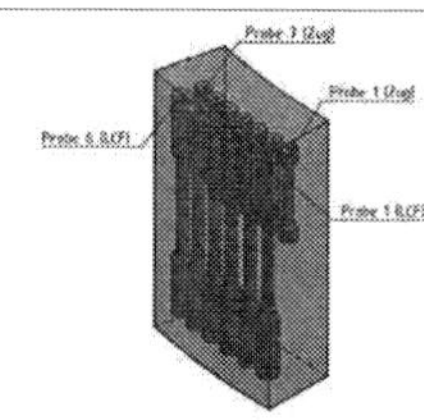

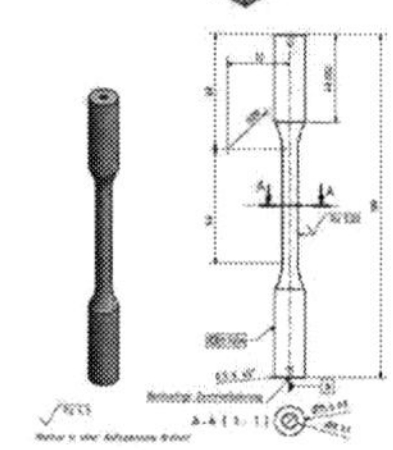

Ablauf und Ergebnisse

Versuchsdurchführung

- Gefügeeinflüsse der eingesetzten Werkstoffe:
  - Plastische Verformungen (0.8%, 2%, 4%)
  - Low-Cycle-Fatigue (30%, 45%, 60%)
- Lastspannungseinflüsse
  - Elastischer Zugversuch im Bereich 0% - 50% der Streckgrenze des jeweiligen Werkstoffs
- Insitu-Messungen im elastischen Zugversuch

→ Klassifikation der Werkstoff- und Gefügevariation

→ Regression der Spannungsvariation

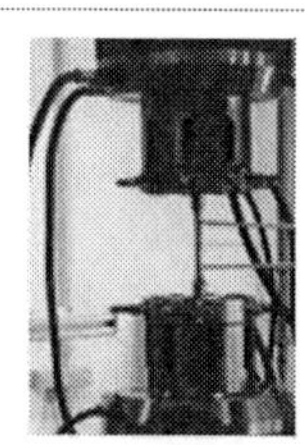

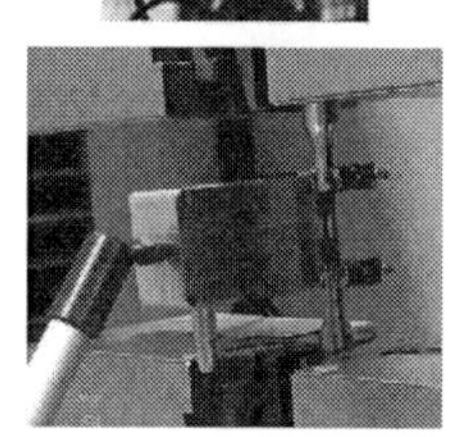

Ablauf und Ergebnisse

Spannungsunabhängige Gefügecharakterisierung

- Merkmalsraumerweiterung führt zu hochdimensionalen Merkmalsräumen
- Je nach Parametrierung über 1000 Merkmale (vorher: 21 Merkmale)

→ Dimensionsreduktion

- LDA (Lineare Diskriminanzanalyse)
  - Überwachtes Verfahren
  - Koordinatentransformation
  - Minimierung der Varianz innerhalb einer Gruppe
  - Maximierung der Varianz zwischen Gruppen
- Randomisierte Aufteilung in Trainings- und Testdatensatz

Ablauf und Ergebnisse

Spannungsunabhängige Gefügecharakterisierung

- LDA auf Basis des 21-dimensionalen Merkmalsraums zur Dimensionsreduktion

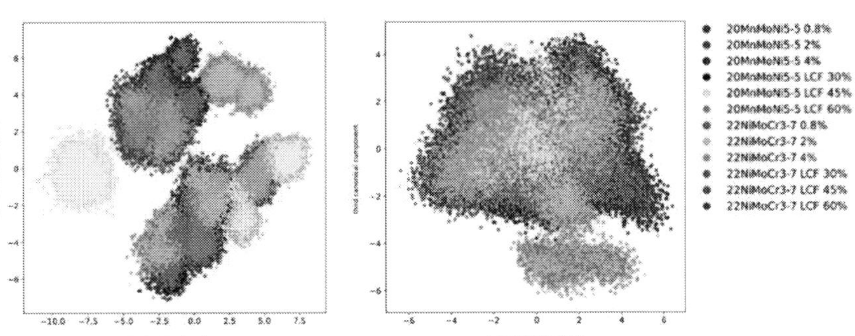

Ablauf und Ergebnisse

Spannungsunabhängige Gefügecharakterisierung

- LDA auf Basis des erweiterten Merkmalsraums
- Höhere Distanz zwischen den Klassen → Reduktion von Fehlklassifikationen

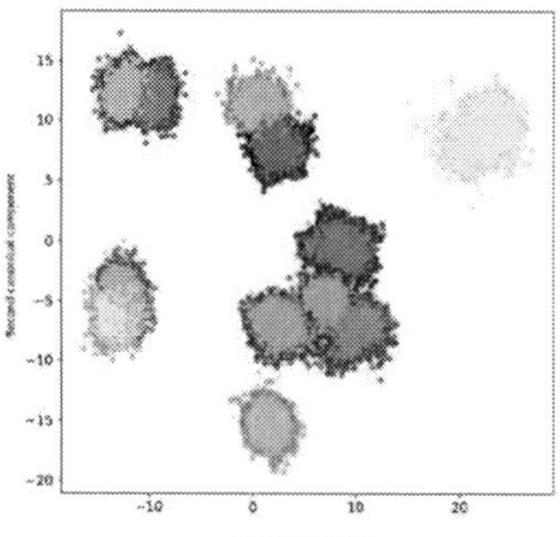

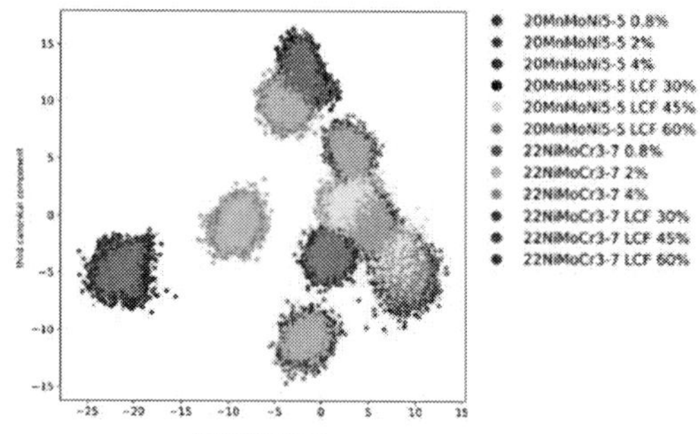

Fraunhofer IZFP Fraunhofer IWM 13

Ablauf und Ergebnisse

Spannungsunabhängige Gefügecharakterisierung

- **Klassifikation**
  - k-Nächste-Nachbar Klassifikation
  - Klassifikation nach Häufigkeit der Nachbarklassen

Beispiel:
K = 3
Blau: 2
Rot: 1
→ Blau

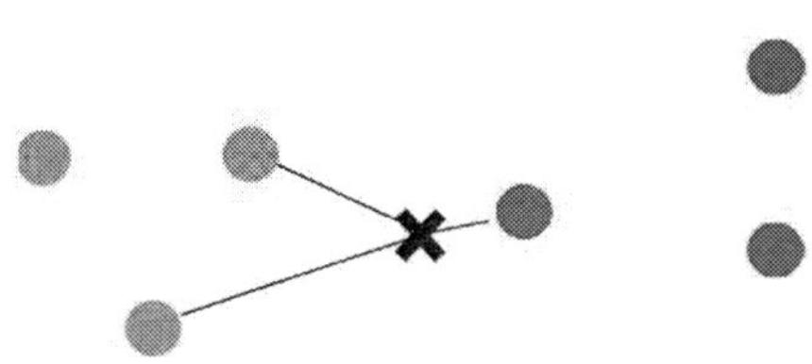

Fraunhofer IZFP Fraunhofer IWM 14

Ablauf und Ergebnisse

Spannungsunabhängige Gefügecharakterisierung

- Basis: Ergebnis der LDA
- Klassifikation (21-dimensional)
- Fehlklassifikation < 2,8 %

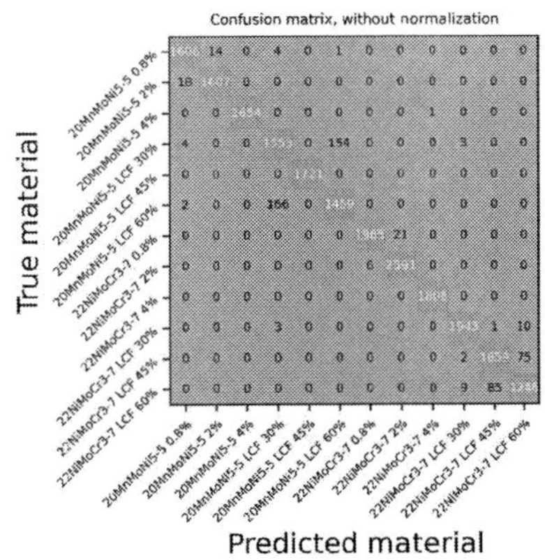

Fraunhofer IZFP Fraunhofer IWM

15

Ablauf und Ergebnisse

Spannungsunabhängige Gefügecharakterisierung

- Basis: Ergebnis der LDA
- Verbesserte Klassifikation (erweitert)
- Fehlklassifikation < 0,9 %

→ Gefügezustände können durch die gewählten Ansätze unterschieden werden

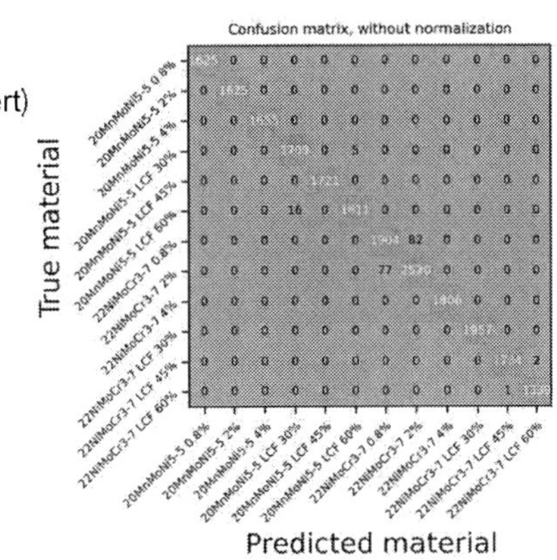

Fraunhofer IZFP Fraunhofer IWM

16

Ablauf und Ergebnisse

Gefügeunabhängige Spannungsbestimmung

- Insitu-Messung über Zugversuch
  - → Lineare Regression auf erweiterten Merkmalsraum
- Bereichsbasiertes Training (Aufteilung Trainings- und Testdaten)
  - → Validierung: Generalisiertes Modell? Overfitting?

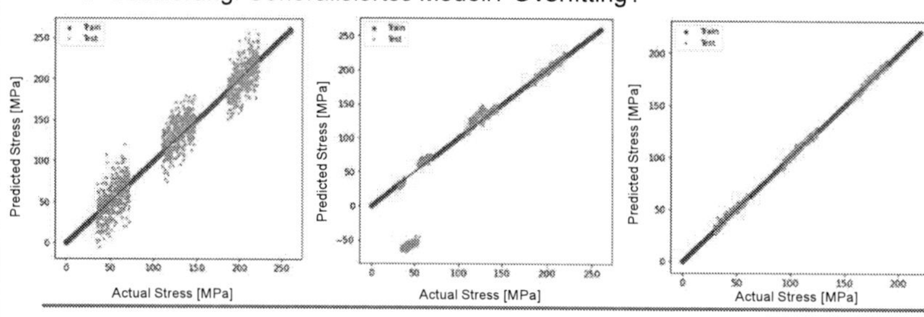

Ablauf und Ergebnisse

Gefügeunabhängige Spannungsbestimmung

- Hierarchisches Modell

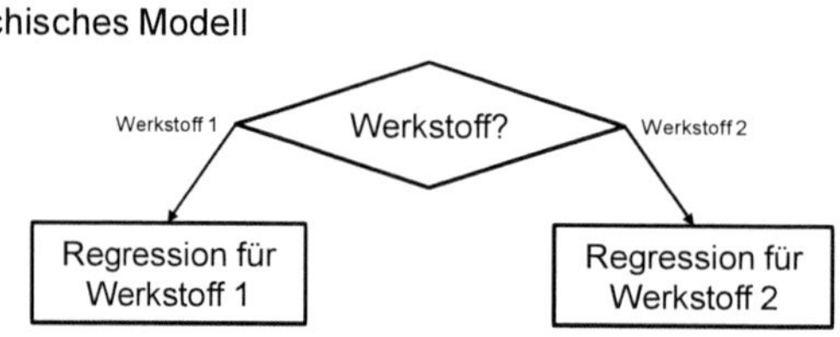

- Variation der Datenbasis
  - Alle Gefügezustände (12)
  - Jeweils für LCF und plast. abhängig (je 6)
  - Werkstoffabhängig (je 6)

Ablauf und Ergebnisse

Gefügeunabhängige Spannungsbestimmung

- Lineare Regression überlagerter Gefügezustände
- Vergleich der Merkmalsräume

21-dimensional

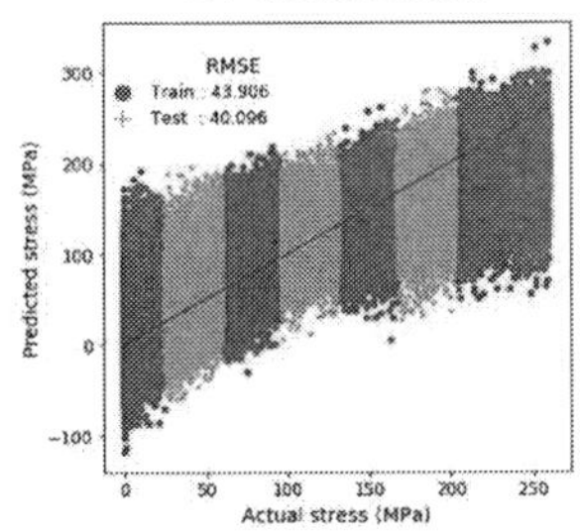

Erweiterter Merkmalsraum

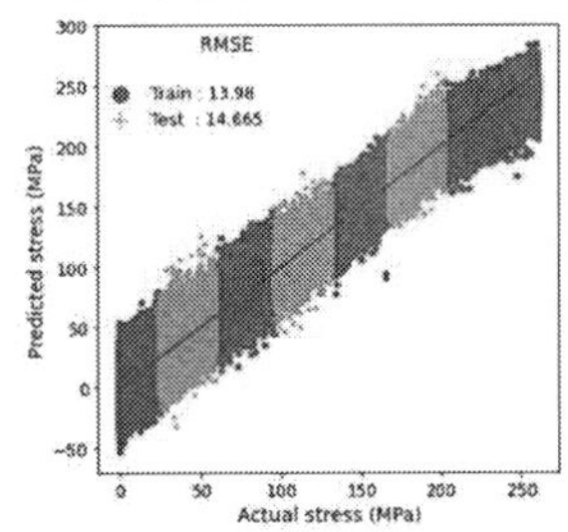

Fraunhofer IZFP Fraunhofer IWM

19

Ablauf und Ergebnisse

Gefügeunabhängige Spannungsbestimmung

- Lineare Regression für Plastifizierung und LCF

Plastifizierung

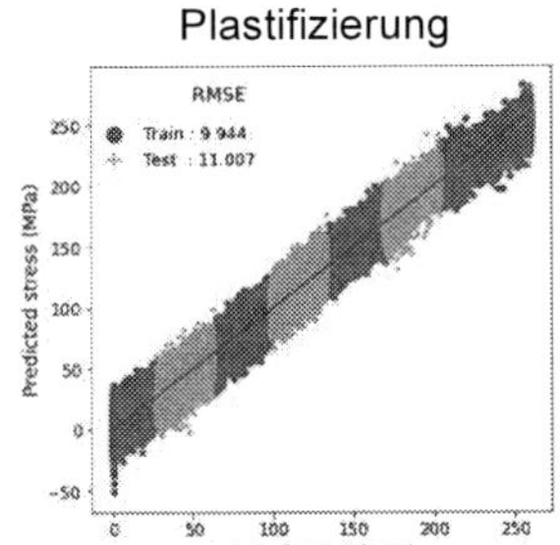

LCF

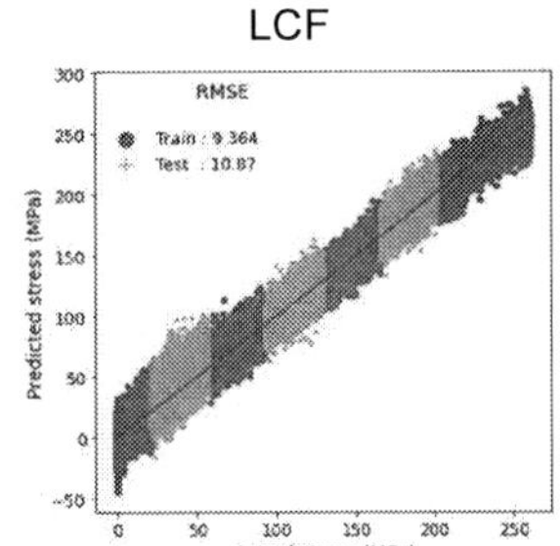

Fraunhofer IZFP Fraunhofer IWM

20

Ablauf und Ergebnisse

Gefügeunabhängige Spannungsbestimmung

- Lineare Regression werkstoffabhängig

20MnMoNi5-5

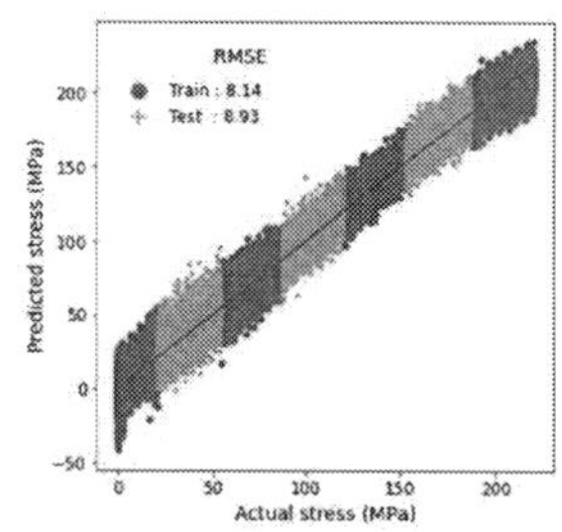

22NiMoCr3-7

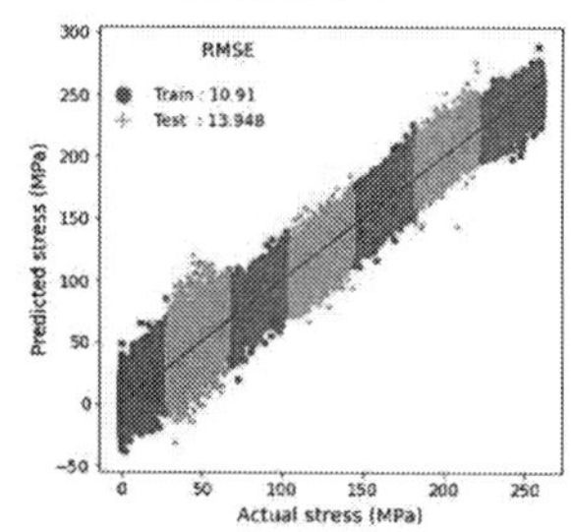

Fazit

- Erweiterung des Merkmalsraums verbessert die Vorhersagequalität der maschinellen Lernalgorithmen bei überlagerten Gefüge- und Spannungseinflüssen
- Hierarchische Modellierung verbessert die Vorhersage signifikant
- **Wichtig:** Qualität stark abhängig von der Datenbasis und Experimentplanung

→ Grundlage für zukünftige Praxisumsetzungen in der Reaktorsicherheit

→ Ansatz zur Verbesserung derzeitiger 3MA-X8 Anwendungen

Bestimmung der Faserorientierung von Faserkunststoffverbunden mittels Terahertzstrahlung

Wolfgang ESSIG [1], Yannick BERNHARDT [1], Joe BUCKLEY [2], Marc KREUTZBRUCK [1]
[1] Institut für Kunststofftechnik, Stuttgart
[2] Level X NDT, Milton Keynes, Großbritannien

Kontakt E-Mail: wolfgang.essig@ikt.uni-stuttgart.de

Kurzfassung

Im Gegensatz zur Röntgenstrahlung ist die Terahertzstrahlung nicht ionisierend, bietet allerdings ähnlich der Röntgenstrahlung den Vorteil, dass für diesen Bereich des elektromagnetischen Spektrums hohe Eindringtiefen in Kunststoffen erzielt werden können. Dies ermöglicht eine Untersuchung des Bauteilvolumens. Die Terahertzprüfung erfordert im Gegensatz zur Röntgenprüfung allerdings keine aufwändigen Arbeitsschutzmaßnahmen und entgegen der konventionellen Ultraschallprüfung keinen Kontakt zum Prüfkörper sowie kein Koppelmedium. Für den Bereich der zerstörungsfreien Prüfung von elektrisch nicht leitfähigen Kunststoffen bietet sie damit ein hohes Anwendungspotenzial.

In diesem Beitrag soll die Terahertzprüfung zur Faserorientierungsbestimmung von glasfaserverstärkten Kunststoffen (GFK) eingesetzt werden. Dies wird an langglasfaserverstärkten Kunststoffen mit Epoxidharzmatrix demonstriert. Weiterhin soll gezeigt werden, dass sich Terahertzstrahlung auch eignet, um Faserorientierungen von elektrisch leitfähigen kohlenstofffaserverstärkten Kunststoffen zu ermitteln, wenn es sich dabei um vergleichsweise dünne Tapes handelt. Somit könnte sich die Terahertzprüfung auch für die inline-Faserorientierungsbestimmung in der Pultrusion unidirektional kohlenstofffaserverstärkter Tapes eignen.

Universität Stuttgart
Institut für Kunststofftechnik

IKT KUNSTSTOFF TECHNIK STUTTGART

Bestimmung der Faserorientierung von Faserkunststoffverbunden mittels Terahertzstrahlung

DGZfP-Jahrestagung 2021
Virtuell am 10./11. Mai

Dr.-Ing. Wolfgang Essig

Gliederung

IKT KUNSTSTOFF TECHNIK STUTTGART

- Motivation
- Stand der Technik
- Experimentelles
- Ergebnisse und Diskussion
- Fazit und Ausblick

Dr.-Ing. Wolfgang Essig 2

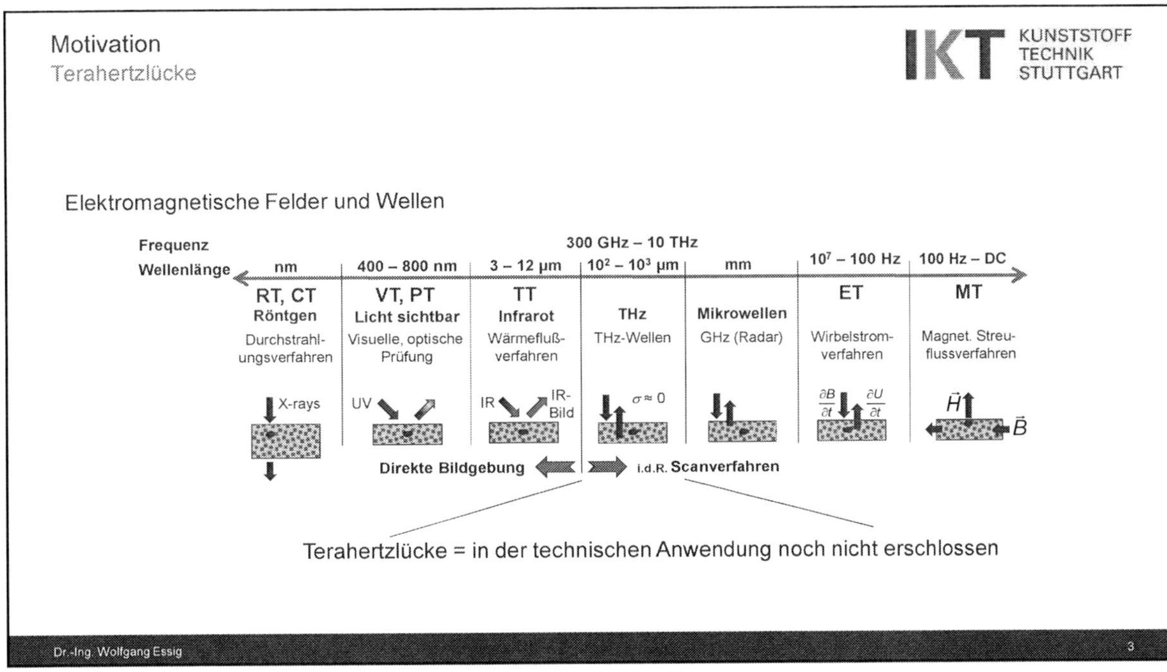
Motivation
Terahertzlücke
IKT KUNSTSTOFF TECHNIK STUTTGART
Elektromagnetische Felder und Wellen
Frequenz
Wellenlänge
300 GHz – 10 THz
nm
400 – 800 nm
3 – 12 µm
10^2 – 10^3 µm
mm
10^7 – 100 Hz
100 Hz – DC
RT, CT
Röntgen
Durchstrahl-ungsverfahren
VT, PT
Licht sichtbar
Visuelle, optische Prüfung
TT
Infrarot
Wärmefluß-verfahren
THz
THz-Wellen
Mikrowellen
GHz (Radar)
ET
Wirbelstrom-verfahren
MT
Magnet. Streu-flussverfahren
X-rays
UV
IR
IR-Bild
$\sigma \approx 0$
$\frac{\partial B}{\partial t}$
$\frac{\partial U}{\partial t}$
$\vec{H}$
$\vec{B}$
Direkte Bildgebung
i.d.R. Scanverfahren
Terahertzlücke = in der technischen Anwendung noch nicht erschlossen
Dr.-Ing. Wolfgang Essig
3

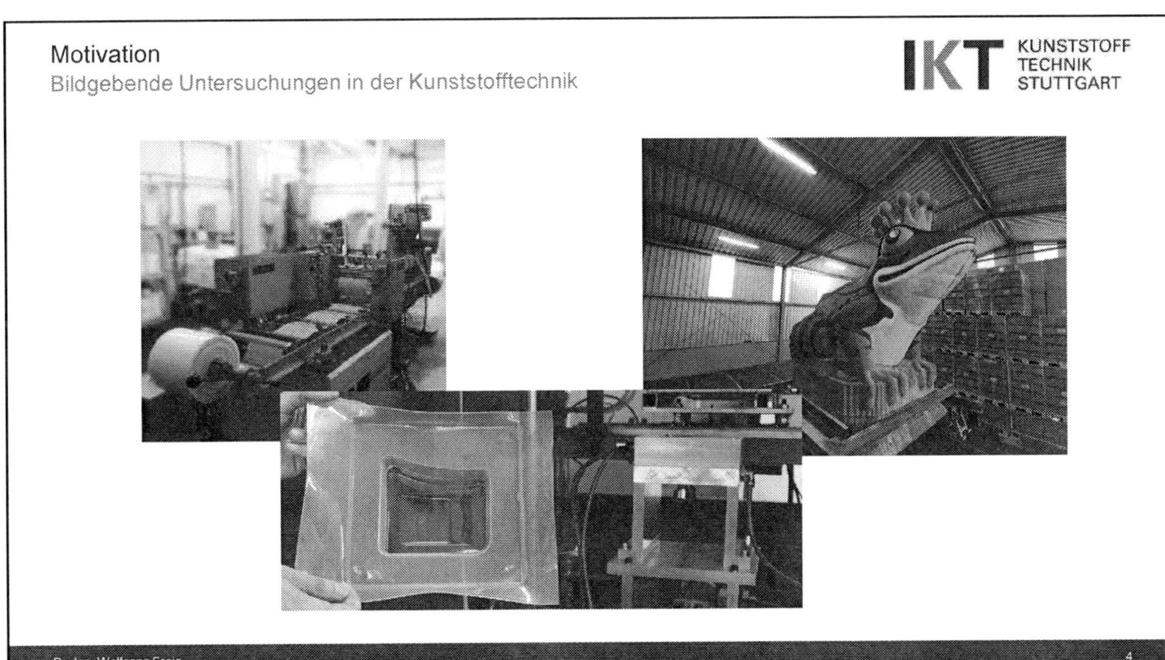
Motivation
Bildgebende Untersuchungen in der Kunststofftechnik
IKT KUNSTSTOFF TECHNIK STUTTGART
Dr.-Ing. Wolfgang Essig
4

Gliederung

- Motivation
- Stand der Technik
- Experimentelles
- Ergebnisse und Diskussion
- Fazit und Ausblick

Stand der Technik
Erzeugung von Terahertzwellen

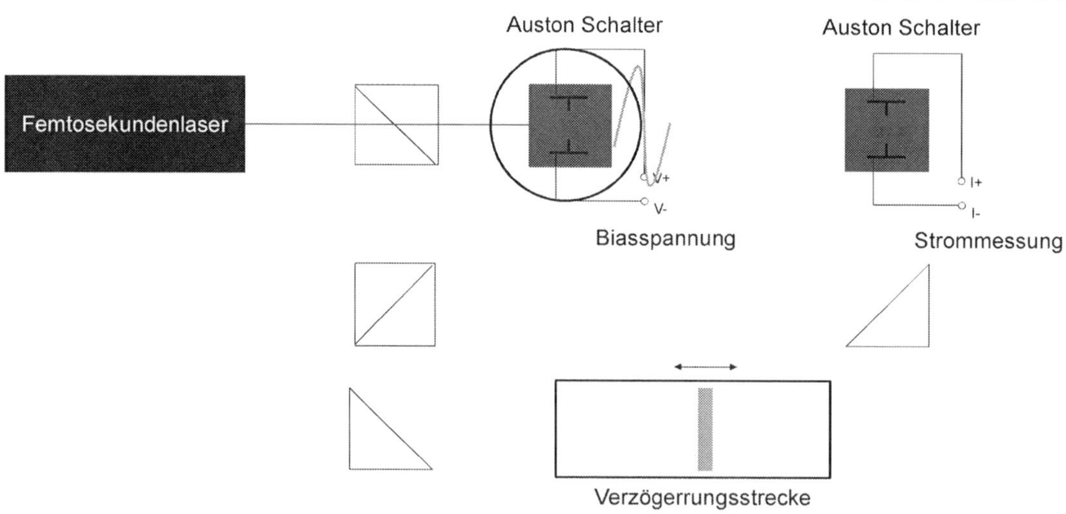

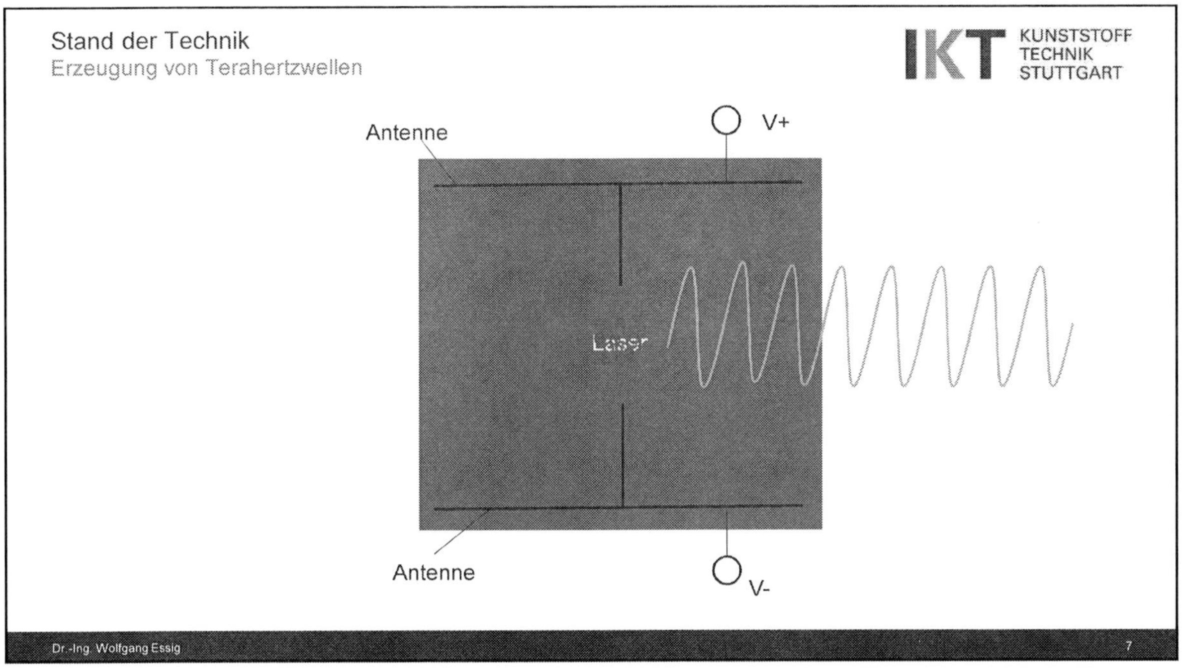
Stand der Technik
Erzeugung von Terahertzwellen
IKT KUNSTSTOFF TECHNIK STUTTGART
Antenne
V+
Laser
Antenne
V-
Dr.-Ing. Wolfgang Essig
7

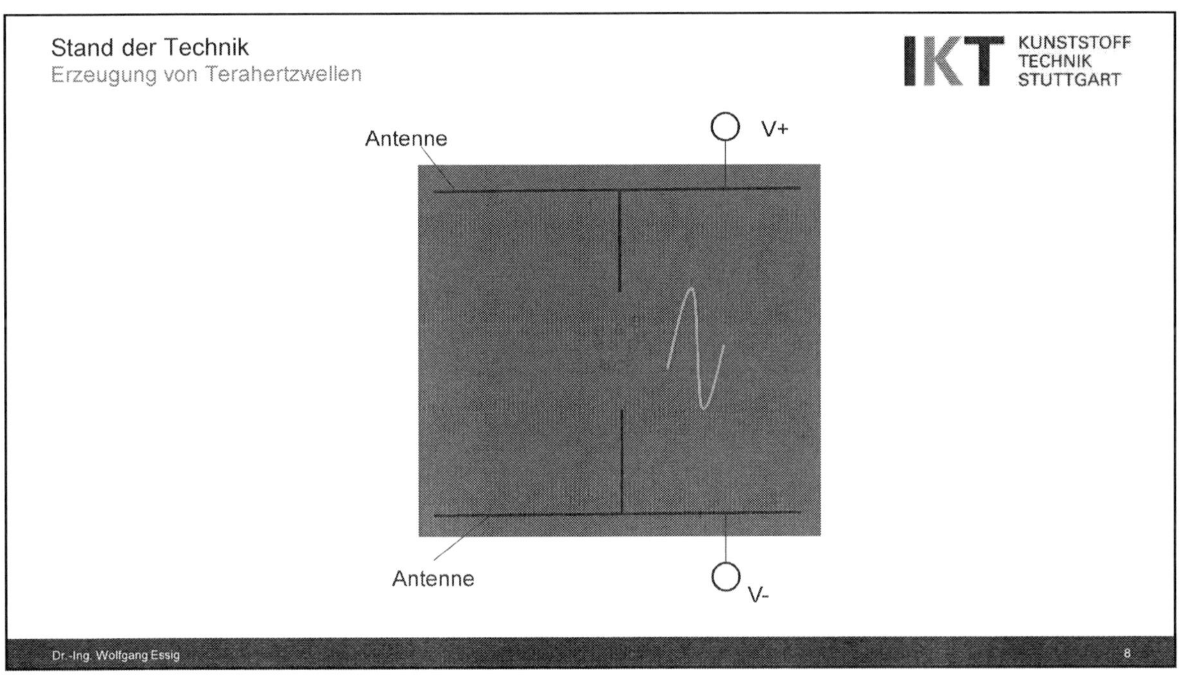
Stand der Technik
Erzeugung von Terahertzwellen
IKT KUNSTSTOFF TECHNIK STUTTGART
Antenne
V+
Antenne
V-
Dr.-Ing. Wolfgang Essig
8

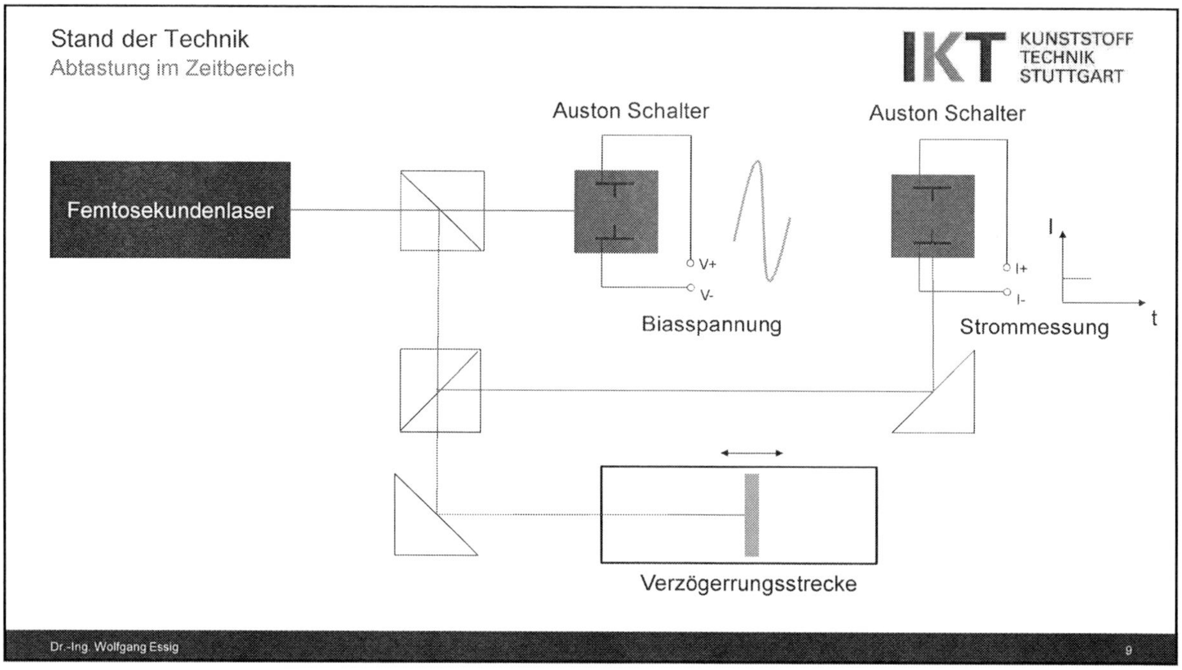
Stand der Technik
Abtastung im Zeitbereich
IKT
KUNSTSTOFF
TECHNIK
STUTTGART
Auston Schalter
Auston Schalter
Femtosekundenlaser
V+
V-
Biasspannung
I+
I-
I
t
Strommessung
Verzögerrungsstrecke
Dr.-Ing. Wolfgang Essig
9

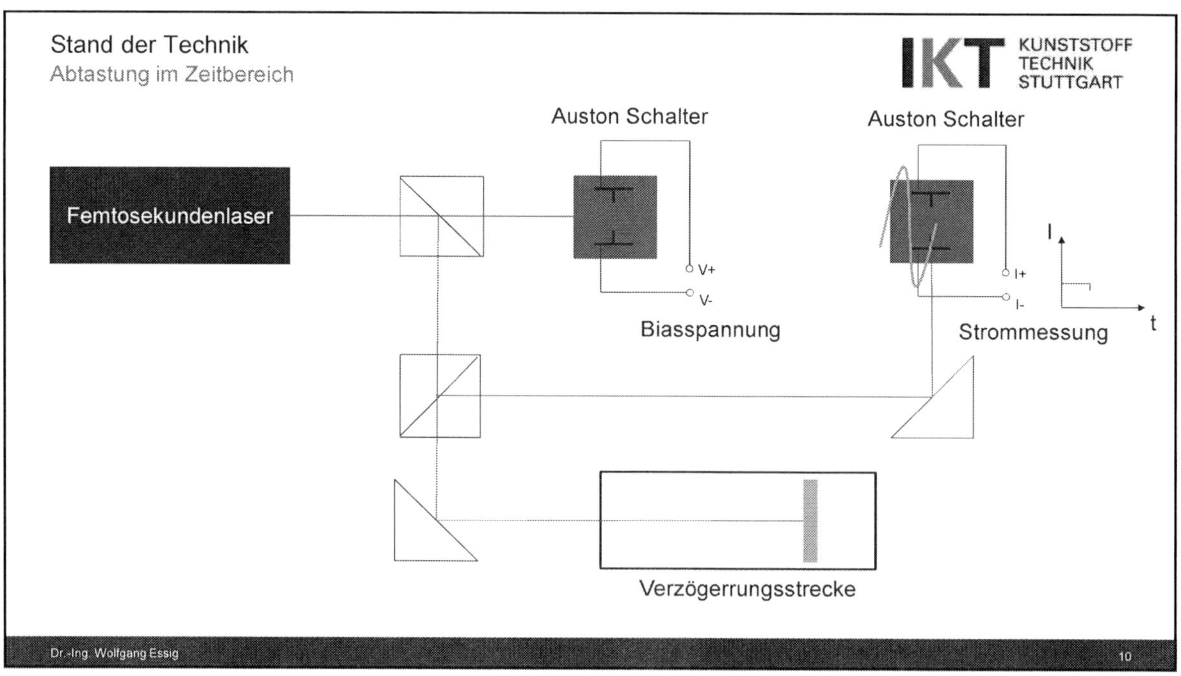
Stand der Technik
Abtastung im Zeitbereich
IKT
KUNSTSTOFF
TECHNIK
STUTTGART
Auston Schalter
Auston Schalter
Femtosekundenlaser
V+
V-
Biasspannung
I+
I-
I
t
Strommessung
Verzögerrungsstrecke
Dr.-Ing. Wolfgang Essig
10

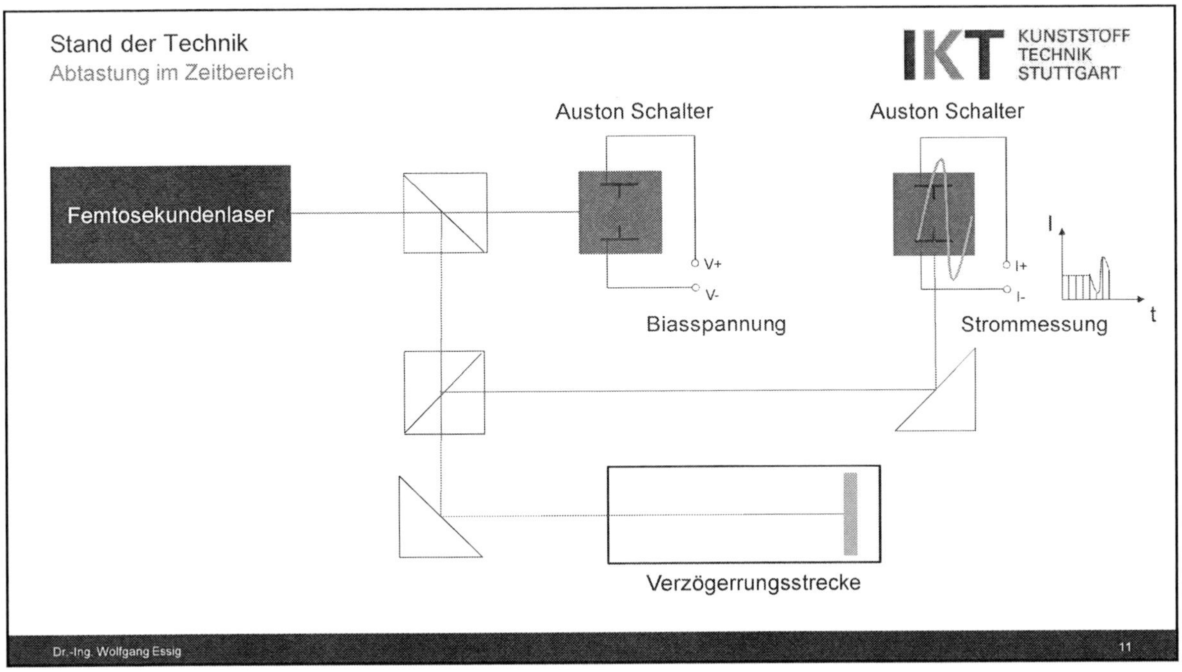
Stand der Technik
Abtastung im Zeitbereich
IKT KUNSTSTOFF TECHNIK STUTTGART
Auston Schalter
Auston Schalter
Femtosekundenlaser
V+
V-
Biasspannung
I+
I-
I
t
Strommessung
Verzögerrungsstrecke
Dr.-Ing. Wolfgang Essig
11

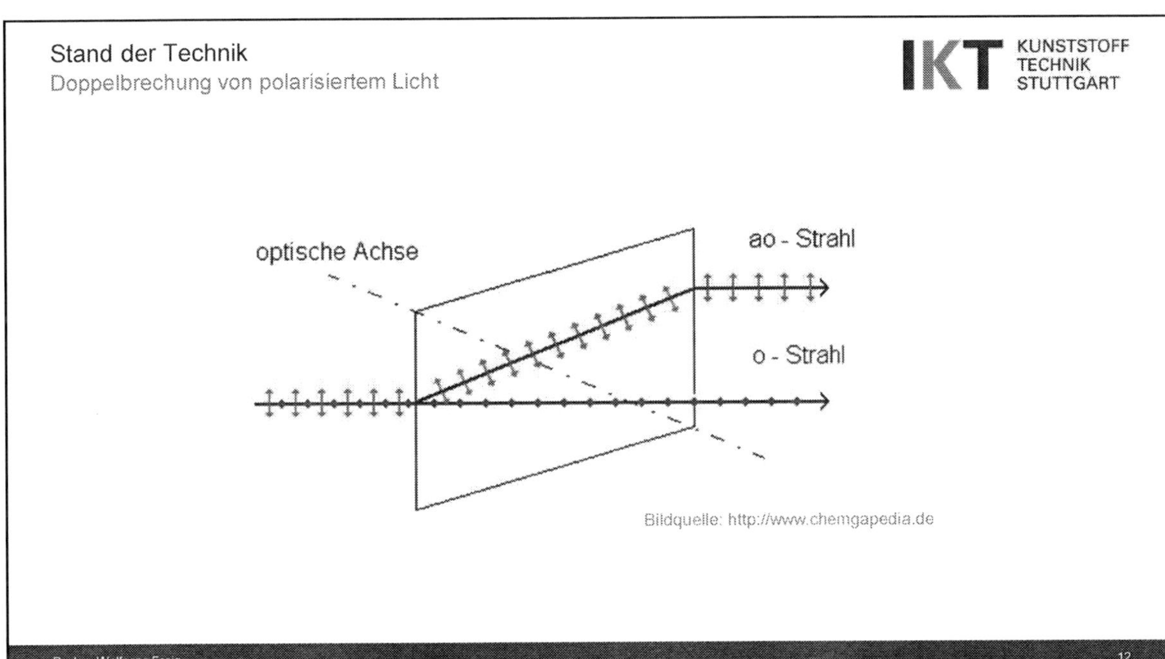
Stand der Technik
Doppelbrechung von polarisiertem Licht
IKT KUNSTSTOFF TECHNIK STUTTGART
optische Achse
ao - Strahl
o - Strahl
Bildquelle: http://www.chemgapedia.de
Dr.-Ing. Wolfgang Essig
12

Gliederung

IKT KUNSTSTOFF TECHNIK STUTTGART

- Motivation
- Stand der Technik
- Einsatz von Terahertz in der Kunststoffprüfung
- Ergebnisse und Diskussion
- Fazit und Ausblick

Dr.-Ing. Wolfgang Essig 13

Einsatz von Terahertz in der Kunststoffprüfung

Transmissionsmessung

IKT KUNSTSTOFF TECHNIK STUTTGART

Dr.-Ing. Wolfgang Essig 14

Einsatz von Terahertz in der Kunststoffprüfung

Reflexionsmessung mit Linienscanner

IKT KUNSTSTOFF TECHNIK STUTTGART

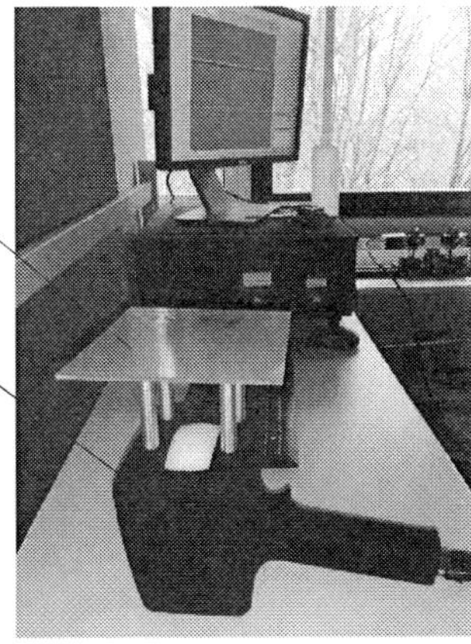

Dr.-Ing. Wolfgang Essig 15

Gliederung

IKT KUNSTSTOFF TECHNIK STUTTGART

- Motivation
- Stand der Technik
- Experimentelles
- Ergebnisse und Diskussion
- Fazit und Ausblick

Dr.-Ing. Wolfgang Essig 16

Ergebnisse und Diskussion
Untersuchung eines Kraftstofftanks aus Polyethylen

IKT KUNSTSTOFF TECHNIK STUTTGART

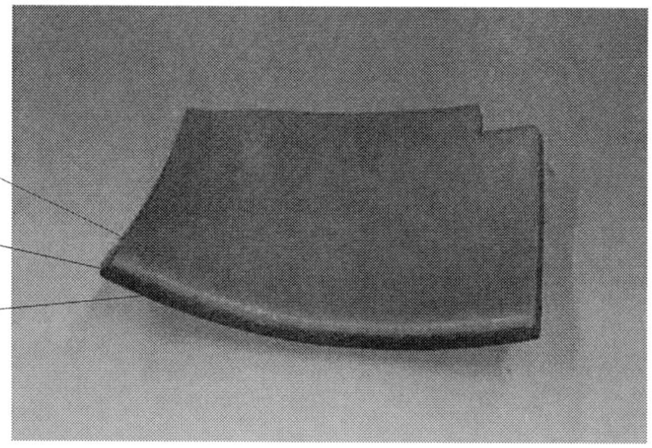

PE -Natur

EVOH Sperrschicht

PE gefärbt mit Carbon Black

Dr.-Ing. Wolfgang Essig 17

Ergebnisse und Diskussion
Untersuchung eines Kraftstofftanks aus Polyethylen

IKT KUNSTSTOFF TECHNIK STUTTGART

Terahertzscan mit Linienscanner

Fotographische Abbildung des Querschnitts

Dr.-Ing. Wolfgang Essig 18

Ergebnisse und Diskussion

Untersuchung von Mehrschichtverbundfolien im Thermoformprozess

IKT KUNSTSTOFF TECHNIK STUTTGART

Dr.-Ing. Wolfgang Essig 19

Ergebnisse und Diskussion

Untersuchung eines großen GFK Bauteils

IKT KUNSTSTOFF TECHNIK STUTTGART

Platzhalter für Ergebnisse der Messkampagne am 27.04.21

Dr.-Ing. Wolfgang Essig 20

Ergebnisse und Diskussion

Faserorientierungen in UD GFK

IKT KUNSTSTOFF TECHNIK STUTTGART

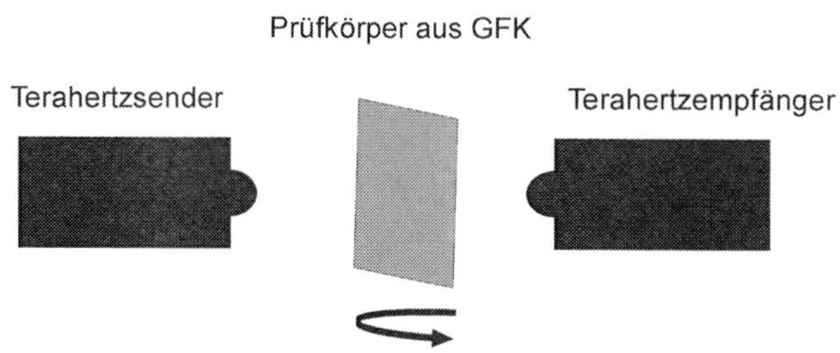

Untersuchungen mit horizontaler Faserorientierung und vertikaler Faserorientierung

Ergebnisse und Diskussion

Faserorientierungen in UD GFK

IKT KUNSTSTOFF TECHNIK STUTTGART

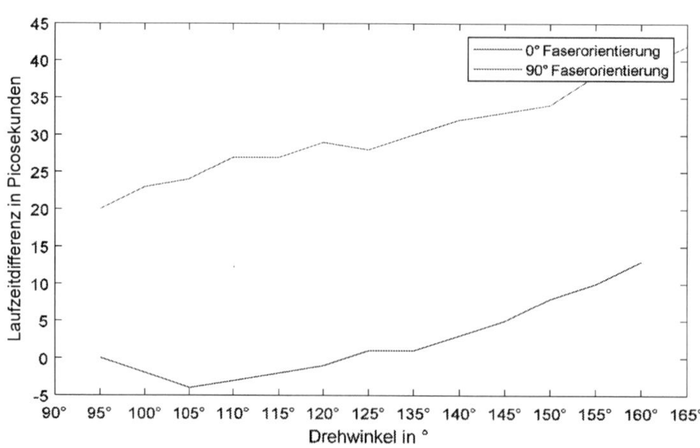

Untersuchungen mit horizontaler Faserorientierung und vertikaler Faserorientierung

Gliederung

IKT KUNSTSTOFF TECHNIK STUTTGART

- Motivation
- Stand der Technik
- Experimentelles
- Ergebnisse und Diskussion
- Fazit und Ausblick

Dr.-Ing. Wolfgang Essig 23

Fazit und Ausblick

IKT KUNSTSTOFF TECHNIK STUTTGART

Fazit

- Terahertz ist geeignet um berührungslos Materialeigenschaften zu untersuchen
- Faserorientierungen können über die Doppelbrechungswirkung der Fasern untersucht werden. Allerdings ist es nur möglich eine Hauptorientierung anzugeben und keine Orientierung in Abhängigkeit der Bauteildicke

Ausblick

- Untersuchung weiterer Umgebungseinflüsse auf die Lichtgeschwindigkeit im Werkstoff (Feuchte, Temperatur)
- Anwendung in industrienaher Umgebung in einer Roboterzelle

Dr.-Ing. Wolfgang Essig 24

Universität Stuttgart
Institut für Kunststofftechnik
IKT
KUNSTSTOFF
TECHNIK
STUTTGART
Bestimmung der
Faserorientierung
von Faserkunststoffverbunden
mittels Terahertzstrahlung
DGZfP-Jahrestagung 2021
Virtuell am 10./11. Mai
Dr.-Ing. Wolfgang
Essig

Quantifizierung der Unsicherheit für einen dünnbesetzten maschinellen Lerndatensatz (ML) in der zerstörungsfreien Prüfung im Bauwesen (NDT-CE)

Christoph VÖLKER [1], Philipp BENNER [1], Sabine KRUSCHWITZ [2]
[1] Bundesanstalt für Materialforschung und -prüfung (BAM), Berlin
[2] Bundesanstalt für Materialforschung und -prüfung (BAM) und TU Berlin, Berlin

Kontakt E-Mail: christoph.voelker@bam.de

Kurzfassung

Das maschinelle Lernen (ML) wurde erfolgreich zur Lösung vieler Aufgaben in der zerstörungsfreien Prüfung im Bauwesen (ZfPBau) eingesetzt. Allerdings ist die Erstellung von Referenzdaten in den meisten Fällen extrem teuer und daher viel knapper als in anderen Forschungsbereichen. Auch decken die verfügbaren Daten mitunter nur ein einziges Szenario ab, so dass die Leistungsindikatoren oft nicht die tatsächliche Leistung des ML-Modells in der praktischen Anwendung widerspiegeln. Schätzungen, die die Übertragbarkeit von einem Szenario auf ein anderes quantifizieren, sind erforderlich, um dieser Herausforderung gerecht zu werden und den Weg für Anwendungen in der Praxis zu ebnen.

In diesem Beitrag stellen wir Werkzeuge zur Beschreibung der Unsicherheit von ML in neuen ZfPBau-Szenarien vor. Zu diesem Zweck haben wir einen bestehenden Trainingsdatensatz zur Klassifizierung von Korrosionsschäden der Bewehrung in Beton um eine neue Fallstudie erweitert. Die Messungen wurden an großflächigen Betonproben mit eingebauter chloridinduzierter Korrosion des Bewehrungsstahls durchgeführt. Das Experiment simulierte den gesamten Lebenszyklus von chloridinduzierten Sichtbetonbauteilen im Labor. Unser Datensatz umfasst Potenzialfeld- und Radarmessungen. Die einzigartige Fähigkeit, die Schädigung zu überwachen und eine gezielte Korrosion einzuleiten, ermöglichte es, die Daten zu labeln - was für die Konstruktion von ML-Modellen entscheidend ist. Um die Übertragbarkeit zu untersuchen, erweitern wir unser Modell um Metadaten - wie etwa Konstruktionsmerkmale des Prüfkörpers und Umweltbedingungen. Dies erlaubt es, die Veränderung dieser Merkmale in neuen Szenarien mit statistischen Methoden als Unsicherheiten auszudrücken. Wir vergleichen verschiedene auf Stichproben und statistischer Verteilung basierende Ansätze und zeigen, wie diese Methoden eingesetzt werden können, um Wissenslücken von ML-Modellen in der ZfP zu schließen.

BAM
Bundesanstalt für Materialforschung und -prüfung

Sicherheit in Technik und Chemie

10. Mai 2021

QUANTIFIZIERUNG DER UNSICHERHEIT FÜR EINEN DÜNNBESETZTEN MASCHINELLEN LERNDATENSATZ IN DER ZERSTÖRUNGSFREIEN PRÜFUNG IM BAUWESEN

Dr. Christoph Völker[1], Dr. Philipp Benner[1], Prof. Sabine Kruschwitz[2]
1) BAM Federal Institute for Materials Research and Testing, Berlin, Germany
Tel.: +49 (30) 8104-1440; Christoph.Voelker@Bam.de
2) Technische Universität Berlin, Berlin
Tel.: +49 30 314 721 109; kruschwitz@tu-berlin.de

1

Problem
Vorhersagen in neuen Szenarien mit Machine Learning

BAM

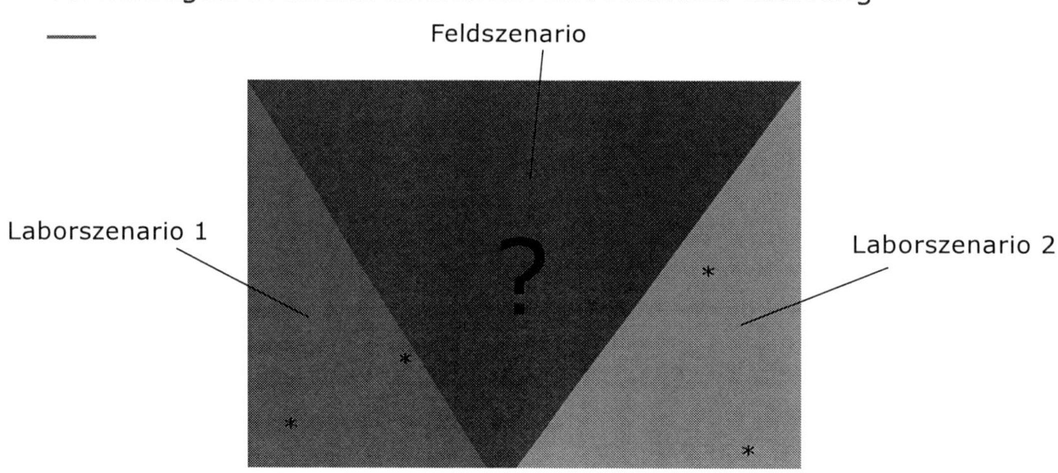

2

2

Problem

Vorhersagen in neuen Szenarien mit Machine Learning

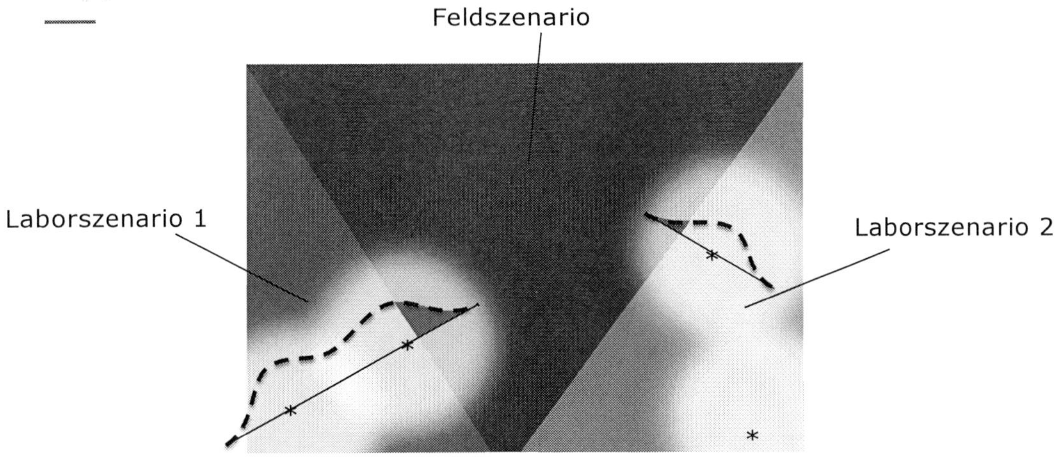

3

3

Anwendungsbeispiel chloridinduzierte Lochkorrosion

Betonquerschnitt mit Lochkorrosion an Bewehrung

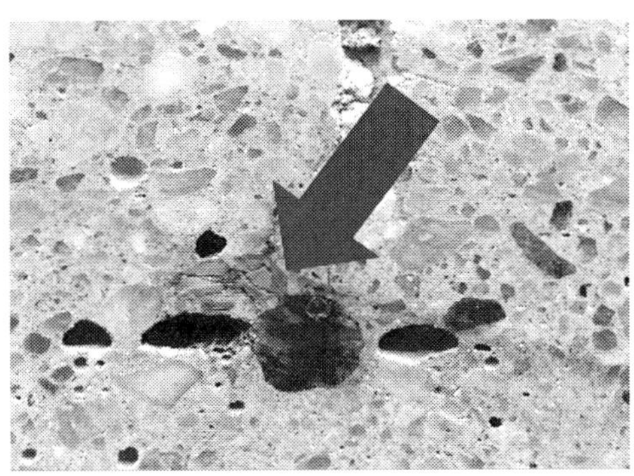

4

4

Anwendungsbeispiel chloridinduzierte Lochkorrosion

BAM

Surveys in Geophysics
https://doi.org/10.1007/s10712-019-09558-4

Check for updates

A Machine Learning-Based Data Fusion Approach for Improved Corrosion Testing

Christoph Völker[1] · Sabine Kruschwitz[1,2] · Gino Ebell[1]

Received: 26 September 2018 / Accepted: 15 July 2019

Abstract
This work presents machine learning-inspired data fusion approaches to improve the non-destructive testing of reinforced concrete. The principal effects that are used for data fusion are shown theoretically. Their effectiveness is tested in case studies carried out on large-scale concrete specimens with built-in chloride-induced rebar corrosion. The dataset consists of half-cell potential mapping, Wenner resistivity, microwave moisture and ground penetrating radar measurements. Data fusion is based on the logistic regression algorithm.

ASTM-C876

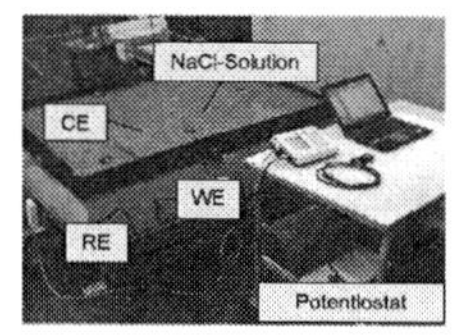

1 korrekt
11 unsicher
6 falsch

Data Fusion

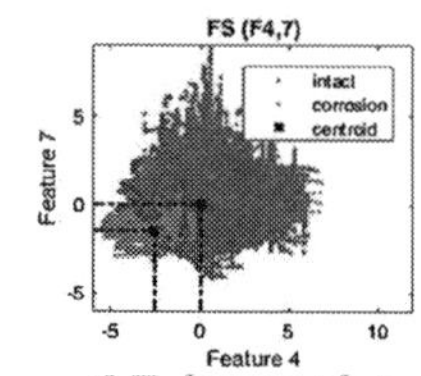

15 korrekt
3 falsch

5

5

Referenzdaten

BAM

2016

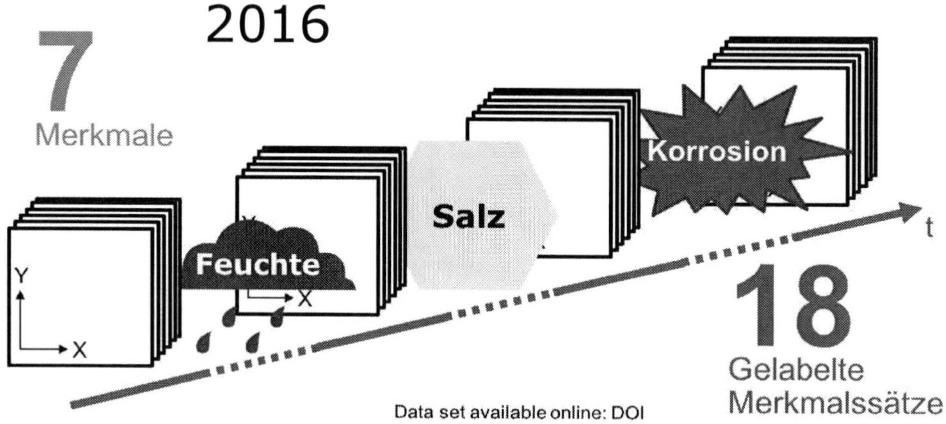

Data set available online: DOI 10.13140/RG.2.2.24881.89448

6

6

Referenzdaten

BAM

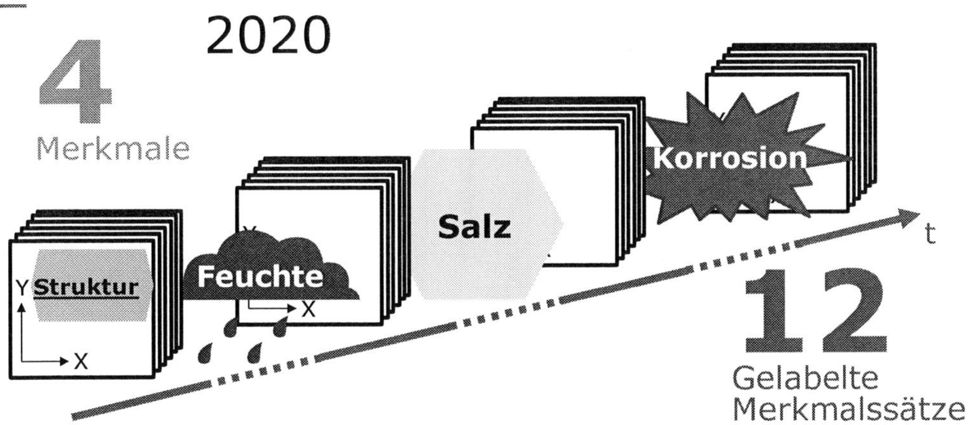

7

7

Variabilität der Einflussparameter auf die ZfP Messung

BAM

Einflussparameter	2016	2020 (hinzugefügte Szenarien)
Feuchtigkeitszustand	3	2 (0)
Chloridmigration in Betondeckung	2	2 (0)
Betonverdichtung	2	1 (0)
Bewehrungsdichte	1	2 (1)
Betondeckung	1	3 (3)
Korrosionsposition (obere/untere Bewehrungslage)	1	2 (1)
Max. Anz. der Korrosionsstellen je Messung	1	2 (1)
Alter der Probe	<5 a	<5 a (0)
Lastwechsel	0	0 (0)
...	...	...

8

8

Unsicherheiten kleiner Referenzdatensätze

BAM

Klassische Data Science*
- ➢ Aleatorische Unsicherheit

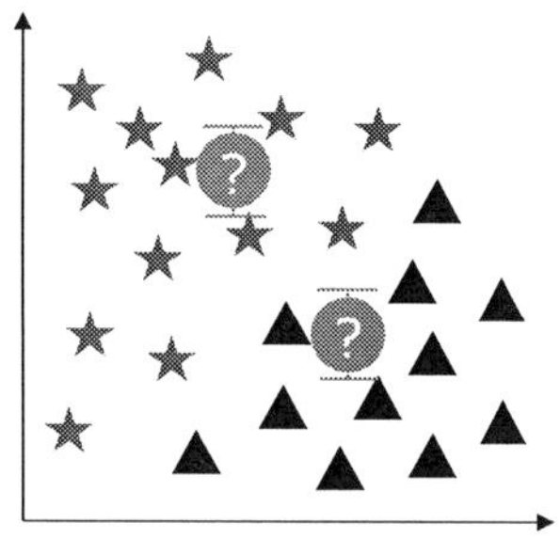

Small Data (Extrapolation)
- ➢ Aleatorischer Unsicherheit
- ➢ Epistemischer Unsicherheit

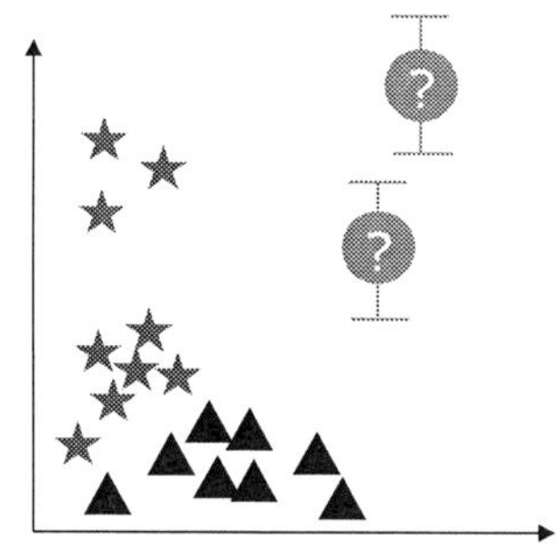

*Ansatz: **I**ndependent sampling from **I**dentical **D**istributed data (IID)

9

9

Adaptive Modelselektion auf Basis epistemischer Unsicherheitsberechnungen

BAM

Trainings-daten → ? Model → Vorhersage

Modell mit höchster Erfolgswahrscheinlichkeit

min (Fehler+Unsicherheit)

Modell mit niedrigsten Fehlererwartungswert

min (Fehler)

2 Jahre (~200k€)
4 ZfP-Verfahren

3 Jahre (~200k€)
2 ZfP-Verfahren

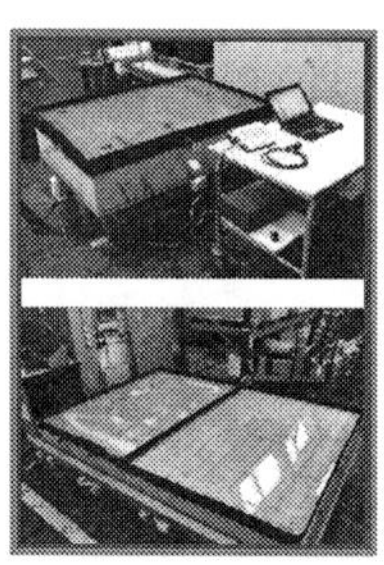

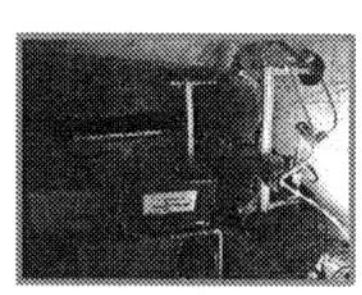

Felddaten

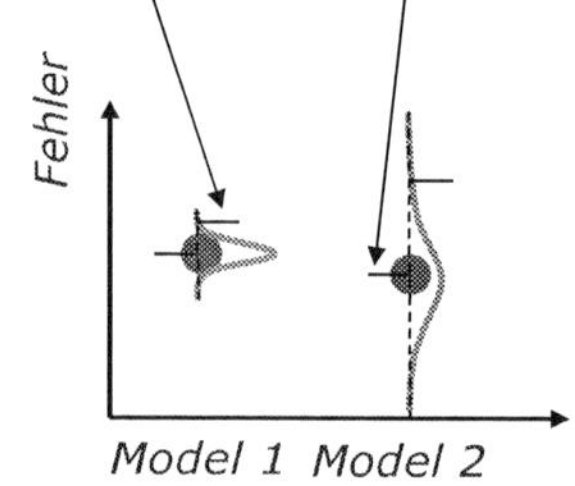

10

10

Ergebnisse

Modelle: Neuronale Netze mit 1, 6, 11, 16 & 21 Neuronen

Unsicherheitsadaptiver Ansatz

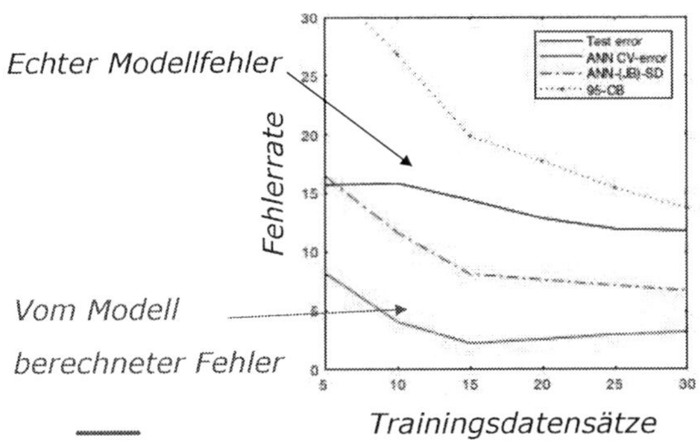

Klassischer modellfehlerbasierter Ansatz

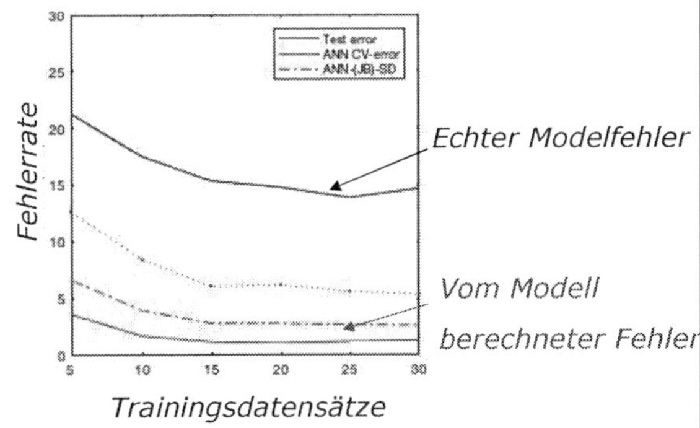

11

11

Fazit

- ➢ Erzeugung von Referenzdaten für ML schwierig
  - ➢ Seltenen aber wichtigen Prüfszenarien (z.B. Naturkatastrophe)
  - ➢ Schlechte Kontrollierbarkeit von Einflüssen im Labor (z.B. Verkehr, Alter)
  - ➢ Vielfältigkeit der Anwendungsbedingungen (z.B. Bauteilgeometrien)
- ➢ Adaptive Modelauswahlverfahren bilden kostengünstige alternative und reduzieren Fehler spürbar.
- ➢ Flexibel anwendbar da Modelle vortrainiert werden können.

12

12

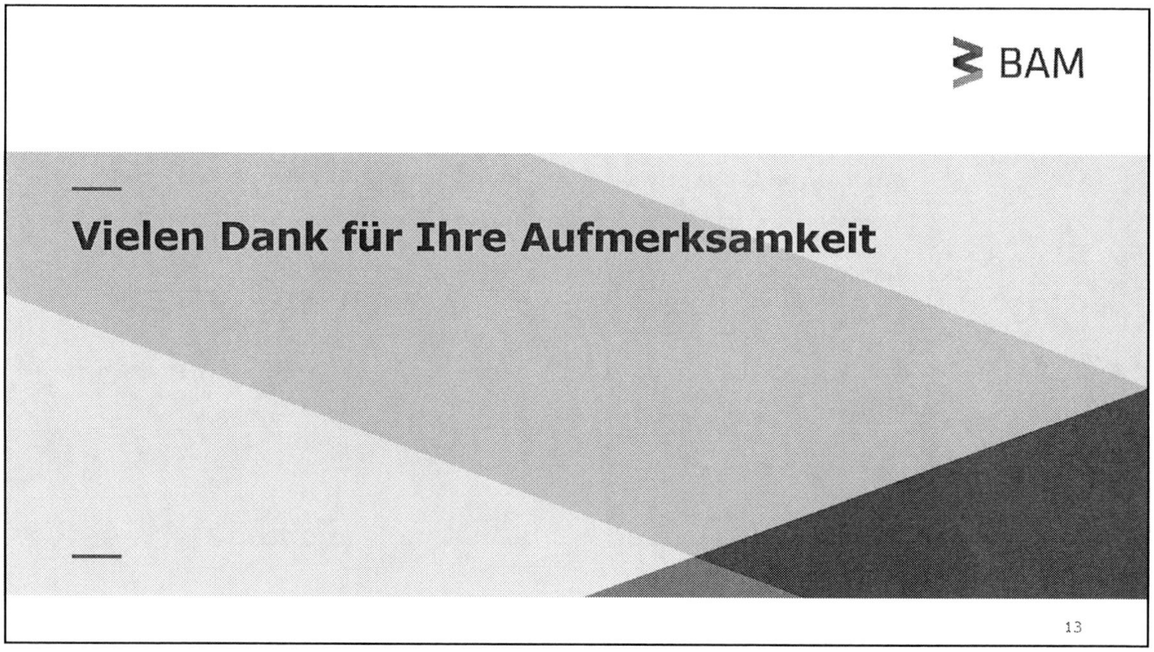

13

Automatisierte akustische Prüfung von Tunnelstrukturen mit Hilfe von Lasersystemen und maschinellem Lernen

Christoph HEINZE [1], Valentin VIERHUB-LORENZ [2], Karsten WEIHER [1], Christoph WERNER [2], Michael GEIST [1]
[1] Fraunhofer-Institut für Großstrukturen in der Produktionstechnik IGP, Rostock
[2] Fraunhofer-Institut für Physikalische Messtechnik IPM, Freiburg

Kontakt E-Mail: christoph.heinze@igp.fraunhofer.de

Kurzfassung. Zur Wahrung der Stand- und Verkehrssicherheit von Tunnelbauwerken müssen sowohl bei der Abnahme als auch bei der wiederkehrenden Inspektion verdeckte Fehlstellen hinter der Strukturoberfläche detektiert werden. Stand der Technik ist hierbei das manuelle Abklopfen der Tunnelwand unter großem personellem Aufwand. Das Forschungsprojekt „LaserBeat“ verfolgt das Ziel, diesen Vorgang zu automatisieren und damit den Prüfvorgang wesentlich zu beschleunigen und zu objektivieren.

Voraussetzung für eine effiziente Automatisierung ist eine schnelle und großflächige Abtastung der Tunnelwände. Dies wird durch den Einsatz von Lasersystemen sichergestellt, die eine kontaktlose Prüfung ermöglichen. Zur Anregung wird ein Puls-Laser verwendet, der durch einen stark lokalisierten Energieeintrag mechanische Wellen in der Tunnelwand erzeugt, während ein speziell für diese Anwendung entwickeltes Laservibrometer die Oberflächenschwingung erfasst. Die Schadenserkennung erfolgt auf Basis von maschinellem Lernen unter der Anforderung, dass das System auch bei wechselnden Bauweisen, Strukturalter und Grundmaterialien zuverlässig Fehlstellen identifizieren kann. Durch die Clusteranalyse als unüberwachtes Lernverfahren ist es möglich Fehlstellen zu erkennen, ohne dass zuvor eine aufwändige Lernphase oder eine große Anzahl an klassifizierten Referenzdaten nötig sind.

Zugang zu Tunnelbauwerken für die Erfassung von Messdaten und die Anforderungsevaluation wurde durch die freundlich Unterstützung der DB Netz AG und der Amberg Technologies AG ermöglicht. Untersuchungen an Betonstrukturen zeigen bereits zum aktuellen Projektstand gute Erkennungsraten. Aktuell wird das System auf diesen Werkstoff ausgelegt, zukünftig ist jedoch mit Anpassungen auch eine Anwendung bei Mauerwerk aus Natursteinen und künstlichen Steinen vorgesehen.

1. Einleitung

Tunnelbauwerke stellen wichtige Verbindungselemente unserer Verkehrsinfrastruktur dar, vernetzen aber auch Abwassersysteme. Überlastung, Überalterung und Neuerschließungen führen zu höheren Anforderungen bezüglich effizienter und möglichst objektiver Inspektionen und Prüfungen, welche heute aufgrund fehlender Systeme rein visuell und in Form des sogenannten Hammertests durch Experten erbracht werden. Bei derzeit 400 Straßen-, Eisenbahn- und U-Bahn-Tunneln sowie über 200.000 km tunnelartigem Kanalnetz alleine in Deutschland lässt sich die Inspektion nur mit einem enormen Zeitaufwand und großen Risiken für das beteiligte Personal bewältigen. Die Kosten alleine für die Inspektion von Tunnelbauwerken belaufen sich in Deutschland auf über 700 Mio. Euro pro Jahr.

Die möglichen Anwendungsfelder des in Entwicklung befindlichen Prüfsystems gehen über die hier adressierten Tunnel weit hinaus. Neben der Inspektion der bereits erwähnten Schächte und Kanäle sind auch die Inspektion von Brücken und Windkraftanlagen von erheblicher Bedeutung. Perspektivisch lassen sich durch die Kombination des „LaserBeat"-Systems mit weiteren Prüfverfahren und autonomen Inspektionsfahrzeugen völlig neue und sehr effiziente Verfahren für die Bauwerksinspektion umsetzen, z. B. eine autonome Inspektion eines kompletten Autobahnabschnitts inkl. Tunnel und Brücken.

2. Stand der Technik

Moderne Tunnelbauwerke werden nahezu ausschließlich in Betonbauweise errichtet. Die Möglichkeit einer großflächigen und automatisierten Tunnelprüfung ist jedoch ebenso für den älteren Baubestand von Interesse. Die Tunnel der DB Netz AG sind zu 60 % in Betonbauweise (Betonfertigteile, Spritz- und Schalbeton) gefertigt. Naturstein- und Ziegelmauerwerk bilden jedoch mit 32 % einen weiteren bedeutenden Anteil, der größtenteils älteren Tunneln zuzuordnen ist. Die Tunnel der Bundesfernstraßen von Deutschland und des hochrangigen Straßennetzes von Österreich sind mehrheitlich in Spritzbetonbauweise gefertigt. [1] Aufgrund des hohen Anteils der Betonbauweise wird das Prüfsystem zunächst für die Fehlerdetektion in diesem Werkstoff ausgelegt. Zukünftig ist jedoch auch eine Anwendung bei anderen Materialien, Bauweisen und Strukturen geplant.

Die Prüfung von Tunneln basiert zunächst auf einer Sichtprüfung der tragenden Struktur und der Einbauten unter Berücksichtigung von Lage, Nutzung, Alter, Bauweise und Bauplänen, soweit vorhanden. Eine Suche nach inneren Defekten erfolgt nur im Rahmen der Tunnelabnahme vollflächig. Bei der wiederkehrenden Inspektion beschränkt sie sich auf Bereiche mit ungewissem inneren Zustand. Bei neueren Tunneln mit Schalen aus Ortbeton oder Betonfertigteilen ist eine akustische Prüfung entsprechend seltener nötig, während Spritzbeton insbesondere bei älteren Tunneln großflächige Prüfungen der inneren Struktur erfordern. Bei einer solchen Prüfung werden durch das Prüfpersonal systematisch die Wände und Decken nach hohlklingenden Bereichen abgeklopft (Abbildung 1). Dieser Prozess ist mit einem hohen Aufwand bezüglich Material, Personal und Zeit verbunden. Ansätze zur systematischen Digitalisierung und Automatisierung konnten sich bisher bei der regulären Prüfung nicht durchsetzen.

Abbildung 1: Tunnelröhre mit fahrbarem Gerüst für die manuelle Prüfung

Ein gewöhnlicher Hammertest hat eine Eindringtiefe von etwa 10 cm [2], was genügt, um die häufigsten Fehlertypen innerhalb der Betondeckung zu finden. Solche Fehlstellen werden im Normalfall ohne nähere Untersuchung geöffnet und repariert. Nur im Fall von Unsicherheiten oder vermuteten tieferliegenden Schäden wird auf fortschrittlichere Prüfverfahren zurückgegriffen. Zur näheren Analyse von Fehlstellen kann beispielsweise auf Ultraschallprüftechnik zurückgegriffen werden. Deren Auflösungsvermögen und Eindringtiefen sind bei Beton jedoch aufgrund der inhomogenen Struktur gegenüber metallischen Werkstoffen begrenzt. Zur Dickenmessung und Fehlerdetektion in größeren Tiefen bietet sich das Impact-Echo-Verfahren an. [3] Radarsysteme eignen sich hingegen zur Ortung von Objekten, zur Bestimmung der Feuchteverteilung im Mauerwerk, um Spannglieder zu detektieren und die Bewehrung in Betonbauteilen zu orten. [4]

Vergleichbar mit dem geplanten Messsystem ist die in Japan entwickelte, laserbasierte Fernerkundungstechnologie (LRSS: Laser Remote Sensing System) zur Erkennung von Defekten in der Betonauskleidung von Tunneln. Es wurde ein automatisches Positionierungssystem entwickelt, welches eine präzise Ausrichtung und Fokussierung der Laser erlaubt. Ein Kurzpulsaser auf Basis eines Neodym-dotierten Yttrium-Aluminium-Granat-Kristall induziert Stoßwellen im Inneren des Betons, die Schwingungen in der Nähe der Oberfläche erzeugen. Ein Detektionslaser erfasst diese Schwingung durch Interferenz zwischen einem von der Oberfläche reflektierten Strahl und einem Referenzstrahl [2]. Als messbare Tiefe von Rissen und Hohlräumen werden 3-10 cm angeführt, die abhängig vom Bestrahlungspunkt auf der Betonoberfläche und der Energie des Laserpulses ist. Dieses System ist seit etwa einem Jahrzehnt in Entwicklung, jedoch bisher nicht kommerziell verfügbar.

Die Automatisierung der Tunnelinspektion ist in vielen Bereichen bereits weit vorangeschritten. Moderne Kamerasysteme und Laserscanner erlauben eine schnelle und lückenlose Erfassung von Geometrie und Oberflächen von Tunneln mit mobilen Plattformen. Entsprechende Systeme sind bereits kommerziell verfügbar, beispielsweise in Form des „Mobile Mapping" von Amberg Technologies. [5] Weit fortgeschritten sind auch Weiterentwicklungen zur Erkennung von Rissen und Feuchtigkeit auf Basis von hochaufgelösten Bildaufnahmen bzw. spektraler Analyse des reflektierten Lichts der Laserscanner. [6, 7] Während oberflächliche Fehler gut mit diesen Methoden erfasst werden können, müssen für verdeckte Fehlstellen andere Ansätze gewählt werden. Der Großteil solcher internen Schäden treten bei bewehrten Strukturen innerhalb der Betondeckung auf. Kommt es beispielsweise zur Korrosion des Bewehrungsstahls, führt dies zu einer Volumenzunehme, die die Deckschicht ablösen kann. Eine weitere Ursache für Rissbildungen und Ablösungen sind lokal überhöhte Drucklasten, die etwa bei Tübbingen bereits bei geringsten Fertigungsabweichungen am Rand auftreten können. Insbesondere im Deckenbereich von Verkehrstunneln sind solche Delaminationen oder Abplatzungen kritisch und sollten detektiert werden solange das Material noch anhaftet.

3. Projektübersicht und Konzept zur Tunnelprüfung

Das Projekt „LaserBeat" hat das Ziel, ein Messsystem für die Inspektion von Tunneln zu entwickeln, welches innere Schäden auf der Basis laserinduzierten Körperschalls erkennt. Dazu werden Laserpulse auf die Tunneloberfläche fokussiert. Die erzeugten Plasmablitze regen Schallwellen an, welche im Volumen der Tunnelwand an Rissen und Inhomogenitäten reflektiert werden und eine messbare lokale Resonanzüberhöhung erzeugen. Mit einem Laservibrometer können die resultierenden Oberflächenschwingungen kontaktfrei aufgenommen werden. Kombiniert werden soll die Messeinheit mit einem entsprechenden geometrisch scannenden System sowie Algorithmen für die schnelle und zuverlässige

Datenauswertung und -interpretation. Das Gesamtsystem soll auf bewegten Plattformen (z. B. Messfahrzeugen) eingesetzt werden und mit hoher räumlicher Auflösung drohende Abplatzungen des Oberflächenmaterials erkennen, die durch Hohlstellen hinter der verbauten Struktur verursacht werden. Die Integration des Messsystems in bestehende Tunnelinspektionssysteme erlaubt die Kombination mit 3D-Daten und somit die Objektivierung der bisher durch Experten manuell inspizierten Strukturen.

Technisch zerfällt die Aufgabe in drei, jeweils für sich schon anspruchsvolle Pakete: (a) Optisches System zur kontrollierten Anregung des Köperschalls, ohne das Objekt jedoch zu schädigen, und zur kontaktfreien und zuverlässigen Detektion des Körperschalls, (b) Filter zur Reduktion des Signals auf die relevanten Schallinformationen und (c) Auswertesoftware, die aus den erfassten Daten interpretierbare Informationen für Experten generiert. Das Ergebnis einer Inspektionsfahrt soll die Kartierung gefährdeter Bereiche am Objekt mit entsprechender Visualisierung als Output sein.

4. Datenerfassung

Eine flexible und schnelle Prüfung der großen und oft unregelmäßig geformten Oberflächen eines Tunnels kann nur durch ein kontaktloses Verfahren realisiert werden. Im Projekt LaserBeat werden hierzu zwei unterschiedliche Lasertechnologien eingesetzt. Ein Pulslaser erzeugt mit kurzen und energiereichen Lichtpulsen eine lokale Erhitzung, die in einer mechanischen Anregung der Tunnelwand resultiert. In Abhängigkeit von Zusammensetzung und Aufbau verändert sich das Schwingungsverhalten der Struktur. Zur Erfassung der erzeugten Schwingungen wird ein vom Fraunhofer IPM eigens entwickeltes Laser-Doppler-Vibrometer (LDV) verwendet. Die Entscheidung für eine Eigenentwicklung wurde aus mehreren Gründen getroffen. So arbeiten gängige Geräte aus Sicherheitsgründen mit sehr wenig Laserleistung, was die Reichweite limitiert, eine Fokussierung notwendig macht und Anforderungen an die Reflektivität der Probenoberfläche stellt. In Anwendungsszenario mit scannender Abtastung variiert der Abstand jedoch – für jeden Messpunkt eine Autofokusprozedur vorzunehmen würde jedoch die Messrate limitieren. Weiterhin ist beabsichtigt im weiteren Projektverlauf in das System eine Kompensation von Störeinwirkungen einzubauen. Dies könnte beispielsweise durch einen zweiten Referenz-Messkanal erfolgen, der nur die Störgeräusche aufnimmt. Auch dies ist nur in einer spezialisierten Lösung umsetzbar.

Der prinzipielle Aufbau des Vibrometers ist in Abbildung 2 dargestellt. Es wird ein extrem schmalbandiger (Linienbreite unter 100 Hz) Erbium-Faserlaser als Lichtquelle genutzt. Dieser wird faseroptisch in einen Mess- und Referenzstrahl aufgespalten. Ein akustooptischer Modulator (AOM) erzeugt eine Frequenzverschiebung auf dem Messstrahl von 40 MHz. Danach wird der Strahl kollimiert und über durch einen Strahlteiler gelenkt.

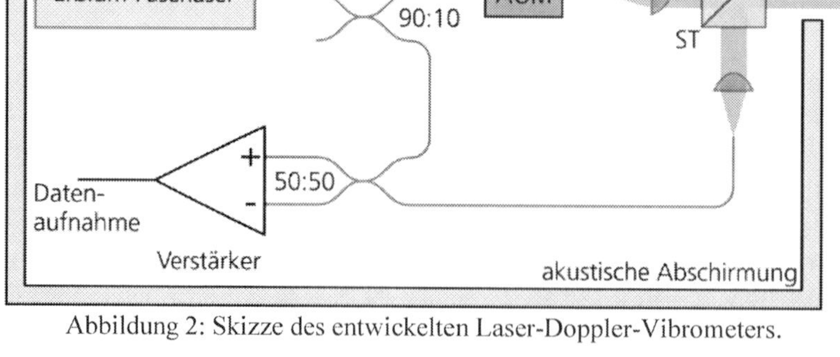

Abbildung 2: Skizze des entwickelten Laser-Doppler-Vibrometers.

Nachdem das Licht von Messobjekt reflektiert wurde, trifft es wieder auf den Strahlteiler und wird in die Empfangsfaser eingekoppelt. Nun wird es mit dem Referenzstrahl überlagert und mit einem symmetrischen Detektor aufgenommen und verstärkt. Danach wird das elektrische Signal digitalisiert und in einem PC oder FPGA ausgewertet.

Zur Impulsanregung wird ein Nd:YAG-Laser verwendet. Dieser liefert bis zu 10 Pulse pro Sekunde mit bis zu 1 J Energie bei einer Pulsdauer von ca. 10 ns. Der Testaufbau ist in Abbildung 3 gezeigt. Der Laser wird auf eine Betonprobe fokussiert und erzeugt dort ein Plasma – lediglich mit einem kollimierten Strahl auf die Oberfläche zu leuchten hat sich als nicht ausreichend erwiesen. Gleichzeitig misst das entwickelte Vibrometer die erzeugte Schwingung. Die Messzeit erstreckt sich dabei über etwa 80 ms nach dem Laserpuls. Zusätzlich ist ein klassischer Piezo-Sensor auf der Probe angebracht, um eine Referenzmessung zu erhalten. Eine akustische Abschirmung schützt das LDV vor Störeinflüssen. Erste Messergebnisse zeigen eine gute Übereinstimmung zwischen den vom Piezo-Sensor und dem LDV gemessenen Resonanzfrequenzen (Abbildung 3). Abweichungen der Amplituden sind darauf zurückzuführen, dass die Amplitude des LDV proportional zur Geschwindigkeit, die des Piezo-Sensors zur Beschleunigung ist.

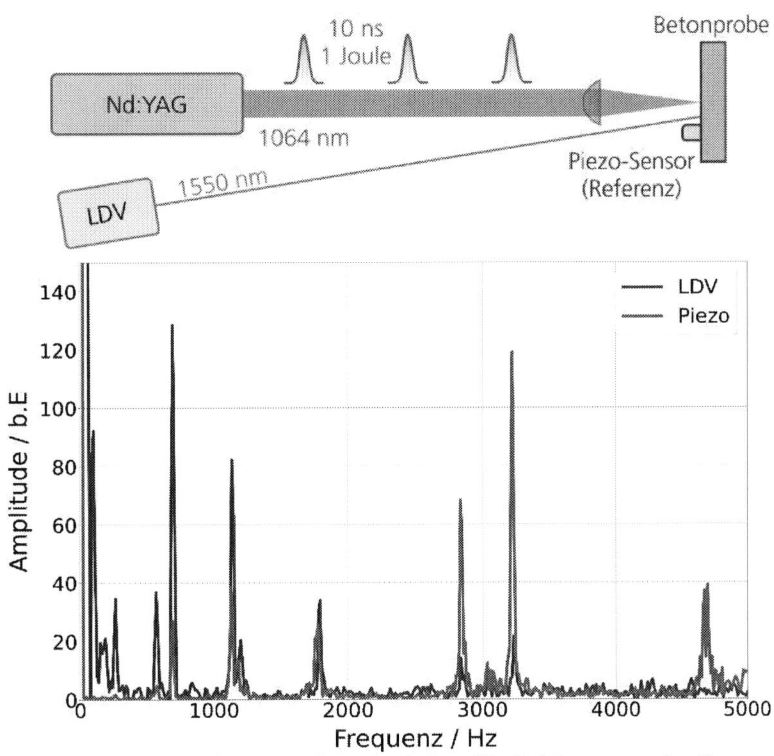

Abbildung 3: Oben: Skizze des Testaufbaus im Labor. Ein Pulslaser regt eine Betonprobe an. Die Schwingungen werden mittels LDV und Piezo-Beschleunigungssensor erfasst.
Unten: Mit dem LDV und dem Piezo-Sensor gemessene Signale im Vergleich.

Durch die Verwendung von Lasern zur kontaktlosen Anregung und Erfassung von Oberflächenschwingungen, ist nicht nur eine schnelle gerasterte Abtastung vieler Messpunkte möglich, sondern es wird auch vorzugsweise Körperschall erfasst. Dies ist ein Vorteil gegenüber anderen akustischen Prüfmethoden, wie dem Impact-Echo-Verfahren, die Luftschall erfassen und damit für entsprechende Störungen anfällig sind, wie sie sehr häufig bei arbeitendem Personal oder Fahrzeuge in der Nähe auftreten. Zusätzlich sind unterhalb der Erdoberfläche nur sehr wenige störende Quellen von Körperschall zu erwarten, die sich in der Wandstruktur ausbreiten.

5. Signalverarbeitung und Dateninterpretation

Zur Erkennung von Schäden als Anomalien in einer Vielzahl von Messdaten bieten sich prinzipiell zwei Herangehensweisen an. Das klassische Vorgehen konzentriert sich auf die meist manuelle Suche nach unveränderlichen Signalmerkmalen, die eindeutig für fehlerhafte oder intakte Bereiche bzw. Bauteile stehen. Bei wenigen Systemparametern und konstanten Umgebungsbedingungen ist dieser Ansatz legitim. Gibt es joch eine Vielzahl von Einflussparametern, sind Merkmale nur unter größtem Aufwand manuell bestimmbar, da praktisch jeder zu erwartende Zustand a priori analysiert werden muss. Während der großflächigen Prüfung von Bauwerken ist im Gegensatz zu einer kontinuierlichen Überwachung zwar nicht mit einer zeitlichen, jedoch mit einer räumlichen Veränderung der Merkmale zu rechnen. Hierzu gehören mögliche Variationen der Bauweise, Materialien, Umgebungsbedingungen und des Strukturalters. Eine Schadenserkennung muss demnach zuverlässig funktionieren, ohne dass jeweils eine manuelle Anpassung der Merkmale zur Schadenserkennung durchgeführt wird. Für diese Anwendung bieten sich adaptive und selbstlernende Verfahren aus dem Bereich des maschinellen Lernens (ML) und der künstlichen Intelligenz (KI) an.

Aufgrund der möglichen Veränderungen der Bausubstanz und Umgebungsparameter sowohl innerhalb als auch zwischen einzelnen Tunnelstrukturen, ist eine überwachte Anlernphase (engl. supervised learning) bei einer Tunnelprüfung nicht praktikabel. Unter dieser Maßgabe wurde Clustering als Verfahren des unüberwachten ML ausgewählt, um automatisiert Schäden zu erkennen. Bei diesem Verfahren werden Messdaten im Merkmalsraum (engl. feature space) abgebildet und vom ML-Algorithmus in Gruppen (engl. Cluster) aufgeteilt. Das größte Cluster wird als fehlerfrei angenommen und die weiteren Cluster als Defekte. Vorteil dieser Methode ist, dass keine Trainingsdaten benötigt werden und die Schadenserkennung sensibel für lokale, jedoch nicht für großflächige (globale) Änderungen ist. Allerdings kann der Clustering-Algorithmus nicht bestimmen, um welchen Fehlertyp es sich handelt.

Zentrale Herausforderung bei der Anwendung solcher Verfahren ist die korrekte Aufbereitung und Reduzierung der Daten sowie die Wahl der zu verwendenden Clustering-Algorithmus und der Anzahl der Cluster. Bei der Signalaufbereitung und -reduzierung müssen Merkmale erhalten bleiben, die sensitiv für Veränderungen infolge von Strukturschäden sind. Zur Datenreduktion bieten sich zunächst allgemeine Ansätze an, wie die Begrenzung des Signal- und Frequenzraums durch Filterung, Fensterung oder die Reduzierung der Abtastrate an. Ein spezialisierter Ansatz, der insbesondere für ML-Verfahren geeignet ist und automatisiert eine drastische Datenreduktion erlauben, ist die principal component analysis (PCA). Die durch das Prüfsystem zu findenden verdeckten Fehlstellen, wie Ablösungen und Hohlräume, zeichnen sich bei einer akustischen Anregung durch lokalen Eigenformen aus. Entsprechend werden die Merkmale zur Schadenserkennung mittels Clustering im Frequenzspektrum gesucht und mittels PCA reduziert.

6. Experimentelle Untersuchungen

Zur Erprobung der Messhardware und Algorithmen wurden zunächst Probekörper mit und ohne künstlichen Defekten im Labor analysiert. Abbildung 4 zeigt die hierbei gefundenen Cluster, die für den Fall der Delamination und des Hohlraums gut mit den künstlich in den Testkörper integrierten Fehlstellen korrelieren. Wie erwartet, wird das Kiesnest nicht zuverlässig erkannt, da es keine klar identifizierbare lokale Eigenform ausbildet. Dies liegt einerseits an der geringen Größe der Fehlstelle, aber auch am diffusen Übergang zwischen intakter und defekter Struktur.

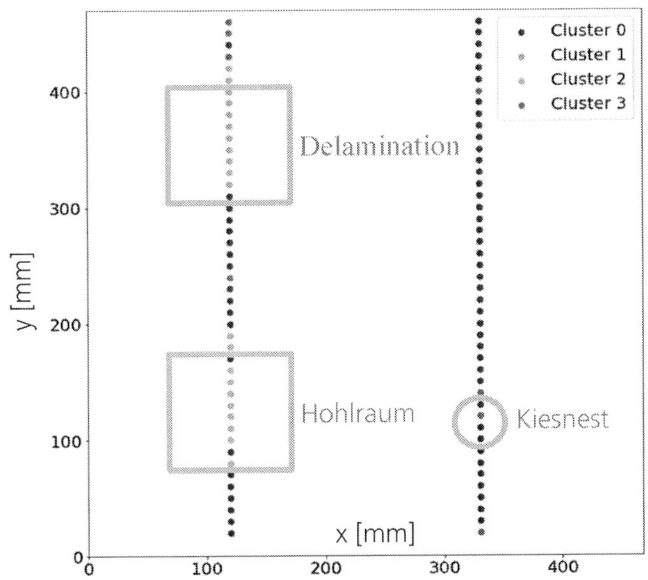

Abbildung 4: Messpunkte auf dem Testkörper mit farblich markierten Ergebnissen der automatischen Klassifizierung mittels Clustering. Graue Umrisse markieren die Lage der internen Defekte.

Weiterhin konnten Messdaten in Tunnelumgebungen aufgezeichnet werden (siehe Abbildung 1). Da zum Zeitpunkt der Messungen die entwickelte Hardware noch nicht mobil einsetzbar war, wurde auf eine mechanische Anregung und Messmikrofone zurückgegriffen, die bei entsprechender Positionierung und kontrollierten Umgebungsbedingungen vergleichbare Ergebnisse liefern. Messungen wurden an Schäden durchgeführt, die zuvor bei regulären Prüfungen durch manuelles Abklopfen entdeckt wurden. Für die Auswertung dieser Messungen wurde der Clustering-Algorithmus erweitert, um auch die räumliche Position der Messpunkte relativ zueinander mit einzubeziehen. Hierdurch kann die Anzahl von Ausreißern deutlich reduziert werden. Abbildung 5 zeigt die untersuchte Betonfläche überlagert mit den Messpunkten und ermittelten Clustern. In den Ergebnissen zeichnet sich sowohl die Abplatzung als auch die Schraubtasche ab.

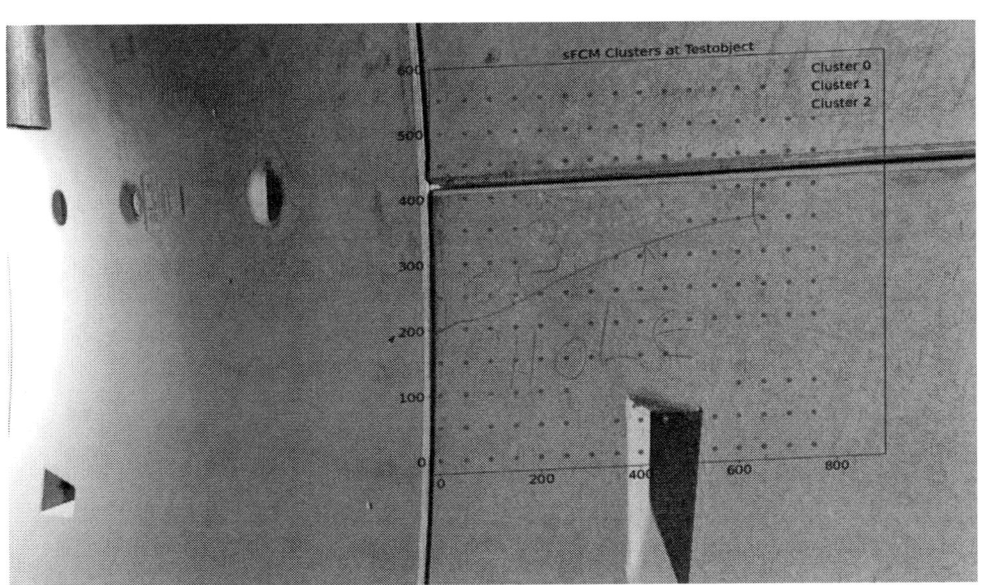

Abbildung 5: Betonstruktur überlagert mit Messpunkten (Hellblau und Orange markieren die identifizierten Hohlstellen)

7. Zusammenfassung und Ausblick

Im Forschungsprojekt „LaserBeat“ entsteht ein System zur automatisierten Detektion von verdeckten Defekten in Tunnelstrukturen, die bisher durch manuelles Abklopfen gefunden werden. Der Einsatz angepasster Lasersystemen zur Anregung und Messung mechanischer Schwingungen ermöglicht eine kontaktlose und schnelle Abtastung großer Flächen auch bei variablen Abständen und Oberflächen. Die Datenauswertung und Schadenserkennung basiert auf dem Ansatz des Clustering, das ohne Trainingsdaten in der Lage ist, anomale Bereiche in der Struktur zu erkennen. Hierdurch kann eine Schadenserkennung auch bei wechselnden Strukturen und Umgebungsbedingungen zuverlässig erfolgen.

Der nächste Schritt in der Systementwicklung ist die Zusammenstellung der entwickelten Einzelkomponenten zu einem Prototyp. Dieser soll zunächst an Testkörpern im Labor und anschließend unter realen Bedingungen in Tunnelumgebungen erprobt und optimiert werden. Bisher wird das System auf die Fehlerdetektion in Beton ausgelegt. Langfristig ist jedoch eine Anpassung an weitere Bauweisen, wie Mauerwerk, oder andere Strukturen möglich.

Danksagung

Wir danken der DB Netz AG, der Amberg Technologies AG, der Geodata Group, der Ruhr-Universität Bochum und dem Karlsruher Institut für Technologie für die Beratung und Unterstützung im Projekt.

Referenzen

[1] ASFINAG, DB Netz AG und Studiengesellschaft für Tunnel und Verkehrsanlagen e. V, Hg., U-Verkehr und unterirdisches Bauen: Sachstandsbericht 2017 "Instandsetzungsstrategien und -verfahren für Verkehrstunnel". Berlin: Ernst & Sohn, 2018. [Online]. Verfügbar unter: http://www.wiley-vch.de/publish/dt/books/ISBN978-3-433-03253-4/

[2] Y. Shimada et al., „Development of laser-based remote sensing technique for detecting defects of concrete lining“, Electron Comm Jpn, Jg. 102, Nr. 6, S. 12–18, 2019, doi: 10.1002/ecj.12168.

[3] D. ALGERNON, S. FEISTKORN und M. SCHERRER, „Zerstörungsfreie Prüfung von Betonbauteilen mit dem Impact-Echo-Verfahren“, Nuklearinspektorat, Wallisellen, Schweiz, Fachtagung Bauwerksdiagnose Poster 7, 2016.

[4] A. Taffe, M. Stoppel und H. Wiggenhuaser, „Zerstörungsfreie Prüfverfahren im Bauwesen (ZfPBau)“, Betoninstandsetzung im Ingenieur- und Wohnungsbau, 2010.

[5] https://ambergtechnologies.com/de/loesungen-dienstleistungen/geomatik-services/amberg-mobilemapping/, zuletzt aufgerufen am 22.03.2021

[6] Schneider, O. & Prokopová, A. & Modetta, F. & Petschen, Veronika. (2019). The use of artificial intelligence for a cost-effective tunnel maintenance. 10.1201/9780429424441-323.

[7] V. Vierhub-Lorenz, K. Predehl, S. Wolf, C. Werner, F. Kühnemann, A. Reiterer, „A multispectral tunnel inspection system for simultaneous moisture and shape detection“ in Remote Sensing Technologies and Applications in Urban Environments IV, 2019, doi: 10.1117/12.2533101

Resonanzbasierte Porenerkennung mittels kontaktfreier breitbandiger Ultraschallprüfung

Matthias BRAUNS [1], Benedikt MAUEL [1], Nils PANZER [1], Balthasar FISCHER [1], Mathias DAMBAUR [2]
[1] XARION Laser Acoustics GmbH, Wien, Österreich
[2] Airbus Helicopters Deutschland GmbH, Donauwörth

Kontakt E-Mail: m.brauns@xarion.com

Kurzfassung

Bei der Ultraschallprüfung werden heute zur Impedanzanpassung flüssige Koppelmittel eingesetzt, um eine hohe Frequenz-Bandbreite und räumliche Auflösung zu erreichen. Allerdings ist der Kontakt des Bauteils mit flüssigen Koppelmitteln häufig nicht wünschenswert oder sogar unmöglich. Im Gegensatz dazu stellt konventionelle Laser-Ultraschallprüfung eine kontaktfreie Alternative dar, ist aber sehr abhängig von Reflektivität und Rauheit der Probenoberfläche.

Wir stellen eine neuartige, laserbasierte Ultraschall-Prüfmethode vor, die unabhängig von Oberflächeneigenschaften wie Reflektivität und Rauheit funktioniert. Ähnlich wie beim konventionellen Laser-Ultraschall erzeugt ein kurzer Laserpuls eine breitbandige Ultraschall-Schockwelle. Ein optisches Mikrofon detektiert die in die Luft abgestrahlte Ultraschallwelle mit Hilfe von Laser-Interferometrie. Dieses akinetische Funktionsprinzip (der Sensor besitzt keine beweglichen Teile) führt zu einer sehr hohen Detektionsbandbreite. Anregungslaser und optisches Mikrofon sind fasergekoppelt, was eine einfache Systemintegration ermöglicht. Für noch höhere Scangeschwindigkeiten, kann das optische Mikrofon als Array konfiguriert werden.

In diesem Beitrag präsentieren wir kontaktfreie Messungen an Bauteilen für Hubschrauber, die aus monolithischem Kohlefaserverbundwerkstoff (CFK) bestehen. Die Bauteile weisen Bereiche unterschiedlicher Porosität auf. Poren im Material führen zu einem Resonanzverhalten und so zu Signalverstärkung bei bestimmten Frequenzen und können erkannt werden, indem nach der Messung Frequenzfilter auf die A-Scans an jedem Messpunkt angewendet werden. Die Detektion dieser Poren-Resonanzen wird durch die breitbandige Anregung und Detektion des Ultraschalls ermöglicht. Porosität im Material kann so kontaktfrei mit hohem Signal-Rausch-Verhältnis in Durchschallung und einseitig detektiert werden, was die vorgestellte Ultraschall-Methode sehr interessant für industrielle Bauteilprüfung in der Luftfahrt macht. Im Gegensatz zur herkömmlichen, auf Absorptionsmessung basierender Poren-Zonen-Detektion können beim vorgestellten Verfahren einzelne Poren und deren Größe detektiert werden.

Resonanzbasierte Porenerkennung mittels kontaktfreier breitbandiger Ultraschallprüfung

Dr. Matthias Brauns,[1,*] Benedikt Mauel,[1] Nils Panzer,[1] Mathias Dambaur,[2] Balthasar Fischer[1]
[1] XARION Laser Acoustics
[2] Airbus Helicopters Deutschland
* m.brauns@xarion.com

XARION Laser Acoustics GmbH 11.05.21

xarion laser acoustics

Motivation

- Stand der Technik in der Luftfahrt-ZfP: wassergekoppelte Ultraschallprüfung (UT)
- Probleme mit Wasserkopplung:
  - Luftbläschen, Druckschwankungen, rückspritzendes Wasser stören Laminarstrahl
  - Schwere Endeffektoren
  - Einschränkung der Fertigung (Bauteil muss wasserdicht und -resistent sein)

→ Können wir die Wasserkopplung weglassen?

xarion laser acoustics 2

Vierfache Impedanzbarriere

Luftgekoppelter US

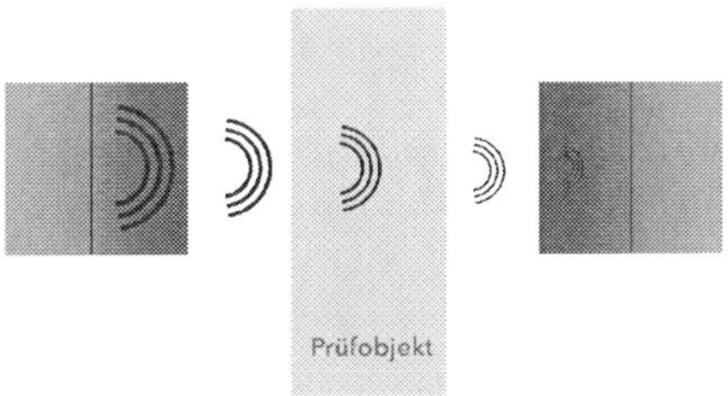

Flüssiggekoppelter US

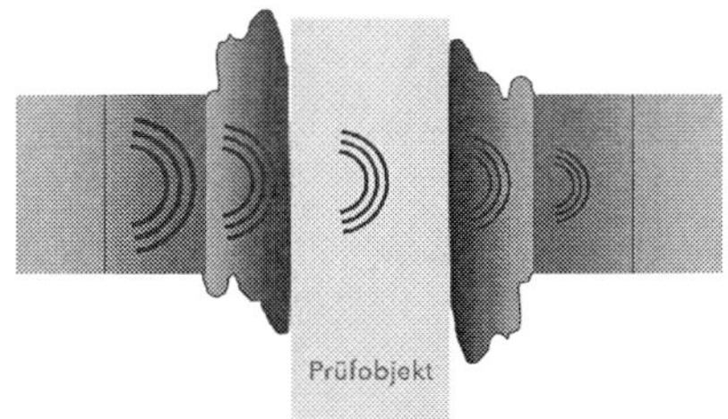

Ultraschallanregung mittels Laser und Piezowandler

- Laserpuls erzeugt impulshaftes, breitbandiges Ultraschallsignal im Bauteil
- Luftgekoppelter Piezowandler erzeugt schmalbandiges Ultraschallsignal mit Nachschwingern
- → Keine Blindzone in einseitiger Prüfung bei Laser-Anregung!

Laser-Anregung

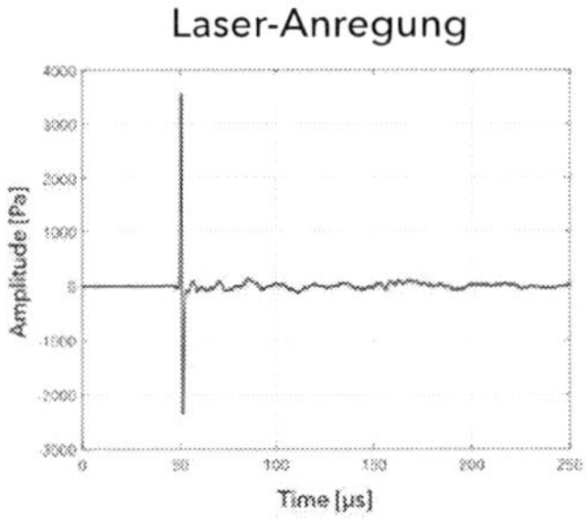

Piezo-Anregung (Luft)

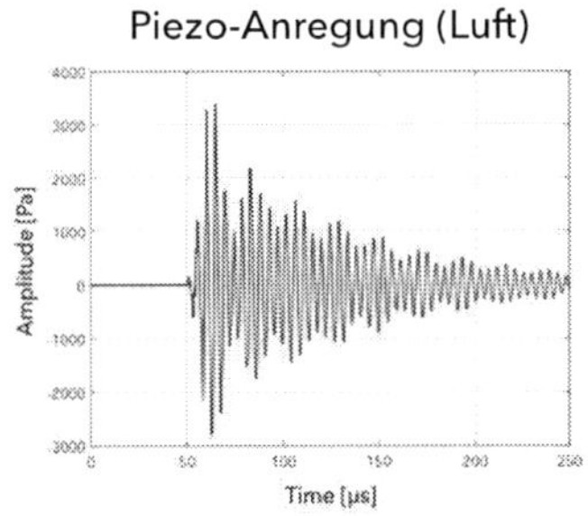

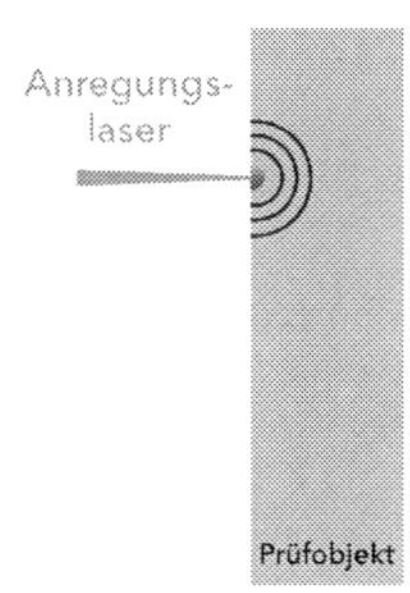

Ultraschalldetektion mit dem optischen Mikrofon

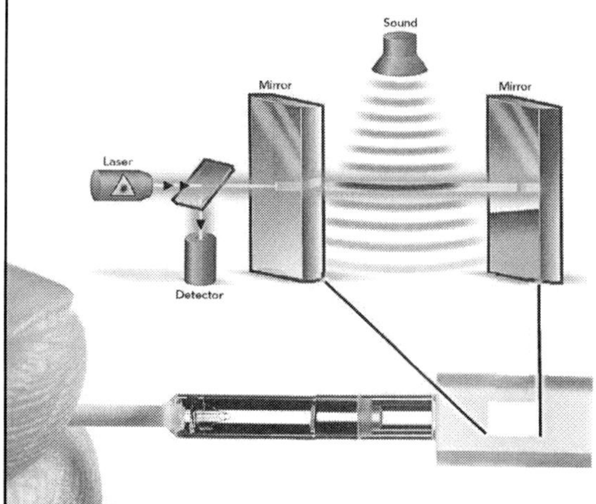

Arbeitsprinzip

- Laserstrahl koppelt aus Glasfaser in festes Fabry-Pérot-Etalon
- Laserlicht interferiert zwischen den Spiegeln und wird teilweise in Glasfaser zurückreflektiert
- Schalldruck beeinflusst den Brechungsindex der Luft
- Intensität des reflektierten Lichts ist proportional zum Schalldruck

xarion 5

Wozu breitbandig?

Verschiedene Frequenzbereiche enthalten Informationen über verschiedene Proben-Aspekte!

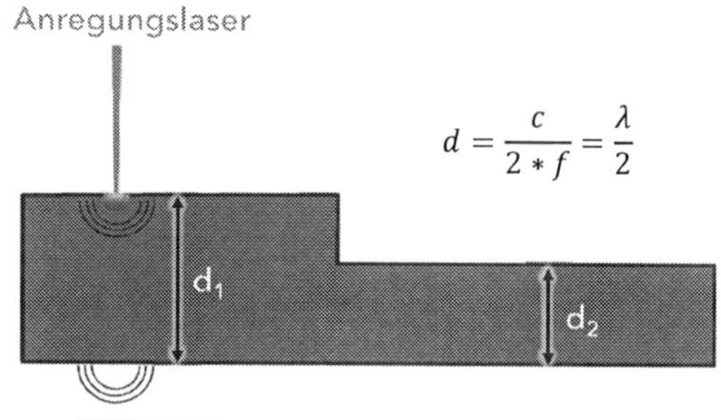

$$d = \frac{c}{2 * f} = \frac{\lambda}{2}$$

Einfachster Fall: Dickenresonanz

- Beispiel: c = 3000 m/s (CFK)
- Schallwelle mit f = 2 MHz:
  → Wellenlänge 1.5 mm
  → Dickenresonanz bei 0.75 mm Probendicke
- Schallwelle mit f = 50 kHz:
  → Wellenlänge 60 mm
  → Dickenresonanz bei 30 mm Probendicke
- Breitbandige Messung ermöglicht die Detektion von Resonanzen bei mehreren Frequenzen gleichzeitig!

xarion 6

Laser-Excited Acoustic (LEA)

Einseitige Prüfung (Pitch-Catch)

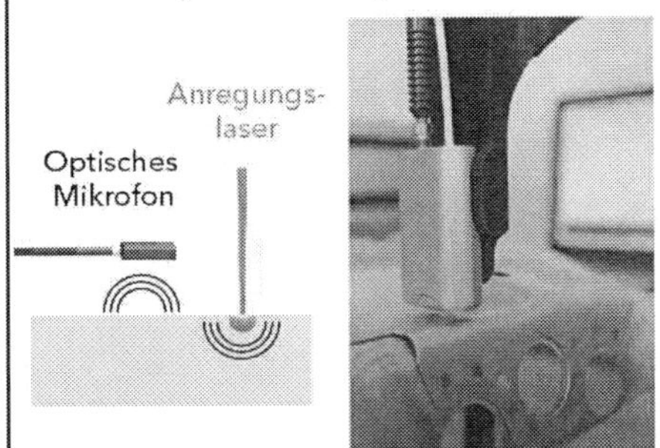

Durschallung

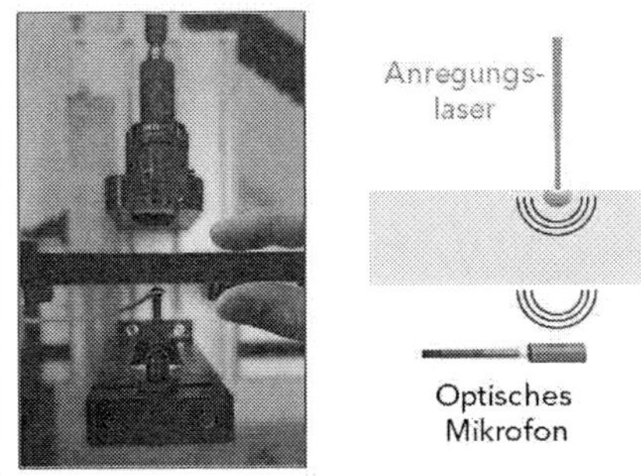

Porendetektion - Proben

- Proben weisen Bereiche variierender Porosität auf
- Porosität bestimmt mit Micro-CT und validiert mit konventioneller UT per Rückwandecho-Abschwächung

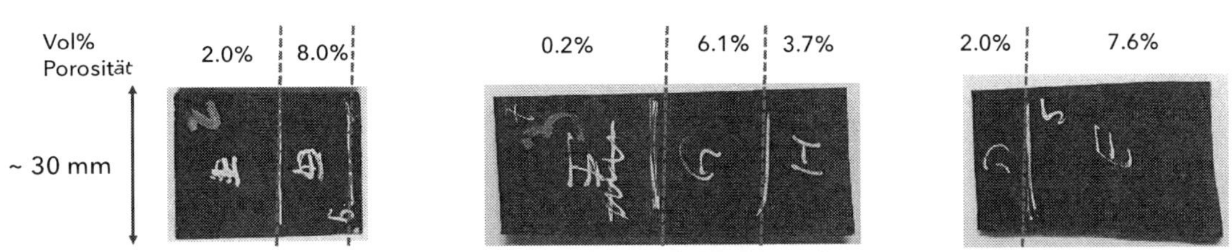

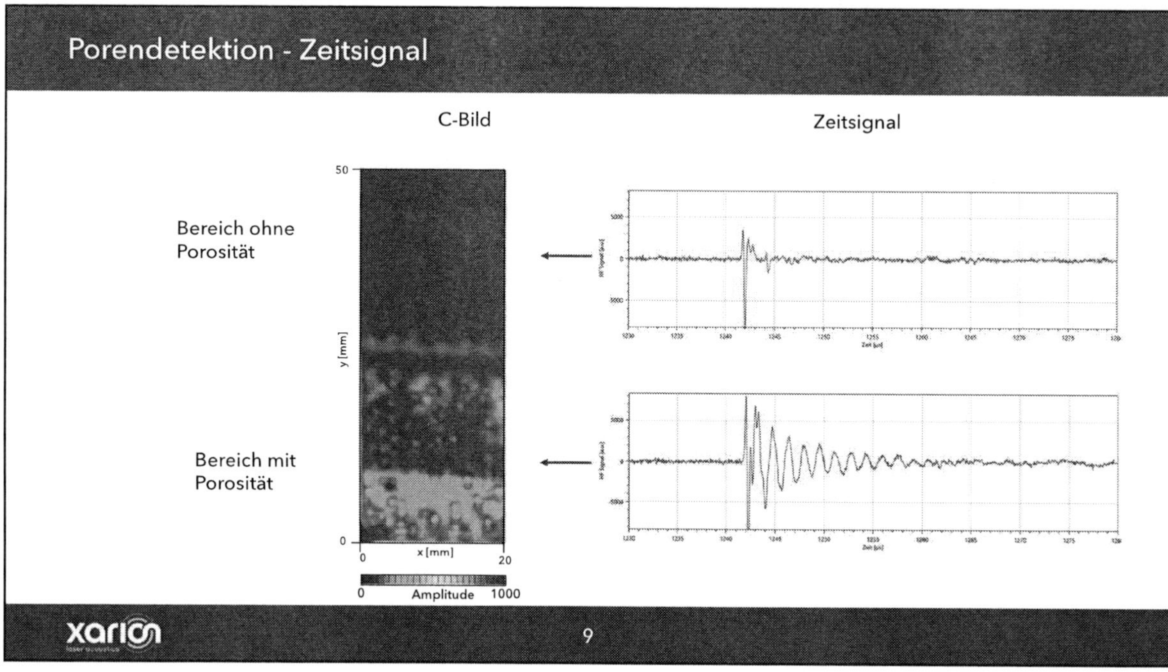
Porendetektion - Zeitsignal
C-Bild
Zeitsignal
Bereich ohne Porosität
Bereich mit Porosität
50
y [mm]
0
0
x [mm]
20
0
Amplitude
1000
xarion
9

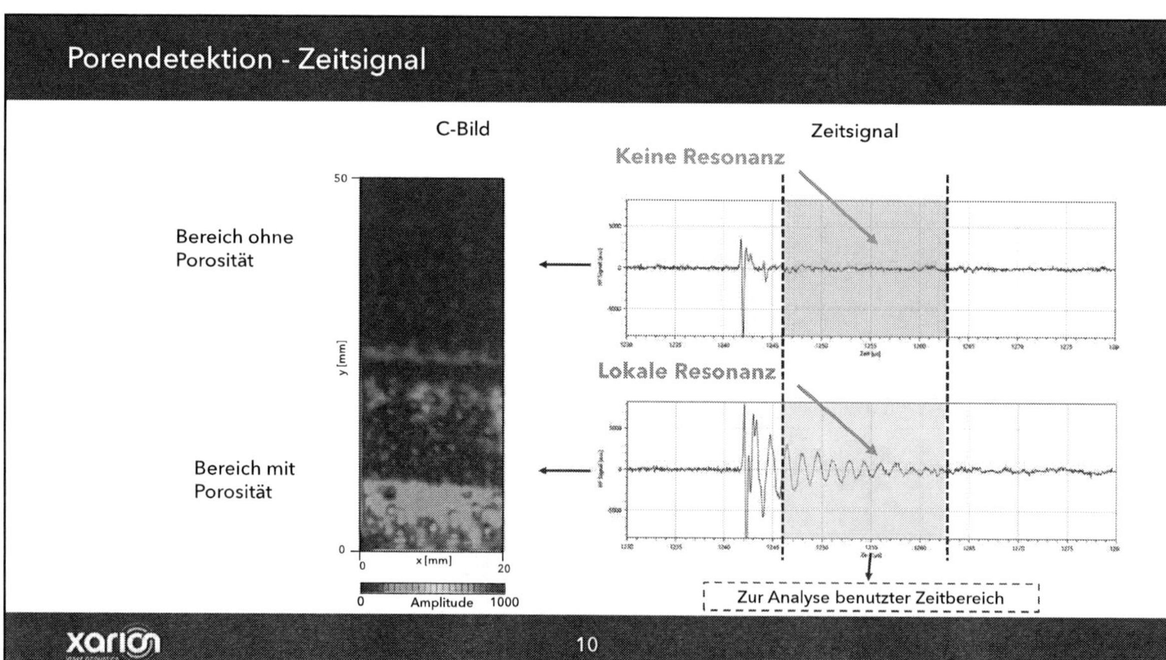
Porendetektion - Zeitsignal
C-Bild
Zeitsignal
Keine Resonanz
Lokale Resonanz
Bereich ohne Porosität
Bereich mit Porosität
50
y [mm]
0
0
x [mm]
20
0
Amplitude
1000
Zur Analyse benutzter Zeitbereich
xarion
10

Porendetektion - Resonanzfrequenzen

- Die Resonanzfrequenz korreliert mit der Porengröße
- Analog zur Dickenresonanz: $d = \frac{c}{2*f}$

  c = 340 m/s (luftgefüllte Pore), 200 kHz < f < 700 kHz

  → **0.2 mm < d < 0.9 mm**

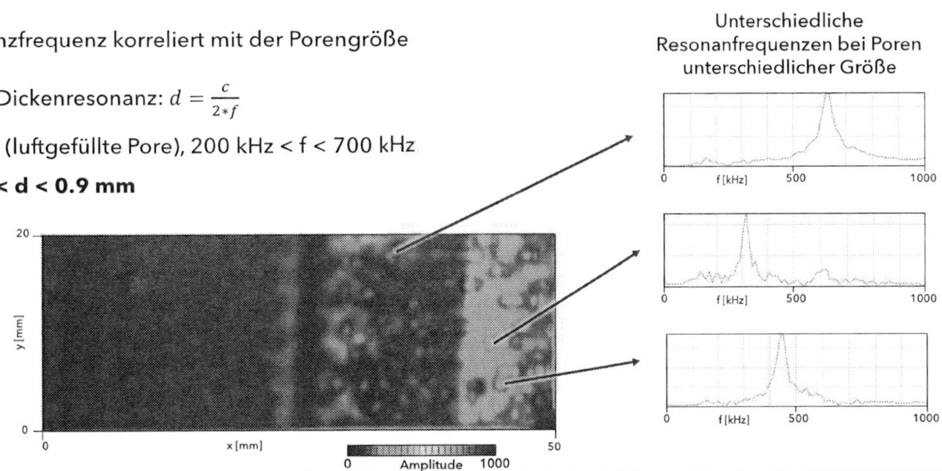

xarion 11

Porendetektion - Bereiche unterschiedlicher Porosität

- Darstellung der integrierten akustischen Energie im Frequenzbereich 200-700 kHz
- Porenverteilung korreliert gut mit per Micro-CT und konventioneller UT ermittelten Referenzwerten

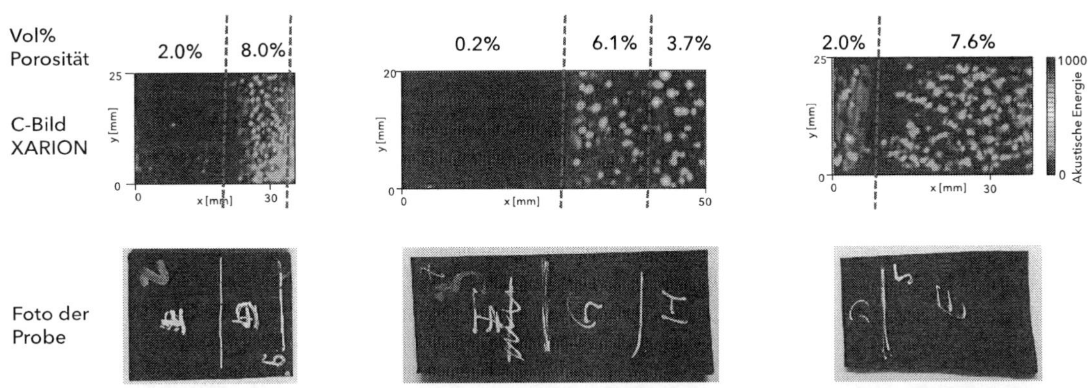

xarion 12

Zusammenfassung

- Breitbandige und luftgekoppelte Ultraschallprüfung von Bauteilen aus CFK
- Bereiche unterschiedlicher Porosität können erkannt werden
- Auflösung einzelner Poren wird ermöglicht durch einen lokalen Resonanzmechanismus
- Beobachtete Resonanzfrequenzen passen zu typischen Dicken luftgefüllter Poren im Bauteil
- Ausblick: Genauerer Vergleich der Messdaten mit den im Micro-CT sichtbaren Porengrößen

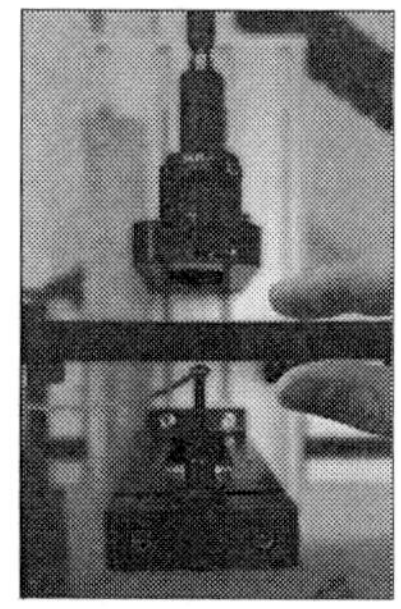

Vielen Dank für Ihre Aufmerksamkeit

xarion 13

"CompoScan" - ZfP von glasfaserverstärkten Großkomponenten im Schienenfahrzeugbau

Moritz KACZMAREK [1], Marco MÜLLER [1]
[1] RCS GmbH Rail Components and Systems, Königsbrück

Kontakt E-Mail: moritz.kaczmarek@railcomsys-gmbh.de

Kurzfassung

Großformatige Komponenten, wie die Frontverkleidungen eines Schienenfahrzeuges, sind geprägt von individuellen Designanforderungen mit anspruchsvollen Freiformflächen. Solche Komponenten werden aus Faserkunststoffverbunden (FKV), in der Regel aus glasfaserverstärkten Kunststoffen (GFK), hergestellt. Die Verwendung von FKV bietet im Vergleich zu konventionellen metallischen Werkstoffen Vorteile wie:

- Funktionsintegration,
- Designfreiheit,
- Massereduzierungen,
- Verbesserte spezifische Materialeigenschaften,
- Fertigung in geringen Losgrößen.

Typische GFK-Anwendungen finden sich in Innen- und Außenverkleidungen sowie in Baugruppen, wie Führerpulte und Bordtoiletten. Trotz der opaken Charakteristik für GFK-Aufbauten selbst, sind aufgrund des Anstrichs mit Schutz- und Lackschichten die konventionellen visuellen Überprüfungen in ihrer Aussagefähigkeit erheblich limitiert. So sind keine tiefergehenden, reproduzierbaren Prozesse für die Qualitätssicherung der Komponenten sowie zur Zustandsüberwachung und Schadenseingrenzung vorhanden.

In einem umfangreichen Versuchsprogramm wurde die aktive Thermographie als geeignetes ZfP-Verfahren bei der RCS GmbH identifiziert. In dieser Untersuchung wurden unterschiedliche Composite-Aufbauten und beispielhafte Fehlstellen in einem industriellen Umfeld vergleichend bewertet. Die Ergebnisse der langjährigen Entwicklungstätigkeiten müden in die Anwendung "CompoScan". Mit Hilfe dieser mobilen Teleskop-Prüfeinheit ist es nun möglich, etwaige Schäden oder Defekte an GFK-Großkomponenten zu lokalisieren und einzugrenzen. Dabei ist besonders hervorzuheben, dass für die Inspektion die betreffenden Komponenten nicht vom Wagenkasten des Schienenfahrzeugs demontiert werden müssen. Diese zügige und reproduzierbare Strukturanalyse wird mit dem Spezialwissen zum Aufbau und der Herstellung von Composite-Bauteilen ergänzt. Die abgeleiteten Maßnahmen sind zielorientiert und stellen langfristige Lösungen für unterschiedliche Problem- oder Fragestellungen dar. Somit werden im Vergleich zu den konventionellen Prozessen der Qualitätssicherung oder der Ersatzteilbeschaffung erhebliche Zeit- und Kostenersparnisse generiert - auf Basis fundierter, dokumentierter und reproduzierbarer Prüfergebnisse.

RCS GMBH RAIL COMPONENTS AND SYSTEMS
member of senata-group

"CompoScan" – ZfP von glasfaserverstärkten Großkomponenten im Schienenfahrzeugbau

Moritz KACZMAREK [1], Marco MÜLLER [1]
[1] RCS GmbH Rail Components and Systems, Königsbrück

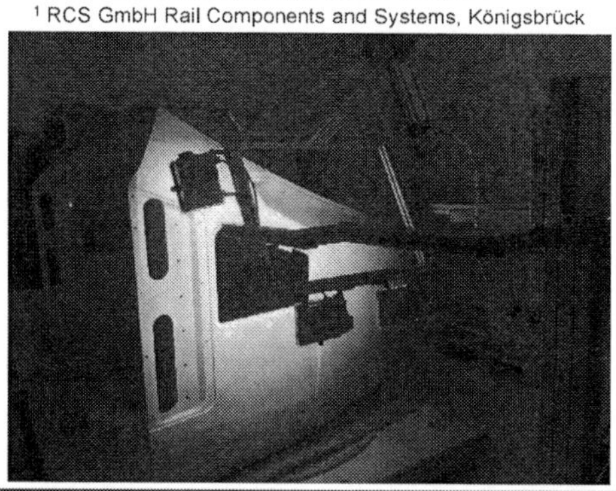

RCS GmbH Rail Components and Systems • Höckendorfer Str. 91 • D-01936 Königsbrück • Tel.: +49 (0) 35795 / 345 0 • Email: info@railcomsys-gmbh.de • www.railcomsys-gmbh.de

Fahrplan

1) Kurzvorstellung RCS
2) Hintergrund konventionelle Befundung FKV im Schienenfahrzeugbau
3) Warum Thermografie
4) Erprobung an Musterplatten
5) Übertragung auf Großkomponenten
6) Industrielles Beispiel

1) Unternehmensprofil

- Teil der senata -Gruppe
  - 12 Unternehmen in der Kunststoff- und Metallindustrie
  - Über 25 Jahre Erfahrung in der Rail-Branche
- Angesiedelt im Nordosten von Dresden
- RCS hat ca. 210 Mitarbeiter
- Umsatz (2020): 23 Million Euro

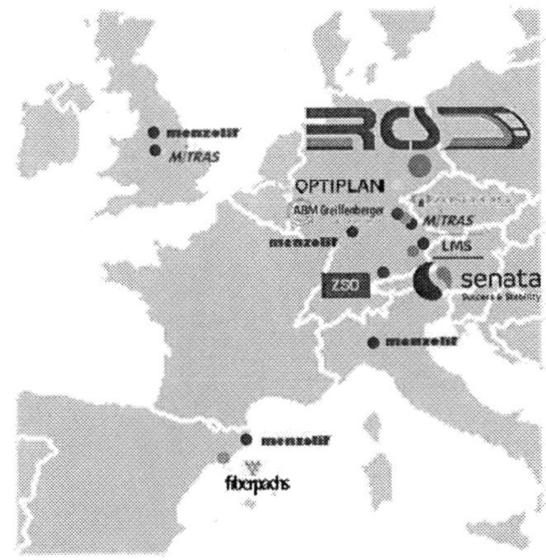

31.03.2021 Moritz Kaczmarek "CompoScan" – ZfP von faserverstärkten Großkomponenten in der Schienenfahrzeugindustrie 3

1) Unternehmensprofil

Komponenten

Systeme

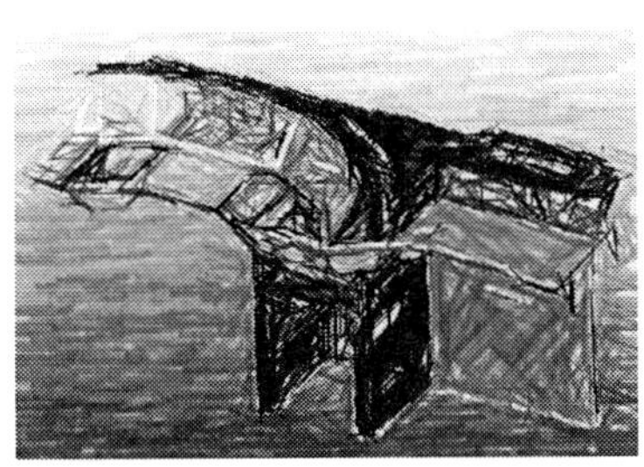

- Frontkabinen
- Außenverkleidungen
- Innenverkleidungen

Führerpulte

Nasszellen, Bordtoiletten

31.03.2021 Moritz Kaczmarek "CompoScan" – ZfP von faserverstärkten Großkomponenten in der Schienenfahrzeugindustrie 4

1) Unternehmensprofil

Herstellungstechnologien

- Handlaminat
- RTM
- Prepreg
- SMC Heißpressen
- VARI

→ *Werte erschaffen*

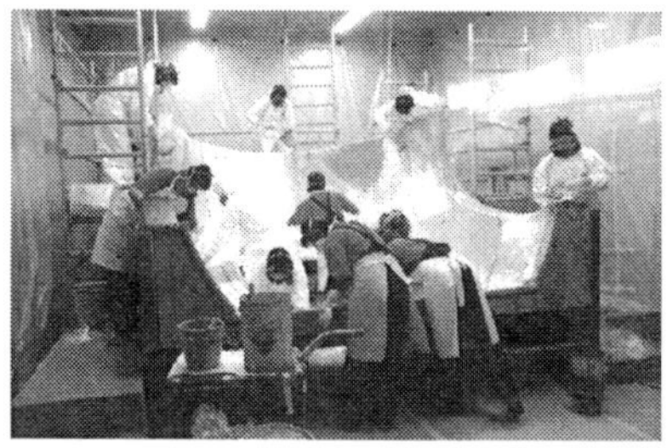

2) Hintergrundwissen

Werterschaffung

- Geprägt durch händische Arbeitsschritte

Handlaminat	RTM	VARI
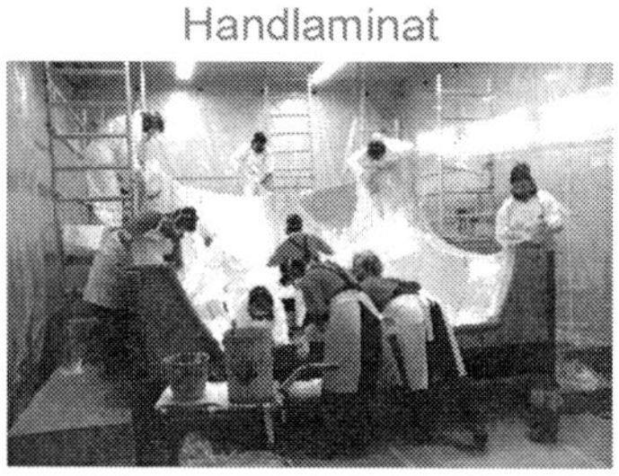	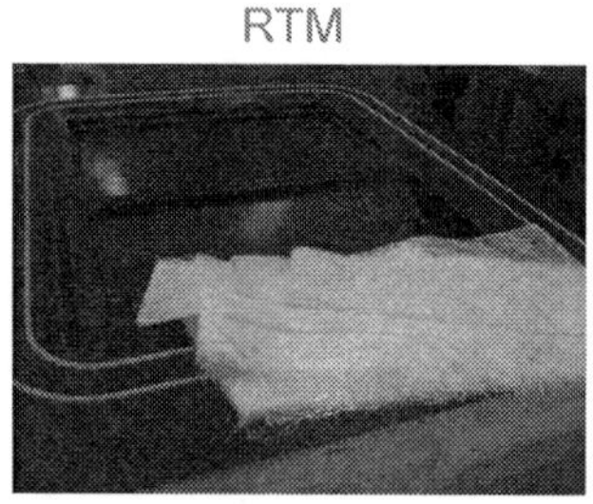	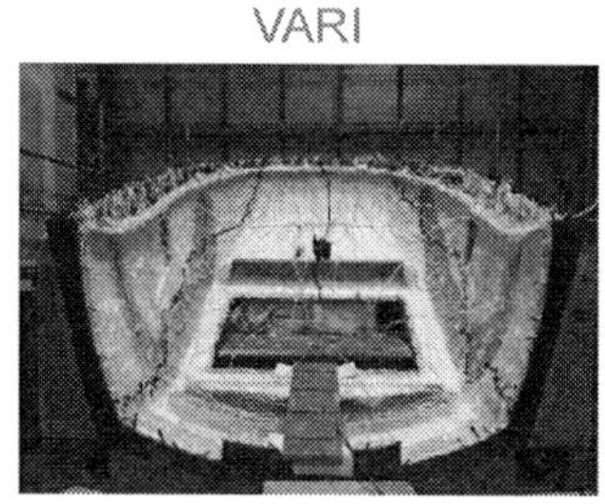
– Einlegen der Fasern – Tränken der Fasern	– Einlegen der Fasern	– Einlegen der Fasern

2) Hintergrundwissen

Werterhaltung

- Klopf- und Sichtprüfung
  - Hoher Zeitbedarf
  - Lokale Prüfung aufgrund Größe der Bauteile (bis zu 25 qm Oberfläche)
  - Keine visuellen Ergebnisse
  - Geringe Dokumentation

→ *Notwendigkeit flächendeckende, effiziente zerstörungsfreie Prüfung*

3) Entscheidungsgrundlage Thermografie

Vergleich der Verfahren auf Grundlage industrieller Anforderungen

	Zielforderungen			Ausschlusskriterien					
	Poren, Porenfelder	Trockenstellen	Delamination	Tiefenwirksamkeit	einseitige Bauteilzugänglichkeit	Kosten	bildgebend	mobil, schnell	kontaktfrei
Röntgen-Verfahren	+	o	o	+	-	-	+	-	+
Ultraschall	+	o	+	+	o	o	+	o	-
Aktive Thermografie	+	+	+	-	+	o	+	+	+

[1], [2], [3], [4], [5]

→ Berührungslos

→ Schnelle, mobile Durchführung

→ Bildgebend

→ Attraktive Kostenstruktur

→ Einseitige Bauteilzugänglichkeit

+	gut/gering
o	mittel/bedingt
-	schlecht/beschränkt

4) Thermografie an Musterplatten

Primäre Ziele der Versuche

- Detektion relevanter Defekte
  - Trockenstellen, Porenfelder, Delamination
- Erkennen typischer Schaumverstärkung im Laminat
- Ermittlung Parametersatz unter Einhaltung der Rahmenbedingungen
  - Berührungslose, schnelle Durchführung
  - Ausreichende Auflösung notwendiger Informationen

31.03.2021 Moritz Kaczmarek "CompoScan" – ZfP von faserverstärkten Großkomponenten in der Schienenfahrzeugindustrie 9

4) Thermografie an Musterplatten

Aufbau der Referenz-Musterplatten

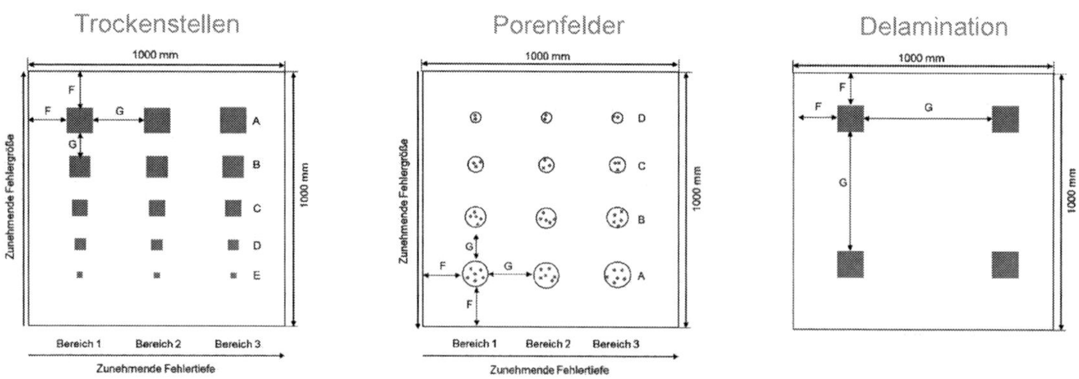

Legende

A bis E… Fehlergrößen von 10x10 [cm] bis 2x2 [cm]
G… Fehlerabstand min. 15 cm
F… Randabstand min. 10 cm
Bereich 1 bis 3… Defekttiefe ca. 2,5 mm bis ca. 5 mm

31.03.2021 Moritz Kaczmarek "CompoScan" – ZfP von faserverstärkten Großkomponenten in der Schienenfahrzeugindustrie 10

4) Thermografie an Musterplatten

Aufbau der Versuche

Prinzipskizze

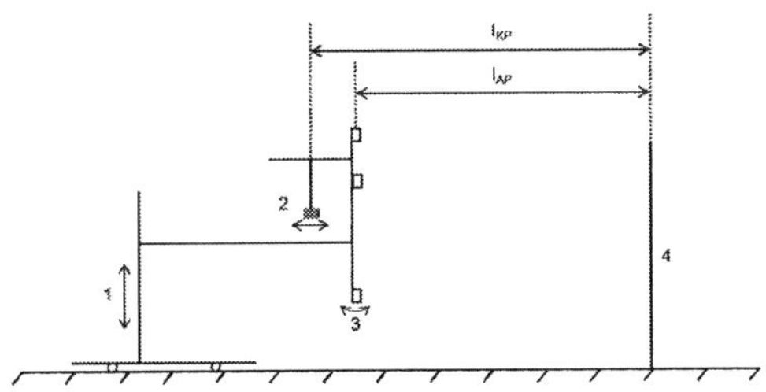

1 – Arretierung zur Höhenverstellbarkeit
2 – Arretierung zur Verstellbarkeit der Kameraposition
3 – Heizkranz mit Vorrichtung zur Verstellbarkeit des Neigungswinkels
4 – Prüfobjekt (Musterplatte)
l_{AP} – Abstand zwischen Anregungsquelle und Prüfobjekt
l_{KP} – Abstand zwischen Infrarotkamera und Prüfobjekt

Prüfung

4) Thermografie an Musterplatten

Prüfergebnisse Trockenstellen

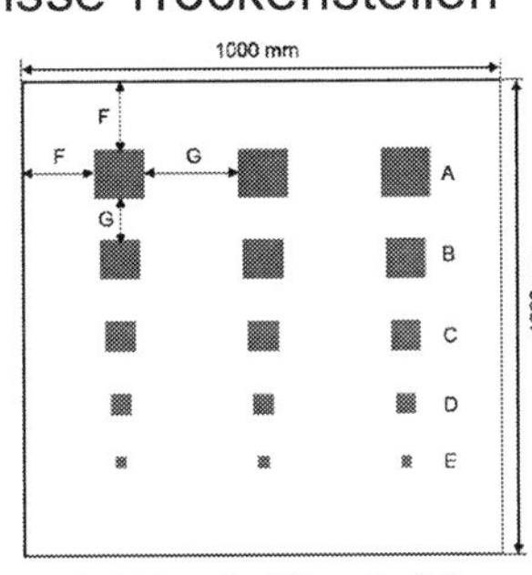

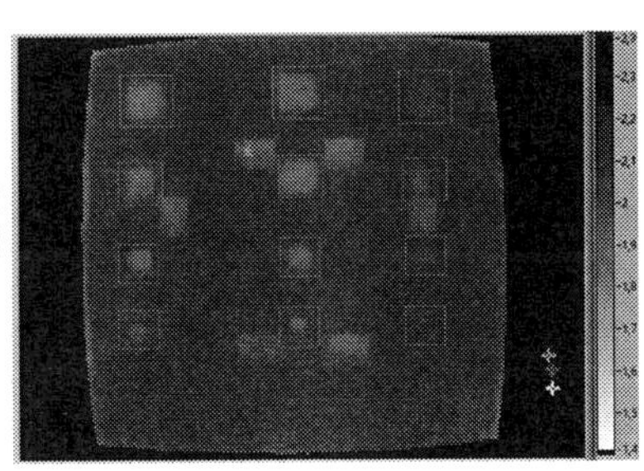

⋆ Reflexion Anregungsquelle

→ Trockenstellen detektiert
→ Auflösungsgrenze: Reihe D

4) Thermografie an Musterplatten

Prüfergebnisse Porenfelder

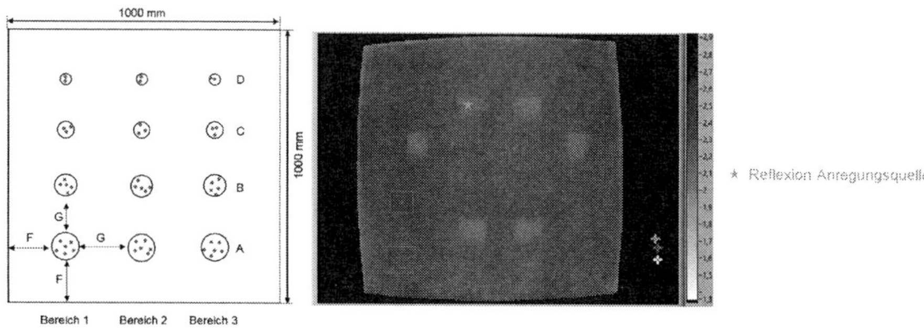

→ 2 Porenfelder grundsätzlich detektiert

→ Möglicherweise fehlerhafte Einbringung der Poren, nochmalige Begutachtung an einer realen Komponente

4) Thermografie an Musterplatten

Prüfergebnisse Delamination

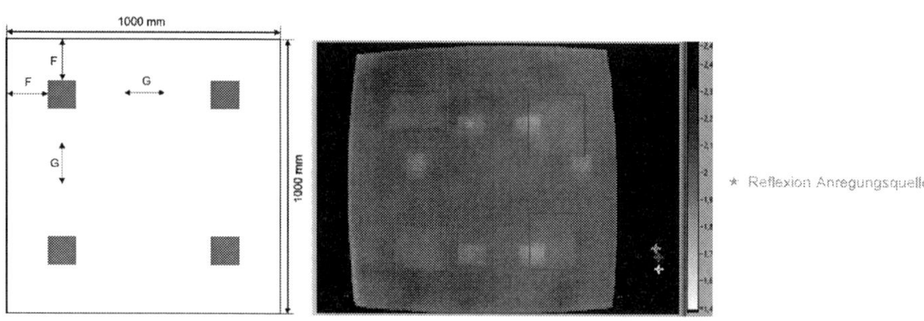

→ Delamination vollständig detektiert

4) Thermografie an Musterplatten

Zusammenfassung der Ergebnisse

- Trockenstellen sowie Delamination eindeutig detektiert
- Porenfelder nur unzureichend detektiert
  - Möglicher Grund fehlerhafte Erzeugung von Poren im Bauteil
- Schaumverstärkung im Laminat teilweise zu erkennen
- Effizienter Parametersatz ermittelt
- Machbarkeit nachgewiesen, Rahmenbedingungen erfüllt

→ *Übertragung auf Großkomponenten*

5) Übertragung auf Großkomponenten

Ziele der Übertragung

- Beibehaltung der Prüfparameter
- Detektion der unterschiedlichen Defekte
- Darstellung verschiedener Laminatbereiche (monolithisch vs. Sandwich)
- Prüfung der gesamten Komponente

5) Übertragung auf Großkomponenten

Aufbau der Prüfung

- Einteilung der Fläche in Raster

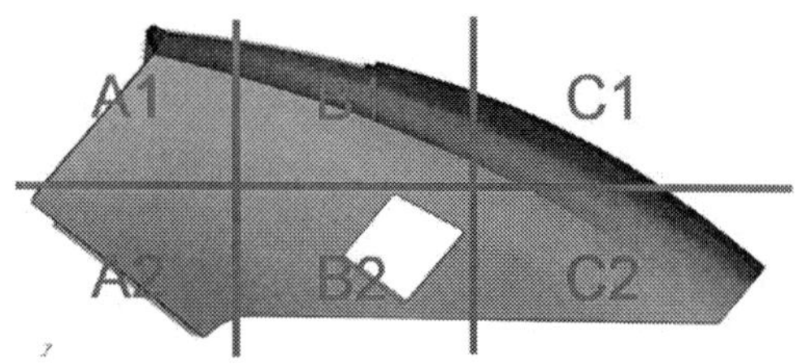

31.03.2021 Moritz Kaczmarek "CompoScan" – ZfP von faserverstärkten Großkomponenten in der Schienenfahrzeugindustrie 17

5) Übertragung auf Großkomponenten

Prüfergebnisse (Beispiele) Porenfelder

→ Bilder aus Geheimhaltungsgründen ausschließlich in der Präsentation zu sehen

→ Porenfelder eindeutig detektiert

→ Darstellung verschiedener Laminataufbauten

→ Darstellung der Schaumstruktur

31.03.2021 Moritz Kaczmarek "CompoScan" – ZfP von faserverstärkten Großkomponenten in der Schienenfahrzeugindustrie 18

5) Übertragung auf Großkomponenten

Prüfergebnisse (Beispiele) Delamination

→ Bilder aus Geheimhaltungsgründen ausschließlich in der Präsentation zu sehen
→ Delamination eindeutig detektiert
→ Darstellung verschiedener Laminataufbauten
→ Teilweise Darstellung der Schaumstruktur

5) Übertragung auf Großkomponenten

Prüfergebnisse (Beispiele) Trockenstellen

→ Bilder aus Geheimhaltungsgründen ausschließlich in der Präsentation zu sehen
→ Trockenstellen eindeutig detektiert
→ Darstellung verschiedener Laminataufbauten
→ Teilweise Darstellung der Schaumstruktur

5) Übertragung auf Großkomponenten

Zusammenfassung der Ergebnisse

- Fertigungsspezifische Auffälligkeiten reproduzierbar detektiert
- Beibehaltung der Prüfparameter
- Darstellung der verschiedenen Laminat- / Materialaufbauten
- Zweckmäßige Bauteil-Rasterungen abgeleitet
- Erfüllung der Rahmenbedingungen

→ *Anwendung „CompoScan“ in der Schienenfahrzeugindustrie*

31.03.2021 Moritz Kaczmarek "CompoScan" – ZfP von faserverstärkten Großkomponenten in der Schienenfahrzeugindustrie 21

6) Industriebeispiel

Schadensbild

- Kollision des Fahrzeuges mit einem Baum

→Große Rissbildung

→Delamination

→Genaue Schadensausbreitung unbekannt

31.03.2021 Moritz Kaczmarek "CompoScan" – ZfP von faserverstärkten Großkomponenten in der Schienenfahrzeugindustrie 22

6) Industriebeispiel

ZERSTÖRUNGSFREIE PRÜFUNG (ZFP)

NON DESTRUCTIVE TESTING (NDT)

Befundung des Fahrzeuges

- Vergleichsmessung der i.O.-Seite:

Optisches Bild der i.O.-Seite

ZfP-Aufnahmen

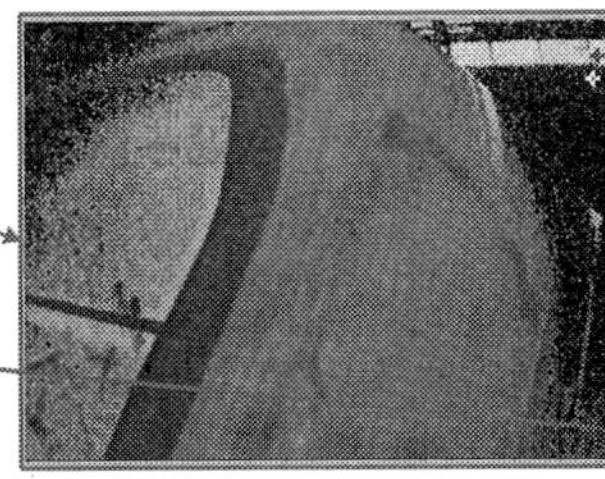

→ ***Keine** tieferliegenden **strukturellen Beschädigungen***

6) Industriebeispiel

ZERSTÖRUNGSFREIE PRÜFUNG (ZFP)

NON DESTRUCTIVE TESTING (NDT)

Befundung des Fahrzeuges

- Prüfung der Schadstelle:

Optisches Bild der n.i.O.-Seite

ZfP-Aufnahmen

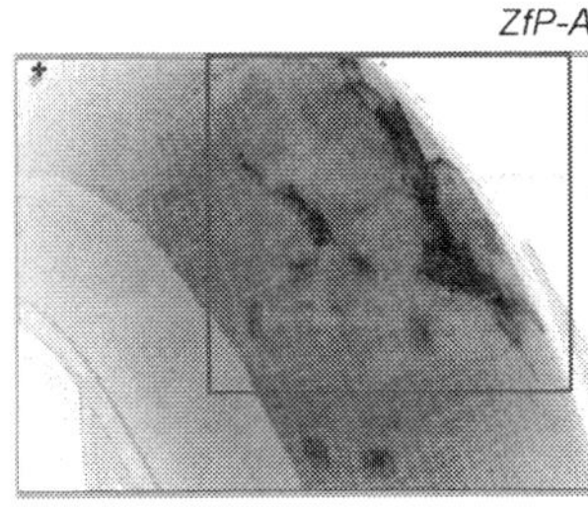

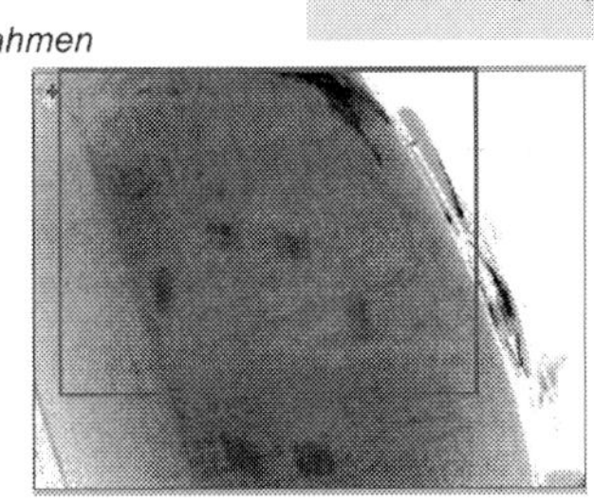

→ ***Exakte Eingrenzung** des schadhaften Bereiches über den äußerlich sichtbaren Schaden hinaus*

→ *Ableitung geeignetes **Reparaturkonzept (ohne Demontage** der Frontmaske)*

6) Industriebeispiel

REPARATUR

REPAIR

Reparatur des Fahrzeuges

- Erstellung & Durchführung Reparatur:

Optisches Bild der wiederhergestellten FM

ZfP-Aufnahmen des reparierten Bereiches

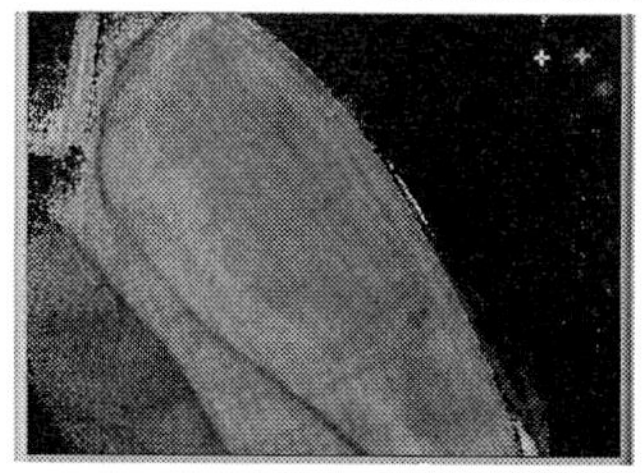

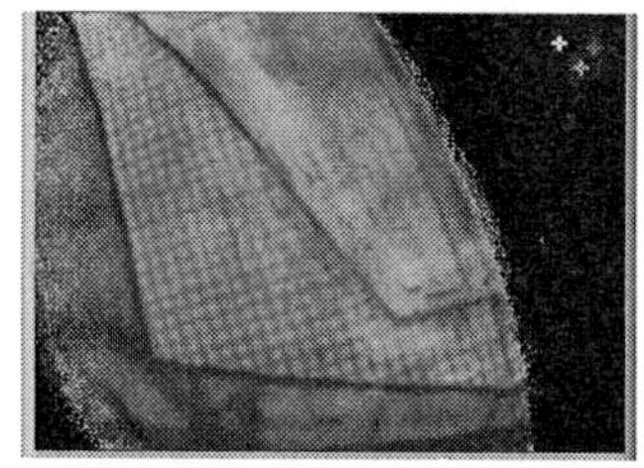

→ *Strukturintegrität wiederhergestellt*

→ ***Projektdauer bis zur wieder-Inbetriebnahme des Fahrzeuges 3-4 Monate***

6) Industriebeispiel

FAHRGASTBETRIEB

IN OPERATION

Zusammenfassung

- Schnelle und **zuverlässige** ZfP-Methode
- **Kosten-** und **Zeitersparnis**
- Ableitung von zweckdienlichen **Reparaturmaßnahmen**
- **Kein Aktionismus** (z. B. Tausch einer Großkomponente)
- **Keine Zweifel** an der **Beschaffenheit** des Objektes

→ Werte erhalten mittels *„CompoScan"*

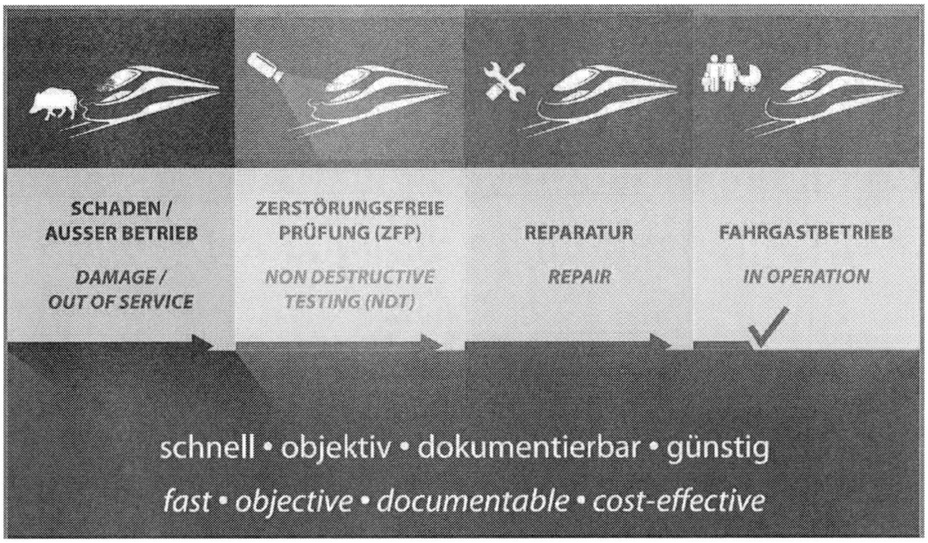

Get in contact

www.linkedin.com/company/rcs-rail

service@railcomsys-gmbh.de

Quellenverzeichnis

[1] V. Carl, Prinzip der Lockin-Thermografie, Dinslaken, 2015

[2] S. Gholizadeh, A review of non-destructive testing methods of composite materials, in Procedia Structural Integrity, 2016, pp. 50-57.

[3] G. Busse, Zerstörungsfreie Kunststoffprüfung, in Kunststoffprüfung, München, Carl-Hanser-Verlag, 2015, pp. 461-527.

[4] M. Alder, Einfluss von Materialschäden auf Merkmalscharakteristika von zerstörungsfreien Prüfverfahren an dynamisch belastetem CFK, Master Thesis, Hochschule für Angewandte Wissenschaften Hamburg, Department Fahrzeugtechnik + Flugzeugbau, 2011.

[5] C. Garnier, The detection of aeronautical defects in situ on composite structures using Non Destrcutive Testing, Composite Structures , pp. 1328-1336, April 2011.

RCS GMBH RAIL COMPONENTS AND SYSTEMS

member of senata - group

"CompoScan" – ZfP von glasfaserverstärkten Großkomponenten im Schienenfahrzeugbau

Moritz KACZMAREK [1], Marco MÜLLER [1]

[1] RCS GmbH Rail Components and Systems, Königsbrück

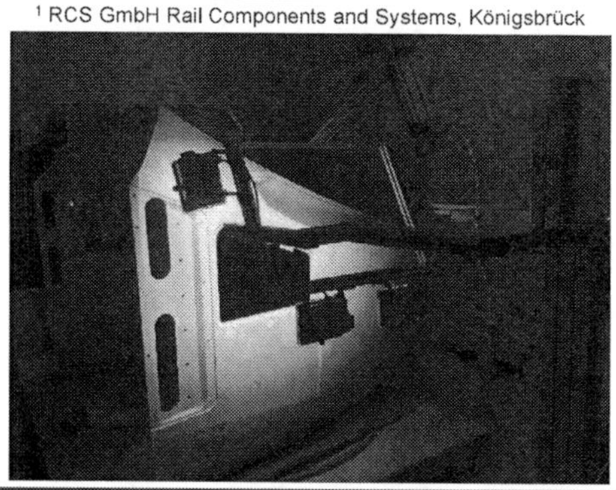

RCS GmbH Rail Components and Systems • Höckendorfer Str. 91 • D-01936 Königsbrück • Tel.: +49 (0) 35795 / 345 0 • Email: info@railcomsys-gmbh.de • www.railcomsys-gmbh.de

Anwendung der shearografischen Dehnungsmessung mit transienter Wärmeanregung zur zerstörungsfreien Prüfung für die Detektion von Rissen in faserverstärktem Kunststoff im Vergleich zur Thermografie

Ann-Kathrin BÖMKES, Christopher PETRY, Jessica PLAßMANN, Michael SCHUTH
Hochschule Trier, Technikum OGKB, Trier

Kontakt E-Mail: plassmaj@hochschule-trier.de

Kurzfassung. Ein Wachstum der Luftfahrtindustrie wäre ohne den Fortschritt im Leichtbau nicht denkbar. Damit gehen moderne zerstörungsfreie Prüfverfahren einher, welche die Betriebssicherheit von Flugzeugen gewährleisten. Die Entwicklung neuer Leichtbaukonstruktionen führt erfordert zunehmend komplexere Bauteile, wodurch die Anforderungen an die zerstörungsfreien Prüfverfahren steigen. Die optische Messtechnik bietet hierbei den entscheidenden Vorteil der berührungslosen, schnellen und flächendeckenden Fehlstellendetektion. Zudem arbeiten sie materialunabhängig, was sie für die Prüfung moderner Werkstoffkomposite prädestiniert.
Dennoch existieren Fehlerarten, die nur schwer auffindbar sind. Risse sind beispielsweise erst ab einem bestimmten Ausmaß mittels ZfP auffindbar. Sie wachsen exponentiell, was das Risiko eines Bruchs gefährlich macht. Sofern nicht bereits ein Aufklaffen vorliegt, sind Risse unter visueller, thermografischer und computertomografischer Betrachtung unsichtbar. Daher werden oftmals aufwändige Prüfungen wie das Farbeindringverfahren durchgeführt.
Hingegen misst die Shearografie das Dehnungsverhalten einer Oberfläche unter einer Belastung. Dabei ist insbesondere die Ausrichtung des Shears zur Ausbreitungsrichtung einer Fehlstelle dafür verantwortlich, ob diese entdeckt wird. Da die Ausbreitungsrichtung in der Praxis unbekannt ist, wird in diesem Paper ein Dual-shear Versuchsaufbau mit transienter Objektbelastung diskutiert. Mittels FEM-Simulation und Digital Image Correlation wird gezeigt, dass sich Risse bevorzugt durch Anomalien im in-plane Dehnungsverhalten bemerkbar machen. In der praktischen Anwendung liefern die einfacher messbaren out-of-plane Anteile ebenfalls vielversprechende Ergebnisse. Der Sachverhalt wird für rissbehaftete Zugproben sowie anhand eines praktischen Beispiels im Vergleich zur aktiven Thermografie erörtert und die Einsatztauglichkeit der Dual-shear Methode aufgezeigt.

1. Grundlagen

1.1 Verzerrungstensor

Im Rahmen der folgenden Untersuchung werden verschiedene Messverfahren angewandt und deren Ergebnisse miteinander verglichen. Um die Ergebnisse klar voneinander abzugrenzen, wird der Verzerrungstensor ε über die Größen der Verschiebung ausgedrückt nach ([1], vgl. S. 73 ff.):

$$\varepsilon = \begin{bmatrix} \varepsilon_{xx} & \frac{1}{2}\gamma_{xy} & \frac{1}{2}\gamma_{xz} \\ \frac{1}{2}\gamma_{yx} & \varepsilon_{yy} & \frac{1}{2}\gamma_{yz} \\ \frac{1}{2}\gamma_{zx} & \frac{1}{2}\gamma_{zy} & \varepsilon_{zz} \end{bmatrix} = \begin{bmatrix} \frac{\partial u}{\partial x} & \frac{1}{2}\left(\frac{\partial u}{\partial y} + \frac{\partial v}{\partial x}\right) & \frac{1}{2}\left(\frac{\partial u}{\partial z} + \frac{\partial w}{\partial x}\right) \\ \frac{1}{2}\left(\frac{\partial u}{\partial y} + \frac{\partial v}{\partial x}\right) & \frac{\partial v}{\partial y} & \frac{1}{2}\left(\frac{\partial v}{\partial z} + \frac{\partial w}{\partial y}\right) \\ \frac{1}{2}\left(\frac{\partial u}{\partial z} + \frac{\partial w}{\partial x}\right) & \frac{1}{2}\left(\frac{\partial v}{\partial z} + \frac{\partial w}{\partial y}\right) & \frac{\partial w}{\partial z} \end{bmatrix} \tag{1}$$

1.2 Rissmechanik

Bauteile weisen in vielen Fällen bereits von Beginn an Fehlstellen auf. Über den Verlauf der Betriebsbelastung entwickeln sich hieraus u. a. Risse, welche zu Brüchen und spontanem Bauteilversagen führen können. Entscheidend für das Wachstum solcher Risse ist deren Orientierung relativ zur Belastung. In der Literatur werden hierzu unter Annahme eines einachsigen Spannungszustands drei Rissöffnungsmoden unterschieden [2], aus deren Superposition sich alle real auftretenden Orientierungen annähern lassen, siehe Abb. 1, links.
Im Rahmen der hier beschriebenen Untersuchung wurden entsprechende Bauteilproben erzeugt und Rissöffnungen der Mode I behandelt.

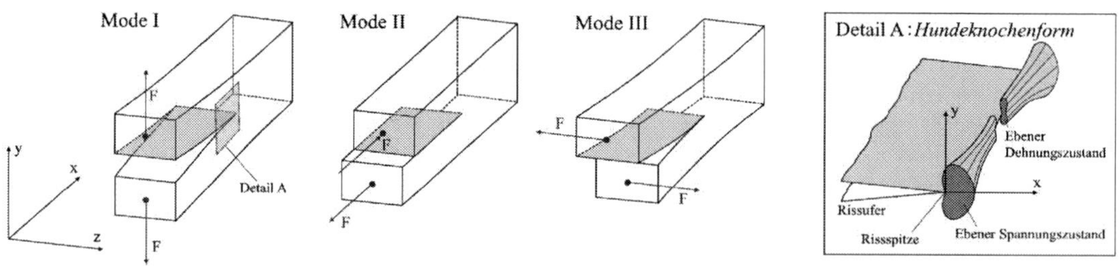

Abb. 1: Darstellung der drei Rissöffnungsmoden, abgeleitet aus ([2], [3] S. 133).

Durch die Belastung des rissbehafteten Bauteils wird im Bereich der Rissspitze eine Spannungsüberhöhung herbeigeführt. Die plastische Zone zeigt sich in der ε_{yy}-Verformung durch eine sog. *Hundeknochenform*, siehe Abb. 1, Detail A.

1.3 Digitale Shearografie

Die digitale Shearografie (DS) ist ein interferometrisch-optisches Messverfahren, welches bevorzugt zur zerstörungsfreien Prüfung im Bereich der Luft- und Raumfahrt eingesetzt wird [4]. Ein Messobjekt wird flächig mit kohärentem Laserlicht beleuchtet. Da die Oberflächen im technischen Bereich meist rau sind, entsteht das Interferenzphänomen des sog. Specklemusters auf dem Kamerachip. Dabei wird das Messobjekt durch ein Shearelement erfasst, wodurch zwei um den Shearbetrag verschobene Bilder auf dem Kamerachip entstehen. Durch die rechnerische Bildverarbeitung von zwei solchen Doppelbildern im unbelasteten und belasteten Messobjekt-Zustand werden Verformungen im Sub-Mikrometerbereich erfasst. Folgende Verzerrungsanteile werden durch die DS gemessen:

$$\begin{pmatrix} u_{ges} \\ v_{ges} \\ w_{ges} \end{pmatrix} = \begin{pmatrix} u \\ v \\ w \end{pmatrix} + \begin{bmatrix} \frac{\partial u}{\partial x} & \frac{1}{2}\left(\frac{\partial u}{\partial y} + \frac{\partial v}{\partial x}\right) & \frac{1}{2}\left(\frac{\partial u}{\partial z} + \frac{\partial w}{\partial x}\right) \\ \frac{1}{2}\left(\frac{\partial u}{\partial y} + \frac{\partial v}{\partial x}\right) & \frac{\partial v}{\partial y} & \frac{1}{2}\left(\frac{\partial v}{\partial z} + \frac{\partial w}{\partial y}\right) \\ \frac{1}{2}\left(\frac{\partial u}{\partial z} + \frac{\partial w}{\partial x}\right) & \frac{1}{2}\left(\frac{\partial v}{\partial z} + \frac{\partial w}{\partial y}\right) & \frac{\partial w}{\partial z} \end{bmatrix} * \begin{pmatrix} dx \\ dy \\ dz \end{pmatrix} \tag{2}$$

Die grün dargestellten Anteile sind die erfassbaren in-plane Dehnungen (ip), die blauen Anteile die messbaren ip Gleitungen und die orangenen Anteile die out-of-plane Neigungen (oop) (s. auch [5]). Der Messaufbau zur Bestimmung der genannten Anteile unterscheidet sich hinsichtlich Shear- und Beleuchtungsrichtung. Bei einer Shearung in x-Richtung werden die Ableitungen nach dx ermittelt, während bei einer Shearung in y-Richtung Ableitungen nach dy erfassbar sind. Die oop Verformungen können unmittelbar unter einer orthogonalen Beleuchtung und Beobachtung zur Messoberfläche erfasst werden. Die ip Messung ist aufwändiger. Je Messobjekt-Zustand muss die Beleuchtung nacheinander in die positive und die negative Richtung geändert werden ([4] S. 325 ff.). Für eine Beleuchtung in x-Richtung ergeben sich die ip Anteile mit der Verformung u auf dem Zähler, für eine Beleuchtung in y-Richtung die mit der Verformung v auf dem Zähler, s. Gl. (2). Bei einer ip Messung kann zudem, durch eine einfache, zusätzliche Ergebnisüberlagerung, der dem Shear entsprechende oop Anteil berechnet werden. Die oop Ergebnisse werden im Folgenden auf diese Weise anhand der ip Messungen berechnet.

2. Gegenüberstellung: Shearografie und Digital Image Correlation zur Rissdetektion

Um die Einsatztauglichkeit der DS in der Praxis zu validieren, werden vergleichende Messungen mittels DIC ([4] S. 409 ff.) durchgeführt. Die Sensitivität beider Verfahren für dieselben Verformungshöhen wird in etwa aufeinander abgestimmt, indem eine sehr kleine Messfläche von ca. 15 mm x 25 mm bei derselben Kameraauflösung von 2,3 Megapixel betrachtet wird. Bei der DIC erfolgt dies mittels Mikroskop, wobei durch eine Kamera alle ip Verformungsanteile erfassbar sind:

$$\varepsilon = \begin{bmatrix} \varepsilon_{xx} & \frac{1}{2}\gamma_{xy} & \frac{1}{2}\gamma_{xz} \\ \frac{1}{2}\gamma_{yx} & \varepsilon_{yy} & \frac{1}{2}\gamma_{yz} \\ \frac{1}{2}\gamma_{zx} & \frac{1}{2}\gamma_{zy} & \varepsilon_{zz} \end{bmatrix} \tag{3}$$

Die Gegenüberstellung nach Tabelle 1 erfolgt durch die qualitative Auswertung der Messungen an Kunststoffproben mit einer Dicke von 2,5 mm und einer Breite von 15 mm. Der einseitig eingebrachte, horizontal verlaufende und bzgl. der Probendicke durchgängige 6 mm Riss wird durch eine definierte Aceton-Behandlung erzeugt. Das Messobjekt wird mittels selbstentwickelter Mikrozugprüfmaschine in y-Richtung um max. ca. 20 Mikrometer verformt. Die Messergebnisse werden je Verfahren um eine entsprechende FEM Simulation erweitert. Die simulierten Shearogramme werden durch Ableiten und Modulo-Operation aus den FEM Ergebnissen berechnet, wobei der Shearbetrag / das Doppelbild jedoch nicht dargestellt wird. Die shearografischen Messungen werden unter einem betragsmäßigem Beleuchtungswinkel von 45 ° erfasst.

Tabelle 1. Gegenüberstellung der ip DIC, ip DS sowie oop DS Messergebnisse und entsprechende simulierte Ergebnisse.

		ε_{xx}	γ_{xy}		ε_{yy}
FEM Simulation		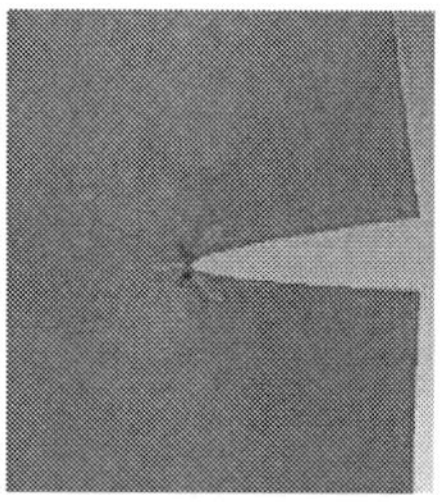	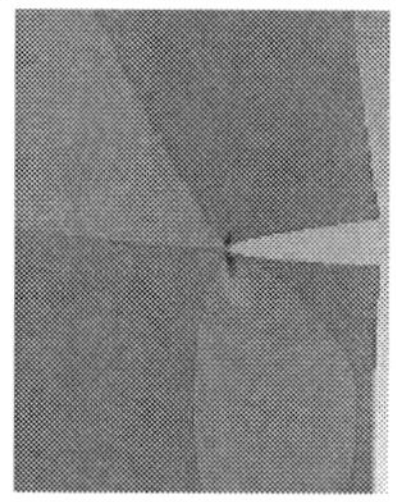		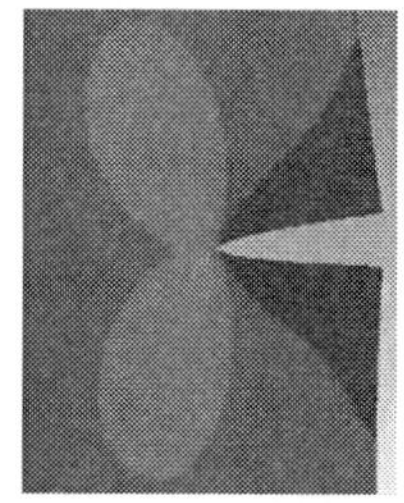
DIC			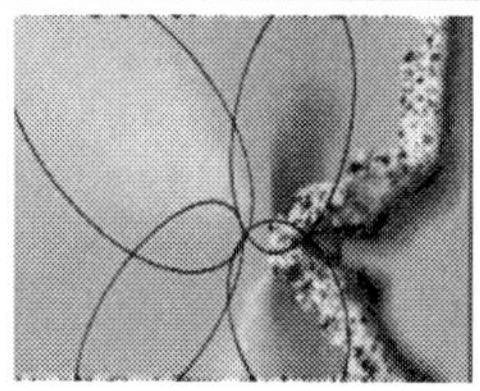		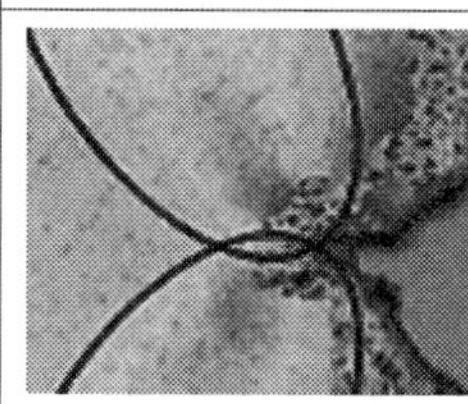
Shearogramme		ε_{xx}=δu/δx	δv/δx	δu/δy	ε_{yy}=δv/δy
	Simulation	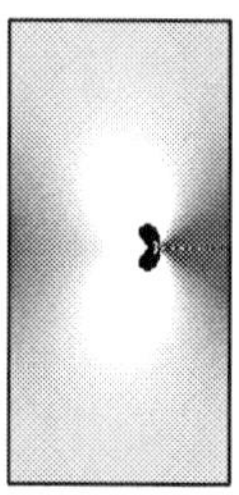			
	Messung	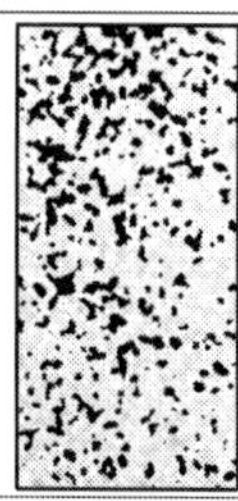	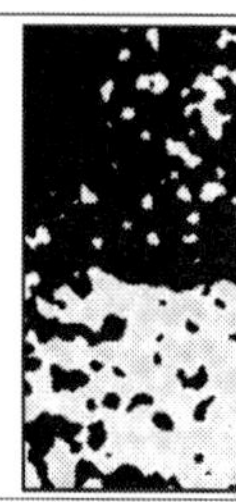	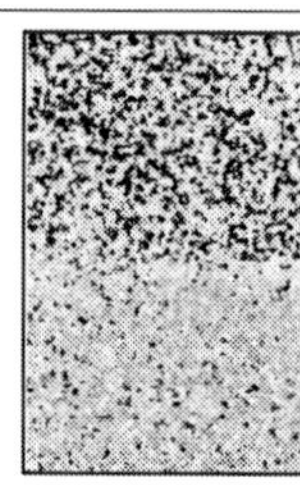	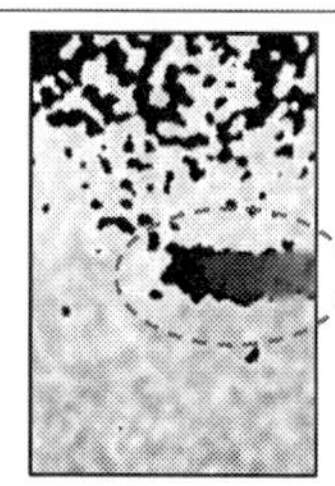
		δw/δx (Beleuchtung in x-Richtung)	δw/δx (Beleuchtung in y-Richtung)	δw/δy (Beleuchtung in x-Richtung)	δw/δy (Beleuchtung in y-Richtung)
	Messung			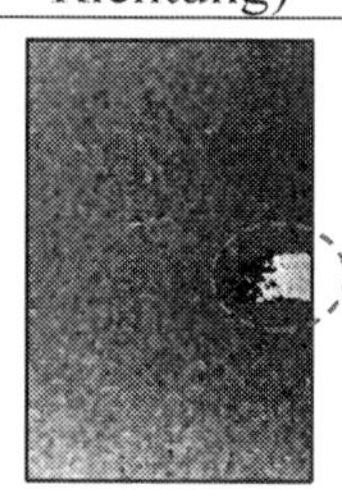	

Alle Ergebnisse der DIC korrelieren mit der Simulation und erlauben die Lokalisierung der Rissspitze an derjenigen Stelle, an der die Verformungsextrema aneinandergrenzen. Die shearografischen Messungen sind im Vergleich zur idealen Simulation stark verrauscht. Dies ist auf die Speckle-Dekorrelation zurückzuführen, welche durch den hier groß gewählten Abbildungsmaßstab und die ip Verformung des Messobjektes stark begünstigt wird ([6] Teil 1 Kapitel 2). Die Dehnung in x-Richtung, erfasst mit einem Shear und einer Beleuchtung in Richtung des Rissverlaufs, zeigt keinen Ausschlag im Bereich der Fehlstelle. Die beiden Gleitungsanteile hingegen zeigen einen sprunghaften, schwachen Phasenübergang von schwarz (oben) nach weiß (unten) auf der Höhe des Risses. Dieser weist jedoch insgesamt einen sehr hohen Rauschanteil auf und ist schlecht sichtbar und damit schwer deutbar. Die Dehnung in y-Richtung, erfasst mit einem Shear und einer Beleuchtung orthogonal zum Rissverlauf, zeigt einen eindeutigen Ausschlag im Bereich der Fehlstelle. Einen ähnlichen, wenn auch lateral kürzeren Ausschlag zeigt der Neigungsanteil mit Shear orthogonal zum Rissverlauf. Die Detektierbarkeit des Risses ist demnach stark von seiner Verlaufsrichtung und von der shearografisch erfassten Verformungsgröße abhängig, vor allem hinsichtlich der Shearrichtung. In der Praxis ist die Verlaufsrichtung oftmals unbekannt, wodurch zwei Messungen notwendig sind, jeweils mit Shear in x- und in y-Richtung.

Ein Ausschlag der δu/δx ip Dehnung im Beriech der Rissspitze kann nur durch eine Belastungssteigerung simuliert werden, die im Messversuch zur Dekorrelation führen würde. Die δv/δx und δu/δy ip Gleitungen zeigen sowohl in der Simulation als auch in der Messung, dass im Bereich der Fehlstelle eine anormale, stärkere Phasenänderung auftritt. Im Ergebnis der δv/δy ip Dehnung zeichnet sich der Riss deutlich ab, auch wenn die Messung eine genaue Lokalisation der Rissspitze aufgrund des Shearbetrags nicht ermögicht. Ip Messungen sind aufgrund der notwendigen Beleuchtungsvariation während der Messung, wie oben dargestellt, sehr aufwändig und damit auch störanfällig. Zudem eignen sie sich nicht für typische, transiente Messobjektanregungen, wie beispielsweise bei der einfachen, optischen Wärmeanregung eines Objektes mittels Halogenstrahler. Aus diesem Grund wird im Folgenden die praxistaugliche oop Verformungsmessung weiterverfolgt.

Ein Vorteil der oop Messung ist zudem, dass die Sensitivität in der Praxis höher ausfällt, als die der ip Messung. Die Beleuchtung bei der oop Messung erfolgt idealerweise normal zur Messoberfläche (Beleuchtungswinkel θ_{xz} = 90 °), wobei oop Verformungen einen Messausschlag in Form von Phasenstreifen N nach Gl. (4) hervorrufen. Der Ausschlag, hervorgerufen durch ip Verformungen, fällt hingegen für einen typischen Beleuchtungswinkel von θ_{xz} = 45 ° für ip Messungen (vgl. Tabelle 1) ca. 3x kleiner aus. Hierzu ist je nach Messabstand ein ausladender Messaufbau notwendig, welcher die ip Messung stark vibrationsempfindlich macht.

$$N = \frac{\delta_x}{\lambda}\left[\frac{\partial u}{\partial x}\sin(\theta_{xz}) + \frac{\partial w}{\partial x}(1 + \cos(\theta_{xz}))\right] \tag{4}$$

Mit

N = Phasenstreifenordnung / Messausschlag

δ_x = Shearbetrag (hier in x-Richtung)

λ = Laserwellenlänge

θ_{xz} = Beleuchtungswinkel auf der xz-Ebene

Typische shearografische Messgeräte zur oop Messung weisen konstruktiv bedingt einen Beleuchtungswinkel von θ_{xz} < 90 ° auf. Oop Messergebnisse enthalten somit zum geringen Anteil auch ip Verformungen. Dieser Umstand zeigt sich insbesondere im Messergebnis δw/δy (Tabelle 1). Die Simulation der reinen oop Verformung (nicht dargestellt) zeigt nur unter sehr hoher Belastung einen Rissindikator. Stattdessen wird die Fehlstelle in der praktischen Messung sichtbar. Abschließend zu dieser Gegenüberstellung sei festgehalten, dass die ip Praxistauglichkeit mittels räumlicher Phasenschiebe-Shearografie weiter in den Vordergrund rückt [7]. Der höchste Messausschlag bei dem geringsten Rauschanteil kann durch die δv/δy Dehnungsmessung erfasst werden. Den Sachverhalt gilt es somit in zukünftigen Untersuchungen näher zu betrachten.

3. Praktischer Messversuch an einer naturfaserverstärkten Platte

Im Folgenden werden die Ergebnisse der shearografischen Messung[1] einer Platte (260 mm x 250 mm x 2mm) aus naturfaserverstärktem Kunststoff (Laminat) mit drei durchgehenden Rissen dargestellt, s. Abb. 2 links. Weiterhin erfolgt der Vergleich mit den Ergebnissen einer thermografischen Messung[2]. Bis auf die Messgeräte sind alle anderen Parameter bei der Messung identisch, soweit nicht explizit aufgeführt.

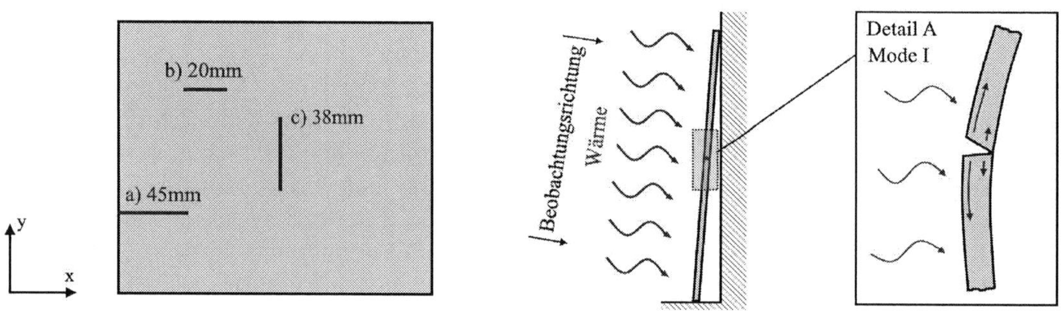

Abb. 2: links: Schematische Darstellung der untersuchten Platte; mittig: Lagerung und Richtung der vorderflächigen Wärmeanregung; rechts: Detailansicht der erzeugten Rissöffnungsmode I durch die Plattenwölbung.

Die Lagerung der Platte erfolgt durch einfaches Hinstellen (unten) und Anlehnen (oben). Die Anregung erfolgt thermisch mittels Single-Burst. Als Anregungseinheit werden zwei Halogenstrahler mit jeweils 500 Watt optischer Leistung verwendet, die links und rechts seitlich und auf Höhe des Messgeräts in einem Abstand von 350 mm zum Messobjektmittelpunkt aufgestellt werden. Die Risse sind visuell nahezu nicht auffindbar. Die vorderflächige Erwärmung der Platte verursacht im Zusammenspiel mit der freien Lagerung eine Wölbung auf das Messgerät zu. Dieser Effekt ist typisch für viele shearografische Prüfungen mit vorderflächiger Wärmeanregung. Er verursacht annähernd ein Rissöffnen nach Mode I (vgl. Abb. 2 rechts). Durch die Variation der Erwärmungsdauer und der Messzeitpunkte wird je Verfahren die optimale Parameterkonfiguration zur Gewährleistung des höchstmöglichen Fehlstellenkontrasts ermittelt. Anhand des Verhältnisses zwischen Messsignal und Rauschen, dem sog. SNR-Wert, werden die Ergebnisse der Shearografie und der Thermografie miteinander verglichen. Der Wert ist ein Maß für die Glaubwürdigkeit eines Indikators im Messergebnis hinsichtlich des tatsächlichen Vorhandenseins einer Fehlstelle im Messobjekt ([8] S. 107 f.).

Bei der thermografischen Messung stellte sich der höchste Fehlstellenkontrast bei einer Erwärmungsdauer von 10 Sekunden für die Abkühlung von Sekunde 10 bis Sekunde 40 ein. Im Thermogramm werden alle drei Risse sichtbar, s. Abb. 3 links. Darüber hinaus zeigt sich mittig ein horizontal verlaufender Streifen, der anormal stark abkühlt. Hier wird eine fertigungsbedingte Werkstoff-Inhomogenität vermutet, welche nicht weiter beachtet wird. Abb. 3 rechts zeigt beispielhaft den Messausschlag über den vertikalen Riss c). Das SNR beträgt ca. 3,7. Riss a) wird mit einem SNR von ca. 2 erfasst, Riss b) mit ca. 2,4.

---

[1] Selbstentwickeltes Messgerät; laterale Auflösung 2,3 Megapixel; Tiefenauflösung hier ca. 2 Mikrostrain.
[2] *FLIR A65* Thermografiekamera; laterale Auflösung 0,33 Megapixel; Tiefenauflösung 0,05 K.

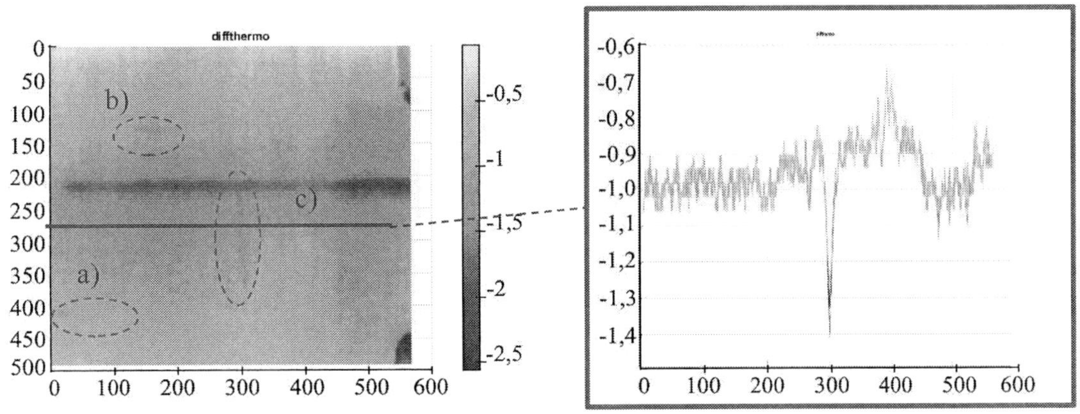

Abb. 3: Messergebnis der Thermografie; links: Thermogramm der Platte mit rot markierten Rissen; rechts: Messausschlag auf Höhe des vertikalen Risses c).

Es werden zwei shearografische Messungen mit einem Shearbetrag von 5 mm in x- und y-Richtung durchgeführt. Der höchste Fehlstellenkontrast wird bei einer Erwärmungsdauer von 5 Sekunden für die Abkühlung von Sekunde 20 bis Sekunde 40 erzielt. Abb. 4 zeigt das demodulierte Verformungsergebnis der DS mit Shear in x-Richtung. Riss c) zeigt sich deutlich mit einem SNR-Wert von ca. 5, da er orthogonal zur Shearrichtung verläuft. Weiterhin wird ein Indikator auf den Riss a) sichtbar, obwohl er parallel zur Shearrichtung verläuft. Der Ausschlag lässt zwar keine sichere Detektion zu, gibt jedoch den Anlass, diesen Bereich mit einem Shear in y-Richtung zu untersuchen.

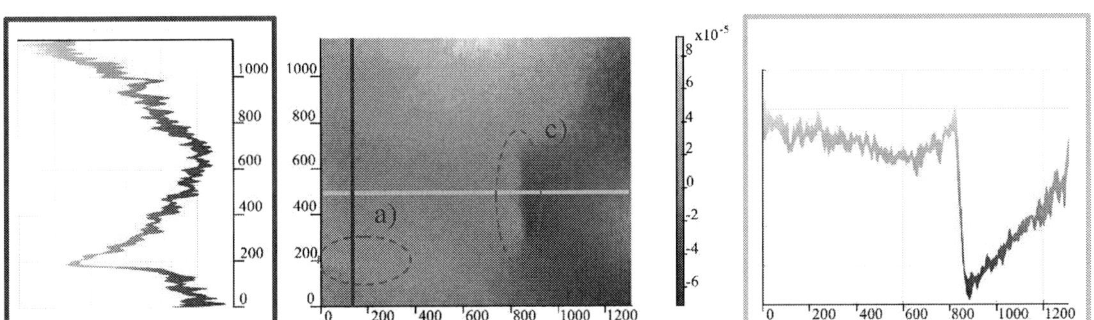

Abb. 4: Messergebnis der DS mit Shear in x-Richtung; links: Messausschlag auf Höhe des horizontalen Risses a); mittig: demoduliertes Verformungsergebnis; rechts: Messausschlag auf Höhe des vertikalen Risses c).

Die Messung mit Shear in y-Richtung zeigt Riss a), welcher orthogonal zur Shearrichtung verläuft, deutlich mit einem SNR von ca. 3,3. Der kurze Riss b), welcher ebenfalls orthogonal zur Shearrichtung verläuft, wird nicht sichtbar.

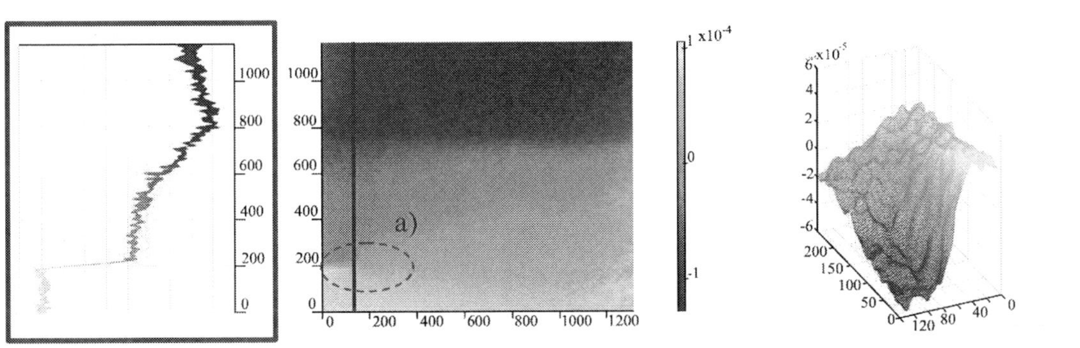

Abb. 5: Messergebnis der DS mit Shear in y-Richtung; links: Messausschlag auf Höhe des horizontalen Risses a); mittig: demoduliertes Verformungsergebnis; rechts: 3D Ansicht des Fehlstellenindikators

Mit dem gewählten Messaufbau können thermografisch alle drei Fehlstellen detektiert werden. Für den Riss a) und b) ist die Aussagesicherheit jedoch eher gering. Shearografisch können lediglich zwei Fehlstellen detektiert werden, die Risse a) und c). Der jeweilige SNR-Wert > 3 gewährleistet dabei eine ausreichende Sicherheit für die Fehlstellenprüfung und bestätigt die oben diskutierte Einsatztauglichkeit der oop Messung für Risse. Das Gesamtergebnis des Messversuchs und der Verfahrensvergleich an der Platte mit Rissen deckt sich mit den Untersuchungen von Schmidt et al. [9] für Impact-Schäden und Delaminationen: Die Thermografie ist in der Lage, kleinere Fehlstellen zu messen, während die Shearografie sensitiver misst.

Literaturverzeichnis

[1] D. Gross, W. Hauger, J. Schröder und W. Wall, Technische Mechanik 2: Elastostatik, 12. Hrsg., Springer Verlag GmbH, 2017.

[2] D. Gross und T. Seelig, Bruchmechanik - Mit einer Einführung in die Mikromechanik, Springer Verlag GmbH, 2011.

[3] J. Rösler, H. Harders und M. Bäker, Mechanisches Verhalten der Werkstoffe, 3. Hrsg., Vieweg+Teubner, 2008.

[4] W. Buerakov und M. Schuth, Handbuch Optische Messtechnik - Praktische Anwendungen für Entwicklung, Versuch, Fertigung und Qualitätssicherung, 1 Hrsg., Carl Hanser Verlag GmbH & Co. KG, 2017.

[5] R. Groves, S. James, D. Furfari, S. T. R. Barnes, P. Irving und S. Fu, „Full-field Laser Shearography Instrumentation for the Detection and Characterization of Fatigue Cracks in Titanium 10-2-3," *Journal of ASTM International,* Januar 2006.

[6] P. Jacquot und J.-M. Fournier, Interferometry in Speckle Light - Theory and Application, IMAC-EPFL, GC Ecublens; 1015 Lusanne, Switzerland; The Rowland Institute for Science, 100 Edwin H. Land Boulevard, Cambridge, MA 02142, USA: Springer Verlag Berlin Heidelberg, 2000.

[7] C. Petry und M. Schuth, „Multi-Wavelengths Michelson Interferometer Based Spatial Phase Shift Shearography with Color Camera," SAE International, WCX SAE World Congress Experience, doi:10.4271/2019-01-1269, 2019 .

[8] P. Menner, „Zerstörungsfreie Prüfung von modernen Werkstoffen mit dynamischen Shearografie-Verfahren," Fakultät Luft- und Raumfahrttechnik und Geodäsie der Universität Stuttgart, https://elib.uni-stuttgart.de/handle/11682/2175, 2013.

[9] W. Schmidt und S. Getto, „Leichtbauprüfung mittels Multisensorsystemen," Stuttgart, 2013.

Untersuchung von kohlenstofffaserverstärkten Kunststoffen mittels Hochfrequenz-Wirbelstromprüfung

Sebastian JOAS [1], Marc KREUTZBRUCK [1]
[1] Institut für Kunststofftechnik, Universität Stuttgart, Stuttgart

Kontakt E-Mail: sebastian.joas@ikt.uni-stuttgart.de

Kurzfassung. Als Nachteil des Wirbelstromverfahrens wird meist die Beschränkung auf die Prüfung von Werkstoffen mit hoher elektrischer Leitfähigkeit angeführt. Dennoch konnte bereits gezeigt werden, dass auch gering elektrisch leitfähige Werkstoffe, wie beispielsweise kohlenstofffaserverstärkte Kunststoffe (CFK) zufriedenstellend, und sogar Nichtleiter unter bestimmten Voraussetzungen mittels Wirbelstromprüfung untersucht werden können.

Dieser Beitrag stellt die zugrundeliegenden physikalischen Phänomene dar und beschreibt die Ausbreitung von Wirbelströmen in Nichtleitern und CFK auf Basis von analytischen Berechnungen und FEM-Simulationen. Der Einfluss von Leitungs- und Verschiebungsströmen wird dabei auf Faser-Matrix-Ebene untersucht. Dies ermöglicht eine Quantifizierung des Einflusses von Verschiebungsströmen unter Berücksichtigung der in CFK vorhandenen kapazitiven Strukturen. Weiterhin wird die Eindringtiefe von Verschiebungsströmen in Nichtleitern ermittelt.

Unter Verwendung eines auf 30 MHz Anregungsfrequenz erweiterten PL600 (Rohmann GmbH, Frankenthal) wird experimentell gezeigt, dass lokale Permittivitätsunterschiede selbst bei vergleichsweise geringen Frequenzen im niedrigen Megahertz-Bereich mittels Wirbelstromprüfung nachgewiesen werden können. Das Potenzial des Systems für die Prüfung von Leichtbauwerkstoffen wird abschließend anhand von CFK-Prüfkörpern mit Referenzdefekten demonstriert.

Einführung

Während für das Wirbelstromverfahren an Metallen bereits industrielle Lösungen bis zur Inline-Prüfung in Großserien zur Verfügung stehen, ist die Wirbelstromprüfung faserverstärkter Kunststoffe vergleichsweise wenig gut erforscht. Meist wird das Wirbelstromverfahren als auf die Prüfung von elektrisch hoch leitfähigen Werkstoffen beschränkt betrachtet. Dass auch gering elektrisch leitfähige Werkstoffe prüfbar sind, konnte im Kontext der Charakterisierung von kohlenstofffaserverstärkten Kunststoffen (CFK) in zahlreichen Veröffentlichungen gezeigt werden. Allgemein eignen sich für die Prüfung elektrisch gering leitfähiger Werkstoffe vergleichsweise hohe Prüffrequenzen im MHz-Bereich [1–3], da es bei diesen zur Induktion einer höheren Spannung und damit zu einer höheren Stromdichte im Prüfkörper kommt. Dies ist darauf zurückzuführen, dass die Spannung nach dem Faraday'schen Gesetz [4] proportional zur zeitlichen Magnetfeldänderung ist. Aus diesem Grund sind höhere Frequenzen besser geeignet, um höhere Stromdichten im Prüfkörper und damit höhere induzierte Spannungswerte in der Empfangsspule zu erhalten [5]. Nachteilig ist dabei jedoch die durch den Skin-Effekt bedingte Reduktion der Tiefenreichweite des Verfahrens bei höheren

Frequenzen. Da in der Literatur häufig der Einfluss der Verschiebungsströme auf das Messsignal vernachlässigt wird, geht man davon aus, dass die Permittivität eines Werkstoffs keinen Einfluss auf das Prüfergebnis hat. Dass dies nicht der Fall ist, wurde bereits im Jahr 1994 vermutet, als gezeigt werden konnte, dass eine steigende Prüffrequenz zu einer Erhöhung der elektrischen Leitfähigkeit orthogonal zur Faserrichtung in UD-CFK führt [1]. In den vergangenen Jahren konnte mit neuen bildgebenden Wirbelstromprüfsystemen gezeigt werden, dass dieser Effekt zu einem Permittivitätsmapping und damit zur Analyse des Matrixwerkstoffs genutzt werden kann. Mittels Hochfrequenz (HF)-Wirbelstromverfahren sind somit auch Flachbodenbohrungen in Nichtleitern, wie beispielsweise Polyoxymethylen (POM) [6] und Polymethylmethacrylat (PMMA) [7, 8] nachweisbar. Weiterhin ist auch eine Korrelation der Permittivität der Epoxidharzmatrix von CFK und damit deren Aushärtegrad zu Wirbelstrommesssignalen vorhanden [9, 8].

Trotz dieser experimentellen Untersuchungen ist die Ausbreitung von induzierten Leitungs- und Verschiebungsströmen in CFK und Nichtleitern nicht abschließend geklärt. Insbesondere im Hochfrequenzbereich ist unklar, wie stark beispielsweise kapazitive Effekte in CFK ausgeprägt sind. In zahlreichen Veröffentlichungen zur Simulation der Wirbelstromausbreitung in CFK wird dieses stets als homogener Werkstoff mit Schichtaufbau modelliert [10][11] [12]. Der richtungsabhängigen elektrischen Leitfähigkeit wird dabei durch einen Tensor innerhalb der jeweiligen Ebene Rechnung getragen. Kapazitive Effekte können bei dieser Modellierungsvariante allerdings nicht abgebildet werden. Im Rahmen dieser Veröffentlichung sollen derartige Effekte bei der HF-Wirbelstromprüfung analytisch und mittels FEM untersucht werden. Zunächst wird die Standardeindringtiefe der HF-Wirbelstromprüfung für homogene Nichtleiter ermittelt. Der Einfluss von Leitungs- und Verschiebungsströmen wird anschließend in Abhängigkeit von der Frequenz für CFK auf Faser-Matrix-Ebene untersucht. Dies ermöglicht eine Quantifizierung des Einflusses von Verschiebungsströmen unter Berücksichtigung der in CFK vorhandenen kapazitiven Strukturen. Weiterhin wird experimentell gezeigt, dass selbst im niedrigen Megahertz-Bereich Permittivitätsdifferenzen nachgewiesen werden können. Abschließend sollen einige Beispiele aus dem Bereich der HF-Wirbelstromprüfung von CFK das Potenzial des Verfahrens für die Detektion herstellungs- und betriebsbedingter Fehlstellen verdeutlichen und es soll die maximale Tiefenreichweite ermittelt werden.

1. Analytische und numerische Betrachtung der HF-Wirbelstromprüfung

Während bei der konventionellen Wirbelstromprüfung meist der Einfluss der relativen Permittivität vernachlässigt wird, gewinnt diese bei Verwendung hoher Prüffrequenzen zunehmend an Bedeutung. Dies ist darin begründet, dass nach Maxwell der nachfolgende Zusammenhang zwischen Magnetfeld **H**, den zeitlich veränderlichen elektrischen Strömen **J**, der elektrischen Flussdichte **D** und dem elektrischen Feld **E** gilt [2]:

$$\nabla \times \boldsymbol{H} = \boldsymbol{J} + j\omega \boldsymbol{D} = \boldsymbol{E} \cdot (\sigma + j2\pi f \varepsilon). \qquad (1)$$

Somit wird deutlich, dass die Permittivität ε eines gering elektrisch leitfähigen Werkstoffs mit der Leitfähigkeit σ bei hohen Frequenzen f zunehmend an Bedeutung gewinnt. In diesem Abschnitt wird zunächst die Standardeindringtiefe von Verschiebungsströmen in Nichtleitern analytisch und mittels FEM ermittelt. Anschließend werden bei CFK auftretende Effekte der HF-Wirbelstromprüfung näher erläutert und mittels FEM untersucht.

1.1 Standardeindringtiefe von Verschiebungsströmen in Nichtleitern

Im Bereich der Wirbelstromprüfung ist allgemein anerkannt, dass die Standardeindringtiefe δ von der Frequenz f, der magnetischen Permeabilität μ und der elektrischen Leitfähigkeit σ abhängig ist:

$$\delta = \frac{1}{\sqrt{\pi f \mu \sigma}}. \qquad (2)$$

Für die Herleitung des Skin-Effekts wird dabei $\frac{\partial D}{\partial t} = 0$ vorausgesetzt und somit der Verschiebungsstrom vernachlässigt. Diese Betrachtung gilt jedoch ausschließlich für gute elektrische Leiter bei niedrigen Frequenzen. Im Folgenden soll, analog zur Herleitung des Skin-Effekts [2,3], ein Ausdruck zur Berechnung der Standardeindringtiefe unter Berücksichtigung des

Verschiebungsstroms ermittelt werden. Dies ermöglicht sowohl eine Einordnung der Bedeutung der Permittivität in hohen Frequenzbereichen, als auch eine kritische Beurteilung der darauf aufbauenden Simulationen. Nach Maxwell (1) folgt aufgrund von $\boldsymbol{E} = \frac{\boldsymbol{J}}{\sigma}$ und $\boldsymbol{H} = \frac{\boldsymbol{B}}{\mu}$:

$$\nabla \times \boldsymbol{B} = \boldsymbol{J}\left(\mu + j \cdot \frac{\omega\varepsilon\mu}{\sigma}\right). \tag{3}$$

Im Folgenden wird angenommen, dass der Stromdichtevektor parallel zur Oberfläche verläuft und dessen y-Komponente lediglich von der Tiefe z abhängt. Aus dem Biot-Savart-Gesetz [4] folgt somit, dass **B** nur eine x-Komponente aufweist. Es gilt somit

$$\frac{dJ_y}{dz} = -j\omega\sigma B_x \text{ und} \tag{4}$$

$$-\frac{dB_x}{dz} = J_y \cdot \left(\mu + j \cdot \frac{\omega\varepsilon\mu}{\sigma}\right). \tag{5}$$

Nach Kombination und Ableitung ergibt sich hieraus eine lineare, homogene Differentialgleichung zweiter Ordnung:

$$\frac{d^2 J_y}{dz^2} - J_y \cdot (j\omega\sigma\mu - \omega^2\varepsilon\mu) = 0. \tag{6}$$

Diese lässt sich mit einem allgemeinen Ansatz lösen und es folgt $c_1 = 0$ unter Verwendung der Randbedingung $\lim_{z\to\infty} J_y(z) = 0$. Unter Verwendung der Randbedingung $J_y(0) = J_0$ resultiert schließlich

$$J_y(z) = J_0 \cdot e^{-\sqrt{\frac{\omega\mu\cdot\sqrt{\varepsilon^2\omega^2+\sigma^2}-\omega^2\varepsilon\mu}{2}}\cdot z}\left(\cos\left(-\sqrt{\frac{\omega\mu\cdot\sqrt{\varepsilon^2\omega^2+\sigma^2}+\omega^2\varepsilon\mu}{2}}z\right) + j \cdot \sin\left(\sqrt{\frac{\omega\mu\cdot\sqrt{\varepsilon^2\omega^2+\sigma^2}+\omega^2\varepsilon\mu}{2}}z\right)\right). \tag{7}$$

Zur Ermittlung der Standardeindringtiefe wird $J_y(z) = \frac{1}{e} \cdot J_0$ angenommen und es ergibt sich

$$\delta_v = \sqrt{\frac{2}{\omega\mu \cdot \sqrt{\varepsilon^2\omega^2+\sigma^2} - \omega^2\varepsilon\mu}}. \tag{8}$$

Diese Gleichung kann nach Umformung durch [5] bestätigt werden. Unter der Voraussetzung $\omega\varepsilon \gg \sigma$ handelt es sich, wie beispielsweise bei Kunststoffen, um einen schlechten elektrischen Leiter. Dies ist für $\omega \to \infty$ erfüllt. Hierfür ergibt sich folgende Grenzwertbetrachtung und es resultiert nach Vereinfachung schließlich

$$\lim_{\omega\to\infty} \delta_v(\omega) = \sqrt{\lim_{\omega\to\infty}\left(\frac{\sqrt{4\varepsilon^2\omega^2}}{\sqrt{\omega^2\sigma^4\mu^2}}\right) + \lim_{\omega\to\infty}\left(\frac{\sqrt{4\sigma^2}}{\sqrt{\omega^2\sigma^4\mu^2}}\right) + \lim_{\omega\to\infty}\left(\frac{2\omega^2\varepsilon\mu}{\omega^2\sigma^2\mu^2}\right)} = \frac{2}{\sigma}\sqrt{\frac{\varepsilon}{\mu}}. \tag{9}$$

Die elektrische Leitfähigkeit geht hierbei invers mit ein und steht gegenüber der konventionellen Formel für die Standardeindringtiefe nicht mehr unter der Wurzel. Es wird somit deutlich, dass die Standardeindringtiefe unter Berücksichtigung von Verschiebungsströmen bei sehr hohen Prüffrequenzen oder sehr geringer elektrischer Leitfähigkeit asymptotisch gegen einen Grenzwert strebt, der lediglich von den Werkstoffparametern bestimmt wird.

1.2 Simulation der HF-Wirbelstromprüfung im Kontext der Prüfung von Nichtleitern

Um die Ergebnisse der analytischen Betrachtungen zu validieren, werden im Folgenden numerische Simulationen unter Verwendung von ANSYS® Maxwell 3D (Version 19.0) durchgeführt. Vorteil gegenüber anderen Softwaremodulen ist hierbei die vollständige Implementierung der Maxwell-Gleichungen hinsichtlich auftretender Verschiebungsströme [6]. Für alle durchgeführten Simulationen wird der virtuelle Raum, für welchen mittels des *Eddy Current Solvers* die Lösungen berechnet werden, zu allen Seiten noch einmal genau so groß gewählt, wie alle Objekte des Modells selbst. Es ist somit ein Offset von 100 % in alle Raumrichtungen vorhanden, wobei die Umgebung stets als Luft definiert wird. An den Außenseiten des virtuellen Raums gelten Neumann-Grenzbedingungen. Für die Vernetzung des erstellten Modells wird auf das adaptive Meshing zurückgegriffen, das bei Auswahl eines statischen Solvers zur Verfügung steht. Die einzelnen Objekte werden hierbei mittels Tetraedern in finite Elemente unterteilt. Auf diese Weise wird zunächst ein grobes Netz mit vergleichsweise wenigen Elementen generiert. In Bereichen mit hohen Änderungen der zu berechnenden Felder wird das Netz anschließend lokal schrittweise verfeinert, bis der zulässige Fehler unterschritten wird. Als zulässiger Fehler wird ein Wert von 0,1 % gewählt. Für die Simulationen wurde ein Intel® Core i7-9700 Prozessor mit 16 GB Arbeitsspeicher und 64-Bit-Betriebssystem eingesetzt. Für die Berechnung der Standardeindringtiefe von Verschiebungsströmen in Isolatoren wird eine Ringspule auf dem Prüfkörper ($\sigma = 0$; $\mu_r = 1$; $\varepsilon_r = 1$) platziert. Diese weist einen Innenradius von 2 mm, einen Außenradius von 4 mm sowie eine Höhe von 5 mm auf und wird als *stranded coil* simuliert, was die erforderlichen Rechenzeiten deutlich reduziert. Die 28 Windungen der Spule werden von einem Wechselstrom mit 100 mA durchflossen. Zunächst wird hierbei die Stromdichte ausgehend vom Mittelpunkt zwischen Außen- und Innenradius in Tiefenrichtung für unterschiedliche Prüffrequenzen ermittelt. Die resultierenden Verläufe sind nachfolgend in Bild 1 dargestellt.

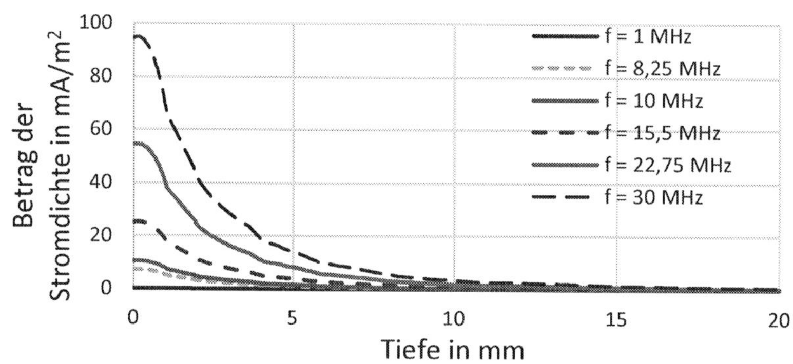

Bild 1: Stromdichte in Abhängigkeit von der Tiefe für unterschiedliche Prüffrequenzen

Ausgehend hiervon kann die Standardeindringtiefe für unterschiedliche Prüffrequenzen ermittelt werden. Es resultiert der in Bild 2 (a) abgebildete Verlauf. Somit wird deutlich, dass entgegen der Formel für die Standardeindringtiefe bei elektrisch leitfähigen Werkstoffen, in diesem Fall keine Beeinflussung der Eindringtiefe über die Prüffrequenz möglich ist. Qualitativ bestätigt werden kann dies durch die vorangegangene mathematische Herleitung, wonach sich die Standardeindringtiefe für hohe Frequenzen an ein Plateau annähert, das ausschließlich durch die Werkstoffparameter gegeben ist.

Während bei der vorangegangenen analytischen Berechnung von einer ebenen einfallenden Welle ausgegangen wurde, kann mittels FEM der Einfluss der Spulenabmessungen untersucht werden. Hierbei kann gezeigt werden, dass die Standardeindringtiefe maßgeblich über den Spulenaußenradius bestimmt wird. Exemplarisch wird dies in Bild 2 (b) anhand der Standardeindringtiefe als Funktion des Spulenaußenradius bei einer Frequenz von 30 MHz verdeutlicht.

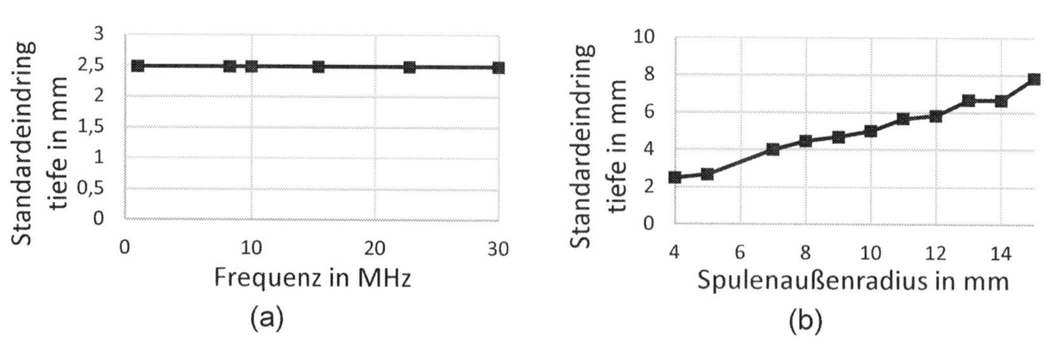

Bild 2: Standardeindringtiefe für eine Ringspule in Abhängigkeit von der Prüffrequenz (a) sowie in Abhängigkeit vom Spulenaußenradius bei einer Frequenz von 30 MHz (b).

1.3 Ausbreitung von Wirbelströmen in CFK

Ein entscheidender Faktor der HF-Wirbelstromprüfung ist die Entwicklung der für die jeweiligen Prüfaufgabe geeigneten Sonde. Um aufwendige experimentelle Versuche zu ersetzen, wird hierfür oft auf Simulationen zurückgegriffen. Im Bereich der HF-Wirbelstromprüfung ist bislang jedoch weitestgehend ungeklärt, wie eine realitätsnahe Modellierung von CFK durchgeführt werden soll. Während die meisten Ansätze auf die Homogenisierung der elektrischen Eigenschaften einzelner Lagen zurückgreifen, wird im Folgenden eine Modellierung auf Faser-Matrix-Ebene durchgeführt, anhand derer untersucht werden soll, wie CFK für unterschiedliche Anwendungsfälle in der HF-Wirbelstromprüfung geeignet modelliert werden kann. Dies ermöglicht eine Quantifizierung des Einflusses von Verschiebungsströmen bei Frequenzen im Megahertz-Bereich unter Berücksichtigung der in CFK vorhandenen kapazitiven Strukturen.

Um zu demonstrieren, dass Kohlenstofffasern wie runde Kapazitäten wirken, wird zunächst ein plattenförmiger Induktor (160 mm x 300 mm x 1 mm) als möglichst homogene Anregungsquelle genutzt und in einem Abstand von 0,1 mm oberhalb des Prüfkörpers (300 mm x 300 mm x 500 mm) platziert. Durch den Induktor aus Kupfer fließt dabei ein Wechselstrom mit einer Stromstärke von 1 A, wobei die Stromdichte über den Querschnitt des Induktors konstant ist. Die Fasern im Prüfkörper weisen eine Länge von 200 mm sowie einen Radius von 3 mm auf und sind orthogonal zur Anregungsstromrichtung im Induktor orientiert. Insgesamt werden zwei Faserlagen mit jeweils sieben Fasern im Prüfkörper simuliert. Die Werkstoffeigenschaften des Prüfkörpers liegen mit σ = 0 S/m und $\mu_r = \varepsilon_r = 1$ näherungsweise im Bereich der elektrischen Eigenschaften eines Kunststoffs. Für den Kohlenstoffeinschluss wird σ = 70.000 S/m und $\varepsilon_r = \mu_r = 1$ gewählt. Ein Querschnitt durch den Prüfkörper zeigt dabei, dass kapazitive Effekte zwischen den Fasern in der jeweiligen Ebene vorhanden sind, was in **Bild 3** zu sehen ist. Gleichzeitig kann erkannt werden, dass keine kapazitiven Effekte bei der vorliegenden Prüffrequenz von 10 MHz zwischen den Lagen vorhanden sind.

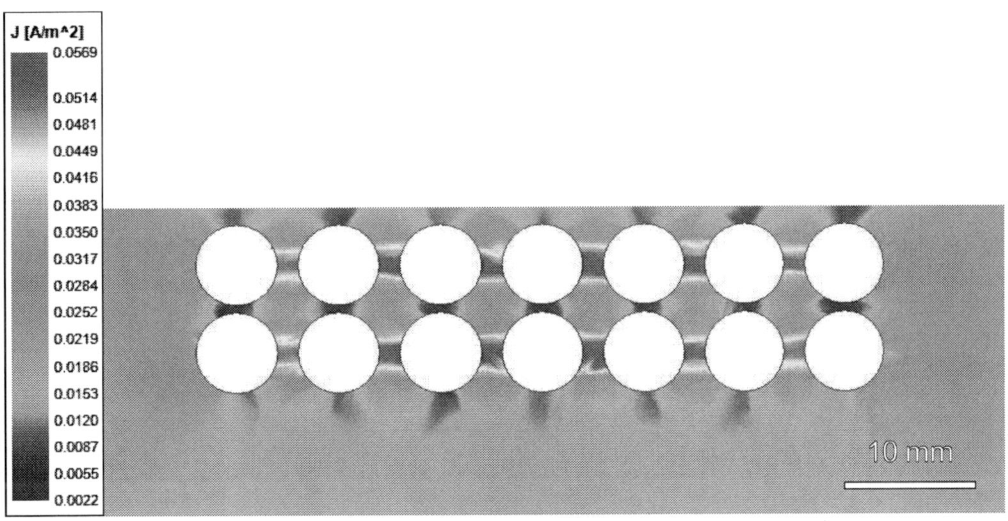

Bild 3: Darstellung der Verschiebungsstromdichte für den Matrixwerkstoff im Querschnitt

Insgesamt sind die bei dieser Frequenz vorhandenen kapazitiven Effekte im Vergleich zu den Leitungsströmen jedoch sehr gering ausgeprägt. Da eine eher makroskopische Simulation durchgeführt wurde, wird im folgenden Schritt die Elementgröße der Faserelemente auf eine Höhe und Breite von 0,1 mm verringert. Gleichzeitig werden diese als Blockelemente simuliert, um ein Vernetzen des Modells zu ermöglichen. Durch die abwechselnde Aneinanderreihung von quaderförmigen Faser- und Matrixelementen wird schrittweise eine einzelne Lage (Tape) mit 40 mm Breite und 40 mm Länge aufgebaut. Mit einem Offset von 0,1 mm wird eine Ringspule oberhalb des Tapes als Anregungselement platziert. Die Werkstoffeigenschaften bleiben unverändert. In Bild 4 sind die resultierenden Leitungs- und Verschiebungsstromdichten bei einer Frequenz von 10 MHz in Aufsicht dargestellt.

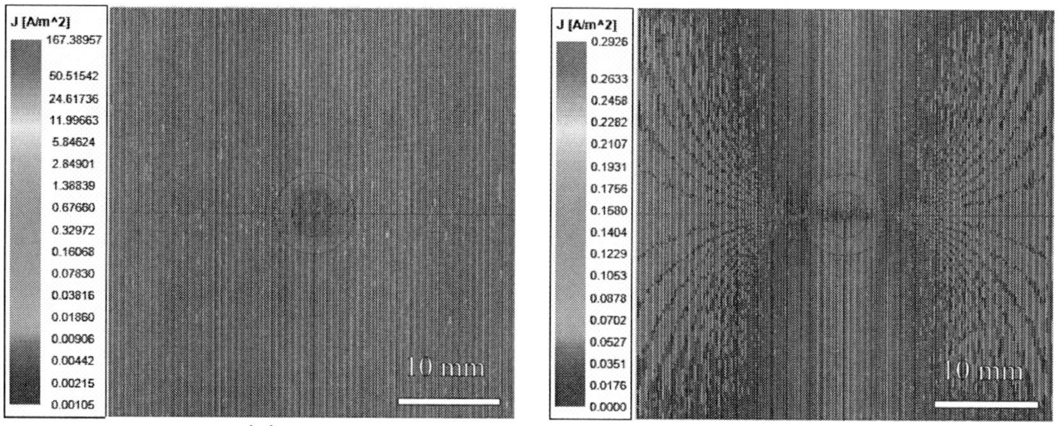

(a) (b)

Bild 4: Stromdichte in den Kohlenstoffelementen (a) und Verschiebungsstromdichte im Matrixwerkstoff (b) bei einer Frequenz von 10 MHz und einer Elementbreite von 0,1 mm.

Obwohl die gewählten Abmessungen der Fasern noch eine Größenordnung über realen Werten liegen, ist hier bereits eine elliptische Form der Leitungsströme in den Fasern zu beobachten. Kapazitive Effekte verstärken die geringen induzierten Verschiebungsströme im Matrixwerkstoff immens und treten auch in großer Entfernung vom Spulenzentrum noch zwischen Fasern auf. Der Betrag der Verschiebungsstromdichte beträgt maximal ca. 0,29 A/m^2, während die Leitungsstromdichte Werte von bis zu etwa 167,39 A/m^2 annimmt.

3. Experimentelle Ergebnisse und Diskussion

Im Rahmen dieser Arbeiten wurde ein auf bis zu 30 MHz erweitertes Wirbelstromprüfgerät ELOTEST PL600 der Firma Rohmann GmbH (Frankenthal) eingesetzt. Mittels XY-Manipulator können Prüfkörper abgerastert und die Impedanzwerte durch die Encodersignale den einzelnen Ortskoordinaten zugeordnet werden, wodurch eine bildgebende Wirbelstromprüfung möglich ist. Als Parameter wird bei allen Prüfungen eine Bahngeschwindigkeit von 10 mm/s sowie eine Spurbreite von 0,1 mm gewählt. Die Sonde wird stets in einem möglichst geringen Abstand von weniger als 0,2 mm zum Prüfkörper positioniert. Das Gesamtsystem ist unter Angabe der relevanten Komponenten in **Bild 5** dargestellt.

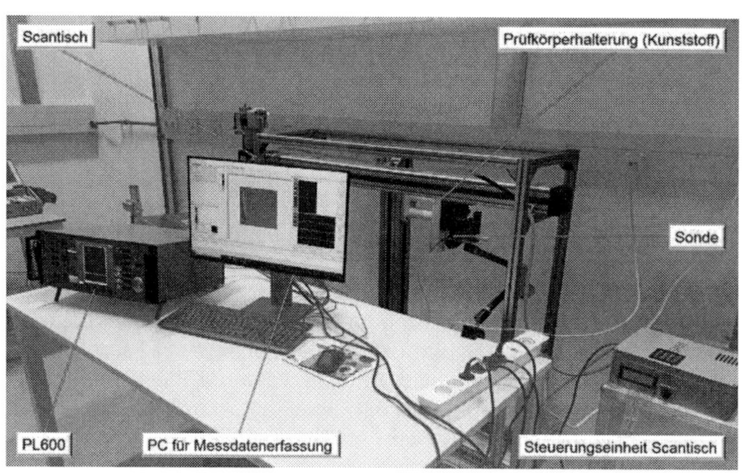

Bild 5: Wirbelstrom-Prüfstand für die Charakterisierung von CFK

Um zu demonstrieren, dass lokale Unterschiede in der relativen Permittivität nachgewiesen werden können, wurde zunächst demineralisiertes Wasser in eine Flachbodenbohrung mit 1 mm Restwanddicke in einer Polymethylmethacrylat (PMMA)-Platte eingebracht. Hierdurch befindet sich ein Fluid mit $\sigma \approx 0$ S/m und $\varepsilon_r \approx 80$ in einem Prüfkörper mit $\sigma \approx 0$ S/m und $\varepsilon_r \approx 3$. Für die Prüfung eingesetzt wurde eine Absolutsonde mit Ferritkern bei einer Frequenz von 1,9 MHz und einer Phase von 357° sowie einer Gesamtverstärkung von 85 dB. Das Prüfergebnis eines Linienscans ist in **Bild 6** dargestellt.

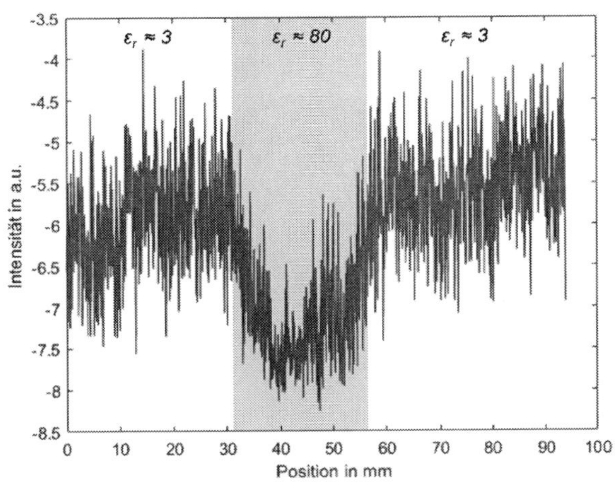

Bild 6: Nachweis einer lokalen Permittivitätsänderung von $\Delta\varepsilon_r = 77$

Es kann somit gezeigt werden, dass lokale Änderungen der relativen Permittivität bei vergleichsweise niedrigen Frequenzen nachgewiesen werden können. Dabei ist mit der eingesetzten Sonde noch ein hohes Rauschen vorhanden, das durch ein künftig optimiertes Sondendesign reduziert werden soll.

Um das Potenzial des Prüfsystems für die Untersuchung von CFK aufzuzeigen, werden im Folgenden zwei Plattenprüfkörper mit Referenzdefekten eingesetzt. Beide Prüfkörper weisen ein Gewebe als Faserhalbzeug auf. In den ersten Prüfkörper wurden mittels Marx-Generator künstlich Blitzschäden mit drei Entladungen zu jeweils einer Ladespannung von 350 kV und einem Strom von etwa 600 A eingebracht. Im zweiten Prüfkörper befinden sich Flachbodenbohrungen mit unterschiedlichen Durchmessern (12 mm, 7 mm, 5 mm, 4 mm, 3 mm, 2,5 mm, 2 mm, 1,5 mm, 1 mm und 0,5 mm) in einer Tiefenlage von 1 mm unterhalb der Prüfkörperoberfläche.

Der künstlich erzeugte Stoßstrom-Schaden kann anhand des dunklen Bereichs im Prüfergebnis (s. Bild 7 (a)) eindeutig identifiziert werden. Dabei wurde für die Prüfung die Absolutsonde KA 2-1 bei einer Frequenz von 800 kHz, einer Phasenlage von 207° und einer Gesamtverstärkung von 60 dB eingesetzt. Somit könnte die Wirbelstromprüfung selbst bei Frequenzen im Sub-Megahertz-Bereich ein geeignetes Verfahren zur Detektion von Blitzschäden in CFK darstellen.

Unter Verwendung derselben Sonde und Prüfparameter sind weiterhin Defekte in einer Tiefenlage von 1 mm mit einem Durchmesser von bis zu 2,0 mm mit einem SNR von ewa 4 dB identifizierbar. Größere Fehlstellen werden mit entsprechend höherem SNR detektiert. So kann beispielsweise ein Defekt mit einem Durchmesser von 12 mm mit einerm SNR von 12 dB nachgewiesen werden. Darüber hinaus ist in beiden Prüfergebnissen deutlich die Struktur des jeweiligen Gewebes erkennbar. Die Wirbelstromprüfung kann somit auch genutzt werden, um Fehlorientierungen in CFK in unterschiedlichen Tiefenlagen nachzuweisen.

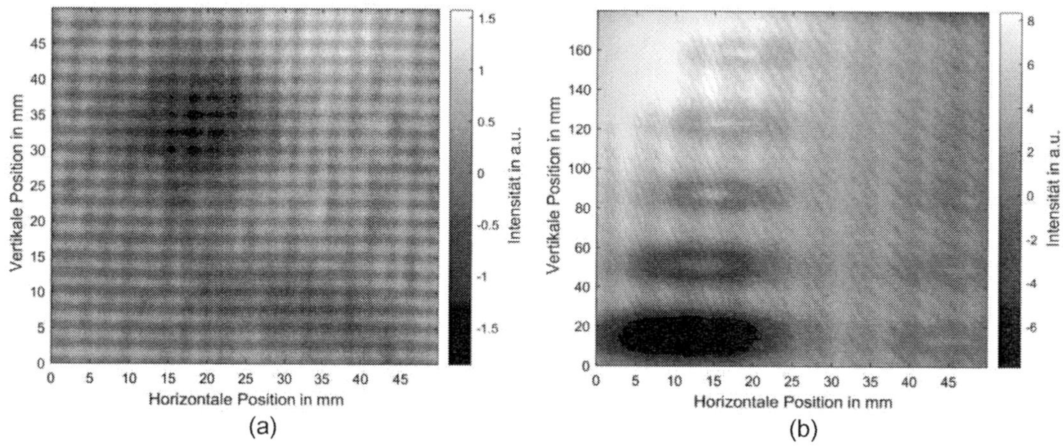

Bild 7: Referenzdefekte wie Blitzschäden (a) und Flachbodenbohrungen (b) können anhand der geringen Intensitäten eindeutig nachgewiesen werden.

4. Fazit

Im Rahmen dieses Beitrags wurden zunächst grundlegende physikalische Phänomene bei der HF-Wirbelstromprüfung von CFK und Nichtleitern beschrieben. Es konnte gezeigt werden, dass die Standardeindringtiefe bei der HF-Wirbelstromprüfung von Isolatoren lediglich durch die Spulenparameter und nicht mehr über die Wahl einer geeigneten Prüffrequenz gesteuert werden kann. Weiterhin wurde der Einfluss von Leitungs- und Verschiebungsströmen im Hochfrequenzbereich durch Simulationen auf Faser-Matrix-Ebene untersucht. Dabei zeigte sich, wie sich Verschiebungsströme in einzelnen Lagen von CFK ausbreiten und dass sie trotz hoher Frequenzen im Vergleich zu den Stromdichten in Faserelementen vergleichsweise gering ausgeprägt sind. Experimentell wurde gezeigt, dass unter Verwendung eines auf 30 MHz Anregungsfrequenz erweiterten PL600 (Rohmann GmbH, Frankenthal) lokale Permittivitätsunterschiede selbst bei vergleichsweise geringen Frequenzen im niedrigen Megahertz-Bereich mittels Wirbelstromprüfung nachgewiesen werden können. Das Potenzial des Systems für die Prüfung von CFK wurde abschließend anhand von CFK-Prüfkörpern mit Referenzdefekten demonstriert.

Weitere Arbeiten sollen die Zuverlässigkeit der HF-Wirbelstromprüfung für CFK systematisch und in Abhängigkeit vom jeweiligen Faserhalbzeug untersuchen. Weiterhin ist die Automatisierung der Prüfung geplant, indem das Verfahren robotergestützt durchgeführt wird. Hierdurch soll künftig auch die Prüfung von Realbauteilen mit komplexeren Geometrien ermöglicht werden.

Danksagung

iGF

Gefördert durch:

Bundesministerium für Wirtschaft und Energie

aufgrund eines Beschlusses des Deutschen Bundestages

Das IGF-Vorhaben Nr. 20213 N der Forschungsvereinigung Fördergemeinschaft für das Süddeutsche Kunststoff-Zentrum e. V. wurde über die AiF im Rahmen des Programms zur Förderung der Industriellen Gemeinschaftsforschung (IGF) vom Bundesministerium für Wirtschaft und Energie aufgrund eines Beschlusses des Deutschen Bundestags gefördert. Ein weiterer Dank geht an Christian Kolb (SKZ – KFE gGmbH, Würzburg) für die Bereitstellung des stoßstrombeaufschlagten Prüfkörpers.

Referenzen

1. LANGE, R. und G. MOOK. Structural analysis of CFRP using eddy current methods. NDT & E International, 1994, (5). ISSN 09638695.
2. MOOK, G. und R. LANGE. Wirbelstromprüfung von Hochleistungswerkstoffen. DGZfP-Jahrestagung, 1995.
3. LANGE, R. Zur Wirbelstromprüfung von kohlefaserverstärkten Kunststoffen. Dissertation. Magdeburg: Dissertation, Otto-von-Guericke-Universität Magdeburg, 1997.
4. FARADAY, M. V. Experimental researches in electricity. Royal Society ©2017, 1831.
5. HEUER, H., M. SCHULZE, M. POOCH, S. GÄBLER, A. NOCKE, G. BARDL, C. CHERIF, M. KLEIN, R. KUPKE, R. VETTER, F. LENZ, M. KLIEM, C. BÜLOW, J. GOYVAERTS, T. MAYER und S. PETRENZ. Review on quality assurance along the CFRP value chain – Non-destructive testing of fabrics, preforms and CFRP by HF radio wave techniques [online]. Composites Part B: Engineering, 2015, 77, 494-501. ISSN 13598368. Verfügbar unter: doi:10.1016/j.compositesb.2015.03.022
6. GÄBLER, S., H. HEUER, G. HEINRICH und R. KUPKE, Hg. Quantitatively Analyzing Dielectrical Properties of Resins and Mapping Permittivity Variations in CFRP with High-frequency Eddy Current Device Technology, 2014.
7. GÄBLER, S., H. HEUER und G. HEINRICH. Measuring and Imaging Permittivity of Insulators Using High-Frequency Eddy-Current Devices [online]. IEEE Transactions on Instrumentation and Measurement, 2015, 64(8), 2227-2238. ISSN 0018-9456. Verfügbar unter: doi:10.1109/TIM.2015.2390851
8. GÄBLER, S. Untersuchung des Anwendungspotenzials der Hochfrequenzwirbelstrommesstechnik zur Charakterisierung dielektrischer Eigenschaften von Epoxidharzen und Faserverbundmaterialien. Dissertation, 2017.
9. KOSUKEGAWA, H., R. YAMADA, S. TAMONOKI, N. SATO, K. URA und T. TAKAGI. Nondestructive Evaluation of Hardening Degree of Epoxy Resin in CFRP with Eddy Current Testing. Electromagnetic Non-Destructive Evaluation (XXI), 2018, 65-72.
10. JIAO, S., J. LI, F. DU, L. SUN und Z. ZENG. Characteristics of Eddy Current Distribution in Carbon Fiber Reinforced Polymer [online]. Journal of Sensors, 2016, 2016, 1-8. ISSN 1687-725X. Verfügbar unter: doi:10.1155/2016/4292134
11. HONGU, T., K. KOYAMA und J. TORIUMI. Investigation of Eddy Current Nondestructive Testing for Carbon Fiber-Reinforced Plastic (CFRP) Based on Electromagnetic Field Analysis [online]. Journal of Mechanics Engineering and Automation, 2018, 8(3). ISSN 21595275. Verfügbar unter: doi:10.17265/2159-5275/2018.03.004
12. MIZUKAMI, K., Y. MIZUTANI, A. TODOROKI und Y. SUZUKI. Analytical solutions to eddy current in carbon fiber-reinforced composites induced by line current [online]. Advanced Composite Materials, 2016, 25(4), 385-401. ISSN 0924-3046. Verfügbar unter: doi:10.1080/09243046.2015.1052132

In-situ Monitoring der Additiven Fertigung von Metallen im LPA Prozess mittels Optischer Emissionsspektrometrie (OES) und Thermografie (TT)

Nils SCHEUSCHNER [1], Simon J. ALTENBURG [1], Anne STRAßE [1], Giuseppe PIGNATELLI [1], Christiane MAIERHOFER [1], Igor B. GORNUSHKIN [1], Andrey GUMENYUK [1]

[1] Bundesanstalt für Materialforschung und –prüfung (BAM), Berlin

Kontakt E-Mail: nils.scheuschner@bam.de

Kurzfassung

Einer der aussichtsreichsten Ansätze, die Qualität und Sicherheit der gefertigten Teile in der metallbasierten additiven Fertigung (AM) zu erhöhen und die Notwendigkeit aufwändiger und zeitintensiver, zerstörender oder zerstörungsfreier Prüfungen (ZfP) nach der Fertigung zu verringern, liegt in dem Einsatz von in-situ Prozessüberwachungstechniken. Viele wichtige Prozessgrößen bei der additiven Fertigung sind thermischer Natur, wie z.B. die Temperatur des Schmelzbades. Aufgrund der Zugänglichkeit zum Werkstück während des Bauprozesses bieten sich optische Verfahren zur Temperaturbestimmung an. Für die Thermografie und Optische Emissionsspektrometrie im IR-Bereich, welche für die in-situ Anwendung prinzipiell als geeignet angesehen werden können, gibt es allerdings noch wenig konkrete praktische Umsetzungen, da die Möglichkeiten und individuellen Grenzen dieser Methoden, angewendet auf AM, noch nicht ausreichend erforscht sind. Aus diesem Grund verfolgt die BAM mit dem Projekt „Process Monitoring of AM" (ProMoAM) im Themenfeld Material das Ziel, Verfahren des Prozessmonitorings zur in-situ Bewertung der Qualität additiv gefertigter Metallbauteile weiterzuentwickeln.

Im Beitrag wird der Fokus auf eine Versuchsserie gelegt, bei der Aufbau von Probekörpern aus dem austenitischen Edelstahl 316L mittels Laser-Pulver-Auftragschweißen (LPA) durch od. mit Hilfe von IR-Spektrometrie und Thermografie in-situ überwacht wurde. Hierbei stellen u.a. die hohe Bandbreite der zu messenden Temperaturen, die Bestimmung der Emissivität und ihre Änderung bei Phasenübergängen des Metalls große experimentelle Herausforderungen dar, wobei jede Methode individuelle Vor- und Nachteile aufweist, welche verglichen werden.

Sicherheit in Technik und Chemie

BAM Bundesanstalt für Materialforschung und -prüfung

10-05-2021

IN-SITU MONITORING DER ADDITIVEN FERTIGUNG VON METALLEN IM LPA PROZESS MITTELS OPTISCHER EMISSIONSSPEKTROMETRIE (OES) UND THERMOGRAFIE (TT)

N. Scheuschner, S. J. Altenburg, G. Pignatelli, C. Maierhofer, A. Straße, I.B. Gornushkin and A. Gumenyuk

FOCUS AREA MATERIALS

1

Outline

BAM

- Introduction
  - Thermal radiation
  - The spectrum of molten pools
- Experimental setup and techniques
  - AM-Machine
  - Thermography cameras
  - Optical emission spectroscopy
- Results
  - SWIR vs MWIR thermography
  - Temperature determination using regression analysis (OES)
  - Comparison OES vs Thermography
- Summary and Outlook

10-05-2021

FOCUS AREA MATERIALS

2

Thermal radiation

Every object with T>0 emits EM radiation:

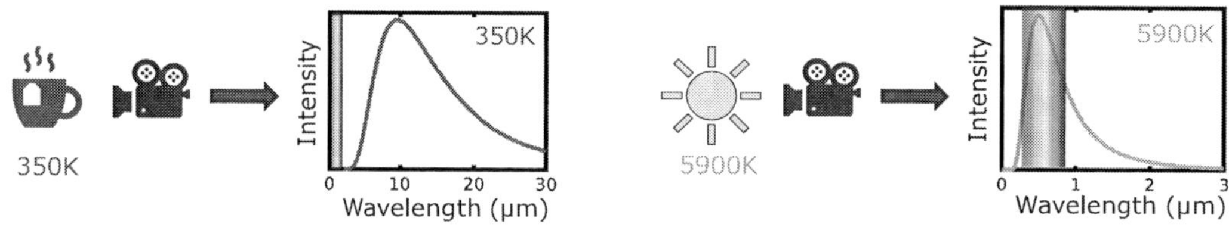

With increasing temperature the maximum of the radiation shifts to smaller wavelengths and increases in intensity

3

Thermal radiation

Planck's law – Black-body radiation

Planck's law describes the intensity for black-bodies (100% optical absorption)

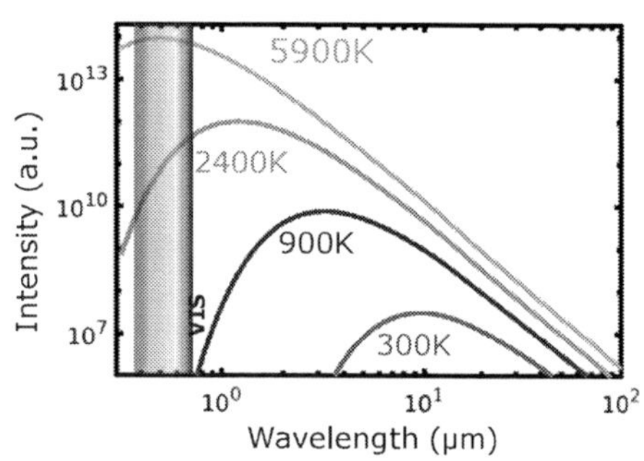

Problem :

Real objects are not perfect black (optical absorption < 100%) !

Effect :

Lower optical absorption results in lower thermal radiation

Solution :

Introducing a multiplicative correction term (Emissivity) in the range of 0 to 1

Allows to determine the temperature by intensity or shape!

4

Thermal radiation

Emissivity

BAM

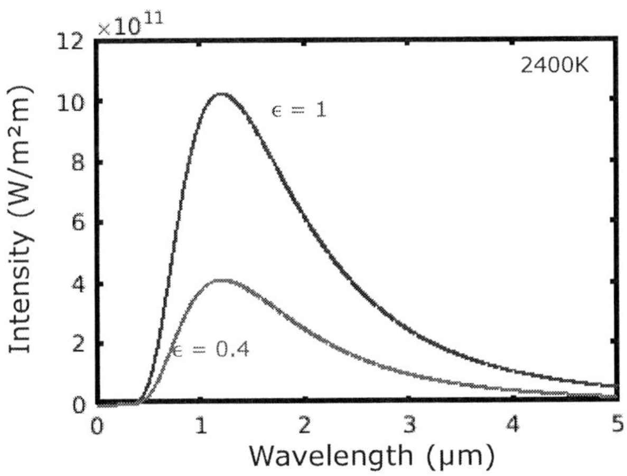

Emissivity of the molten pool can depend on:

- Material / Oxidation
- State of matter
- Temperature
- Angle
- Surface roughness
- Wavelength

The emissivity is needed to determine the temperature from the intensity

10-05-2021

FOCUS AREA MATERIALS

5

The optical spectrum of molten pools

BAM

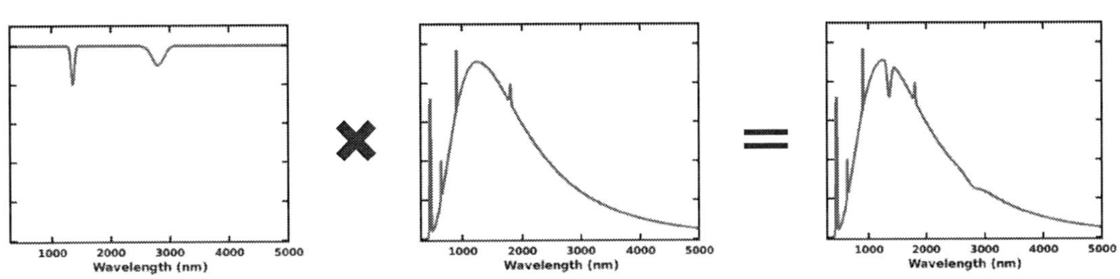

Transmission of the atmosphere

Thermal Radiation + Atomic Emission

Theoretical Molten Pool Spectrum

10-05-2021

FOCUS AREA MATERIALS

6

Experimental Setup

AM-Machine

BAM

Laser metal deposition (LMD):

TruLaser Cell 3000 (Trumpf)
+ TruDisk 16002 (Trumpf, wavelength: 1030 nm)

Powder feeder: Flowmotion Twin (Medicoat) with oscillating conveyor

- Build chamber: 800 × 600 × 400 mm^3
- Five-axis-machine
- Coaxial three-jet-nozzle
- Max. laser power (LMD): 5 kW
- Max. focal diameter: 3,8 mm
- Typ. Welding speed: 20 mm/s

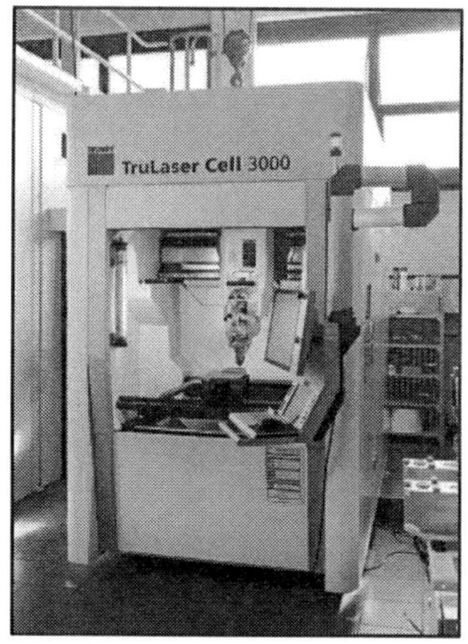

10-05-2021

FOCUS AREA MATERIALS

7

Experimental techniques

Thermography

BAM

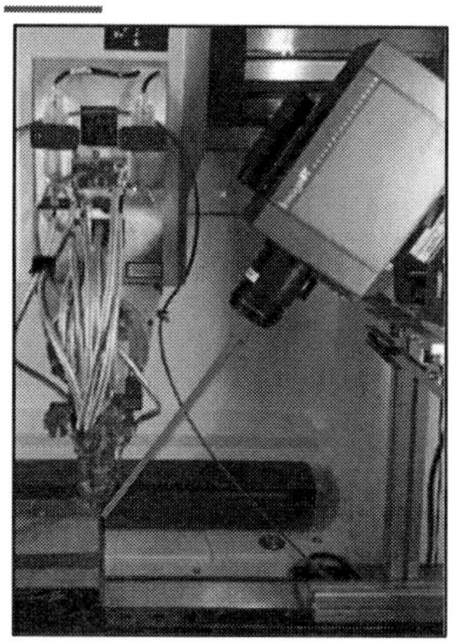

IR sensitive camera / 2D sensor array:

- One intensity value per pixel: No spectral data
- Determination of temperature: Radiometric model
- Spatialy resolved

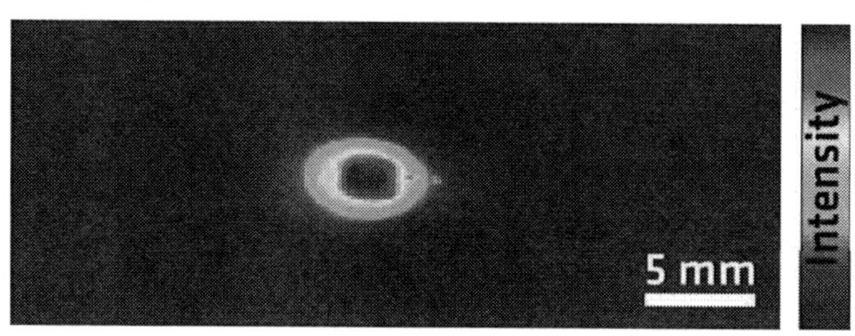

FOCUS AREA MATERIALS

8

Experimental techniques

Thermography

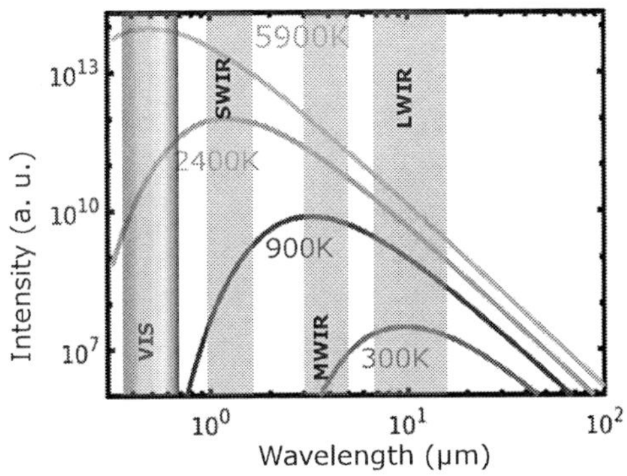

MWIR Camera

- Infratec ImageIR 8300
- 3 - 5 μm
- 250 x 120 x 160 mm
- 3,3 kg
- Fixed position

~100k€

SWIR Camera

- Allied Vision Goldeye
- 0,9 - 1,7 μm
- 78 x 55 x 55 mm
- 0,35 kg
- Fixed position or moving

~30k€

FOCUS AREA MATERIALS

9

Experimental techniques

Optical Emission spectroscopy

- Lens collects radiation analyzed by spectrometer
- Spectroscopic data: Emission Lines + Thermal Radiation
- Ø ROI ~ 2mm; No spatial resolution
- Fixed position or moving with the molten pool

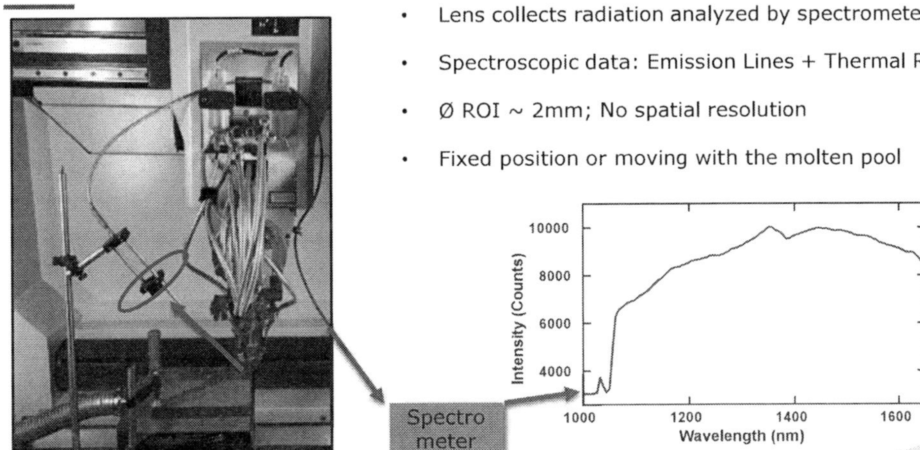

FOCUS AREA MATERIALS

10

Results

SWIR vs MWIR thermography

BAM

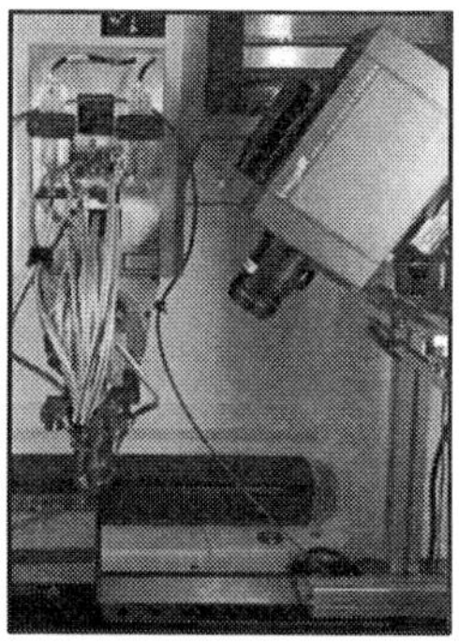

10 layers single welding line
"Wall" structure

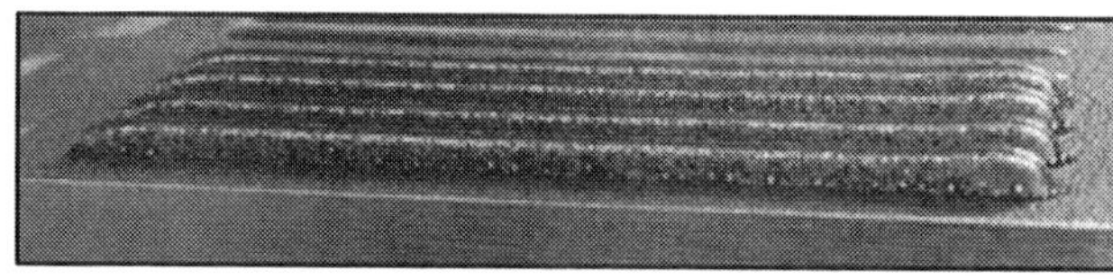

OES, SWIR and MWIR simultaneously!

Ø laser spot: 2.4 mm
Laser power: 1.2 kW
Rate of travel: 21.7 mm/s
Material: AISI 316L

FOCUS AREA MATERIALS

11

Results

SWIR vs MWIR thermography

BAM

Ø laser spot: 2.4 mm
Laser power: 1.2 kW
Rate of travel: 21.7 mm/s
Material: AISI 316L
Wall build, layer 6

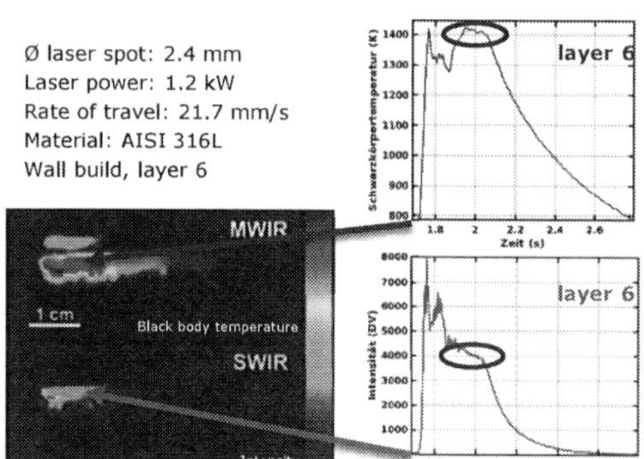

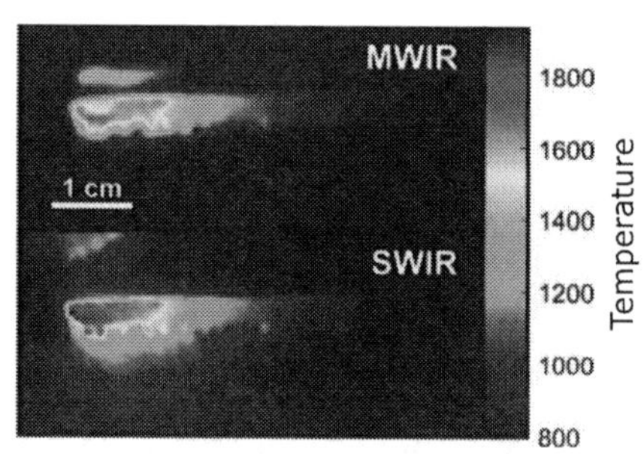

Solidification temperature: 1650K
- MWIR → adjustment of emissivity
- SWIR → radiometric model

FOCUS AREA MATERIALS

12

Results

SWIR vs MWIR thermography

BAM

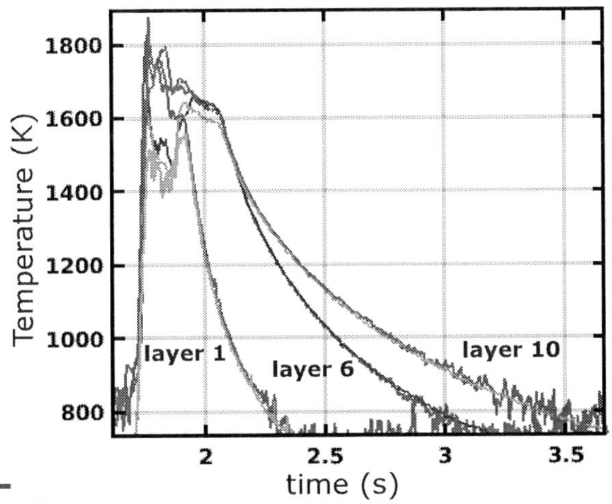

Temperature of the solid phase equal for SWIR and MWIR

→ SWIR useable

Liquid phase shows deviating temperatures

→ Effect of the emissivity change

Cooling process slows down for higher layer numbers

→ Effect on microstructure?

14-05-2019

FOCUS AREA MATERIALS

13

Results

Temperature determination using regression analysis (OES)

BAM

Reference: Graphite furnace

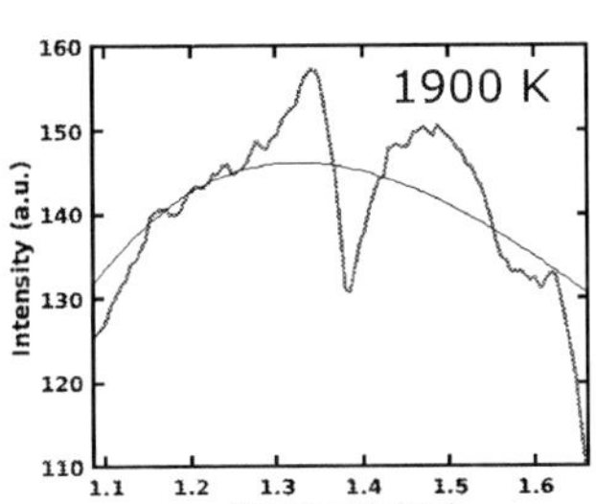

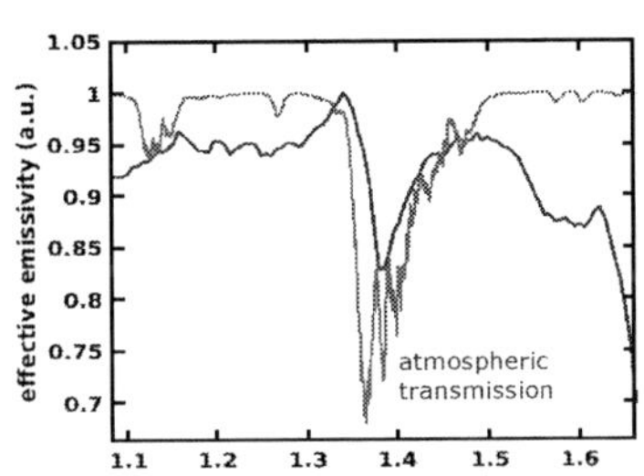

Lord, S. D., 1992, NASA Technical Memorandum 103957

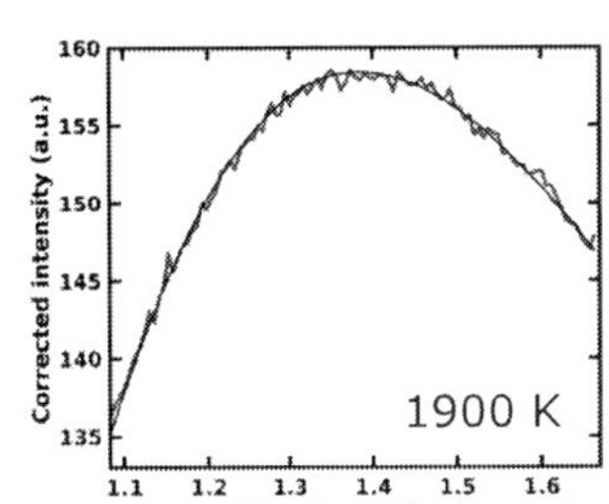

Fit results 20-50 K to high

10-05-2021

FOCUS AREA MATERIALS

14

Results

Temperature determination using regression analysis (OES)

Correction applied at different temperatures:

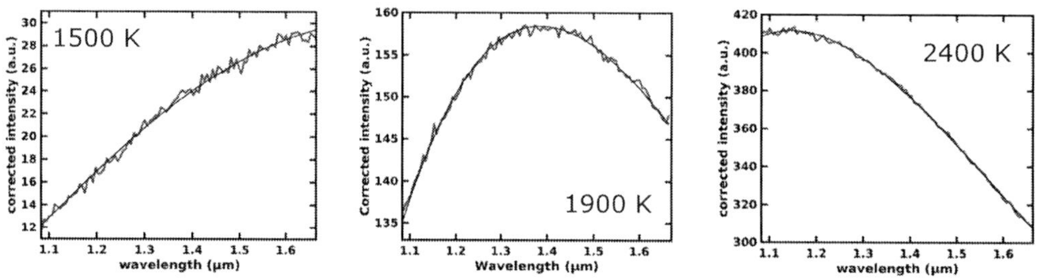

10-05-2021

FOCUS AREA MATERIALS

15

Results

Temperature determination using regression analysis (OES)

OES fixed relative to molten pool

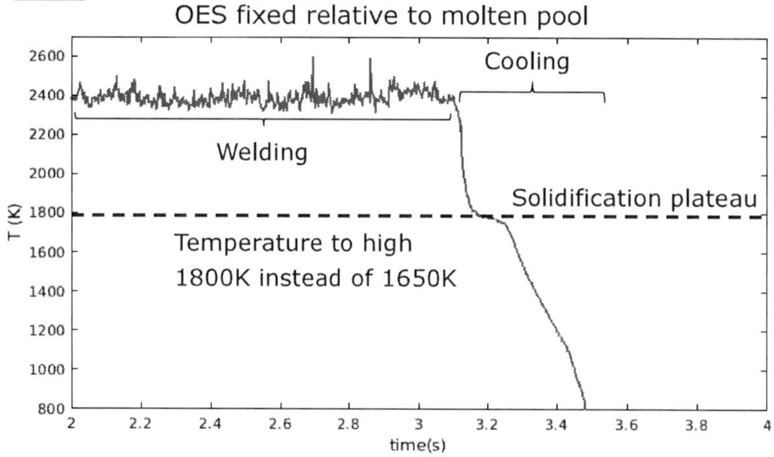

10-05-2021

FOCUS AREA MATERIALS

16

Results

Temperature determination using regression analysis (OES)

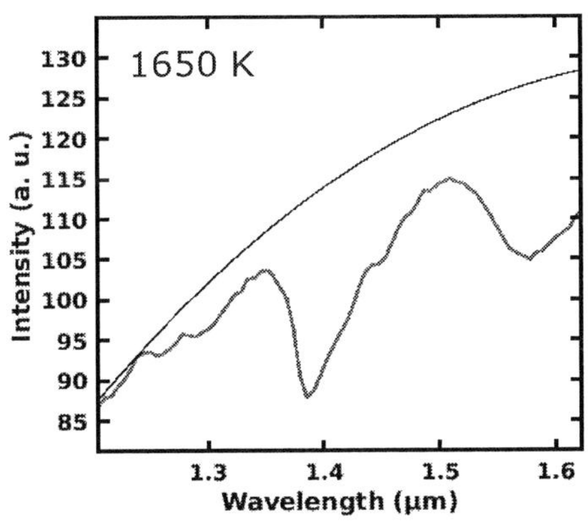

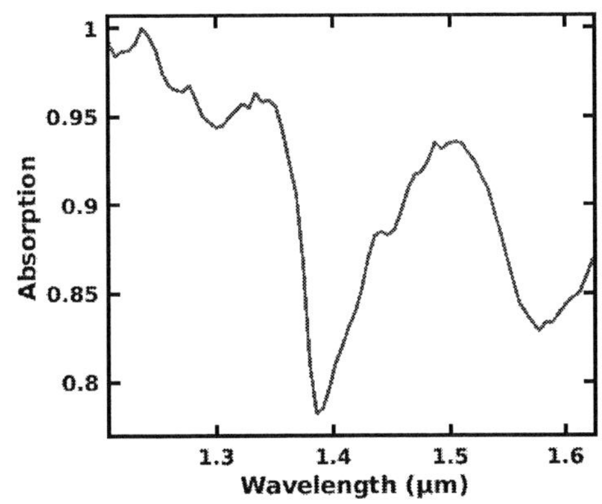

14-05-2019

FOCUS AREA MATERIALS

17

Results

Temperature determination using regression analysis (OES)

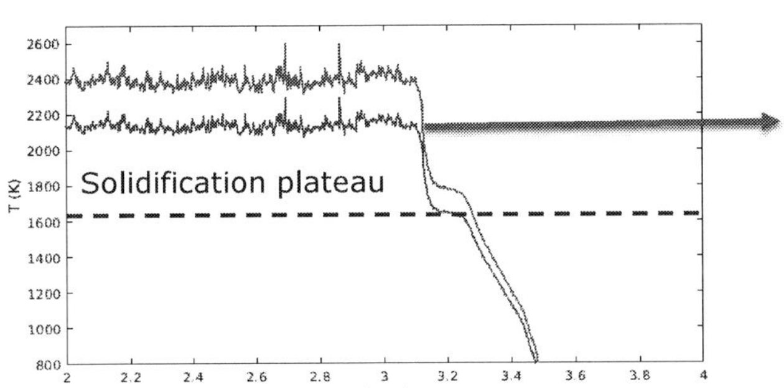

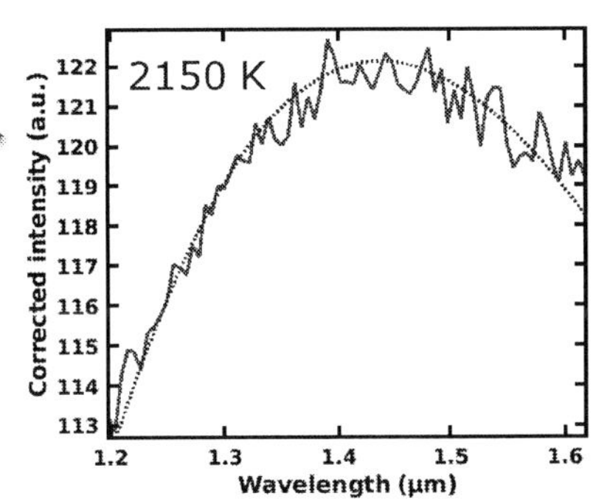

- Emissivity constant in spectral region.
- Accurate Temperature of the liquid phase!

10-05-2021

FOCUS AREA MATERIALS

18

Outlook and Summary

BAM

OES:

- Accurate temperature of the liquid phase from fit
- No atomic emission lines at normal conditions
- Ongoing work: absorption spectroscopy for plume composition

Thermography:

- Accurate temperature of the solid phase using radiometric model
- Overheating and Cooling curves → Microstructure?
- Shape/Size of molten pool → Balling instability?

Thank you for your attention!

10-05-2021

FOCUS AREA MATERIALS

19

Hard- und Softwarefusion von mehreren akustischen Messmethoden zur Zustandsüberwachung

Florian F. LINSCHEID [1], Markus G. R. SAUSE [1]
[1] Universität Augsburg, Institut für Materials Resource Management, Mechanical Engineering, D-86135 Augsburg

Kontakt E-Mail: florian.linscheid@mrm.uni-augsburg.de

Kurzfassung. Eine zuverlässige Zustandsüberwachung von Strukturen aus Verbundwerkstoffen in Industrieanlagen profitiert von einer Kombination mehrerer akustischer Methoden, um ein vollständigeres Bild der Struktur und möglicher Defekte zu erhalten. Neben der Schallemission erscheint eine Kombination aus Modalanalyse, Körperschallanalyse und einer Prüfung mit geführten Wellen vorteilhaft. Alle diese Verfahren basieren auf der Ausbreitung von (Ultra-) Schallwellen durch die Struktur. Bisher erfordern alle Methoden jedoch eine jeweils spezialisierte Hard- und Software. Dass eine Ergänzung der Schallemission mit anderen akustischen Messverfahren relativ selten angewendet wird, könnte an der Notwendigkeit für gleich mehrere unterschiedliche Messsysteme und Sensoren liegen. Um die Kombination dieser Methoden zu erleichtern, wurde daher ein kostengünstiger Sensor aus einer Piezokeramikscheibe und integriertem Vorverstärker entwickelt. Die Sensorkomponenten wurden so ausgewählt, dass sie eine zufriedenstellende Empfindlichkeit für alle vier Arten von Messmethoden aufweisen und damit die Einsatzmöglichkeiten des Sensors erweitern. Die geringen Materialkosten könnten somit die Implementierung eines SHM-Systems mit deutlich verringertem Kostenaufwand ermöglichen. Neben der Hardware befindet sich auch ein begleitendes MATLAB©-basiertes Softwarepaket in der Entwicklung, das die Evaluierung der verschiedenen Methoden auf der Basis eines einheitlichen Datenstroms ermöglichen wird. Ziel ist es, ein Netzwerk von baugleichen Sensoren aufzubauen, deren Signale dann von der Software nach der jeweiligen Methode ausgewertet werden. Ausgewählte Beispiele für diese Methoden werden vorgestellt, um die Fähigkeiten unseres Ansatzes zu demonstrieren.

1 Einführung

Schwingungsbasierte Sensoren zur Zustandsüberwachung von Industrieanlagen sind vielfältig. Seit Langem genutzt und weit verbreitet sind schwingungsbasierte Sensorsysteme mit Beschleunigungssensoren, die in vielfältiger Weise eingesetzt werden. Häufig werden die Sensoren an Positionen appliziert, die von selbst schwingen. Oder aber die Struktur wird aktiv durch Shaker o. ä. angeregt um charakteristische Eigenschwingungen hervorzurufen. In jedem Fall sind zumeist die Eigenresonanzen oder Abwandlungen davon die ausgewertete Eigenschaft der Messungen. Geht man in den Frequenzen vom Kilohertzbereich in den 10-100 kHz-Bereich, landet man im Bereich der Körperschallanalyse. Hier werden nicht mehr die globalen Schwingungsmoden der gesamten Struktur betrachtet, sondern eher die

Ultraschallwellen, die als Volumen-, Oberflächen- oder Plattenwellen durch die Struktur laufen. Breitbandige Körperschallsensoren können so die kontinuierlich abgegebenen Geräusche von Pumpen, Kugellagern oder Motoren aufnehmen. Eine Auswertung geht meist über das Frequenzspektrum oder den Signalpegel und kann durch eine Detektion von Änderungen zum Referenzzustand Anomalien im Betrieb aufdecken. Zur Detektion von plötzlich auftretenden Schäden in der Struktur wird die Messung von Schallemission verwendet, wenn die Schäden z.B. durch Überlast im laufenden Betrieb entstehen und das Messsystem dabei kontinuierlich mit misst. Alternativ kann auch eine Prüfung mit geführten Wellen durchgeführt werden, um Schäden auch nach ihrem Auftreten anhand der Änderungen der Signallaufstrecke zu identifizieren. Schallemissionssensoren zeichnen sich zumeist durch einen oder zwei Resonanzpeaks im Bereich 100 kHz – 1 MHz aus. Sensoren für geführte Wellen haben tendenziell etwas niedrigere Resonanzfrequenzen und werden zudem sowohl als Sensoren als auch als Aktuatoren genutzt.
In einer früheren Veröffentlichung haben wir bereits über die Entwicklung eines kostengünstigen Sensors zur Messung mit allen vier genannten Methoden berichtet [1]. Dies verfolgt das übergeordnete Ziel, die genannten Zustandsüberwachungsmethoden zu vereinen, um ein vollständigeres Bild über den Zustand des Systems zu erhalten. Dafür ist ein prototypischer Sensor mit eigener Hardware entwickelt worden, um außerdem ein möglichst kostengünstiges System zu erhalten und damit die Verwendung in Massenmärkten zu ermöglichen. Im Folgenden stellen wir die Designschritte bei der Entwicklung der Hardware vor, sowie das Verarbeitungskonzept des Matlab® basierten Softwareframeworks Ultra-Highlevel-Ultrasonics (UHU), mit dessen Hilfe eine möglichst direkte Auswertung der Messdaten im Betrieb von Maschinen und Anlagen gewährleistet werden soll [2].
Ziel unserer Entwicklung ist ein portables Messsystem, das für eine Vielzahl an Messaufgaben einsetzbar ist. Als Datenerfassungssystem dient ein System der Firma *Spectrum Instrumentation GmbH.* Die eingebauten Messkarten haben eine maximale Abtastrate von 20 MS/s auf jedem Kanal. Bei ausreichender Schreibgeschwindigkeit auf die SSD Festplatten und genügendem Speicherplatz ist ein unlimitiertes, kontinuierliches Streamen der Daten auf allen Kanälen möglich, sowie eine Vielzahl an getriggerten Modi mit frei wählbarer Aufnahmelänge. Die Steuerung der Karten ist über eine Vielzahl an Schnittstellen möglich, in unserem Fall erfolgt sie über eine Matlab® Bibliothek. Eine Besonderheit gegenüber anderen Messsystemen ist, dass die Kanäle nicht unabhängig voneinander getriggerte Signale speichern können, sondern die Kanäle stets synchronisiert arbeiten. Daher ist eine Onlineauswertung der Daten zu bevorzugen, um die Speicherung von großen Datenmengen zu vermeiden. Analysen wie die Körperschallanalyse und Modalanalyse sind nicht eventbasiert und benötigen daher eher einen kontinuierlichen Stream. Unser Konzept sieht daher vor, auf ausgewählten Kanälen kontinuierlich mit Abtastraten im Bereich 1–10 MS/s zu streamen. Schallemissionssignale tauchen hingegen zu beliebigen Zeiten auf. Für die Schallemissionsanalyse würden üblicherweise nur diese kurzen Events getriggert und aufgenommen werden. In unserem Ansatz wird durch einen Software-Trigger die Auswertung von Schallemission aktiviert. Das Konzept der gewählten Datenauswertung wird im Abschnitt 3 Softwareentwicklung genauer erläutert.

2 Hardwareentwicklung

Der entwickelte Sensor besteht aus einem Keramikplättchen, einem Piezoplättchen, Verstärkerelektronik und einem Kunststoffgehäuse (Abbildung 1). Zusammen mit einer externen Elektronik wird im passiven Modus das gemessene Signal analog weiterverarbeitet sowie im aktiven Modus ein Anregungssignal auf den entsprechenden Sensor umgeleitet, um damit z.B. geführte Wellen zu erzeugen. Als Designkonzept des Prototyps wurde insgesamt möglichst günstige Hardware verwendet, wobei die Tauglichkeit für verschiedene Messmethoden erreicht werden sollte [3]. Da alle Sensoren zudem im geplanten Anwendungsfall zur Überwachung von Leichtbaustrukturen eingesetzt werden sollen, wurde auch auf eine möglichst große Gewichtsersparnis geachtet.

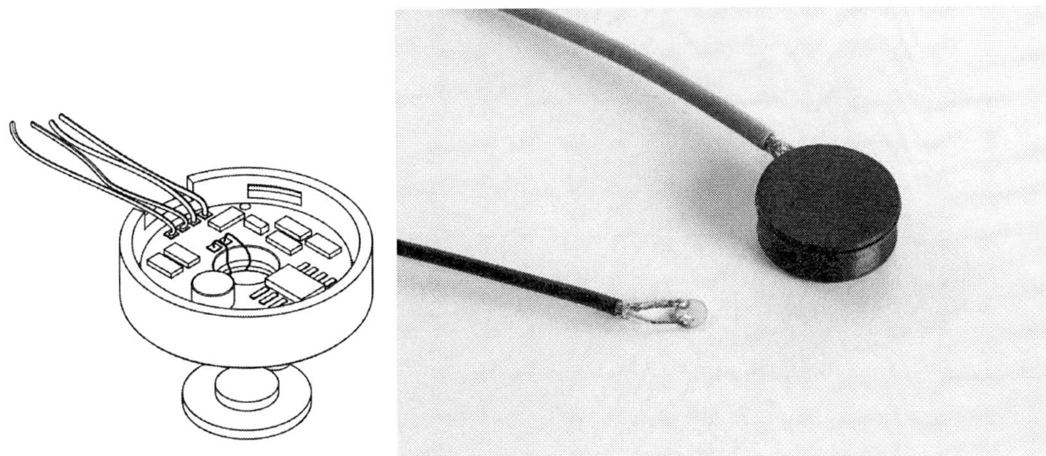

Abbildung 1. Schematische Darstellung des entwickelten Ultraschallsensors mit integriertem Vorverstärker. Daneben der fertige Sensor mit einem rohen Piezoplättchen zum Vergleich.

Das Piezoplättchen (Typ PRYY-0006 von PICeramic, wie in [3] vorgestellt) wird mittels Keramikkleber auf das Keramikplättchen geklebt, das wiederum von unten an das Gehäuse angeklebt wird. Somit ist ein Schutz der Piezokeramik vor mechanischer Belastung gegeben und sie ist elektrisch vom Untergrund isoliert. Die gemessene Sensitivität wird dabei nur unwesentlich beeinflusst. Das Piezoplättchen kann leicht über zwei Drähte mit der Vorverstärkerplatine kontaktiert werden. Vier weitere Kontaktstellen führen Ground, 24V Spannungsversorgung, aktives und passives Sensorsignal nach außen.
Durch die Wahl eines Kunststoffgehäuses ist im Sensor kein Schutz vor elektromagnetischen Störsignalen gegeben. Dieser leichte Verlust an Abschirmung wurde jedoch für die einfache Herstellung unserer Prototypen in Kauf genommen.

2.1 Vorverstärker

Ultraschallsensoren sind mittlerweile häufig sowohl mit als auch ohne internen Vorverstärker verfügbar. Die Vorteile der integrierten Verstärker liegen klar auf der Hand, da die Empfindlichkeit gegenüber elektrischen Störquellen aus der Umgebung deutlich verringert werden kann. Allerdings benötigt die Elektronik auch mehr Platz und vergrößert somit den Formfaktor des Sensors. Da für den geplanten Anwendungsfall Kabellängen von über 15m auftreten, war eine ausreichende Vorverstärkung unerlässlich.
Der Vorverstärker besteht im Wesentlichen aus Hoch- und Tiefpassfiltern und dem Instrumentenverstärker AD8421 von Analog Devices. Die Schaltung ist in Abbildung 2 dargestellt. Die -3dB Grenzfrequenz des Hochpassfilters liegt bei nominell 340 Hz, um auch niederfrequentere Signale für die Modalanalyse messen zu können. Der Tiefpassfilter hat eine Grenzfrequenz von nominell 3.4 MHz.
Durch eine Begrenzerschaltung mittels zweier Dioden wird der Instrumentenverstärker vor dem Anregungspuls für die geführten Wellen geschützt [4], [5]. Der Gain des Verstärkers wird über einen Festwiderstand auf 100x festgesetzt. Da auf eine symmetrische Spannungsversorgung um Ground verzichtet wurde, liegt das Sensorsignal auf einem konstanten DC-Pegel der halben Versorgungsspannung. Dieser Versatz wird auf der externen

Elektronik vor dem Messgerät durch einen einfachen Hochpassfilter wieder ausgekoppelt, da der Messrechner selbst über keine eigenen analogen Filterbänke verfügt.

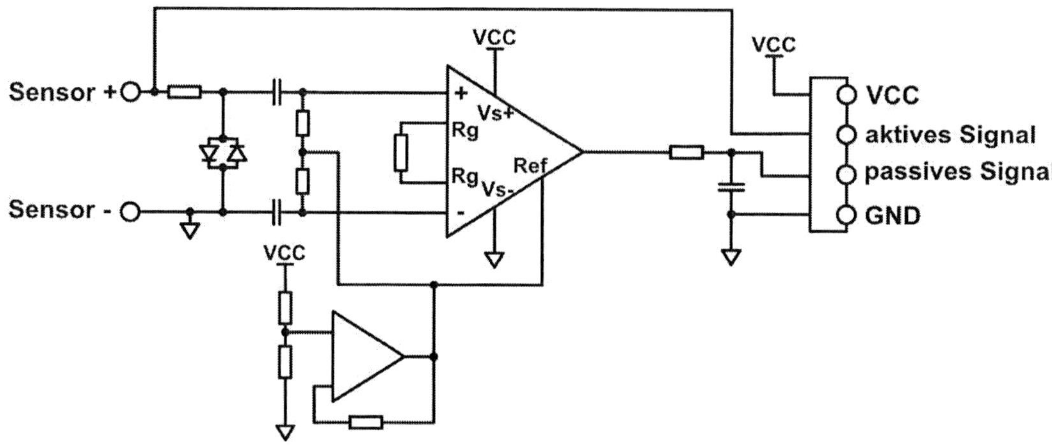

Abbildung 2. Elektrische Schaltung des Vorverstärkers.

2.2 *Externe Ansteuerung*

Zwischen dem Sensor und dem Eingang in den Messrechner befindet sich ein weiteres Hardwaremodul, welches der Spannungsversorgung und Steuerung der Sensoren dient. Pro Platine werden 8 Kanäle verarbeitet. Der Messrechner verfügt über 9 Messkarten à 8 Kanäle, sodass insgesamt bis zu 72 Kanäle aufgenommen werden können. Der Anschluss der Sensoren erfolgt über geschirmte 3-polige Stecker der Firma Lemo in der Größe 0B. Das ankommende, bereits verstärkte Signal des Sensors wird mit einem zweistufigen 10 kHz-Hochpassfilter gefiltert und über einen Multiplexer auf den Ausgang der Platine gelegt, sodass entweder das Rohsignal aufgenommen, oder ein analog vorgefiltertes Signal verwendet werden kann, wenn mit dem jeweiligen Sensor z.B. keine Modalanalyse gemessen werden soll.

Der Messrechner verfügt über einen Arbiträrwellengenerator, der zur Anregung der geführten Wellen dient. Da hier nur eine maximale Amplitude von 3V erreicht wird, wird das Signal auf der Platine über einen einfachen Operationsverstärker verstärkt. Das verstärkte Signal wird über einen 1-to-8-Multiplexer auf die entsprechende Signalleitung gegeben. Die Multiplexer der 9 Messkarten sind hierbei über eine Daisy-Chain-Anordnung miteinander verbunden, sodass stets nur einer der Kanäle aktiv geschaltet wird. Die elektrische Schaltung ist in Abbildung 3 dargestellt.

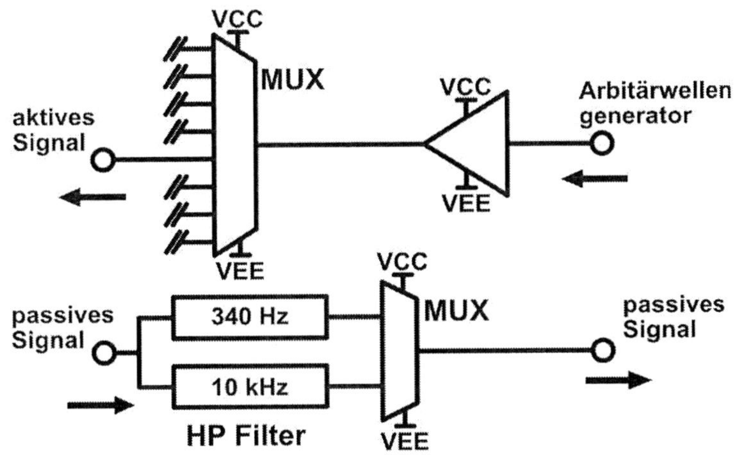

Abbildung 3. Elektrische Schaltung der externen Elektronik. Ein aktives Signal des Arbiträrwellengenerators wird über einen Operationsverstärker und einen Multiplexer auf einen der Sensoren geleitet. Das ankommende Signal wird durch umschaltbare analoge Filter für den Messrechner vorverarbeitet.

3 Softwareentwicklung

Wie bereits eingeführt ist der Aufbau der Hardware eng mit der Entwicklung eines Matlab®-basierten Softwarepaketes verknüpft. Aufgrund der absehbar großen Datenmengen, die mit dem Messsystem aufgenommen werden sollen, ist eine Speicherung aller Rohdaten langfristig nicht sinnvoll, da große Teile des Datenstreams kaum relevanten Informationen enthalten und nicht von langfristigem Interesse sind.

Die Auswertung der Daten ist daher in einem zweistufigen Prozess geplant. Dabei wird in der ersten Stufe der Stream in Blöcke konstanter Länge aufgeteilt und auf diesen „Low-Level-Features“ berechnet. Diese sollen das jeweilige Signal, spezifisch angepasst für die jeweilige Überwachungsmethode, ausreichend parametrisieren und charakterisieren, sodass im weiteren Verlauf das Rohsignal nicht mehr benötigt wird. Hierbei findet auch eine erhebliche Reduktion der Datenmengen statt, womit diese Low-Level-Features dann langfristig gespeichert werden können. Diese Berechnung muss am Ende echtzeitnah während der Datenakquisition erfolgen und beschränkt sich daher größtenteils auf einfache Merkmale im Zeit- und Frequenzraum wie z.B. (Maximal-)Amplitude, Spektrale Energiebereiche oder Autokorrelationsparameter. Unterschiedliche Überwachungsmethoden benötigen zum Teil unterschiedliche Low-Level-Features, die außerdem zu verschiedenen Zeitpunkten aus dem Datenstream berechnet werden müssen. Für die Körperschallanalyse findet die Berechnung der Low-Level-Features kontinuierlich statt. Die Low-Level-Features bei der Schallemissionsanalyse werden beispielsweise erst bei der Detektion eines Schallemissionsereignisses berechnet, d.h. triggerbasiert ausgelöst. Bei der Messung mit geführten Wellen wird ohnehin aktiv angeregt, so dass die Low-Level-Features gezielt aus dem darauffolgenden Zeitbereich berechnet werden können. Für die Modalanalyse, welche in einem deutlich tieferen Frequenzbereich arbeitet, müssen hingegen mehrere Datenblöcke in einem Puffer vorgehalten werden, damit die zugehörigen Low-Level-Features berechnet werden können.

In der zweiten Stufe findet dann die Berechnung von High-Level-Features für die jeweilige Überwachungsmethode statt. Diese basieren auf der Kombination von beliebig vielen Low-Level-Features aus beliebig langen Zeiträumen, allerdings ohne erneuten Zugriff auf das Rohsignal, teilweise über mehrere Messmethoden hinweg. Die Berechnungen können deutlich rechenintensivere Algorithmen enthalten und sind somit nur eingeschränkt für eine echtzeitnahe Auswertung der Rohdaten geeignet. Unter High-Level-Features fallen beispielsweise Größe und Ort eines Defekts aus der Prüfung mit geführten Wellen, der Quellort einer Gruppe von Schallemissionssignalen oder die Signalklassifizierung anhand verschiedener Merkmale mittels Mustererkennungsalgorithmen. Im Folgenden wird ein Fallbeispiel zur Anwendung dieser zweistufigen Auswertung zur Impacterkennung in Faserverbundwerkstoffen vorgestellt.

4 Anwendungsbeispiel

Das vorgestellte Paket aus Hard- und Software soll als erstes Anwendungsbeispiel auf einer 5-achsigen Hochgeschwindigkeitsfräse mit Komponenten aus CFK erprobt werden. Die zwei bewegten Achsen der Fräse sollen durch die Gewichtsersparnis, die durch den Einsatz von CFK- anstatt Stahl-Bauteilen erreicht wird, höhere Beschleunigungen erreichen können. Der Einsatz von CFK birgt jedoch die Gefahr, dass Risse und Defekte in der Struktur unentdeckt bleiben. Aus diesem Grund soll an der Struktur das Konzept einer umfassenden Zustandsüberwachung umgesetzt werden. Die Sensoren werden auf den Achsen mit einem maximalen Abstand von 400 mm angebracht. Dies erlaubt eine flächendeckende Überwachung mit einer guten Detektionswahrscheinlichkeit (PoD) von über 80 %, erfordert jedoch 72 Sensoren. Die Überwachung dient einerseits der Sicherstellung, dass die Maschine betriebstauglich ist. Andererseits wird durch die Körperschallanalyse auch gleichzeitig eine Überwachung des Fräsprozesses möglich. Hiermit kann die Qualität und der Abnutzungsgrad des Fräsers bewertet werden. In Abbildung 4 ist ein Gesamtbild der CNC-Fräse zu sehen, in Abbildung 5 ein Überblick, wie die Sensoren auf die z-Achse der Fräse geklebt wurden.

Abbildung 4. Foto der modifizierten CNC-Fräse mit den zwei Achsen aus CFK.

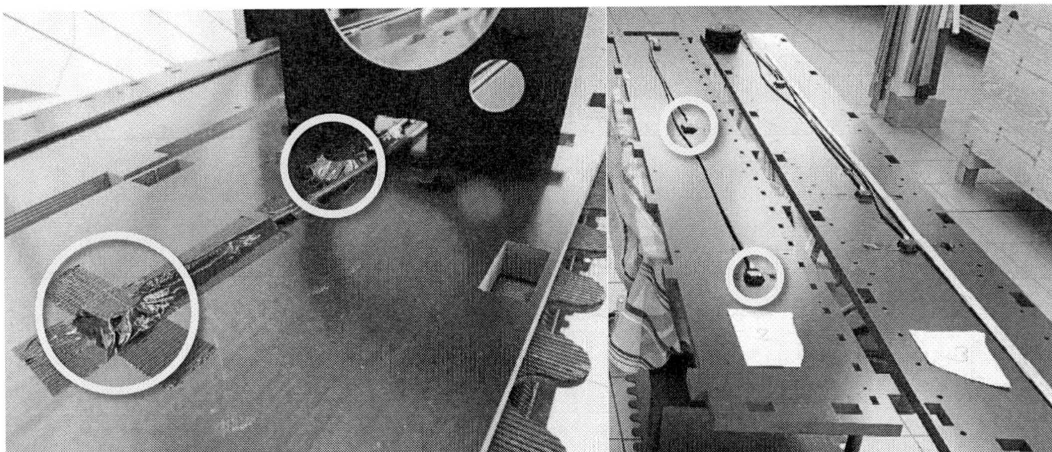

Abbildung 5. Die Fotos zeigen, wie die Sensoren während der Herstellung der z-Achse auf den Innenflächen aufgeklebt wurden. Auf diese Weise sind sie vor Stäuben aus dem Bauraum der Fräse geschützt.

Die Auswertung der Modalanalyse ermöglicht eine globale Bewertung der Grundsteifigkeit der Maschine. Eine veränderte Signatur der Eigenresonanzen, die sich durch eine Veränderung der Low-Level-Features darstellt, kann auf einen Verlust von Steifigkeit hindeuten und damit eine generelle Aussage über die Betriebstauglichkeit der Maschine machen. Bei der Auswertung der Modalanalyse im Fräsbetrieb können sich eventuell auch kurzzeitige atypische Überlastungen der Struktur in einer veränderten Signatur niederschlagen. Somit werden Fehlerquellen abgedeckt, die nicht notwendigerweise aus einem lokalen Defekt der CFK-Struktur stammen.

Zusätzlich zu diesen globalen Aussagen können nun die Schallemissionsanalyse und die Prüfung mit geführten Wellen eine Aussage über lokale Schadensereignisse geben. Bei einer kontinuierlich mitlaufenden Schallemissionsanalyse lassen sich im Betrieb der Fräse alle Schallemissionsereignisse erfassen und ihr Ursprung bestimmt werden. Häufen sich die Ereignisse an einem bestimmten Ort oder werden die Signale als Faserbrüche oder Delaminationen klassifiziert, kann noch im laufenden Betrieb eine vermehrte Prüfung dieser Stelle durch die geführten Wellen durchgeführt werden. Somit können sich die passive und aktive Methode gegenseitig ergänzen. Stellt sich das Ereignis tatsächlich als neuer Defekt heraus, kann der Betrieb der Maschine auch direkt unterbrochen werden.

Da die Prüfung mit geführten Wellen eine aktive Methode ist, kann sie auch Schäden entdecken, die nicht während des aktiven Betriebs des Systems entstanden sind, was mit der Schallemissionsanalyse nicht möglich ist. Somit sind auch Schäden abgedeckt, die im abgeschalteten Zustand, beispielsweise beim Beladen des Bauraums der CNC-Fräse, entstanden sind.

Die Körperschallanalyse ergänzt die Informationen über die Fräse durch Überwachung der Zahnräder und Kugellager der Achsen. Veränderungen treten hier in der veränderten Signatur des kontinuierlichen Betriebsgeräusches, das durch das Verfahren der Achsen entsteht, im Bereich des Defektes auf und werden somit über Abweichungen zum Referenzzustand identifiziert. Zusätzlich wird die Überwachung der Bearbeitung möglich, wenn sich ein Sensor auch in der Nähe des Fräskopfes befindet. Abnutzungserscheinungen führen zur Zunahme von höherfrequenten Signalanteilen.

Die Daten aus dem Ultraschallsystem werden zudem noch mit weiteren Maschinendaten wie Fräskopfposition, –geschwindigkeit und –drehzahl mittels Profinet oder OPC/UA in der Software zusammengeführt. Zudem ist denkbar, weitere Parameter wie Temperatur oder die Daten aus einer Kraft-Momenten-Sensorik mit aufzunehmen [6], [7]. Diese Daten enthalten Informationen über die Kräfte, die auf das Bearbeitungswerkzeug wirken und können insbesondere die Ergebnisse aus der Modalanalyse komplettieren.

Das Ergebnis ist ein Überwachungssystem, das zur Bestimmung des Zustandes einen ganzheitlichen Ansatz verfolgt. Statt auf eine hoch spezialisierte Lösung zu setzen, versuchen wir, aus demselben Datenstream, der aus einem einzigen Sensornetzwerk stammt, durch Auswertung verschiedener Aspekte möglichst unterschiedliche, sich gegenseitig ergänzende Informationen zu erhalten.

5 Zusammenfassung

Die von uns gestellten Anforderungen an ein Zustandsüberwachungssystem haben zur Entwicklung von hauseigenen Sensoren und einem Softwarepaket geführt, welches auf möglichst kostengünstige Weise eine umfassende und ganzheitliche Überwachung von Leichtbaustrukturen ermöglichen soll. Durch die Kombination von mehreren Überwachungsmethoden in einem Sensornetzwerk wird, ohne einen Mehraufwand an Sensorik zu benötigen, eine gleichzeitige Auswertung vieler Eigenschaften möglich, die ein umfassenderes Bild über den Schädigungszustand der Struktur ermöglichen. Wie bereits in [3] vorgestellt, werden die entwickelten Sensoren im Rahmen des Projektes MAI CC4 fastMOVE auf den Achsen einer 5-Achs-Fräse aufgebracht und das gesamtheitliche Konzept der Zustandsüberwachung getestet. Weiterhin wird dasselbe Messsystem mit abgewandelter Sensorik im Rahmen des Projektes MAI CC4 CosiMo für die Überwachung des Hochdruckinfusionprozesses bei der Herstellung von Faserverbundbauteilen benutzt [8].

Danksagung

Dieser Beitrag stellt Ergebnisse der Projekte "WiR Augsburg - Wissenstransfer Region Augsburg", gefördert vom Bundesministerium für Bildung und Forschung (BMBF) im Rahmen des Programms „Innovative Hochschule“ und „MAI CC4 fastMOVE“, gefördert vom Freistaat Bayern im Rahmen des Programms „Neue Werkstoffe“ vor.

Referenzen

[1] F. F. Linscheid, T. Peter, C. Holzmann, and M. G. R. Sause, “Evaluierung eines Überwachungsszenarios durch Kombination von akustischen Zustandsüberwachungsmethoden in einem gemeinsamen Sensornetzwerk,” in *DACH-Jahrestagung 2019*, 2019, pp. 1–10.

[2] M. G. R. Sause, F. F. Linscheid, C. Oblinger, S. O. Gade, and S. Kalafat, “Hard-and Software fusion for process monitoring during machining of fiber reinforced materials,” in *Munich Symposium on Lightweight Design 2020*, 2020.

[3] F. F. Linscheid, S. Schwägerl, and M. G. R. Sause, “Evaluierung der Kombination von Schallemissionsanalyse und Prüfung mit geführten Wellen in einem gemeinsamen Sensornetzwerk,” in *Kolloquium Schallemission 2019*, 2019.

[4] G. R. Lockwood, J. W. Hunt, and F. S. Foster, “The Design of Protection Circuitry for High-Frequency Ultrasound Imaging Systems,” *IEEE Trans. Ultrason. Ferroelectr. Freq. Control*, vol. 38, no. 1, pp. 48–55, 1991.

[5] J. Camacho and C. Fritsch, “Protection circuits for ultrasound applications,” *IEEE Trans. Ultrason. Ferroelectr. Freq. Control*, vol. 55, no. 5, pp. 1160–1164, 2008.

[6] C. Scheer, “Überwachung des Zerspanungsprozesses mit geometrisch bestimmter Schneide durch Schallemissionsmessung,” ETH Zürich, 2000.

[7] G. Ferrari and M. P. Gómez, “Correlation Between Acoustic Emission, Thrust and Tool Wear in Drilling,” *Procedia Mater. Sci.*, vol. 8, pp. 693–701, 2015.

[8] S. Stieber *et al.*, “Towards Real-time Process Monitoring and Machine Learning for Manufacturing Composite Structures,” in *IEEE International Conference on Emerging Technologies and Factory Automation, ETFA*, 2020, vol. 2020-Septe, pp. 1455–1458.

Digitale Bestandsaufnahme mittels 3D Realitätserfassungstechnologien in der Bauwerkserhaltung am Beispiel von Parkbauten

Cher Sze TAN [1]
[1] CON+ScanTech | IFSB GmbH, Barleben
Kontakt E-Mail: c.tan@ifsb.eu

Kurzfassung

Zusammen mit Fachleuten verschiedener Kompetenzbereiche aus dem Bausektor (Bauinstandhaltung, -Sanierung und Ingenieurbau) wurde ein innovatives, interdisziplinäres 3D Bauwerksaufnahmeverfahren zur Erzeugung und Erhebung von umfangreichen Bauwerksinformationen entwickelt. Basierend auf den erhobenen Daten und Informationen können nachhaltige digitale Planunterlagen erstellt werden und somit fundiertere Einzelfallentscheidungen im Bereich IST-Zustandsfeststellung und Schadensbewertung unterstützt werden. Die digitale Bauwerks- und Schadensaufnahme besteht aus einem mehrdimensionalen 3D Aufnahmeverfahren. Kernstück des Aufnahmeverfahrens ist das ACD-Verfahren zur automatisierten Erfassung von Betonrissen in Bodenflächen.
Dieses Verfahren zur digitalen Rissanalyse liefert eine hohe Analysegenauigkeit und macht ein exaktes und zuverlässiges Monitoring zu Abschätzung des künftigen Schadensverlaufes möglich, wodurch Präventivmaßnahmen zur Vermeidung größerer Schäden rechtzeitig veranlasst werden können. Die aufgenommenen und verarbeitenden Ergebnisdaten (Risskonturen und -Eigenschaften) werden in neue Bestandspläne (AS-BUILT) übertragen, wodurch eine eindeutige Schadenslokalisierung (vor Ort) gewährleistet werden kann.
Ergänzt durch ein weiteres 3D Aufnahmeverfahren, durch das die Gebäudekubatur dreidimensional kartografiert und mit hochauflösenden Fotos dokumentiert wird, werden exakte Grundrisse erzeugt. Die Kombination aus automatisierter Rissdetektion in Bodenflächen und einer begleitenden 3D Foto Dokumentation des Bestandsobjektes bietet eine neue digitale Planungsgrundlage für das Sachverständigenwesen. Dieses neuartige Verfahren ist ein technisches Werkzeug, entwickelt zur Ergänzung der klassischen Bauwerksdiagnostik. Die ortsbezogenen Schadensdaten eignen sich u.a. zur Beweissicherung und zur Dokumentation. Die eigentliche Schadensbewertung und Ableitung der zu ergreifenden Maßnahmen erfolgt weiterhin ausschließlich durch die sachkundigen Planer.

BAU IT Made in Germany
INNOVATION WORLD CUP® SERIES
DGZfP
CON+ SCAN TECH
DGZfP-Jahrestagung 2021
Digitale Bestandsaufnahme mittels 3D Realitätserfassungstechnologien in der Bauwerkserhaltung am Beispiel von Parkbauten
Referent: Cher Sze Tan, M.Eng.
STAND 11.05.21
www.conscantech.de

1

Wir bieten die digitale Komplettlösung für Betoninstandhaltung an .
CON+ SCAN TECH
• GESCHÄFTSFÜHRUNG – IFSB GmbH:
• Dipl.-Ing. H-Joachim Ebers - Bauingenieur
• Cher Sze Tan, M.Eng. – Wirtschaftsingenieur-IT
• GRÜNDUNG 2016
• STANDORTE
• DORTMUND
• BARLEBEN
• 12 MITARBEITER
• VERMESSUNG
• BAUINGENIEURWESEN
• ARCHITEKTUR
• INFORMATIK
bundesverband digitales bauwesen
DBV
DGZfP
BUNDESVERBAND PARKEN e.V.

2

Inhalt

1. Herausforderung und Motivation
2. Automatisierte Risserkennung in Stahlbetonflächen
3. Komplettlösung (Projektbeispiel)
4. Fazit und Ausblick

IFSB GmbH

www.conscantech.de

3

Inhalt

1. Herausforderung und Motivation
2. Automatisierte Risserkennung in Stahlbetonflächen
3. Komplettlösung (Projektbeispiel)
4. Fazit und Ausblick

IFSB GmbH

www.conscantech.de

4

CON+ SCAN TECH

1. Herausforderung und Motivation

- Rund 70 % der Bauleistung im Bestand
- Mangelhafte Bestandsdokumentation
- „Analoge" Methoden in der IST-Zustandsfeststellung und Bauwerksprüfung
- Planungsgrundlage oft unzureichend

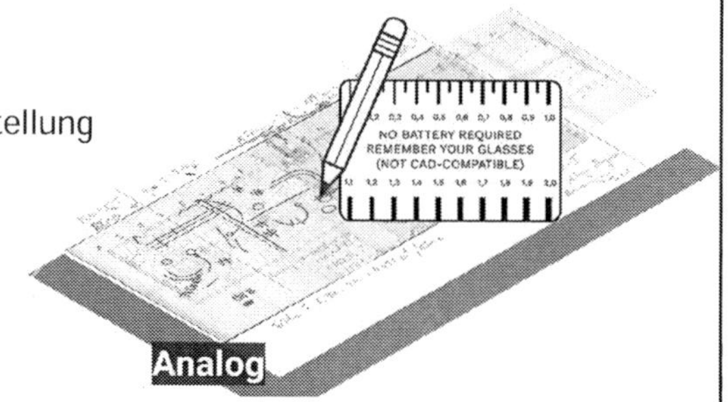

➢ Fehlende Planungsgrundlagen

➢ Händische Zustandsfeststellung von Gebäudeschäden

IFSB GmbH

www.conscantech.de

5

CON+ SCAN TECH

Digitale Planung (BIM-basiert)

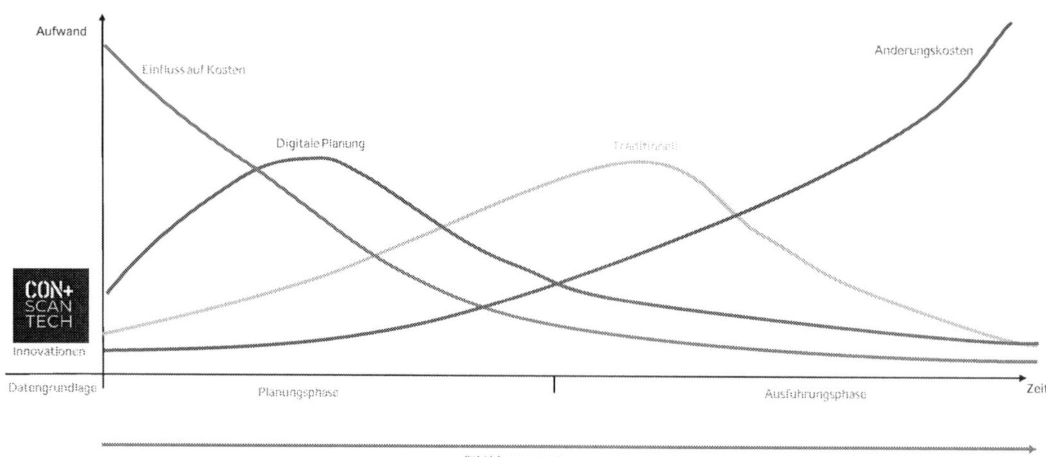

IFSB GmbH

www.conscantech.de

6

CON+ SCAN TECH

Inhalt

1. Herausforderung und Motivation
2. Automatisierte Risserkennung in Stahlbetonflächen
3. Komplettlösung (Projektbeispiel)
4. Fazit und Ausblick

IFSB GmbH

www.conscantech.de

7

Digitale Riss Aufnahme

- ✓ Parkhaus-/Tiefgaragen/-Industrieböden
- ✓ Aufnahmegeschwindigkeit: 2.500 m² - 6.000 m²/Tag
- ✓ Bildbasierte Erkennung von Betonschäden
- ✓ Automatische Risserkennung und -kartierung
- ✓ Rissauflösung (Visualisierung): 1mm
- ✓ Länge und Breitenangabe
- ✓ Umfangreiche Qualitätskontrolle durch Bauexperten

8

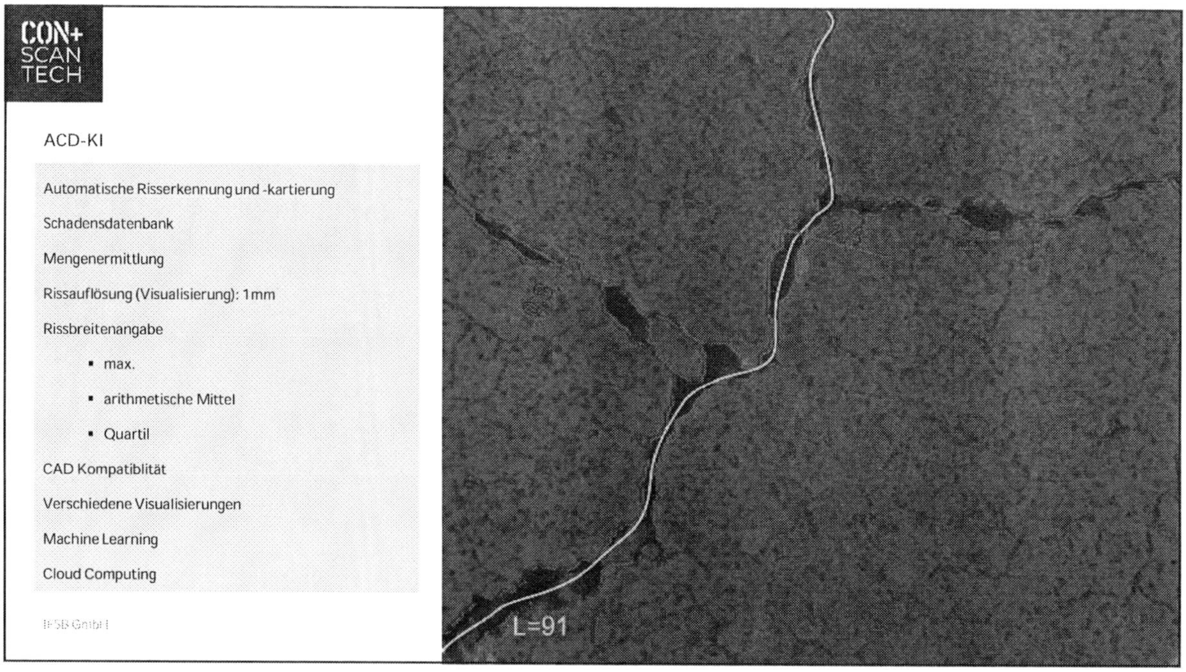
CON+
SCAN
TECH
ACD-KI
Automatische Risserkennung und -kartierung
Schadensdatenbank
Mengenermittlung
Rissauflösung (Visualisierung): 1mm
Rissbreitenangabe
▪ max.
▪ arithmetische Mittel
▪ Quartil
CAD Kompatiblität
Verschiedene Visualisierungen
Machine Learning
Cloud Computing
IFSB GmbH
L=91

9

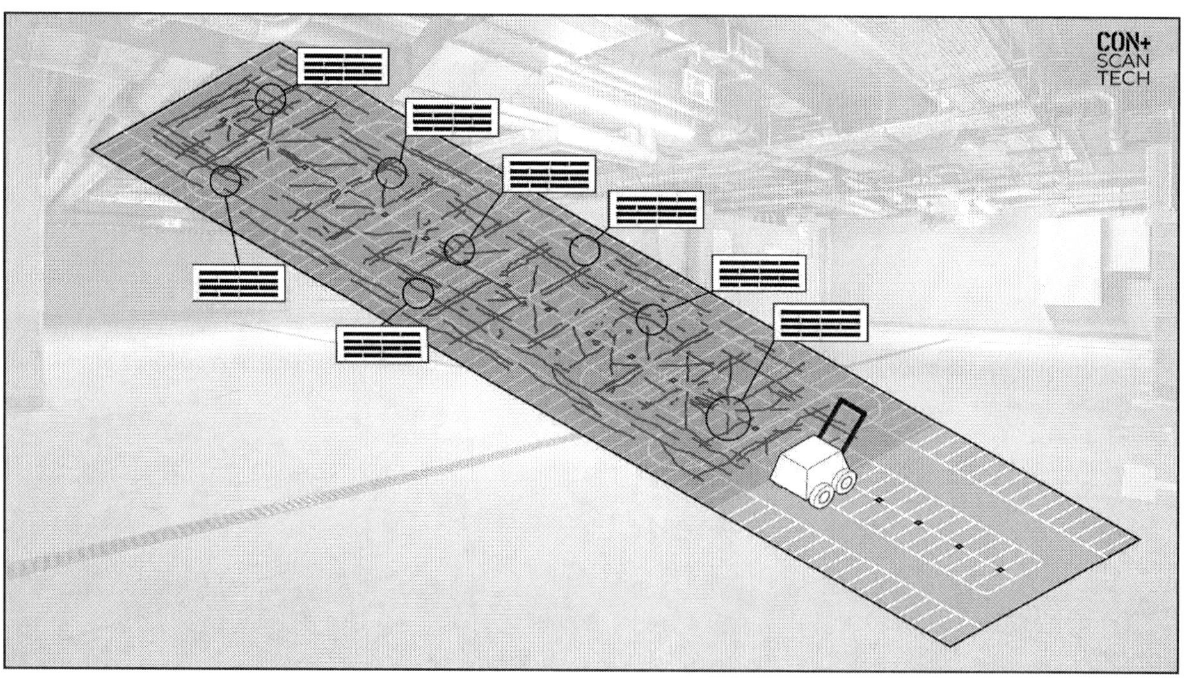
CON+
SCAN
TECH

10

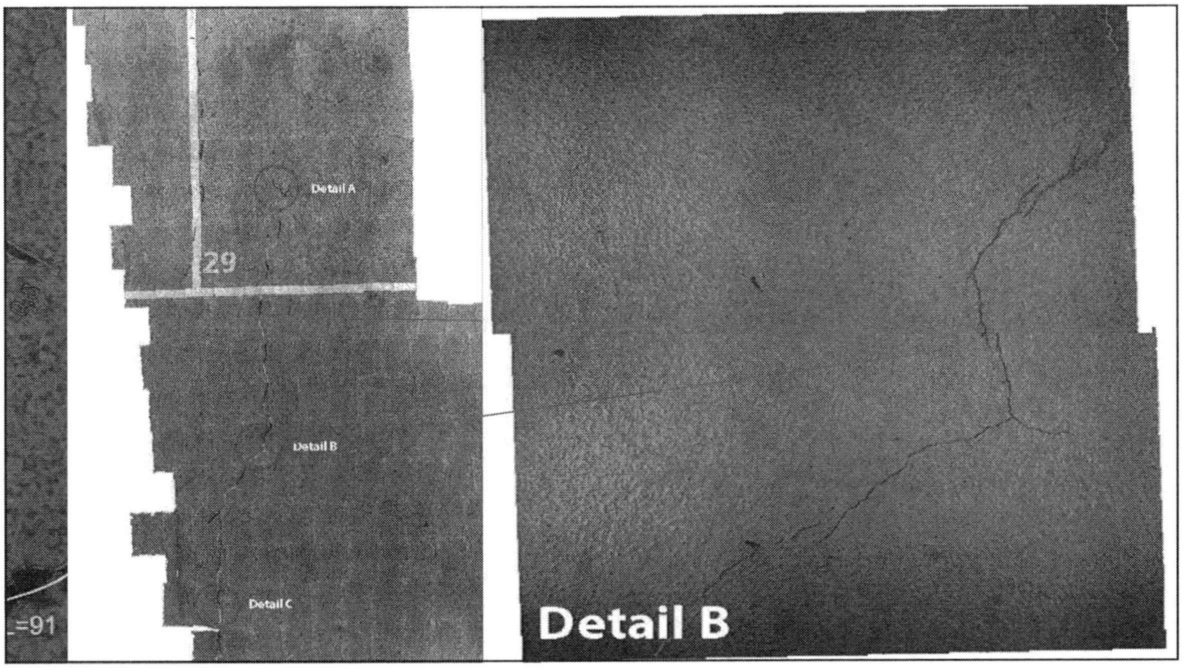
Detail A
29
Detail B
Detail C
=91
Detail B

11

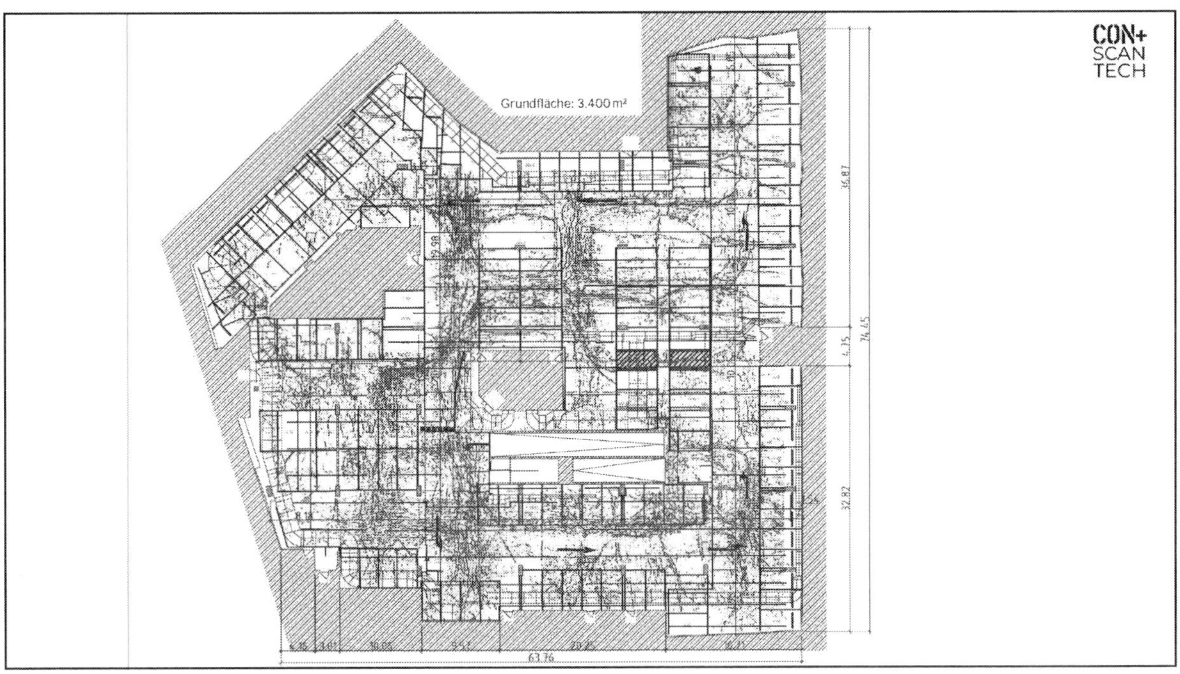
CON+
SCAN
TECH
Grundfläche: 3.400 m²
36.87
74.45
32.82
63.76

12

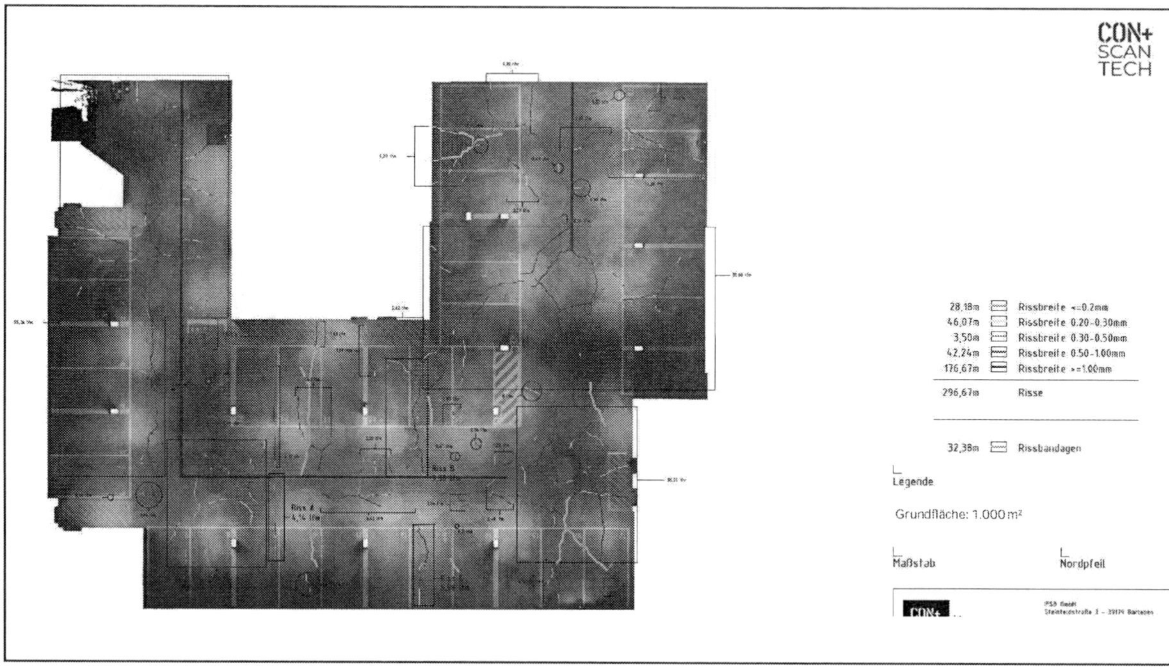
CON+
SCAN
TECH
Riss 4
Riss 5
28,18m Rissbreite <=0.2mm
46,07m Rissbreite 0.20-0.30mm
3,50m Rissbreite 0.30-0.50mm
42,24m Rissbreite 0.50-1.00mm
176,67m Rissbreite >=1.00mm
296,67m Risse
32,38m Rissbandagen
Legende
Grundfläche: 1.000 m²
Maßstab
Nordpfeil
CON+

13

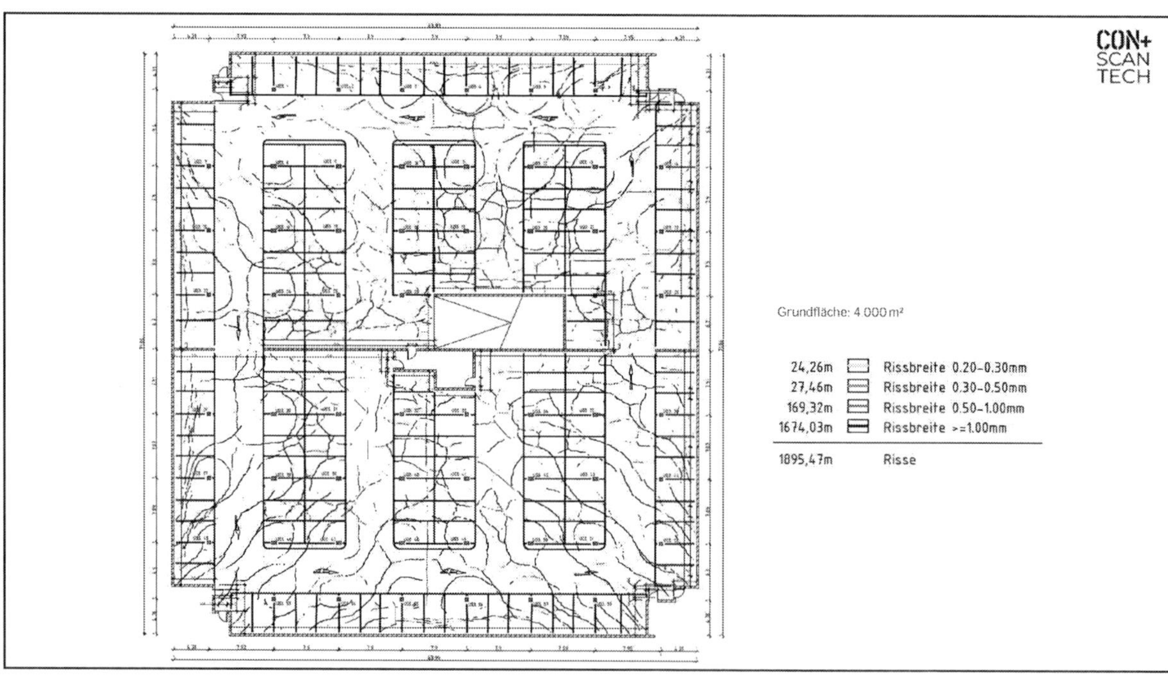
CON+
SCAN
TECH
Grundfläche: 4.000 m²
24,26m Rissbreite 0.20-0.30mm
27,46m Rissbreite 0.30-0.50mm
169,32m Rissbreite 0.50-1.00mm
1674,03m Rissbreite >=1.00mm
1895,47m Risse

14

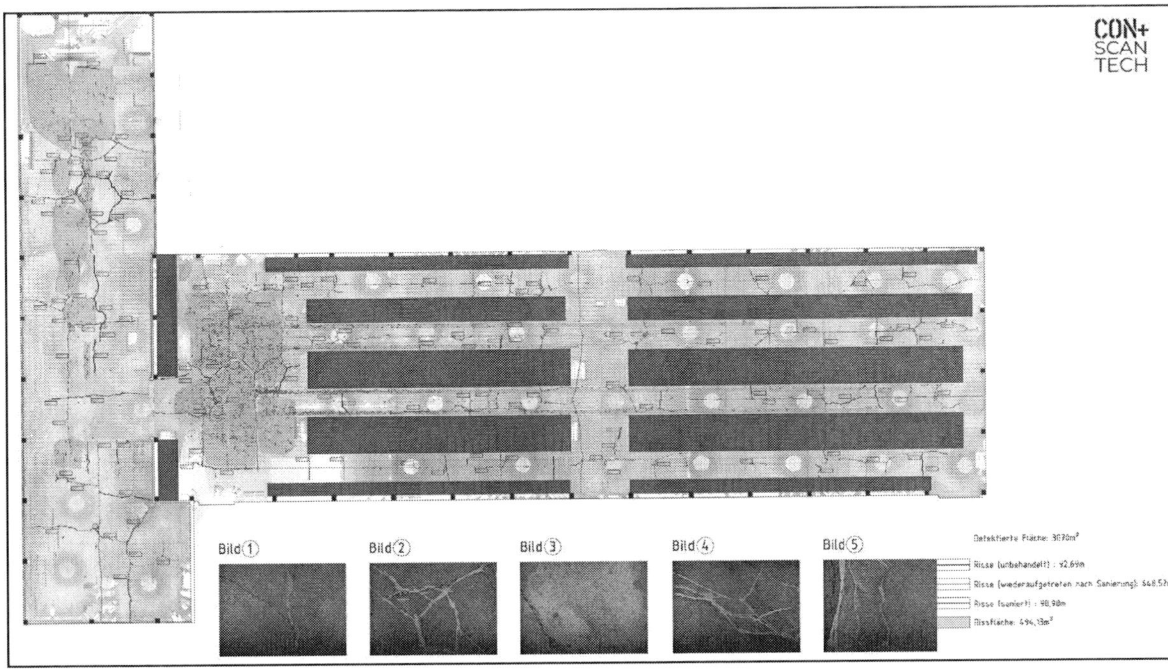
CON+
SCAN
TECH
Bild 1
Bild 2
Bild 3
Bild 4
Bild 5
Detektierte Fläche: 3070m²
Risse (unbehandelt) : 92,69m
Risse (wiederaufgetreten nach Sanierung): 648,52m
Risse (saniert) : 98,98m
Rissfläche: 494,13m²

15

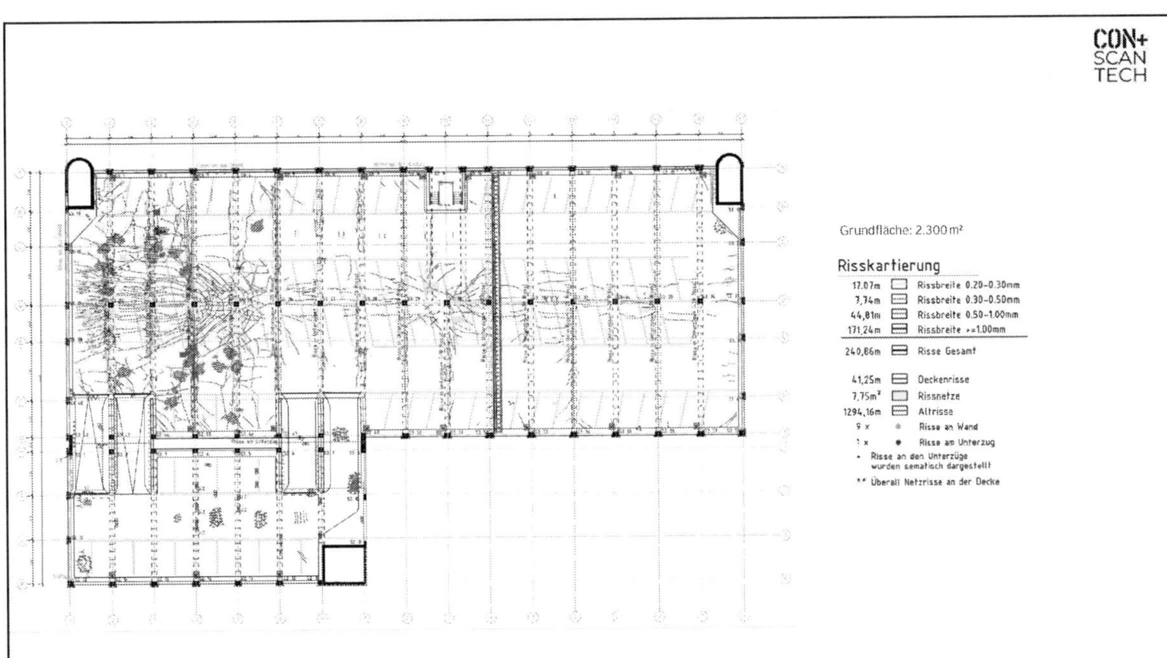
CON+
SCAN
TECH
Grundfläche: 2.300 m²
Risskartierung
17.07m Rissbreite 0.20-0.30mm
7,74m Rissbreite 0.30-0.50mm
44,81m Rissbreite 0.50-1.00mm
171,24m Rissbreite >=1.00mm
240,86m Risse Gesamt
41,25m Deckenrisse
7,75m² Rissnetze
1294,16m Altrisse
9 x Risse an Wand
1 x Risse am Unterzug
* Risse an den Unterzüge wurden sematisch dargestellt
** Überall Netzrisse an der Decke

16

CON+ SCAN TECH

Inhalt

IFSB GmbH

www.conscantech.de

17

CON+ SCAN TECH

Projektbeispiel

Digitale Bauwerksaufnahme - Parkbauten

Art:	Parkhaus (öffentlich)
Merkmale:	Stahlbetonkonstruktion, offen
Stellplätze:	877
Gesamtfläche:	20.000 m²
Ebenen:	4
Baujahr:	1984
Alter:	36 Jahre
Nutzungsdauer:	50+ Jahre
Projektziel:	Grundinstandsetzung (10 Jahre)
Kosten:	ca. 2.000.000 Euro

➢ Anwendung digitale Bauwerksaufnahme für IST-Zustandsfeststellung (Bauwerksprüfung)

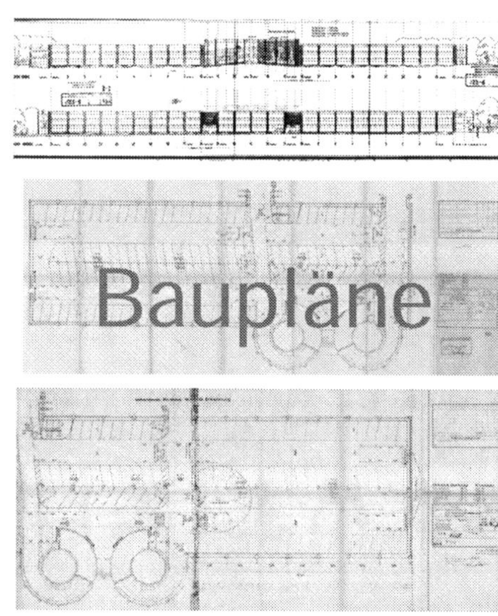

IFSB GmbH

www.conscantech.de

18

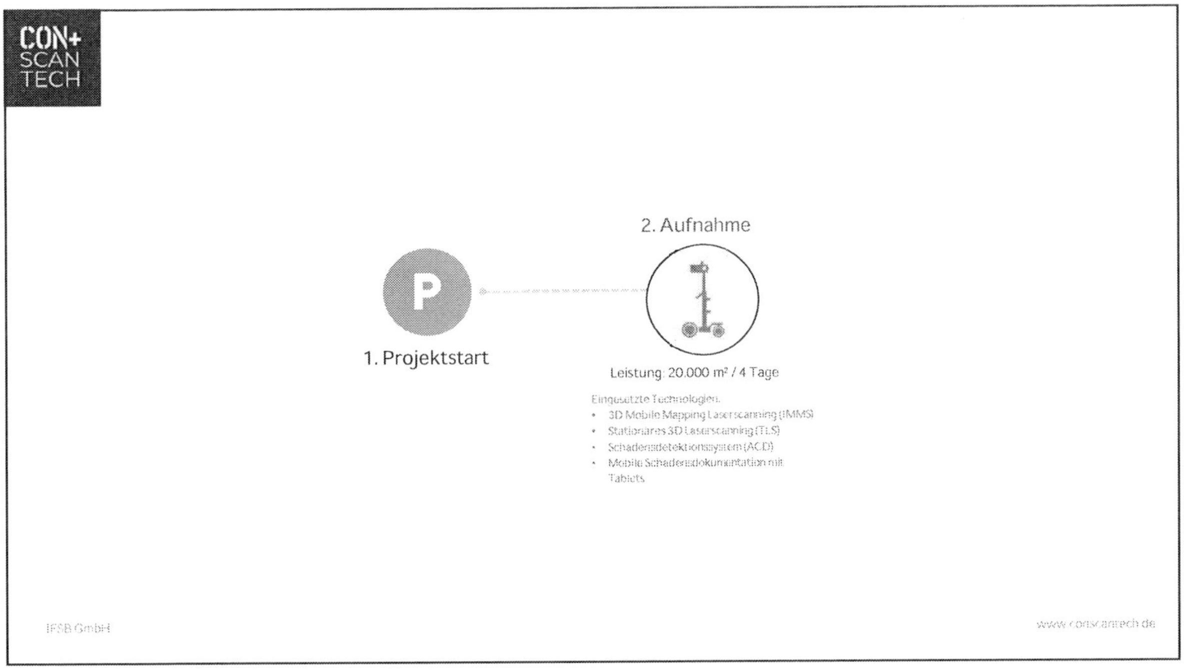
CON+
SCAN
TECH
2. Aufnahme
P
1. Projektstart
Leistung: 20.000 m² / 4 Tage
Eingesetzte Technologien.
• 3D Mobile Mapping Laserscanning (IMMS)
• Stationäres 3D Laserscanning (TLS)
• Schadensdetektionssystem (ACD)
• Mobile Schadensdokumentation mit Tablets
IFSB GmbH
www.conscantech.de

19

IFSB GmbH
CON+
SCAN
TECH
3D Aufmaß u. "Street View"
www.conscantech.de

20

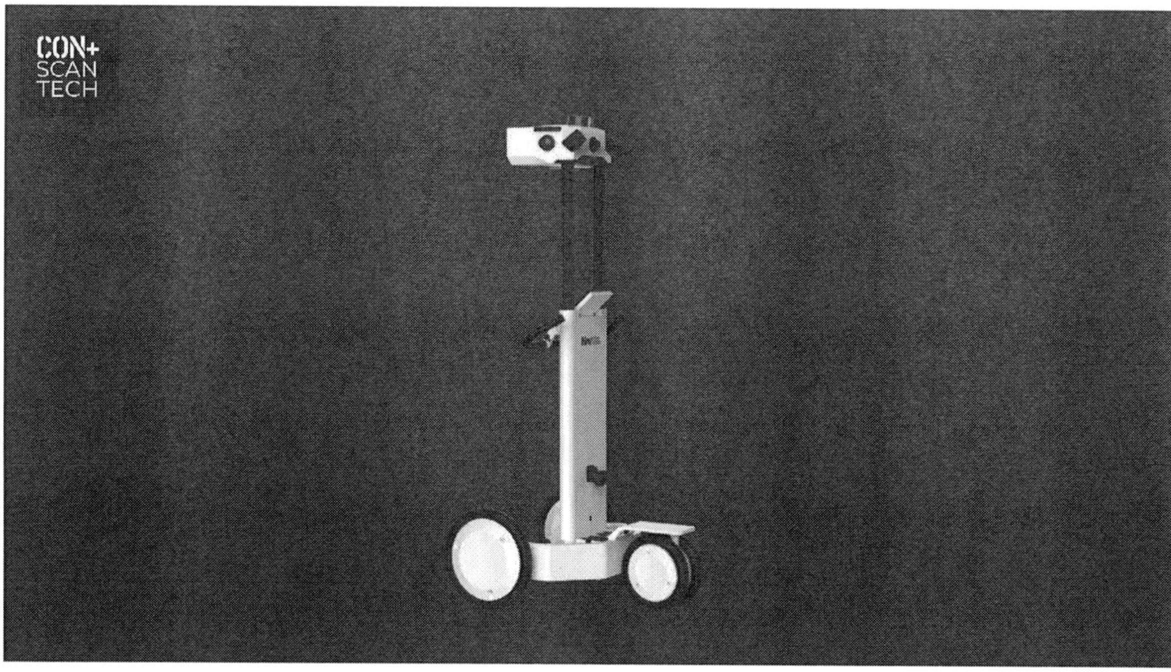

21

22

23

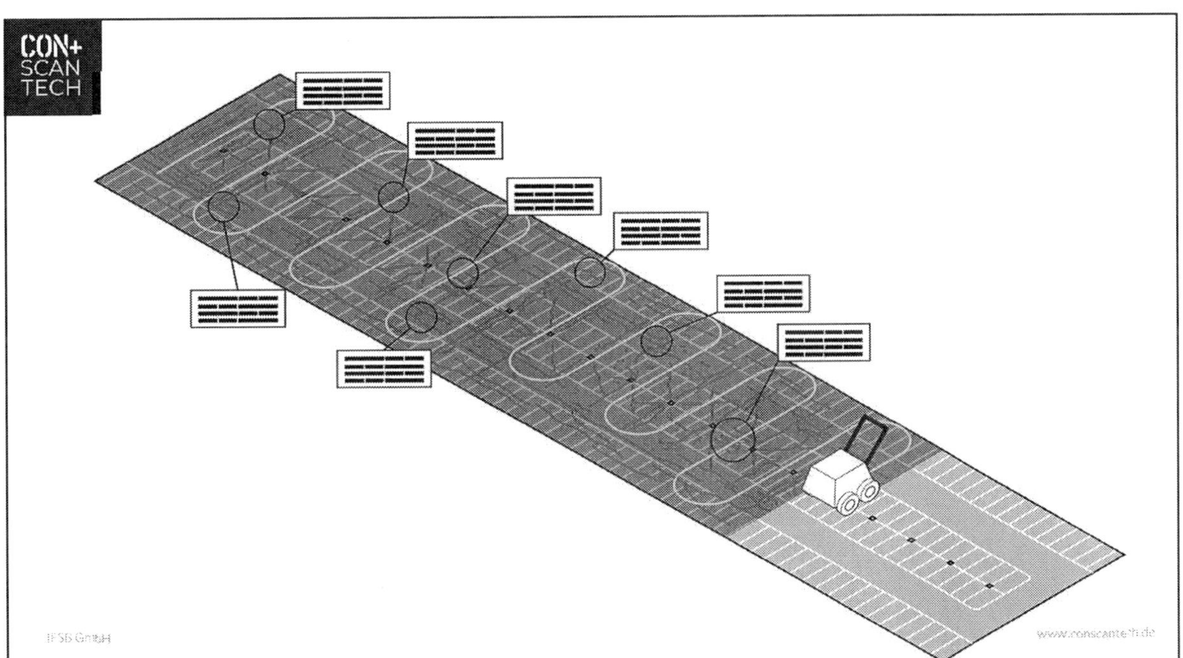

24

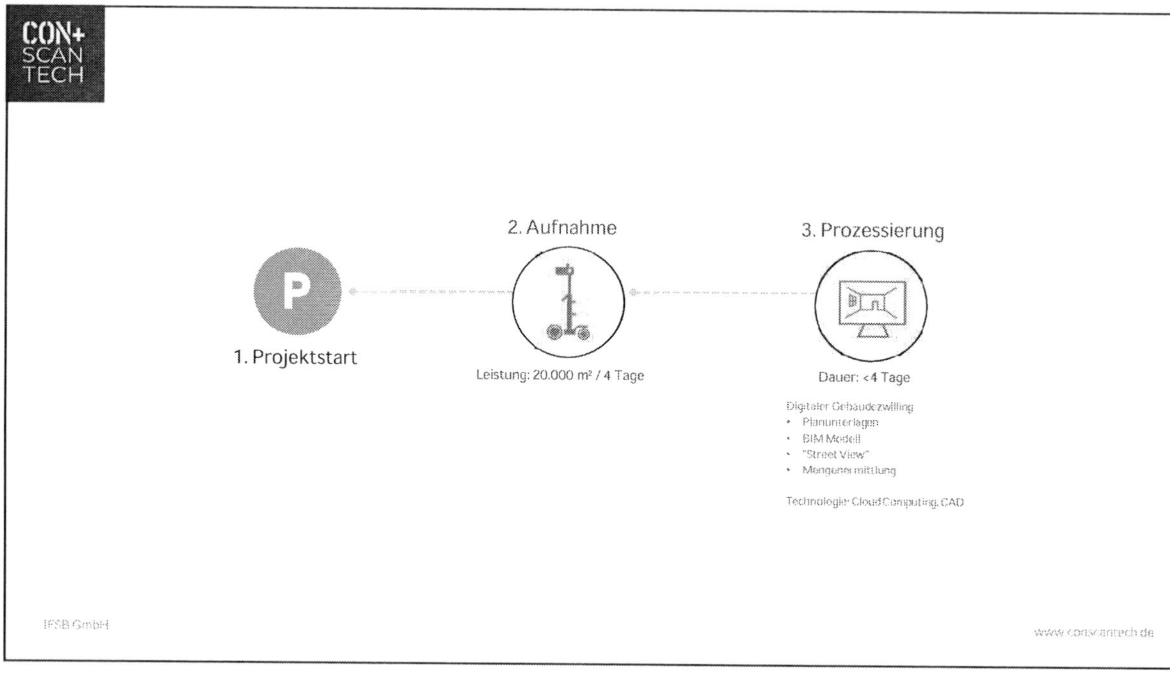
CON+
SCAN
TECH
2. Aufnahme
3. Prozessierung
P
1. Projektstart
Leistung: 20.000 m² / 4 Tage
Dauer: <4 Tage
Digitaler Gebäudezwilling
• Planunterlagen
• BIM Modell
• "Street View"
• Mengenermittlung
Technologie: Cloud Computing, CAD
IFSB GmbH
www.conscantech.de

25

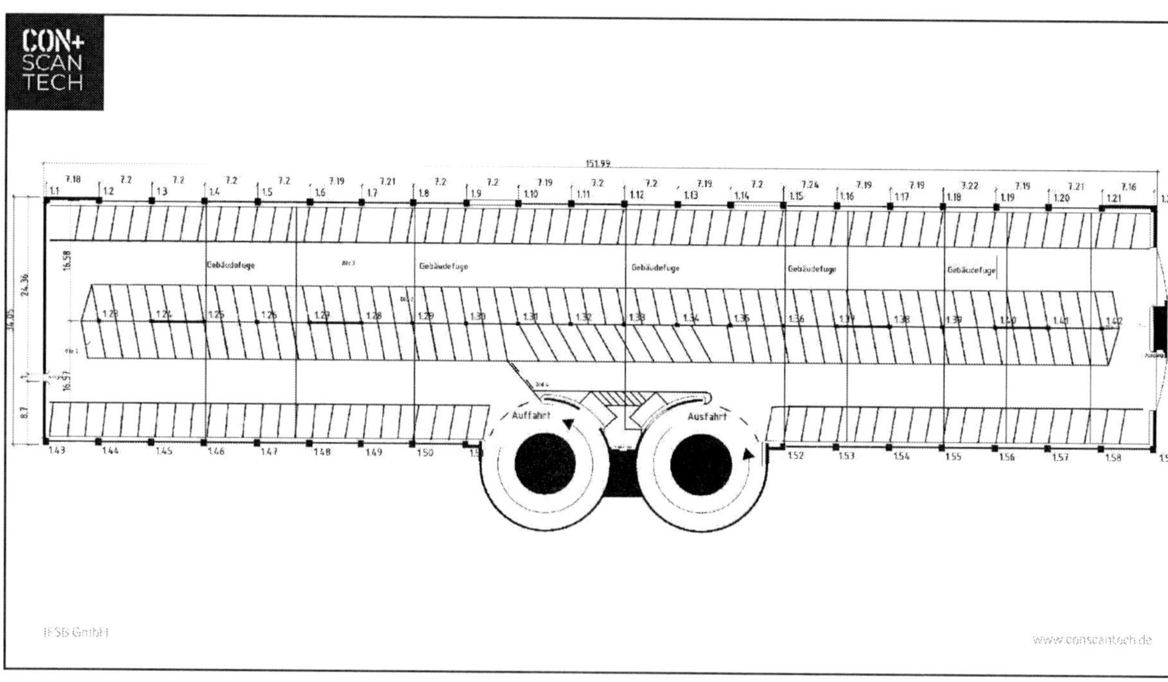
CON+
SCAN
TECH
151.99
Gebäudefuge
Auffahrt
Ausfahrt
IFSB GmbH
www.conscantech.de

26

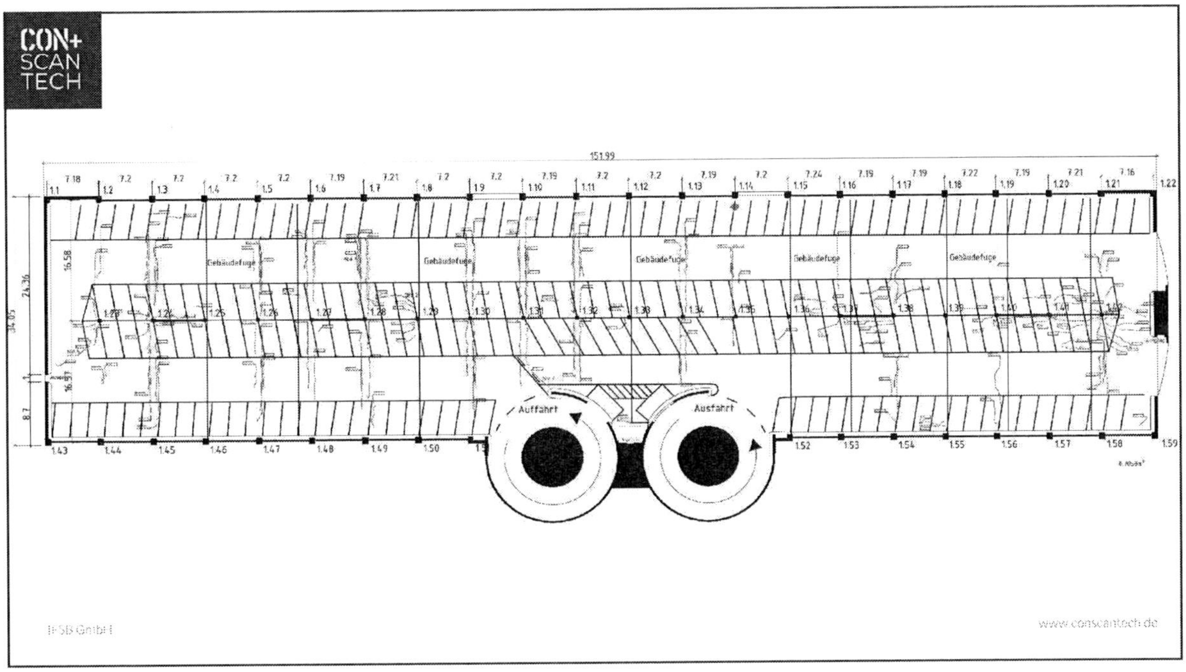
CON+
SCAN
TECH
151.99
Gebäudefuge
Auffahrt
Ausfahrt
IFSB GmbH
www.conscantech.de

27

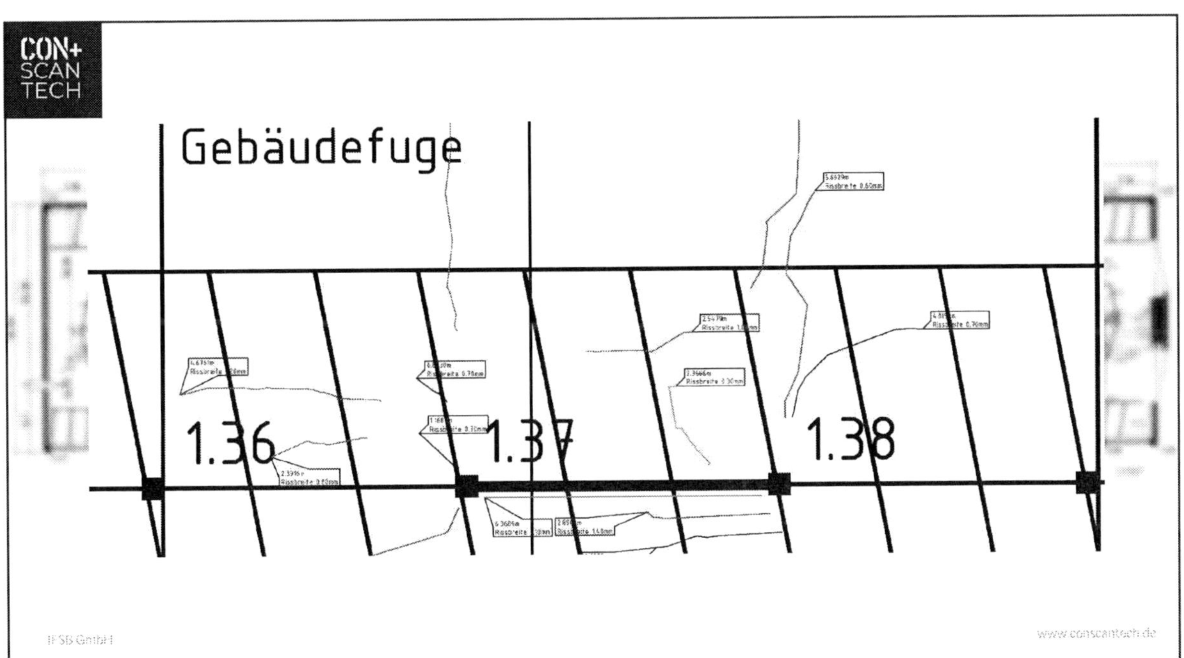
CON+
SCAN
TECH
Gebäudefuge
1.36
1.37
1.38
IFSB GmbH
www.conscantech.de

28

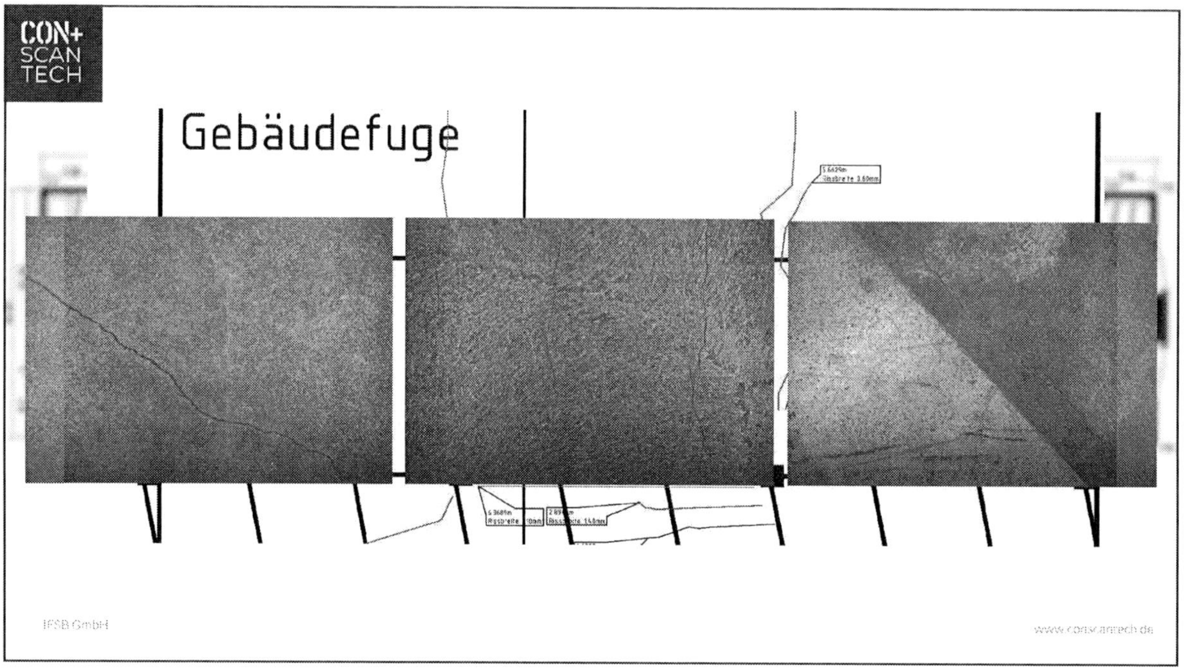
CON+
SCAN
TECH
Gebäudefuge
IFSB GmbH
www.conscantech.de

29

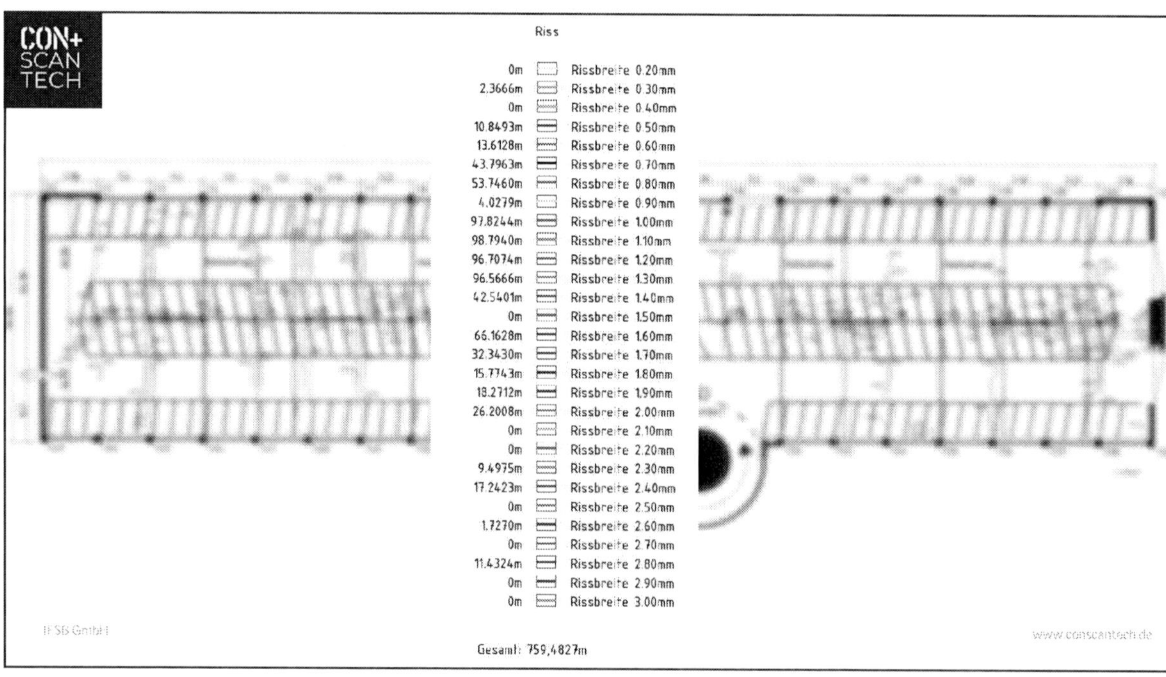
CON+
SCAN
TECH
Riss
0m Rissbreite 0.20mm
2.3666m Rissbreite 0.30mm
0m Rissbreite 0.40mm
10.8493m Rissbreite 0.50mm
13.6128m Rissbreite 0.60mm
43.7963m Rissbreite 0.70mm
53.7460m Rissbreite 0.80mm
4.0279m Rissbreite 0.90mm
97.8244m Rissbreite 1.00mm
98.7940m Rissbreite 1.10mm
96.7074m Rissbreite 1.20mm
96.5666m Rissbreite 1.30mm
42.5401m Rissbreite 1.40mm
0m Rissbreite 1.50mm
66.1628m Rissbreite 1.60mm
32.3430m Rissbreite 1.70mm
15.7743m Rissbreite 1.80mm
18.2712m Rissbreite 1.90mm
26.2008m Rissbreite 2.00mm
0m Rissbreite 2.10mm
0m Rissbreite 2.20mm
9.4975m Rissbreite 2.30mm
17.2423m Rissbreite 2.40mm
0m Rissbreite 2.50mm
1.7270m Rissbreite 2.60mm
0m Rissbreite 2.70mm
11.4324m Rissbreite 2.80mm
0m Rissbreite 2.90mm
0m Rissbreite 3.00mm
Gesamt: 759,4827m
IFSB GmbH
www.conscantech.de

30

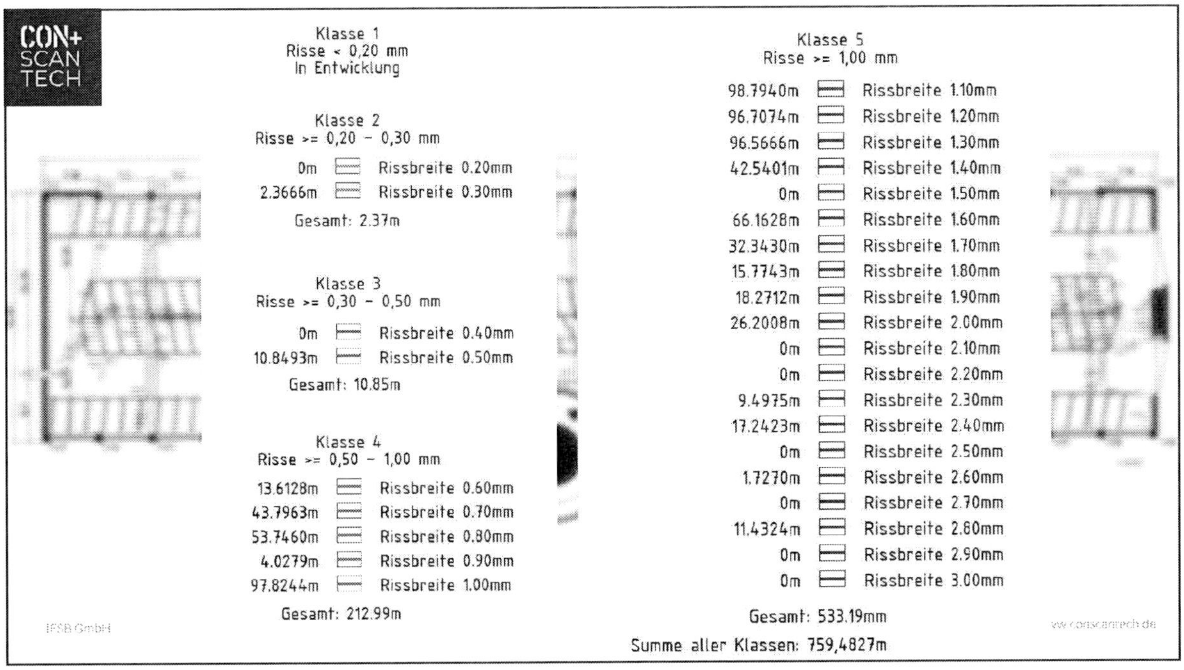
CON+
SCAN
TECH
Klasse 1
Risse < 0,20 mm
In Entwicklung
Klasse 2
Risse >= 0,20 - 0,30 mm
0m Rissbreite 0.20mm
2.3666m Rissbreite 0.30mm
Gesamt: 2.37m
Klasse 3
Risse >= 0,30 - 0,50 mm
0m Rissbreite 0.40mm
10.8493m Rissbreite 0.50mm
Gesamt: 10.85m
Klasse 4
Risse >= 0,50 - 1,00 mm
13.6128m Rissbreite 0.60mm
43.7963m Rissbreite 0.70mm
53.7460m Rissbreite 0.80mm
4.0279m Rissbreite 0.90mm
97.8244m Rissbreite 1.00mm
Gesamt: 212.99m
Klasse 5
Risse >= 1,00 mm
98.7940m Rissbreite 1.10mm
96.7074m Rissbreite 1.20mm
96.5666m Rissbreite 1.30mm
42.5401m Rissbreite 1.40mm
0m Rissbreite 1.50mm
66.1628m Rissbreite 1.60mm
32.3430m Rissbreite 1.70mm
15.7743m Rissbreite 1.80mm
18.2712m Rissbreite 1.90mm
26.2008m Rissbreite 2.00mm
0m Rissbreite 2.10mm
0m Rissbreite 2.20mm
9.4975m Rissbreite 2.30mm
17.2423m Rissbreite 2.40mm
0m Rissbreite 2.50mm
1.7270m Rissbreite 2.60mm
0m Rissbreite 2.70mm
11.4324m Rissbreite 2.80mm
0m Rissbreite 2.90mm
0m Rissbreite 3.00mm
Gesamt: 533.19mm
Summe aller Klassen: 759,4827m

31

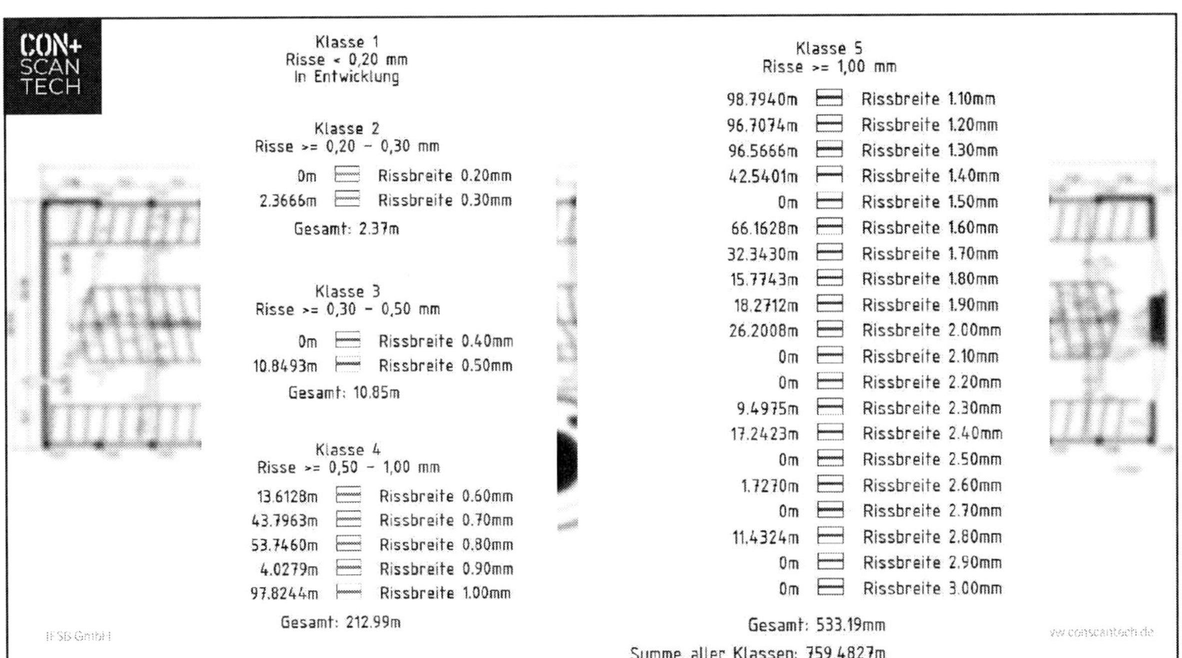
CON+
SCAN
TECH
Klasse 1
Risse < 0,20 mm
In Entwicklung
Klasse 2
Risse >= 0,20 - 0,30 mm
0m Rissbreite 0.20mm
2.3666m Rissbreite 0.30mm
Gesamt: 2.37m
Klasse 3
Risse >= 0,30 - 0,50 mm
0m Rissbreite 0.40mm
10.8493m Rissbreite 0.50mm
Gesamt: 10.85m
Klasse 4
Risse >= 0,50 - 1,00 mm
13.6128m Rissbreite 0.60mm
43.7963m Rissbreite 0.70mm
53.7460m Rissbreite 0.80mm
4.0279m Rissbreite 0.90mm
97.8244m Rissbreite 1.00mm
Gesamt: 212.99m
Klasse 5
Risse >= 1,00 mm
98.7940m Rissbreite 1.10mm
96.7074m Rissbreite 1.20mm
96.5666m Rissbreite 1.30mm
42.5401m Rissbreite 1.40mm
0m Rissbreite 1.50mm
66.1628m Rissbreite 1.60mm
32.3430m Rissbreite 1.70mm
15.7743m Rissbreite 1.80mm
18.2712m Rissbreite 1.90mm
26.2008m Rissbreite 2.00mm
0m Rissbreite 2.10mm
0m Rissbreite 2.20mm
9.4975m Rissbreite 2.30mm
17.2423m Rissbreite 2.40mm
0m Rissbreite 2.50mm
1.7270m Rissbreite 2.60mm
0m Rissbreite 2.70mm
11.4324m Rissbreite 2.80mm
0m Rissbreite 2.90mm
0m Rissbreite 3.00mm
Gesamt: 533.19mm
Summe aller Klassen: 759,4827m

32

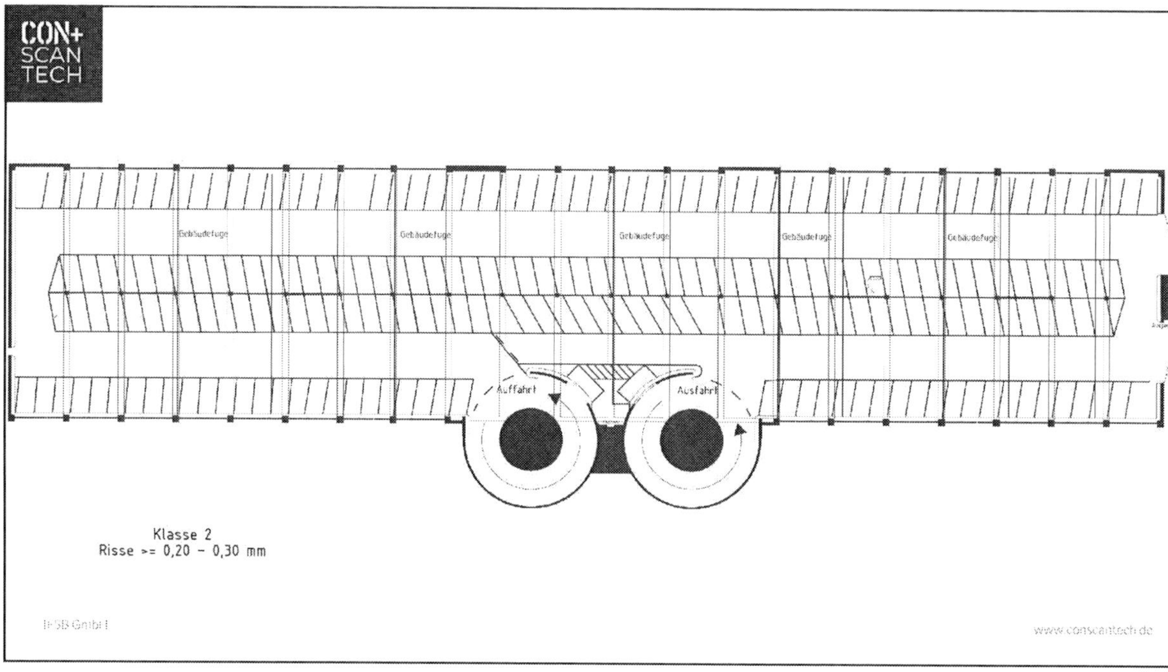
CON+
SCAN
TECH
Gebäudefuge
Gebäudefuge
Gebäudefuge
Gebäudefuge
Gebäudefuge
Auffahrt
Ausfahrt
Klasse 2
Risse >= 0,20 - 0,30 mm
IFSB GmbH
www.conscantech.de

33

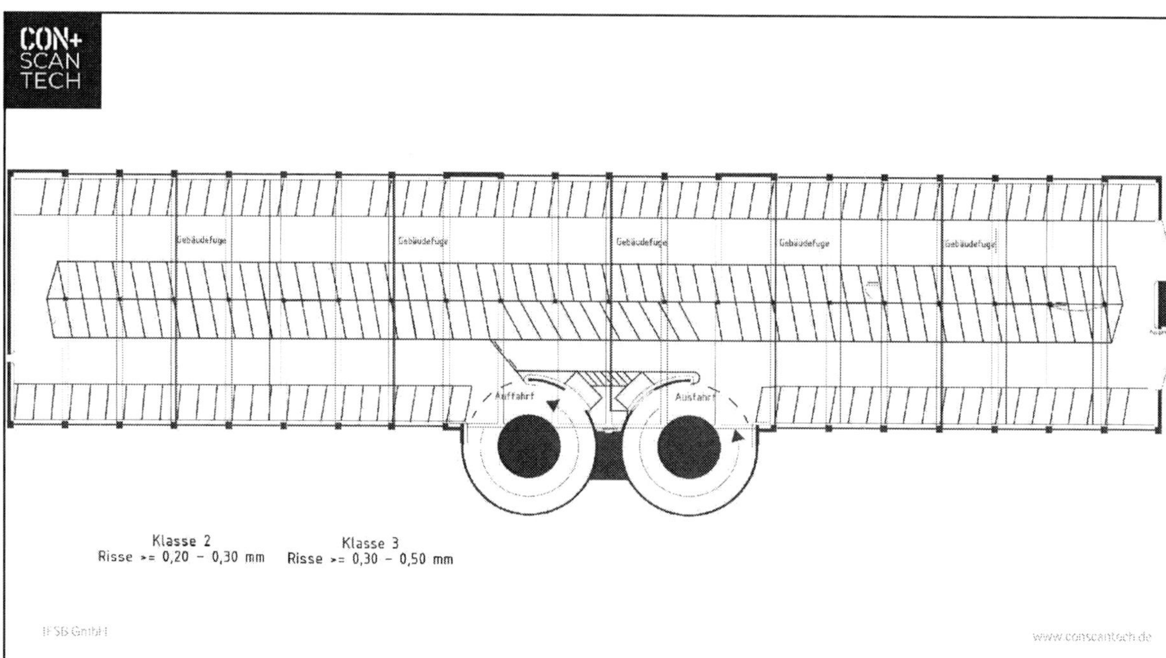
CON+
SCAN
TECH
Gebäudefuge
Gebäudefuge
Gebäudefuge
Gebäudefuge
Gebäudefuge
Auffahrt
Ausfahrt
Klasse 2
Risse >= 0,20 - 0,30 mm
Klasse 3
Risse >= 0,30 - 0,50 mm
IFSB GmbH
www.conscantech.de

34

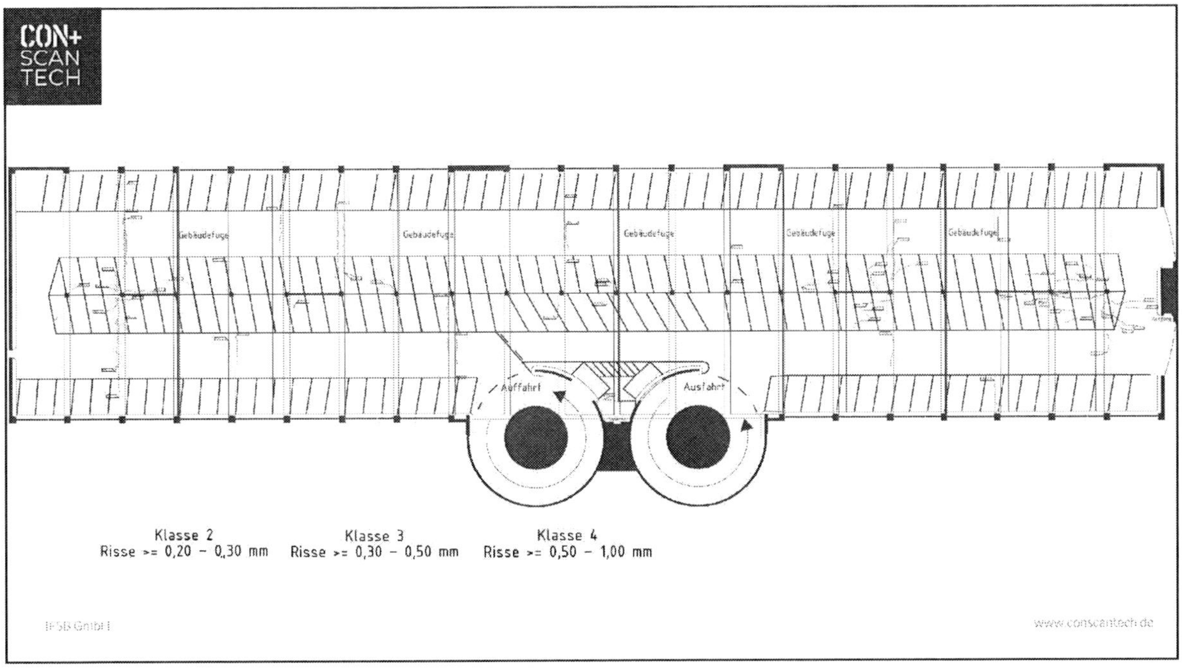
CON+
SCAN
TECH
Gebäudefuge
Gebäudefuge
Gebäudefuge
Gebäudefuge
Gebäudefuge
Auffahrt
Ausfahrt
Klasse 2
Risse >= 0,20 - 0,30 mm
Klasse 3
Risse >= 0,30 - 0,50 mm
Klasse 4
Risse >= 0,50 - 1,00 mm
IFSB GmbH
www.conscantech.de

35

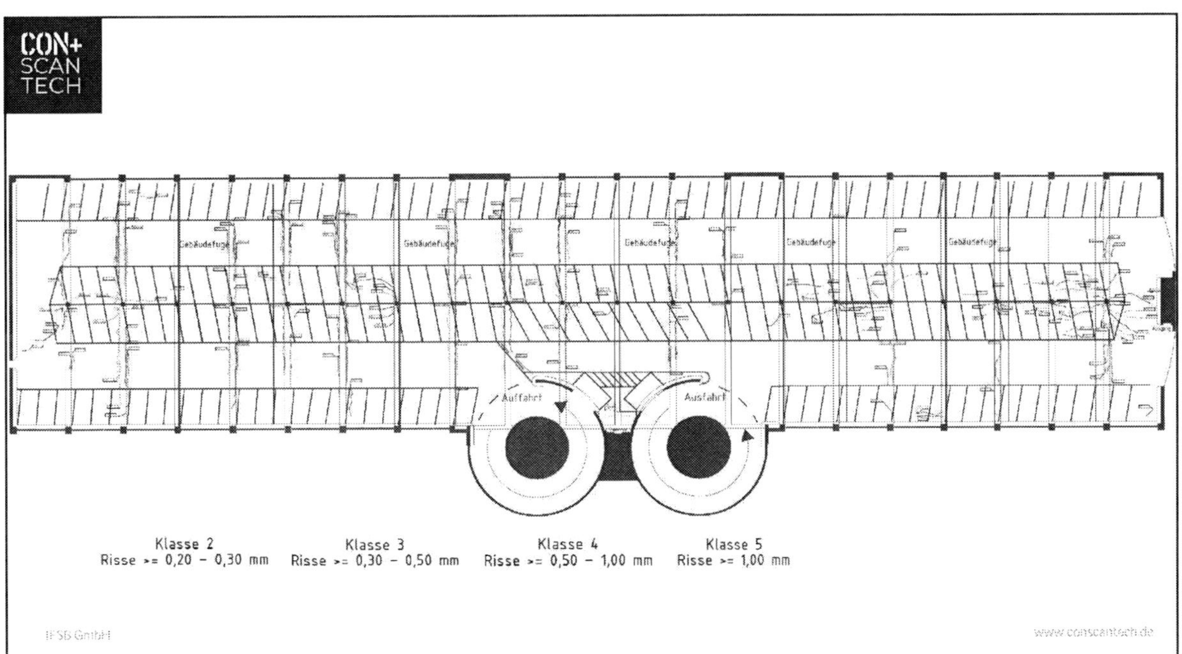
CON+
SCAN
TECH
Gebäudefuge
Gebäudefuge
Gebäudefuge
Gebäudefuge
Gebäudefuge
Auffahrt
Ausfahrt
Klasse 2
Risse >= 0,20 - 0,30 mm
Klasse 3
Risse >= 0,30 - 0,50 mm
Klasse 4
Risse >= 0,50 - 1,00 mm
Klasse 5
Risse >= 1,00 mm
IFSB GmbH
www.conscantech.de

36

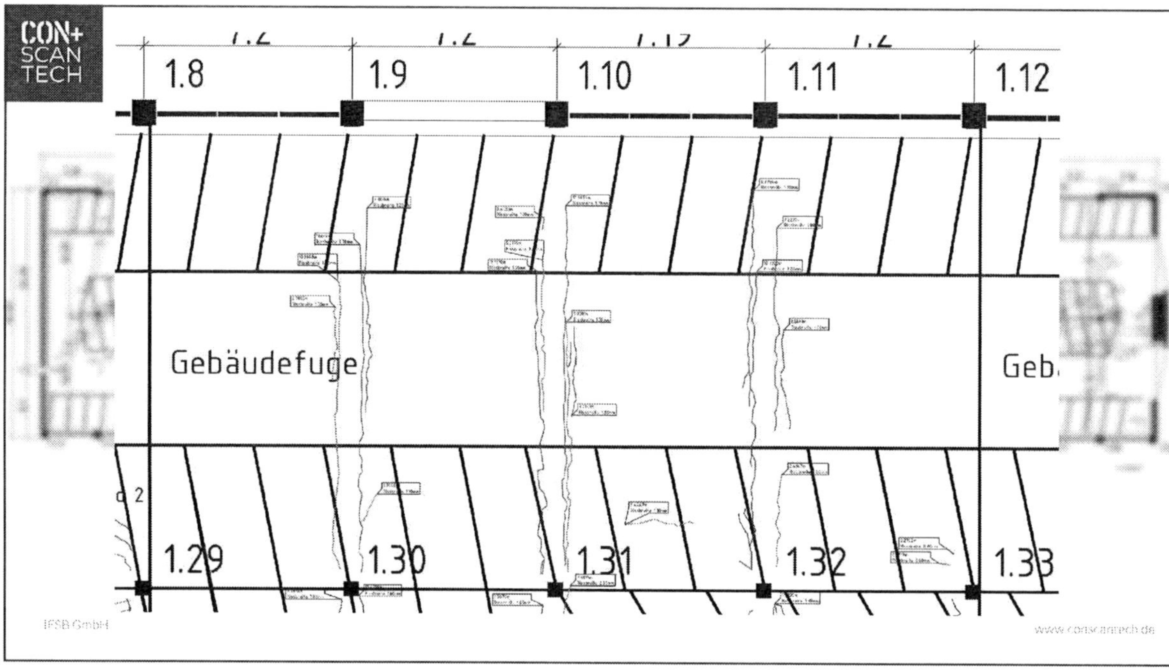
CON+
SCAN
TECH
1.8
1.9
1.10
1.11
1.12
Gebäudefuge
Geb.
1.29
1.30
1.31
1.32
1.33
IFSB GmbH
www.conscantech.de

37

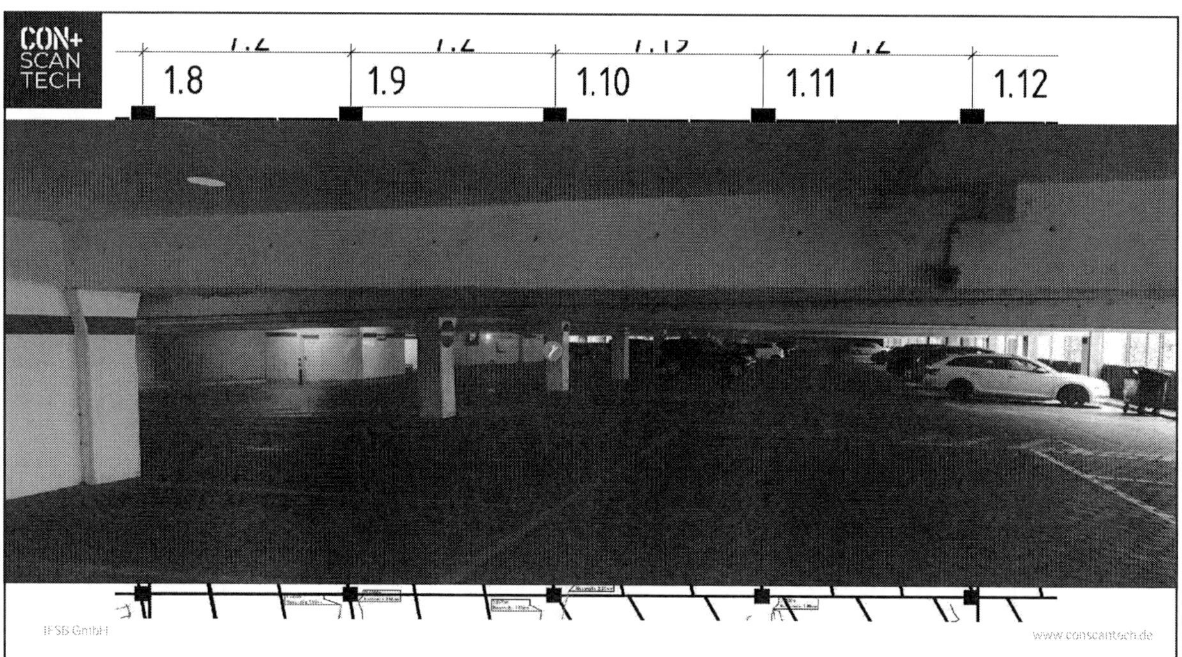
CON+
SCAN
TECH
1.8
1.9
1.10
1.11
1.12
IFSB GmbH
www.conscantech.de

38

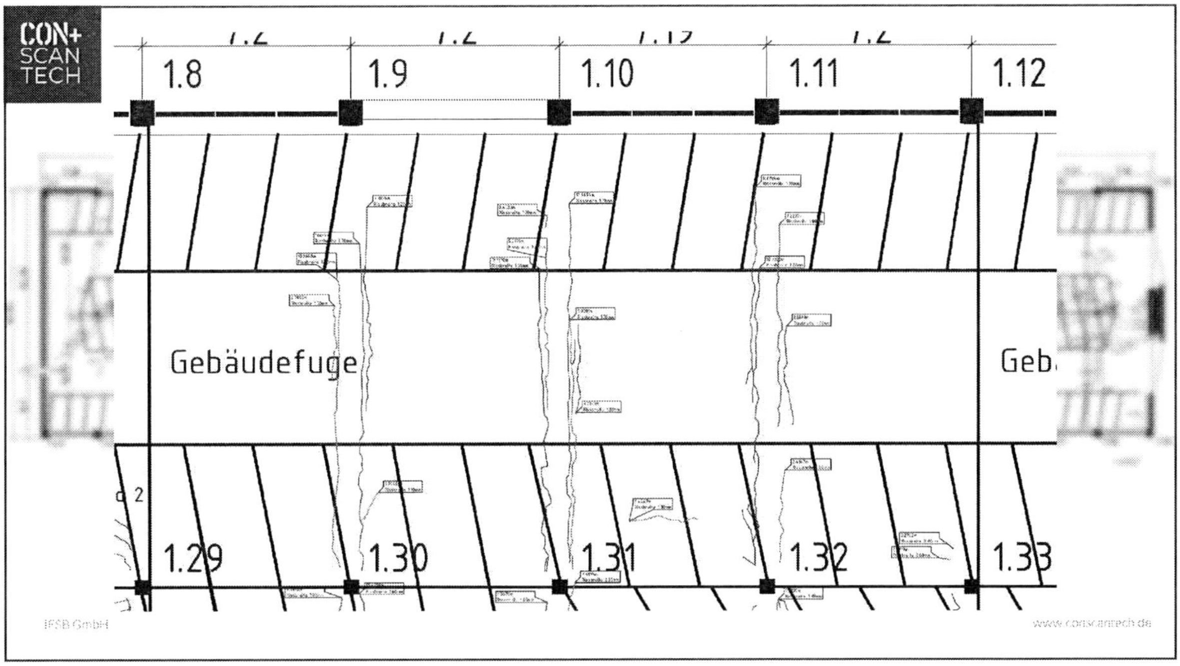
CON+
SCAN
TECH
1.8
1.9
1.10
1.11
1.12
Gebäudefuge
1.29
1.30
1.31
1.32
1.33
IFSB GmbH
www.conscantech.de

39

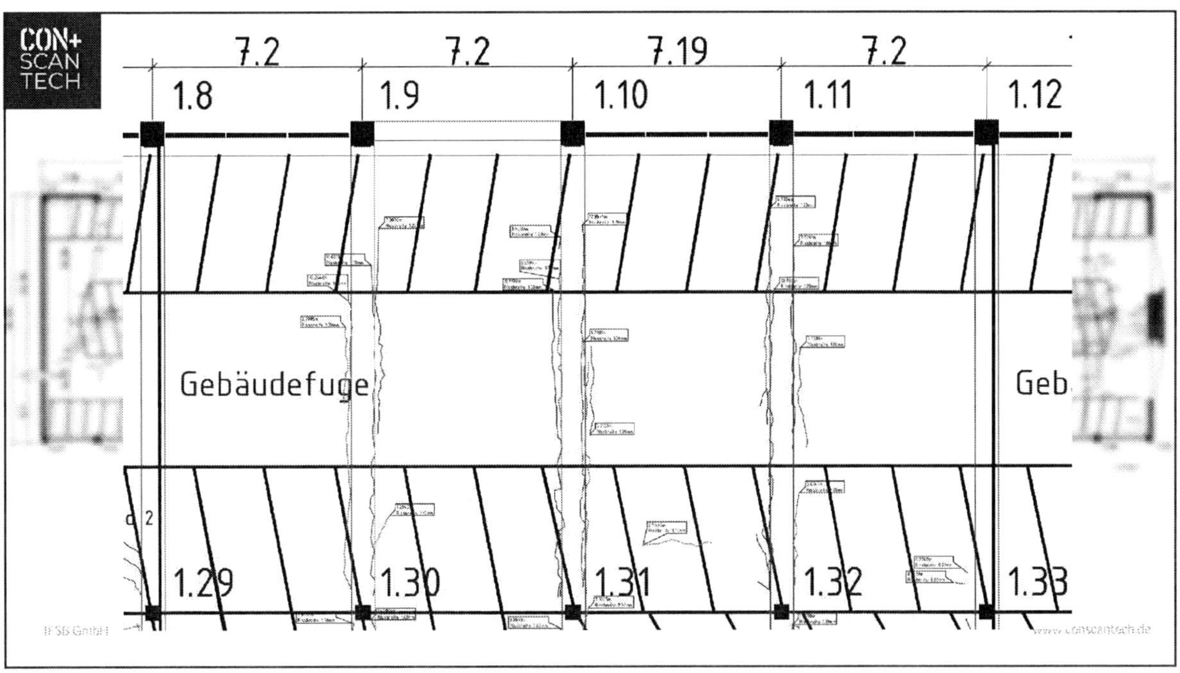
CON+
SCAN
TECH
7.2
7.2
7.19
7.2
1.8
1.9
1.10
1.11
1.12
Gebäudefuge
1.29
1.30
1.31
1.32
1.33
IFSB GmbH
www.conscantech.de

40

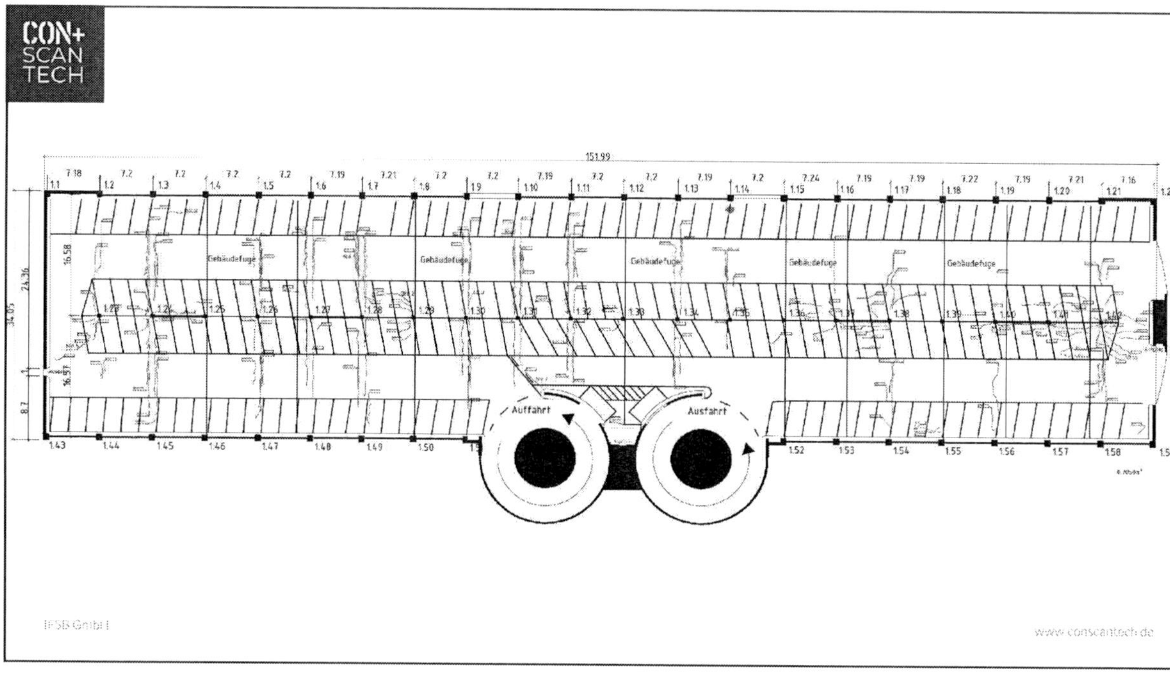
CON+
SCAN
TECH
151.99
Gebäudefuge
Auffahrt
Ausfahrt
IFSB GmbH
www.conscantech.de

41

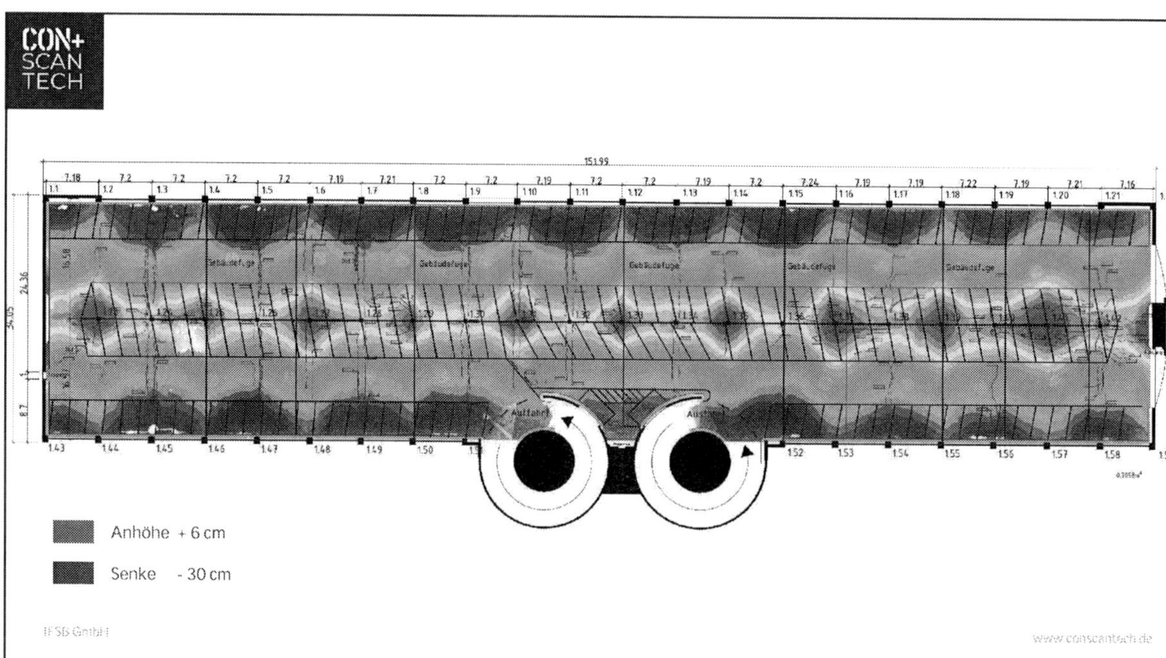
CON+
SCAN
TECH
151.99
Gebäudefuge
Auffahrt
Anhöhe + 6 cm
Senke - 30 cm
IFSB GmbH
www.conscantech.de

42

CON+
SCAN
TECH

IFSB GmbH

www.conscantech.de

43

CON+
SCAN
TECH

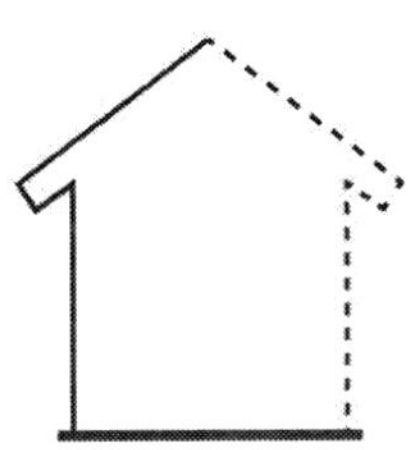

Digitaler Gebäudezwilling

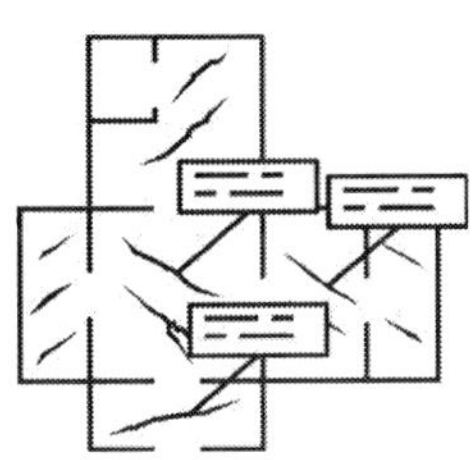

Planunterlagen

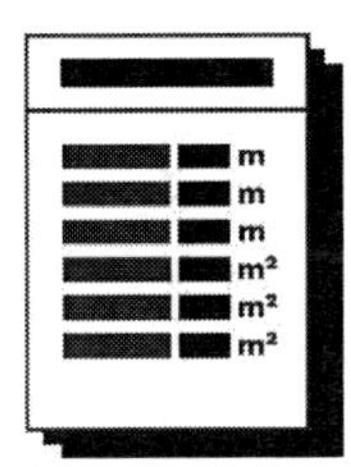

Mengenermittlung

IFSB GmbH

www.conscantech.de

44

Digitaler Gebäudezwilling

Mengenermittlung - Bauwerk

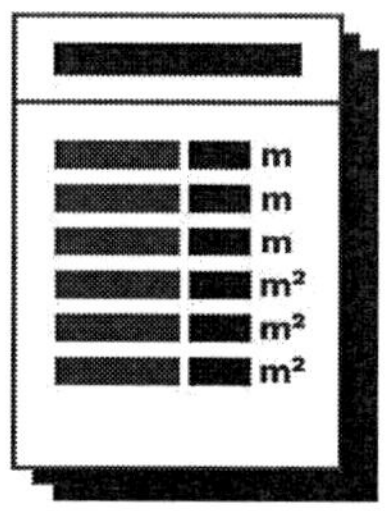

		Deck 1 / EG		Deck 2		Deck 3		Deck 4 / Top		Gesamt
Decke (m²)	Links	2536,87		2536,87		2536,87		-		
	Rechts	2304,25		2304,25		2304,25		-		
		4841,12		4841,12		4841,12		0		14523,36
Boden (m²)	Links	2536,87		2536,87		2536,87		2536,87		
	Rechts	2304,25		2304,25		2304,25		2304,25		
		4841,12		4841,12		4841,12		4841,12		19364,48
Randanschluss Boden (lfm)		382,74		382,74		382,74		382,74		
Randanschluss Decke (lfm)		382,74		382,74		382,74				
		765,48		765,48		765,48		382,74		2679,18
		von	bis	von	bis	von	bis	von	bis	
Raumhöhen	Oberkante Fussboden bis Unterkante Decke (m)	2,82	2,86	2,82	2,84	2,83	2,85	-	-	
	Oberkante Fussboden bis Unterkante Unterzug (m)	2,10	2,14	2,13	2,15	2,10	2,12	-	-	
	Raumhöhen an Rampe / Spindel (m)	2,55	5,36	2,55	5,36	2,55	5,36	-	-	
	Neigung Rampe / Spindel	4,27° - 5,22°								
Rampen (m²)	Linke Spindel	159,85		159,85		159,85				
	Rechte Spindel	159,12		159,12		159,12				
Schrammborde und Bordsteine (m²)			195,62		195,62		195,62		195,62	782,48
Schrammborde und Bordsteine (lfm)			360,32		360,32		360,32		360,32	1441,28
Schrammborde und Bordsteine auf Rampe (m²)		Spindel Links	Spindel Rechts	Spindel Links	Spindel Rechts	Spindel Links	Spindel Rechts	Spindel Links	Spindel Rechts	
		34,16	30,47	38,98	31,12	38,98	31,12	38,98	31,12	
		64,63		70,10		70,10		70,10		274,93
Schrammborde und Bordsteine auf Rampe (lfm)		61,65	61,44	61,11	61,10	61,11	61,10	61,11	61,1	
		123,09		122,21		122,21		122,21		489,72

IFSB GmbH

www.conscantech.de

45

Digitaler Gebäudezwilling

Mengenermittlung - Bauwerk

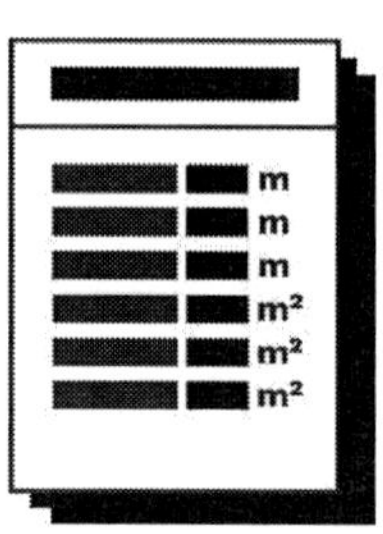

Anzahl und Längen Rinnen an Rampen			1 pro Rampe 2 insgesamt	10,73m gesamt	1 pro Rampe 2 insgesamt	10,73m gesamt	1 pro Rampe 2 insgesamt	10,73 gesamt	1 pro Rampe 2 insgesamt	9,01 gesamt	
Breite der Rinnen			15cm		15cm		15cm		15cm		
Dehnfugen (lfm)		Länge Fuge	0,00	0	32,28 x4		32,28 x4		32,28 x4		
					35,63 x1		35,63 x1		35,63 x1		
					164,75		164,75		164,75		494,25
Wände (lfm)	Mauerwerk (Wenn Erkennbar)										
	Beton		150,06		134,01		106,59				
			150,06		134,01		106,59		0		390,66
Wände (m²)	Mauerwerk (Wenn Erkennbar)										
	Beton		429,17		380,59		303,78				
			429,17		380,59		303,78		0,00		1113,54
Brüstung (lfm)	Mauerwerk (Wenn Erkennbar)		108,65								
	Beton		95,85		195,84		195,84		195,84		
			204,5		195,84		195,84		195,84		792,02
	Fertigbetonteile Brüstung		15		96		96		96		
Brüstungshöhe	Mauerwerk (Wenn Erkennbar)		0,90	1,03							
	Beton		0,90	1,03	0,8		0,8		0,8 (+Geländer)	1,3	
Brüstung (m²)	Mauerwerk (Wenn Erkennbar)		97,785		0		0		0		
	Beton		86,265		156,672		156,672		156,672		
			184,05		156,672		156,672		156,672		654,066
Stützen	Anzahl	Aussenwand	39		39		39				
		Innen	20		20		20				
	Maße / Formate	Aussenwand	81 x 85 cm		81 x 85 cm		81 x 85 cm		81 x 85 cm		
		Innen	50 x 50 cm		50 x 50 cm		50 x 50 cm				
	Umfang Stützen (lfm)										
		Aussenwand	129,48		129,48		129,48		129,48		517,92
		Innen	40		40		40				120

IFSB GmbH

www.conscantech.de

46

CON+ SCAN TECH

Digitaler Gebäudezwilling

Mengenermittlung - Bauwerk

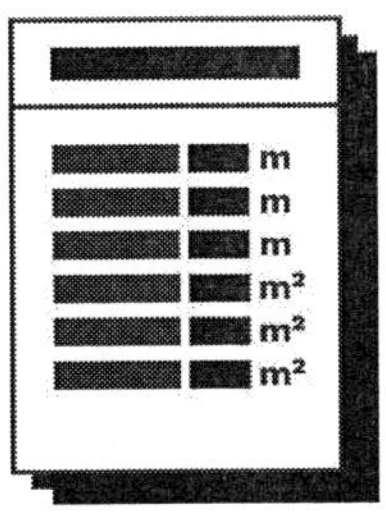

Türen	1-Flügelig 2-Flügelig	2 Eindeutig Erkennbare Türen 3 Türöffnungen ohne Blatt	3 Türöffnungen ohne Blatt	3 Türöffnungen ohne Blatt		
Sprinklerleitungen (fm)		-	-	-	-	
Lüftungsleitungen (lfm)		-	-	-	-	
Deckenleuchten (Anzahl)		46	46	46	-	138
Straßenlaternen					11	11
Bodeneinläufe (Anzahl)		22	22	22	22	88
		9 Erkennbare Gullideckel				
Bodenmarkierungen (lfm)		1998,78	1897,16	1919,85	1823,6	7639,39
Stellflächen (Anzahl)	Mutter+Kind	Keine Erkennbar	Keine Erkennbar	Keine Erkennbar	Keine Erkennbar	
	Behinderten	Keine Erkennbar	Keine Erkennbar	Keine Erkennbar	Keine Erkennbar	
	Regulär	203	224	224	226	
		203	224	224	226	877

IFSB GmbH www.conscantech.de

47

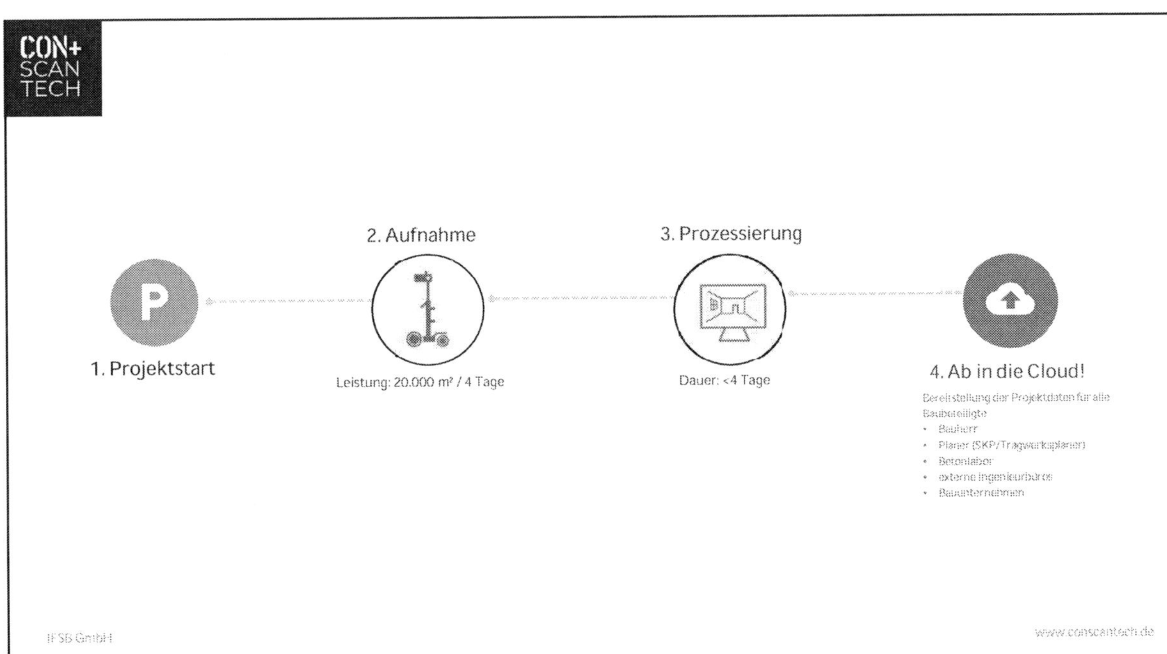

48

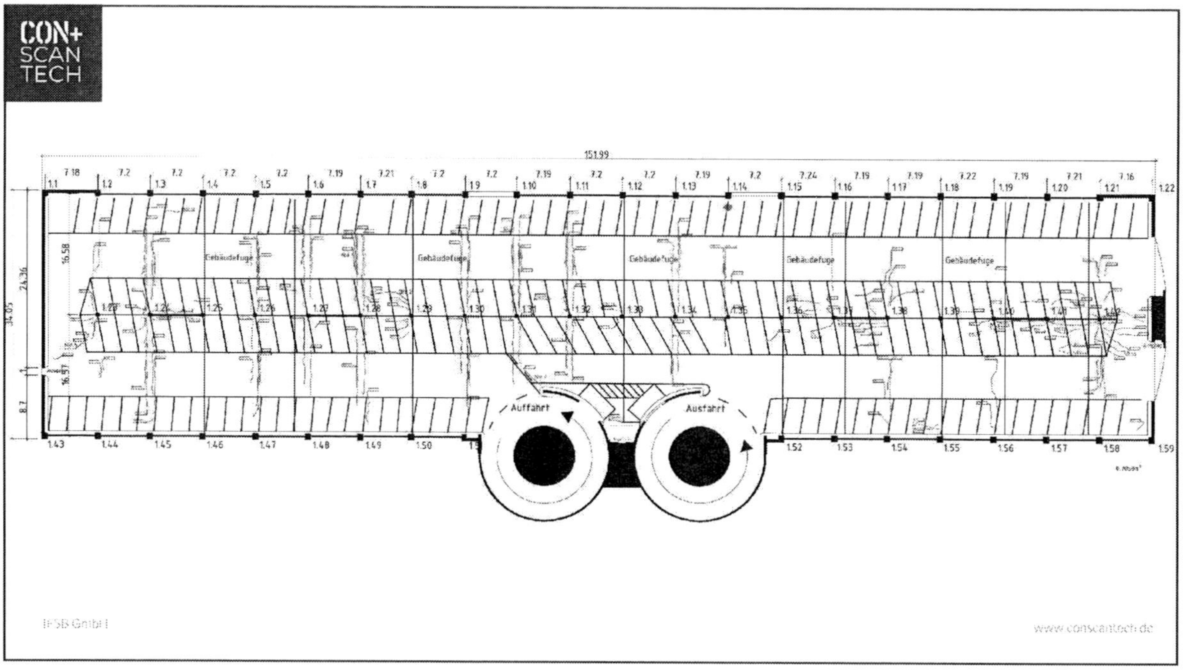
CON+
SCAN
TECH
151.99
Gebäudefuge
Auffahrt
Ausfahrt
IFSB GmbH
www.conscantech.de

49

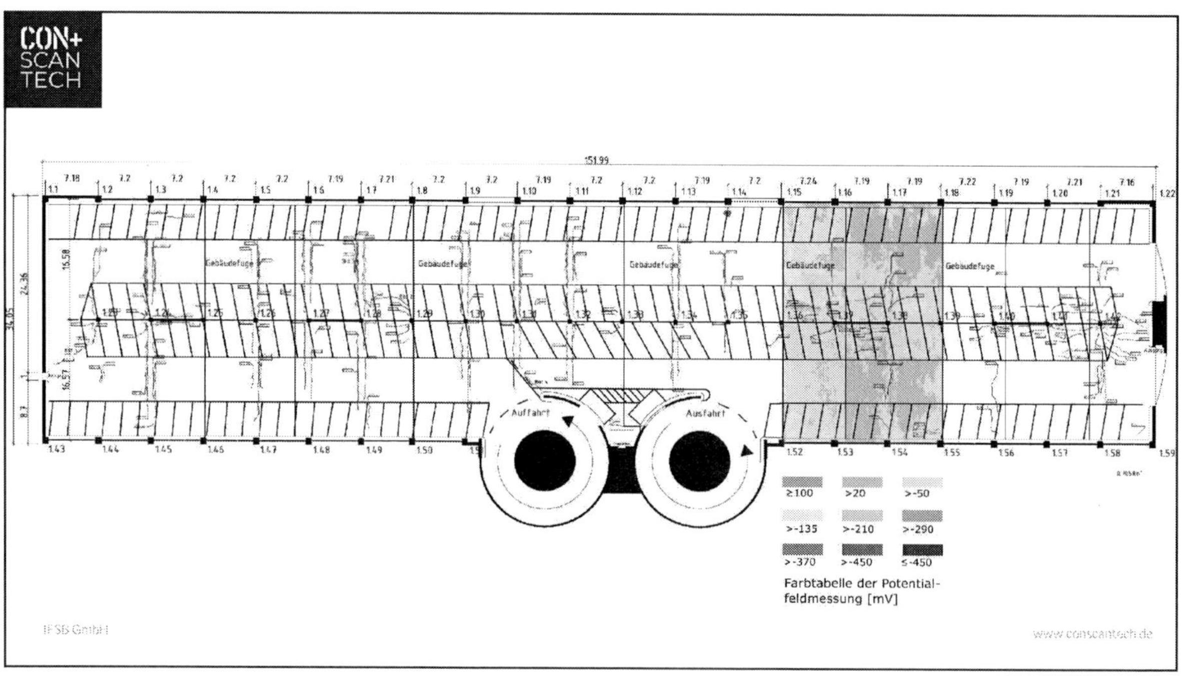
CON+
SCAN
TECH
151.99
Gebäudefuge
Auffahrt
Ausfahrt
≥100
>20
>-50
>-135
>-210
>-290
>-370
>-450
≤-450
Farbtabelle der Potential-
feldmessung [mV]
IFSB GmbH
www.conscantech.de

50

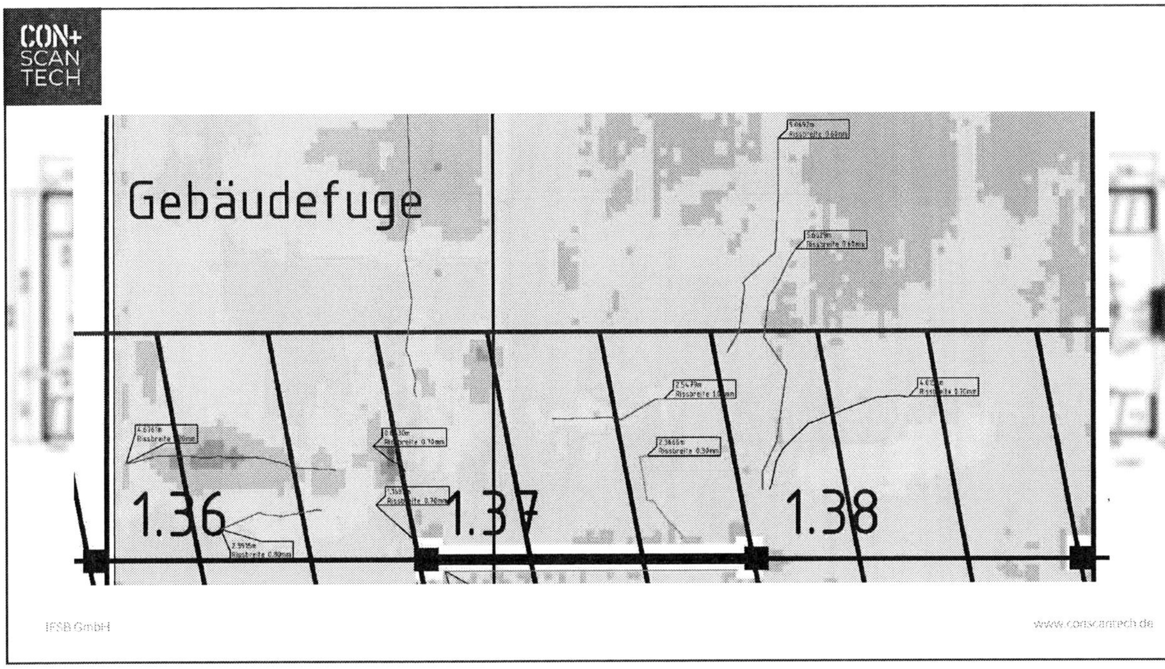
CON+
SCAN
TECH
Gebäudefuge
1.36
1.37
1.38
IFSB GmbH
www.conscantech.de

51

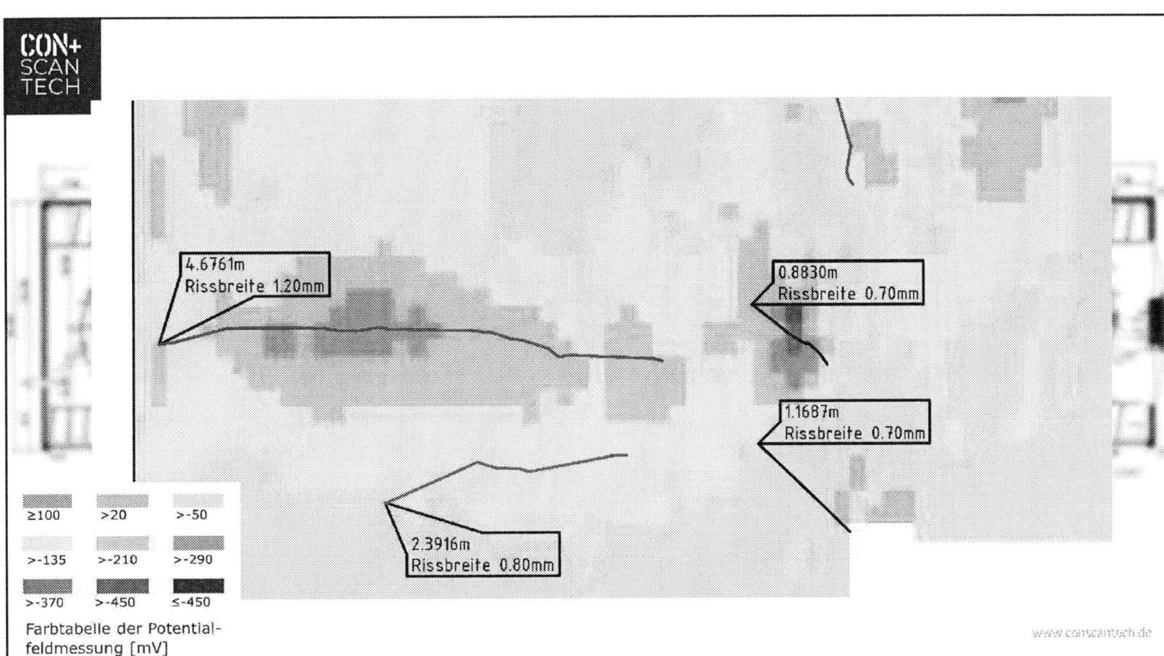
CON+
SCAN
TECH
4.6761m
Rissbreite 1.20mm
0.8830m
Rissbreite 0.70mm
1.1687m
Rissbreite 0.70mm
2.3916m
Rissbreite 0.80mm
≥100
>20
>-50
>-135
>-210
>-290
>-370
>-450
≤-450
Farbtabelle der Potentialfeldmessung [mV]
www.conscantech.de

52

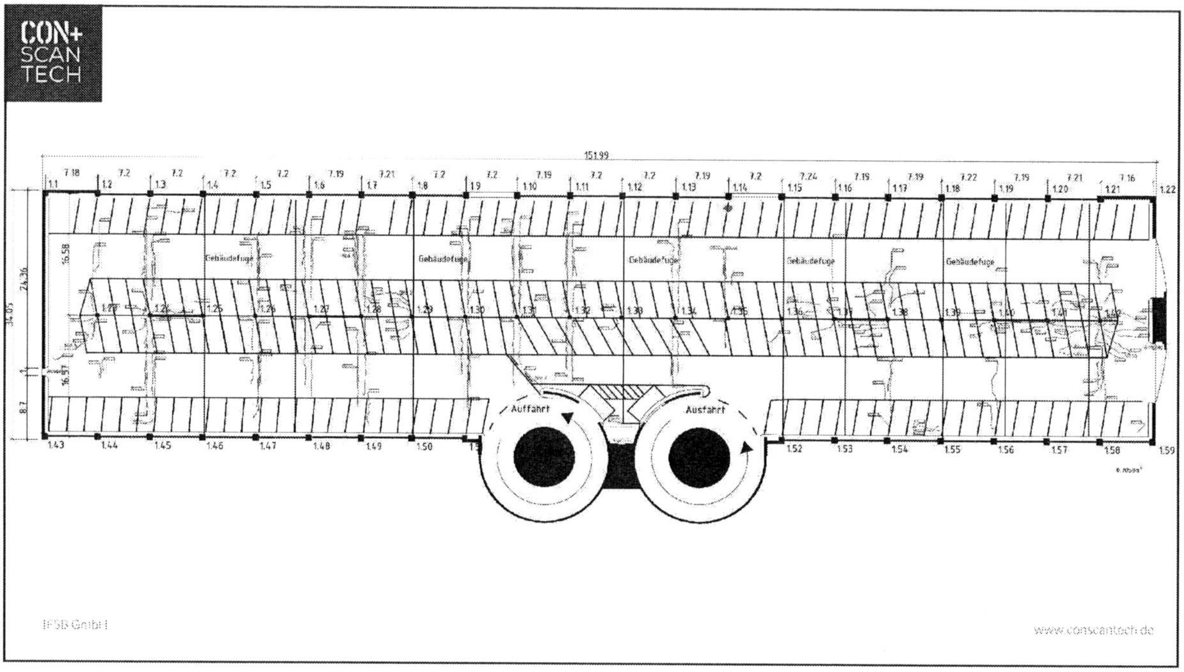
CON+
SCAN
TECH
151.99
Gebäudefuge
Auffahrt
Ausfahrt
IFSB GmbH
www.conscantech.de

53

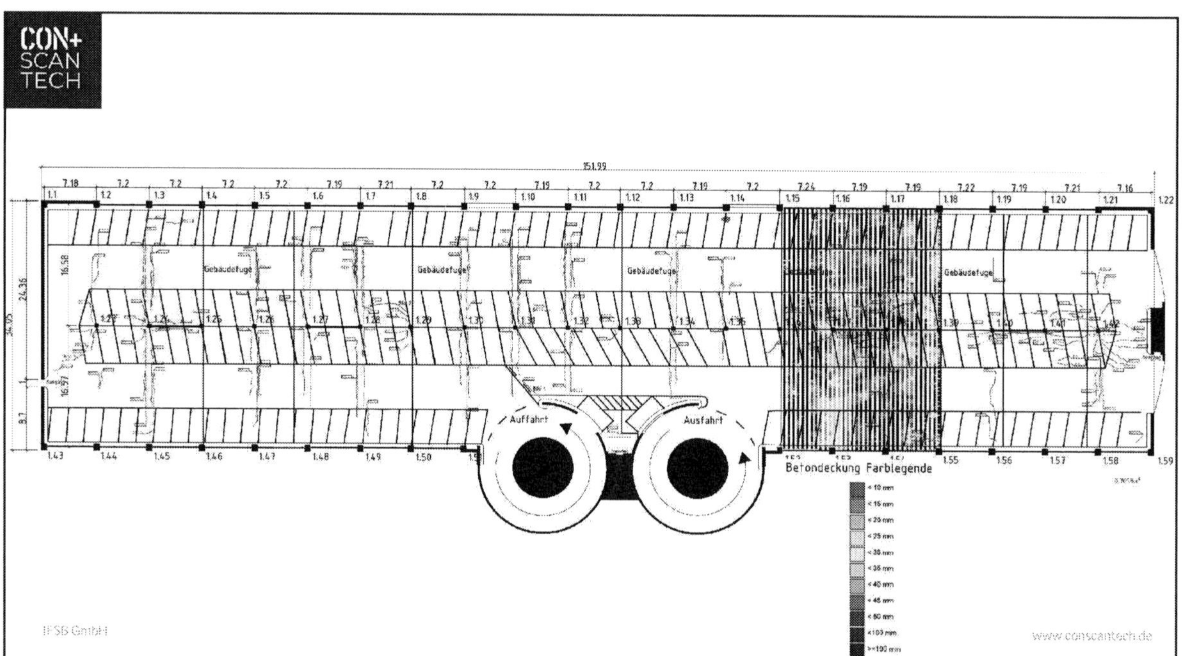
CON+
SCAN
TECH
151.99
Gebäudefuge
Auffahrt
Ausfahrt
Betondeckung Farblegende
IFSB GmbH
www.conscantech.de

54

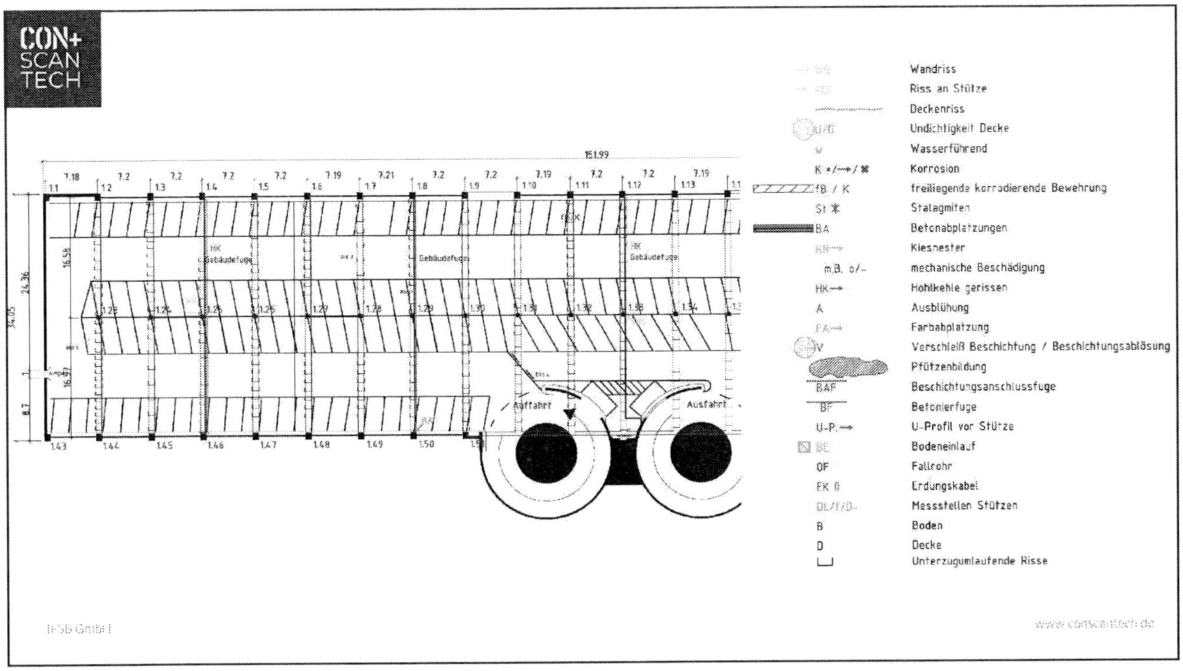
CON+
SCAN
TECH
Wandriss
Riss an Stütze
Deckenriss
Undichtigkeit Decke
Wasserführend
Korrosion
freiliegende korrodierende Bewehrung
Stalagmiten
Betonabplatzungen
Kiesnester
mechanische Beschädigung
Hohlkehle gerissen
Ausblühung
Farbabplatzung
Verschleiß Beschichtung / Beschichtungsablösung
Pfützenbildung
Beschichtungsanschlussfuge
Betonierfuge
U-Profil vor Stütze
Bodeneinlauf
Fallrohr
Erdungskabel
Messstellen Stützen
Boden
Decke
Unterzugumlaufende Risse
Gebäudefuge
Auffahrt
Ausfahrt
IFSB GmbH
www.conscantech.de
55

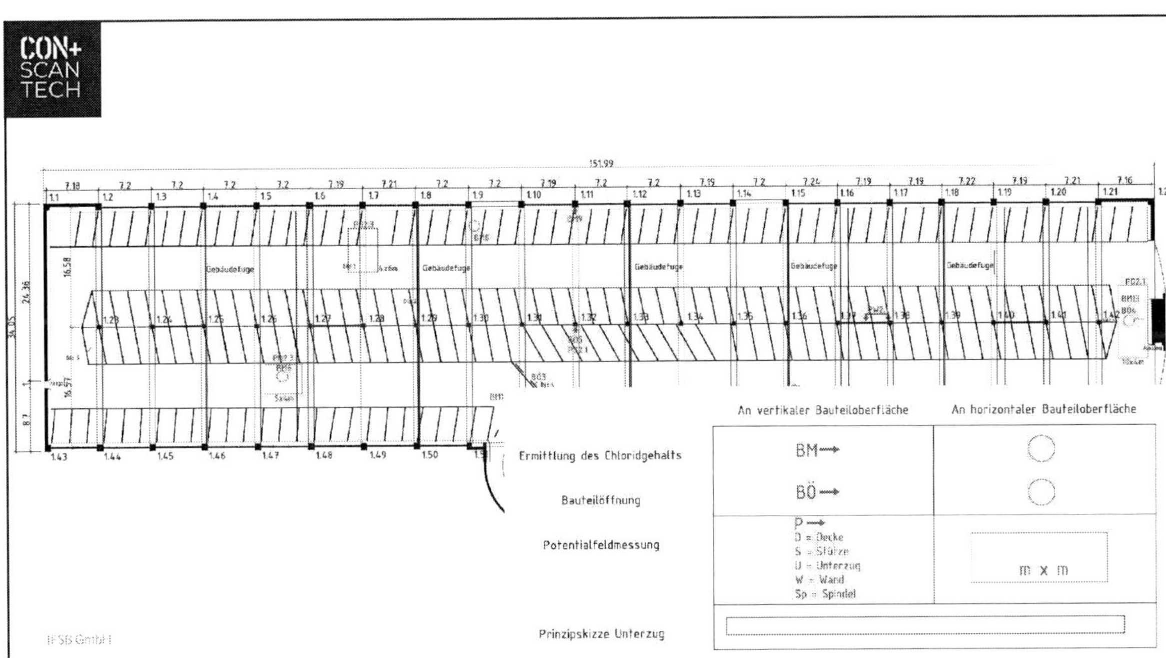
CON+
SCAN
TECH
Gebäudefuge
An vertikaler Bauteiloberfläche
An horizontaler Bauteiloberfläche
Ermittlung des Chloridgehalts
BM
Bauteilöffnung
BÖ
Potentialfeldmessung
P
D = Decke
S = Stütze
U = Unterzug
W = Wand
Sp = Spindel
m x m
Prinzipskizze Unterzug
IFSB GmbH
56

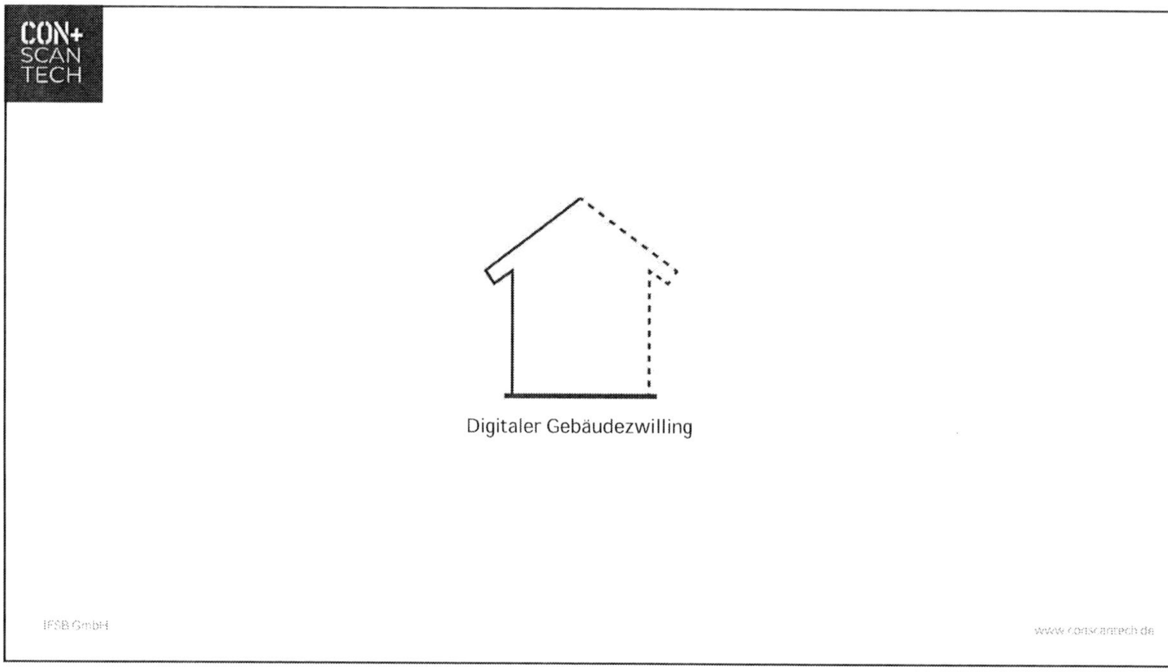
CON+
SCAN
TECH
Digitaler Gebäudezwilling
IFSB GmbH
www.conscantech.de

57

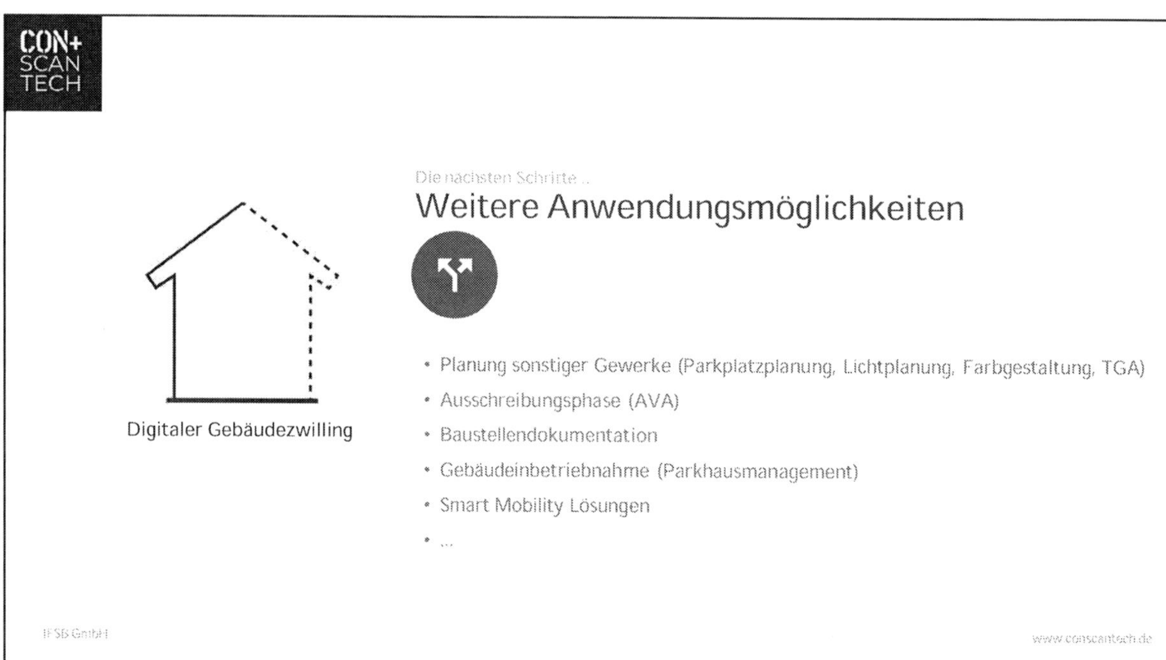
CON+
SCAN
TECH
Die nächsten Schritte ...
Weitere Anwendungsmöglichkeiten
Digitaler Gebäudezwilling
• Planung sonstiger Gewerke (Parkplatzplanung, Lichtplanung, Farbgestaltung, TGA)
• Ausschreibungsphase (AVA)
• Baustellendokumentation
• Gebäudeinbetriebnahme (Parkhausmanagement)
• Smart Mobility Lösungen
• ...
IFSB GmbH
www.conscantech.de

58

59

60

61

CON+ SCAN TECH

Inhalt

1. Herausforderung und Motivation
2. Automatisierte Risserkennung in Stahlbetonflächen
3. Komplettlösung (Projektbeispiel)
4. Fazit und Ausblick

IFSB GmbH

www.conscantech.de

62

CON+ SCAN TECH

4. Fazit und Ausblick

- Höhere Planungssicherheit durch digitale Bestandsdaten
- Einfache Darstellung der Ist-Situation in Bild- und Planformat
- Budgetsicherheit und Nachtragssicherheit durch einfache Erkennung der Bauzustände
- Digitaler Gebäudezwilling liefert weitere Mehrwerte

➢ Gemeinsam praxisnahe Digitalisierung vorantreiben!

IFSB GmbH

www.conscantech.de

63

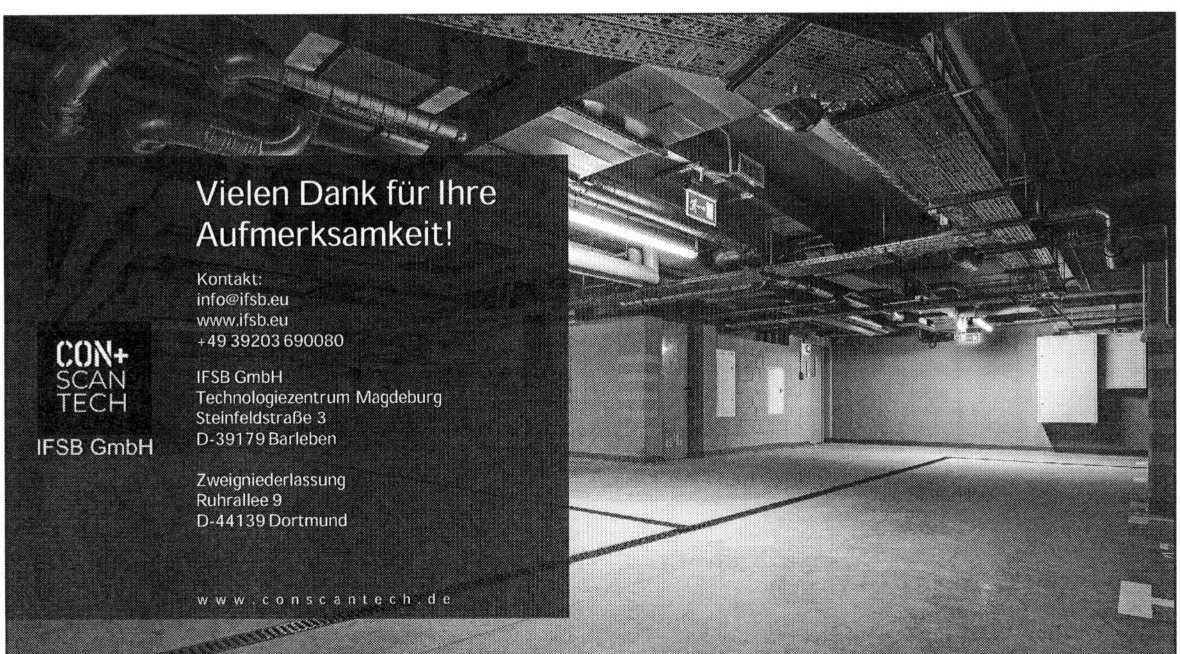

64

Künstliche Intelligenz in der ZfP - Welchen Beitrag kann KI in der ZfP leisten?

Constanze TSCHÖPE [1], Maximilian Mühle[1], Yong Chul Ju[1], Ivan Kraljevski[1], Matthias WOLFF [2]
[1] Fraunhofer IKTS, Dresden
[2] Brandenburgische Technische Universität, Cottbus-Senftenberg

Kontakt E-Mail: constanze.tschoepe@ikts.fraunhofer.de

Kurzfassung

Künstliche Intelligenz zieht derzeit in alle Bereiche der Gesellschaft und des Lebens ein. Aber welchen Stellenwert hat sie momentan auf dem Gebiet der zerstörungsfreien Prüfung? Was kann KI leisten? Welche Herausforderungen müssen erfolgreich bewältigt werden? Gibt es das eine KI-Verfahren, welches prinzipiell für ZfP geeignet ist?

Bei der Bauteil- und Materialprüfung während und unmittelbar nach der Herstellung, der Überwachung von Verschleißteilen in Maschinen und Anlagen oder der Schadensdetektion an Bauteilen und Komponenten liefern ZfP-Verfahren Daten, die bewertet werden müssen. Obwohl inzwischen sehr leistungsfähige Toolkits verfügbar sind, erfordert der optimale Einsatz der KI für ein ZfP-Verfahren oftmals mehr. Die meisten Kunden möchten nicht nur eine Lösung ihres Problems; sie wollen verstehen, warum die KI so und nicht anders entschieden hat, warum der Klassifikator das Bauteil einer bestimmten Klasse (z. B. gut/schlecht oder neuwertig/verschlissen/defekt) zugewiesen hat. Abhängig von der Klassifikationsaufgabe sowie der Art und der Anzahl der vorliegenden Daten kann ein geeignetes Verfahren bestimmt werden. Mit Methoden des maschinellen Lernens werden Modelle gebildet, welche die Basis für die KI-Verfahren zur Klassifikation bilden.

Der Beitrag liefert einen Überblick über KI-Verfahren und deren Anwendungen in der zerstörungsfreien Prüfung. Zahlreiche Beispiele und Ergebnisse werden vorgestellt, um die Mannigfaltigkeit des Einsatzes in der ZfP und der bestehenden Möglichkeiten zu demonstrieren.

Künstliche Intelligenz in der ZfP – Welchen Beitrag kann KI in der ZfP leisten?

Constanze Tschöpe[1], Maximilian Mühle[1], Yong Chul Ju[1], Ivan Kraljevski[1], Matthias Wolff[2]

[1] Fraunhofer IKTS, Dresden, [2] Brandenburgische Technische Universität, Cottbus-Senftenberg

Fraunhofer IKTS

KÜNSTLICHE INTELLIGENZ IN DER ZFP

Gliederung

- Einsatz künstlicher Intelligenz
- KI-Verfahren
- Anwendungsbeispiele
- Herausforderungen

b-tu Brandenburgische Technische Universität Cottbus - Senftenberg | Fraunhofer IKTS

KÜNSTLICHE INTELLIGENZ IN DER ZFP

Gliederung

- Einsatz künstlicher Intelligenz
- KI-Verfahren
- Anwendungsbeispiele
- Herausforderungen

EINSATZ KÜNSTLICHER INTELLIGENZ IN DER INDUSTRIE

Bauteilprüfung	Vorausschauende Instandhaltung	Maschinen-steuerung	Assistenzsysteme/ kogn. Schnittst.
		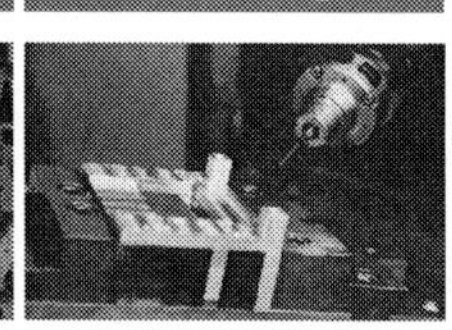	
Autonomes Fahren/Fliegen	Data Analytics & Digital Twins	Cobotik	Prozess-/Entwurfs-optimierung
		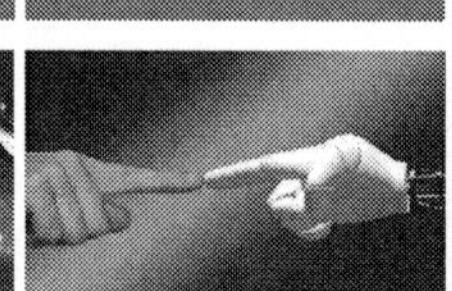	

Fotos: Adobe Stock, Pixabay

KÜNSTLICHE INTELLIGENZ IN DER ZFP

Gliederung

- Einsatz künstlicher Intelligenz
- KI-Verfahren
- Anwendungsbeispiele
- Herausforderungen

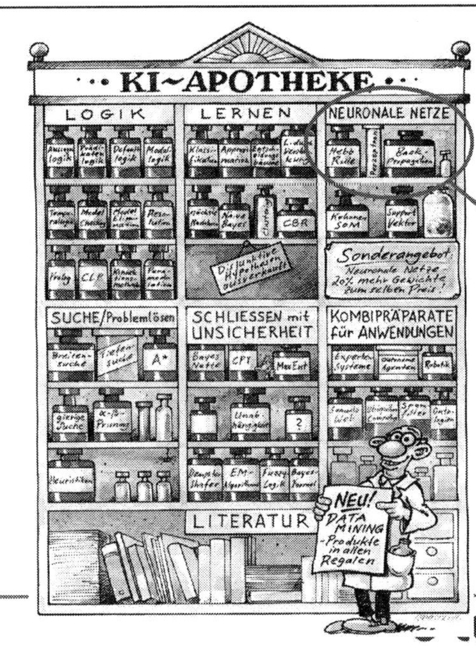

Neuronale Netze, Deep Learning

Quelle: Mast, 2007

Brandenburgische Technische Universität Cottbus - Senftenberg
Fraunhofer IKTS

KI-VERFAHREN

Künstliche Neuronale Netze	Entscheidungsbäume	Folgen-modelle	Supportvektor-maschinen

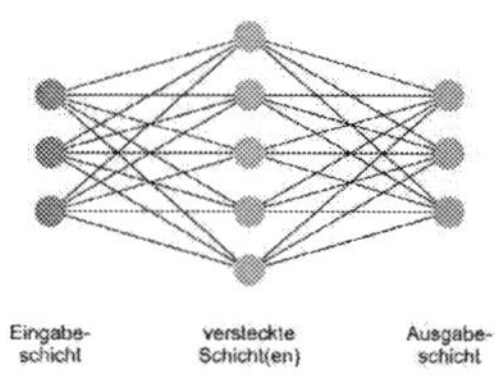

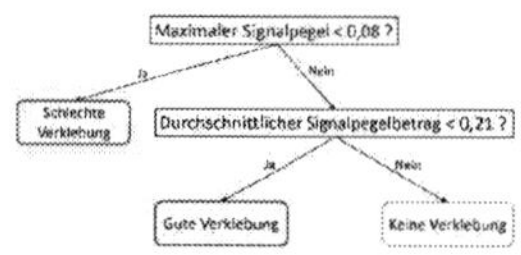

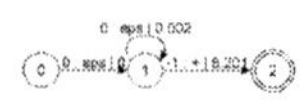

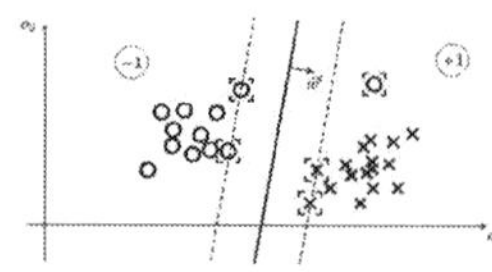

KÜNSTLICHE NEURONALE NETZE

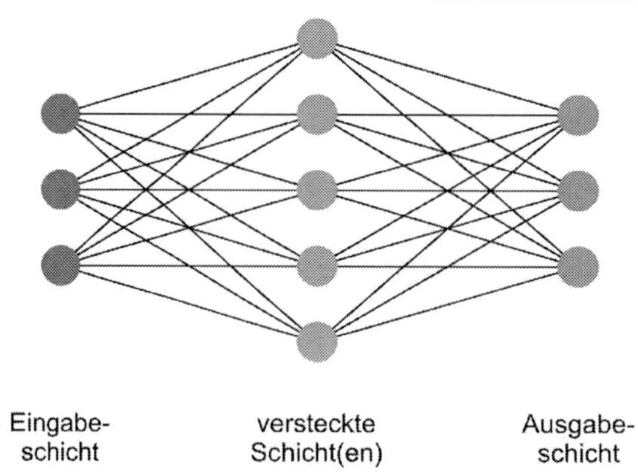

Brandenburgische Technische Universität Cottbus - Senftenberg
Fraunhofer IKTS

KÜNSTLICHE NEURONALE NETZE

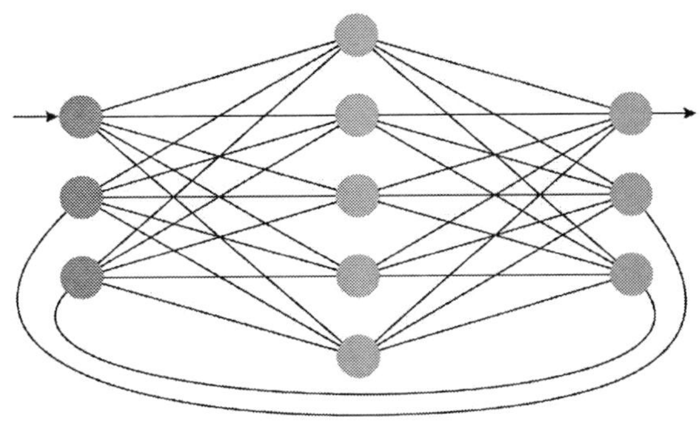

Eingabe-schicht | versteckte Schicht(en) | Ausgabe-schicht

KÜNSTLICHE NEURONALE NETZE

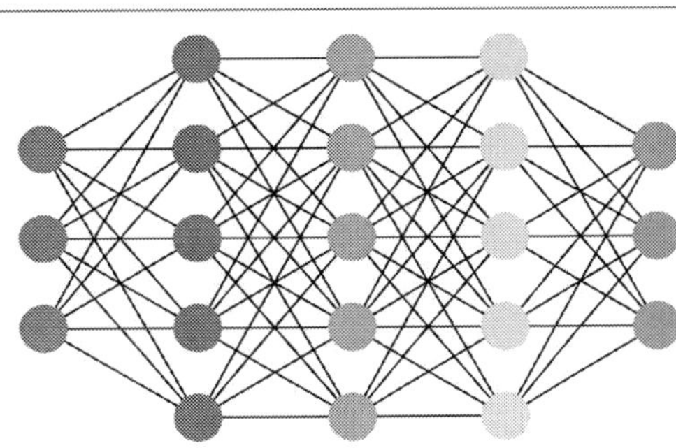

Eingabe-schicht | versteckte Schichten >2: „tiefes“ neuronales Netz | Ausgabe-schicht

KÜNSTLICHE NEURONALE NETZE

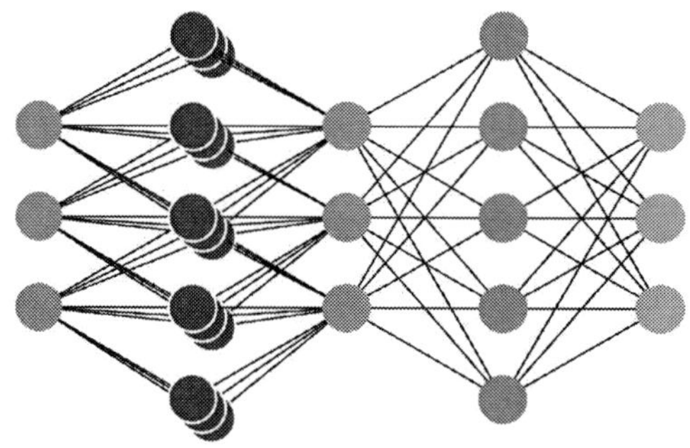

KI-VERFAHREN

Künstliche Neuronale Netze	Entscheidungsbäume	Folgen-modelle	Supportvektor-maschinen

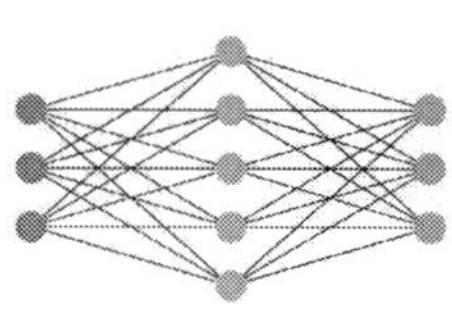

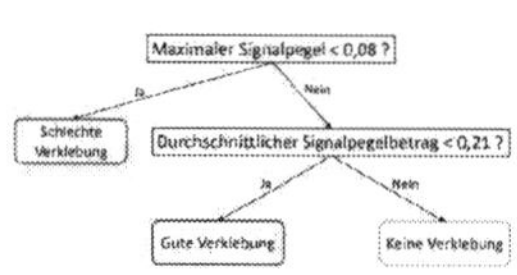

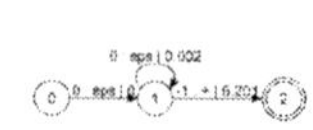

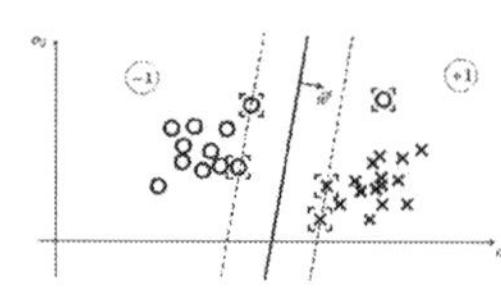

© Fraunhofer

b-tu Brandenburgische Technische Universität Cottbus - Senftenberg
Fraunhofer IKTS

ENTSCHEIDUNGSBÄUME

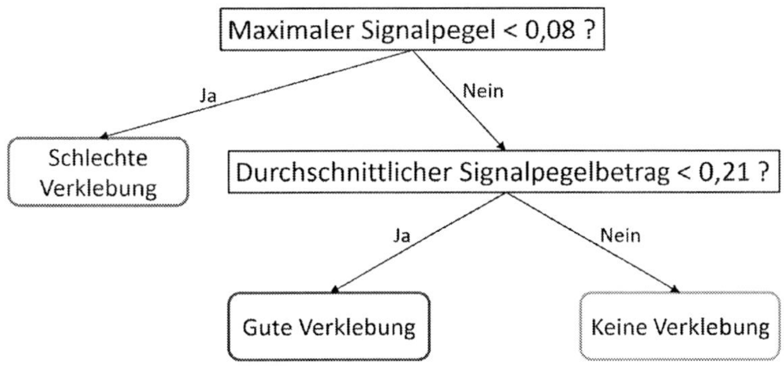

© Fraunhofer

Brandenburgische Technische Universität Cottbus - Senftenberg

Fraunhofer IKTS

KI-VERFAHREN

Künstliche Neuronale Netze	Entscheidungsbäume	Folgen-modelle	Supportvektor-maschinen

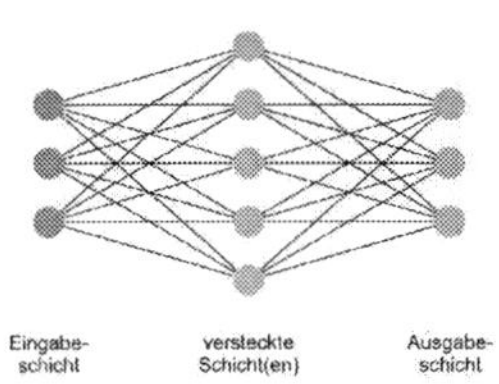

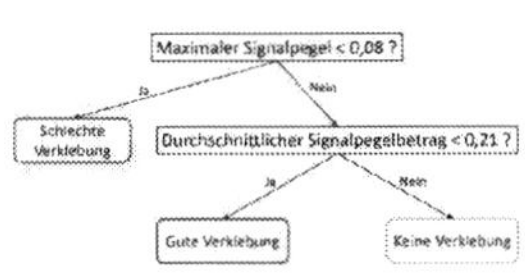

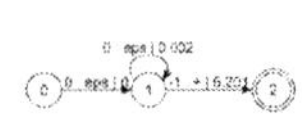

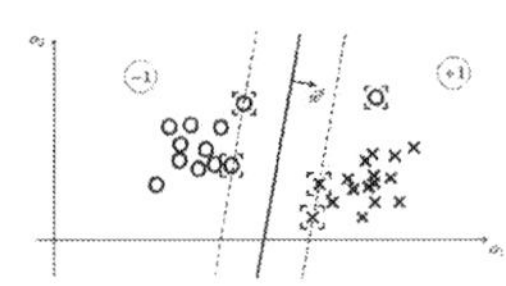

© Fraunhofer

Brandenburgische Technische Universität Cottbus - Senftenberg

Fraunhofer IKTS

FOLGENMODELLE

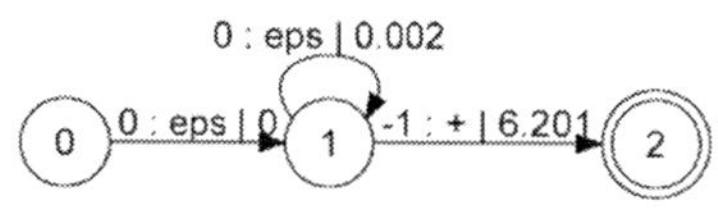

FOLGENMODELLE

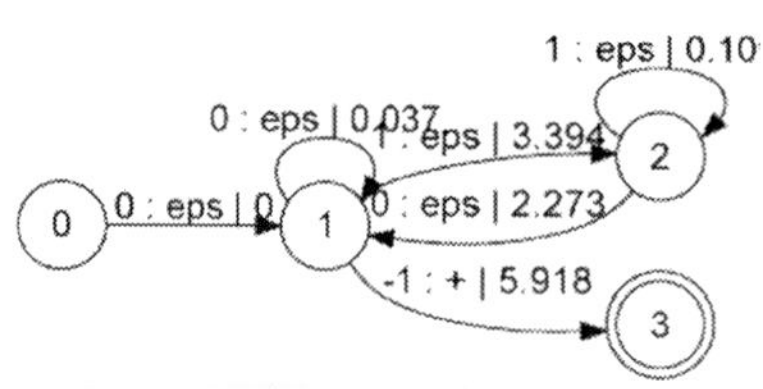

FOLGENMODELLE

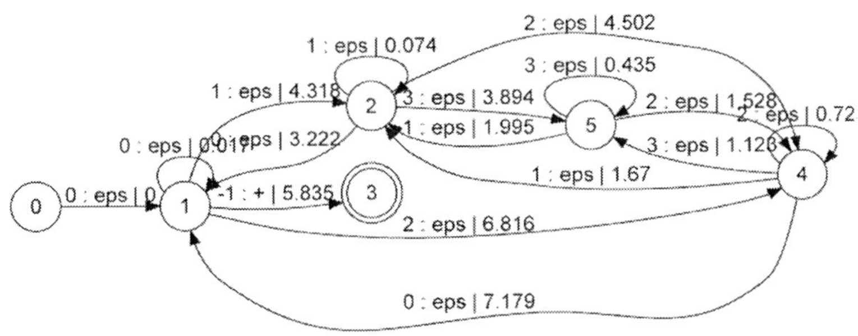

FOLGENMODELLE

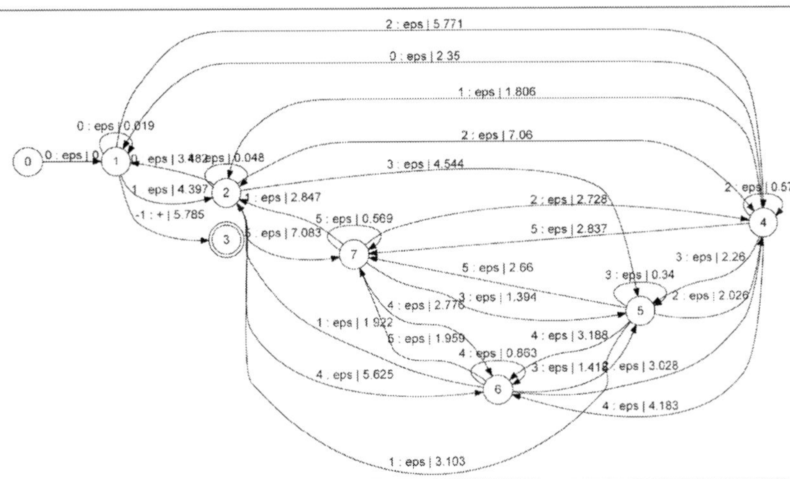

FOLGENMODELLE

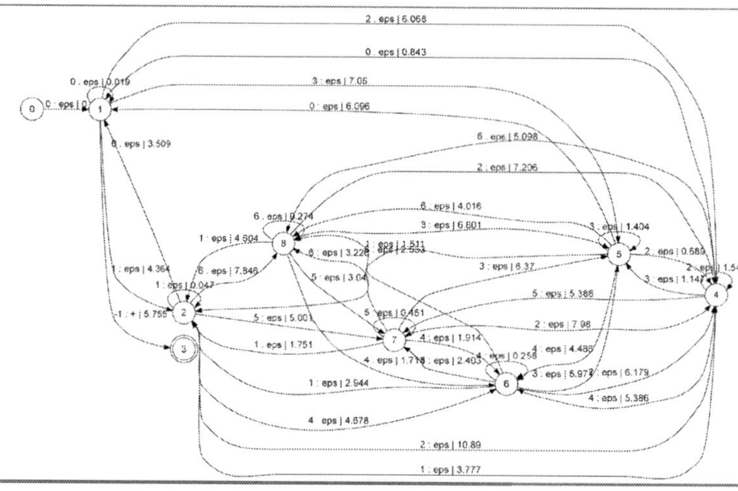

b-tu Brandenburgische Technische Universität Cottbus - Senftenberg

Fraunhofer IKTS

FOLGENMODELLE

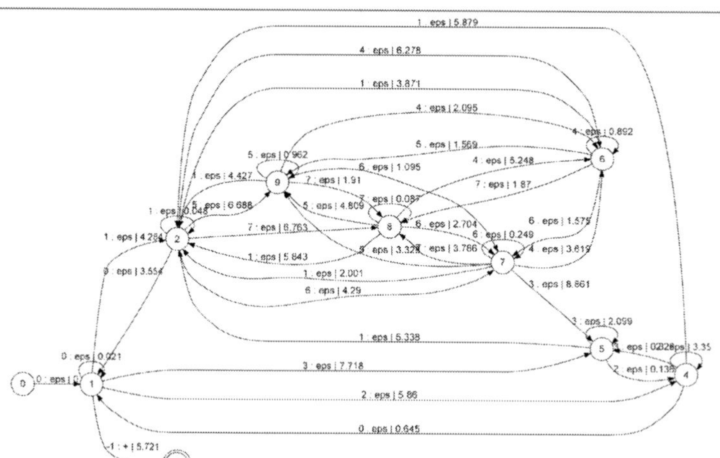

b-tu Brandenburgische Technische Universität Cottbus - Senftenberg

Fraunhofer IKTS

FOLGENMODELLE

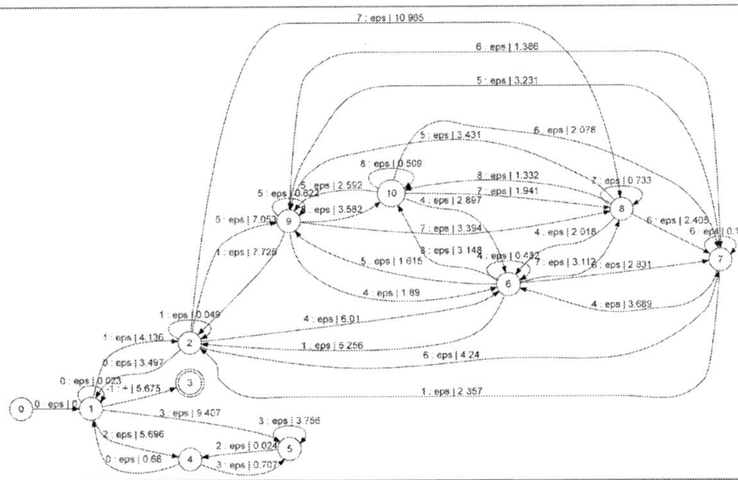

KI-VERFAHREN

Künstliche Neuronale Netze	Entscheidungsbäume	Folgen-modelle	Supportvektor-maschinen

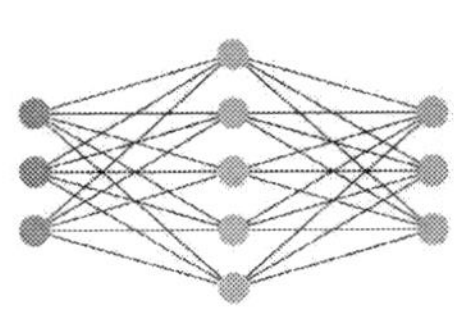

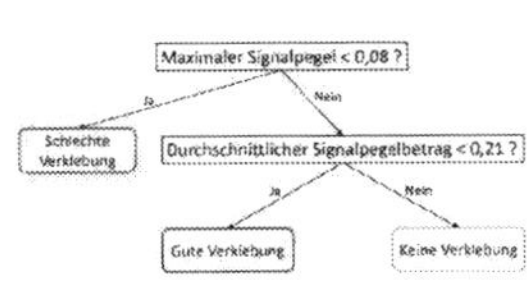

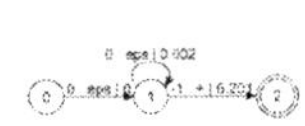

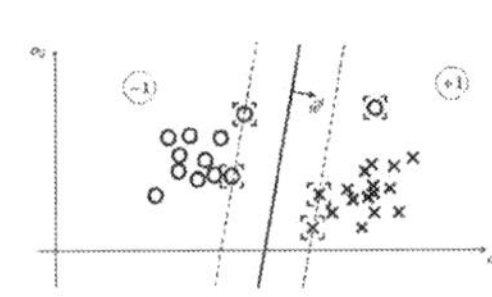

SUPPORTVEKTORMASCHINEN

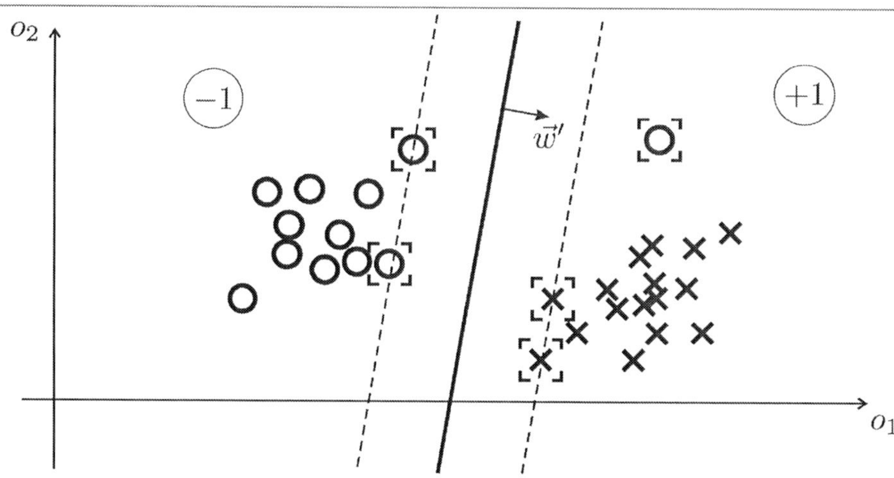

Quelle: R. Hoffmann, M. Wolff: Intelligente Signalverarbeitung 2: Signalerkennung, 2. Auflage. Springer Vieweg, 2015. ISBN 978-3-662-46725-1.

KÜNSTLICHE INTELLIGENZ IN DER ZFP

Gliederung

- Einsatz künstlicher Intelligenz
- KI-Verfahren
- Anwendungsbeispiele
- Herausforderungen

PROJEKTBEISPIELE I
Qualitätskontrolle von Zahnrädern für den Automobilbau
Restlebensdauer von Magnetventilen anhand der Schaltgeräusche
Riss- und Impakterkennung an Flugzeugmaterialien
Fehlerfrüherkennung an Walzen und Spinnmaschinen
Detektion von Schwachstellen in Textilnähten
Sprachsteuerung für Mess- und Prüfgeräte
Automatisierte Weichheitsprüfung von Papier anh. der Reißgeräusche
automatische Schädlingserkennung, z. B. in Getreidespeichern
Blutzuckererkennung aus der Stimme
Spracherkennung für medizinische Texte
Fotos: Adobe Stock, Pixabay
Brandenburgische Technische Universität Cottbus - Senftenberg
Fraunhofer
IKTS

PROJEKTBEISPIELE II
Miniaturisiertes System zur intelligenten Signalverarbeitung
Universal Cognitive User Interface
Automatische Überwachung von Kompressoren
Entwicklung von Lebenszyklustechnologien für Batterien
Klanganalyse für keramische Bauteile
NEU
KI-Regelung von Biogasanlagen
NEU
Entwicklung datenbasierter Services für Industrieprozesse
NEU
Obersorbische Spracherkennung
NEU
Risserkennung in Glasflaschen
NEU
Dig. Zwillinge für Prozessoptimierung & voraus. Instandhaltung
Fotos: Adobe Stock, Pixabay, Sorbisches National-Ensemble
Brandenburgische Technische Universität Cottbus - Senftenberg
Fraunhofer
IKTS

ZAHNRADPRÜFUNG (ANOMALIEDETEKTION)

gesintertes Zahnrad

Y. C. Ju, I. Kraljevski, C. Tschöpe, F. Duckhorn, M. Wolff. Acoustic Resonance Testing of Gear Wheels. In Preparation.

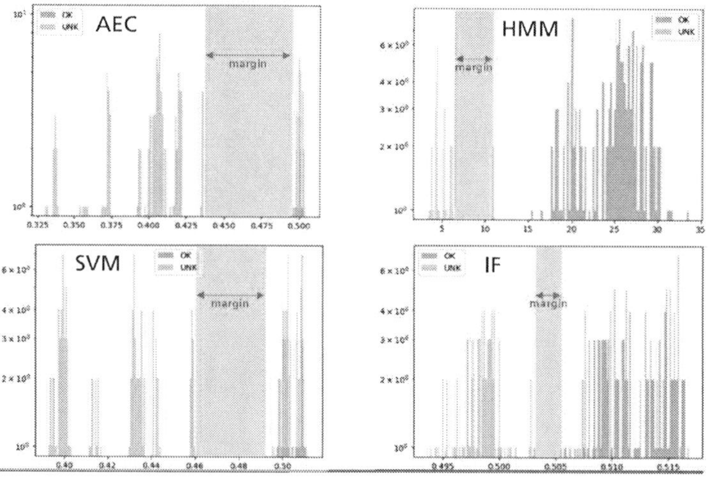

© Fraunhofer

b-tu Brandenburgische Technische Universität Cottbus - Senftenberg

Fraunhofer IKTS

ANOMALIEDETEKTION AN FLUGZEUGMATERIALIEN

Aluminiumplatte

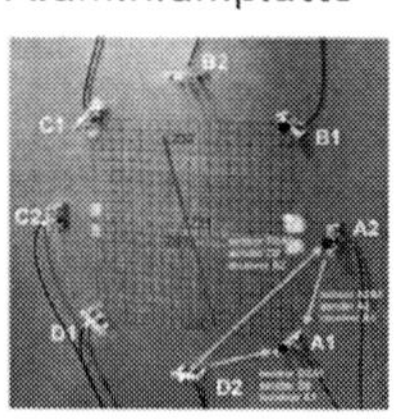

CFK-Platte

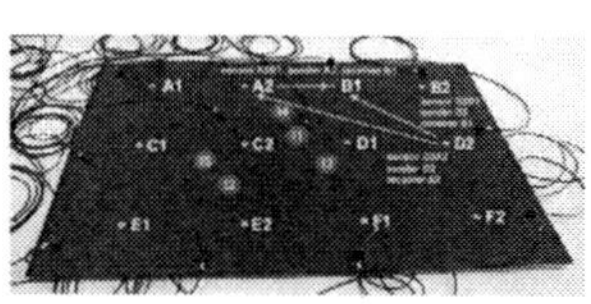

Klassifikatorvergleich

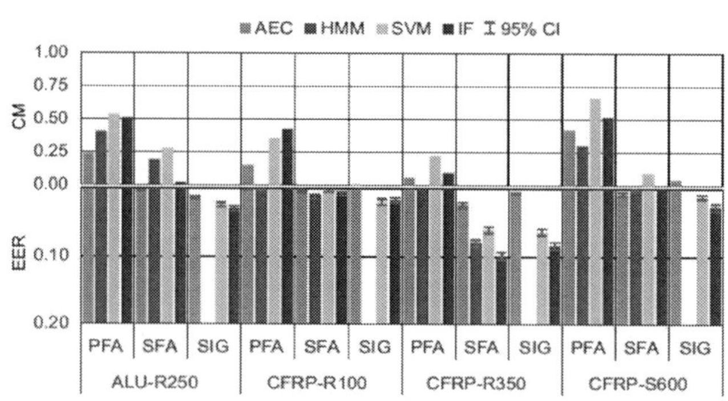

I. Kraljevski, F. Duckhorn, C. Tschöpe, M. Wolff. Machine Learning for Anomaly Assessment in Sensor Networks for NDT in Aerospace. In: IEEE Sens J, 21(9):11000-11008, 2021, doi: 10.1109/JSEN.2021.3062941.

© Fraunhofer

b-tu Brandenburgische Technische Universität Cottbus - Senftenberg

Fraunhofer IKTS

KÜNSTLICHE INTELLIGENZ IN DER ZFP

Gliederung

- Einsatz künstlicher Intelligenz
- KI-Verfahren
- Anwendungsbeispiele
- Herausforderungen

HERAUSFORDERUNGEN

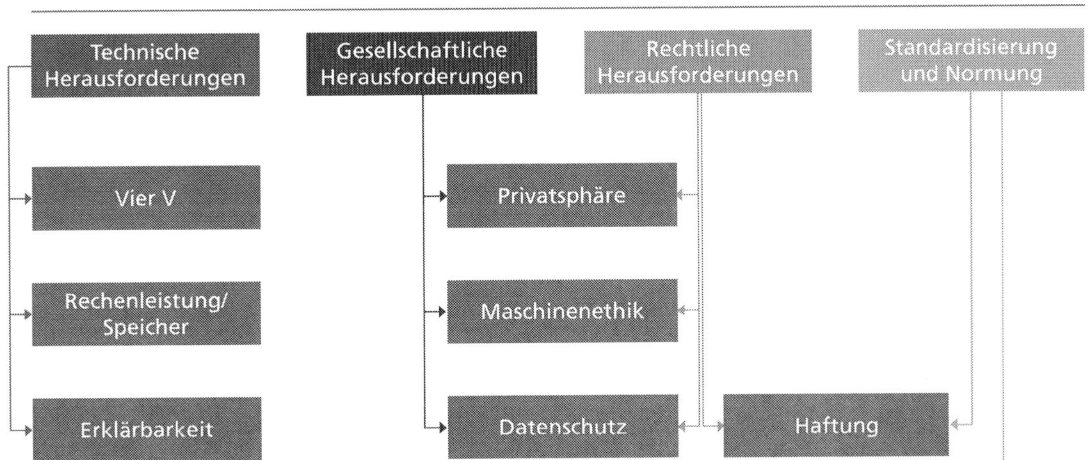

VIELEN DANK FÜR IHRE AUFMERKSAMKEIT

Kontakt:
Constanze Tschöpe
Fraunhofer IKTS
Maria-Reiche-Straße 2
01109 Dresden
Tel. 0351 888 15 522

Fraunhofer-Projektgruppe
„Kognitive Materialdiagnostik"
an der BTU Cottbus-Senftenberg
Siemens-Halske-Ring 14
03046 Cottbus
constanze.tschoepe@ikts.fraunhofer.de

- Broschüre „Akustische Diagnose"
- Whitepaper „Akustische Mustererkennung"

© Fraunhofer

b-tu Brandenburgische Technische Universität Cottbus - Senftenberg

Fraunhofer IKTS

Effizientere Prozesse in der Röntgenprüfung – Schneller und sicherer prüfen mittels KI-Assistenz

Christian ELS[1]
[1] sentin GmbH, Bochum

Kontakt E-Mail: christian.els@sentin.ai

Kurzfassung

Fokus des Vortrags ist die sentin Weld-ADR (Automatic Defect Recognition) Technologie, welche im Rahmen eines Entwicklungsprojekts der sentin GmbH mit Industriepartnern entwickelt wurde. Hierbei handelt es sich um ein auf künstlicher Intelligenz beruhendes System zur automatischen Erkennung typischer Fehlstellen auf Röntgenbildern von Schweißnähten.

Das KI-Modell hinter sentin Weld-ADR wird durch sogenanntes Transfer-Learning trainiert. Untersuchungen haben gezeigt, dass das neuronale Netzwerk so eine hierarchische Erkennung visueller Merkmale erlernt, die bei fast allen Aufgaben im Bereich der Bilderkennung bedingt, dass wesentlich kleinere Datensätze zum Trainieren verwendet werden können.

Neben der benötigten Datenmenge zum Antrainieren des Modells, sind die für ZfP-Anwendungen charakteristischen großen und hochauflösenden Bilder, auf denen teilweise sehr kleine Merkmale erkannt werden müssen, eine große Herausforderung. Um dieser zu begegnen, wurde für das Training und die spätere Inferenz im Produktivbetrieb eine eigene Cropping-Methode entwickelt. Diese erlaubt eine Analyse der Bilder ohne jeglichen Qualitätsverlust und ermöglicht damit die Erkennung verschieden großer Fehlermerkmale.

Die ADR-Technologie wurde in Kombination mit einem Assistenzsystems samt Nutzer-Interface entwickelt. Dieses basiert auf modernen Bedienkonzepten aus dem Bereich der Web-Technologien. Ein wichtiger Vorteil ist hier die flexible Integration in alle Betriebssysteme. Die sentin Weld-ADR Technologie kann per Software-as-a-Service entweder als Standalone-Version zur Auswertung von Bilddateien oder in digitale ZfP-Bildverwaltungssoftware eingebunden werden.

Durch die softwaregestützte Auswertung der Bilder wird der Prozess der Aufnahme und der Bewertung entkoppelt. Der Prüfer wird durch das System bei der Lokalisierung und Klassierung von Fehlern unterstützt. In zeitkritischen Anwendungen kann zudem eine Vorsortierung vorgenommen werden, sodass fehlerhafte Stellen schnell befundet und Instandsetzungsarbeiten angestoßen werden können.

Automatische und auf Merkmalserkennung basierende Auswertung von C-Scans bei der bildgebenden Wirbelstromprüfung

Aschwin GOPALAN [1]
[1] Rohmann GmbH, Frankenthal

Kontakt E-Mail: gopalan@rohmann.de

Kurzfassung

Bei der Wirbelstromprüfung von komplexen Teilen ist es üblich, die Prüfdaten als zweidimensionales C-Scan-Bild zu erfassen. Moderne Merkmalserkennungsverfahren werden hier auf die erstellten C-Scans angewendet, um eine Reihe von auftretenden Problemen effizient und sicher zu lösen. Einerseits können Signale, die aus vorhandenen Bauteilgeometrien resultieren, sehr trennscharf ausgeblendet und somit auch Fehlerstellen nahe dieser Störgeometrie sicher erkannt werden. Andererseits kann die Merkmalserkennung für die automatische Validierung der Prüfung an Referenzteilen eingesetzt werden, indem die Anzahl, Ausprägung, relative Position und Signalamplituden der zu erwartenden Anzeigen der Referenzfehler automatisch erfasst und bewertet werden.

Praktischerweise können beide Anwendungen unabhängig von der Teileorientierung (z.B. Winkelpositionierung von rotierenden Teilen) eingesetzt werden, was die Anforderungen an die Prüfmaschine bzw. deren Beladung stark reduziert.

In Zusammenhang mit geschwindigkeitsunabhängigen Filteralgorithmen und einer kurvenbasierten Kompensation des Lift-off-Effektes kann so mit geringem manuellem Eingriff eine große Zahl von unterschiedlichen Teilen, z.B. in der Wälzlagerindustrie, automatisch geprüft werden. Die gewonnenen Prüfergebnisse werden automatisiert an die übergeordneten Qualitätssysteme übergeben und dann unmittelbar dem geprüften Teil zugeordnet.

Modernisierte Ultraschallanlage für längsnahtgeschweißte Großrohre und der Weg zu NDE4.0

Marcel CEMBROWSKI [1], Patrick LABUD [1], David KRIX [1], Oliver NEMITZ [1], Thomas ORTH [1], Till SCHMITTE [1], Ludwig OESTERLEIN [2], Marcel WADAS [2]
[1] Salzgitter Mannesmann Forschung GmbH, Duisburg
[2] EUROPIPE GmbH, Mülheim an der Ruhr

Kontakt E-Mail: p.labud@du.szmf.de

Kurzfassung

Leitungsrohre aus Stahl werden für den Transport von Öl oder Gas über große Entfernungen durch On- und Offshore-Pipelines verwendet. Aufgrund der Produktion müssen längsnahtgeschweißte Stahlrohre in großen Mengen pro Tag hergestellt werden, um eine kontinuierliche Versorgung der Rohrverlegeunternehmen mit Rohren zu gewährleisten. Gleichzeitig werden durch Normen und Kundenanforderungen hohe Anforderungen an die Qualitätskontrolle gestellt.

Beide Randbedingungen führen zu der Notwendigkeit hochautomatisierter Prüfsysteme, die vollständig in die Produktionsschritte integriert sind und Risiken für Engpässe im Produktionsablauf vermeiden, aber gleichzeitig eine sehr zuverlässige Prüfung zur Erfüllung der Kundenanforderungen bieten. In diesem Beitrag soll als umgesetztes Beispiel das kürzlich modernisierte Ultraschall-Prüfsystem (Ultraschall-Abnahmeprüfung) der Firma EUROPIPE (Mülheim an der Ruhr) vorgestellt werden, das konsequent die Phased-Array-Technik sowohl für die Längs- als auch Querfehlerprüfung einsetzt. Außerdem zeichnet sich das Bedienkonzept der Anlage durch eine ergonomische Software und der Möglichkeit mechanische wie ultraschalltechnische Einstelldaten zu speichern und zu laden aus, um die Umbauzeiten deutlich reduzieren zu können.

Mit dieser Modernisierung sind Aspekte für Industrie 4.0, respektive NDE4.0, bereits realisiert worden oder können noch in das System eingebracht werden. Es wird vorgestellt welche Aspekte das sind und welche Hürden bei der vollständigen Umsetzung zu einem Gesamtsystem 4.0 zu überwinden sind.

SALZGITTER MANNESMANN FORSCHUNG
Ein Unternehmen der Salzgitter Gruppe

EUROPIPE

Modernisierte Ultraschallanlage für längsnahtgeschweißte Großrohre und der Weg zu NDE4.0

M. Cembrowski, P. A. Labud, D. Krix, O. Nemitz, T. Orth, T. Schmitte, L. Oesterlein, M. Wadas

DGZfP-Jahrestagung, 10./11. Mai 2021

Session 6 – V23

1

Modernisierte Ultraschallanlage und der Weg zu NDE4.0

SALZGITTER MANNESMANN FORSCHUNG
Ein Unternehmen der Salzgitter Gruppe

Fragestellung und Motivation

- Die bisherige Ultraschallanlage US2 (Abnahmeprüfung expandierter Rohre) des Rohrherstellers EUROPIPE sollte nach 12 Jahren modernisiert und erweitert werden
- Die Anforderungen von EUROPIPE an die neue Anlage waren:
  - Prüfung des Schweißnahtvolumens in zwei Richtungen auf Längs- und Querfehler; max. 90s je Rohr
  - Phased-Array-Prüftechnik und konventionelle Technik mit verlustarmer Elektrotechnik
  - Querfehlerprüfung für Nahtbereich und Wärmeeinflusszone
  - ungeprüftes Rohrende max. 10 mm für LF und max. 2xWanddicke für QF
  - ergonomische Software
  - effizientes Bedienkonzept: Neu-Umbau in 45 min; Wiederholungsumbau in 15 min
  - mobiles, drahtloses Bedienpanel

Folie 2 11.05.2021 SZMF-EDZ

2

Modernisierte Ultraschallanlage und der Weg zu NDE4.0

bisherige US2

SALZGITTER MANNESMANN FORSCHUNG
Ein Unternehmen der Salzgitter Gruppe

- **Schweißnahtprüfung mit konventioneller Technik, zwei Ebenen mit Phased-Array-Technik**
- **8 Längsfehlerebenen + Querfehlerebenen, Sondierung der Wärmeeinflusszone**
- **Umfangsposition via Druckluftschrauber einstellbar**
- **Vor-Ort-Bedienpanel**

Folie 3 11.05.2021 SZMF-EDZ

3

Modernisierte Ultraschallanlage und der Weg zu NDE4.0

Anlagenkonzept – ZfP-Anteil

SALZGITTER MANNESMANN FORSCHUNG
Ein Unternehmen der Salzgitter Gruppe

- **6 Längsfehler- und 2 Querfehlerebenen**
  - je 2 **Phased-Array**-Prüfköpfe à 32 Elemente
- **zusätzliche Prüfmöglichkeiten**
  - an 3 Längsfehlerebenen kann **konventionelle** Technik eingesetzt werden
  - eine Längsfehlerebene ist für **Tandem-Phased-Array-Längsfehlerprüfung** vorbereitet (in der Erprobung)
- **Phased-Array-System**
  - 9x Ultraschallgeräte mit je 64 Kanälen → **576 Kanäle**
  - Prüfschüsse sind synchronisiert und parallel, fünf Prüfwinkel je Prüfkopf
  - **Prüfgeschwindigkeit** bis 700 mm/s bei einer Abtastung von 0,5 mm (max. Prüfgeschwindigkeit abhängig von Wanddicke, Winkelauswahl und -anzahl)
  - **Kalibrierung** der Elektronik automatisiert
- **Phased-Array-Prüfköpfe**
  - per **CIVA-Simulation** auf das Produktportfolio von EUROPIPE angepasst
- Mobiles Bedienteil (Tablet) zum Einstellen der Anlage vor Ort
- Bedienkonzept mit intuitiven Hilfen, um Umbauzeiten zu reduzieren
- präzises automatisiertes Anfahren von Testfehlern

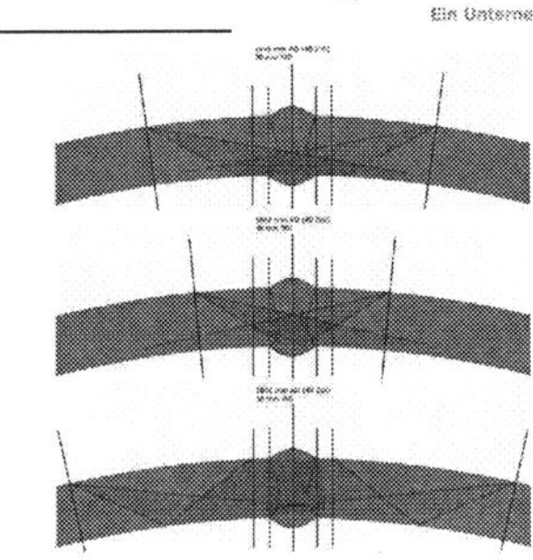

IE & Tandem-on-bead: seitliche Ansicht

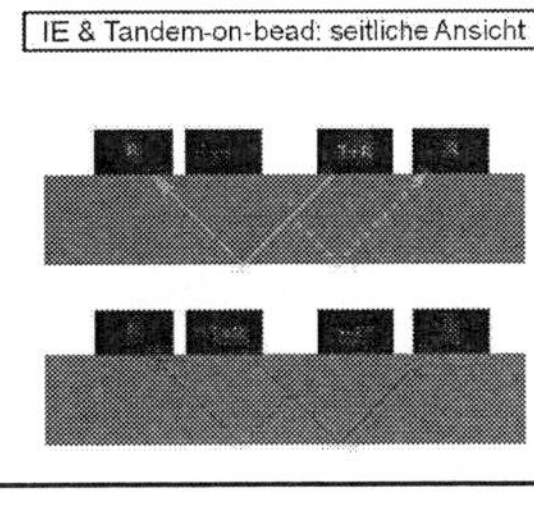

IE & Tandem-on-bead: Draufsicht

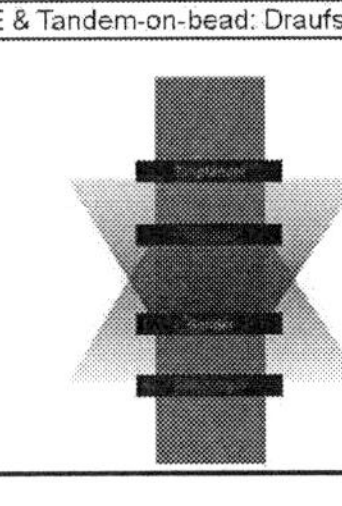

Folie 4 11.05.2021 SZMF-EDZ

4

Modernisierte Ultraschallanlage und der Weg zu NDE4.0

Querfehlerprüfung
Sondierung der Wärmeeinflusszone der Schweißnaht

SALZGITTER MANNESMANN FORSCHUNG
Ein Unternehmen der Salzgitter Gruppe

- **Phased-Array-Prüfkopf: Elemente quer zur Naht aneinandergereiht**
- **Schallimpulsschwenkbarkeit in Nahtrichtung und Wärmeeinflusszone**
- **Im Einstellmodus**
  - gesamter Sektorscan zur Auswahl von Schwenkwinkeln für den Prüfmodus
- **Im Prüfmodus**
  - ausgewählte Prüfwinkel
- **C-Scan: Demonstration der Sondierbarkeit der Wärmeeinflusszone**
  - 3 Durchgangsbohrungen: Nahtmitte (orangene Linie), sowie links und rechts neben Nahtmitte

IE & Tandem-on-bead: seitliche Ansicht

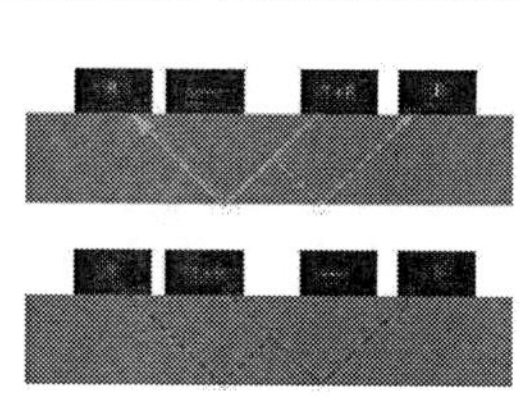

IE & Tandem-on-bead: Draufsicht

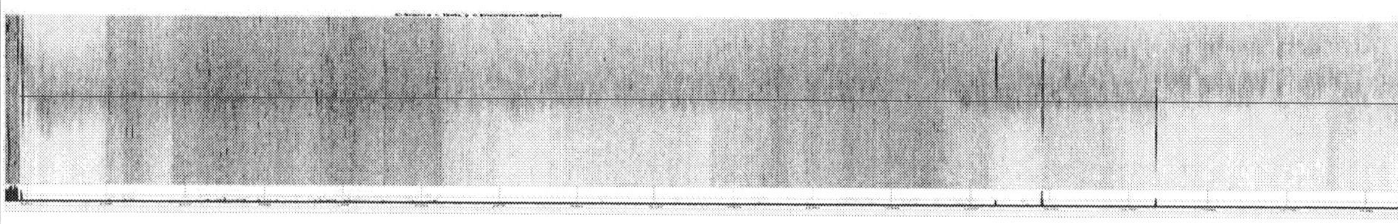

Folie 5 11.05.2021 SZMF-EDZ

5

Modernisierte Ultraschallanlage und der Weg zu NDE4.0

Anlagenkonzept – ZfP-Anteil

SALZGITTER MANNESMANN FORSCHUNG
Ein Unternehmen der Salzgitter Gruppe

- **Software aus eigener Entwicklung; maßgeschneidert auf die Kundenanforderung - MESUSpro PA**
  - Kommunikation mit dem werkübergreifenden Produktionssystem (Informationen über zu prüfende Rohre bekommen, Ergebnisse an dieses System senden)
  - ergonomische GUI
  - Grundeinstellung des Auftrages übersichtlich dargestellt
  - Ebenenweise Einstellungen (kopierbar innerhalb einer Ebene): Winkel, Amplitude, Blende, Schwellen, Fehlerlänge, Umfangsposition, Testfehler
  - Testfehler direkt anfahrbar
  - Digitales Sichtteil, A-Scan, Sektor-Scan
  - Testfehlerliste
  - Übersichtliche Darstellung der Gesamteinstellung
  - Prüfmode mit A-Scans und PRG-Schrieben live, schnelle Auswertung und Ergebnisübermittlung an das Produktionssystem
  - manuelle Einstelldaten, Einstelldaten Los, frühere Prüfergebnisse (PRG-Schriebe und verschiedene Protokollstufen) aufrufbar
  - Statistikauswertung zu den geprüften Rohren

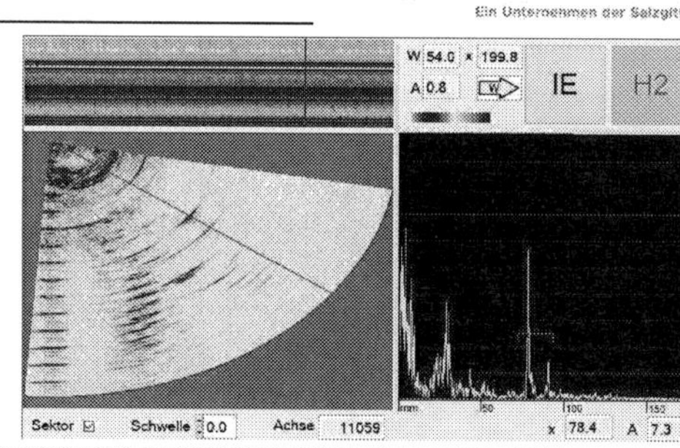

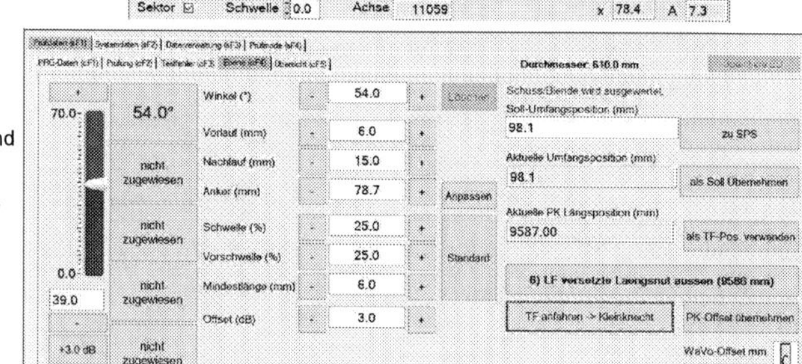

6

Modernisierte Ultraschallanlage und der Weg zu NDE4.0

Software – Prüfergebnis Testrohr und Protokollierung

SALZGITTER MANNESMANN FORSCHUNG
Ein Unternehmen der Salzgitter Gruppe

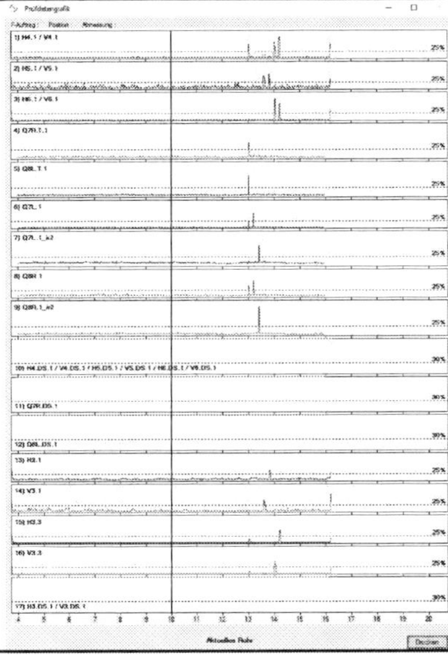

US2_EDM
Europipe GmbH, Mülheim

MESUSpro-PA
SZMF GmbH

Testrohr-Protokoll detailliert

- Kunde : [redacted]
- Auftrag : 4588010
- Startdatum : 30.09.2020 08:32:38
- Produktions-Nr. : 710119
- Abmessung [mm] : [redacted]
- Werkstoff : [redacted]
- Prüfart : [redacted]
- Prüfer
- Schicht : 08:32:38

	LF vorne						LF hinten						QF Nord		QF Süd	
Ebene	V1	V2	V3	V4	V5	V6	H1	H2	H3	H4	H5	H6	Q7L (IE) BL1/2	Q7R (TD)	Q6L (TD)	Q8R (IE) BL1/2
W1.KK W1 W2 W3 W4 W5			StB/ 60.0 vLNa/ 56.0 vLNi/ 70.0	StB/ 0.0 DB/ 0.0	StB/ 0.0 vLNa/ 0.0	StB/ 0.0 vLNi/ 0.0			StB/ 60.0 vLNa/ 56.0 vLNi/ 70.0	StB/ 0.0 DB/ 0.0	StB/ 0.0 vLNa/ 0.0	StB/ 0.0 vLNi/ 0.0	StB/ 0.0 QNa/ 0.0	StB/ 0.0 DB/ 0.0	StB/ 0.0 DB/ 0.0	StB/ 0.0 QNa/ 0.0
Abschnitt	L & A	L & A	L & A	L & A	L & A	L & A	L & A	L & A	L & A	L & A	L & A	L & A	L & A	L & A	L & A	L & A
0. 10 – 33 (3742 – 3765) StB				23 75					7 37 10 31	21 50	16 45					
1. 9284 – 9310 (13016 – 13042) DB				10 45						10 47				6 63	8 100	8 40 / 0 0
2. 9489 – 9496 (13221 – 13228) QNa													8 59 / 0 0			8 50 / 0 0
3. 9684 – 9701 (13416 – 13433) QNi													0 0 / 12 62			0 0 / 14 93
4. 9884 – 9922 (13616 – 13654) vLNa			25 44		35 40											

30.09.2020 08:32:43 Prüfergebnisse (LOS: 5F741D5A, Startzeit: 30.09.2020 07:53:30) 1

7

Modernisierte Ultraschallanlage und der Weg zu NDE4.0

CIVA-Simulationen zur Optimierung der Prüfkopfparameter

SALZGITTER MANNESMANN FORSCHUNG
Ein Unternehmen der Salzgitter Gruppe

- **Optimierung der Prüfkopfparameter durch CIVA-Simulationen**
- **Beispiel hier: anhand Durchgangsbohrung**
- **Mittenfrequenz: 4 MHz**
- **Elemente 32**
- **pitch = 0,4 mm**

CIVA-Simulation

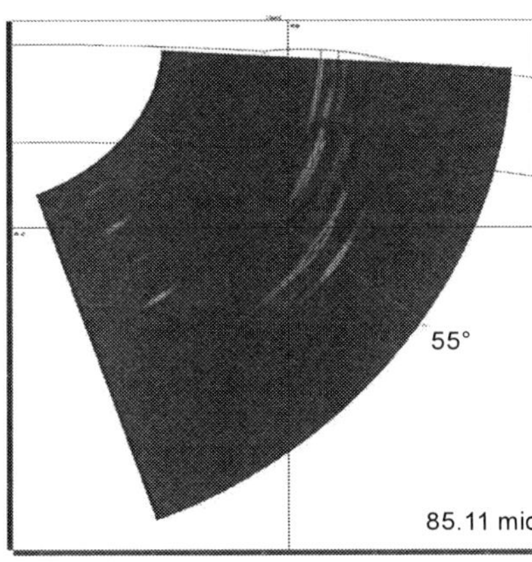

Messung

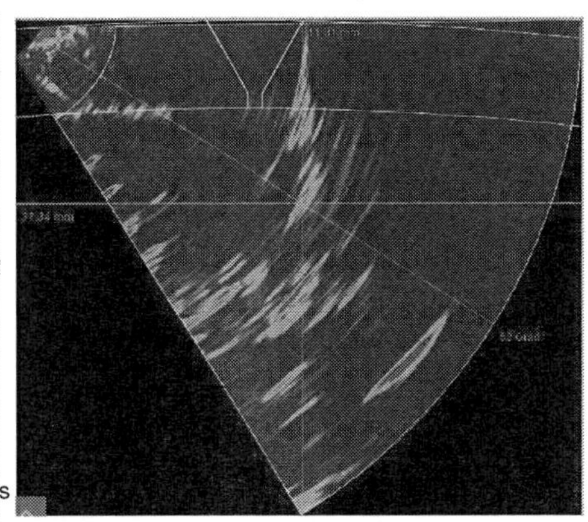

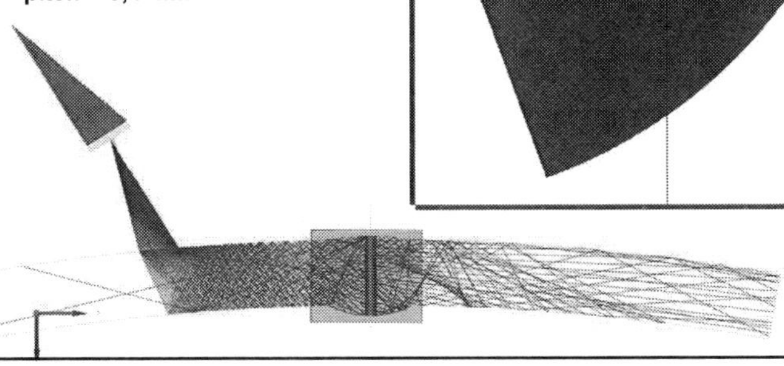

Folie 8 11.05.2021 SZMF-EDZ

8

Modernisierte Ultraschallanlage und der Weg zu NDE4.0

Anlagenfotos

SALZGITTER MANNESMANN FORSCHUNG
Ein Unternehmen der Salzgitter Gruppe

Folie 9 11.05.2021 SZMF-EDZ

9

Modernisierte Ultraschallanlage und der Weg zu NDE4.0

Anlagenfotos

SALZGITTER MANNESMANN FORSCHUNG
Ein Unternehmen der Salzgitter Gruppe

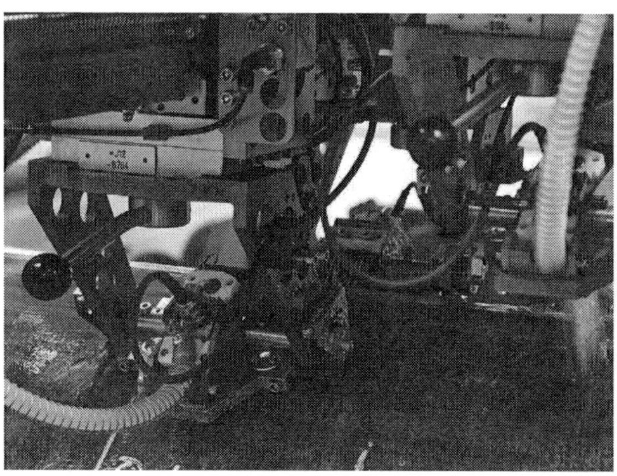

Folie 10 11.05.2021 SZMF-EDZ

10

Modernisierte Ultraschallanlage und der Weg zu NDE4.0

Anlagenfotos

SALZGITTER MANNESMANN FORSCHUNG
Ein Unternehmen der Salzgitter Gruppe

Folie 11 11.05.2021 SZMF-EDZ

11

Modernisierte Ultraschallanlage und der Weg zu NDE4.0

Weg zu NDE4.0

SALZGITTER MANNESMANN FORSCHUNG
Ein Unternehmen der Salzgitter Gruppe

- **Industrierevolutionen**
  - 1.0: Mechanisierung
  - 2.0: Elektrifizierung
  - 3.0: Digitalisierung
  - 4.0: erweiterte Digitalisierung: Vernetzung, flexibler Zustandszugang, sowie autonome dezentrale Entscheidungsprozesse
- **Revolutionen „NDE“**
  - 1.0: die Möglichkeit ZfP via eines „Werkzeuges“ auszuüben
  - 2.0: Nutzung von analoger Technik
  - 3.0: Nutzung von digitaler Technik + Datenverarbeitung
  - 4.0: erweiterte Digitalisierung: Vernetzung, flexibler Zustandszugang, sowie autonome dezentrale Entscheidungsprozesse
- Komponenten von **4.0**
  - Digitaler Zwilling, Cloud, Internet der Dinge, 5G, Künstliche Intelligenz, Big Data, Blockchain
- NDE4.0, innerhalb des verschmolzenen Industrieprozesses „Industrie und NDE 4.0“, hat nicht allein das Ziel der Prüfung von Prüflingen, um **Ungänzen nachzuweisen**, sondern dient als Rückkopplung im vernetzen Produktionsprozess zur **Vermeidung von Ungänzen**.

Folie 12 11.05.2021 SZMF-EDZ

12

Modernisierte Ultraschallanlage und der Weg zu NDE4.0

Weg zu NDE4.0, Ausschnitt ZfP-Teilbereich

SALZGITTER MANNESMANN FORSCHUNG
Ein Unternehmen der Salzgitter Gruppe

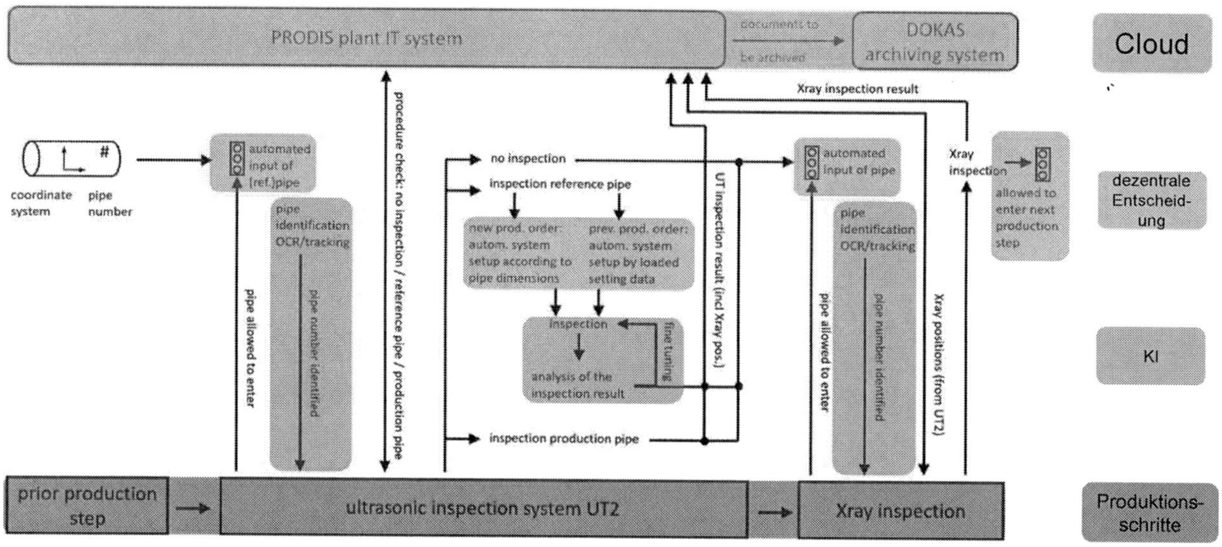

Folie 13 11.05.2021 SZMF-EDZ

13

Modernisierte Ultraschallanlage und der Weg zu NDE4.0

Weg zu NDE4.0

SALZGITTER MANNESMANN FORSCHUNG
Ein Unternehmen der Salzgitter Gruppe

- **Komponenten von NDE4.0 im konkreten Fall**
  - Übergeordnetes zentrales Produktionssystem: Datenspeicher, Datenlieferant; **Cloud**
  - **Automatische Bestimmung der Rohridentifikationsnummer**
    - Deep-Learning-Algorithmen zur prozesssicheren Identifikation von (unvollständigen) Rohridentifikationsnummern und Abgleich mit sich im Prozess befindlichen Rohren, anstatt manuelle Eingabe nach Sichtung der Rohridentifikationsnummer. Dient auch zu Ortungszwecken für den **digitalen Zwilling** der Werkvorgänge.
  - **Automatisches Einstellen des Inspektionssystems bei Auftragswechsel**
    - bei wiederkehrendem Auftrag: Ultraschallanlage lädt vorhandene Einstelldaten (Prüffunktionen, Blendenpositionen, Verstärkungswerte, Prüfkopfpositionen); Überprüfung anhand des vorliegenden Testrohres, das diesbezüglich von den vernetzen Systemen in die Anlage eingelegt wird.
    - bei neuem Auftrag: Bei bekannter Position und Prüfvorschrift kann die Anlage sich über mehrere Prüffahrten über das Testrohr selbst optimal einstellen. Als Vorauswahl für Prüfwinkel und Umfangsposition der Prüfköpfe dienen Raytracing-Algorithmen bzw. computer-aided adjustments (CAA) oder präzisere Simulationsprogramme **(technische Assistenssysteme)**.
  - **Überprüfung der nachgewiesenen Ungänzen mit weiteren ZfP-Methoden**
    - Rohrweiterleitung zur Röntgenprüfung, automatisiertes Bewerten des Röntgenbildes anhand eines trainierten Deep-Learning-Algorithmus **(künstliche Intelligenz)**.
    - Rohrweiterleitung zur automatisierten TFM-Prüfung
  - Nutzung der detailreich aufgezeichneten und verarbeiteten Produktionsdaten zur Korrelation mit nachgewiesenen Ungänzen für zukünftige Vermeidung von Ungänzen **(Big Data)**.
  - Umsetzung der Kundenanforderungen an die ZfP in eine genormte (?) Maschinensprache

vorhanden, integriert

funktionierendes Einzelsystem, nicht integriert

menschliche Kontrolle

nicht vorhanden

Folie 14 11.05.2021 SZMF-EDZ

14

Modernisierte Ultraschallanlage und der Weg zu NDE4.0

Hürden auf dem Weg zu Industrie 4.0/NDE4.0

SALZGITTER MANNESMANN FORSCHUNG
Ein Unternehmen der Salzgitter Gruppe

Darstellung des Nutzens eines umfassend vernetzten Produktionsprozesses

Transformationskosten

Aufrechterhaltung des Umgestaltungswillens über einen langen Zeitraum

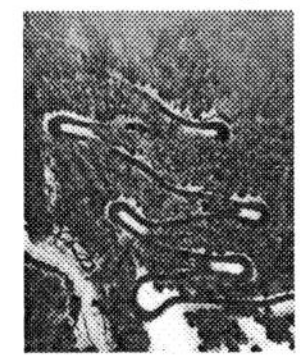

Übergang von funktionierenden Einzelsystemen zu vernetzten Systemen

Nachvollziehbarkeit von dezentralen Entscheidungen

geltende Regelwerke: bislang keine Entscheidungen durch KI sondern qualifizierte Prüfer

Folie 15 11.05.2021 SZMF-EDZ

15

Modernisierte Ultraschallanlage und der Weg zu NDE4.0

Was auch immer Sie vorhaben ...

SALZGITTER MANNESMANN FORSCHUNG
Ein Unternehmen der Salzgitter Gruppe

16

Schnelle InlineCT für dickwandige Aluminiumgussteile bei Traktionsantrieben

Christian ABT [1]
[1] HEITEC PTS GmbH, Kuchen

Kontakt E-Mail: christian.abt@heitec-pts.de

Kurzfassung

Im automobilen Umfeld bewegen sich typische Linientakte für Motor- und Fahrwerksteile aus Aluminium zwischen 20 und 120 Sekunden. Während dies für DR-Prüfungen meist ausreicht, schränkt es bei der InlineCT die Anzahl möglicher Bildaufnahmen sowie deren Belichtungszeiten stark ein und ermöglicht oft nur eine mäßige Bildqualität. Um bei akzeptabler Pseudofehlerrate sicher automatisch auswerten zu können, gilt es darum:

- Bei minimaler Handhabungszeit eine maximale Bildaufnahmezeit zu erreichen.
- Eine möglichst große Detektorfläche zu nutzen.
- Die so erreichte Bildqualität zu optimieren.
- Eine robuste Auswertung und Algorithmik anzuwenden.

Gegenüber klassischen Schleusen oder Schotts erfolgen die Bewegungen des Strahlenschutzes sowie des Bauteilwechsels mittels einer einzigen, linearen Bewegung. Dies erfolgt weitgehend hauptzeitparallel. Bei Scannzeiten unter einer Minute ergeben sich so erhebliche, anteilige Einsparungen.

Die zur Verfügung stehende Scannzeit erlaubt nur die Aufnahme einer limitierten Anzahl an Projektionen. Am Markt erhältliche Detektoren enden für NDT-Anwendungen meist bei ca. 16“ und erfassen große Bauteile nur teilweise. Somit kommt in dieser Applikation ein skalierbarer, großformatiger Detektor zum Einsatz, welcher auch Vollbilder von über 800mm Breite erfasst.

Aufgrund der großen Wandstärken und des 24/7-Einsatzes wurde eine 450kV-Quelle gewählt. Zusammen mit bekannten und neu entwickelten Bildkorrekturverfahren kann so ein ausreichend gutes Verhältnis aus Lebensdauer und Bildqualität erreicht werden.

In Abhängigkeit der zu erfüllenden Fehlerspezifikation und unter Anwendung der BDG P 203 werden Volumendaten zwischen 5 und 15 GByte automatisch ausgewertet. Dies erfolgt bis zur Erstellung des korrigierten Volumendatensatzes in der HEITEC HeiControl InlineCT Steuersoftware. Bekannte Drittsysteme wie VGinLINE sind voll integriert, ebenso spezielle Algorithmik des Fraunhofer EZRT.

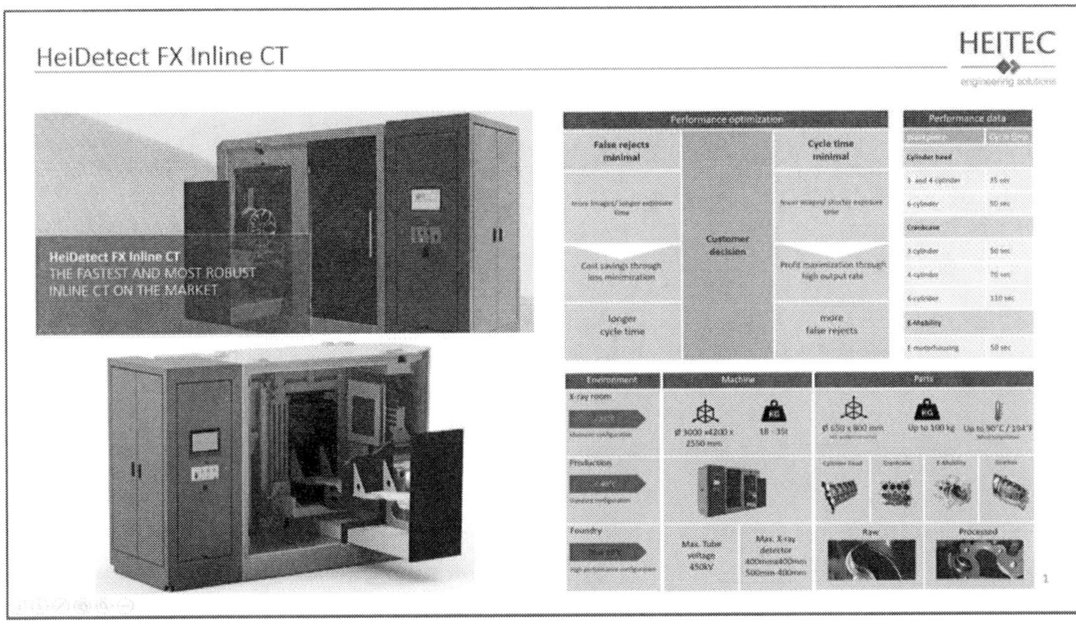
HeiDetect FX Inline CT
HEITEC
engineering solutions
HeiDetect FX Inline CT
THE FASTEST AND MOST ROBUST
INLINE CT ON THE MARKET
Performance optimization
False rejects minimal
Cycle time minimal
Customer decision
Cost savings through loss minimization
Profit maximization through high output rate
longer cycle time
more false rejects
Performance data
Environment
Machine
Parts
Max. Tube voltage 450kV
1

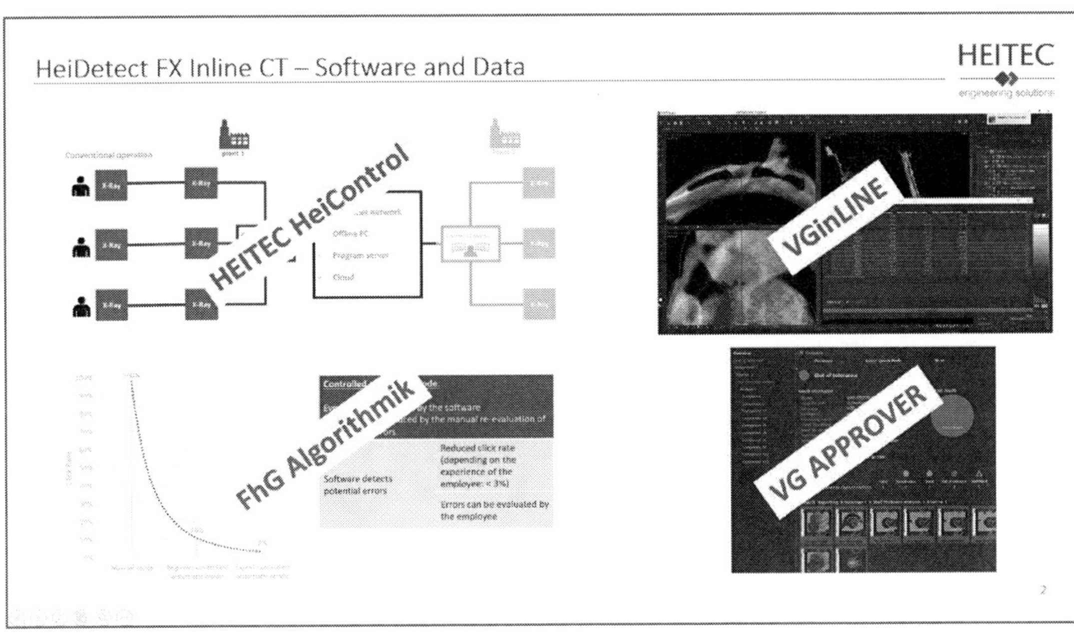
HeiDetect FX Inline CT – Software and Data
HEITEC
engineering solutions
HEITEC HeiControl
VGinLINE
FhG Algorithmik
VG APPROVER
Reduced click rate (depending on the experience of the employee: < 3%)
Software detects potential errors
Errors can be evaluated by the employee
2

CTSimU – Durchstrahlungssimulation für die Messunsicherheitsbestimmung beim Messen geometrischer Merkmale mittels Röntgen-Computertomographie

Carsten BELLON [1], Markus BARTSCHER [2], Fabian BAUER [3], Fabrício BORGES DE OLIVEIRA [2], Raoul CHRISTOPH [4], Matthias FLEßNER [5], Tino HAUSOTTE [6], Stefan KASPERL [7], Wolfgang KIMMIG [8], David PLOTZKI [1], Tamara REUTER [6], Richard SCHIELEIN [7], Ingomar SCHMIDT [4], Georg WAGNER [9], Florian WOHLGEMUTH [6]

[1] BAM, Berlin
[2] PTB, Braunschweig
[3] Siemens AG, München
[4] Werth Messtechnik GmbH, Gießen
[5] Volume Graphics GmbH, Heidelberg
[6] Lehrstuhl für Fertigungsmesstechnik, FAU, Erlangen
[7] Fraunhofer IIS, EZRT, Fürth
[8] Carl Zeiss Industrielle Messtechnik GmbH, Oberkochen
[9] Weidmüller Interface, Detmold

Kontakt E-Mail: Carsten.Bellon@bam.de

Kurzfassung

Die industrielle Röntgen-Computertomographie (CT) ist in der geometrischen Messtechnik die einzige Technologie, die sowohl innen- als auch außenliegende Merkmale eines Werkstücks mit einer Messung zerstörungsfrei messen kann. Die Güte der Messung kann mittels einer dem Messwert beigeordneten Messunsicherheit angegeben werden. Allerdings sind zur Ermittlung der Messunsicherheit für eine Messgröße einer CT-Messung nach Stand der Technik (VDI/VDE 2630 Blatt 2.1) zwanzig Wiederholmessungen an kalibrierten Werkstücken notwendig. Da die Messung mit realen CT-Messgeräten zeit- und kostenintensiv ist, wird analog zur taktilen Koordinatenmesstechnik eine numerische Messunsicherheitsbestimmung durch Simulation angestrebt (vgl. VDI/VDE 2617 Blatt 7, GUM Supplement 1). Die Simulation bietet den Vorteil, dass sie sowohl zeitsparend als auch kosten- und ressourceneffizient ist. Allerdings ist die Zuverlässigkeit der verschiedenen Simulationsumgebungen momentan nicht quantifizierbar. Für eine glaubwürdige Anwendung von Simulationsumgebungen für die Messunsicherheitsbestimmung benötigen Anwender eine Beurteilung derselben – auch um eine Norm- bzw. Richtliniensicherheit in der Praxis sicherzustellen.

Das Ziel dieses Projekts ist es daher, einen Richtlinienentwurf VDI/VDE 2630 Blatt 2.2 „Basisqualifizierung von Softwaresystemen für die Simulation geometrischer Messungen mit Röntgen-Computertomografie" zu erstellen. Auf dieser Basis soll es möglich sein, die Eignung von Simulationsumgebungen zur Ermittlung der aufgabenspezifischen Messunsicherheit zu bewerten. Dazu wird ein Testframework entwickelt, mit welchem Durchstrahlungssimulationssoftwares basisqualifiziert werden können.

Das Projekt wird in der Förderrichtlinie WIPANO durch das Bundesministerium für Wirtschaft und Energie gefördert.

Ein praxisnaher Leitfaden für computertomografische Untersuchungen mit der radiografischen Simulationsumgebung aRTist

Felix BINDER [1], Carsten BELLON [2], Florian WOHLGEMUTH [1], Tino HAUSOTTE [1]
[1] Lehrstuhl für Fertigungsmesstechnik (FMT), Friedrich-Alexander-Universität Erlangen-Nürnberg (FAU), Erlangen
[2] Bundesanstalt für Materialforschung und –prüfung (BAM), Berlin

Kontakt E-Mail: felix.binder@fmt.fau.de

Kurzfassung. Radiografische Simulationswerkzeuge wie aRTist, ScorpiusXLab, SimCT oder CIVA CT verwenden analytische Methoden und physikalische Monte-Carlo-Teilchentransportsimulationen, um die Interaktionsprozesse zwischen Röntgenstrahlung und Materie zu simulieren. Die berechneten Projektionen bilden anschließend unter Berücksichtigung einer definierten Scan-Trajektorie die Basis der Simulation einer röntgencomputertomografischen Untersuchung.

Für den erfolgreichen Einsatz der Computertomografie, sei es als zerstörungsfreie Prüfmethode oder beim dimensionellen Messen, ist es generell notwendig, bekannte Fehler- bzw. Abweichungsquellen des Messverfahrens auszuschließen oder zu reduzieren. Dabei hat sich gezeigt, dass die Auswahl der Messparameter und die Erfahrung des Anwenders direkten Einfluss auf das erzielbare Messergebnis einer computertomografischen Untersuchung nehmen. Es ist daher sinnvoll, die Parameterauswahl in einem virtuellen Simulationsaufbau vorher zu erproben und an die Messaufgabe anzupassen.

Neben der Optimierung von Messparametern finden radiografische Simulationswerkzeuge auch Anwendung für Machbarkeitsstudien und werden zur Schulung von Anwendern im Bereich der Röntgen-Computertomografie verwendet.

Radiografische Simulationswerkzeuge befinden sich in einem stetigen Wandel, beispielsweise durch die Entwicklung neuer Rekonstruktionsmethoden, durch Erweiterung von analytischen Modellen, durch Integration komplexer Trajektorien oder durch Berücksichtigung von prozessbedingten geometrischen Abweichungen. Im laufenden EMPIR-Projekt „AdvanCT“ entsteht deshalb ein „Good Practice Guide“ für die Simulationsumgebung aRTist. Ziel dieses Guides ist es, die mit steigender Komplexität verbundenen Einstiegshürden für Anwender von aRTist zu reduzieren, um damit einen praxisnahen Zugang zur virtuellen Computertomografie zu ermöglichen. Dabei werden anhand von praktisch nachvollziehbaren Beispielen die grundlegenden Mechanismen der Simulationsumgebung erklärt und ein strukturierter Leitfaden zur Simulation röntgencomputertomografischer Untersuchungen mit aRTist vermittelt.

In diesem Beitrag werden erste Auszüge des Guides sowie eine Übersicht der weiteren geplanten Themen für die anschließende Diskussion vorgestellt.

Einleitung

Messtechnische Untersuchungen mittels Computertomografie (kurz: CT) bieten den Vorteil, die äußeren und inneren Strukturen eines Messobjektes großflächig und zerstörungsfrei zu erfassen. Die erzielbaren Messergebnisse sind abhängig sowohl vom verwendeten Messystem als auch von der Erfahrung des Bedieners [1]. Die richtige Auswahl der Messparameter oder die Auswahl einer geeigneten Einspannung sind daher anwendungsspezifische Fragen, die der Bediener oftmals nur mit aufwendigen Vorversuchen oder Erfahrungswerten beantworten kann [2].

Zur Untersuchung von typischen Einflussgrößen [3] und deren Auswirkung auf Bildartefakte wurden in den vergangenen Jahren verschiedene radiografische Simulationen, wie z. B. *aRTist* [4], *ScorpiusXLab* [5], *SimCT* [6] oder *Civa CT* [7] entwickelt. Ziel einer radiografischen Simulation ist es, die physikalischen Prozesse abzubilden, die in einem Computertomografen von der Entstehung der Röntgenstrahlung über die Interaktion mit Materie bis hin zur Detektion stattfinden. Mithilfe dieser Simulationen können rechnerbasierte Machbarkeitsstudien durchgeführt werden, Parameter für geplante Messungen erprobt werden oder sie dienen zu Schulungs- und Weiterbildungszwecken für industrielle Anwender, um Standzeiten zu verkürzen.

Um den Zugang für industrielle Endanwender zu radiografischen Simulationen zu vereinfachen, entsteht im Zuge des europäisch geförderten EMPIR Projektes *AdvanCT* („Advanced Computed Tomography for dimensional and surface measurements in industry", 17IND08, EURAMET e. V.) ein „Good Practice Guide" für die Simulationsumgebung *aRTist* der Bundesanstalt für Materialforschung- und prüfung. Ziel dieses Leitfadens ist es, den komplexen Ablauf einer radiografischen Simulation in Form von einfachen Anwendungsbeispielen dem Endanwender näher zu bringen. Dazu werden in den folgenden Kapiteln, die generelle Struktur des Leitfadens, ein vorläufiger Auszug der Themenauswahl und ein verkürztes Beispiel anhand des *CtScan* Moduls in *aRTist* vorgestellt.

1. Module und Themenauswahl

Die radiografische Simulationsumgebung *aRTist* ist modular aufgebaut und beinhaltet in der Version 2.10.01 die folgenden Module:

- CtScan
- DetectorCalc
- DigRad
- McRay
- TomoSynth

Mit dem *CtScan* Modul können nach dem Vorbild industrieller Computertomografen eine Durchstrahlungssimulation von beliebigen Messobjekten entlang einer Kreistrajektorie durchgeführt und in ein rekonstruiertes Volumen überführt werden. Eine Berücksichtigung von projektionsweisen Geometrieabweichungen ist zusätzlich möglich [8]. Das *DetectorCalc* Modul erlaubt es, anhand bekannter Detektoreigenschaften (z. B. Szintillationsschicht) ein Detektormodell zu erstellen. Im *DigiRad* Modul hingegen wird ein Ersatzmodell des Detektors auf Basis der charakteristischen Parameter aus der ASTM Norm E2597 [9] gebildet. Mit dem *McRay* Modul kann der Betrag der Streustrahlung über eine Monte-Carlo-Simulation nachgebildet werden. Das *TomoSynth* Modul erlaubt es, parametrisierbare Trajektorien anzugeben und diese zu simulieren.

Zusätzlich zu diesen Standardmodulen befinden sich weitere Zusatzmodule in Entwicklung, die als Ergebnisse von Forschungsprojekten wie *AdvanCT* [10] oder *CTSimU* [11] in zukünftige *aRTist* Versionen integriert werden. Das *AdvanCT* Modul ermöglicht beispielsweise eine Stapelverarbeitung von Simulationen, damit eine numerische Messunsicherheitsbestimmung nach dem Vorbild des GUM Supplement 1 [12] erfolgen kann. Das *CTSimU* Modul vereinheitlicht die Parametrisierung von Simulationen über ein JSON Austauschformat.

Für den vollständigen Leitfaden werden als Einstieg die grundlegenden Funktionen von *aRTist*, sowie die Module *CtScan* und die integrierte Streustahlsimulation über *McRay* thematisiert.

2. Struktur

Eine generelle Herausforderung bei Simulationen ist es, den Eingabeparameterraum auf den zu untersuchenden Anwendungsfall zu reduzieren. Bei komplexen Interaktionsprozessen, wie bei der Röntgen-Computertomografie, ist es daher hilfreich, ein Verständnis für die grundlegenden Wirk- und Interaktionsprozesse vorab zu entwickeln. In Hinblick dessen wird der Leitfaden so strukturiert, dass zu Beginn einer neuen Thematik die dafür notwendigen Grundlagen zusammengefasst werden. Im Anschluss daran, folgt – wo sinnvoll – ein Anwendungsbeispiel in *aRTist* mit der Möglichkeit zur praktischen Mitarbeit. Prinzipiell ist für den gesamten Leitfaden die nachfolgende Grundstruktur als Vorlage vorgesehen:

1. Einführung in die Thematik
2. Kurzzusammenfassung der notwendigen Grundlagen
3. Anwendungsbeispiel in *aRTist*
4. Ausblick auf weitere Anwendungsmöglichkeiten oder Diskussion von Grenzen

Das nachfolgende Kapitel 3 ist ein gekürzter Erstentwurf für den Leitfaden und thematisiert den Ablauf einer dimensionellen Messung mittels Computertomografie in *aRTist*.

3. CtScan Modul

Das *CtScan* Modul in *aRTist* erlaubt es dem Anwender, den Messprozess eines industriellen Kegelstrahl-Computertomografen nachzubilden. Neben der Berechnung von einzelnen Durchstrahlungsprojektionen ermöglicht das *CtScan* Modul weiterhin die systematische Aufnahme von Projektionen entlang einer definierbaren Kreistrajektorie. Der resultierende Projektionsstapel kann optional über eine integrierte analytische Rekonstruktionsmethode nach dem Vorbild von L. A. Feldkamp et al. [13] in ein Volumen überführt werden. Für messtechnische Anwendungen, wie beispielsweise bei einer dimensionellen CT Messung, ist es zusätzlich notwendig, die Oberfläche des Volumens durch eine Abgrenzung zwischen dem umgebenden Medium und dem Material des Messobjektes zu bestimmen. An der resultierenden Oberfläche können anschließend dimensionelle Messungen erfolgen. Die Oberflächenbestimmung und die messtechnische Auswertung des rekonstruierten Volumens sind nicht Teil der Werkzeugpalette von *aRTist* und werden über zusätzliche Softwarelösungen, wie beispielsweise *VGStudio Max* (Volume Graphics GmbH, Heidelberg), *Calypso* (Zeiss IMT, Oberkochen) oder *WinWerth* (Werth Messtechnik, Gießen), durchgeführt. Die Teilschritte einer dimensionellen CT Messung, die im *CtScan* Modul von *aRTist* integriert sind, sind in Abb. 1 zusammengefasst.

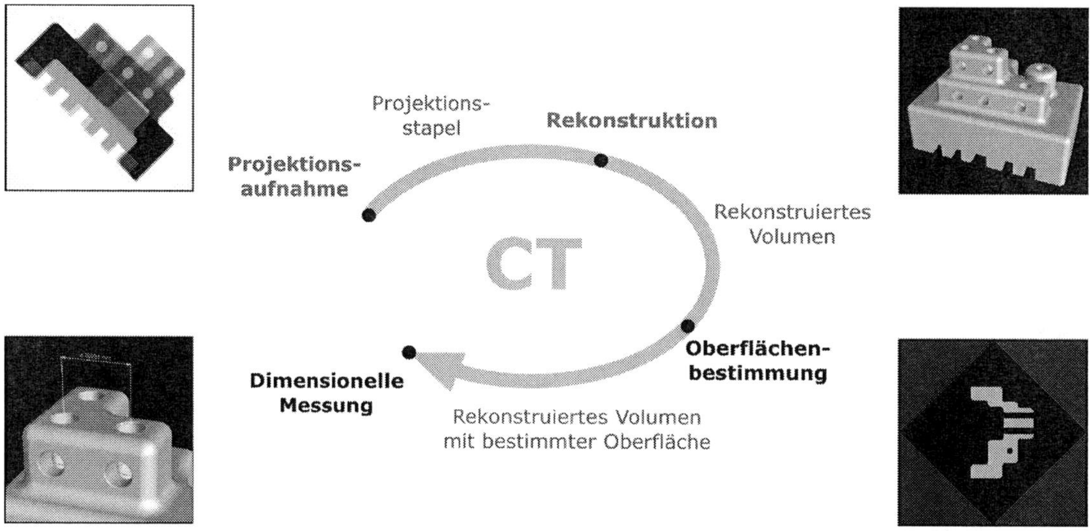

Abb. 1. Prozessablauf einer dimensionellen CT Messung. Rot markierte Teilschritte können über das *aRTist* interne *CtScan* Modul erzeugt bzw. simuliert werden.

Für die Aufnahme der Durchstrahlungsprojektionen müssen – analog zum Realsystem – die Hauptkomponenten eines Computertomografen (Quelle, Detektor und Objekt) definiert und in eine gemeinsame Szene (Geometrisches Setup) platziert werden. Zusätzlich bietet das *CtScan* Modul die Möglichkeit, mehrere Einzelprojektionen des Messobjektes aus verschiedenen Betrachtungswinkeln automatisiert aufzunehmen. Dazu wird, wie bei industriellen CTs über einen Drehtisch, das Messobjekt an einer festen Drehachse rotiert. Die notwendigen Einstellungen für einen Basis *CtScan* mit *aRTist* sind in Abb. 2 zusammengefasst. Streustrahleffekte, die über das *McRay* Modul [14] in die Aufnahme des Projektionsstapels integriert werden können, sind zunächst unberücksichtigt.

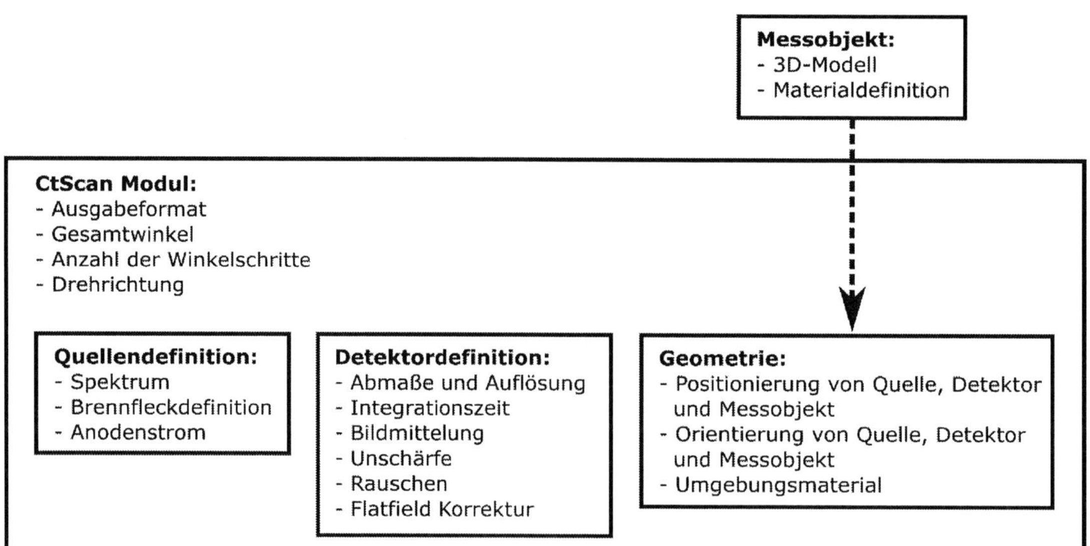

Abb. 2. Übersicht der beteiligten Module oder Komponenten und deren Grundeinstellungen bei der Verwendung des *CtScan* Moduls in *aRTist* (exklusive Streustrahleffekte).

3.1 Quellendefinition

Der Konfigurator in *aRTist* erlaubt es entweder eine ideal monoenergetische Strahlenquelle zu definieren oder alternativ das Spektrum einer Direktstrahl- oder Transmissionsröhre über ein inkludiertes Ersatzmodell nachzubilden [15]. Neben der Definition des Spektrums ist auch eine Spezifizierung der Brennfleckgeometrie möglich. Die Geometrie des Brennfleckes kann entweder ideal punktförmig oder durch Überlagerung einer Gewichtung („Focal Spot Image“) weiter angepasst werden. Auch die Anzahl der simulierten Punktquellen ist variabel. Standardmäßig stehen hier ein regelmäßiges Raster von Einzelpunktquellen oder eine zufällige Anordnung dem Anwender zur Verfügung. Mithilfe der zusätzlichen Gewichtung können beispielsweise Nebenmaxima der Brennfleckgeometrie simuliert werden. In Abb. 3 wurde hierzu ein regelmäßiges Raster aus Einzelpunktquellen (A) definiert und mit einer gaußförmigen Verteilung überlagert (B). Die kombinierte Brennfleckgeometrie ist in Teilabbildung (C) dargestellt.

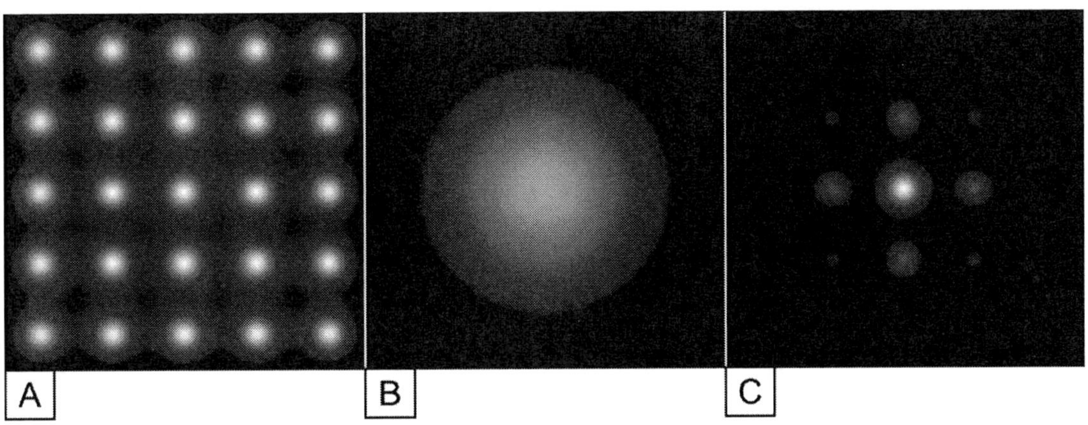

Abb. 3. Projektionsaufnahmen (A und C) des 1:1 Detektors in *aRTist* mit einem Abstand von 5 mm zwischen Quelle und Detektor und identischer Kantenlänge von jeweils 100 mm auf 1000 px verteilt. (A) zeigt das definierte 5x5 Quellenraster ohne Gewichtung. (C) ist das resultierende 5x5 Raster aus (A), dass nach der gaußförmigen Verteilung (B) gewichtet wurde.

3.2 Messobjekt und Geometrie

Ein großer Vorteil von radiografischen Simulationsumgebungen ist es, dass beliebige Objektgeometrien, -materialien und -positionierungen untersucht werden können. In der Computertomografie führen senkrechte Flächen zur Strahlrichtung, unterschiedliche Materialdichten innerhalb des Messobjektes oder extreme Unterschiede in den Durchstrahlungslängen zu unerwünschten Bildartefakten [16]. Für eine Untersuchung dieser Einflussparameter bietet *aRTist* die Möglichkeit Geometriemodelle in verschiedenen Formaten, wie Polygon (.ply), Wavefront (.obj), Visualization ToolKit (.vtk) oder STL (.stl), einzulesen. Alternativ gibt es die Möglichkeit einfache Geometrien, wie Quader, (Hohl-) Zylinder, Kegel oder Keil über den internen Editor zu erzeugen. Jedem Geometrieelement kann zusätzlich eine eigene Materialdefinition (Angabe der Strukturformel oder der relativen Massenanteile, Materialdichte) zugewiesen werden. Für die Kalkulation der Abschwächungsgrades der Materialkomposition, wird ein Auszug der ENDF-Datenbank als Grundlage verwendet [17]. Die für die Berechnung der Intensitätsabschwächung notwendige Durchstrahlungslänge wird durch ein leistungsfähiges Raytracing für jeden Körper individuell ermittelt.

3.3 Detektordefinition

Die Detektion der abgeschwächten Röntgenstrahlung erfolgt in *aRTist* über ein allgemeines Detektormodell, das die folgenden Parameter beinhaltet:

- Charakteristik
- Rauschen
- Sensitivität
- Unschärfe

Als Detektorcharakteristik wird in *aRTist* die Übertragung der detektierten Energie pro Fläche in eine Grauwertskala (uint16) angegeben. Den charakteristischen Grauwerten ist zusätzlich ein energieabhängiger Betrag als Rauschanteil überlagt [18], welcher als Signal-Rauschverhältnis-Kennlinien im Detektormodell hinterlegt ist. Als Sensitivität des Detektormodells wird das Produkt aus der deponierten Energie des Detektors pro Interaktion mit der energieabhängigen Interaktionswahrscheinlichkeit angegeben. Die Detektorunschärfe, die bei Szintillationsdetektoren beispielsweise durch die Umwandlung von Photonenenergie in UV-Licht entsteht [19], wird ersatzweise als Bildunschärfe mithilfe eines Gauß-Filters in *aRTist* integriert [20].

4. Anwendungsbeispiel

Für den praktischen Einstieg in die Verwendung des *CtScan* Moduls soll das nachfolgende Beispiel mit den Standardeinstellungen in *aRTist* betrachtet werden. Analog zur systematischen Beschreibung aus Kapitel 3 werden zunächst die notwendigen Hauptkomponenten in eine Szene zusammengefügt. Als Messobjekt dient hierfür ein Aluminiumkörper, der als STL-Modell (.stl) importiert wird. Die Positionen und die Orientierung der drei Hauptkomponenten sind in Abb. 4 definiert.

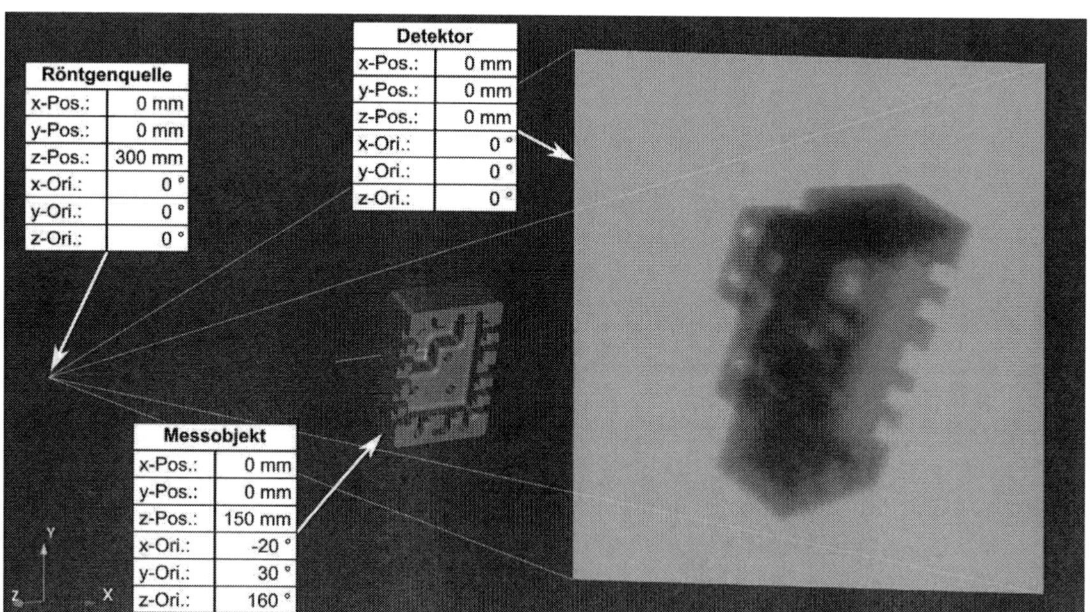

Abb. 4. Szenenaufbau der Beispielsimulation eines Aluminiumkörpers (Länge: 30 mm, Breite: 20 mm, Höhe: 20 mm) mit einem Quellen-Detektor-Abstand von 300 mm, einer idealen Punktquelle und dem 1:1 Detektor (Höhe 102,4 mm: Breite: 102,4 mm)

4.1 Idealisierte Simulation

Nachdem alle Hauptkomponenten in der Szene platziert wurden, erfolgt die Parametrisierung der jeweiligen Komponenten, die bereits in der Übersicht in Abb. 2 aufgelistet wurden. Für eine idealisierte Simulation können die meisten Standardeinstellungen von *aRTist* übernommen werden. Damit wird als Röntgenquelle eine monoenergetische Einzelpunktquelle ohne zusätzliche Gewichtung verwendet. Für dieses Beispiel wird ein Anodenstrom von 1000 mA und eine Beschleunigungsspannung von 150 kV festgelegt. Da es sich hierbei um eine idealisierte Simulation handelt, werden Streustrahlungseffekte zunächst vernachlässigt. Alle Komponenten befinden sich im Umgebungsmedium Luft.

Als Detektor wird der 1:1 Detektor verwendet. Dieser besitzt die Besonderheit, dass die Grauwerte (uint16) sich direkt aus der Energiedichte ergeben. Standardmäßig wird für die Integrationszeit des Detektors ein Referenzschwellenwert von 50.000 angenommen. Dadurch wird die Integrationszeit des Detektors soweit verlängert, bis der Grauwert eines einzelnen Pixels den Schwellenwert erreicht oder überschreitet. Weiterhin besitzt der 1:1 Detektor keine Kennlinie für Rauschen oder Sensitivität und berücksichtigt keinen zusätzlichen Unschärfebetrag. Dies ermöglicht es auch Effekte zu simulieren, die für gewöhnlich durch Unschärfe oder Rauschen unterdrückt werden. Ein Beispiel hierfür sind Moiré Strukturen, die durch Aliasing Fehler in der Rekonstruktion auftreten [21]. Zur Reduktion von Intensitätsverlusten, die nicht proportional zur Durchstrahlungslänge sind, kann die integrierte Flatfield-Korrektur verwendet werden. Die Flatfield-Korrektur wird klassisch aus einer Serie von Hell- und Dunkelbildaufnahmen des Systems ohne Messobjekt, aber mit den vorgesehenen Messparametern durchgeführt [22]. Jedes Projektionsbild wird anschließend über die resultierende Gewichtung pixelweise korrigiert. Dadurch werden beispielsweise bei Realsystemen die unterschiedlichen Intensitätskennlinien der einzelnen Detektorpixel angeglichen. Zusammenfassend wird für das aufgeführte Beispiel der 1:1 Detektor (1024 x 1024 px, 0,1 mm Pixel-Pitch) und eine schwellenwertabhängige Integrationszeit (Max. Grauwert 50000), sowie die integrierte Flatfield-Korrektur verwendet.

Für die abschließende Parametrisierung des *CtScan* Moduls werden 1000 Projektionen über einen Gesamtwinkel von 360° verteilt. Als Ausgabeformat besteht die Möglichkeit die einzelnen Projektionen als Bilddateien (.tif) oder als Projektionsstapel (.dd) zu exportieren. Da im nächsten Abschnitt eine Auswertung des Volumens erfolgen soll, wird zusätzlich die integrierte Feldkamp Rekonstruktion verwendet. Damit werden die generieten Projektionen und das geometrische Setup dazu verwendet, um eine Volumendatei (.bd) zu generieren. In der verwendeten *aRTist* Version 2.10.1 (x64) wird außerdem eine VGI (.vgi) Datei erzeugt, die quelloffene Informationen für die Auswertung mit Analyse und Volumenvisualisierungssoftwares bietet.

4.2 Auswertung

Zur Analyse des Volumendatensatzes wird die Software *VGStudio MAX* (Version 3.4.0, x64) inklusive des Erweiterungsmoduls *Soll-Ist-Vergleich* verwendet. Vor dem Soll-Ist-Vergleich (Max. Abstand: 50 µm) wurde die Oberfläche bestimmt (Methode: Erweitert klassisch und Automatisch mit Intervallen) und über die Merkmalsbasierte Registrierung (Qualitätsstufe: Präzise) das resultierende Volumen mit Oberfläche an die STL-Vorlage registriert. Die Ergebnisse dieses Vergleiches sind in Abb. 5 als Fehlfarbenbild und als Abweichungshistogramm abgebildet.

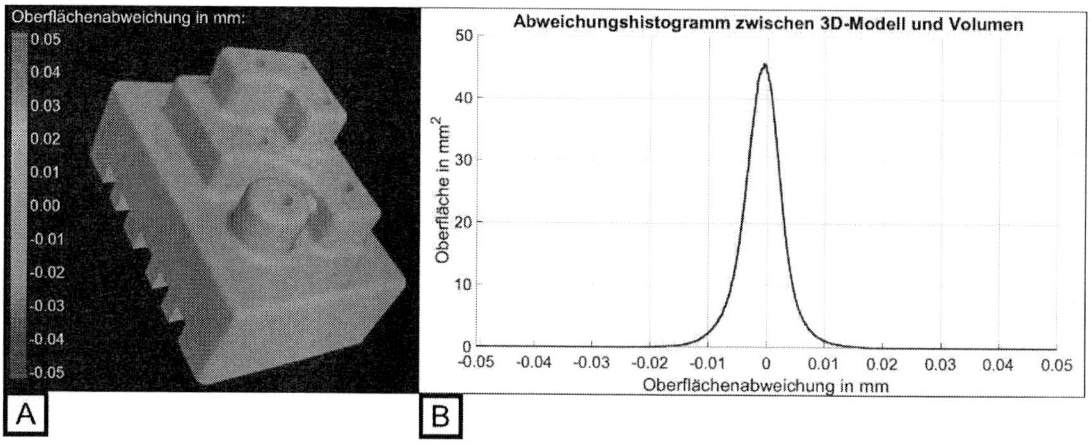

Abb. 5. Soll-Ist-Vergleich des simulierten Volumendatensatzes mit dem ursprünglichen STL-Modell. (A) Abweichungen als Fehlfarbenbild. (B) Abweichungen als Histogramm.

Im Fehlfarbenbild Abb. 5 (A) sind die vorher erwähnten Moiré Strukturen systematisch auf der gesamten Bauteiloberfläche zu beobachten. Die Gesamtabweichungen des rekonstruierten Volumens, zu denen auch Abweichungen durch die Oberflächenfindung oder die Registrierung beitragen, sind im nebenstehenden Histogramm (B) zusammengefasst. Der Direktvergleich zeigt, dass es mit einer ideal parametrisierten *aRTist* Simulation möglich ist, die ursprüngliche Objektgeometrie nahezu vollständig zu erhalten.

5. Fazit

In dem hier vorgestellten Kurzbeitrag wurden die Struktur und die Themen eines anwenderfreundlichen Leitfadens für die Simulation mit der radiografischen Simulationsumgebung *aRTist* vorgestellt. In einem ersten Auszug wurden die Grundelemente des *CtScan* Moduls erläutert und mithilfe eines praktischen Beispiels verdeutlicht. Die Auswertung des rekonstruierten Volumens in Kapitel 4 zeigt, dass eine ideale Simulation mit *aRTist* die Geometrie eines 3D-Oberflächenmodells in ein Volumenmodell übertragen kann. Der vollständige Leitfaden, sowie die vorgestellten Anwendungsbeispiele, werden mit Abschluss der Dokumentation frei verfügbar gestellt.

Acknowledgement

This work is part of the European Metrology Programme for Innovation and Research (EMPIR) project 17IND08 AdvanCT. The EMPIR initiative is co-funded by the European Union's Horizon 2020 research and innovation programme and the EMPIR participating states.

Autorenbeiträge nach CASRAI Credit [23]

Tino Hausotte (TH) und Florian Wohlgemuth (FW) waren an dem Finanzierungsantrag beteiligt. TH war für Betreuung und Bereitstellung der benötigten Ressourcen, sowie die Projektadministration zuständig. Felix Binder (FB), Carsten Bellon (CB) und FW waren am Review und an der Finalisierung des Manuskripts beteiligt. FB, CB, und FW waren für die Konzeptualisierung zuständig. FB war für die Datenpflege, formale Analyse, Untersuchungen, Methodik, Software, Validierung, Visualisierung und Entwurf des Manuskripts zuständig.

Literatur

[1] A. Weckenmann, and P. Krämer. (2009). ASSESSMENT OF MEASUREMENT UNCERTAINTY CAUSED IN THE PREPARATION OF MEASUREMENTS USING COMPUTED TOMOGRAPHY. Presented at XIX IMEKO World Congress 2009. [Online]. Available: https://www.imeko.org/ publications/wc-2009/IMEKO-WC-2009-TC14-145.pdf

[2] L. Schild, M. Jung, B. Häfner, and G. Lanza. (2020). Influence of different mounting strategies on the random measurement error in industrial computed tomography. Presented at the 10th Conference on Industrial Computed Tomography, 2020, Wels, Austria. [Online]. Available: http://www.ndt.net/?id=25088

[3] *Computed tomography in dimensional measurement – Influencing variables on measurement results and recommendations for computed tomography dimensional measurements,* VDI/VDE 2630 Part 1.2, 2018.

[4] C. Bellon and G.-R. Jaenisch. (2007). aRTist – Analytical RT Inspection Simulation Tool. Presented at DIR 2007 – International Symposium on Digital industrial Radiology and Computed Tomography, June 25-27, 2007, Lyon, France. [Online]. Available: https://www.ndt.net/article/dir2007/papers/s1.pdf

[5] J. Hiller, T. O. J. Fuchs, S. Kasperl, and L. M. Reindl. „Einfluss der Bildqualität röntgentomographischer Abbildungen auf Koordinatenmessungen: Grundlagen, Messungen und Simulationen", Technisches Messen, vol. 78, no. 7-8, 2011, pp. 334-347. doi: https://doi.org/10.1524/teme.2011.0137

[6] M. Reiter, M. Erler, C. Kuhn, C. Gusenbauer, and J. Kastner. (2016). SimCT: a simulation tool for X-ray imaging. Presented at 6th Conference on Industrial Computed Tomography, 2016, Wels, Austria. [Online]. Available: http://www.ndt.net/?id=18746

[7] R. Fernandez, M. Costin, D. Tisseur, A. Leveque, and S. Legoupil. (2012). CIVA Computed Tomography Modeling. Presented at 18th World Conference on Nondestructive Testing, 2012, Durban, South Africa. [Online]. Available: http://www.ndt.net/?id=12658

[8] F. Wohlgemuth, F. Wolter, and T. Hausotte, "Digitale Zwillinge metrologischer Röntgencomputertomografen für die numerische Messunsicherheitsbestimmung," in ZfP heute. Wissenschaftliche Beiträge zur zerstörungsfreien Prüfung 2020, Ed. 2020, pp. 106–110.

[9] *Standard Practice for Manufacturing Characterization of Digital Detector Arrays*, ASTM E2597/E2597M, 2014.

[10] AdvanCT project website. "17IND08 AdvanCT". https://www.ptb.de/empir2018/advanct/home/ (accessed Apr. 16, 2021).

[11] CTSimU project website. "WIPANO – CTSimU". https://www.ctsimu.forschung.fau.de/ (accessed Apr. 16, 2021).

[12] *Guide to the expression of uncertainty in measurement – Propagation of distributions using a Monte Carlo method*, ISO/IEC Guide 98-3/Suppl.1:2008(E), 2008.

[13] L. A. Feldkamp, L. C. Davis, and J. W. Kress. "Practical cone-beam algorithm", Journal of the Optical Society of America A, vol. 1, no. 6, 1984, pp. 612-619. doi: https://doi.org/10.1364/JOSAA.1.000612

[14] G.-R. Jaenisch, C. Bellon, U. Samadurau, M. Zhukovskiy, and S. Podoliako. (2006). McRay – A Monte Carlo Model Coupled to CAD for Radiation Techniques. Presented at the 9th European Conference on NDT, Sept. 2006, Berlin, Germany. [Online]. Available: http://www.ndt.net/?id=3852

[15] A. Deresch, "Modellierung von Röntgenspektren für technische Anwendungen", Ph.D. dissertation, Mathematisch-Naturwissenschaftliche Fakultät, Universität Potsdam, Potsdam, Deutschland, 2015.

[16] S. Kasperl, and J. Hiller. "Artefaktkorrekturen beim dimensionellen Messen mit industrieller Röntgen-Computertomographie", Technisches Messen, vol. 76, no. 9, 2009, pp. 401-409. doi: https://doi.org/10.1524/teme.2009.0918

[17] D. A. Brown, et al. "ENDF/B-VIII.0: The 8th Major Release of the Nuclear Reaction Data Library with CIELO-project Cross Sections, New Standards and Thermal Scattering Data", Nuclear Data Sheets Volume 148, February 2018, Pages 1-142. Doi: https://doi.org/10.1016/j.nds.2018.02.001

[18] F. Wohlgemuth, C. Bellon, and T. Hausotte, "Measurement-based Detector Characteristics for Digital Twins in aRTist". WCNDT2020, South Korea 2022 (accepted).

[19] M. Nikl, "Scintillation detectors for x-rays", Measurement Science and Technology, vol. 17, 2006, pp. 37-54. doi: http://dx.doi.org/10.1088/0957-0233/17/4/R01

[20] C. Bellon, A. Deresch, C. Gollwitzer, and G.-R. Jaenisch. (2012). Radiographic Simulator aRTist: Version 2. Presented at 18th World Conference on Nondestructive Testing, 2012, Durban, South Africa. [Online]. Available: http://www.ndt.net/?id=12664

[21] A. C. Kak, and M. Slaney, "Aliasing Artifacts and Noise in CT Images", in *Principles of Computerized Tomographic Imaging*, Society for Industrial and Applied Mathematics, 2001, ch. 5, pp. 177-201.

[22] M. Bartscher, U. Neuschaefer-Rube, J. Illemann, F. Borges de Oliveira, A. Stolfi, and S. Carmignato, „Qualification and Testing of CT Systems", in *Industrial X-Ray Computed Tomography*, S. Carmignato, W. Dewulf, and R. Leach, Ed., Cham, Switzerland: Springer International Publishing AG, 2018, pp. 193-194.

[23] CASRAI, CRediT, available on https://casrai.org/credit/ (accessed 22.04.2021)

Multimodale und Multiskalare dreidimensionale Materialcharakterisierung von faserverstärkten Kunststoffen mit Röntgen-Computertomografie

Markus HÖGLINGER [1], Bernhard PLANK [1], Jonathan GLINZ [1], Joachim SCHULZ [2],
Christoph HEINZL [1], Johann KASTNER [1]
[1] FH OÖ Forschungs & Entwicklungs GmbH, Wels, Österreich
[2] Microworks GmbH, Karlsruhe, Deutschland

Kontakt E-Mail: markus.hoeglinger@fh-wels.at

Motivation

Die Motivation hinter dieser Arbeit liegt in der frühzeitigen Erkennung von Defekten wie Poren oder Rissen mit Hilfe von multimodalen und multiskalaren Methoden. Durch einen multiskalaren Ansatz kann gezeigt werden, dass bei niedrigeren Auflösungen Risse mit einer Breite unter der Voxelgröße bereits qualitativ erkannt werden können. Zur Verifizierung der Ergebnisse werden diese Bereiche der Bauteile mit einer höheren Auflösung als Referenz tomografiert. Multimodale Bauteilcharakterisierung kann auf unterschiedliche Art und Weise durchgeführt werden. Beispiele dafür sind zusätzlich zur Röntgen-Computertomografie (XCT) noch Aufnahmen aus Ultraschall- oder Thermografie Messungen. Ein moderner Ansatz, welcher auch in dieser Arbeit angewendet wurde, verwendet die Talbot-Lau-Gitterinterferometrie (TLGI), um zusätzlich zum Absorptionskontrast (AC) noch weitere Modalitäten, wie Phasenkontrast (PC) oder Dunkelfeldkontrast (DFC), die die Brechung bzw. Streuung der Röntgenstrahlen durch kleine Strukturen und Materialgrenzen darstellt, zu erfassen. Dieser zusätzliche, durch die Gitterinterferometrie erhaltene, Röntgen-Kontrastmechanismus resultiert in einer erhöhten Sensitivität bezüglich Inhomogenität und Defekte. Durch die zusätzlichen Modi können auch Micro-Risse in belasteten Bauteilen detektiert werden, die mit konventionellen XCT-Messungen kaum erkennbar sind. [1]

Experiment

Für die multiskalare XCT wurde eine CFK-Probe aus einem Forschungsprojekt im Bereich der Luftfahrtindustrie gewählt. Der Überblicksscan wurde an einem RayScan 250E CT-Gerät durchgeführt und für den Detailscan wurde ein für höhere Auflösungen geeignetes GE phoenix Nanotom 180 NF CT-Gerät herangezogen.

Die Verwendung eines Talbot-Lau Gitterinterferometers für multimodale Experimente erlaubt neben dem Absorptionskontrast die Extraktion zweier zusätzlicher Modalitäten, dem Phasenkontrast und Dunkelfeldkontrast. Das Gitterinterferometer wurde ebenfalls im RayScan 250E implementiert. Zur Veranschaulichung der Methode wurden Radiografiebilder eines vorgeschädigten und eines unbeschädigten CFK-Winkels aufgenommen. Auswertung und Analyse der verschiedenen Messungen wurden in VGStudio MAX 3.4.2 (Volume Graphics GmbH) durchgeführt. [2][3]

Ergebnisse

Durch die multiskalare Charakterisierung kann verifiziert werden, dass Defekte kleiner als die Voxelgröße bereits qualitativ detektiert werden können (Abb. 1). Während der Übersichtsscan bei einer Auflösung von 151 $(\mu m)^3$ VS durchgeführt wurde, und die Auflösung des Detailscans bei 17 $(\mu m)^3$ VS lag, wies der deutlich erkennbare Riss eine Breite von 102 µm auf.

Durch die multimodale Charakterisierung können vorhandene Defekte mit den verschiedenen Modalitäten unterschiedlich gut identifiziert werden (Abb.2). [4]

Dadurch zeigt sich, dass die Risse im vorgeschädigten CFK-Winkel (jeweils oben) mit Hilfe des Dunkelfeldkontrastes deutlich kontrastreicher dargestellt sind. Da es sich bei den aufgenommenen Bildern um reine Radiographie-Aufnahmen handelt, können diese Untersuchungen deutlich schneller als herkömmliche XCT-Scans zu aussagekräftigen Ergebnissen führen.

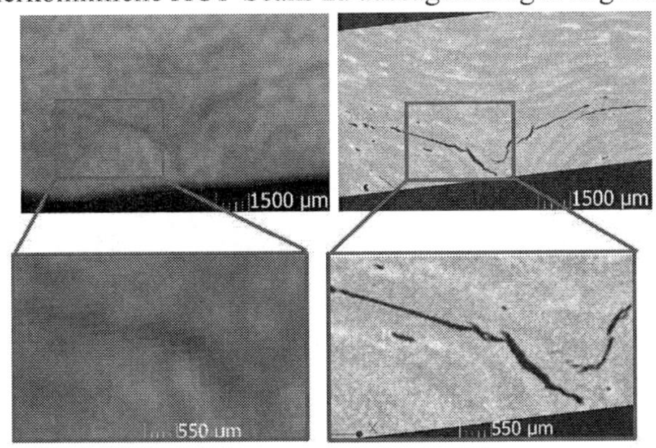

Abb.1: Ergebnis der multiskalaren Messung eines Risses in einem CFK-Bauteil

Abb.2: AC des RayScan 250E (links) und DFC als Modalität aus der Talbot-Lau Gitter-Interferometrie (rechts); Ergebnisse des Vergleichs eines unbeschädigten CFK-Winkel (jeweils unten) mit einem vorgeschädigten CFK-Winkel (jeweils oben)

Diskussion

Der Zweck dieser Arbeit war der Vergleich verschiedener Auflösungen und Modalitäten anhand von CFK-Proben. Der multiskalare Ansatz zeigt deutlich, dass Strukturen unter der Auflösungsgrenze bereits erkannt werden. Um Fehlinterpretationen zu vermeiden, können in diesen Bereichen dadurch gezielt Region of Interest - Scans durchgeführt und die Defekte mit der höheren Auflösung verifiziert werden. Gerade für größere Bauteile ist diese Einschätzung bei niedriger Auflösung relevant.

Durch den erhöhten Kontrast und die sub-Voxel - Sensitivität im Dunkelfeldkontrast des TLGI können besonders Mikrorisse frühzeitig gegenüber dem Absorptionskontrast erkannt werden. Der Vorteil zu herkömmlichen Computertomographie – Methoden liegt hier in der Messdauer. Während bei CT- Aufnahmen das gesamte Bauteil vollständig rotieren muss um derartige Risse erkennbar darstellen zu können, reicht beim Dunkelfeldkontrast des Talbot-Lau Interferometers eine einzelne Radiographie-Aufnahme zur qualitativen Einschätzung.

Danksagung

Diese Arbeit wurde durch die Österreichische Forschungsförderungsgesellschaft (FFG) im Rahmen des Projektes „BeyondInspection – Digitalisierungsplattform zur prädikativen Bewertung von Luftfahrtbauteilen mittels multimodaler multiskalarer Inspektion" des TAKE OFF Programms finanziert. Projektnummer: 874540

Referenzen

[1] B. Plank et al., Multiscale and Multimodal Approaches for Three-dimensional Materials Characterisation of Fibre Reinforced Polymers by Means of X-ray based NDT Methods, International Symposium on Digital Industrial Radiology and Computed Tomography. 2019, Fürth.

[2] C. Heinzl et al., Processing analysis and visualization of CT data, Industrial X-Ray Computed Tomography, 99-142

[3] VoulmeGraphics. VGStudio MAX 3.4.2. https://www.volumegraphics.com

[4] J. Kastner, C. Heinzl, X-ray tomography, Handbook of Advanced Nondestructive Evaluation, 1095-1166

RoboCT – Vergleich unterschiedlicher Aufnahmegeometrien für roboterbasierte Computertomographie an Faserverbundbauteilen aus Luft- und Raumfahrt

Sebastian KUDLA, Julian REISSER, Stefan NOTTROTT, Wolfgang HOLUB
Fraunhofer-Entwicklungszentrum Röntgentechnik EZRT, Fürth

Kontakt E-Mail: wolfgang.holub@iis.fraunhofer.de

Kurzfassung

Computertomographie ist etabliert als Gold-Standard unter den ZfP Verfahren – insbesondere zur Prüfung von Faserverbundmaterialien. Üblicherweise ist CT jedoch auf Objekte von wenigen Dezimetern Durchmesser begrenzt.

RoboCT (roboterbasierte Computertomographie) konnte diese Begrenzung überwinden und so in den vergangenen Jahren in der Anwendung im Automobilbau und in Luft- und Raumfahrt mit ersten Produktivsystemen im Feld Fuß fassen. Hier stellen wir exemplarisch an einer CFK-Landeklappe verschiedene mit RoboCT realisierbare Abtasttrajektorien und deren resultierende CT-Bilder vor.

Typische Aerostrukturen sind heute oft lange semi-planare Objekte, die sich nicht mehr – wie in klassischer CT üblich – auf einem Drehteller positionieren und dort um 360° rotieren lassen. Mit RoboCT werden diese Objekte zugänglich um mittels Röntgendurchstrahlung und Computertomographie an beliebigen ROIs (regions-of-interest) untersucht zu werden. Abhängig von Bauteilgröße und Prüfaufgabe ist oft entweder eine volle Kreis-CT möglich – oder aber Laminographie mit eingeschränkter Tiefenauflösung der passende Kompromiss.

Am Abschnitt einer Landeklappe aus kohlefaserverstärktem Kunststoff (CFK) von etwa $800 \cdot 160 \cdot 1200\ mm^3$ Größe vergleichen wir horizontale und vertikale Kreis-CT sowie koplanare Laminographie.

Automatische Auswertung für Inline Computertomographie

Christian KRETZER [1], Tobias SCHÖN [1], Thomas RAUCH [1], Tobias GRULICH [1], Frank SUKOWSKI [1], Daniel SUTH [1]
[1] Fraunhofer EZRT, Fürth

Kontakt E-Mail: christian.kretzer@iis.fraunhofer.de

Kurzfassung

In modernen Produktionsprozessen etabliert sich immer mehr die Verwendung von 100% Kontrolle der Bauteile mittels Röntgen-Computertomographie. Da die Anlagentechnik sich kontinuierlich weiterentwickelt, lassen sich immer mehr Applikationen für diese Prüftechnologie erschließen durch schnellere Taktzeiten oder kostengünstigere Systeme.

Der Informationsgewinn durch die 3D-Computertomographie, im Vergleich zur klassischen Radioskopie, ist immens. Man besitzt nach der Prüfung nicht nur die Information, ob sich eine Auffälligkeit in einem Bauteil befindet, sondern auch die genaue dreidimensionale Ausprägung und deren exakte Lage im Bezug zum Bauteil und dessen Kanten. Somit lassen sich deutlich bessere Entscheidungen treffen, um welche Art von Auffälligkeit es sich handelt und ob diese Auffälligkeit nun zu einem n.i.O.-Bauteil führt oder nicht.

Schlüsseltechnologie für diese neue Prüfmethode ist die Auswertung der Daten. Auf Grund der hohen Datenmenge ist hier eine manuelle Auswertung durch eine bedienende Person nicht mehr realisierbar. Umso wichtiger ist somit eine schnelle und robuste Auswertung, die keinen Schlupf bei geringer Pseudoanzahl produziert und einen intelligenten Umgang mit vorhandenen CT-Artefakten besitzt.

Beim Fraunhofer EZRT wurde in den letzten Jahren eine solche Auswertung realisiert, welche auch schon im Produktionsumfeld eingesetzt wird. Die Auswertung wurde hierbei als Plugin für Volume Graphics VGinLINE realisiert und bettet sich nahtlos in die Oberfläche der bekannten CT-Software. Zusätzlich wurde die Auswertung um Klassifikationsalgorithmen erweitert, um vorgegebene Fehlertypen als Ergebnis zu erhalten.

In diesem Vortrag stellen wir Ihnen das Auswertemodul in der VGinLINE Umgebung vor, zeigen die Möglichkeiten und Ergebnisse der Klassifikation sowie präsentieren Lösungen, wie eine Auswertung ohne Referenzbauteil möglich ist.

Simulative Untersuchung des Einflusses von Bildrauschen auf dimensionelle Messungen mit industriellen Computertomografen

Tamara REUTER [1], David PLOTZKI [2], Fabrício BORGES DE OLIVEIRA [3], Tino HAUSOTTE [1]
[1] Lehrstuhl für Fertigungsmesstechnik (FMT), Friedrich-Alexander-Universität Erlangen-Nürnberg (FAU)
[2] Bundesanstalt für Materialforschung und –prüfung (BAM), Berlin
[3] Physikalisch-Technische Bundesanstalt (PTB), Braunschweig

Kontakt E-Mail: tamara.reuter@fmt.fau.de

Kurzfassung. Die industrielle Röntgen-Computertomografie (CT) etabliert sich für die Anwendung in der dimensionellen Messtechnik. Sie bietet als zerstörungsfreies Messverfahren das Potential, sowohl innen- als auch außenliegende Merkmale holistisch zu erfassen. Für die Bestimmung der Güte eines Messwerts muss die dem Messwert zugeordnete Messunsicherheit ermittelt werden. Dabei kann, nach derzeitigem Stand der Technik und Normung, die aufgabenspezifische Messunsicherheit nach VDI/VDE 2630 Blatt 2.1 nur unter hohem Aufwand mit einer Vielzahl an experimentellen Wiederholmessungen ermittelt werden. Ziel diverser Forschungsprojekte zu diesem Thema ist es daher, eine numerische Messunsicherheitsbestimmung zu erreichen. Dafür ist es notwendig, alle signifikanten Einflussgrößen zu erfassen, deren Unsicherheitsbeiträge zu bestimmen und zu bewerten. In diesem Beitrag wird der Einfluss des Bildrauschens auf verschiedene dimensionelle Messgrößen simulativ untersucht. Mithilfe eines prismatischen Prüfkörpers, der eine Vielzahl an Geometrieelementen aufweist, werden verschiedene Messgrößen unterschiedlicher Komplexität betrachtet. Ziel ist es, für diese Messgrößen zu testen, wie diese auf das Bildrauschen reagieren. Dieses wird dabei durch das Signal-Rausch-Verhältnis (SNR) der Projektionsgrauwerte beschrieben und variiert. Es werden Wiederholsimulationen durchgeführt, damit eine statistische Aussage über die Verteilung der Messwerte möglich ist und der Einfluss des Rauschens auf verschiedene Messgrößen individuell beurteilt werden kann. Das Simulationsszenario wird so gestaltet, dass lediglich das Bildrauschen Einfluss auf die Messung hat. Die berechneten Verteilungsbreiten lassen mit sinkendem SNR eine deutliche Zunahme erkennen, insbesondere bei der Bestimmung von Formabweichungen. Simuliert wird mit der Software aRTist 2.10(BAM).

Einleitung

Die industrielle Röntgencomputertomografie ist derzeit das einzige Verfahren, das anhand einer einzigen Messung sowohl innen- als auch außenliegende Merkmale erfassen kann. Eine direkte Folge daraus ist ihre wachsende Bedeutung für die dimensionelle Messtechnik. [1]

Für die Beurteilung der Güte eines Messwerts, und somit für die Entscheidung über die Konformität einer Messgröße bzgl. ihrer geometrischen Spezifikation, ist die Bestimmung der dem Messwert beigeordneten Messunsicherheit notwendig. Die derzeit verwendete, genormte Methode zur Bestimmung der aufgabenspezifischen Messunsicherheit wird in der VDI/VDE 2630 Blatt 2.1 beschrieben [2]. Diese erfordert allerdings mindestens 20 Wiederholmessungen an einem kalibrierten Bauteil. Aus den Streuungen und der ermittelten Messabweichung zum kalibrierten Bauteil wird anschließend die Messunsicherheit für eine definierte Messgröße abgeschätzt. Nachteile dieser Methode sind der relativ hohe Aufwand der Durchführung und dass die Einflussgrößen nicht getrennt voneinander analysiert werden können und somit deren einzelne Beiträge zur Messunsicherheit nicht ermittelt werden können. [2]

Aufgrund des hohen Zeitaufwands für diese Messunsicherheitsbestimmung ist es Ziel diverser Forschungsprojekte, eine numerische Messunsicherheitsbestimmung mittels einer physikalischen Simulation zu entwickeln. Hierfür ist es notwendig, alle möglichen Einflussgrößen auf einen Messwert zu erfassen und zu bewerten.

Eine bereits in diversen Publikationen untersuchte Einflussgröße ist das Rauschen im Detektorbild. Diese Arbeiten beschäftigen sich allerdings hauptsächlich mit der Reduktion des Rauschens in der aufgenommenen Projektion durch Verwendung von Filtern oder Anpassung der Parameter des CT-Scans. [3-5] Rodríguez-Sanchez et al. [6] geben einen Überblick über den Einfluss von Rauschen auf die Messunsicherheit mit Röntgencomputertomografie. Es wurde festgestellt, dass der Einfluss des Rauschens auf die dimensionelle Messung bisher nur wenig untersucht wurde. Lediglich Hiller et al. [7] und Matern et al. [8] untersuchten, wie sich Rauschen in der Projektion auf die Formabweichung einer Kugel auswirkt.

Dieser Beitrag beschäftigt sich daher eingehender mit dem Bildrauschen und wie sich dieses auf verschiedene definierte Messgrößen auswirkt. Dabei werden neben Form-, Richtungs- und Ortsabweichungen auch geometrische Maße und Abstände betrachtet. In idealisierten Simulationsszenarien wird schrittweise die Stärke des Bildrauschens variiert.

1 Prismatischer Prüfkörper

Um möglichst viele industrietypische Messgrößen abzudecken, wird ein prismatischer Prüfkörper simuliert, der eine Vielzahl von Merkmalen (siehe Tabelle 1) aufweist. Der Körper wurde im Rahmen des WIPANO-Projekts „Durchstrahlungssimulation für die Messunsicherheitsbestimmung beim Messen geometrischer Merkmale mittels Röntgen-Computertomographie“ (CTSimU) entwickelt. Er hat eine Abmessung von 22,2 mm × 21,8 mm × 15,0 mm und bietet 30 Geometrieelemente verschiedener Standardgeometrieelemente (Ebenen, Kugeln, Zylinder, Kegel, Tori), die als Innen- und Außengeometrien verkörpert sind (siehe Abb. 1). Durch diese Vielfalt kann der Einfluss von verschiedenen Faktoren auf die dimensionelle Messung ermittelt werden. Da in diesem Beitrag sämtliche Untersuchungen bzw. Messungen auf simulierten Daten basieren, können interessante Merkmale des Prüfkörpers ohne Fertigungsbeschränkungen virtuell umgesetzt werden. Als Prüfkörpermaterial wurden reines Titan (Dichte $\rho_{\mathrm{Ti}} \approx 4{,}5$ g/cm^3) und Aluminium (Dichte $\rho_{\mathrm{Al}} \approx 2{,}7$ g/cm^3) ausgewählt. Die Benennung der Geometrieelemente erfolgt nach deren Art und Lage, dargestellt in Abb. 1. (Notation: Ebene: Pla, Kugeln: Sph, Kalotten: Cal, Quader: Cub, Zylinder: Cyl, Kegel: Con, Tori: Tor).

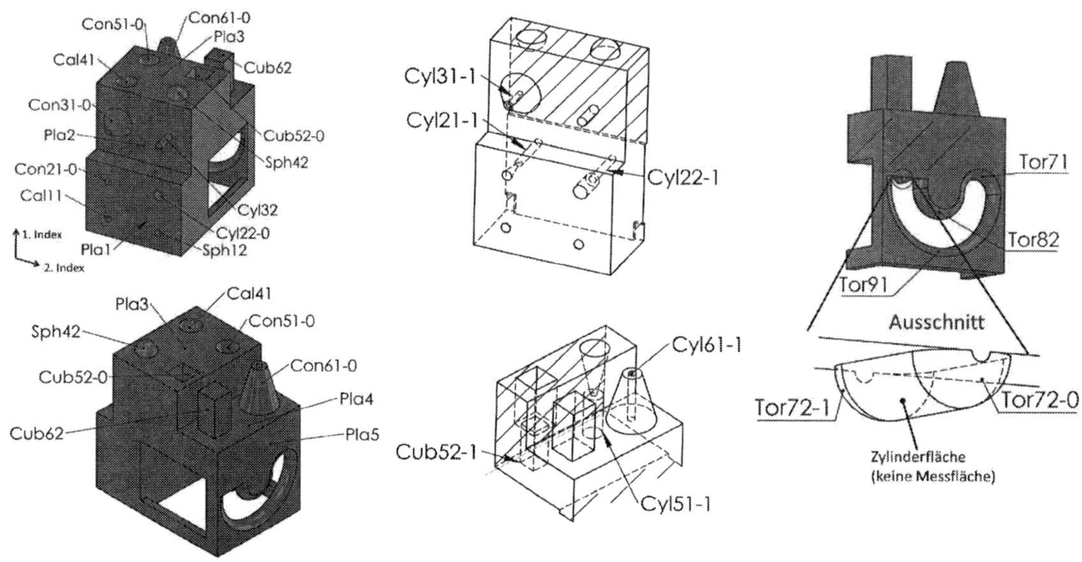

***Abb. 1**: Prismatischer 3D-Prüfkörper*

1.1 Koordinatensystem (3-2-1)

Alle Elemente und Punktverteilungen (siehe Abb. 2), die für das Koordinatensystem benutzt werden, werden als Gaußelemente ohne Beschränkung der Lage, der Richtung und des Durchmessers (bei Kugel) gebildet, um ein stabiles Bezugsystem zu erhalten. Es findet zudem keine Filterung statt. Für die Definition des Koordinatensystems werden die Ebenen *Pla1*, *Pla2* und *Pla6* und die Halbkugel *Sph42* verwendet. Die Ebene *Pla6* wird als Primärbezug, die Symmetrieebene zwischen den Ebenen *Pla1* und *Pla2* als Sekundärbezug für die Orientierung und der Mittelpunkt der Kugel *Sph42* als Koordinatenursprung verwendet. Ein stabiles und wiederholbares Koordinatensystems ist aufgrund der automatischen messtechnischen Auswertung in dieser Untersuchung wichtig, da Messgrößen wie z. B. Einzelpunktabstände abhängig von der Lage des Koordinatensystems sind. Die Geometrieelemente zur Ausrichtung des Prüfkörpers und das Koordinatensystem sind in Abb. 2 dargestellt.

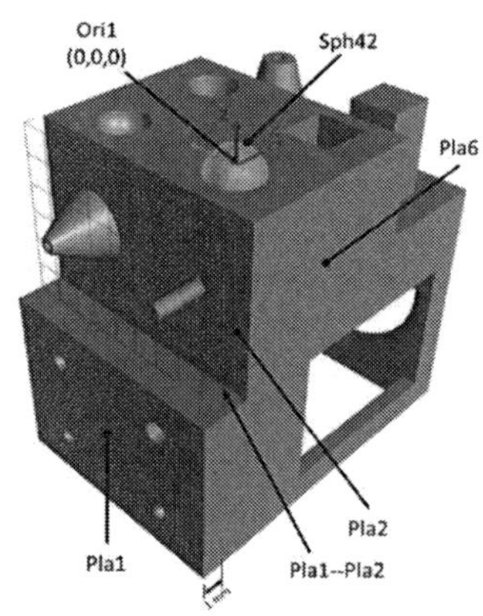

***Abb. 2**: Punktverteilung und Geometrieelemente, an denen das Koordinatensystem am dreidimensionalen, prismatischen Prüfkörper ausgerichtet wird.*

1.2 Messgrößen

Alle Elemente, die als oder für Messgrößen verwendet werden, werden ebenfalls, wie bereits unter 1.1 beschrieben, als Gaußelemente ohne Nebenbedingung, gebildet. Auch findet keine Filterung der Antastpunkte statt, um möglichst alle gemessenen Punkte zu erfassen. Die Formabweichungen Zylindrizität, Ebenheit und Rundheit werden als gaußsche Formabweichungen nach DIN EN ISO 1101 [9] ausgewertet. Die Sphärizität wurde äquivalent zur Zylindrizität (Zylindermantelfläche) für die Kugelfläche bestimmt. Insgesamt werden im Prüfkörper 52 abgeleitete Messgrößen mit unterschiedlicher Komplexität behandelt (siehe Tabelle 1).

Tabelle 1: Übersicht der Geometrieelemente und der zugehörigen Messgrößen (Bezugselemente sind fett und unterstrichen)

Messgrößenart	Nomenklatur	Messelemente				
Durchmesser	Dia	Cal11	Sph12	Cal41	Sph42	Cyl22-0
		Cyl32	Cyl51-1	Cyl61-1a	Cyl61-1b	Cyl61-1
Sphärizität	SFo	Cal11	Sph12	Cal41	Sph42	
Kegelöffnungswinkel	Ang	Con21-0	Con31-0	Con51-0	Con61-0	
Zylindrizität	Cyl	Cyl22	Cyl32	Cyl51-1		
Rundheit	Rou	Cyl61-1a	Cyl61-1b	Cyl61-1c		
Ebenheit	Flat	Cub52-0a	Cub52-1d	Cub62-b		
Mittelpunktabstand	Dis	Cal11--Sph12		Cal11--Cal41		Cal11--Sph42
Einzelpunktabstand	Dis	Poi52-0b--Poi62-0b		Poi52-0b--Poi62-0d		Poi52-1c--Poi51-1c
		Poi52-1c--Poi51-1a				
Rechtwinkligkeit	Per	Cub52-0b--**Cub52-0c**		Con21-0--**Cyl61-1**		Cyl31-1--**Con51-0**
Parallelität	Par	Cub62-c--**Cub62-a**		Cyl51-1--**Con61-0**		Cyl32--**Con31-0**
Koaxialität	Coa	Con21-0--**Cyl21-1**		Cyl31-1--**Con31-0**		Con51-0--**Cyl51-1**
Konzentrizität	Con	Cyl61-1a--**Con61-0**		Cyl61-1b--**Con61-0**		Cyl61-1c--**Con61-0**
Torus Hauptradius	MajRad	Tor71	Tor81	Tor91		
Torus Nabenradius	MinRad	Tor71	Tor81	Tor91		

2 Grundlagen zur Modellierung des Rauschens

Die zufällige Schwankung der Pixel-Grauwerte in digital erfassten Röntgenprojektionen eines CT-Scans wird in diesem Beitrag als Bildrauschen verstanden. Die Ursachen für das Bildrauschen sind vielfältig: sie beginnen beim Schrotrauschen der Röntgenquelle, deren emittierte Photonenzahl pro Zeiteinheit sich im Idealfall Poisson-verteilt verhält. Weitere Ursachen für Bildrauschen sind stochastische Prozesse bei der Wechselwirkung der Strahlung mit Materie, die insbesondere zu Energieverlusten, Streuung und Erzeugung von Bremsstrahlung durch Sekundärelektronen führen, sowohl im zu untersuchenden Objekt wie auch im Detektormaterial, hier insbesondere im Szintillator. Diese Prozesse führen bei hinreichend großen Photonenzahlen ebenfalls zu einer Poisson-verteilten Photonenzahl bei der Detektion. [10] Das elektronische und thermische Rauschen der Signalverarbeitung und der Digitalisierungselektronik sowie der Diskretisierungsabweichungen leisten ebenfalls Beiträge zum Bildrauschen.

Bei Betrachtung eines einzelnen Pixels ist diese Schwankung der Grauwerte zunächst zeitlicher Natur. Ihr Beitrag ist additiv und zeitlich unkorreliert: wird eine Zeitreihe von Projektionen aufgenommen, kann mit steigender Anzahl an Projektionen für jedes Pixel i ein Mittelwert μ_i mit sinkender statistischer Unsicherheit ermittelt werden, sofern keine anderen Einflüsse, wie z. B. systematisches Driften anderer Einflussgrößen, die Zeitreihe stören.

Für die durchgeführten Simulationen wird angenommen, dass das Rauschen der Grauwerte einer Normalverteilung entspricht. Für hinreichend hohe Photonenzahlen genügt das Schrotrauschen dieser Annahme [10]. Der Einfluss des temperaturabhängigen, üblicherweise weißen Rauschens der Elektronik ist zeitlich unkorreliert, ebenso die vielen anderen genannten physikalischen Prozesse, die zum Bildrauschen beitragen. Eine solche Überlagerung statistisch unabhängiger Zufallsgrößen kann nach dem zentralen Grenzwertsatz gut mit einer Normalverteilung abgebildet werden. Um eine Aussage über die Qualität des entstandenen Bildes treffen zu können, wird für ein Pixel i die Grauwert-Standardabweichung σ_i mit dem Erwartungswert μ_i verglichen, indem das Signal-Rausch-Verhältnis (SNR) berechnet wird [11]:

$$\mathrm{SNR}_i = \frac{\mu_i}{\sigma_i}.$$

Sowohl der Erwartungswert μ_i wie auch die Standardabweichung σ_i hängen von der Intensität der Röntgenstrahlung am Pixel ab. Der Erwartungswert skaliert, je nach Detektorcharakteristik, in erster Näherung linear mit der Intensität, der Beitrag der stochastischen Poisson-Prozesse zur Standardabweichung skaliert mit der Wurzel der Intensität [10]. Da die Strahlungsintensität nicht homogen über die Detektorfläche verteilt ist und vor allem durch Absorption im Prüfkörper variiert, ist auch das SNR je nach Ausleuchtung unterschiedlich. In dem verwendeten Modell wird der Simulationssoftware daher das SNR_{max} bei maximaler Intensität bei freiem Strahl am Detektor fest vorgegeben und das lokale, tatsächliche SNR je nach Pixelausleuchtung proportional zur Wurzel der Intensität skaliert. Ein zusätzlicher konstanter, intensitätsunabhängiger Beitrag zum Rauschen wird nicht betrachtet.
Rauschen in den Projektionsbildern verursacht ein Rauschen der Grauwerte im rekonstruierten Volumen. Für die Qualität der Oberflächenfindung anhand der Volumendaten spielt hier auch das Kontrast-Rausch-Verhältnis (CNR) eine Rolle, das die Differenz zwischen dem mittleren Objekt-Grauwert μ_{Objekt} im Volumen und dem der Umgebung μ_{Umgebung} ins Verhältnis setzt zur Standardabweichung dieser Grauwertdifferenz [11]:

$$\mathrm{CNR} = \frac{\left|\mu_{\text{Objekt}} - \mu_{\text{Umgebung}}\right|}{\sqrt{\sigma^2_{\text{Objekt}} + \sigma^2_{\text{Umgebung}}}}.$$

3 Experimentelle Untersuchungen

Das folgende allgemeine Szenario wurde in der Simulationssoftware aRTist 2.10 in einer virtuellen Luftatmosphäre eingerichtet. Der Abstand Quelle zu Detektor beträgt 1000 mm, der Abstand Quelle zu Rotationsachse 100 mm. Daraus resultiert ein Vergrößerungsfaktor von 10. Die Rotationsachse verläuft zentral durch den um 40° in Richtung der Quelle gekippten Prüfkörper. Der Flächendetektor ist ein ideal energieintegrierender Detektor. Die Grauwerte werden linear proportional zur Strahlungsintensität am Pixel gebildet. Hierbei finden die material- und energiespezifischen Schwächungskoeffizienten Anwendung. Eine Abweichung von der Primärstrahltrajektorie in Folge von Streueffekten wurde hierbei nicht simuliert und demzufolge auch keine resultierenden spezifischen Rauschbeiträge. Die 1000×1000 quadratischen Pixel haben eine Fläche von $(0{,}4\ \text{mm})^2$. Dies und der Vergrößerungsfaktor führen bei den Rekonstruktionen mit einem FDK-Algorithmus zu einer Voxelgröße von 40 µm. Ausgehend von einer punktförmigen Röntgenquelle wurde ein räumlich isotroper, monochromatischer Kegelstrahl mit einer Photonenenergie von 150 keV simuliert. Röhrenstrom, Integrationszeit und Detektorkennlinie wurden so eingerichtet, dass bei freiem Strahl ein maximaler Grauwert von 60 000 erreicht wird. Weiterhin wurde das SNR_{max} bei freiem Strahl vorgegeben, wie in den folgenden Abschnitten beschrieben. Für jedes dargestellte Szenario wurden 20 Wiederholsimulationen durchgeführt, deren Zufallsgeneratoren mit unterschiedlichen Startwerten initialisiert wurden, um über die Gesamtmenge aller Simulationen nie die gleichen Grauwertschwankungen zu erhalten.

3.1 Variation des Rauschens

Zunächst wurden acht verschiedene Stärken des Bildrauschens untersucht. Pro Simulation wurden 1500 Projektionen für homogen verteilte Winkelschritte berechnet, über einen gesamten Scanwinkel von 360°.

Die Halbwertsbreite (engl. full width at half maximum - FWHM) der Normalverteilung der Grauwerte wurde in äquidistanten Stufen zwischen 100 und 800 Grauwerten vergrößert. Simuliert wurde der prismatische 3D-Prüfkörper aus Titan. Die daraus resultierenden SNR und exemplarisch ermittelte, oberflächennahe CNR sind in Tabelle 2 aufgeführt.

***Tabelle 2**: Parameter für die Szenarien mit variiertem Rauschumfang und variiertem Prüfkörpermaterial (grau).*

Szenario	1	2	2 (Al)	3	4	5	6	7	7 (Al)	8
FWHM	100	200	200	300	400	500	600	700	700	800
SNR	1412,89	706,45	706,45	470,96	353,22	282,58	235,48	201,84	201,84	176,61
CNR	173,58	85,07	52,74	57,52	43,30	34,80	29,00	24,92	15,88	21,73

3.2 Variation des Prüfkörpermaterials (Absorptionskoeffizient)

In einem zweiten Versuch wurde in zwei weiteren Szenarien für den Prüfkörper statt Titan das Material Aluminium simuliert. Der Absorptionskoeffizient bei 150 keV halbiert sich dadurch von μ_{Ti} = 0,742/cm zu μ_{Al} = 0,372/cm. Für die Stärke des Rauschens wurde eine FWHM von 200 und 700 Grauwerten gewählt. Exemplarisch wurden hier ein CNR von 52,74 bzw. 15,88 ermittelt.

3.3 Messtechnische Auswertung

An allen rekonstruierten Volumina wurde mittels VG Studio Max 3.4 eine Oberflächenbestimmung durchgeführt. Hierfür wurde die in die Software implementierte lokale Grauwertgradient-basierte Methode angewandt [12]. Die Rekonstruktion wurde mit der Software clFDK der BAM durchgeführt. Anschließend wurde der Prüfkörper registriert und ausgerichtet und am Oberflächenmodell der oben skizzierte Messplan durchgeführt. Die Auswertung erfolgte automatisiert, sodass ein möglicher Bienereinfluss minimiert wurde. Form-, Richtungs- und Ortsabweichungen der Geometrieelemente wurden ausgewertet und mit ihrem Absolutwert angegeben. Alle geometrischen Maße werden auf der mit VG Studio Max 3.4 erzeugten Oberfläche gebildet. Anschließend wurde die Differenz zum Nominalwert, gemessen am STL-Modell, welches auch für die Simulation verwendet wird, ermittelt.

4 Ergebnisse

In den folgenden Abbildungen werden die Ergebnisse der verschiedenen Rauschszenarien dargestellt. Zuerst werden die Form-, Richtungs-, und Ortsabweichungen betrachtet. In der ersten Spalte ist jeweils das Ergebnis aus der idealisierten Messung aufgetragen, um die Ergebnisse der einzelnen Rauschszenarien einordnen zu können. Die zusätzlichen Simulationen der Szenarien 2 und 7 (jeweils mit SNRs 706,45 und 201,84) mit dem Prüfkörpermaterial Aluminium, aber ansonsten gleichen Simulationsparametern, sind in den Abbildungen grau hinterlegt und entsprechend gekennzeichnet.

Aus den Ergebnissen ist zu erkennen, dass vor allem die Formabweichungen deutlich sensitiv auf steigendes Bildrauschen, sinkendes SNR, reagieren, siehe Abb. 3. Beispielsweise steigt die Abweichung für die Rundheiten, gemessen als Kreise an verschiedenen Höhen eines Innenzylinders, mit sinkendem SNR an. Angesichts der Tatsache, dass die Rundheit bei Cyl-1c am dicksten Bereich des Kegels gemessen wird, lässt sich schlussfolgern, dass die Abweichung insbesondere mit steigender Durchstrahlungslänge zunimmt. Die Ortsabweichungen Konzentrizität und Koaxialität zeigen zwar eine Zunahme der Streuung der Messwerte mit der Zunahme des Bildrauschens, jedoch sind ihre Abweichungen gering im Vergleich zu den anderen abgebildeten Messgrößen. Die geringere Sensitivität im Vergleich zu den anderen Messgrößen kann damit begründet werden, dass diese Messgrößen jeweils auf abgeleiteten Achsen bzw. abgeleiteten Mittelpunkten beruhen.

Ein Anstieg der Abweichung wird ebenfalls in den Richtungsabweichungen Parallelität (Cub62-a--Cub62-b) und Rechtwinkligkeit (Con21-0--Cyl61-1), jeweils ermittelt zwischen zwei Ebenen, sichtbar. Die erhöhte Sensitivität dieser beiden Messgrößen im Vergleich zu anderen Richtungsabweichungen liegt daran (vgl. Abb. 3 g und h), dass diese auf den angepassten Gauß-Elementen gemessen werden, während die anderen über die jeweiligen abgeleiteten Achsen gemessen werden. Die Streuung der Messwerte nimmt bei allen in Abb. 3 gezeigten Messgrößen zu. Die Messgrößen bei Aluminium zeigen einen Anstieg in der Streuung der Messwerte und eine Zunahme in ihrer Abweichung zur jeweiligen Referenz.

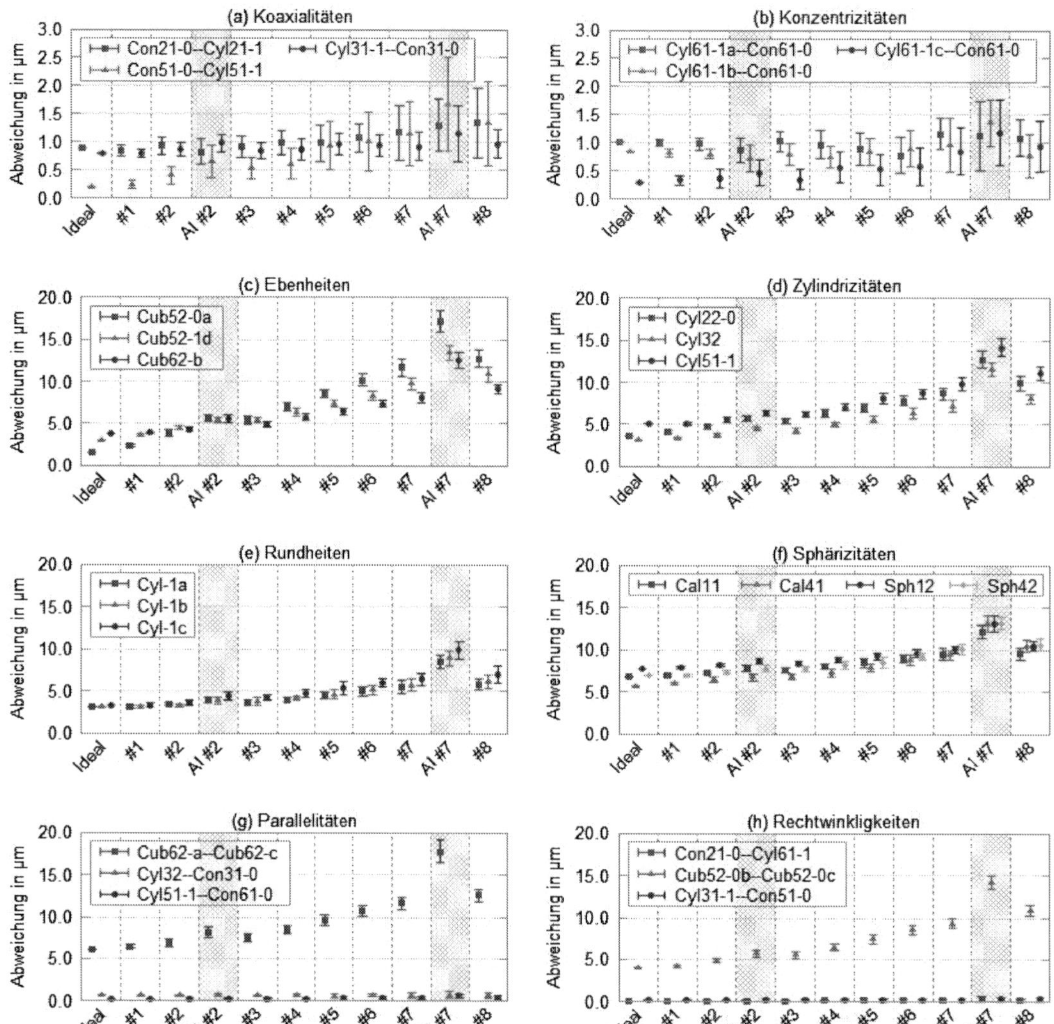

Abb. 3: *Mittlere Form-, Richtungs- und Ortsabweichungen und Standardabweichungen der verschiedenen Rauschszenarien.*

Für die Auswertung der nachfolgenden geometrischen Maße (Abb. 4) wurde jeweils die Differenz zur idealen Messung (ohne Rauschen) gebildet. Damit ist lediglich der Anteil des Rauschens auf die entsprechende Messgröße erkennbar.

Die Streuung der Messwerte nimmt mit steigendem Bildrauschen zu. Insbesondere die Punkt-zu-Punkt-Abstände zeigen eine starke Zunahme in ihrer Standardabweichung. Dies kann damit begründet werden, dass für die Bestimmung dieser Messgrößen lediglich ein angetasteter Punkt auf der virtuellen Oberfläche verwendet wird und damit mögliche Abweichungen mit steigenden Rauschen stärker sichtbar werden als bei den Abständen mit mehreren Antastpunkten. Die mittleren Abweichungen dagegen zeigen einen relativ konstanten Verlauf. Die entsprechenden Messgrößen bei Aluminium zeigen wie schon in Abb. 3 einen Anstieg in der Streuung der Messwerte und eine Zunahme in ihrer Abweichung zur jeweiligen Referenz.

Die Torusradien werden mit zunehmendem Rauschen zu klein bestimmt, da die Rauschamplitude im Material größer als im Hintergrund ist. Die Standardabweichungen der Torusradien und Durchmesser nehmen mit sinkendem SNR zu. Durch die Zunahme des Rauschniveaus wird bei der Oberflächenbestimmung die Wahrscheinlichkeit erhöht, dass Voxel fehlerhaft dem oder dem Hintergrund zugeordnet werden. Besonders ist dies in den Ergebnissen des Materials Aluminium zu sehen. Hier konnten lediglich die Innen- und Außen-Torusradien (Tor91) ausgewertet werden.

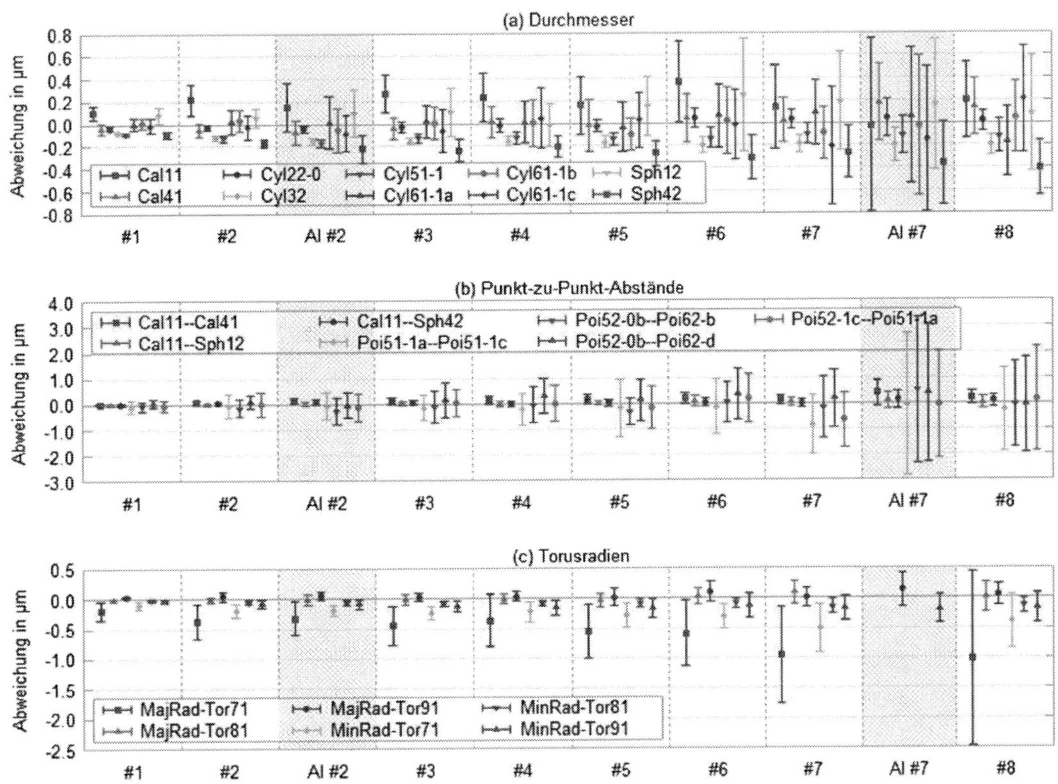

Abb.4: *Mittlere Abweichungen und Standardabweichungen der geometrischen Maße der verschiedenen Rauschszenarien, gebildet durch die Differenz der Messwerte der idealen, rauschfreien Simulation zu denen der einzelnen Rauschszenarien.*

Die Kegelöffnungswinkel in Abb. 5 nehmen in ihrer Messabweichung mit steigender Größe des Geometrieelements (Kegel) ab. Die größten Messabweichungen sind bei dem kleinsten Kegel Con21-0 zu erkennen. Die Streuung der Messwerte nimmt mit sinkendem SNR zu und ist bei den beiden kleineren Geometrieelementen (Ang-Con21-0 und Ang-Con-31-0) am größten.

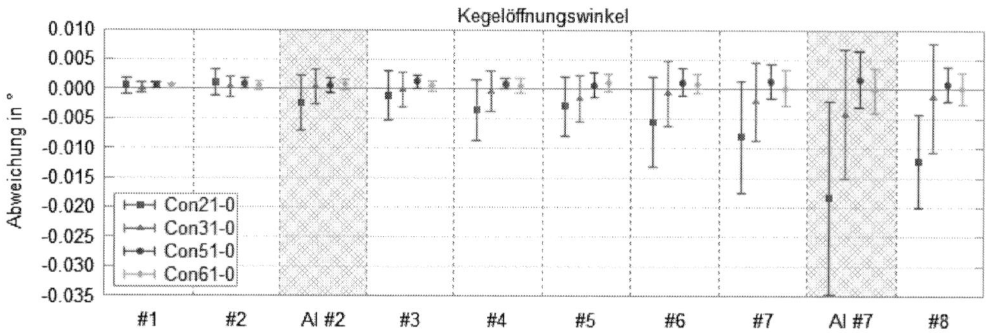

***Abb. 5:** Mittlere Kegelöffnungswinkel und deren Standardabweichungen der verschiedenen Rauschszenarien; Abweichung gebildet durch die Differenz der idealen, rauschfreien Simulation zu den Messwerten der einzelnen Rauschszenarien.*

5 Diskussion

Die vorgestellten Ergebnisse zeigen den Einfluss des Bildrauschens auf verschiedene Arten von dimensionellen Messgrößen. Vor allem Formabweichungen, wie Zylindrizität, Rundheit, Ebenheit und Sphärizität reagieren sensitiv auf steigendes Bildrauschen. Dies zeigt sich mit einem Anstieg in der Abweichung. Geometrische Maße, wie Abstände und Torusradien, weisen dagegen eine relativ konstante Abweichung auf. Die Streuung der Messwerte nimmt mit sinkendem SNR stärker im Vergleich zu Form-, Richtungs- und Ortsabweichungen zu. Bei den unterschiedlichen Prüfkörpermaterialien ist zu beachten, dass Titan bei der simulierten Photonenenergie von 150 keV einen größeren Absorptionskoeffizienten als Aluminium besitzt, was in den Projektionsbildern zu einem erhöhten Grauwertkontrast und in den Volumendaten zu einem verbesserten CNR führt und daher zu einer genaueren Bestimmung der Oberfläche (siehe Abb. 6). Dies führt zu einer geringeren Abweichung der Messwerte im Vergleich zu den Messungen mit Aluminium. Durch das bessere CNR der Messungen mit Titan (Tabelle 1) wird in der Oberflächenbestimmung die Wahrscheinlichkeit erhöht, dass die Voxel entsprechend besser zugeordnet werden können. Bei einer realen Messung mit entsprechend angepassten Parametern kann dies abweichen, da zusätzliche Effekte, wie z. B. Strahlaufhärtung bei industriell typischen Spektren und Photonenenergien, unvermeidbar sind.

In Abb. 6 ist die SNR-Charakteristik der zwei simulierten Szenarien abgebildet, sowie die Grauwertwertverteilungen der zwei Materialien Titan und Aluminium, jeweils für die Gesamtmenge aller Projektionsbilder erstellt. Es ist zu erkennen, dass die Grauwerte der Messung mit Titan einen größeren Bereich abdecken und so mehr Kontrast gegenüber der Hintergrundstrahlung erzielen als dies bei Aluminium der Fall ist. Dies begünstigt die Trennung von Material und Hintergrund während der Oberflächenbestimmung.

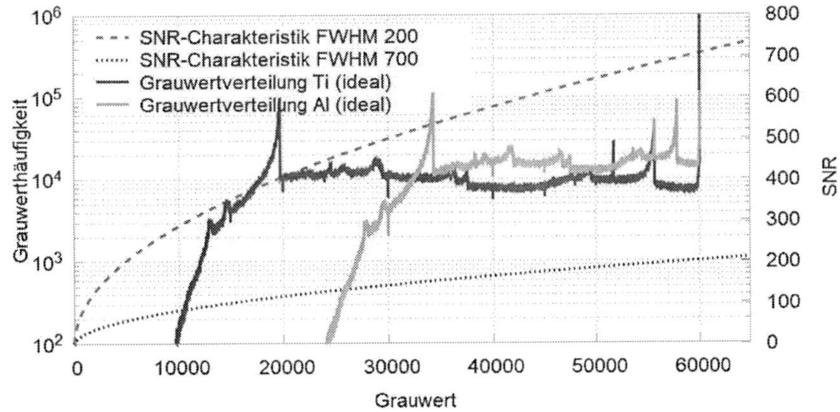

Abb. 6: Vergleich der Grauwertverteilung der Projektionsbilder einer rauschfreien Simulation mit den Materialien Titan und Aluminium. In Abhängigkeit der Grauwert-Intensität ist das korrespondierende SNR aufgetragen.

Bei dieser Untersuchung ist zu beachten, dass die Simulationen unter idealisierten Annahmen durchgeführt wurden, um den Einfluss des Bildrauschens isoliert betrachten zu können. So wird das Bildrauschen über das SNR bei einer vorgegebenen, maximalen Intensität erstellt und skaliert mit der Wurzel der Intensität, ohne einen zusätzlichen, intensitätsunabhängigen Anteil von Untergrundrauschen einzubeziehen. Es wurde auch keinerlei Detektorunschärfe simuliert, welche zusätzliche Korrelationen zwischen den Pixel-Grauwerten einführen und damit auch das SNR beeinflussen würde.

Eine direkte Übertragung auf eine reale CT-Messung ist durch diese idealisierten Annahmen nicht möglich. In einer realen Messung mit einem CT können die Effekte nicht isoliert betrachtet werden, da sich diese überlagern. Dies ist vor allem bei den Messungen mit dem geänderten Absorptionskoeffizienten zu beachten. Für das Ziel einer numerischen Messunsicherheitsbestimmung ist es jedoch essenziell, den Einfluss einzelner Effekte auf Messgrößen zu bestimmen. Hierzu trägt diese Untersuchung bei.

6 Zusammenfassung und Ausblick

Dieser Beitrag hat sich mit der Auswirkung von Bildrauschen auf die dimensionelle Messung mit CT befasst. Dabei wurde vor allem untersucht, wie sensitiv Form-, Richtungs- und Ortsabweichungen, sowie geometrische Maße, Abstände und Torusradien auf ein definiertes Bildrauschen reagieren. Hierbei wurde ersichtlich, dass Formabweichungen, wie zum Beispiel Zylindrizität, Ebenheit, Rundheit und Sphärizität sensitiv auf Bildrauschen mit einem Anstieg der mittleren Abweichung reagieren. Abstands- und Radius- bzw. Durchmessermessungen zeigen vor allem eine Erhöhung der Streuung der Messwerte.

In weiteren Untersuchungen sollten weitere Einflussgrößen, wie beispielsweise geometrische Fehlstellungen oder Unschärfe, Strahlaufhärtung oder Streustrahlung, in definierten idealisierten Simulationen betrachtet werden, um die Relevanz einzelner Einflussgrößen für die Messunsicherheit abschätzen zu können. Mittels stochastischer Untersuchungen und deren Auswertung im Rahmen einer Monte-Carlo-Simulation soll es langfristig möglich sein, die Unsicherheit einer realen CT-Messung abschätzen zu können. Um dieses Ziel zu erreichen, ist es notwendig, das Gesamtsystem aller relevanten Einflussgrößen und ihre jeweiligen Unsicherheitsverteilungen zu ermitteln. Diese Arbeit zeigt einen Ansatz zur Beurteilung des isolierten Einflusses von Bildrauschen auf die Messunsicherheit. Neben weiteren isolierten Einflussgrößen sollten in zukünftigen Arbeiten zusätzlich die Wechselwirkungen und Kreuzkorrelationen zwischen verschiedenen Einflussgrößen betrachtet werden, um ein besseres Verständnis für das komplexe Gesamtsystem aller Einflussfaktoren für die Qualität einer CT-Messung zu erhalten.

Danksagung

Die dargestellte Arbeit ist im Rahmen des WIPANO Förderprojektes CTSimU [13] (03TNH026A) durchgeführt worden. Die WIPANO-Förderrichtlinie wird durch das Bundesministerium für Wirtschaft und Energie finanziert und durch den Projektträger Jülich verwaltet. Die Autoren danken allen beteiligten Forschungspartnern des Projekts CTSimU für die fachliche Diskussion und Unterstützung.

WIPANO

Gefördert durch:

Bundesministerium für Wirtschaft und Energie

aufgrund eines Beschlusses des Deutschen Bundestages

Beiträge nach CRediT [14]

Tino Hausotte (TH) war an dem Finanzierungsantrag und der Projektadministration beteiligt. TH war für Betreuung und Bereitstellung der benötigten Ressourcen zuständig. Tamara Reuter (TR), David Plotzki (DP), Fabrício Borges de Oliveira (FB) und TH waren am Review und an der Finalisierung des Manuskripts beteiligt. TR, DP, und FB waren für Konzeptualisierung, Datenpflege, formale Analyse, Untersuchungen, Methodik, Software, Validierung, Visualisierung und Entwurf des Manuskripts zuständig.

Referenzen

[1] De Chiffre, L., Carmignato, S., B Kruth, J.-P., Schmitt, R. und Weckenmann, A.: *Industrial applications of computed tomography*, CIRP Annals, 2014, 63, 655-677

[2] Verein Deutscher Ingenieure e.V., VDI/VDE 2630 Blatt 2.1, Düsseldorf, 2015

[3] Demirkaya, O.: *Reduction of noise and image artifacts in computed tomography by nonlinear filtration of projection images*, Medical Imaging 2001: Image Processing, 2001, 4322, 917-923

[4] Jiang, H., Chen, W. R. und Liu, H.: *Techniques to improve the accuracy and to reduce the variance in noise power spectrum measurement*, IEEE transactions on biomedical engineering, IEEE, 2002, 49, 1270-1278

[5] Wang, J., Lu, H., Liang, Z., Eremina, D., Zhang, G., Wang, S., Chen, J. und Manzione, J.: *An experimental study on the noise properties of x-ray CT sinogram data in Radon space*, Physics in Medicine & Biology, IOP Publishing, 2008, 53, 3327

[6] Sánchez, Á. R., Thompson, A., Körner, L., Brierley, N. und Leach, R.: *Review of the influence of noise in X-ray computed tomography measurement uncertainty*, Precision Engineering, Elsevier, 2020

[7] Hiller, J. und Kasperl, S.: *Zum Verhältnis von Bildqualität und Messgenauigkeit in der CT-Metrologie*, 1st conf. Industrial computed tomography, 2010

[8] Matern, D. und Töpperwien, M.: *How much Does Image Quality Influence the Form Error in Industrial X-Ray CT?*, 10th conf. Industrial computed tomography, 2020

[9] DIN EN ISO 1101:2017-09, *Geometrische Produktspezifikation (GPS) – Geometrische Tolerierung – Tolerierung von Form, Richtung, Ort und Lauf* (ISO 1101:2017)

[10] Thorsten M. Buzug,: *X-ray Photon Statistics*. In: *Computed Tomography*, Springer (Berlin, Heidelberg), 2008, ISBN 978-3-540-39407-5

[11] DIN EN ISO 15708-3:2019-09, *Zerstörungsfreie Prüfung – Durchstrahlungsverfahren für Computertomographie* Teil 3*: Durchführung und Auswertung* (ISO 15708-3:2017)

[12] Borges de Oliveira, F. *Multi-material acceptance testing for computed tomography-based coordinate measurement system*, Doctoral thesis (Bremen: Fachverlag NW in der Carl Schünemann Verlag GmbH), 2021

[13]WIPANO CTSimU, https://www.ctsimu.forschung.fau.de/, abgerufen am 26.03.2021

[14] CASRAI CRediT, https://casrai.org/credit/, abgerufen am 18.03.2021

Streustrahlkorrektur mit den Methoden BeamStopArray und Descatter

Frank SUKOWSKI [1], Ingo BAUSCHER [1], Christian KRETZER [1], Tobias SCHÖN [1], Tobias GRULICH [1], Richard SCHIELEIN [1]
[1] Fraunhofer EZRT, Fürth

Kontakt E-Mail: frank.sukowski@iis.fraunhofer.de

Kurzfassung

Die Technik der Röntgen-Computertomographie (CT) wird zunehmend in der prozessintegrierten Bauteilprüfung eingesetzt. Gegenüber der 2D-Durchstrahlungstechnik bietet die CT den Mehrwert, potentielle Fertigungsdefekte im dreidimensionalen Raum zu lokalisieren und wesentlich detaillierter zu charakterisieren. Dies ermöglicht eine differenziertere Bewertung des Bauteils. Allerdings erfordert die gesamte Prüfprozedur eine höhere Prozesszeit, die in einem erheblichen Maße von der Bildaufnahme bestimmt wird. Eine Strategie, die Prüfung im Prozesstakt durchführen zu können, ist die Belichtungszeit sowie die Anzahl der aufgenommenen Projektionen für die 3D-Volumenrekonstruktion weitestgehend zu minimieren. Diese Strategie bringt jedoch eine Minderung der Bildqualität mit sich, welche sich unter anderem in erhöhtem Rauschen sowie Unterabtastungsartefakten äußert. Darüber hinaus beeinträchtigen Bildartefakte, welche aus gestreuter Röntgenstrahlung herrühren, die Bildqualität zusätzlich in einem kritischen Maße. Dies ist insbesondere dann der Fall, wenn Prüfkörper detektornah abgebildet werden, was oftmals notwendig ist, damit das Bauteil komplett auf dem Detektor abgebildet werden kann.

Das Fraunhofer EZRT hat daher Verfahren zur Bildkorrektur und Kompensierung von Streustrahlung entwickelt. Dabei werden die Anteile der Streustrahlung ausgehend vom Prüfobjekt selbst und aus der Umgebung, wie bspw. der Röntgenkabine oder der Detektorhalterung, berücksichtigt. Konkret werden die Verfahren „Descatter“ und „BeamStopArray“ vorgestellt sowie Ergebnisse anhand von repräsentativen Anwendungsszenarios gezeigt und miteinander verglichen.

STREUSTRAHLKORREKTUR MIT DEN METHODEN BEAM-STOP-ARRAY UND DESCATTER

Frank Sukowski, Ingo Bauscher, Christian Kretzer, Tobias Schön, Tobias Grulich, Richard Schielein
Fraunhofer-Entwicklungszentrum Röntgentechnik EZRT, ein Bereich des Fraunhofer-Instituts für Integrierte Schaltungen IIS
frank.sukowski@iis.fraunhofer.de

Gestreute Röntgenstrahlung, die auf den Detektor trifft, vermindert die Bildqualität drastisch bei einer Computertomographie (CT) Aufnahme

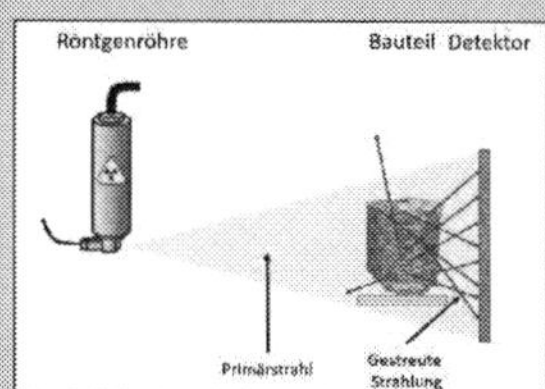

Entstehung eines Streustrahlsignals

Vom Prüfobjekt emittierte gestreute Strahlung trifft unter „falschem" Winkel auf den Detektor und erzeugt ein Störsignal.

→ Je näher sich das Bauteil am Detektor befindet, desto höher ist der Störanteil

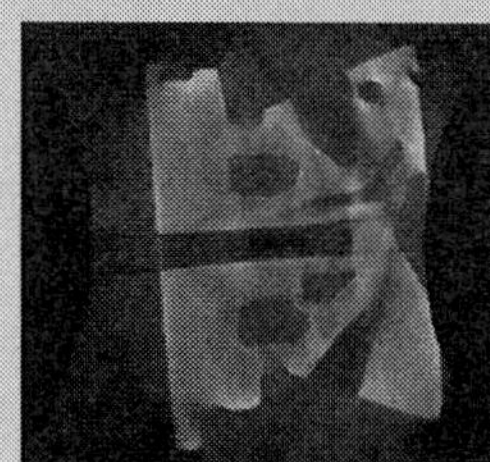

In der CT-Rekonstruktion massives Auftreten von Streustrahlartefakten

→ Bauteilkonturen, insb. konkave, werden unscharf abgebildet
→ Homogene Bauteilbereiche erscheinen inhomogen
→ Materialsignaturen in Luftbereichen

KORREKTURMETHODEN

firefly [scatterstop]

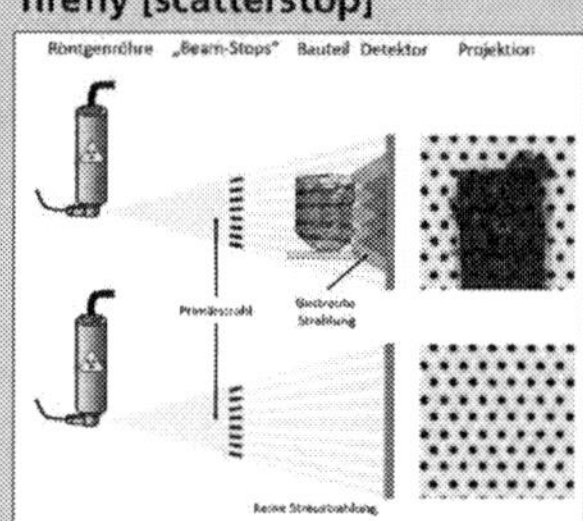

- Totalabsorption des Primärstrahls hinter „Beam-Stops"
- Objektabbildung und Leerbild mit „Beam-Stop-Array"
- Signal an abgeschatteten Bereichen durch Streuung hervorgerufen

→ Generierung Streumodell aus Berechnung der Streuverteilung

firefly [descatter]

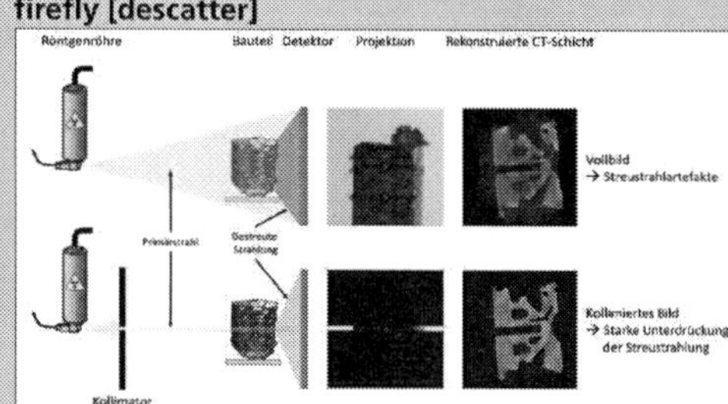

- Schichtaufnahme mit kollimiertem Strahl unterdrückt Streustrahlung

→ Generierung Streumodell aus Vergleich mit unkollimierter Aufnahme

Fraunhofer
EZRT

METHODENVERGLEICH ANHAND CT-SCHICHTEN

Zylinderkopf – Aluminium (Monomaterial)

Unkorrigiert

Korrektur mit firefly [scatterstop]

Korrektur mit firefly [descatter]

Verteilerblock – Titan mit Anbauteilen aus Fremdmaterialien

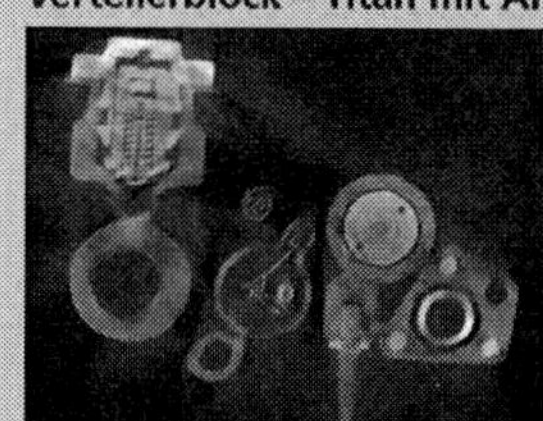

Unkorrigiert

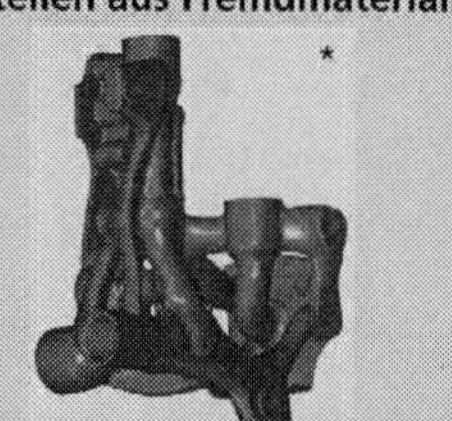

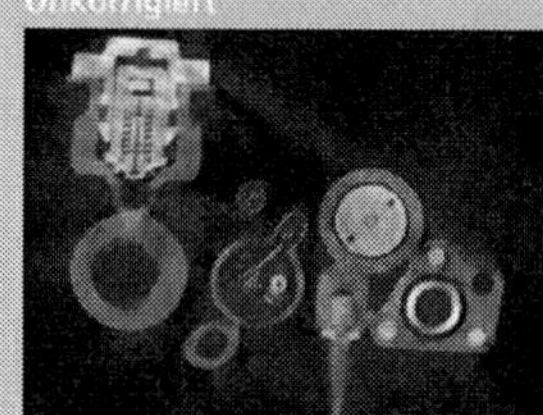

Korrigiert mit firefly [scatterstop]

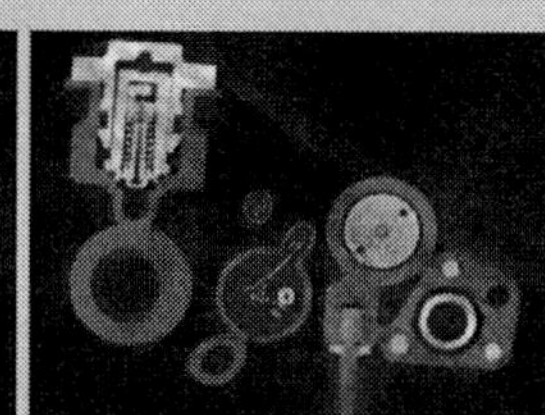

Korrigiert mit firefly [descatter]

ZUSAMMENFASSUNG

firefly [scatterstop] und firefly [descatter] reduzieren Streustrahlartefakte in CT-Datensätzen signifikant

firefly [scatterstop]:

+ Genauere Bestimmung der Streustrahlung in Randbereichen
+ Besonders leistungsfähig auch bei „InlineCT" Szenarien mit kurzer Messzeit und reduzierter Bildqualität
– Für jede Änderung der Aufnahmeparameter oder der Bauteilorientierung ist erneut ein Datensatz mit „Beam-Stop-Array" notwendig

firefly [descatter]:

+ Sehr leistungsfähig bei mehrmaterialigen Prüfkörpern
+ Bestimmung des Streumodells gilt für alle ähnlichen Szenarien bei gleichen Aufnahmeparametern
– Hohe Aufnahmequalität der Rohbilddaten notwendig:
→ Hohe Abtastung
→ Geringes Rauschen

* Additiv gefertigter Verteilerblock, Hersteller: Premium AEROTEC GmbH
Mit freundlicher Genehmigung der Premium AEROTEC GmbH und Airbus Operations GmbH

Simulative Trajektorienplanung für CT-Abläufe

Frank SUKOWSKI [1], Daniel SUTH [1], Richard SCHIELEIN [1]
[1] Fraunhofer EZRT, Fürth

Kontakt E-Mail: frank.sukowski@iis.fraunhofer.de

Kurzfassung

Röntgenprüfsysteme werden heute hinsichtlich ihrer Aufnahmeparameter manuell, basierend auf dem Expertenwissen des Prüfingenieurs konfiguriert. Zum hochdimensionalen Raum der Aufnahmeparameter zählen Auflösung, Vergrößerung, Abstände Quelle-Objekt-Detektor, Projektionsanzahl und insbesondere Aufnahmeperspektiven. Bei 3D-Computertomographie-Sytemen ist es nicht trivial, in Anbetracht des Wechselspiels zwischen erreichbarer Bildqualität und benötigter Aufnahmezeit, den optimalen Arbeitspunkt für eine spezifische Prüfaufgabe zu identifizieren. Ziel der Aufnahmeplanung ist es, die vorliegende Prüfaufgabe einerseits zuverlässig und gegebenenfalls prozesssicher sowie andererseits möglichst effizient, also mit minimalem Zeitbedarf, abzuarbeiten. Eine simulationsbasierte Findung dieser Parameter verspricht objektivere Parametersets, die weniger von der Erfahrung einzelner Prüfer abhängen. Vor allem wenn regelmäßig stark variierende Objekte untersucht werden sollen, ist eine automatische Aufnahmeplanung essentiell. Dies trifft u.a. auf den Bereich der additiven Fertigung zu, in dem im Extremfall Bauteile in einer Losgröße von eins untersucht werden. Das Spektrum der Bauteilgeometrien ist dabei verglichen mit Gießereierzeugnissen extrem breit und komplex, was die Konfiguration der Prüfung besonders aufwändig und schwierig macht.

Das Fraunhofer EZRT hat Lösungen entwickelt, mit denen Anwender von industriellen CT-Systemen eine für eine vorliegende Prüfaufgabe ideale Abtasttrajektorie ermitteln können. Hierzu werden anhand von Konstruktionsdaten CT-Rekonstruktionen simulativ erzeugt und deren Eignung für die jeweilige Prüfaufgabe bewertet. Dabei wird einerseits zwischen der Bildqualität der Bauteiloberfläche und andererseits der Erkennbarkeit von inneren Defekten, z. B. Poren, Lunker, Einschlüssen, etc. differenziert. Der Anwender erhält die Möglichkeit, den Parameterraum des Röntgensystems vorzugeben, vor allem hinsichtlich der geometrischen Randbedingungen. Weiter kann der Anwender verschiedene Qualitätskriterien, z. B. kritische Porengröße an unterschiedliche Bauteilregionen, einstellen, welche in der anschließenden Problemlösung berücksichtigt werden können.

SIMULATIVE TRAJEKTORIENPLANUNG FÜR CT-ABLÄUFE

Frank Sukowski, Daniel Suth, Richard Schielein
Fraunhofer-Entwicklungszentrum Röntgentechnik EZRT, ein Bereich des Fraunhofer-Instituts für Integrierte Schaltungen IIS
frank.sukowski@iis.fraunhofer.de

Um eine gute Bildqualität bei CT-Aufnahmen für eine vorliegende Prüfaufgabe zu erzielen, ist eine sorgfältige Wahl der Aufnahmeparameter und insbesondere der geometrischen Ausrichtung des Bauteils notwendig.

Das Fraunhofer-Entwicklungszentrum Röntgentechnik EZRT hat ein Werkzeug entwickelt, mit dem die optimale Abtasttrajektorie für CT-Abläufe aufgabenspezifisch ermittelt werden kann. Dies unterstützt den Prüfer bei der Einrichtung der Prüfung.

WAS IST EINE „GUTE" BILDQUALITÄT?

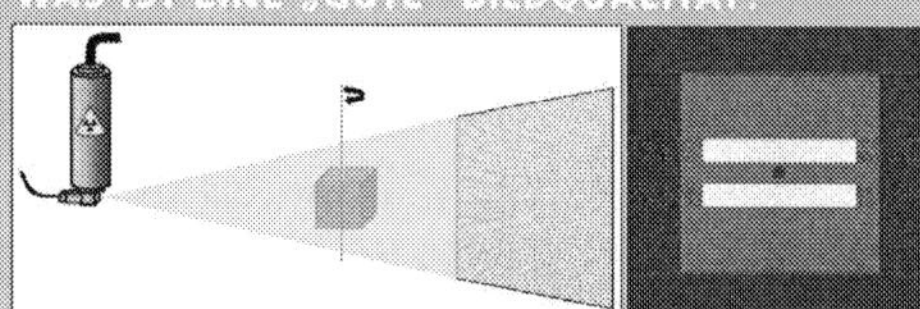

Gerader Würfel mit Strukturen – die Pore ist gut zu erkennen, die obere und untere Oberfläche sind unscharf.

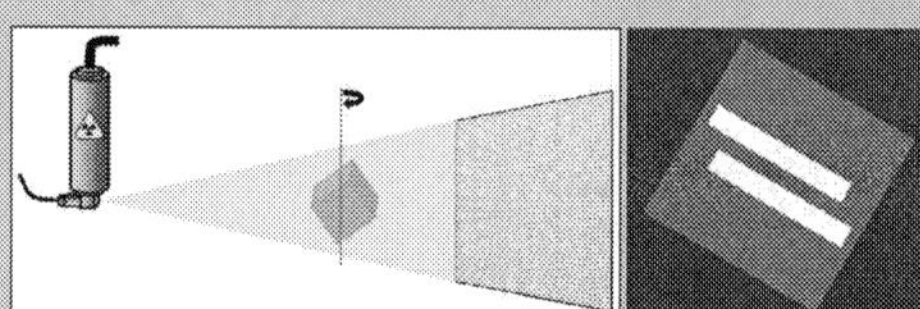

Verkippter Würfel – die Pore ist nahezu nicht mehr zu erkennen, dafür sind alle Oberflächen scharf abgebildet.

Was eine „gute" Bildqualität bedeutet, hängt oft von der Fragestellung ab!

METHODIK

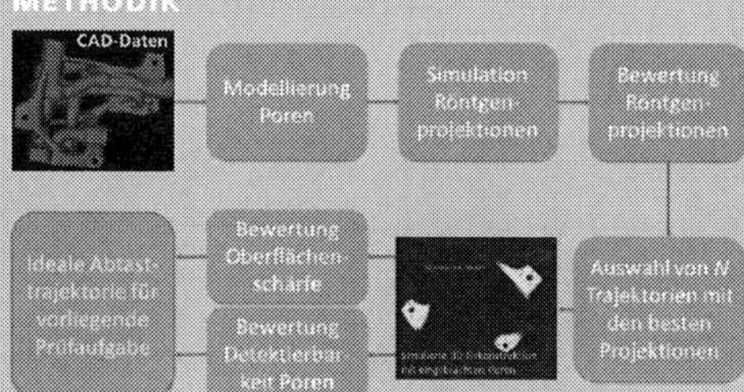

ANWENDUNGSBEISPIELE

Der Prüfer gibt zunächst das zu prüfende Bauteil als CAD-Modell* an. Weiter gibt er den möglichen Parameterraum für die Prüfaufgabe sowie die Kenndaten des Röntgensystems an.

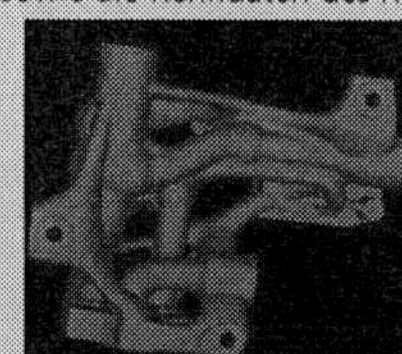

Für die *N* besten Abtasttrajektorien zeigt die Simulation auf, in welchen Bauteilregionen Poren gut (grün) oder schlecht (rot) detektierbar sind.

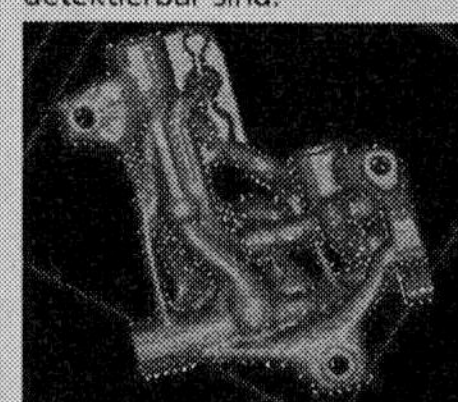

3D-Ansicht der Detektierbarkeit von Poren

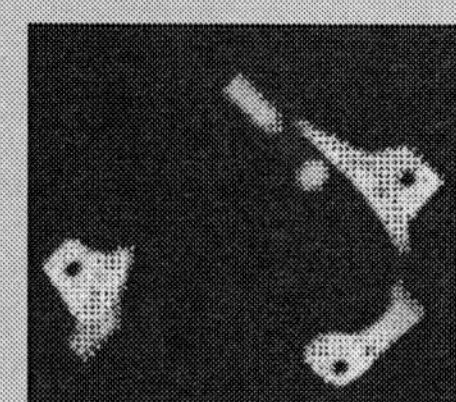

2D-Schichtansicht der Detektierbarkeit von Poren

Selbiges gilt für die Oberflächenschärfe.

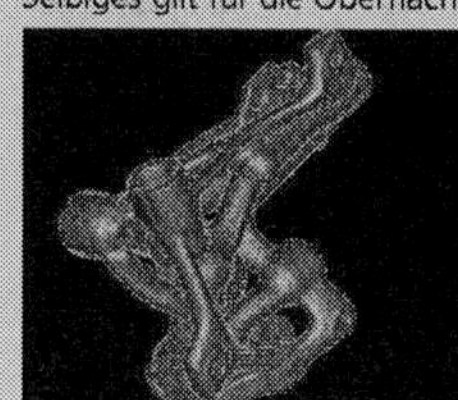

3D-Ansicht mit Bewertung der Oberflächenschärfe

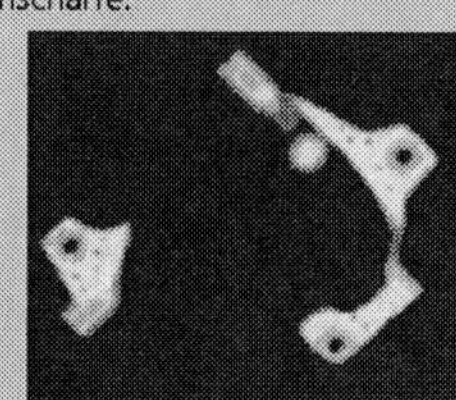

2D-Ansicht mit Bewertung der Oberflächenschärfe

ZUSAMMENFASSUNG

- Ermittlung von idealen Kreis-CT Prüftrajektorien hinsichtlich zweier Optimierungskriterien
  - Detektierbarkeit von Poren
  - Abbildungsschärfe der Bauteiloberfläche
- Visualisierung der lokalen Qualität der Abbildung
- Visualisierung der idealen Bauteilorientierung

Fraunhofer
EZRT

IN ZUSAMMENARBEIT MIT

AIRBUS

Fraunhofer
IFAM

Gefördert durch:
Bundesministerium für Wirtschaft und Energie
aufgrund eines Beschlusses des Deutschen Bundestages

Im Rahmen des LuFo V-3 Projektes „Apollo"

* Additiv gefertigter Verteiler, Hersteller: Premium AEROTEC GmbH
Mit freundlicher Genehmigung der Premium AEROTEC GmbH und Airbus Operations GmbH

Realistische Simulation spezifischer CT-Systeme in aRTist 2
Realistic Simulation of Specific CT-Systems in aRTist 2

Florian WOHLGEMUTH [1], Tino HAUSOTTE [1]
[1] Lehrstuhl für Fertigungsmesstechnik (FMT), Friedrich-Alexander-Universität Erlangen-Nürnberg (FAU), Erlangen

Kontakt E-Mail: Florian.Wohlgemuth@fmt.fau.de

Kurzfassung. Die Simulation röntgencomputertomografischer Messungen verspricht vielfältige Anwendungsmöglichkeiten wie die numerische Messunsicherheitsbestimmung, simulative Aufnahmeplanung/-optimierung und die Vorhersage (sowie darauf basierende Korrektur) von systematischen Messabweichungen bzw. Artefakten. Alle diese Anwendungspotentiale benötigen eine möglichst realitätsgetreue Simulation. Die Software aRTist 2 der Bundesanstalt für Materialforschung und –prüfung (BAM) ist eine Simulationsplattform für virtuelle Radiografie und CT-Aufnahmen. Um ein spezifisches reales CT-System nachzubilden, ist eine entsprechende Parametrisierung in aRTist 2 notwendig. Hierfür gibt es bisher keine vollständige systematische Vorgehensweise – die Simulation eines konkreten realen CT-Systems ist oft Resultat eines aufwendigen individuellen Anpassungsprozesses, der zeitaufwändig und fehleranfällig ist.

Im Beitrag werden systematische Vorgehensweisen beschrieben, mit denen auf Basis einer definierten Anzahl von Projektionsmessungen am realen CT-System eine realistische Simulation der Effekte von Brennfleck, Detektorunschärfe und Detektorcharakteristik möglich ist. Verschiedene Bestimmungsverfahren für die Effekte werden diskutiert. Dabei wird der Schwerpunkt nicht auf die möglichst realistische Charakterisierung des CT-Systems, sondern auf die Bestimmung von Parametern, die dessen Verhalten möglichst genau simulierbar machen, gelegt. Daher wird die Detektorcharakteristik als klassisches Datenregressionsproblem verstanden, bei dem gemessene Projektionsgrauwerte durch eine Minimierung möglichst gut in der Simulation wiedergegeben werden. Weiterhin wird anhand von Messungen hinterfragt, inwiefern das Grauwertrauschen realer Projektionen sinnvoll wiedergeben werden kann.

Als Ausblick wird diskutiert, welche weiteren Schritte für die Parameterbestimmung und Parametrisierung der Simulation notwendig sind. Als Fernziel soll auf Basis definierter Messprozeduren eine wiederholbare und übertragbare Vorgehensweise geschaffen werden, mit der die Simulation eines realen CT-Systems ohne individuellen, iterativen Anpassungsprozess möglich ist. Dies würde den Nutzen und die Anwendbarkeit der CT-Simulation deutlich erhöhen bzw. erleichtern.

Introduction

The simulation of industrial X-ray computed tomography (CT) measurements would potentially allow numerous applications like numerical measurement uncertainty evaluation, simulative measurement parameter optimisation and correction of artefacts using simulative predictions. All of these applications require a faithful simulation. There are simulation platforms available – e.g. Scorpius XLab by Fraunhofer EZRT (Fürth, Germany) [1], CIVA CT [2], SimCT by FH OÖ (Wels, Austria) [3] or aRTist by BAM (Berlin, Germany) [4]. The latter is used for the purpose of this article. All of these simulation platforms simulate the physical radiographic processes and allow for the parametrisation of different acquisition scenarios. They do however not provide a faithful simulation of any given real CT system out of the box as the parametrisation is still challenging.
After a general overview of the problem, this article describes systematic approaches to capture some elements of the real CT system behaviour faithfully and parametrise them in aRTist.

1. Challenges for the Simulation of Specific CT Systems

An overview of the necessary steps for CT system parameterisation – i.e., the determination of parameters for a simulation platform that will enable faithful and realistic simulations of a specific real CT system – has been given in [5]. The measurement object needs to be represented as a geometric model as input for the simulation. This in itself can be challenging for non-destructive testing purposes if e.g. pores have to be simulated realistically [6]. For dimensional metrology purposes, a CAD model is often available and can be used. It is useful for the exact material composition to be known as even small fractions can influence the attenuation characteristics [5].

For the CT system itself, the parametrisation can be roughly subdivided into the X-ray source properties, the detector properties and the geometrical behaviour of the system. Obviously, further system properties might be relevant for selected use cases or selected CT systems, therefore this categorisation should not be understood as exhaustive.

For the X-ray source, the most obvious characteristic is its spectrum. There are multiple spectrum estimation tools available (see e.g. [7,8]). For the purpose of this discussion, they will be considered adequate. A characteristic of real X-ray sources that these spectrum estimators do usually not capture is angular anisotropy of the flux or spectrum – if this effect proves relevant and cannot be modelled in another fashion, this is a possible source of deviations between a simulation and real CT systems. The X-ray source is usually a X-ray tube with a target on which incident electrons cause X-ray radiation. To limit the thermal stress on the target, the incident electron ray is usually defocused, leading to a focal spot, which blurs the projection. The focal spot size and shape are therefore important CT system properties that need to be captured by the simulation. Simple edge-projection-based methods can already yield some information about the focal spot size but are limited concerning their information about the focal spot shape [9,10]. A method recently rediscovered for industrial computed tomography systems is the single shot focal spot reconstruction [11-13]. A circular aperture is X-rayed at a high magnification and edge grey value profiles in all directions are collected around the projected circle (compare Figure 1). The derivatives of those edge profiles are a rescaled version of the Radon transform of the focal spot shape and therefore allow for reconstruction of the focal spot.

All properties of the source can change over time (e.g. due to thermal load). This change needs to be characterised and accounted for in the simulation if it happens during the time scale of one scan.

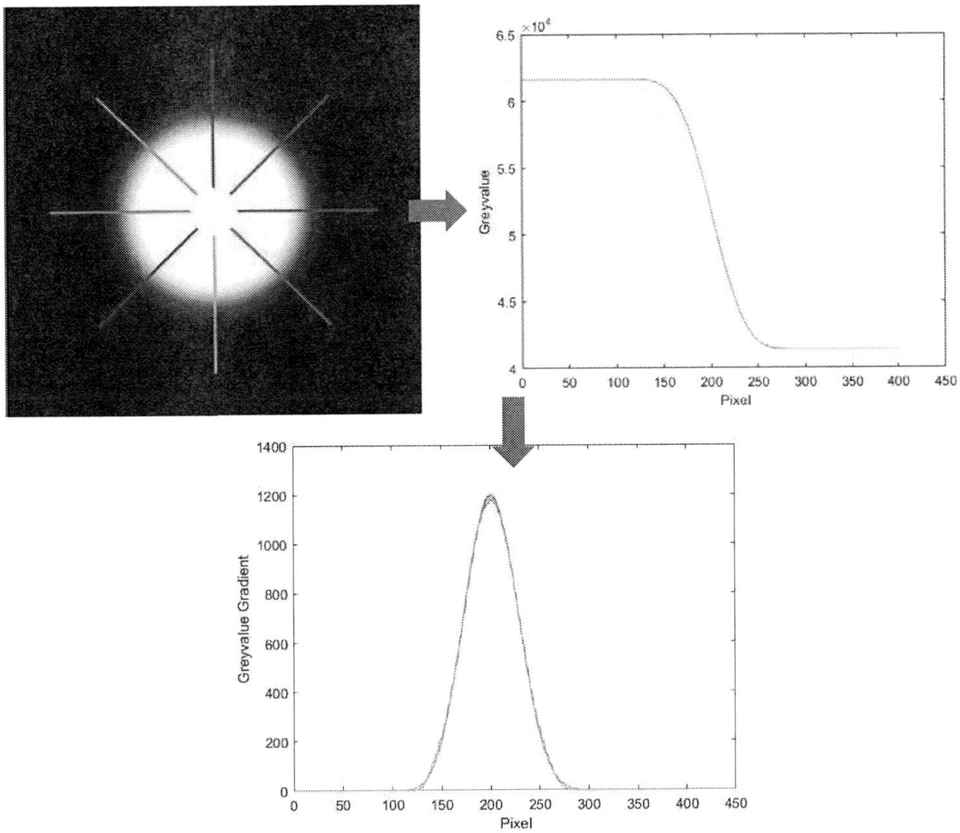

Fig. 1. Illustration of the focal spot CT method. The projection of a circular aperture is acquired and the edge profiles along the circle are extracted. The derivatives of these edge profiles are calculated and can be used as input data for a planar reconstruction of the focal spot shape.

For the detector, spectral response (compare section 2.1) and noise behaviour (compare section 2.2) are important properties that need to be modelled. Furthermore, the detector has a certain inherent unsharpness that can be measured using edge profiles [9,10] or adequate standardised methods [14-16]. Detectors can further exhibit effects like afterglow, internal scatter or fluorescence, which will not be discussed here. If these effects are relevant, they need to be included in the simulation model as well.

The geometrical behaviour of the CT system entails both the system acquisition geometry and the deviations from the acquisition setup occurring during a typical CT scan. While the system acquisition geometry is usually well known due to system qualification procedures and because it is needed for the reconstruction of the acquired projections, the deviations from this assumed acquisition geometry are rarely characterised, much less available to the end-user wanting to simulate their CT system. There are approaches to determine these by evaluating projections (see e.g. [17-19]), but this topic will not be discussed in detail in this article.

For all properties listed in this section – both of the scanned object as well as the CT system – it is currently unclear how accurate they need to be modelled in a simulation software for which purpose. It is plausible that for different applications, different levels of accuracy will suffice. As long as there is little experience on that matter, it does seem instructive to aim for an accurate modelling of each property the real CT system does exhibit. Reducing the effort in modelling single parameters or properties is easily feasible once the whole simulation model yields realistic results analysing the perturbation of single parameters and deriving (task-specific) parameter sensitivities. This can however only be done once the whole simulation model is resulting in realistic projections – single parameter studies have limited significance for the necessary accuracy as they cannot capture correlation effects.

2. Realistic Modelling of Detector Properties

Section 2.1 summarises an approach to derive a detector characteristic for the simulation from measured projection data. Section 2.2 describes characterisation measurements of the noise behaviour of a real CT system.

2.1 Spectral Detector Characteristic

In principle, the single parts of the detector can be modelled as faithfully as possible e.g. in a physical particle transport Monte Carlo simulation or using models as proposed in [20]. A different approach is to treat the detector as a black box and try to find model parameters within the simulation approach that reproduce measured data as well as possible. We have done this in [21]. The approach is based on measuring attenuation sequences of a material with increasing material thickness at different tube voltage-/current-settings and extracting different lines of calculated energy density-grey value characteristics for each voltage-/ current-setting. A spectral characteristic – that modifies the energy density values – is then obtained by an optimisation procedure with the difference between the different characteristics as a minimisation target function. The resulting spectral characteristic allows the simulation to reproduce the grey values of the projections for all different voltage-/ current-settings. Details on the approach can be found in [21].

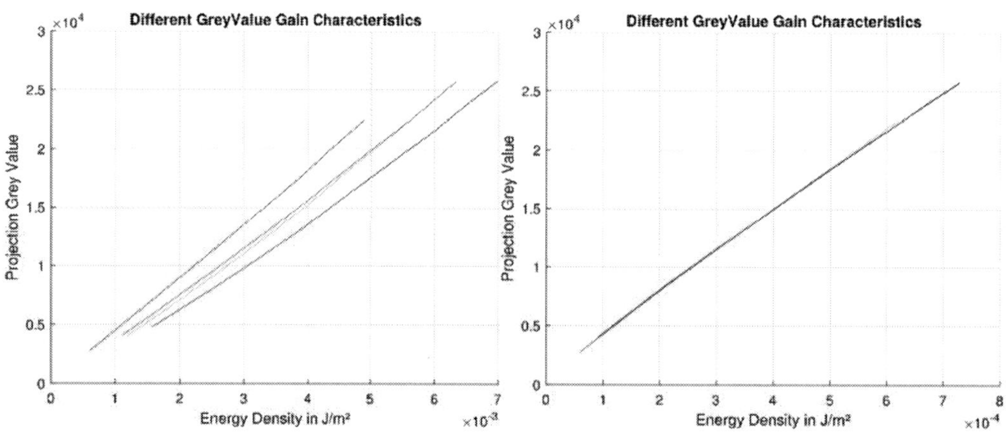

Fig. 2. Left: Measured average projection grey values versus energy densities calculated without any spectral sensitivity. Right: Measured average projection grey values versus energy densities calculated with optimised spectral sensitivities. The optimisation procedure is therefore able to reproduce the spectral response of the real detector in the simulation. Taken from [21].

2.2 Image Noise in Projections

In projections of CT scans, there are multiple sources for grey value noise. Stolfi *et al.* name four categories: random noise, quantum noise, electronics noise and round-off noise [22]. This noise is a contribution to the measurement uncertainty [23] and thus, an important characteristic that the simulation should be able to reproduce. Consequently, we wanted to inspect the noise characteristic of real projections to know how they should look. We therefore measured projections with empty measurement volume at different settings using the Zeiss (Oberkochen, Germany) Metrotom 1500 at the Institute of Manufacturing

Metrology. For each setting, we measured around 1 000 projections to be able to see the noise behaviour of each single pixel. Figure 3 shows the pixel-wise standard deviation of the grey values at tube settings of 180 kV and 180 μA based on 1 000 projections. The projections are flatfield-/gain-corrected. It is visually clear that the noise is non-ergodic – i.e., the ensemble noise and the single pixel noise are not the same. The projection noise can therefore not be characterised by inspecting single projections as this would neglect the spatial dependence of the noise.

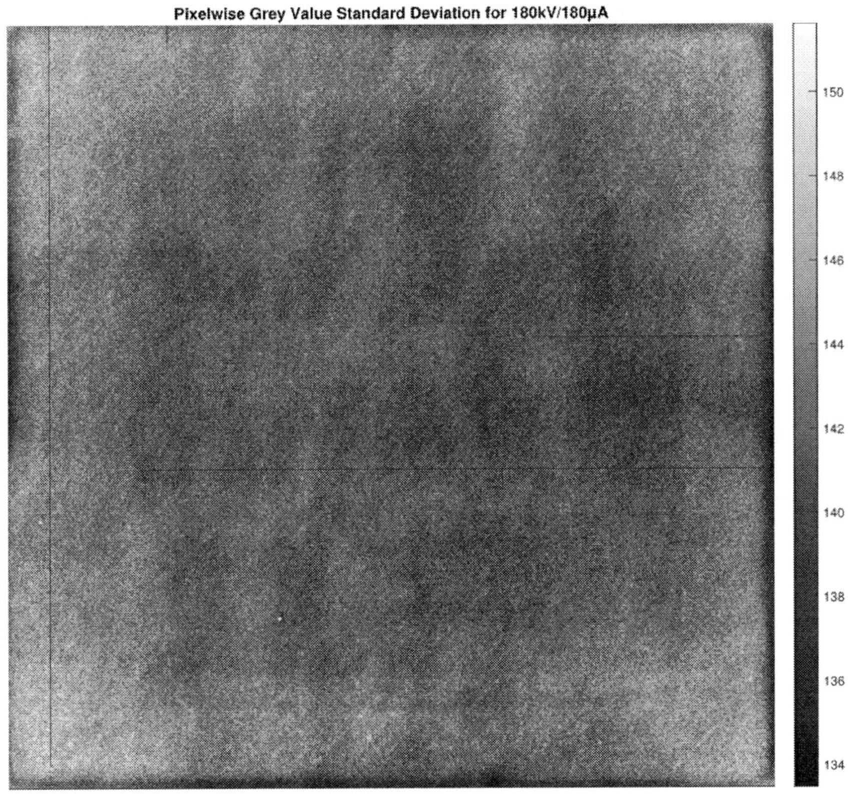

Fig. 3. Pixel-wise standard deviation of the grey values at tube settings of 180 kV and 180 μA based on 1 000 projections. A 0.25 mm Cu filter was used. The detector settings are 1 000 ms acquisition time, 16 x gain and no binning or image averaging.

The single pixel grey values show distributions that are compatible with a normal distribution hypothesis according to Kolmogorov-Smirnov, Lilliefors, Anderson-Darling and Jarque-Bera test for almost all pixels (rejection percentages below 0.02 % for all settings and all tests). The patterns (as seen in Figure 3) seems to be characteristic for the detector as, visually, they all seem to have a high degree of similarity (for various different tube settings). To quantify this, ratio maps were created. These ratio maps $P_R(i,j)$ (with i,j denoting the pixel indices) are calculated according to:

$$P_R(i,j) = \frac{P(i,j)}{R(i,j)}$$

Here, $R(i,j)$ is the standard deviation image of a 'reference' setting and $P(i,j)$ the standard deviation image of the setting under inspection.

For the tube setting of 140 kV and 360 μA, the ratio map is shown in Figure 4. It is remarkable that all patterns seen in the noise image in figure 3 (which are similarly present in the noise image for 140 kV and 360 μA (not shown)) vanish and the ratio map exhibits visually pattern-free variations. This is interpreted as another indicator that the noise patterns are indeed characteristic for the detector and can be modelled accordingly. Similar ratio maps result for most other measurement settings tested.

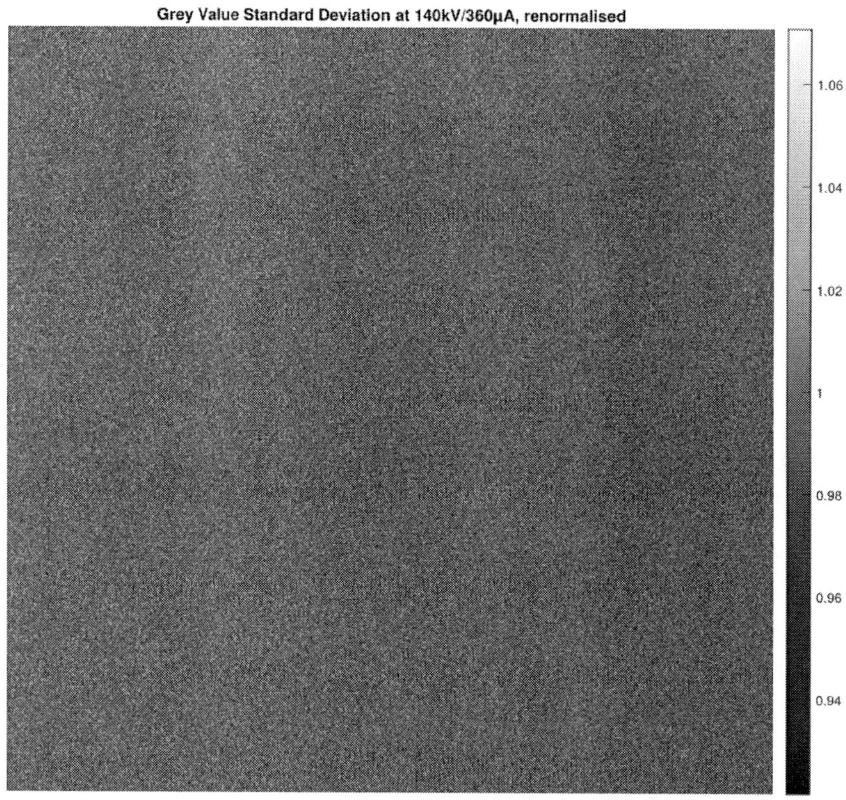

Fig. 4. Ratio of pixel-wise grey value standard deviation of the measurement at tube settings of 140 kV and 360 μA and the measurement at tube settings of 180 kV and 180 μA (as reference; settings as in figure 3). It is worth noting that there are no clear patterns in the resulting image.
The acquisition settings are 0.25 mm Cu filter, 1 000 ms acquisition time, 16 x gain and no binning or image averaging.

Motivated by these apparent similarities, we rescaled each standard deviation image for the different settings by dividing by its own mean value. As a result, we obtained different rescaled noise pattern images that have a high similarity. This means that, phenomenologically, the noise could be simulated by using one single Gaussian distribution (with the mean standard deviation appropriate for the tube and detector settings) for the whole detector and then multiplying the resulting noise image by the rescaled map which captures the actual spatial noise distribution the real projections exhibit. This would permit transferring the real spatial distribution of the noise onto the simulated projections.

3. Conclusions

Section 1 summarised the challenges and steps necessary to parameterise a real CT system in a radiographic simulation platform. In section 2, an approach for spectral sensitivity determination of the detector using measured projections as well as an approach to transfer real projection noise characteristics onto simulated projections were presented. It was shown that projection noise is non-ergodic, meaning that an accurate characterisation is not feasible using a single projection but will be a time-intensive process. The actual implementation of the transfer of the noise characteristics onto simulated projections will be a future step of research.

Acknowledgements

F.W. would like to thank Carsten Bellon and David Plotzki (both BAM Federal Institute for Materials Research and Testing) for many insightful discussions about aRTist and valuable help with using aRTist.
This work was funded through the project CTSimU (WIPANO project 03TNH026A). WIPANO projects are financed by the German Federal Ministry for Economic Affairs and Energy and managed by Project Management Jülich.

WIPANO

Gefördert durch:

Bundesministerium für Wirtschaft und Energie

aufgrund eines Beschlusses des Deutschen Bundestages

The Institute for Manufacturing Metrology would like to thank the German Research Foundation (DFG) for the financial support of the acquisition of the CT system "Zeiss Metrotom 1500" through Grant No. 324672600.

Author Contributions according to CASRAI CRedit Taxonomy [24]

F. W. contributed Conceptualization, Data curation, Formal Analysis, Investigation, Methodology, Software, Visualization as well as Writing - original draft. Both T. H. and F. W. contributed to Funding acquisition and Project administration. T. H. contributed Resources, Supervision and Writing - review & editing.

References

[1] J. Hiller, T. Fuchs, S. Kasperl and L. Reindl, "Einfluss der Bildqualität röntgentomographischer Abbildungen auf Koordinatenmessungen Grundlagen, Messungen und Simulationen", Technisches Messen, Vol. 78, pp. 334-347 (2011)
[2] Extende, "COMPUTED TOMOGRAPHY WITH CIVA", <http://www.extende.com/computed-tomography-with-civa/> (05.05.2020)
[3] M. Reiter, M. Erler, C. Kuhn, C. Gusenbauer and J. Kastner, "SimCT: A simulations tool for X-ray imaging", NDT.net issue, Vol. 21, No. 02, (2016)
[4] C. Bellon, K. Burger and C. Gollwitzer, "Virtual CT acquisition and reconstruction of complex and noisy scanning trajectories in aRTist", Proceedings of the 9th Conference on Industrial Computed Tomography, Padova, Italy (2019)
[5] F. Wohlgemuth, F. Wolter, and T. Hausotte, "Digitale Zwillinge metrologischer Röntgencomputer-tomografen für die numerische Messunsicherheitsbestimmung," in ZfP heute. Wissenschaftliche Beiträge zur zerstörungsfreien Prüfung 2020, Ed. 2020, pp. 106–110
[6] P. Fuchs, T. Kröger, T. Dierig, and C. S. Garbe, "Generating Meaningful Synthetic Ground Truth for Pore Detection in Cast Aluminum Parts," in 9th Conference on Industrial Computed Tomography, Padova, Italy, 2019
[7] C. Leinweber, J. Maier, and M. Kachelrieß, "X-ray spectrum estimation for accurate attenuation simulation", Medical Physics, 44 (12), pp. 6183–6194, 2017
[8] Deresch, "Modellierung von Röntgenspektren für technische Anwendungen", Universität Potsdam, 2015
[9] M. Fleßner, M. Blauhöfer, E. Helmecke, A. Staude, and T. Hausotte, "CT measurements of microparts: Numerical uncertainty determination and structural resolution", in: SENSOR 2015, Nürnberg, 2015

[10] C. Orgeldinger, F. Wohlgemuth, A. Müller, and T. Hausotte, "Spot size and detector unsharpness determination for numerical measurement uncertainty determination", in: 9th Conference on Industrial Computed Tomography, Padova, Italy, 2019.
[11] G. D. Domenico, P. Cardarelli, A. Contillo, A. Taibi, and M. Gambaccini, "X-ray focal spot reconstruction by circular penumbra analysis-Application to digital radiography systems", Medical Physics, 43 (1), pp. 294–302, 2015
[12] U. Ewert, G.-R. Jaenisch, A. Deresch, B. A. Bircher, and F. Meli, „Neue Konzepte zur Messung von Parametern der Brennflecke von Nano- und Mikrofokus-Röntgenröhren", in: DACH-Jahrestagung 2019, 2019
[13] U. Ewert, G.-R. Jaenisch, A. Deresch, B. A. Bircher, and F. Meli, "New Concepts for the Measurement of Focal Spot Parameters of Nano- and Microfocus X-Ray Tubes", in: International Symposium on Digital Industrial Radiology and Computed Tomography – DIR2019, 2019
[14] ASTM E2597/E2597M – 14
[15] ASTM E2002 – 15
[16] DIN EN ISO 19232-5:2018-12, Zerstörungsfreie Prüfung – Bildgüte von Durchstrahlungsaufnahmen – Teil 5: Bestimmung der Bildunschärfezahl mit Doppeldraht-Typ-Bildgüteprüfkörpern (ISO 19232-5:2018)
[17] B. A. Bircher , F. Meli , A. Küng , R. Thalmann, "CT geometry determination using individual radiographs of calibrated multi-sphere standards", in: 9th Conference on Industrial Computed Tomography, Padova, Italy (iCT 2019)
[18] B. A. Bircher, F. Meli, A. Küng, R. Thalmann, "X-ray source tracking to compensate focal spot drifts for dimensional CT measurements", in: 10th Conference on Industrial Computed Tomography, Wels, Austria (iCT 2020)
[19] M. Ferrucci, "Systematic approach to geometrical calibration of X-ray computed tomography instruments", KU Leuven, 2018
[20] J. Hiller, "Abschätzung von Unsicherheiten beim dimensionellen Messen mit industrieller Röntgen-Computertomographie durch Simulation". IMTEK, University of Freiburg, 2011.
[21] F. Wohlgemuth, C. Bellon and T. Hausotte, "Measurement-based Detector Characteristics for Digital Twins in aRTist". WCNDT2020, South Korea 2022 (accepted)
[22] A. Stolfi, L. De Chiffre and S. Kasperl, "Error Sources", in: S. Carmignato, W. Dewulf, R. Leach, "Industrial X-Ray Computed Tomography", Springer, Cham, 2018
[23] A. Rodríguez-Sánchez, A. Thompson, L. Körner, N. Brierley, R. Leach, "Review of the influence of noise in X-ray computed tomography measurement uncertainty", Precision Engineering 66 (2020) 382–391
[24] CASRAI, CRediT, available on https://casrai.org/credit/ (accessed 16.03.2021)

Strukturuntersuchung von Tiefenfiltern mittels Röntgenmikroskopie

Reiner ZIELKE [1], Wolfgang TILLMANN [1], Kevin HOPPE [2,3], Markus THOMMES [2], Damian PIELOTH [2,3]
[1] RIF e.V., Dortmund
[2] TU Dortmund, Lehrstuhl Feststoffverfahrenstechnik, Dortmund
[3] Hochschule Anhalt, Angewandte Biowissenschaften und Prozesstechnik, Köthen

Kontakt E-Mail: reiner.zielke@rif-ev.de

Kurzfassung

Für die Abtrennung von Partikeln aus einem Gasstrom mit geringer Beladung sowie in Anwendungen, in denen ein hoher Abscheidegrad erforderlich ist, sind Tiefenfilter das Mittel der Wahl. Die Qualität des Filtrationsprozesses wird durch ihren Abscheidegrad sowie den resultierenden Druckverlust bestimmt. Beide Parameter sind stark mit der Struktur des zu wählenden Filtermediums verknüpft und werden durch dieses bestimmt. Informationen zur Filterstruktur und zu den eingelagerten Partikeln und deren geometrischen Eigenschaften sind daher für eine Weiterentwicklung des Filtermaterials unumgänglich.

Für die Untersuchungen der Filterstrukturen sind hochauflösende Messungen notwendig. Bei der konventionellen Computertomografie ist die Auflösung durch die Probengeometrie eingeschränkt. Eine Anpassung der Probengeometrie ist jedoch aufgrund des Filteraufbaus nicht möglich. Daher wird die Röntgenmikroskopie, welche durch eine zusätzliche optische Vergrößerung das Auflösungsvermögen steigert, eingesetzt. Zur Trennung der Filterstruktur von den Partikeln werden zusätzlich zu konventionellen Teststäuben, Partikeln aus Materialien mit einem hohen Kontrast eingesetzt. Im Rahmen des Beitrages werden die Ergebnisse an Tiefenfiltern vorgestellt und mit konventionellen Messungen verglichen.

Strukturuntersuchung von Tiefenfiltern mittels Röntgenmikroskopie

RIF Institut für Forschung und Transfer

Reiner ZIELKE 1, Wolfgang TILLMANN 1, Kevin HOPPE 2,3, Markus THOMMES 2, Damian PIELOTH 2,3
1) RIF e.V., Dortmund; 2) TU Dortmund, Lehrstuhl Feststoffverfahrenstechnik, Dortmund;
3) Hochschule Anhalt, Angewandte Biowissenschaften und Prozesstechnik, Köthen
Kontakt E-Mail: reiner.zielke@rif-ev.de

bci Fakultät Bio- und Chemieingenieurwesen
Hochschule Anhalt – Anhalt University of Applied Sciences

Motivation

Für die Abtrennung von Partikeln aus einem Gasstrom mit geringer Beladung sowie in Anwendungen, in denen ein hoher Abscheidegrad erforderlich ist, sind Tiefenfilter das Mittel der Wahl. Die Qualität des Filtrationsprozesses wird durch ihren Abscheidegrad sowie den resultierenden Druckverlust bestimmt. Beide Parameter sind stark mit der Struktur des zu wählenden Filtermediums verknüpft und werden durch diese bestimmt. Informationen zur Filterstruktur und zu den eingelagerten Partikeln und deren geometrischen Eigenschaften sind daher für ein Verständnis des Betriebsverhaltens und eine Optimierung notwendig.

- Polyestermaterial
- Porosität: 98 %
- Faserdurchmesser: 25 µm
- Dicke: 25 mm

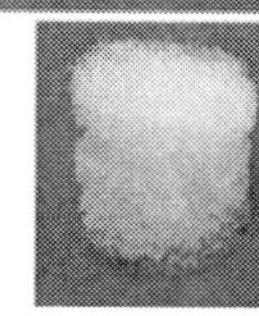

In den Versuchen verwendeter Testfilter

Vermessung der Filter mit Hilfe eines Röntgenmikroskops

Für die Untersuchungen der Filterstrukturen sind hochauflösende Messungen notwendig. Bei der konventionellen Computertomografie ist die Auflösung durch die Probengeometrie eingeschränkt. Eine Anpassung der Probengeometrie ist jedoch aufgrund des Filteraufbaus nicht möglich. Daher wird die Röntgenmikroskopie, welche durch eine zusätzliche optische Vergrößerung das Auflösungsvermögen steigert, eingesetzt.

Source: LWT X-ray Laboratory, TU Dortmund

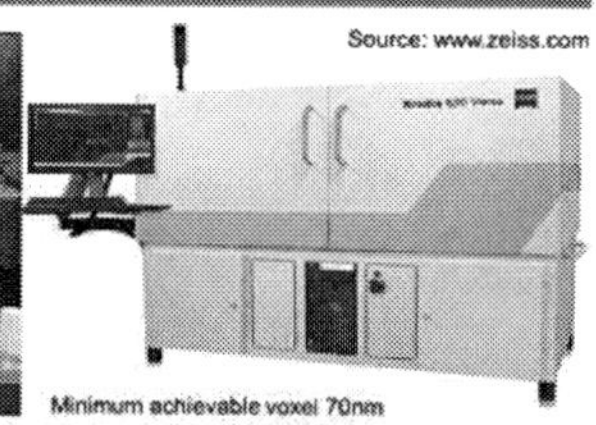

Source: www.zeiss.com

Minimum achievable voxel 70nm

Vermessung des unbeladenen Filters

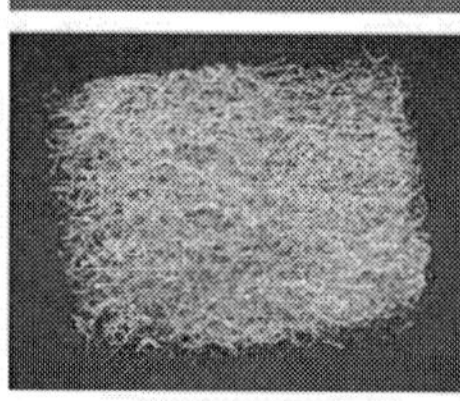

Der Filter wurde mit einer Energie von 50 KV sowie einer Voxelauflösung von 30 µm, bedingt durch die Vermessung des gesamten Filters, vermessen. Teilbereiche können jedoch wesentlich höher aufgelöst werden.

Vermessung des beladenen Filters

Zur Separation der Staubpartikel vom Filter, wurden die Staubpartikel mit einem Kontrastmittel versehen. Die Röntgenmikroskopieaufnahme rechts zeigt die Verteilung der Partikel in dem links vermessenen Filter.

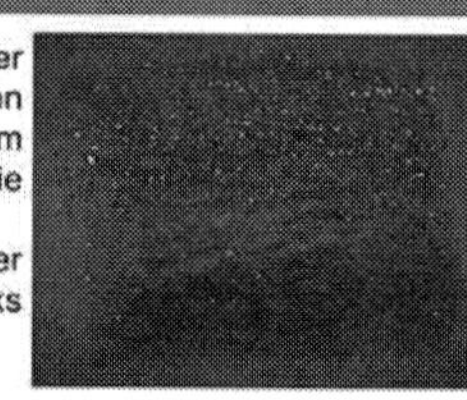

Anhand der CT-Aufnahme des unbeladenen Filters kann die Porosität des Filters in Abhängigkeit der Filtertiefe ermittelt werden. Die Untersuchung mit dem Staubpartikel ermöglicht eine Korrelation der Partikelgröße zur Filtertiefe und somit zur Porosität des Filters. Diese Vorgehensweise kann zur Bewertung der Effektivität von Filtern und zur Optimierung eingesetzt werden.

Bestimmung der Porosität des unbeladenen Filters

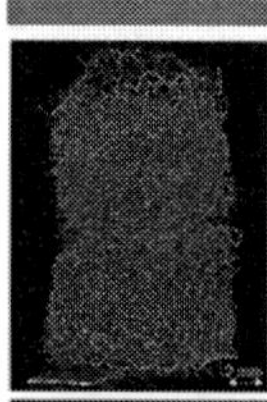

Für die Porositätsbestimmung wurden 2d-Schnitte für unterschiedliche Filtertiefen mit Hilfe der Bilderverarbeitung ImageJ aufbereitet und bezüglich ihres Faseranteils ausgewertet. Somit kann der Aufbau des Filters, wie im Diagramm dargestellt, exakt beschrieben werden.

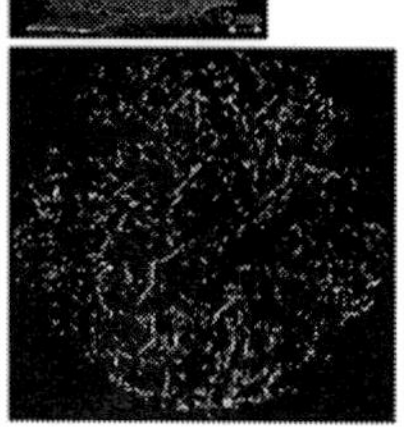

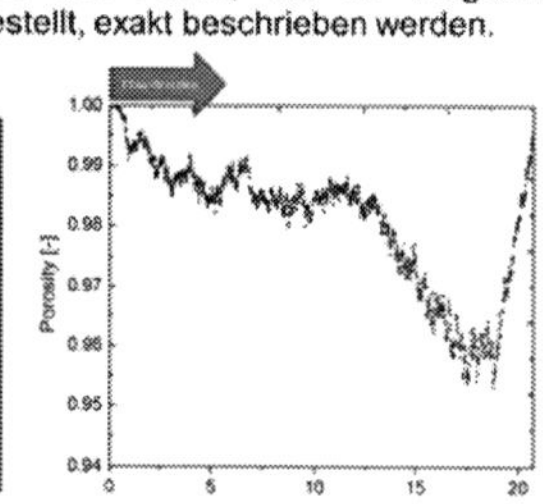

Zusammenfassung und Ausblick

Die durchgeführten Untersuchungen zeigen, dass die Computertomografie zur Untersuchung von un- und beladenen Filtersystemen geeignet ist und somit eine weitere effektive Methode zur Entwicklung und Anpassung von Tiefenfiltern zur Verfügung steht. Die aktuellen Arbeiten liegen bei der Vermessung von unterschiedlich beladenen Filtern, der Ermittlung von Kennwerten, die in Modelle und Simulationen einfließen. Basierend auf den Simulationen erfolgt dann eine Optimierung und praxisgerechte Anpassung der Filtersysteme. Die Ziele der Optimierung liegen neben der Steigerung des Abscheidegrades auch bei der Reduzierung des Druckverlustes und somit bei der Energieeinsparung .

Kontakt

RIF e.V.
Dr.-Ing. Dipl.-Phys. Reiner Zielke
Zerstörungsfreie Prüfverfahren

Tel. +49(231)755-7303
Mail reiner.zielke@rif-ev.de

Einsatz von röntgenografischen Verfahren zur hochauflösenden Analyse von Rissmustern

Reiner ZIELKE [1], Wolfgang TILLMANN [1], Martin FISCHOEDER [1], Maximilian AMBAUM [1]
[1] RIF e.V., Dortmund

Kontakt E-Mail: reiner.zielke@rif-ev.de

Kurzfassung. Die Entstehung von Rissmustern ist ein faszinierendes Beispiel für die Strukturbildung. Sie können sowohl beim Trocknen von Erdreich, Holz, Farbe oder Stärkesuspensionen als auch bei der gerichteten Erstarrung von Lava unter Ausbildung prismatischer Säulen entstehen. Verursacht wird die Rissbildung, die bei der Herstellung und Anwendung von Keramiken ein Problem darstellt, durch Zugspannungen infolge inhomogener Schrumpfungsprozesse. Dabei ist es unerheblich, ob die Schrumpfung durch Trocknung, Abkühlung oder andere Prozesse bewirkt wird. Interessante Fragestellungen sind die Bestimmung des Rissabstands und der Risstiefe, aber auch die Bevorzugung sechseckiger Querschnitte.

Für die Untersuchungen der Rissstrukturen sind hochauflösende Messungen notwendig. Bei der konventionellen Computertomografie wird die erreichbare Auflösung durch die Probengeometrie und die Probenmaße mitbestimmt. Aufgrund von Randeffekten, welche bei Thermoschock-Versuchen von Keramikproben entstehen, verringert sich das verwertbare Messvolumen. Eine Anpassung der Probengeometrie ist jedoch aufgrund der zu untersuchenden Merkmale der Rissstrukturen nicht möglich. Es besteht somit ein Zielkonflikt aus Messvolumen und erreichbarer Auflösung.

Daher werden zwei alternative Röntgenverfahren für hochauflösende Messungen eingesetzt. Hierzu zählt die Laminografie, bei der die Probe dicht an der Quelle vorbeibewegt wird und somit eine höhere Vergrößerung im Vergleich zur konventionellen Computertomografie ermöglicht. Eine weitere Methode stellt die Röntgenmikroskopie dar, welche durch eine zusätzliche optische Vergrößerung das Auflösungsvermögen steigert. Im Rahmen des Beitrages werden die Ergebnisse der drei röntgenografischen Verfahren (konventionelle Computertomografie, Laminografie und Röntgenmikroskopie) an ausgewählten Testkörpern vorgestellt. Zusätzlich wird die Effektivität eines Kontrastmittels zur besseren Rissdetektion untersucht.

Einführung

Im Alltag können Rissmuster auf trockenen Äckern, in ausgetrockneten Farben und Stärke-Wasser-Suspensionen beobachtet werden. Selbige Rissmuster treten auch bei der gerichteten Erstarrung von Lava und bei unter thermischer Wechselbelastung stehenden Keramiken auf. Beeindruckend ist die Bevorzugung von sechseckigen Polygonen, welche bei räumlicher Betrachtung Säulen bilden, wie in Abbildung 1 dargestellt. Diese Säulen und somit auch die Rissmuster verändern sich zudem in Abhängigkeit der Tiefe.

Abb. 1 Während der Erstarrung ausgebildete Basaltsäulen (links). Durch Trocknung entstandene Säulen aus Stärke (rechts) [1]

In der Forschung und Entwicklung werden mit Hilfe numerischer Methoden Risse und Rissmuster simuliert. Zur Verifizierung der Simulationsergebnisse bedarf es experimenteller Untersuchungen. Während Computertomografiemessungen von Stärke-Wasser-Suspensionen gute Resultate liefern, stellt die röntgenographische Vermessung von Rissmustern in Keramiken eine Herausforderung dar [2].

In Vorarbeiten hat sich gezeigt, dass die röntgenographische Vermessung von Thermoschockrissen bei Korund-Sinterkeramiken, aufgrund der geringen Korngröße und der damit verbundenen geringen Rissuferentfernung nicht umsetzbar ist. Alternative Prüfmethoden, wie die Farbeindringprüfung, leisten keine räumliche Auswertung von Rissen und bieten keine hinreichende Auflösung [2].

Die angestrebte softwareseitige Detektion von Kennwerten (Risstiefe, Rissabstand, Risslänge), sowie die automatische Rissverfolgung setzen eine aussagekräftige röntgenographische Vermessung voraus.

In dieser Arbeit werden verschiedene Röntgenverfahren auf ihren Beitrag zum Erhalt von aussagekräftigen Messungen hin untersucht werden. Neben der konventionellen Computertomographie und der Röntgenmikroskopie existieren auch Tomographieverfahren für Proben mit einem hohen Kantenlängenverhältnis. Darüber hinaus könnte der Einsatz eines Kontrastmittels, welches in die Risse der Proben einzieht, eine deutliche Verbesserung mit sich bringen. Die Motivation hinter dieser Arbeit ist eine qualitative Verbesserung der röntgenographischen Vermessung, um eine Grundlage für automatisierte Auswertungen von Rissmustern und Kennwerten zu ermöglichen.

1. Untersuchte Probenkörper

Für die nachfolgenden Untersuchungen wurden Korundproben mit den Maßen 50x50x4mm betrachtet. Um entsprechende Rissmuster einzubringen wurde diese auf 250°C, 450°C, 550°C, 750°C und 950°C erhitzt und in einem 100°C temperierten Wasserbad abgeschreckt. Aufgrund des Thermoschocks bilden sich Risse, welche zum Großteil durch die gesamte Probentiefe verlaufen. In der Abbildung 2 ist exemplarisch die Probe, welche auf 400°C erhitzt wurde, dargestellt.

Abb. 2 Untersuchte Proben (links), Vorderansicht (mitte) und Rückansicht (rechts) einer untersuchten Keramikprobe

Sowohl an der Vorder- als auch Rückseite sind die Risse optisch deutlich zu erkennen. Von besonderem Interesse ist aber der Verlauf der Risse in Richtung der Bauteiltiefe.

2. Eingesetzte Messmethoden

Zur Bestimmung des Risstiefenverlaufs bietet sich die Computertomografie an, welche eine hochauflösende Untersuchung des Probenkörpers ermöglicht. Der prinzipielle Aufbau ist in der Abbildung 3 links skizziert. Dabei gilt, je näher die Probe an der Röntgenquelle positioniert werden kann, desto höher ist die Auflösung. Allerdings dreht sich bei einer Computertomografie die Probe schrittweise um die eigene Achse. Für eine zylinderförmige Probe bleibt bei einer Drehung der Abstand zur Röntgenquelle konstant. Bei einer plattenförmigen Probe, wie sie hier betrachtet wird, muss der Abstand der Drehachse der Probe zur Röntgenquelle mehr als die halbe Länge der Breite der Probe betragen. Daraus resultiert, dass die Breite der Probe den Abstand und somit die Auflösung limitiert.

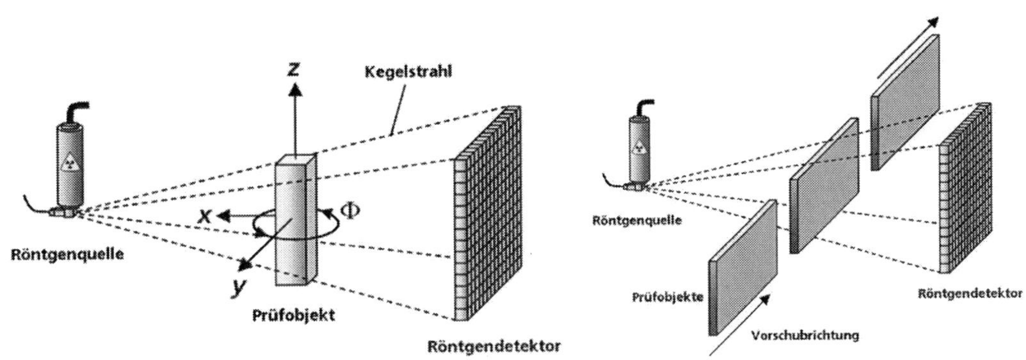

Abb. 3 Grundprinzip einer CT-Messung (links) und der Laminografie (rechts)

Eine Alternative zur konventionellen Computertomografie stellt die Laminografie dar. Das Messprinzip ist in der Abbildung 3 rechts skizziert. In diesem Fall wird die Probe während der Messung nicht rotiert, sondern an dem Detektor vorbeibewegt. Neben dieser parallelen Translationslaminografie können auch andere Laminografieverfahren wie die Swing-Laminografie, die Planaren- oder die CLARA Rotationslaminografie eingesetzt werden. Alle Laminografieverfahren ermöglichen einen geringen Abstand zwischen Probenkörper und Röntgenquelle und somit eine höhere Vergrößerung als die konventionelle Computertomografie. Für die Untersuchungen stand zusätzlich ein Röntgenmikroskop der Firma ZEISS (XRADIA 520 VERSA) zur Verfügung. Dieses System wandelt die

Röntgenstrahlung, nachdem diese vom Probekörper abgeschwächt wurde, in sichtbares Licht um. Dadurch ist eine zweistufige Vergrößerung durch die klassische Computertomografie und durch eine optische Vergrößerung möglich. Somit kann die eingeschränkte Auflösung der konventionellen Computertomografie durch eine nachträgliche optische Vergrößerung kompensiert werden.

Um den Kontrast zwischen der Keramik und den vorliegenden Rissen zu erhöhen, wurden auch Messungen mit einem Kontrastmittel durchgeführt. Das Kontrastmittel wurde nach Schilling et al. aus Zinkjodid (30g), Kodak Photo-Flo (5ml), Isopropylalkohol (5ml) und destilliertem Wasser (5ml) hergestellt [3]. Die Proben wurden für eine Stunde in einer mit dem Kontrastmittel gefüllten Schale belassen. Aufgrund der Kapillarwirkung zieht das Kontrastmittel in die Risse ein und verbleibt dort, während der Isopropylalkohol und das destillierte Wasser verdampfen.

3. Messergebnisse

Die Laminografiemessungen wurden an einer konventionellen Computertomografieanlage durchgeführt, wobei die anschließende Rekonstruktion mit einer selbsterstellten Software erfolgte. Auf diese Art wurde sowohl die Translations- als auch die Rotationslaminografie eingesetzt. Dabei zeigte sich ein hohes laterales Auflösungsvermögen. Die Tiefenauflösung, welche bei den hier untersuchten Probekörpern relevant ist, war jedoch gering. Aus diesem Grund wurde der Schwerpunkt dieser Arbeiten auf das Röntgenmikroskop gelegt, welches durch die zusätzliche optische Vergrößerung auch hochauflösende Messungen ermöglicht. Mit dem Röntgenmikroskop kann zusätzlich für Proben mit ungünstigen Kantenlängenverhältnissen die High-Aspect-Ratio-Tomography (HART) [4] eingesetzt werden. Diese passt die Rotationsschritte und –weite während der Messung an die Probengeometrie an. Zunächst wurde die High-Aspect-Ratio-Tomography mit der konventionellen Computertomografie verglichen. Vermessen wurde jeweils der gleiche Probenbereich. Die Abbildung 4 zeigt links die Untersuchungen mit der HART-Methode und rechts mit der normalen Computertomografie.

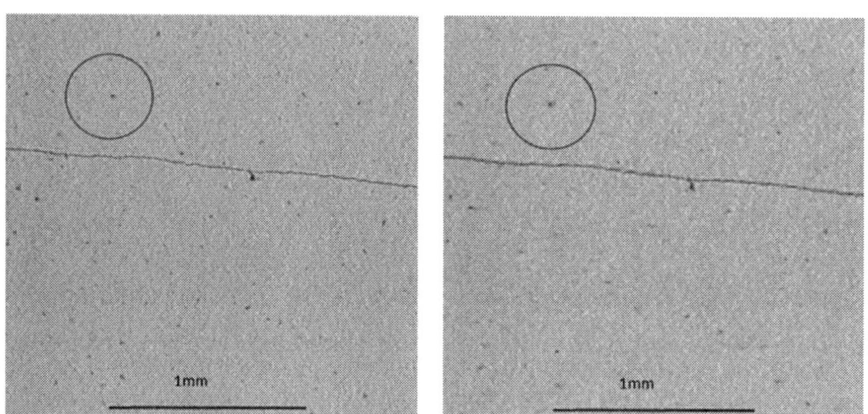

Abb. 4 HART Messung (links) und konventionelle CT (rechts)

Hier zeigt sich, dass die Schärfe im Fall der HART-Methode höher ist als bei der konventionellen Computertomografie (besonders erkennbar in dem rot markierten Bereich). Somit stellt die HART-Methode eine Steigerung der Bildqualität dar und wird für die weiteren Untersuchungen eingesetzt.

Da die Risse oberflächenoffen sind, wurde bei den Untersuchungen auch das im Kapitel 2 beschriebene Kontrastmittel eingesetzt. Die nachfolgende Abbildung 5 links zeigt die Messung mit der HART-Methode und Abbildung 5 rechts die Untersuchung mit der HART-Methode zusammen mit dem Einsatz von Kontrastmittel.

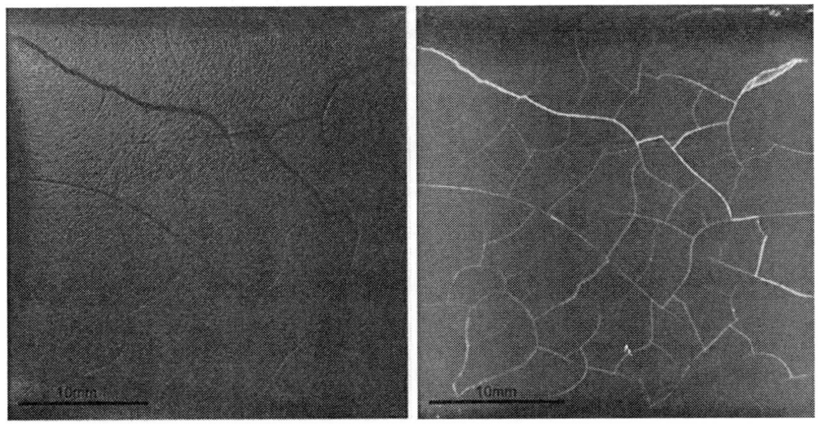

Abb. 5 HART-Messung ohne Kontrastmittel (links) und HART-Messung mit Kontrastmittel (rechts)

Die Risse sind mit Hilfe des Kontrastmittels wesentlich deutlicher zu erkennen und können mit der Auswertesoftware auch einfacher segmentiert und ausgewertet werden. Allerdings können so nur oberflächenoffene Fehler gefunden werden. Da die durch Thermoschock eingebrachten Risse oberflächenoffen sind, ist der Einsatz des Kontrastmittels in dieser Anwendung vertretbar.

Für die Untersuchung des Rissverlaufs sind Informationen aus der Probentiefe notwendig. In der Abbildung 6 sind Computertomografieaufnahmen aus unterschiedlichen Probentiefen dargestellt. Die Probe wurde auf 750°C erhitzt und dann abgeschreckt.

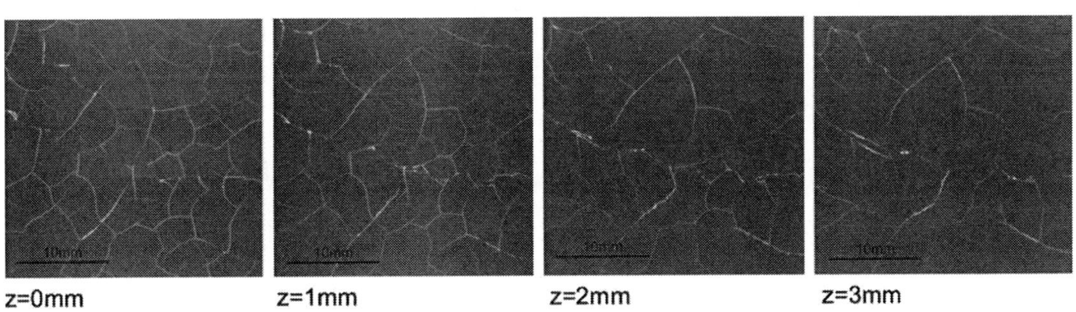

Abb. 6 Untersuchungen des Risstiefenverlaufs für die auf 750°C erhitzten Probe

Die Risse sind auch in der Bauteiltiefe durch das Kontrastmittel deutlich zu erkennen. Die Rissverläufe ändern sich mit zunehmender Probentiefe in der Art, dass die von den Rissen eingeschlossene Fläche größer wird. Dies zeigt sich auch im Fall der auf 450°C erhitzen Probe (Abbildung 7).

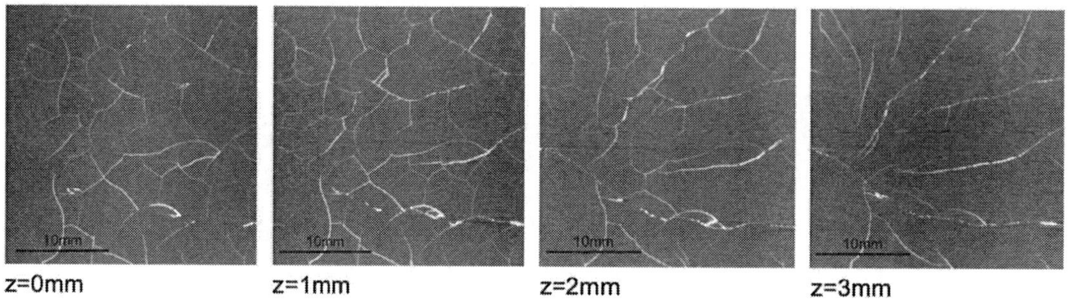

Abb. 7 Untersuchungen des Risstiefenverlaufs für die auf 450°C erhitzten Probe

Auch hier ändert sich der Rissverlauf in der Probentiefe, wobei hier im Vergleich zu der auf 750°C erhitzen Probe das Rissmuster feiner ist, d.h. die von den Rissen eingeschlossene Fläche ist hier geringer. Für die Bestimmung der von Rissen eingeschlossenen Fläche wurde die Freeware Geogebra (https://www.geogebra.org/) eingesetzt.

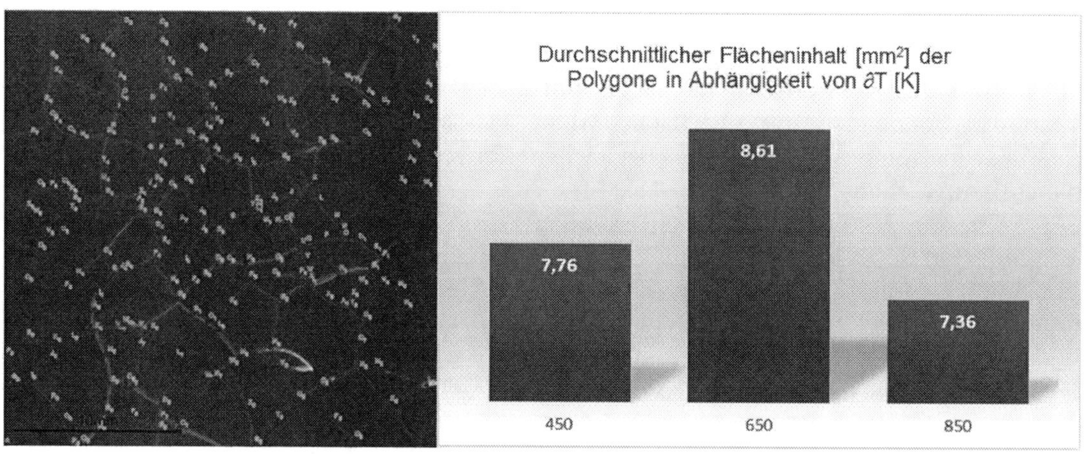

Abb. 8 In Geogebra markierte Polygone der ∂T 450K Probe (links), durchschnittlicher Flächeninhalt der Polygone in Abhängigkeit von ∂T (rechts)

Die Vorgehensweise sowie das Ergebnis zeigt die Abbildung 8. Links in der Abbildung 8 sind die von den Rissen eingeschlossenen Flächen mit Hilfe von Polygonen markiert. Anschließend werden die eingeschlossenen Flächen bestimmt und ein Durchschnittswert ermittelt. Dies wurde für drei Abschrecktemperaturen durchgeführt, wobei das Ergebnis in der Abbildung 8 rechts dargestellt ist. Die Auswertung bestätigt die subjektive Beobachtung, dass die eingeschlossene Fläche abhängig von der Abschrecktemperatur ist.

3. Zusammenfassung und Ausblick

Ausgehend von der Motivation die röntgenographische Messung von Rissstrukturen in Keramikproben zu verbessern, wurden verschiedene Röntgenverfahren auf ihre Potentiale hin untersucht. Bei der für die Untersuchungen vorhandene Laminografie reichte die Tiefenauflösung für eine exakte Beschreibung der Proben nicht aus. Die Vorteile der Laminografie konnten teilweise durch Einsatz eines Röntgenmikroskops, welche durch die Umwandlung der Röntgenstrahlung in optisches Licht eine zweistufige Vergrößerung ermöglicht, umgesetzt werden. Zusätzlich wurde die High-Aspect-Ratio-Tomography eingesetzt, was eine deutliche Steigerung der Auflösung ermöglichte. Neben diesen messtechnischen Anpassungen wurde zusätzlich ein Kontrastmittel eingesetzt. Der Effekt des Kontrastmittels auf die Messqualität ist hoch. Nachteilig am Einsatz des Kontrastmittels ist, dass es nur Risse mit Kontakt zur Oberfläche erreicht. Jedoch ermöglicht der Einsatz des Kontrastmittels qualitativ hochwertige Messungen, welche die Grundlage für automatisierte Auswertungen von Rissmustern und Kennwerten sein könnte.

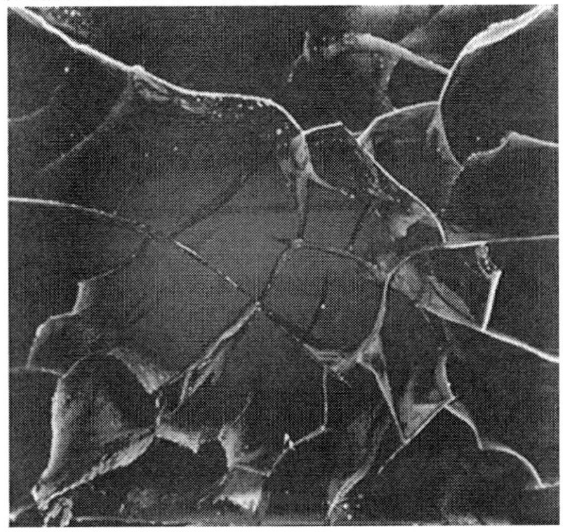

Abb. 9 Separiertes Rissmuster aus einer Keramikprobe

In Abbildung 9 sind die isolierten Rissmuster aus einer Keramikprobe abgebildet. Ohne den Einsatz des Kontrastmittels ist diese isolierte und räumliche Darstellung der Rissstrukturen nicht möglich. Dies verdeutlicht den positiven Effekt des Kontrastmittels. Die in dieser Arbeit erreichte Qualität der Messergebnisse lässt eine manuelle statistische Auswertung der Merkmale durchaus zu. Hierzu wurde die Auswertung des durchschnittlichen Flächeninhaltes der Polygone demonstriert.

Danksagung

Der Deutschen Forschungsgemeinschaft (DFG) sei an dieser Stelle für die finanzielle Unterstützung der Arbeiten im Rahmen des Projekts TI 343/49-2 gedankt.

Referenzen

[1] Schilling, P.; Karedla, B.; Tatiparthi, A.; Verges, M.; Herrington, P.: X-ray computed microtomography of internal damage in fiber reinforced polymer matrix composites. Composites Science and Technology 65, 2005, 2071-2078.

[2] Nellesen, J.: Experimental Mechanics: Evolution of crack patterns in dried starch-water slurries analyzed by processing X-ray computer tomographic images. Research paper. RIF e.V. - Institut für Forschung und Transfer. Dortmund, 2016.

[3] Schilling, P.; Karedla, B.; Tatiparthi, A.; Verges, M.; Herrington, P.: X-ray computed microtomography of internal damage in fiber reinforced polymer matrix composites. Composites Science and Technology 65, 2005, 2071-2078.

[4] Carl Zeiss X-ray Microscopy, Inc.: Technical Procedure: High Aspect Ratio Tomography (HART)

Methode zur Optimierung der Bildqualität mittels Simulation geeigneter Röntgenparameter

Julian MÜLLER [1], Frank HEROLD [1], Tim SCHNEIDER [1]
[1] VisiConsult X-ray Systems & Solutions GmbH, Stockelsdorf

Kontakt E-Mail: j.mueller@visiconsult.de

Kurzfassung

Die Röntgentechnik hat sich in der der zerstörungsfreien Prüfung (ZfP) als Referenzmethode etabliert. Sowohl in der zweidimensionalen Durchleuchtungsprüfung als auch in der dreidimensionalen Computertomographie bildet die Röntgentechnik aufgrund ihrer sehr guten visuellen Abbildungseigenschaften die Referenz für jede Materialanalyse. Bisher wurden die für die Bildqualität entscheidenden Parameter, wie beispielsweise die Wahl der geeigneten Vorfilterung mit Material sowie der Röhrenspannung der Röntgenröhre, experimentell bestimmt bzw. aufgrund von Expertenwissen festgelegt, welches durch jahrelange Erfahrung aufgebaut und angewandt wurde. Die Parameterwahl erfolgt in letzterem Fall intuitiv.

In dieser Studie bestimmen wir mittels einer selbst entwickelten automatisierten Auswertung die optimale Dicke der Vorfilterung sowie die optimale Röhrenspannung der Röntgenröhre, um eine möglichst hohe Bildqualität insbesondere bei industriellen Computertomographie-Scans zu erreichen. Hierzu verwenden wir die Röntgensimulationssoftware aRTist der Bundesanstalt für Materialforschung und -prüfung (BAM). Dabei werden die Filterdicken quantisiert, so dass diese typischen Materialstärken der in industriellen Röntgenanlagen vorhandenen Vorfilter entsprechen. Somit sind die errechneten Werte in der Praxis schnell anzuwenden. Eine optimale Vorfilterung kann auch aus Kombinationen verschiedener Materialien und Dicken bestehen. Zusätzlich wird die hierzu passende Röhrenspannung berechnet.

Zum Abschluss verifizieren wir die mit der oben beschriebenen Methode berechneten optimalen Röntgenparameter in einem Experiment sowohl durch Simulation als auch in einem realen Röntgenprüfsystem. Wir zeigen einen Vergleich der simulierten Werte zu realen Messungen, um die Effektivität der Optimierung nachzuweisen und die Vergleichbarkeit simulierter und realer Röntgenbilder zu demonstrieren.

Methode zur Optimierung der Bildqualität mittels Simulation geeigneter Röntgenparameter

VisiConsult
X-ray Systems & Solutions

Motivation

Die Röntgentechnik hat sich in der zerstörungsfreien Prüfung (ZfP) als Referenzmethode etabliert. Sowohl in der zweidimensionalen Durchleuchtungsprüfung als auch in der dreidimensionalen Computertomographie bildet die Röntgentechnik aufgrund ihrer sehr guten visuellen Abbildungseigenschaften die Referenz für jede Materialanalyse.

Bisher wurden die für die Bildqualität entscheidenden Parameter, wie beispielsweise die Wahl der geeigneten Vorfilterung mit Material sowie der Röhrenspannung der Röntgenröhre, experimentell bestimmt bzw. aufgrund von Expertenwissen festgelegt, welches durch jahrelange Erfahrung aufgebaut und angewandt wurde. Die Parameterwahl erfolgt in letzterem Fall intuitiv.

In dieser Studie bestimmen wir mittels einer selbst entwickelten automatisierten Auswertung die optimale Dicke der Vorfilterung sowie die optimale Röhrenspannung der Röntgenröhre, um eine möglichst hohe Bildqualität insbesondere bei industriellen Computertomographie-Scans zu erreichen.

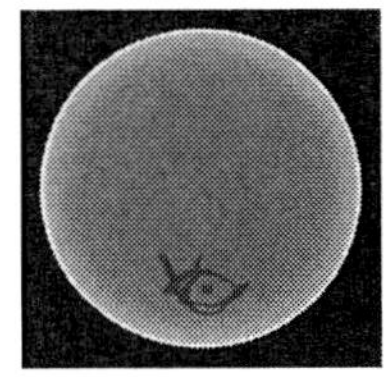

Abbildung 1: Schnittbild eines CTs mit sichtbaren Strahlaufhärtungsartefakten

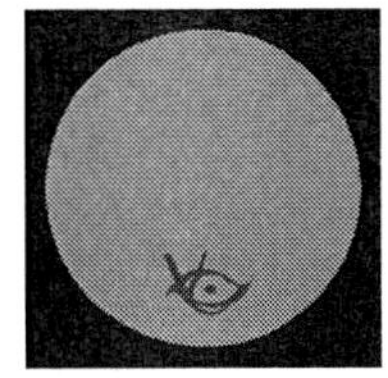

Abbildung 2: Schnittbild eines optimalen CTs ohne Strahlaufhärtungsartefakte

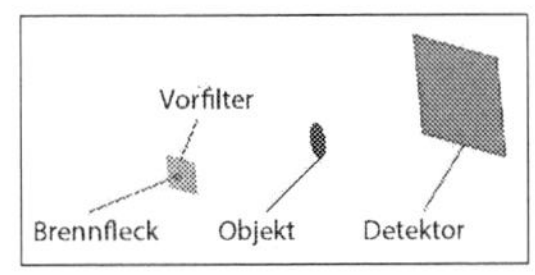

Abbildung 3: Schematische Darstellung der Komponenten

Methoden

Das Röntgensimulationsprogramm aRTist von der Bundesanstalt für Materialforschung und -prüfung (BAM) bietet die Möglichkeit, aus Kennwerten und Referenzbildern digitale Abbilder von Röntgenröhren und Detektoren einzupflegen. Der reale Absorptionskoeffizient verhält sich bei polyenergetischer Strahlung nicht konstant (s. Abb. 3). Der Verlauf des Absorptionswert dient somit als Maß für die Aufhärtung im Objekt. Durch Vorfilterung nähert sich die Kurve von einem exponentiellen Verlauf zu einer Geraden.

Gütekriterien:

1. Absorptionsverhältnis $AV = \frac{\mu(z=d)}{\mu(z=0{,}01d)}$

» Quotient vom Absorptionswert im letzten $\mu(z=d)$ und ersten Prozent $\mu(z=0{,}01d)$ der größte durchstrahlten Länge d des Untersuchungsobjekts:

2. Signalverlust $SV = \frac{S_{Filter}}{S_{ungefiltert}}$

» Messzeit verlängert sich durch den Filter, d.h. weniger Röntgenquanten erreichen den Detektor in einer bestimmten Zeit

» Quotienten von gefilterten Signal S_{Filter} und ungefilterten Signal $S_{ungefiltert}$ des Material-Peaks beim Detektor

Daraus resultiert die Gütefunktion $G = SV \cdot AV$

» Bei einer Güte von 1 ist der Filter optimal gewählt.

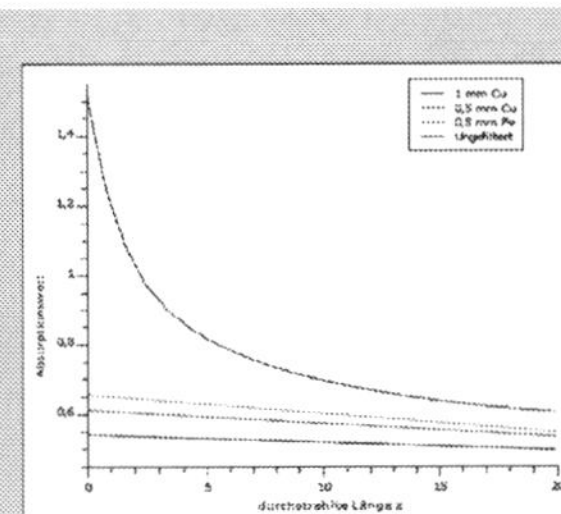

Abbildung 4: Absorptionskoeffizient in Abhängigkeit zur durchstrahlten Länge mit verschiedenen Filteroptionen

Die optimale Dicke und die Filtermaterialien werden mittels Optimierer aus den mit aRTist berechneten Daten für das gegebenen Prüfobjekt approximiert. Dabei werden die möglichen Dicken auf 0,5 mm Schritte und 2 – 3 Materialien gleichzeitig beschränkt. Hierbei wird auch die Durchdringung des Materials berücksichtigt, so dass sichergestellt ist, dass der Detektor im linearen Bereich arbeitet und ein gewisses Signallevel eingehalten wird.

Mittels aRTist wurde der Aufbau der Röntgenkabine XRH222 mit einem Standard Matrixdetektor mit 200µm Pixelabstand simuliert (s. Abb. 4). Der errechnete optimale Filter von 0,5mm Stahl für eine Durchstrahlung von 20mm Aluminium wird in einer Messreihe auf Praxistauglichkeit überprüft.

Abbildung 5: Messaufbau in einer VisiConsult XRH222 Röntgenanlage

Resultate und Zusammenfassung

Es wurden automatisiert Röntgenbilder der einzelnen Stufen eines Aluminiumstufenkeils aufgenommen und in einer Region Of Interest (ROI) die Grauwerte analysiert. Die um den Röntgenstrom normierten Grauwerte werden als Intensität ins Lambert-Beer'sche Gesetz eingesetzt und der Absorptionskoeffizient µ für Δz berechnet. Aus diesen Messwerten wurde das Absorptionsverhältnis und der Signalverlust bestimmt, woraus die Gütefunktion resultiert.

Die simulierte Messreihe soll die Auswirkungen von Streuung auf die Messwerte und daraus berechneten Werte zeigen.

Den Vergleich des Absorptionsverhältnisses zwischen den simulierten Werten und den realen Werten zeigen die Abbildungen 6 und 7.

Wir haben eine Methode vorgestellt, um optimierte Filter für verschiedene Bauteile zu errechnen (s. Tabelle 1) um z.B. Strahlaufhärtungsartefakte auf ein Minimum zu reduzieren und so eine objektive Entscheidungshilfe bei der Wahl des geeigneten Vorfilters und auch der einzustellenden Hochspannung zu geben.

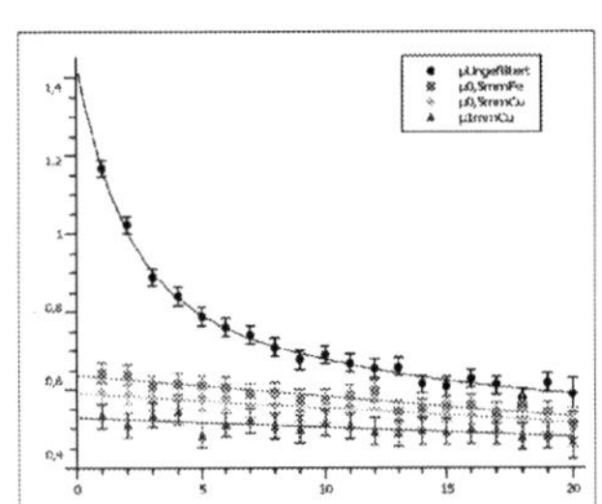

Abbildung 6: Auftragung der simulierten Messwerte mit Kurvenfit

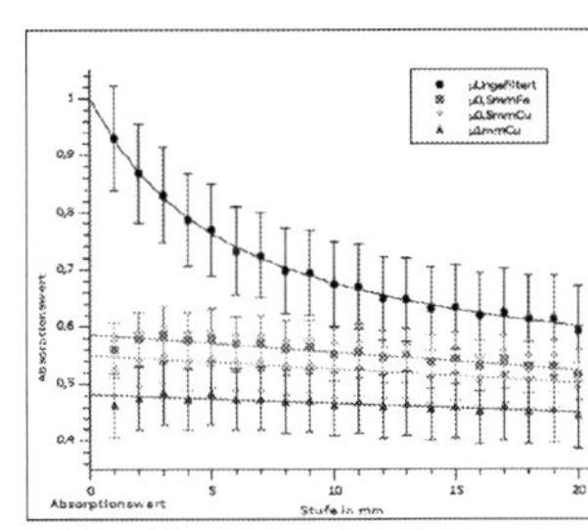

Abbildung 7: Auftragung der realen Messwerte mit Kurvenfit

Material	Durchstrahlte Dicke	Vorfilter	Hochspannung
Inconel 718	25 mm	Sn 4 mm + Mo 0,5 mm	450 kV
Stahl	30 mm	Pb 2 mm + Sn 2 mm	450 kV
Titan	40 mm	Sn 2.5 mm	340 kV
Aluminium	60 mm	Mo 0,5 mm + Al 0,5 mm	210 kV

Tabelle 1: Beispiele für Filteroptionen

Julian MÜLLER , Frank HEROLD , Tim SCHNEIDER
VisiConsult X-ray Systems & Solutions GmbH
Brandenbrooker Weg 2-4, 23617 Stockelsdorf
Kontakt E-Mail: j.mueller@visiconsult.de

Schnelle Messung und tomographische Rekonstruktion von Brennflecken < 5 µm durch Aufnahmen strukturierter Prüfkörper

Uwe EWERT [1], Gerd-Rüdiger JAENISCH [2], David SCHUMACHER [2], Uwe ZSCHERPEL [2], Andreas DERESCH [3], Benjamin BIRCHER [4], Felix MELI [4]
[1] KOWOTEST, Teltow
[2] Bundesanstalt für Materialforschung und -prüfung (BAM), Berlin
[3] YXLON International GmbH, Hamburg
[4] Eidgenössisches Institut für Metrologie METAS, Labor Länge, Nano- und Mikrotechnik, Bern-Wabern, Schweiz

Kontakt E-Mail: uwe@ewert-net.de

Kurzfassung

Im Europäischen EMPIR-Projekt „NanoXSpot“ (Measurement of the focal spot size of X-ray tubes with spot sizes down to 100 nm) werden neue Messmethoden für Brennflecke von Röntgenröhren entwickelt. Teil des Projektes ist die Entwicklung eines zur Lochkameramethode äquivalenten Messverfahrens für kleine Brennflecke. ASTM E 1165-20, Annex A, beschreibt die Bestimmung von Brennfleckgrößen aus Kantenprofilen von Lochaufnahmen für Röntgenröhren mit Brennflecken > 50 µm. Es wurde bereits vorgeschlagen über die Analyse der richtungsabhängigen Kantenunschärfe einer Lochblende und anschließender CT-Rekonstruktion die Intensitätsverteilung des Brennflecks äquivalent zur Lochkameraaufnahme zu berechnen. Die Lochkamerамethode, wie in EN 12543-2 und ASTM E 1165-20 beschrieben, ist im unteren Größenbereich für Mikrofokusröhren nicht geeignet, da Pinholes < 10 µm schwer zu fertigen sind und lange Belichtungszeiten erwartet werden. Mit Hilfe exakt gefertigter Lochblenden sowie strukturierter Targets mit konvergierenden Strukturen wird der Bereich mit der Single-Shot-CT-Methode auf die Messung von Mikrofokusröhren, alternativ zur Vermessung von Kanten oder Strichgruppenkörpern, erweitert. Die rekonstruierten Brennfleckformen werden mit Kanten- und Lochkameraaufnahmen quantitativ verglichen, um die Messgenauigkeit zu bewerten. Außerdem werden CNR und Messzeit bestimmt, um die Wirtschaftlichkeit der Verfahren zu bewerten.

Schnelle Messung und tomographische Rekonstruktion von Brennflecken < 5 µm durch Aufnahmen strukturierter Prüfkörper

BAM
Bundesanstalt für Materialforschung und -prüfung

METAS

KOWOTEST YXLON

U. Ewert[1], G.-R. Jaenisch[2], D. Schumacher[2], U. Zscherpel[2], A. Deresch[3], B. Bircher[4], F. Meli[4]

[1] KOWOTEST, Teltow
[2] Bundesanstalt für Materialforschung und -prüfung (BAM), Berlin
[3] YXLON International GmbH, Hamburg
[4] Eidgenössisches Institut für Metrologie METAS, Labor Länge, Nano- und Mikrotechnik, Bern-Wabern, Schweiz

Einführung

Die exakten Brennfleckgrößen und -formen von Röntgenröhren werden benötigt, um die Bildschärfe und die Erkennbarkeit von Details in der Radiographie und CT vorherzusagen.

Im EMPIR-Projekt „NanoXSpot" werden neue Prüfkörper, Algorithmen und Standards zur Brennfleckmessung von Nanofokus-Röhren und Mikrofokus-Röhren mit Brennfleckgrößen unterhalb 5 µm entwickelt.

Röhrentyp	Brennfleckgröße ϕ	ZfP-Standards
Makrofokus	$\phi \geq 1$ mm	EN 12543-2:2021 ASTM 1165-20
Minifokus	1 mm > $\phi \geq 0{,}1$ mm	
Mikrofokus	0,1 mm> $\phi \geq 0{,}001$ mm	EN 12543-5 (> 5 µm) ASTM 2903-18 (> 5 µm) Kein Standard (< 5 µm)
Nanofokus	$\phi < 0{,}001$ mm	Kein Standard

Brennfleck-CT von Loch-Aufnahmen
(Rekonstruktion basierend auf der Unschärfe der Lochaufnahme)

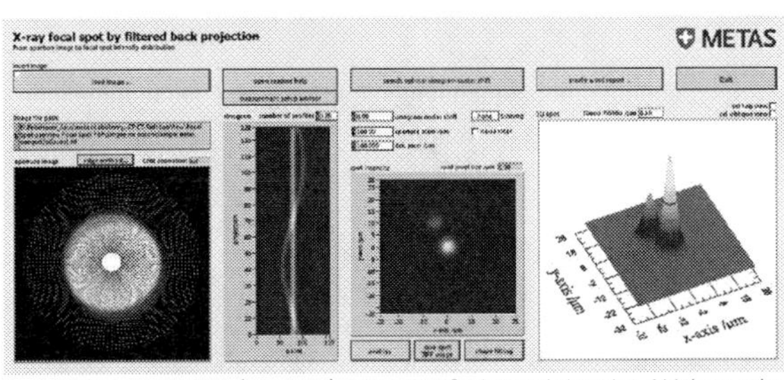

Aus den Kantenprofilen (rot, links) der Lochaufnahme wird nach 1. Ableitung ein Sinogramm berechnet, aus dem die Brennfleckverteilung rekonstruiert wird, die einer Lochkameraaufnahme entspricht.

Brennfleck CT von Siemensstern-Aufnahmen
(Rekonstruktion basierend auf der Streifenunschärfe)

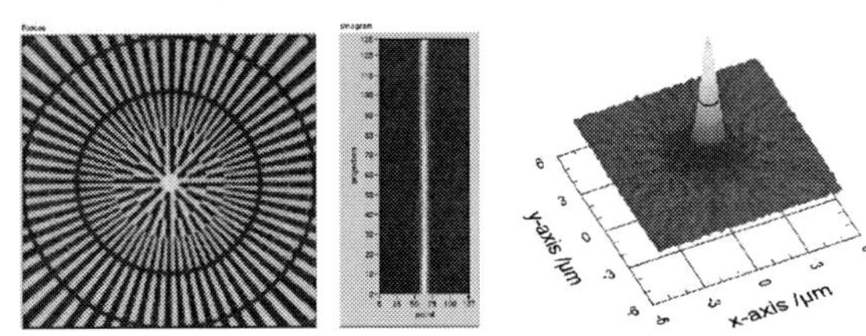

Aus dem Bereich zwischen den grünen Kreisen der Siemensstern-Aufnahme wird ein Sinogramm abgeleitet. Aus dem Sinogramm wird die Brennfleckverteilung rekonstruiert, die einer Lochkameraaufnahme mit vernachlässigbarem Pinhole-Durchmesser entspricht (Röntgenbild 240 µm x 240 µm, Spot: 1.2 µm FWHM).

Strukturierte Prüfkörper zur Bestimmung von Brennfleckgrößen

Voraussetzung für die exakte Brennfleckmessung sind kalibrierte Prüf-körper (Targets) mit Strukturen, die so eine rückführbare Bestimmung der Ortsauflösung und der Brennfleckgröße ermöglichen.

Drei Target-Designs werden berücksichtigt:

1. JIMA-Target (Strichgruppen-Test für kleine Röntgenenergien) https://jima.jp/english/assen-e.html
2. Hochkontrast-Strichgruppen-Target (YXLON-Design)
3. NanoXSpot-Target für hohe Auflösungen und hohen Kontrast
   - Strichgruppen in verschiedenen Richtungen
   - Lochstrukturen verschiedener Durchmesser
   - 2x Siemensstern

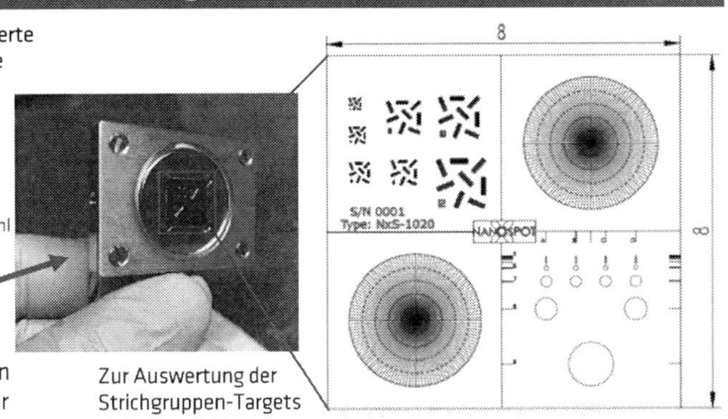

Zur Auswertung der Strichgruppen-Targets siehe Ewert et al., https://www.dir2019.com/portals/dir2019/bb/Tu.2.A.1.pdf

Sicherheit in Technik und Chemie

https://www.ptb.de/empir2019/nanoxspot/home/

www.bam.de

THEMENFELD ANALYTICAL SCIENCES

Bestimmung der Mikrostruktur und Simulation des Schädigungsverhaltens von lasergesintertem Polyamid 12 unter quasistatischer Zugbelastung

Andreas KUPSCH [1], Daniela SCHOB [2], Fabien LÉONARD [1,3], Bernd R. MÜLLER [1], Ilja SAGRADOV [2], Robert ROSZAK [2,4], Holger SPARR [2], Rainer FRANKE [2], Matthias ZIEGENHORN [2], Giovanni BRUNO [1,5]

[1] BAM, Bundesanstalt für Materialforschung und -prüfung, 12200 Berlin
[2] Brandenburgische Technische Universität Cottbus-Senftenberg, 01968 Senftenberg
[3] University of Manchester, Didcot, Oxfordshire OX11 0DE, UK
[4] Poznan University of Technology, 60-965 Poznan, Polen
[5] Universität Potsdam, Institut für Physik und Astronomie, 14476 Potsdam

Kontakt E-Mail: andreas.kupsch@bam.de

Kurzfassung. Um das Material- und Schädigungsverhalten von additiv gefertigtem Polyamid 12 (PA12) unter quasistatischer Belastung zu charakterisieren, wurden mechanische Tests und Röntgenverfahren zur Bestimmung der Mikrostruktur eingesetzt. Die Proben wurden nach dem Prinzip des Selektiven Lasersinterns (SLS) hergestellt. Unter quasistatischer Belastung mit Haltezeiten ergab sich ein visko-plastisches Materialverhalten. Im Zugversuch wurde eine maximale Zugfestigkeit von 40.6 MPa und eine Bruchdehnung von 7.4% beobachtet. Mittels Röntgenrefraktion wurde eine Erhöhung von inneren Oberflächen beobachtet, die senkrecht zur Zugrichtung orientiert sind. Die Analyse der Gesamtporosität aus Computertomographie-Messungen ergab keine Änderung infolge der Zugbelastung. Jedoch wurde eine bimodale Porengrößenverteilung und eine steigende Sphärizität festgestellt. Das Materialverhalten wurde mit dem Chaboche-Modell simuliert und ergab eine sehr gute Übereinstimmung mit den experimentellen Ergebnissen. Allerdings gestattet dieses Modell nicht, das Schädigungsverhalten abzubilden. Daher wurde zur Simulation des Schädigungsverhaltens das Modell gemäß dem Ansatz von Gurson, Tvergaard und Needleman unter Berücksichtigung der mikrostrukturellen Parameter erweitert. Der Schwerpunkt des Beitrags liegt auf den Röntgenverfahren zur experimentellen Bestimmung der Mikrostruktur.

1. Einführung

Der technologische Fortschritt erfordert die Entwicklung neuer Materialien. Dazu gehört auch die Bewertung ihrer Leistungsfähigkeit. Immer häufiger werden Designmaterialien, Kunststoffe und Metalle mit AM-Technologien (Additive Manufacturing) hergestellt. Für praktische Anwendungen sollen die 3D-gedruckten Teile während ihrer Lebensdauer verschiedenen mechanischen und umweltbedingten Belastungen standhalten. Es ist wichtig, die mechanischen Eigenschaften für Anwendungen unter verschiedenen Belastungsbedingungen zu kennen, die zu konventionell hergestellten Teilen (z.B. durch Spritzgießen). Vergleichbar sind. Während AM die Möglichkeit bietet, einen schnellen Schritt vom Design zum Produkt zu machen, insbesondere für Teile, die schwer oder gar nicht maschinell zu bearbeiten sind, bleiben Herausforderungen für die Vorhersage der mechanischen Eigenschaften bestehen [1]. Da AM-Bauteile schichtweise hergestellt werden, weisen sie anisotrope Eigenschaften und Eigenspannungen auf. Bislang existieren keine standardisierten Methoden zur Bestimmung der Materialeigenschaften aus der AM-Bearbeitung. Nur sehr wenige Arbeiten in der Literatur (z.B. [2]) beleuchten die Komplexität in Bezug auf Materialeigenschaften, AM-Mesostruktur und Bauteildesign für standardisierte Tests. Untersuchungen an konventionell und additiv hergestellten metallischen Werkstoffen haben gezeigt, dass es möglich ist, einerseits Materialmodelle für quasistatische Belastung zu entwickeln und andererseits Informationen über die inhomogenen Materialstrukturen, die aus Röntgenbeugung und CT-Analyse gewonnen werden, in ein numerisches Modell umzusetzen [3-5]. Daher ist der Ansatz dieser Arbeit, bestehende Material- und Schädigungsmodelle von Metallen zu untersuchen und auf additiv gefertigtes PA12 zu übertragen. Zur Beschreibung des Materialverhaltens wurden quasistatische Zyklustests mit implementierten Haltezeiten sowie Zugversuche durchgeführt. Für die Beschreibung des Schädigungsverhaltens wurden Röntgenrefraktion und Computertomographie durchgeführt. Mit den experimentellen Ergebnissen konnten die Material- und Schädigungsparameter der ausgewählten numerischen Modelle ermittelt und verifiziert werden. Für die numerische Beschreibung des Materialverhaltens wurde das Chaboche-Modell [6] verwendet, das bereits für metallische Werkstoffe unter thermomechanischer Belastung eingesetzt wurde. Zur Simulation der Schädigung diente das Gurson-Tvergaard-Needleman-Modell (GTN) [7], das für poröse metallische Werkstoffe verwendet wurde. Durch die Kopplung des Chaboche- und GTN-Modells ist es möglich, das Material- und Schädigungsverhalten des 3D-gedruckten PA12 unter Berücksichtigung der Mikrostruktur numerisch zu beschreiben.

2. Material und Methoden

2.1 Probenherstellung

Die PA12-Zugproben wurden nach dem Prinzip des selektiven Lasersinterns (SLS) auf einem sPro 230-Drucker (3D Systems) hergestellt. Er wurde mit einer Laserleistung von 70 W, einer Scangeschwindigkeit von 10 m/s für das Volumen und 5 m/s für die Kontur und einer Schichtdicke von 80 bis 150 µm betrieben. Der Bauraum wurde auf 170°C vorgeheizt, durch den Laser wird das Pulver (Duraform PA) lokal bei 200°C aufgeschmolzen. Für AM-Polymere existiert keine Norm für Zugstäbe. In dieser Arbeit wurde die Geometrie der Probekörper in Anlehnung an die DIN EN ISO 527-2 [8] gewählt, Abb. 1, links. Alle Proben wurden, wie in Abb. 1, rechts dargestellt, gedruckt.

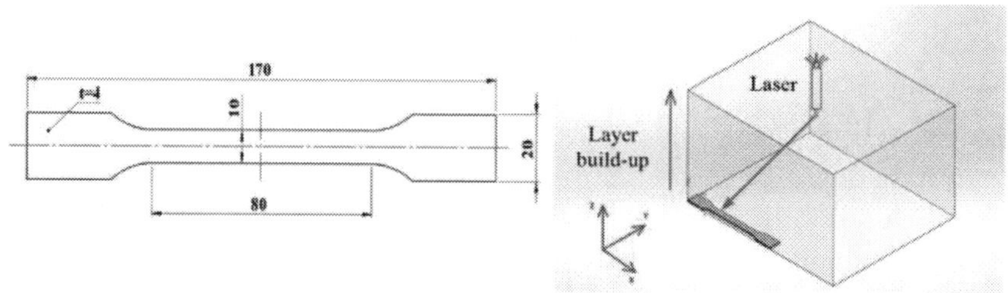

Abb. 1: Abmessungen der Zugproben (links) und SLS-Prinzip (rechts); einzelne Druckschichten in der *xy*-Ebene, *z* gibt die Aufbaurichtung an (aus [9]).

2.2 Charakterisierung des Materialverhaltens und Zugversuche

Die Charakterisierung des Materialverhaltens wurde nach Haupt [10] durchgeführt, mit quasistatischer zyklischer Belastung und Haltezeiten von 1000 s.

Es wurden sieben Zugversuche mit einer Prüfgeschwindigkeit von 5 mm/min mit einer Prüfmaschine von Hegewald & Peschke - InspektTable 10 kN bei 23°C, gemäß DIN EN ISO 527-2 [9] durchgeführt. Die Verformung der Proben wurde zusätzlich mit einem digitalen Bildkorrelationsverfahren - (ARAMIS 3D Kamera) gemessen.

2.3 Röntgenrefraktion

Die Röntgenrefraktion [11] wird hier als rasternde Technik (Topographie) eingesetzt, um die örtlich aufgelöste interne relative spezifische Oberfläche zu extrahieren [12]. Sie basiert auf der Ablenkung von Röntgenstrahlen an inneren Oberflächen in völliger Analogie zur Brechung von sichtbarem Licht an Grenzflächen von Medien mit unterschiedlichen Brechungsindizes n, ausgedrückt durch das Snelliussche Brechungsgesetz. Da die Brechungsdekremente δ ($n = 1 - \delta$) sehr klein sind (10^{-7} bis 10^{-6}), sind die Streuwinkel ebenfalls sehr klein (einige Bogensekunden bis -minuten). Im Fall des untersuchten Polyamids beträgt δ bei Verwendung von Mo-Kα-Strahlung (17.4 keV) 7.72×10^{-7}. Obwohl die räumliche Auflösung der Rastermessung durch den einfallenden Strahlquerschnitt (500 × 40 µm^2) begrenzt ist, ist das Verfahren empfindlich für Oberflächen von Poren, Rissen oder Materialgrenzflächen bis in den Nanometerbereich. Das Ergebnis der Messung ist nicht die Abbildung von Individuen, sondern die spezifische Oberfläche, d. h. die Dichte der (orientierten) Oberflächen integriert über das Messvolumen (500 µm × 40 µm × Dicke der Probe).

Für die Röntgen-Refraktionsmessungen wurden ca. 25 mm langes Proben aus der Messlänge eines unbelasteten Zugstabs (Probe V) und einer zugbelasteten Probe (Probe T) geschnitten. Der Brechungseffekt wurde mit einer modifizierten Kleinwinkelstreuungs-Röntgenkamera (mit Kratky-Kollimation, Mo-Feinstrukturröhre, $U = 40$ kV, $I = 0{,}8$ mA) mit nahezu monochromatischer Strahlung (Mo-Kα) gemessen [13]. Dabei werden gleichzeitig die Röntgen-Refraktionsintensität I_R und der Transmissionsintensität I_T mit Szintillationsdetektoren erfasst. Durch Messung der beiden Intensitäten mit und ohne (Index 0) einer Probe erhält man den sogenannten Refraktionswert C_mD:

$$C_m D = \frac{I_R \cdot I_{T0}}{I_{R0} \cdot I_T} - 1 \qquad (1)$$

mit der Probendicke D. Zur Herleitung von Gl. (1) sei auf [14] verwiesen. Aus I_T und I_{T0} ergibt sich die Absorption $\mu D = -\ln\,(I_T/I_{T0})$mit dem lineare Schwächungskoeffizienten μ. Mit bekanntem μ_0 (tabellierte oder Referenzdaten) und makroskopischer Dicke D wird die Porosität p wie folgt abgeschätzt:

$$p = 1 + \ln{(I_T/I_{T0})} \,/\, (\mu_0 D) \tag{2}$$

Da die Röntgenbrechung stark von der Orientierung der Oberflächen abhängt (siehe z.B. [15-18]), wurden die Messungen in zwei Probenorientierungen durchgeführt. Die Position des Detektors gibt den Streuvektor Q der detektierten abgelenkten Strahlung vor. Werden die Proben derart angeordnet, dass die Zugrichtung Td (d.h. die Längsachse des Zugstabes, x in Abb. 1, rechts) parallel zu Q ist, wird der Refraktionswert C_mD_{par} von transversalen Grenzflächen detektiert. Stehen Q und Td senkrecht aufeinander, entspricht der Refraktionswert C_mD_{perp} axialen Grenzflächen.

2.4 Computertomographie

Zur Charakterisierung der Porengröße und -verteilung wurden computertomographische Messungen und Analysen (CT) durchgeführt. Dazu wurden annähernd würfelförmige Proben (Kantenlänge 5 mm) vom Rand der Messlänge präpariert. Eine GE v|tome|x L 180/300 – Anlage wurde mit 50 kV und 150 µA betrieben. Die Voxelgröße betrug 8 µm, die Integrationszeit betrug 2 s pro Projektion, mit 3142 Projektionen über 360°. Zur Rekonstruktion wurde eine GE-eigene Software eingesetzt. Zur Datenanalyse und Visualisierung wurde Avizo (Version 9.4, Thermo Fischer Scientific) benutzt [19]. Die Poren wurden anhand ihres Grauwerts im rekonstruierten CT-Volumen in der Polymermatrix segmentiert (nach Otsu [20]).

3. Ergebnisse

3.1 Materialcharakterisierung und Zugversuch

Die quasistatischen zyklischen Tests mit Haltezeiten zeigten eine Gleichgewichtshysterese im Spannungs-Dehnungs-Diagramm, die ein *viskoplastisches* Materialverhalten ausweist. Als Mittel aus 4 gültigen Zugversuchen ergab sich ein Elastizitätsmodul von (1600 ± 30) MPa, eine Bruchdehnung von (7.4 ± 0.3) % und eine Streckgrenze von (40.6 ± 1.4) MPa. Während die Streckgrenze vergleichbar zu konventionell durch Spritzgießen hergestelltem Polyamid ist, ist der E-Modul ca. 25% größer, die Bruchdehnung um 85% geringer. Die Kurven zeigen ein sprödes Materialverhalten ohne ausgeprägte Streckgrenze (Abb. 2). Die rauen Bruchflächen zeigen das inhomogene Materialgefüge mit eingeschlossenen Poren und kleine Kerben im Randbereich.

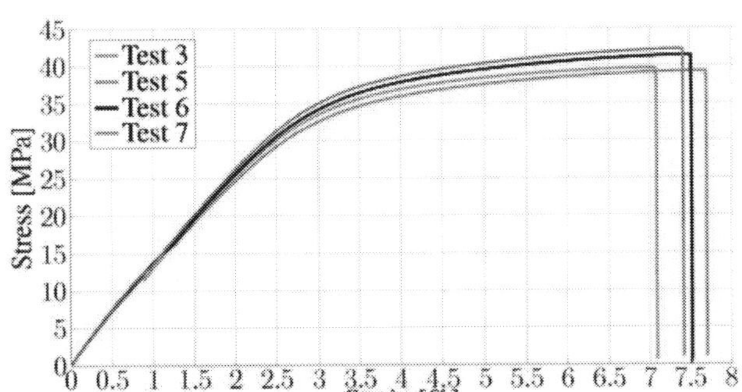

Abb. 2: Typische Spannungs-Dehnungs-Kurven des Zugversuchs an vier SLS-PA12-Proben (Dehnrate 5 mm/s, $T = 23°C$) (aus [9]).

3.2 Röntgenrefraktion

Abbildung 3 fasst die Ergebnisse der Refraktionsmessung zusammen. Die Topogramme (Abb. 3 a, b) weisen auf keinerlei lokale Häufung von Poren oder inneren Oberflächen hin. Die Transmission beider Proben weist ähnliche Werte auf. Aus dem Vergleich mit porenfreien, spritzgegossenen Referenzproben identischer Dicke ergibt sich für Probe V eine Porosität von 5 %, für Probe T 4%. Dagegen zeigen sich deutliche Unterschiede in den Brechungssignalen: in der belasteten Probe T wird in beiden Orientierungen eine deutlich höhere Oberflächendichte beobachtet (Abb. 3 b, d). Im Vergleich der Orientierungen zeigt sich, dass in beiden Proben eine deutliche Anisotropie der Grenzflächenorientierungen vorliegt, die in Probe T stärker ausgeprägt ist. Während Probe V eine schwache Bevorzugung von axialen Grenzflächen zeigt ($C_m D_{perp} = 0.27 > C_m D_{par} = 0.23$), werden in der belasteten Probe T mehr transversale Grenzflächen beobachtet ($C_m D_{par} = 0.54 > C_m D_{perp} = 0.47$). Da sich die Porosität nicht ändert, ist die zusätzliche innere Oberfläche auf Risse oder kleinere Poren zurückzuführen.

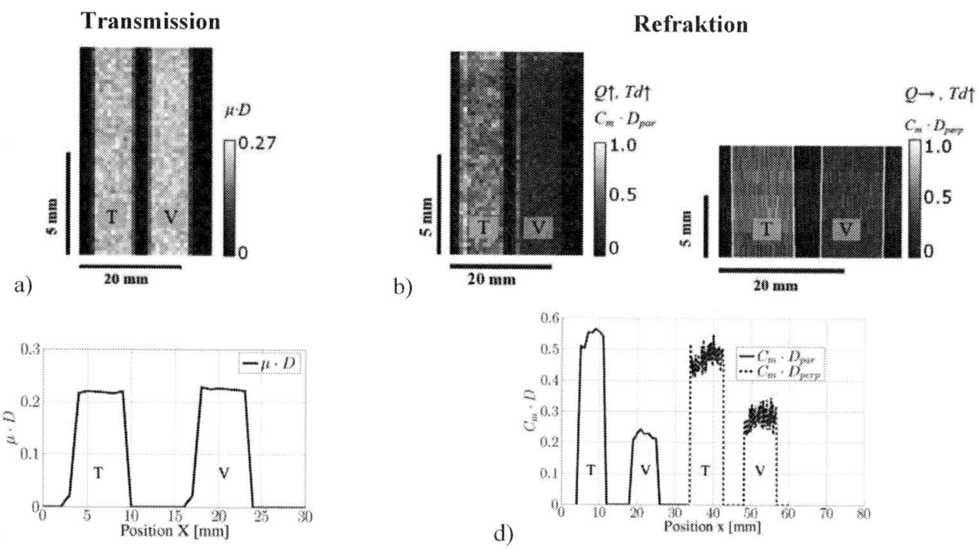

Abb. 3: Topogramme der Transmission (a) und des Refraktionswertes $C_m D$ (b) der Proben T und V in zwei Orientierungen. Die relative Orientierung des Streuvektors (Q) und der Zugrichtung (Td) ist angegeben. Kumulative Profile der Transmission, μD, (c) und des Refraktionswertes (d), welche die deutlich höhere spezifische Oberfläche in Probe T verdeutlichen (aus [9]).

3.3 Computertomographie

Abbildung 4 (links) zeigt als Ergebnis der CT die gerenderten Poren in den Proben V und T. Die Porosität wurde zu 3.7 % (Probe V) bzw. 3.6 % (Probe T) bestimmt. Die Verteilung der Poren über den Probekörper ist sehr gleichmäßig, in Einklang mit den Refraktionsergebnissen.

In den untersuchten Volumina traten Poren unterschiedlicher Form auf. Diese wurden nach ihrer Sphärizität klassifiziert. Poren mit einer annähernd sphärischen Form haben einen kleinen Formfaktor. Ein großes Aspektverhältnis oder zerklüftete Oberflächen ergeben große Formfaktoren. Abbildung 4 (rechts) zeigt eine Auswahl der gemessenen Porenformen mit zugehörigem Formfaktor. Die Analyse der Formfaktoren ergibt im Vergleich der Proben einen höheren Mittelwert für die unbelastete Probe V.

Darüber hinaus wird eine bimodale Porengrößenverteilung beobachtet. Die Analyse zeigt ein Minimum bei einem Äquivalentdurchmesser *d* von 100 µm. Bezogen auf die Gesamtzahl enthält Probe T einen größeren Anteil an kleinen Poren ($d < 100$ µm). Diese Tendenz steht im Einklang mit den Refraktionsergebnissen. Wird ausschließlich die Porenfraktion $d > 100$ µm betrachtet, verschiebt sich der Schwerpunkt von 191 µm (für V) auf 171 µm (für T). Die aus der CT-Analyse gewonnenen Werte für die Porosität sind kleiner als die aus der Röntgentransmission ermittelten. Sie sind jedoch vergleichbar mit den Werten für die geschlossene Porosität, die von Dupin *et al.* [21] für lasergesinterte Bauteile aus Duraform PA 12 ermittelt wurden. Während der CT-Wert durch die räumliche Auflösung (Voxelgröße 8 µm) begrenzt ist, erfasst der Mittelwert der Röntgentransmission alle Porengrößen, sowohl offene als auch geschlossene Poren.

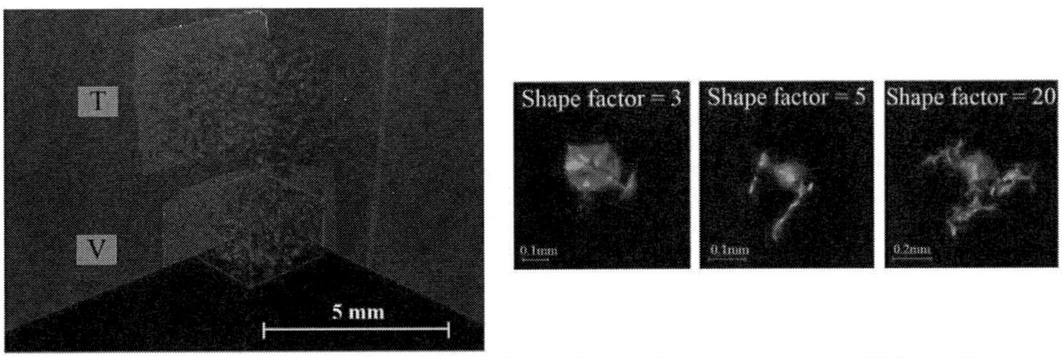

Abb. 4: Links: 3D -Rendering der Porosität für die unbelastete (V) und zugbelastete (T) Probe. Rechts: Auswahl einzelner Porenformen: große Formfaktoren entsprechen einer starken Abweichung von der Kugelform (aus [9]).

3.4 Numerische Simulation

Die experimentellen Ergebnisse dienten als Grundlage für die numerische Simulation. Dabei wurde das viskoplastische Materialmodell nach Chaboche [6] verwendet. Der Ursprung des Modells besteht in der Unterteilung der Gesamtdehnrate in einen elastischen und viskoplastischen Anteil. Die viskoplastische Dehnrate ist das Produkt aus dem plastischen Multiplikator und der Fließrichtung. Die Simulationen geben die experimentell ermittelten Spannungs-Dehnungs-Kurven in guter Näherung mit einer Maximalabweichung von 1.6 MPa wieder (Abb. 5, blaue Kurve), können aber nicht den Versagenszeitpunkt vorhersagen.

Die Schädigung wird durch eine Kopplung des Materialmodells mit dem Gurson-Tvergaard-Needleman-Modell (GTN) [7] einbezogen. Dieses Modell berücksichtigt den Einfluss von Poren (genähert als sphärische Poren), ihre Nukleation, Wachstum und Koaleszenz. Aus den Refraktions- und CT-Ergebnissen wurde die Porosität im Ausgangszustand (Probe V) verwendet. Abb. 5 (rote Kurve) zeigt, dass sowohl die Spannungs-Dehnungs-Kurven (Maximalabweichung 1.4 MPa) als auch die Bruchdehnung den experimentellen Werten entspricht.

Für eine ausführliche Beschreibung der verwendeten Modelle und der Fitparameter sei auf [9] verwiesen.

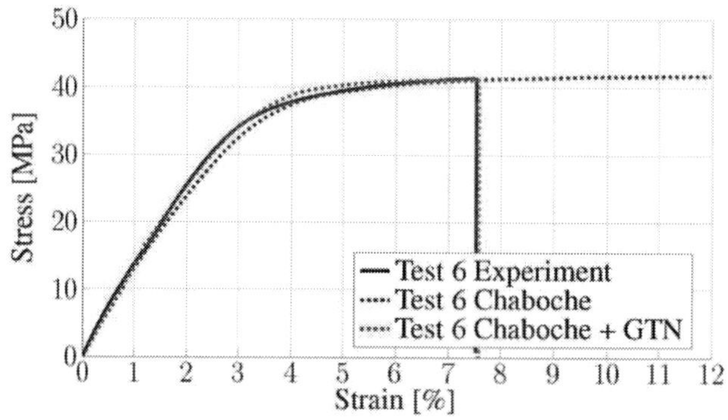

Abb. 5: Ergebnisse der numerischen Simulation im Vergleich zu experimentellen Daten. Die maximale Abweichung beträgt 1.6 MPa für das Chaboche- und 1.4 MPa für das gekoppelte Chaboche+GTN-Modell (aus [9]).

3. Zusammenfassung

Für additiv gefertigtes PA12 unter quasistatischer Belastung wurde ein Material- und Schädigungsmodell entwickelt, das auf experimentellen Untersuchungen der Mikrostruktur basiert. Das viskoplastische Materialverhalten konnte numerisch sehr gut mit dem Chaboche-Modell abgebildet werden. Die Kopplung mit dem Schädigungsmodell von Gurson-Tvergaard-Needleman konnte zusätzlich der Versagenszeitpunkt sehr gut wiedergeben werden. Röntgenrefraktion und CT-Analyse haben gezeigt, dass 3D-gedruckte Materialien bereits im Herstellungszustand eine nennenswerte Porosität (ca. 4%) aufweisen. Die Poren sind homogen verteilt. Für die Simulation der Schädigung wurden kugelförmige Poren angenommen. Die Validierung der experimentellen Ergebnisse und die Anpassung des Material- und Schädigungsmodells zeigen, dass das Material- und Schädigungsverhalten von 3D-gedrucktem PA12 durch das Chaboche- und GTN-Modell unter quasistatischer Belastung hinreichend gut abgebildet werden kann.

Referenzen

[1] J.R. Dizon, A.H. Espera, Q.Chien, R.C. Advincula, Mechanical characterization of 3D-printed polymers, Additive Manufacturing, **20**, 44–67, 2018.

[2] A. M. Forster, Materials Testing Standards for Additive Manufacturing of Polymer Materials: State of the Art and Standards Applicability, 2015.

[3] C. Landron, E. Maire, O. Bouaziz, J. Adrien, L. Lecarme, A. Bareggi, Validation of void growth models using x-ray microtomography characterization of damage in dual phase steels, Acta Materialia, **59**, 7564–7573, 2011.

[4] C. Angermeier A.M. Horr, An innovative use of CT method in light metals development, ICT Conference Proceedings, 149–157, 2014.

[5] G. Ziółkowski, E. Chlebus, P. Szymczyk, J. Kurzac, Application of X-ray CT method for discontinuity and porosity detection in 316l stainless steel parts produced with SLM technology, Archives of Civil and Mechanical Engineering, **14**, 608–614, 2014.

[6] J.-L. Chaboche, Constitutive equations for cyclic plasticity and cyclic viscoplasticity, International Journal of Plasticity, **5**, 247–302, 1989.

[7] V. Tvergaard, A. Needleman, Analysis of the cup cone fracture in a round tensile bar, Acta Metallurgica, **32**, 157-169, 1984.

[8] DIN Deutsches Institut für Normung e.V., DIN EN ISO 527-2: Kunststoffe – Bestimmung der Zugeigenschaften, Teil 2: Prüfbedingungen für Form- und Extrusionsmassen, 2012.

[9] D. Schob, R. Roszak, I. Sagradov, H. Sparr, M. Ziegenhorn, A. Kupsch, F. Léonard, B.R. Müller, G. Bruno, Experimental Determination and Numerical Simulation of Material and Damage Behaviour of 3D Printed Polyamide 12 under Quasi-Static Load, Archives of Mechanics, **71**, 507-526, 2019.

[10] P. Haupt: Continuum Mechanics and Theory of Materials, Springer, Berlin, Heidelberg, 2002.

[11] M.P. Hentschel, R. Hosemann, A. Lange, B. Uther, R. Brückner, Röntgenkleinwinkelbrechung an Metalldrähten, Glasfäden und hartelastischem Polypropylen, Acta Crystallographica, **A 43**, 506–513, 1987.
[12] M.P. Hentschel, K.-W. Harbich, D. Ekenhorst, J. Schors, Röntgentopographie der Faser- und Polymerorientierung. Materialprüfung, **39**, 121–123, 1997.
[13] A. Kupsch, B.R. Müller, A. Lange, G. Bruno, Microstructure characterization of ceramics via 2D and 3D X-ray refraction techniques, Journal of the European Ceramic Society, **37**, 1879–1889, 2017.
[14] F.E. Fensch-Kleemann, K.W. Harbich, M.P. Hentschel, Microstructural characterisation of porous ceramics by X-ray refraction topography, cfi/Ber. DKG, **79**, 11, 35–38, 2002.
[15] B.R. Müller, R.C. Cooper, A. Lange, A. Kupsch, M. Wheeler, M.P. Hentschel, A. Staude, A. Pandey, A. Shyam, G. Bruno, Stress-induced microcrack density evolution in β-eucryptite ceramics: experimental observations and possible route to strain hardening, Acta Materialia, **144**, 627–641, 2018.
[16] B.R. Müller, A. Lange, M. Harwardt, M.P. Hentschel, Synchrotron-based micro-CT and refraction-enhanced micro-CT for non-destructive materials characterisation, Adv. Eng. Mater., **11**, 435–440, 2009.
[17] R. Laquai, B. R. Müller, G. Kasperovich, J. Haubrich, G. Requena, and G. Bruno, X-ray refraction distinguishes unprocessed powder from empty pores in selective laser melting Ti-6Al-4V, Mater. Res. Lett. **6**, 130–135, 2018.
[18] M. Erdmann, A. Kupsch, B.R. Müller, M.P. Hentschel, U. Niebergall, M. Böhning, G. Bruno., Diesel-induced transparency of plastically deformed high-density polyethylene, J. Mater. Sci., **54**, 11739–11755, 2019.
[19] Thermo Fischer Scientific. Thermo Fischer scientific avizo software (version 9.4).
[20] N. Otsu, A thresholding selection method from grayscale histogram, IEEE Transactions on Systems, Man and Cybernetics, **9**, 1, 62–66, 1979.
[21] S. Dupin, O. Lame, C. Barres, J.-Y. Charmeau, Microstructural origin of physical and mechanical properties of polyamide 12 processed by laser sintering, European Polymer Journal, **48**, 1611–1621, 2012.

Röntgenblitzgeneratoren für Anwendungen in der zerstörungsfreien Prüfung

Uwe OBERHAGEMANN [1], Marcel MÜLLER [1]
[1] ELP GmbH, Wuppertal

Kontakt E-Mail: mmueller@elp-gmbh.de

Kurzfassung

Beispielhaft werden Anwendungen aus der zerstörungsfreien Prüfung vorgestellt, für die mobile Röntgenblitzgeneratoren in Kombination mit Matrixdetektoren als geeignet erscheinen. Hierbei stehen im Vordergrund:

- Kosteneffizienz (Anschaffungs- und Folgekosten)
- Hohe Mobilität von Röntgenquelle und Abbildungssystem
- Erzeugung hochwertiger Bilder
- Unempfindlichkeit gegenüber Umwelteinflüssen und physikalischen Beanspruchungen
- Hohe Dauerbelastbarkeit
- Einfaches Handling
- Sicherheit: weitgehend automatisierter Betrieb zur Vermeidung manueller Fehlbedienung
- Leitungsfreier Betrieb
- Fernsteuerbar
- Unempfindlichkeit gegenüber Über- und Unterbelichtungen
- Direkte Verfügbarkeit der Messdaten
- Kurze Belichtungszeiten zur Vermeidung unnötiger Strahlenexposition und zur Dosisreduzierung (§ 2c RöV, ALARA-Prinzip)

Phase-contrast imaging for foreign body detection with hard x-rays

Bernhard AKSTALLER [1], Stephan SCHREINER [1]
[1] Friedrich-Alexander Universität Erlangen-Nürnberg, Erlangen

Kontakt E-Mail: Ste.Schreiner@fau.de
Bernhard.Akstaller@fau.de

Kurzfassung

Röntgenstrahlung in der zerstörungsfreien Prüfung ermöglicht den Blick in geschlossene Objekte. Der Kontrast in der Standardradiographie entsteht durch Absorption von Röntgenstrahlung, die in der Stärke von der Materialzusammensetzung und Dichte abhängig ist.
Phasenkontrast erweitert die Standardbildgebung durch ergänzende Bildmodalitäten, das Dunkelfeld und das Phasenbild. Der Kontrast im Phasenbild basiert auf der Beugung von Röntgenstrahlen an einem Objekt, welche besonders bei Elementen mit niedriger Ordnungszahl (C, H, O) oder schwach absorbierenden Materialien, verglichen mit der Absorption von Röntgenstrahlen, deutlich stärker ausgeprägt sind.
In den beiden Bildmodalitäten werden Objektkanten deutlich hervorgehoben. Im Dunkelfeldbild sind Übergänge zwischen verschiedenen Materialien oder Luft besonders markant. Damit können fasrige oder granuläre Strukturen detektiert werden, selbst bei Korngrößen weit unterhalb der Bildauflösung. Ferner können Materialien, die im Absorptionsbild nicht sichtbar sind, im Dunkelfeld erkennbar sein, da das Dunkelfeld auf Kleinwinkelstreuung sensitiv ist. In diesem Poster wird die Gitterbasierte-Phasenkontrastbildgebung präsentiert und ihr Potential in der Fremdkörperdetektion und anhand von beispielhaften Industrieanwendungen gezeigt (Lebensmittelkontrolle).

Vollautomatische Zeichenverifikation in Röntgenbildern bei der Inlineprüfung von Leichtmetallrädern

Thomas STOCKER [1], Markus REHAK [1], Bishwajit Mohan GOSSWAMI [1], Christian SCHUSTER [1]
[1] Fraunhofer EZRT, Fürth

Kontakt-E-Mail: thomas.stocker@iis.fraunhofer.de

Kurzfassung. Die vollautomatische 100-%-Inline-Röntgenprüfung von Leichtmetallrädern ist seit Jahren weltweit üblich. Weitere Maßnahmen zur Qualitätssicherung der Räder werden aber oft manuell durchgeführt. Eine wichtige Aufgabe ist die Überprüfung von eingegossenen Schriftzeichen, die z. B. Auskunft über Typ, Produktionsort und Produktionsdatum geben. Das Vorhandensein dieser Informationen ist teilweise sogar gesetzlich vorgeschrieben und in jedem Fall ein Abnahmekriterium. Deshalb wird dies auch bei Zollbehörden und Endkunden zumindest stichprobenartig überprüft. Fehlende oder fehlerhafte Beschriftungen führen typischerweise zur Rücksendung ganzer Produktionschargen und somit zu hohen Kosten auf Herstellerseite.

Das Fraunhofer-Entwicklungszentrum Röntgentechnik EZRT hat ein zusätzliches Modul in seine Softwarelösung zur vollautomatischen Inline-Röntgenprüfung ISAR integriert, das die Aufgabe der Verifikation aller relevanten eingegossenen Schriftzeichen in Leichtmetallrädern automatisiert. Der besondere Vorteil der Lösung ist, dass für die Prüfung keinerlei zusätzliche Hardware nötig ist. Die Analyse der Zeichen erfolgt in den Bildern, die bei der ohnehin durchgeführten Röntgenprüfung auf Unregelmäßigkeiten wie Poren und Lunker entstehen. Somit kann die Verifikation der Schriftzeichen durch ein reines Software-Upgrade realisiert werden. Es sind zudem keine zusätzlichen Prüfpositionen notwendig, da die Zeichen in den üblichen Prüfpositionen ausreichend abgebildet werden. Die Bearbeitung der zusätzlichen Prüfaufgabe ist deshalb in bereits beschaffte Röntgenanlagen mit der Prüfsoftware ISAR auch taktzeitneutral durchführbar.

In diesem Beitrag beschreiben wir anhand von einigen Beispielen, wie die Analyse funktioniert und welche Arten von Fehlern in den Zeichen detektiert werden können.

1. Aufgabenstellung

Eine wichtige Zusatzaufgabe bei der Qualitätssicherung von gegossenen Leichtmetallrädern ist die Kontrolle von eingegossenen Schriftzeichen auf Lesbarkeit. Insbesondere Informationen über Typ, Produktionsort und -datum müssen in korrekter Schriftart vorhanden und lesbar sein. Diese und weitere Informationen sind für die OEM-Zulieferer relevant für die Abnahme und auch bei Zollkontrollen zum Abgleich mit Frachtpapieren notwendig.

Diese Aufgabe wird derzeit in der Regel bei der optischen Endkontrolle der Räder, bei der weitere Merkmale wie Fehler der Lackierung oder Kratzer untersucht werden, von geschultem Personal im Mehrschichtbetrieb durchgeführt. Diese Prüfung ist sowohl teuer als auch fehleranfällig. Zudem werden fehlerhafte Schriftzeichen erst am Ende aller Produktionsschritte entdeckt, obwohl die Fehler schon im Rohguss vorhanden sind. Da die Fehler oft auch systematisch in aufeinanderfolgenden Rädern auftreten, ist eine späte Erkennung zusätzlich von Nachteil, da bis zu diesem Zeitpunkt möglicherweise schon weitere Räder mit Fehlern produziert wurden.

Die Schriftzeichen müssen auf folgende Kriterien geprüft werden:

- Unlesbarkeit
- Inkorrektheit (falsch positionierte oder verdrehte Zeichen)
- Unvollständigkeit (fehlende Zeichen oder Zeichenteile)
- Richtige Schriftart

Aufgrund der derzeit unzuverlässigen Prüfung kommt es immer wieder zu Auslieferungen von Rädern mit fehlerhaften Schriftzeichen. Werden diese beim Zoll oder bei Abnahmen entdeckt, führt dies typischerweise zu Rücksendungen ganzer Produktionschargen und somit zu sehr hohen Kosten auf Herstellerseite.

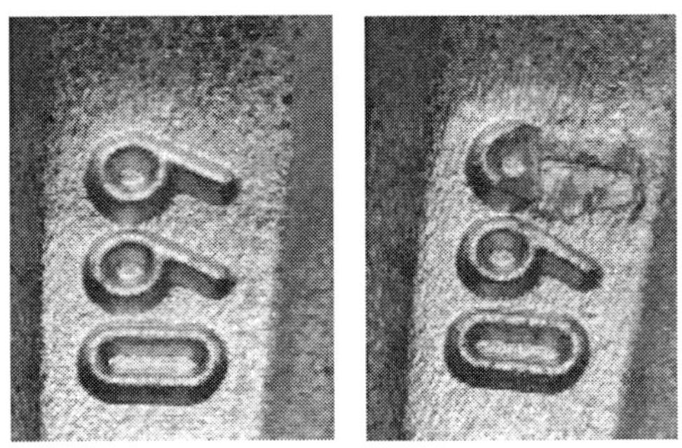

Abb. 1. Links: korrektes Schriftbild; rechts: fehlerhaftes Zeichen

2. Lösungsweg

Leichtmetallräder werden grundsätzlich direkt nach dem Guss zu 100 % vollautomatisch mit Röntgen auf Gießfehler wie Poren und Lunker geprüft. Die in den Rädern eingegossenen Schriftzeichen sind in den dort anfallenden Röntgenbildern sichtbar, da diese durch den zusätzlichen Materialauftrag von etwa 1-2 mm die Röntgenstrahlen zusätzlich absorbieren und somit einen Kontrast in den Röntgenbildern erzeugen. Die Schriftzeichen in den Bildern können auch automatisch auf die oben genannten Kriterien verifiziert werden.

Dies ermöglicht eine rein softwarebasierte und vollautomatisierte Lösung der Prüfaufgabe. Das Fraunhofer-Entwicklungszentrum Röntgentechnik EZRT hat hierzu ein zusätzliches Modul in die Software ISAR [1] zur vollautomatischen Inline-Röntgenprüfung implementiert. Dieses kann als Upgrade auf die vorhandene Hardware aufgespielt werden. Auch sind keine zusätzlichen Prüfpositionen bzw. Bildaufnahmen notwendig. Die Zusätzliche Prüfung erfolgt also komplett taktzeitneutral.

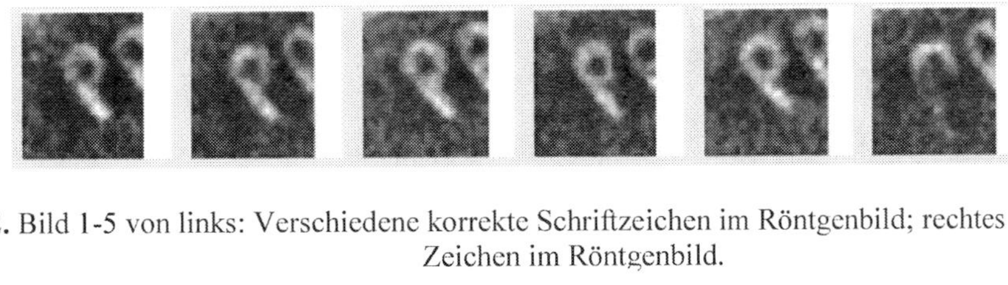

Abb. 2. Bild 1-5 von links: Verschiedene korrekte Schriftzeichen im Röntgenbild; rechtes Bild: fehlerhaftes Zeichen im Röntgenbild.

3. Ablauf

Zur Verifikation der Schriftzeichen wurde ein auf Referenzbildern basierender Ansatz verfolgt. Die Parametrierung eines zu verifizierenden Schriftzuges erfordert ein Referenzbild von einem Gutteil mit einem korrekten Schriftzug. Dieser wird in dem Bild manuell markiert. Die Software segmentiert direkt im Anschluss die einzelnen Zeichen und speichert diese als Referenzen ab.

Der Vergleich der Referenzzeichen mit den Zeichen eines Prüfteils erfolgt nun mittels der Technik des Template-Matching [2]. Hierbei werden Referenzbildausschnitte mit dem Prüfbild in einer Suchumgebung auf Ähnlichkeit verglichen. Um Positionsabweichungen zwischen Referenz- und Prüfbild zu minimieren, wird vor dem eigentlichen Template-Matching eine rigide Registrierung durchgeführt. Weichen Zeichen in einem Prüfbild zu stark von der Referenz ab, wird das Prüfteil ausgeschleust.

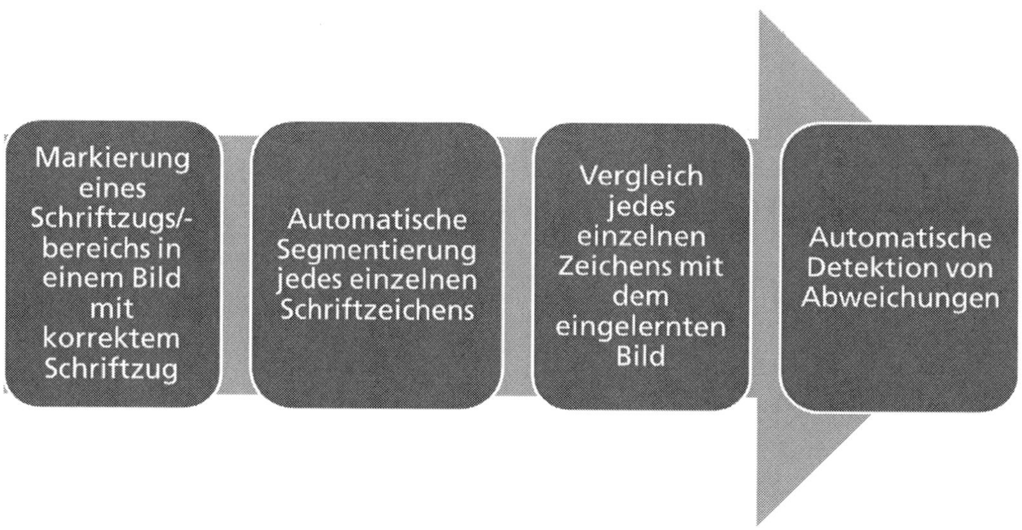

Abb. 3. Ablauf der Zeichenverifikation.

4. Zusammenfassung

Das Softwaremodul zur Verifikation von Schriftzeichen in Röntgenbildern ermöglicht die Erweiterung der vorhandenen Anlagen zur vollautomatischen Röntgenprüfung von Leichtmetallrädern auf innenliegende Fehlstellen um eine weitere Prüfaufgabe. Die Erweiterung erfolgt taktzeitneutral und ohne zusätzliche Hardware. Somit kann die aktuell manuell durchgeführte Kontrolle einfach automatisiert werden. Fehler im Schriftbild werden frühzeitig im Produktionsprozess erkannt und können schnell korrigiert werden.

Referenzen

[1] https://www.iis.fraunhofer.de/de/ff/zfp/produkte/isar.html

[2] R. Brunelli, Template Matching Techniques in Computer Vision: Theory and Practice, Wiley, ISBN 978-0-470-51706-2, 2009

Rauschquellen und ihre Konsequenzen für die industrielle Radiographie

Uwe ZSCHERPEL [1], Uwe EWERT [2], Peter WILLEMS [3]
[1] BAM, Berlin
[2] DGZfP-Fachausschuss Durchstrahlungsprüfung, Berlin
[3] I&S-C, Stekene, Belgien

Kontakt E-Mail: uwe.zscherpel@bam.de

Kurzfassung

Heute sind 3 unterschiedliche Detektionsprinzipien in der industriellen Radiographie etabliert:

1. Radiographische Filmsysteme mit Metallfolien im direkten Kontakt mit den doppelseitigen Filmemulsionen,
2. Lumineszenz-Speicherfolien (Computer-Radiographie) mit und ohne Metallfolien,
3. Digitale Matrixdetektoren (DDAs) mit verschiedenen Detektionsprinzipien (Energie integrierend, Photonen zählend, direkt wandelnd oder mit Szintillator etc.).

Ihre Charakterisierung für industrielle Anwendungen sind mittlerweile von verschiedenen Gremien (Filme: ISO 11699, Speicherfolien (CR): ISO 16371, DDAs: ASTM E 2597) genormt.

Aufgrund der Quantennatur der Röntgenstrahlung erzeugen alle Detektoren Rauschen in ihren Bildern. Die verschiedenen Detektionsprinzipien und die Begrenzungen in der Herstellung transferieren diese Rauschquellen unterschiedlich. Im Ergebnis kommt es zu unterschiedlichen Grenzen in der erreichbaren Bildqualität für die unterschiedlichen Detektoren. Der Beitrag leitet ausgehend von den Grundlagen praktische Regeln ab, um die Bildqualität zu optimieren.

Rauschquellen und ihre Konsequenzen für die industrielle Radiographie

BAM
Bundesanstalt für Materialforschung und -prüfung

U. Zscherpel [1], U. Ewert [2], P. Willems [3]

[1] Bundesanstalt für Materialforschung und -prüfung (BAM), [2] DGZfP-Fachausschuss „Durchstrahlungsprüfung“, [3] I&S-C, Stekene, Belgien

Einführung

Heute sind 3 unterschiedliche Detektionsprinzipien in der industriellen Radiographie etabliert:

1. Radiographische Film-Systeme mit Metallfolien im direkten Kontakt mit den doppelseitigen Filmemulsionen,
2. Lumineszenz-Speicherfolien (Computer-Radiographie) mit und ohne Metallfolien,
3. Digitale Matrixdetektoren (DDAs) mit verschiedenen Detektionsprinzipien (Energie integrierend, Photonen zählend, direkt wandelnd oder mit Szintillator etc.).

Ihre Charakterisierung für industrielle Anwendungen sind mittlerweile von verschiedenen Standardgremien (Filme: ISO 11699, Speicherfolien: ISO 13761, DDAs: ASTM E 2597) genormt. Aufgrund der Quantennatur der Röntgenstrahlung erzeugen alle Detektoren Rauschen in ihren Bildern. Die verschiedenen Detektionsprinzipien und die Begrenzungen in der Herstellung beinhalten zusätzliche Rauschenquellen. Im Ergebnis kommt es zu unterschiedlichen Grenzen in der erreichbaren Bildqualität (Kontrastempfindlichkeit) für die unterschiedlichen Detektoren.

Normiertes Signal/Rausch-Verhältnis (SNR) industrieller Filmsysteme mit Metallfolien

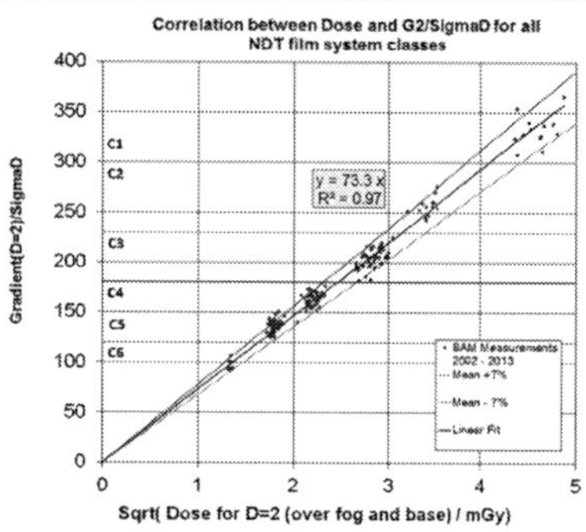

Abhängigkeit des normierten SNR aus [1] für verschiedene Film-Systeme. Das Gradient/Granularitäts-Verhältnis (bei D=2 und 220kV, 8mm Cu) entspricht etwa dem normierten SNR für Filme. Die optische Film-Dichte ist der Belichtungsdosis proportional, das SNR ist proportional zur Wurzel(Dosis). Der Dynamikbereich der Filmdosis ist auf ca. 1:3 begrenzt, die Auswahl des max. erreichbaren SNR erfolgt über die Filmsystemklasse, was vorrangig von der Filmsorte abhängt!

Normiertes Signal/Rausch-Verhältnis von Speicherfolien-Systemen (CR)

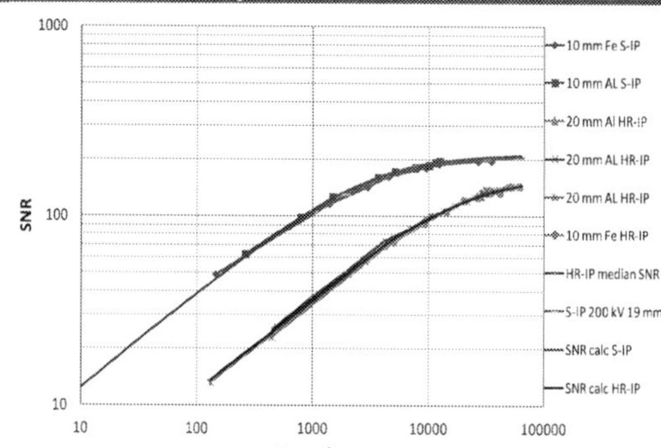

Abhängigkeit des normierten SNR aus [2] für 2 verschiedene Speicherfolien (HR und Standard). Der Grauwert der Speicherfoliensysteme ist proportional der Belichtungsdosis, das SNR ist proportional zur Wurzel(Dosis). Der Dynamikbereich der auswertbaren Dosis mit einem Speicherfolien-System kann größer 1:1000 sein. Allerding ist das max. erreichbare SNR im Bild durch Strukturrauschen aus der Folienherstellung begrenzt, wobei es auch heute nicht wesentlich höher als das mit dem Film erreichbare, auf die Basisortsauflösung normierte, SNR liegt.

Normiertes Signal/Rausch-Verhältnis von digitalen Matrixdetektoren (DDAs)

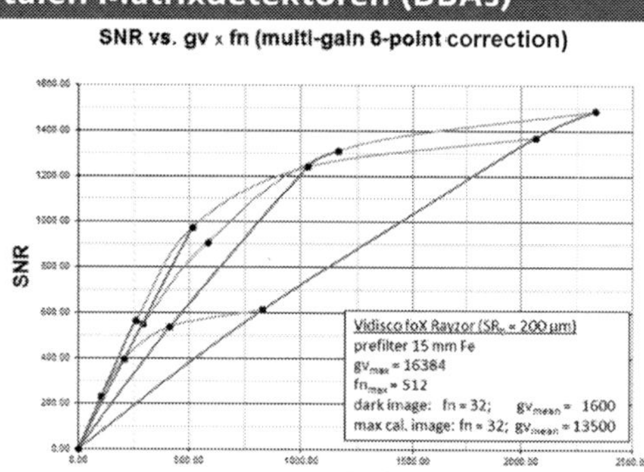

Normiertes SNR aus [3] für verschiedene Detektor-Korrekturen. Aufgrund der Software-Mittelung mehrerer identischer Belichtungen (fn) muss das Produkt aus Grauwert gv und Framezahl fn aufgetragen werden, das der Belichtungsdosis proportional ist. Das SNR ist dabei anfänglich proportional der Wurzel (gv*fn), sättigt jedoch bei hohen Dosen. Dieser Sättigungswert hängt von der Qualität der Detektor-Korrektur ab, d.h. vom Rauschen in den Korrektur-Bildern. Diese werden vom Nutzer aufgenommen, der Nutzer bestimmt jetzt die max. Bildqualität selbst!

Konsequenzen für die Detektor-Auswahl

- In der klassischen Filmradiographie ist das Rauschen visuell ohne Lupe in der Prüfklasse B nicht sichtbar. Das erreichbare SNR wird über die Filmsystemklasse ausgewählt. Das hat sich seit Jahrzehnten bewährt. Der Film mit Metall-Folien ist flexibel und gegen Streustrahlung am unempfindlichsten.
- Speicherfolien sind ein typischer Filmersatz. In Plastikhüllen können sie auch flexibel eingesetzt werden. Allerdings sind sie gegen Streustrahlung stärker empfindlich. Bei gleichem normierten SNR kann die Belichtungszeit gegenüber Film verkürzt werden.
- DDAs eröffnen dem Nutzer neue Möglichkeiten und können beim normierten SNR die Filme um eine Größenordnung übertreffen. Allerdings erfordern sie vom Nutzer einen höheren Aufwand für eine gewissenhafte Detektorkorrektur, um diesen Vorteil auch auszuspielen zu können.
- Die bald erwarteten flexiblen DDAs werden weitere Vorteile der digitalen Technologie nutzbar machen.

Literaturquellen:

[1] Zscherpel, Ewert, Kapitel 30 „Industrial Radiography“ in Russo: (Editor), „Handbook of X-ray Imaging – Physics and Technology“, 2018, CRC Press

[2] Ewert, Zscherpel, Heyne, Jechow, Bavendiek, Materials Evaluation, August 2012, S. 961 -970

[3] Jechow, Ewert, Redmer, Zscherpel, Poster P23 auf der DIR2011, siehe http://www.dir2011.com/Portals/dir2011/BB/p23.pdf

Evolution der Anlagentechnik (PT)

Philipp HETTICH [1], Thomas THIEMANN [1]
[1] Laubinger + Rickmann GmbH & Co. KG, Nordwalde

Kontakt E-Mail: hettich@laubinger-rickmann.de
Kontakt Telefon: +49.160.1094209

Kurzfassung

Die Eindringprüfung gilt für manchen als "totgesagtes" Verfahren, bei welchem keine Entwicklung stattfindet.

Mit Sicherheit handelt es sich bei der Weiterentwicklung eher um Evolution als um Revolution – doch von Stillstand kann nicht die Rede sein.

Als Beispiel für den Handlungsdruck (und die resultierende Evolution) sei der viel zitierte Klimawandel genannt, der sich auf alle Bereiche der Fertigung auswirkt. Diese muss energiesparender und mit geringerem Medienverbrauch stattfinden.

Auch bestehende Anlagen können mit weniger umfassenden Budgets optimiert werden – neben externen Anforderungen auch um langfristig die eigene Effizienz zu steigern.

Oberste Prämisse in beiden Fällen der Optimierung sind das Einbinden erfahrener interner oder externer Personen und die Betrachtung der Eindringprüfung als Gesamtsystem, bei welchem nur selten einzelne Parameter angepasst werden können ohne andere zu beeinflussen.

Genau hierin zeigt sich jedoch das Potential. Eine Optimierung der Bauteilaufhängung verursacht beispielsweise eine geringere Verschleppung an Eindringmittel, was zu einer längeren Standzeit der Zwischenreinigung führt. Weniger Verschleppung aus der Zwischenreinigung ermöglicht eine Reduktion der Trocknungsleistung.

Trocknerkonzepte die auf Entfeuchtung setzen, können in Kombination mit Abwärme-Nutzung bis zu 80% der Energie einsparen – bei sicherer Einhaltung der Temperatur-Grenzen aus der ISO 3452-1 und verringerter Wärmeemission in die Produktion.

Verschleppung von Eindringmittel bei hohlen Bauteilen kann durch die Kombination aus E-Statik und gleichzeitigem Einsatz von Sperrluft (keine Eindringen der Medien ins das Bauteilinnere) reduziert werden.

Durch innovative Ultraschall-Vorreinigung innerhalb einer PT-Anlage konnte ein produzierendes Unternehmen weltweit die Beizanlagen für ein Projekt abschaffen - ein riesiger Gewinn für die Umwelt – und die Produktionskosten.

Dies sind nur einige Beispiele dafür, dass sie stattfindet: die ständige Evolution bei der Eindringprüfung. „Totgesagte leben länger!“

Vermessung und Zertifizierung von UV-Leuchten

Andrey IVANKOV [1], Nathanael RIESS [1], Rainer LINK [2]
[1] Helling GmbH, Heidgraben
[2] Unternehmensberatung Dr. Rainer Link, Kerpen
Kontakt E-Mail: a.ivankov@helling.de

Kurzfassung

Hohe Sicherheitsanforderungen in der Industrie und im Verkehrswesen setzen heute einen hohen Maßstab über die Einsatzzuverlässigkeit der Prüfmittel und Geräte für die zerstörungsfreie Werkstoffprüfung. Dies gilt selbstverständlich auch für die Entwicklung, Herstellung und Überprüfung von Lichtquellen, die bei der Durchführung einer PT- oder MT-Prüfung zum Einsatz kommen. Zur Sicherstellung einer einwandfreien Betriebstüchtigkeit von UV-Leuchten hat die Firma Helling GmbH ein modernes klimatisiertes optisches Messlabor mit rückführbar kalibrierten Detektoren eingerichtet. Die High-End-Ausrüstungen machen es möglich, UV-Leuchten verschiedener Hersteller in Übereinstimmung mit Anforderungen gängiger Normen wie Rolls-Royce RRES90061, ASTM E3022, Airbus AITM6-1001, DIN EN ISO 9934-3, DIN EN ISO 3059 zu vermessen und zu zertifizieren.

Die Durchführung absoluter spektraler Messungen erlaubt die Ermittlung folgender Parameter: Maximalwert bewerteter Bestrahlungsstärke (Bestimmung der UV-Strahler-Risikoklasse), Nennwert der Bestrahlungsstärke, thermische Stabilität, maximal zulässige Betriebstemperatur, Emissionsstabilität, Wellenlänge im Maximum, Halbwertsbreite, längste Wellenlänge beim halben Maximum, Wellenlängendrift, Anregungsintensität. Die absoluten spektralen Messungen von UV-Quellen finden je nach Anforderung bei verschiedenen Temperaturen statt.

Darüber hinaus werden Beleuchtungsstärke, Strahlabmessungen (2-D-Verteilung) sowie Filtertransmission ermittelt.

Des Weiteren können auch Kalibrierungen von UV-Radiometern (UVA) und Luxmetern, Messungen von relativen und/oder absoluten Spektren (UV und VIS) sowie Berechnung aller herkömmlichen Farbparameter wie Farbort, Farbtemperatur, dominante Wellenlänge, Peakwellenlänge usw. durchgeführt werden.

Kalibrierungen und Messungen werden mit entsprechenden Prüfberichten und/oder Zertifikaten belegt.

TORNIA: Neues Prüfmittel für die Farbeindring- und Fluoreszierende Eindringprüfung

Jesko KLIPPSTEIN [1], Nathanael RIESS [1], Rainer LINK [2], Dieter SCHÄFER [1]
[1] Helling GmbH, Heidgraben
[2] Unternehmensberatung Dr. Rainer Link, Kerpen

Kontakt E-Mail: j.klippstein@helling.de

Kurzfassung

Gegenwärtige und zukünftige Anforderungen an Umweltverträglichkeit, Nachhaltigkeit und Anzeigeempfindlichkeit haben uns veranlasst, eine neue Generation von PT-Prüfmitteln zu entwickeln und dabei unsere über 50-jährige Erfahrung in der Entwicklung und Produktion/Fertigung von Anlagen, Geräten und Verbrauchsmaterialien für die zerstörungsfreie Prüfung einzubringen.

Diese Produktlinie mit dem Namen TORNIA besteht aus je einem Farbeindring- und einem fluoreszierenden System mit hervorragenden Eigenschaften in Bezug auf die Anzeigeempfindlichkeit, Anwenderfreundlichkeit und Umweltverträglichkeit. Es erfüllt die Forderungen aller relevanten Normen wie AMS 2644, ASTM E1135 und ISO 3452-2.

Die fluoreszierende Produktreihe ist in vier Empfindlichkeitsstufen verfügbar und zeichnet sich durch eine exzellente Anzeigenempfindlichkeit aus. Die Wasserverträglichkeit beträgt je nach Level bis zu 30%.

Die biologische Abbaubarkeit des TORNIA-Prüfmittelsystems wurde von unabhängigen Instituten ermittelt und zertifiziert, sodass es in Abstimmung mit den entsprechenden Behörden ohne zusätzliche Aufbereitung direkt in das Abwassernetz entsorgt werden kann.

Physikalische und chemische Einflussgrößen auf die Fehleranzeige bei der MT- und PT-Prüfung

Stephan ROBENS [1], Oliver GOERZ [1], Wolfram A. Karl DEUTSCH [1]
[1] KARL DEUTSCH Prüf- und Messgerätebau GmbH + Co KG, Wuppertal

Kontakt E-Mail: chemicals@karldeutsch.de

Kurzfassung. Anhand der vorgestellten Beispiele sollen verschiedene Einflussgrößen bei der MT- und PT-Prüfung gezeigt und deren Auswirkungen auf die Fehleranzeige dargestellt werden. Das Benetzungsverhalten, Korngrößenverteilungen bei MT-Prüfmitteln, der Einfluss der Schichtdicke der MT-Untergrundfarbe, die Eigenfluoreszenz von MT-Prüfölen, die optimale Wahl der PT-Empfindlichkeitsklasse und verschiedene Kontrastverhältnisse werden diskutiert.

Diese Beispiele sollen dem Anwender zeigen, weshalb gewisse Kriterien bei der Prüfmittelauswahl, aber auch bei der Vorbereitung der Prüfung notwendig sind.

Einführung

Die Oberflächen-Rissprüfung mit chemischen MT- und PT-Prüfmitteln unterliegt strengen Vorgaben gemäß zahlreicher internationaler Spezifikationen [1 - 9]. Die vermeintlich simplen Verfahren erfordern jedoch gleichbleibende Prüfbedingungen, um reproduzierbar prüfen und auswerten zu können. Hierbei spielen die Eigenschaften der chemischen Prüfmittel eine wichtige Rolle. In diesem Beitrag sollen wichtige physikalische und chemische Kenngrößen betrachtet werden.

Weitere Prüfparameter wie eine reproduzierbare Ausleuchtung (mit Weiß- oder UV-Licht) bzw. die normkonforme Magnetisierung bei der MT sind ebenfalls sehr wichtig, aber nicht Thema dieses Textes.

1. Benetzungsverhalten

Das Benetzungsverhalten beschreibt die Eigenschaft einer Flüssigkeit, wie sie sich auf einer Oberfläche verteilt.

Bei MT- und PT-Prüfmitteln ist es wichtig, dass sich ein kleiner Randwinkel zwischen Prüfmittel und Bauteiloberfläche ausbildet. Dann ist eine gute Benetzung gegeben. Eine unvollständige Benetzung kann zur Verschlechterung der Rissanzeigen führen.

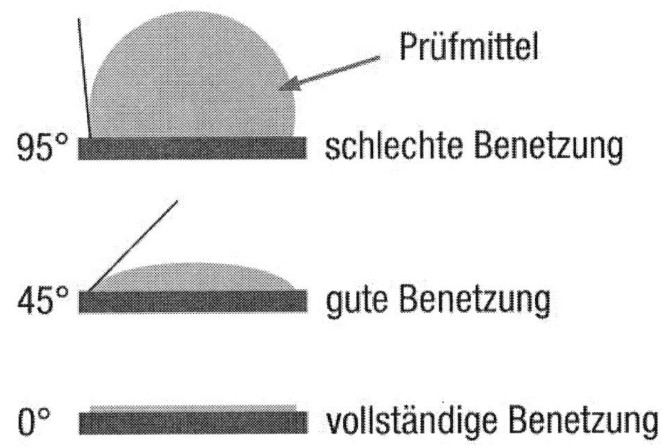

Abb. 1. Randwinkel bei der Benetzung mit chemischen Rissprüfmitteln

Der Oberflächenzustand der Prüfteile ist dabei zu beachten. Die Benetzung an schmiederauen Teilen ist völlig anders als bei Teilen mit bearbeiteter Oberfläche. Die Benetzung glatter Oberflächen ist deutlich schwieriger. Auch Spiegelungen bei der Beleuchtung bzw. Betrachtung sind zu vermeiden.

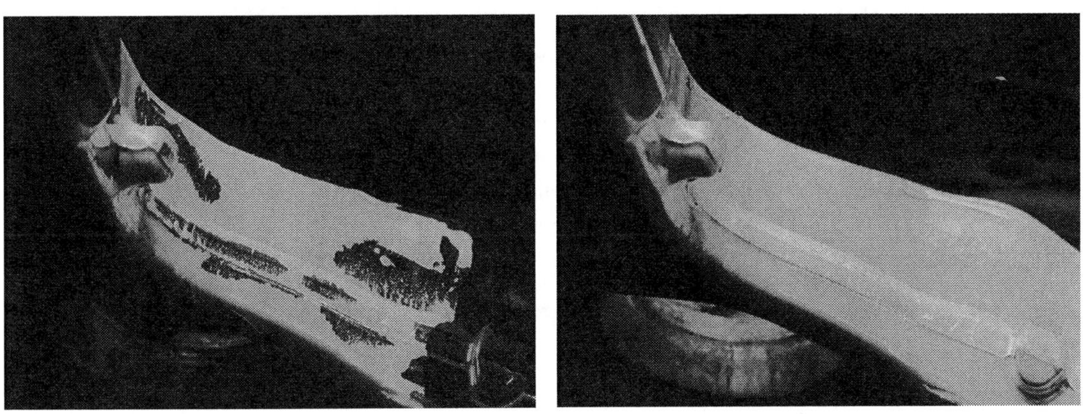

Abb. 2. Schmiedeteil mit sehr glatter Oberfläche: Schlechte Benetzung mit wasserbasiertem Eindringmittel (links) und gute Benetzung mit ölbasiertem Eindringmittel (rechts)

Bei der MT-Prüfung erschweren Kühlschmiermittel-Rückstände von der vorgeschalteten mechanischen Bearbeitung eine gute Benetzung. Eine Vorreinigung würde einen zusätzlichen Verfahrensschritt bedeuten und soll daher in vielen Fällen vermieden werden. Spezielle Rezepturen erlauben auch die Benetzung leicht verschmutzter Prüfteile.

2. Korngrößen bei Magnetpulver-Rissprüfmitteln

Zur Detektion von Fehlern ist es notwendig, dass sich die Magnetpulverpartikel als sogenannte Rissraupe an einem Riss ansammeln können. Durch die Streuflussbildung am Riss erscheint die Anzeige breiter als der eigentliche Riss. Hierbei spielt u. a. die Größe der Partikel eine wichtige Rolle. In Bezug auf die Rissbreite können zu kleine Teilchen in den Riss wandern und durch dessen Auffüllen eine Reduktion des Streuflusses hervorrufen. Bei zu großen Teilchen hingegen kann der ausgebildete Streufluss diese nicht am Riss fixieren.

Optimalerweise sollte die Korngröße ungefähr der zu erwartenden Rissbreite entsprechen (Abb. 3).

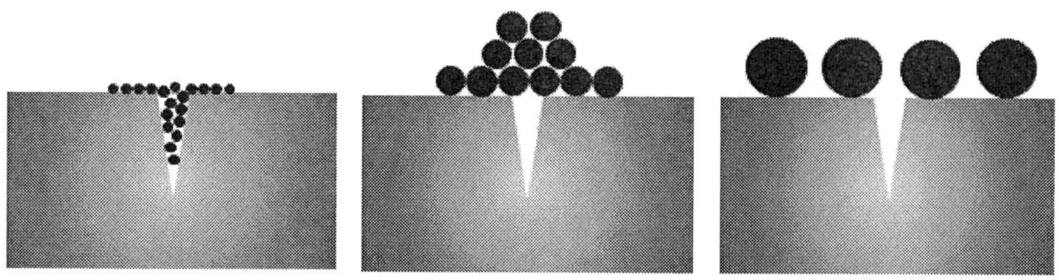

Abb. 3. Schematische Darstellung der MT-Prüfmittel-Korngrößen im Verhältnis zur Rissbreite. Die Rissanzeige ist optimal, wenn die Korngröße ungefähr der Rissbreite entspricht (Bild Mitte).

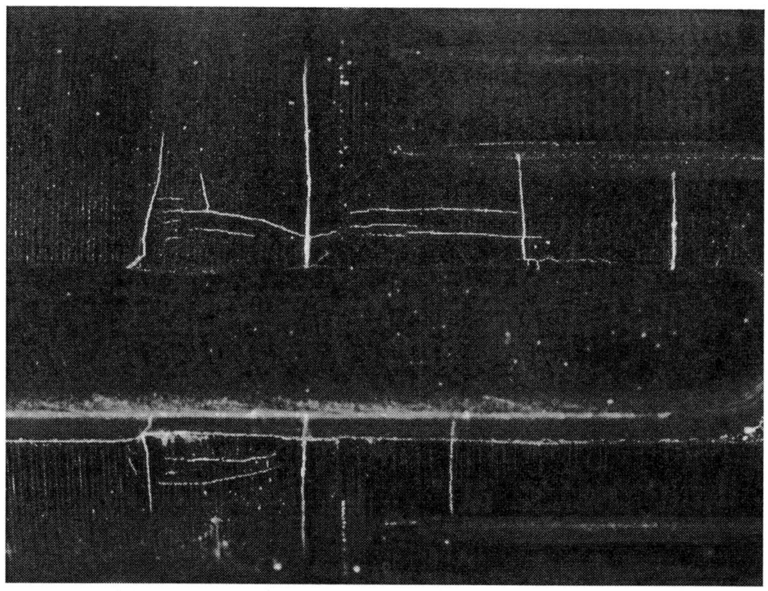

Abb. 4. Optimale Wahl der Korngröße mit 3 μm, um auch feine Risse zur Anzeige zu bringen

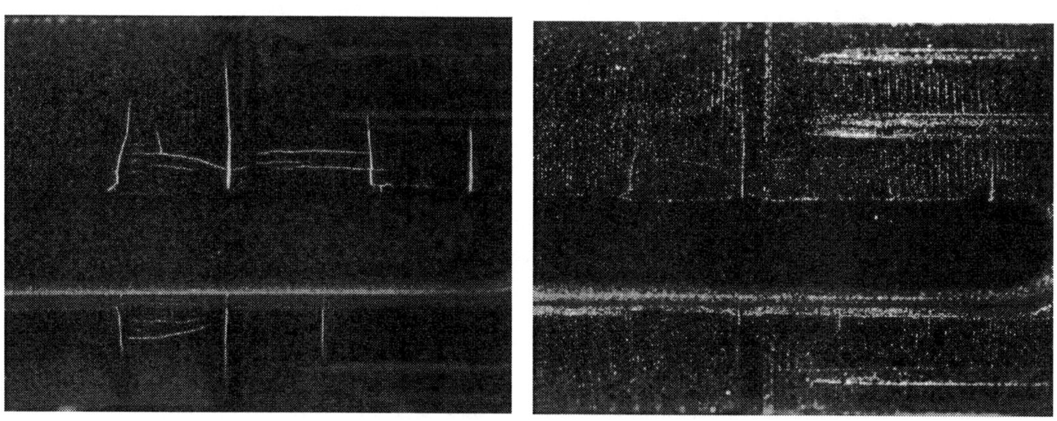

Abb. 5. Suboptimale Wahl der Korngröße: Verlust der Feinrissanzeigen mit Korngröße 9 μm (links) und unbrauchbare Anzeige mit Korngröße 40 μm (rechts, Verlust aller Feinrissanzeigen, Kontrastverlust aller Rissanzeigen gegenüber Hintergrund).

3. Einfluss der Schichtdicke bei der MT-Untergrundfarbe

Dicken unterhalb von 50 µm bei nichtferromagnetischen Schichten, wie beispielsweise Lacken, werden gemäß EN ISO 9934-1 und ASTM E 709 als unproblematisch bei der Magnetpulverprüfung betrachtet. Bei Schichtdicken größer als 50 µm verschlechtert sich die Anzeigeempfindlichkeit erheblich. Um diesen Schwellwert zu verifizieren, wurde folgendes Experiment gemacht. Der Vergleichskörper 1 (früher MTU-Testkörper genannt) wurde mit weißer Untergrundfarbe verschiedener Dicke versehen. Die Schichten wurden mit einem LEPTOSKOP 2042 ausgemessen. Die Effekte unterschiedlicher Dicke treten deutlich zutage.

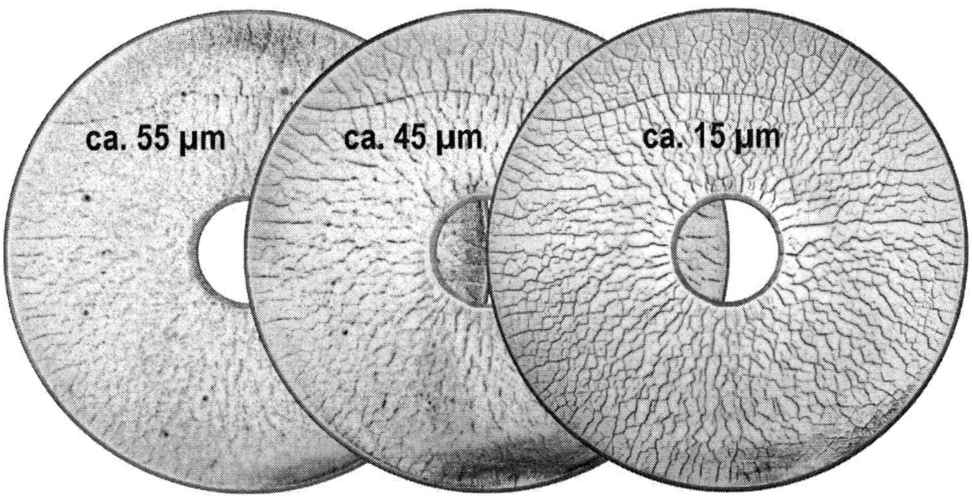

Abb. 6. Anzeigen mit schwarzen MT-Prüfmittel auf dem Vergleichskörper 1, welcher vorher mit weißer Untergrundfarbe verschiedener Schichtdicke versehen wurde.

Der normative Grenzwert mag nun fragwürdig erscheinen, wenn man sich die Anzeigen auf dem Testkörper mit 45 µm Schichtdicke ansieht. Ebenso ist das Vorgehen vieler Anwender zu hinterfragen. Die weiße Untergrundfarbe soll nicht „satt weiß und deckend" aufgetragen werden. Eine möglichst dünne Schicht ist ideal, bietet guten Kontrast und ermöglicht Bildung optimaler Rissanzeigen.

4. Eigenfluoreszenz von MT-Prüfölen

Bei der Nassprüfung mit Öl ist es für die Anzeigenqualität sehr wichtig, dass das Trägermedium möglichst keine bzw. nur eine niedrige Eigenfluoreszenz aufweist. Um zu bestimmen, ob die Fluoreszenz in einem akzeptablen Bereich liegt, wird für einen optischen Vergleich eine Chinin-Sulfatlösung als Referenz herangezogen.

Öle, insbesondere aus dem Bereich der Metallbearbeitung, beinhalten oft UV-Marker, die die Rissbewertung bei der fluoreszierenden MT-Prüfung erschweren. Die Fluoreszenz der Rissanzeigen wird überlagert durch die Fluoreszenz, die durch die UV-Marker hervorgerufen wird. Die Anzeigen sind nur noch schwer zu erkennen.

Öle ohne Eigenfluoreszenz vermeiden die störende Untergrund-Fluoreszenz. Kontrastreiche Anzeigen können erzielt werden und führen zu einer höheren Prüfsicherheit.

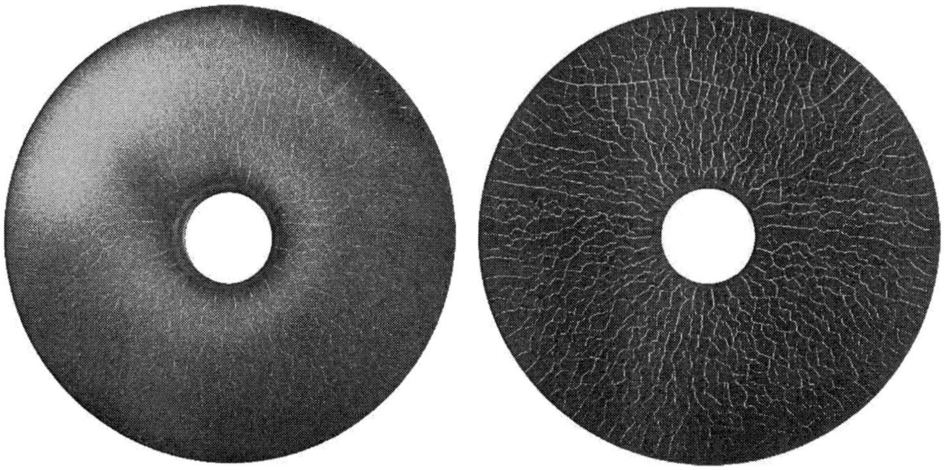

Abb. 7. Nassprüfung mit Öl am Vergleichskörper 1 unter Verwendung eines nicht geeigneten Öles mit hoher Eigenfluoreszenz (links) und eines MT-Prüföles ohne Eigenfluoreszenz (rechts)

5. Empfindlichkeitsklassen fluoreszierender PT-Prüfmittel

Die Empfindlichkeitsklassen der Eindringmittel vom Typ I werden durch die Art der chemischen Zusammensetzung, dem Abwaschverhalten bei der Zwischenreinigung und dem Zusammenspiel mit den jeweiligen Entwicklern bestimmt. Für eine gute Nachweisempfindlichkeit sollte bei der Auswahl des Prüfmittelsystems nicht nur die Empfindlichkeitsklasse bedacht werden. Auch die Art der zu erwartenden Gefügetrennung, die Oberflächenbeschaffenheit und das zu prüfende Material, insbesondere im Hinblick auf eine ausreichende Benetzbarkeit, sind wesentliche Auswahlkriterien.

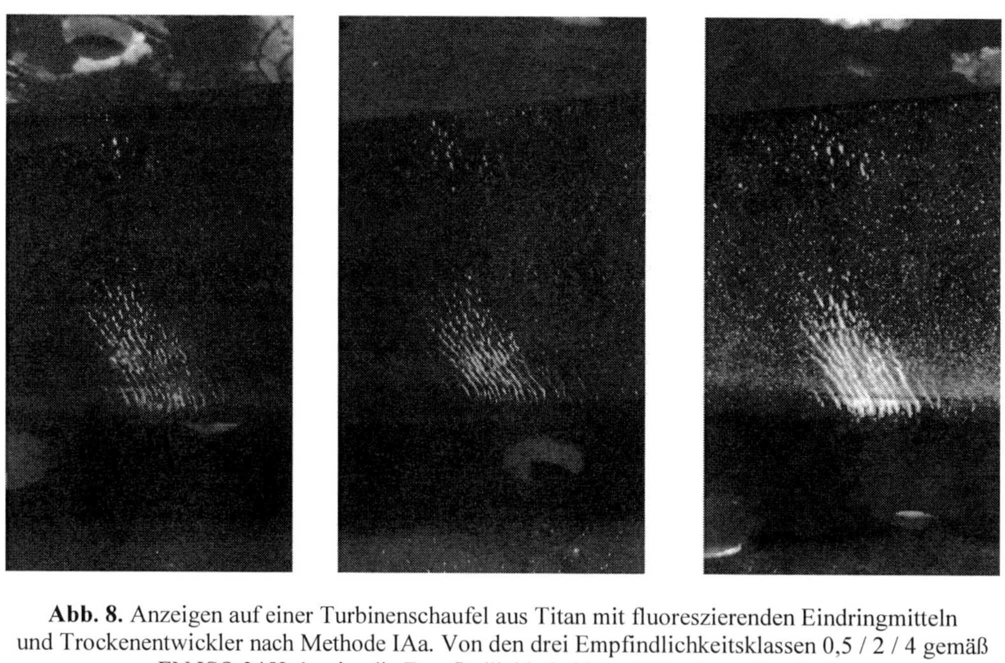

Abb. 8. Anzeigen auf einer Turbinenschaufel aus Titan mit fluoreszierenden Eindringmitteln und Trockenentwickler nach Methode IAa. Von den drei Empfindlichkeitsklassen 0,5 / 2 / 4 gemäß EN ISO 3452-1 zeigt die Empfindlichkeitsklasse 2 das beste Ergebnis.

Abb. 9. Anzeigen auf einem Schmiedestück mit fluoreszierenden Eindringmitteln und Trockenentwickler nach Methode IAa. Von den drei Empfindlichkeitsklassen 0,5 / 2 / 4 gemäß EN ISO 3452-1 zeigt die Empfindlichkeitsklasse 4 in diesem Beispiel das beste Ergebnis.

6. Kontrast bei der Eindringprüfung

Ein guter Farbkontrast bei der Farbeindringprüfung und ein guter Leuchtdichtekontrast bei der fluoreszierenden Eindringprüfung sind Grundvoraussetzungen für eine normgerechte Auswertung von Anzeigen auf fehlerbehafteten Bauteilen. Eine Vielzahl von Faktoren beeinflusst die jeweiligen Kontrastverhältnisse:

- Prüfsystem
- Prüftechnik
- Material des Bauteils
- Oberflächenbeschaffenheit und -vorbereitung
- Beleuchtungsstärke (Farbkontrast) und Bestrahlungsstärke (Leuchtdichtekontrast).

Vier Prüfergebnisse, erzielt bei unterschiedlichen Prüfaufgaben, sollen die Bandbreite unterschiedlichen Kontrastes bei der PT-Prüfung beleuchten.

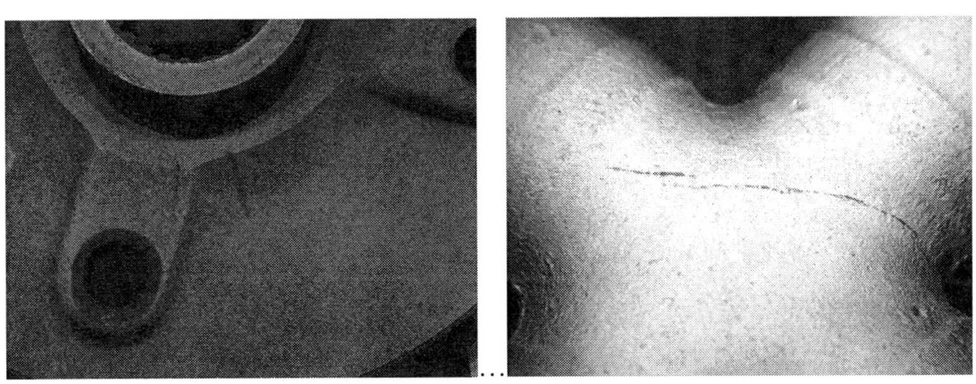

Abb. 10. Prüfergebnisse mit der Farbeindringprüfung (Rot/Weiß). Der Entwicklerauftrag auf einem Schmiedeteil ist unzureichend. Der Kontrast zwischen Hintergrund und Anzeige ist erheblich reduziert (links). Die gleichmäßig deckende Entwickler-Schicht auf dem Gussteil sorgt für einen guten Farbkontrast (rechts).

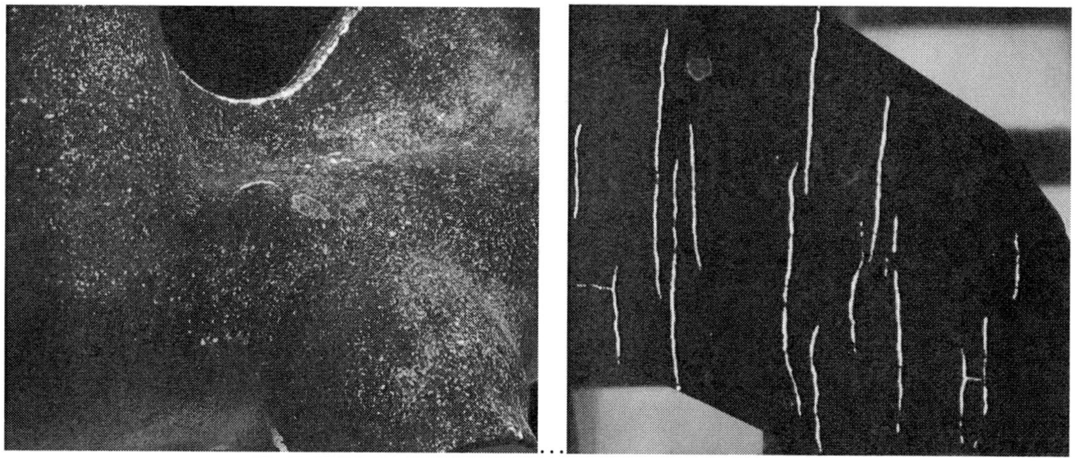

Abb. 11. Prüfergebnisse mit der fluoreszierenden Eindringprüfung. Einsatz eines Nassentwicklers auf Lösemittelbasis an einem Schmiedestück mit rauer Oberfläche. Aufgrund erhöhter Hintergrundfluoreszenz verringert sich der Leuchtdichtekontrast (links). Anzeigen auf geschliffener Bauteiloberfläche ohne störende Hintergrundfluoreszenz sorgen für eine optimale Auswertbarkeit.

Zusammenfassung

Anhand vieler Praxisbeispiele wurden Rissanzeigen für optimale und suboptimale Prüfbedingungen gezeigt. Die Vielzahl unterschiedlicher Prüfaufgaben sorgt auch für eine Vielzahl verschiedener Prüfmittel-Systeme. Die optimale Auswahl der Prüfparameter liefert die bestmöglichen Rissanzeigen.

Die Kunst bei der Herstellung von MT- und PT-Rissprüfmitteln ist die ständige Überwachung und Konstanthaltung aller chemischen und physikalischen Kennwerte. Dies erfolgt sowohl durch eine hausinterne Chargenüberwachung als auch durch eine Überwachung von Stichproben durch externe Prüflabore. Auch der Anwender ist angehalten, mit Hilfe von Testkörpern die Tauglichkeit des Prüfverfahrens regelmäßig zu überwachen.

Referenzen

[1] DIN EN ISO 9934 (Ausgabe 2015-12): Zerstörungsfreie Prüfung – Magnetpulverprüfung
[2] SAE AMS 3044 G: Magnetic Particles, Fluorescent Wet Method, Dry Powder
[3] ASTM E709-15: Standard Guide for Magnetic Particle Testing
[4] ASTM E1444 / E1444M-16: Standard Practice for Magnetic Particle Testing
[5] ASME Boiler and Pressure Vessel Code (Edition 2019)
[6] BS 4069 (1982): British Standard on Magnetic Particle Testing
[7] DIN EN ISO 3452 (Ausgabe 2014-03): Zerstörungsfreie Prüfung – Eindringprüfung
[8] ASTM E1417 / E1417M-16: Standard Practice for Liquid Penetrant Testing
[9] SAE AMS 2644 H: Inspection Material, Penetrant

Detektion der deformations-induzierten martensitischen Umwandlung von metastabilem Austenit in AISI 304 beim kryogenen Drehen mittels Wirbelstromprüfung

Lara Vivian FRICKE [1], Hai Nam NGUYEN [2], Bernd BREIDENSTEIN [2], Hans Jürgen MAIER [1], David ZAREMBA [1]
[1] Leibniz Universität Hannover Institut für Werkstoffkunde, Lise Meitner Straße 1
[2] Leibniz Universität Hannover Institut für Fertigungstechnik und Werkzeugmaschinen, 30823 Garbsen

Kontakt E-Mail: fricke@iw.uni-hannover.de

Kurzfassung

Die Kombination aus harter Oberfläche und duktilen Bauteilkern ist für viele Anwendungen vorteilhaft. Um gehärtete Randzonen zu erzeugen, werden häufig Wärmebehandlungen wie das Einsatzhärten durchgeführt. Diese sind kosten-, energie- und zeitintensiv. Viele Produktionslinien haben bereits einen Drehprozess für die geometrische Bearbeitung der Bauteile integriert. Aus diesem Grund wäre es vorteilhaft gehärtete Randzonen direkt im Drehprozess zu erzeugen. Gehärtete Randzonen können in einer Drehmaschine unter Ausnutzung des deformationsinduzierten Martensits erzeugt werden. Dabei wandelt ein metastabiler austenitischer Gefügebestandteil in Martensit um. Der Martensit führt zu einer erhöhten Härte und Widerstandsfähigkeit der Randzone.

In dieser Studie wurde die Randschicht des metastabilen, austenitischen Edelstahl AISI304 mittels kryogenen Drehen teilweise umgewandelt. Somit wurde die Härte der Randschicht im Vergleich zur Kernhärte erhöht. Dabei wurde, neben konventionellen Nachweismethoden wie die Härteprüfung und die röntgenographische Diffraktometrie, die Wirbelstromprüfung in Kombination mit der Analyse höherer Harmonischer für den Nachweis der ferromagnetischen, martensitischen Phase im ansonsten austenitischen Stahl verwendet. Es wurde eine gute Korrelation zwischen dem Martensitgehalt und der Amplitude der gemessenen Signale gefunden. Allerdings beeinflusst der Sensor-Bauteil-Abstand und die Sensorverkippung das Amplitudensignal stark. Zudem konnte ein großer Einfluss des Sensor-Bauteil-Abstands auf die Phase der Grundharmonischen festgestellt werden und eine geringe Beeinflussung der Phase der Grundharmonischen durch die Gefügeumwandlung. So könnte die Phase der Grundharmonischen zur Überprüfung der Sensorpositionierung verwendet werden.

Um diese Härtung definiert und geregelt herzustellen, sollte der Drehprozess geregelt werden. Dabei kann die Wirbelstromprüfung als ein geeignetes zerstörungsfreies Echtzeit-

Prüfverfahren angesehen werden, das die Grundlage für die Erzeugung einer maßgeschneiderten, verformungsinduzierten martensitischen Randschicht beim Drehen bilden kann.

Schubmodulmonitoring mittels Scherwellen in glasfaserverstärktem Kunststoff

Yannick BERNHARDT [1], Ruben CZICHOS [2], Jörg DITTMANN [2],
Peter MIDDENDORF [2], Marc KREUTZBRUCK [1]
[1] Institut für Kunststofftechnik, Stuttgart
[2] Institut für Flugzeugbau, Stuttgart

Kontakt E-Mail: Yannick.Bernhardt@ikt.uni-stuttgart.de

Kurzfassung

Mikrorisse in Faserverbundstrukturen können aus Materialimperfektionen wie Poren oder Einschlüssen entstehen. Bei dauerhafter zyklischer Belastung – ohne Überlast – beginnen die Risse zu wachsen, bis sie einen Zwischenfaserbruch ausbilden. Um das Wachstum genau kontrollieren zu können, wurden Prüfkörper aus glasfaserverstärktem Kunststoff hergestellt und mit einer schwellenden Zugbelastung beaufschlagt. Bei Unterbrechungen der zyklischen Belastung wurden die Prüfkörper unter dem Mikroskop nach Rissen untersucht. Zusätzlich wurde in die hydraulische Prüfmaschine ein In-Line Ultraschallprüfsystem integriert. Ein Sechs-Achs-Roboter fährt dabei einen Ultraschallscherwellenprüfkopf an den eingespannten und unbelasteten Prüfkörper heran und dreht den Prüfkopf an der jeweiligen Messposition um 360° um A-Scans bei verschiedenen Polarisierungsrichtungen zu erhalten. Diese Messungen werden alle 50000 Lastzyklen durchgeführt. An Grenzflächen zwischen anisotropen Schichten mit verschiedenen Orientierungen der Hauptsteifigkeitsrichtungen kommt es zu einem Doppelbrechungseffekt – Die Schallwelle teilt sich in zwei verschieden polarisierte Teilwellen, die sich mit unterschiedlicher Geschwindigkeit fortbewegen. Die Mikrorisse bringen neben den Glasfasern eine zusätzliche Anisotropie in den Prüfkörper ein, die mit dem Ultraschalldoppelbrechungseffekt verfolgt werden kann. Durch den Abgleich mit Mikroskopiebildern, kann die Schallgeschwindigkeitsveränderung einem genauen Risszustand zugeordnet werden. Durch Vergleichende Messungen mittels zerstörender Prüfung konnte an nicht vorgeschädigten Prüfkörpern nachgewiesen werden, dass eine Bestimmung des Schubmoduls mit Ultraschall mit geringen Abweichungen zur mechanischen Schubprüfung möglich ist.

Untersuchung komplexer Sandwichverbundbauteile mit Honigwabenkern mittels lokaler Defektresonanz

Julian EHRLER [1], Michael JAKOB [2], Marc KREUTZBRUCK [1]
[1] Institut für Kunststofftechnik, Universität Stuttgart, Stuttgart
[2] Alpha Sigma GmbH, Zwickau

Kontakt E-Mail: julian.ehrler@ikt.uni-stuttgart.de

Kurzfassung

Sandwichverbundbauteile werden in jüngster Zeit immer häufiger für Leichtbaukonstruktionen in Betracht gezogen. Durch ihre hochklassigen spezifischen Eigenschaften eignet sich diese Werkstoffgruppe besonders für den Einsatz in Hochtechnologieanwendungen wie dem Automobilsport oder der Luft- und Raumfahrt. Neben der Herstellung dieser Werkstoffgruppe stellt gerade die zerstörungsfreie Prüfung hier eine besondere Herausforderung dar. Aufgrund des Verbundaufbaus von Sandwichstrukturen befinden sich unterschiedliche Materialien mit ihren jeweiligen Grenzflächen im Werkstoff. Klassische ZfP-Verfahren, wie Kontaktultraschall oder Thermografie, stoßen dabei häufig an Ihre Grenzen, da die Werkstoffe sowie deren Materialübergänge das Messsignal zu stark streuen, reflektieren und dämpfen. Das noch nicht weitverbreitete Verfahren der lokalen Defektresonanz hat das Potenzial diese Lücke der Verfahren zu schließen.

In einer Fallstudie wurden zwei miteinander verklebte Sandwichplatten, die zum Beispiel als Bodenpaneel in Flugzeugen zum Einsatz kommen, untersucht. Die Sandwichplatten (jeweils ca. 400 x 400 x 18 mm³) bestehen aus einem Kunststoffhonigwabenkern und Faserverbunddeck-schichten aus Basaltfasern und Epoxidharzmatrix, wobei gezielt ein Klebefehler (ca. 60 mm Durchmesser) in die Verbindungsschicht zwischen den zwei Sandwichplatten eingebracht wurde. Es wurde hierbei die Eignung der lokalen Defektresonanz (LDR) zur Detektion von Klebefehlern untersucht. Für diese Messung wurden mechanische Wellen über einen Piezoaktuator auf der Detektionsseite eingebracht. Das Antwortsignal wurde mit einem scannenden Laservibrometer aufgezeichnet und die Harmonischen für die Untersuchung ausgewertet.

Zum Vergleich wurden die Ergebnisse klassischen ZfP-Verfahren gegenübergestellt. Es konnte gezeigt werden, dass die LDR auch bei nur einseitiger Zugänglichkeit Klebefehler darstellen kann, die mit klassischen ZfP-Verfahren nicht zu detektieren sind.

Neue Bildverarbeitungsalgorithmen für die automatische Fehlstellendetektion bei der shearografischen Bauteilüberprüfung

Alexander HANF [1,2], Christopher PETRY [2], Michael PROF. DR. SCHUTH [2]
[1] Mesolt Engineering GmbH, Trier
[2] Hochschule Trier, Technikum OGKB A113, Trier
Kontakt E-Mail: Alexander.Hanf@Mesolt.com

Kurzfassung. Bei der shearografischen Bauteilüberprüfung stellt die Automatisierung der Klassifikation in Gut- und Schlecht-Teile eine große Herausforderung dar. Auch wenn Defekte für geschultes Personal meist intuitiv gut erkennbar sind, hat es sich bisher als schwierig erwiesen, hierfür geeignete Algorithmen zu entwickeln. Die besten Ergebnisse wurden bisher mit Convolutional Neural Networks (CNNs) erzielt. Diese müssen jedoch für jeden Anwendungsfall neu trainiert werden.

In diesem Paper werden alternative Algorithmen präsentiert, die statt aufwändiger Trainingsphase lediglich eine einfache Parametrisierung benötigen. Die Klassifikation kann sowohl anhand von Shearogrammen, als auch von Demodulationen erfolgen. In der Validierung wurde eine Spezifität von 100% und eine Sensitivität zwischen 82,9% und 97,9% erreicht, abhängig von der Beschaffenheit, Sichtbarkeit und Orientierung der Fehlstellen.

1. Motivation

Neben der Wirtschaftlichkeit sorgt das durch den Klimawandel getriebene Bewusstsein für Nachhaltigkeit und Ressourceneffizienz, für einen erhöhten Innovationsdruck in der Materialtechnik. Besonders in Bereichen, in denen Gewicht und daraus resultierender Energieverbrauch wichtige Faktoren darstellen, wie etwa in der Luft- und Raumfahrt, zunehmend aber auch in der Automobilindustrie, sind Kompositbauteile unabdingbar geworden. Diese stellen, wegen der verschiedenen Materialien und komplexen Strukturen, in der Qualitätssicherung eine Herausforderung für viele Prüftechniken dar. Ein Prüfverfahren, das sich hierbei bewährt hat, ist die Shearografie. Diese findet unter anderem in der Qualitätskontrolle von Reifen, Flugzeugtragflächen und Windkraftanlagen Anwendung.

Shearografie ist ein optisches Lasermessverfahren, das lokale Unterschiede in Oberflächenverformungen im Sub-Mikrometerbereich ermittelt. In der Qualitätskontrolle wird diese hohe Messgenauigkeit genutzt, um Anomalien in der Verformung eines Prüfteils zu detektieren, die Hinweise auf Schwachstellen im Inneren liefern.

Eines der Hindernisse für eine stärkere Verbreitung der Shearografie ist die aufwändige Beurteilung der gewonnenen Informationen. Diese wird in der Regel von speziell geschultem Personal durchgeführt, was einerseits hohe Kosten verursacht und andererseits die Prüfgeschwindigkeit limitiert. Eine Automatisierung dieses Schrittes würde entsprechend, neben einer Steigerung der Effizienz, auch die Erschließung neuer

Anwendungsfelder ermöglichen. Im Folgenden werden neue Ansätze zur automatischen Fehlerdetektion anhand shearografischer Bilddaten präsentiert.

2. Shearografie

Shearografie ist ein berührungsfreies, bildgebendes Verfahren, mit dem sich lokale Unterschiede im Verformungsverhalten sichtbar machen lassen. Hierzu werden Prüfteile mit einer kohärenten Laserlichtquelle beleuchtet und durch spezielle Optiken fotografiert, siehe Fig. *1a)*. Das in das Messgerät einfallende Licht wird dabei so umgelenkt, dass es mit sich selbst interferiert und zwei sich überlagernde Bilder auf den Foto-Chip projiziert. Die Versatzrichtung der beiden Bilder wird als Shearrichtung bezeichnet, der Grad der Verschearung als Shearbetrag, siehe Fig. 1b). Die auf diese Art aufgenommenen Bilder werden als Interferenzbilder bezeichnet.

Durch Subtraktion zweier Interferenzbilder eines Bauteils voneinander, entsteht ein s.g. Differenzphasenbild, auch *Shearogramm* genannt. Diese Differenzphasenbilder repräsentieren die Ableitung der Out-of-Plane Verformung entlang der Shearrichtung. In der Regel werden Differenzphasenbilder zunächst mit einem Mean-Filter gefiltert um Rauschen zu unterdrücken und die Interpretation zu erleichtern, siehe Fig. 1c).

In Fig. 2b) ist die erste Ableitung der Out-of-Plane Verformung entlang der Shearrichtung in blau geplottet.

Die der Berechnung zugrundeliegende Größe ist nicht die Distanz der Ausdehnung, sondern Unterschiede in der resultierenden Phasenverschiebung des Lichts. Entsprechend ist sie nur zwischen 0 und 2π definiert, sodass es bei der Quantisierung der Messergebnisse zu Phasensprüngen kommt. Dies ist mit der Anwendung einer *Modulo2π*-Operation auf die Ableitung vergleichbar, und wird in Fig. 2b) in rot dargestellt. Diese Phasensprünge erschweren die Fehlerdetektion der Shearogramme, besonders für automatische Systeme.

Typisch für Defekte sind die s.g. *Schmetterlingsmuster*. Hierbei zeigen zwei benachbarte Gruppen konzentrischer Ringe, siehe Fig. 2c), wie sich durch die Verformung auf der Oberfläche des Bauteils eine Senke oder Erhebung gebildet hat. Anhand der Helligkeitsverläufe innerhalb der Ringe, von hell zu dunkel oder umgekehrt, lässt sich die Richtung der Steigung beurteilen. Die Positionierung der beiden Ringstrukturen, neben oder übereinander, ist dabei abhängig von der Shearrichtung.

Ein Ansatz, die Sichtbarkeit der Fehler zu verbessern, ist die s.g. Demodulation [1][2][3][4][5][6]. Hierbei wird versucht, die in Fig. 2b) dargestellte *Modulo2π*-Operation umzukehren. Durch den bei einer *Modulo*-Operation unvermeidbaren Informationsverlust, ist hierbei nur eine näherungsweise Rekonstruktion möglich. Hierzu müssen alle Phasenübergänge, sowohl in, als auch orthogonal zur Shearrichtung integriert werden. Dieser Schritt ist entsprechend rechenaufwändig.

3. Stand der Forschung

Sämtliche bei der Recherche gefundenen Vorgehensweisen zur automatischen Fehlerdetektion in shearografischen Bilddaten beschreiben die Analyse von Shearogrammen. Ansätze, welche die Demodulation der Shearogramme zur Defektdetektion verwenden, konnten nicht gefunden werden.

Die meisten existierenden Verfahren arbeiten auf Basis Neuronaler Netze. So verwenden Rosin, Nyongesa und Otieno [7] zunächst Korrelationskoeffizienten zur Bestimmung von Symmetrie-Achsen, entlang derer das Shearogramm gesampled wird. Diese Sampel werden anschließend von Backpropagation Networks klassifiziert. Die Sensitivität und Spezifität betragen jeweils 100%.

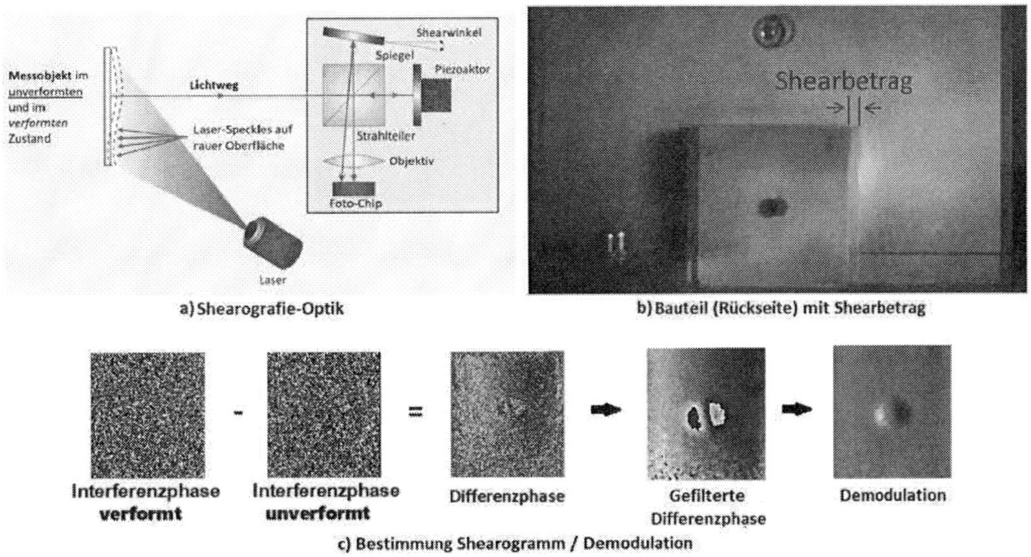

Fig. 1 Aufnahme eines Shearogramms

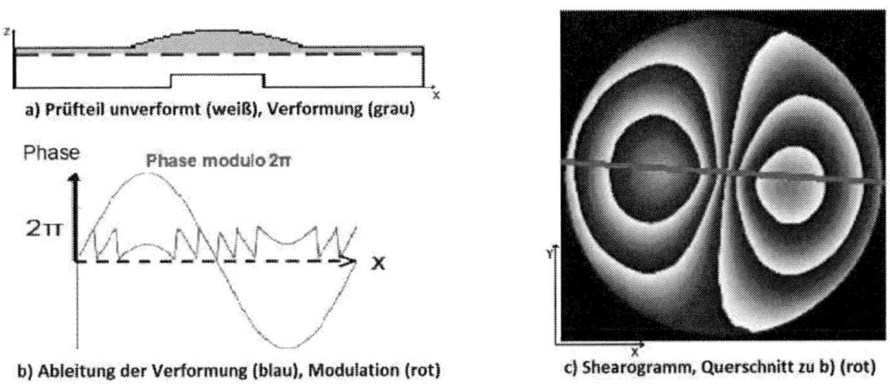

Fig. 2 Interpretation eines Shearogramms

Ye, Ma, Zhou, Arola und Zhang [8] verzichten bei ihrem Ansatz auf explizites Sampling und lassen die Shearogramme von *ZF Faster R-CNN* [9] bewerten. Die Qualität der Klassifikation wird als äquivalent zu einem menschlichen Prüfer bezeichnet.

Auch Chang, Srinivasan, Wang, Ganapathy, Vincent und Deepa [10] nutzen ein *Faster R-CNN*, welches sie zur Reduktion der False-Positive-Rate (FP-Rate) eines Convolutional-Neural-Networks einsetzen. Während zwar 90% der Shearogramme richtig klassifiziert werden konnten, wurde die FP-Rate durch Verwendung des zweiten Neuronalen Netzwerks lediglich um 2% von 20% auf 18% reduziert.

Lediglich Wang, Lin und Yang [11] sowie Vandenrijt und Georges [12] verzichten bei ihren Algorithmen auf die Verwendung von Neuronalen Netzen.

Wang, Lin und Yang detektieren Fehlstellen anhand von Regionen mit erhöhter Standardabweichung und erzielen eine 85% Übereinstimmung der von ihrem System gefundenen und von Menschen gefundenen Fehlstellen.

Bei Vandenrijt und Georges erfolgt die Auswahl der als fehlerhaft markierten Regionen basierend auf dem quadratischen Mittel (RMS) der Gradienten in X- und Y-Richtung. Die Ergebnisse werden als vielversprechend beschrieben.

Ein aussagekräftiger Vergleich der verschiedenen Ansätze und der hier vorgestellten Algorithmen ist leider nicht möglich, da, selbst bei vorhandenen Literaturangaben zur Performanz, keine standardisierten Testdatensätze existieren, die als einheitliche Grundlage zur Verifikation genutzt werden können.

4. Algorithmen

Im Folgenden werden 2 Algorithmen zur Fehlstellendetektion anhand von Shearogrammen bzw. deren Demodulation präsentiert.

Da dabei nur Graustufenbilder genutzt werden, sei ein Bild I im Folgenden durch seine Breite I_{width}, seine Höhe I_{height}, sowie durch die Menge der Grauwerte $I(x,y)$ mit $0 \leq I(x,y) \leq 255$, $0 \leq x < I_{width}$ und $0 \leq y < I_{height}$ definiert.

4.1 *Fehlerdetektion anhand shearografischer Demodulationsbilder (MinMaxRoiMatching)*

Zur Detektion der Fehlstellen in den Demodulationsbildern werden Bereiche gesucht, in denen es zunächst eine positive Steigung gibt (Anstieg auf die fehlertypische Auswölbung), gefolgt von einer entgegengesetzten negativen Steigung (Abstieg zurück auf die Prüfteiloberfläche). Zwischen diesen kann ein Sattelpunkt ohne nennenswerte Steigung liegen. Im Demodulationsbild zeigen sich diese Defekte durch benachbarte helle und dunkle *Regions of Interest (Roi)*, gegebenenfalls mit einem grauen Sattelpunkt zwischen ihnen.

Die Grundidee des hier vorgestellten Algorithmus ist es, benachbarte Regionen mit besonders hohen positiven und negativen Steigungen zu lokalisieren und zusammenzufassen. Im Folgenden wird der Algorithmus als *MinMaxRoiMatching* bezeichnet.

Zur Filterung globaler Verformungstrends wird aus dem Eingangsbild I_{in} zunächst mittels einer Detrend-Operation das Bild $I_{detrend}$ berechnet.

Anschließend werden, zur Detektion von betragsmäßig starken Steigungen, die zwei Masken M_{min} und M_{max} erstellt. Diese beinhalten alle Pixel, deren Grauwert kleiner bzw. größer der Parameter *minS* bzw. *maxS* sind. Anschließend wird auf jede der Masken eine morphologische Open-Operation angewendet.

Der nächste Schritt ist die Blob-Detection [16]. Als Ausgabe resultieren die beiden Listen *MinBlobs* und *MaxBlobs*. Diese können jeweils mehrere Blobs B beinhalten, jeweils definiert durch ihren Mittelpunkt $Blobs_M(B)$ sowie ihren Radius $Blobs_R(B)$. Blobs unter einer bestimmen Größe werden verworfen.

Der letzte Schritt ist das Blob-Matching. Hierbei wird für jeden Blob $B_1 \in MaxBlobs$ geprüft, ob ein Blob $B_2 \in MinBlobs$ existiert, sodass die Distanz zwischen $Blobs_M(B_1)$ und $Blobs_M(B_2)$, abzüglich der Radien $Blobs_R(B_1)$ und $Blobs_R(B_2)$, kleiner ist als der vorgegebene Distanzwert *MaxBlobDistanz*. Existieren Blob Paare, auf die diese Bedingung zutrifft, werden sie als Defekte markiert und das Bild als *Nicht-OK (NOK)* klassifiziert. Der schrittweise Ablauf ist in Fig. 3 a) – f) dargestellt.

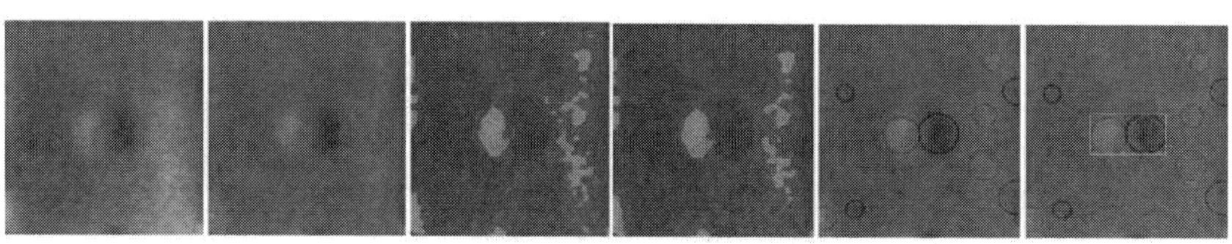

(a) Demodulation I_{in} (b) $I_{detrend}$ (c) M_{min}(blau) und M_{max}(rot) (d) Open-Operation (e) Blob-Detection (f) Blob - Matching

Fig 3 Ablauf MinMaxRoiMatching

4.2 *Fehlerdetektion anhand von Differenzphasenbildern (GradShift)*

Bei der Interpretation eines Differenzphasenbildes ist zu beachten, dass das Bild zwar die erste Ableitung der Verformung repräsentiert, die Helligkeitswerte der einzelnen Pixel jedoch nicht die Steigung am jeweiligen Punkt wiedergeben. Stattdessen sind die Helligkeitswerte der Pixel nur im Kontrast zu ihrer Umgebung aussagekräftig.

Zur Interpretation bietet es sich entsprechend an, zunächst die Gradienten zu bestimmen. Das so berechnete Gradientenbild beschreibt die zweite Ableitung der Verformung, wobei es dieselben Phasensprünge aufweist wie das zugrundeliegende Differenzphasenbild. Um diese zu bereinigen wird eine Technik eingesetzt, die im Folgenden als PhaseShift bezeichnet wird.

Wie bereits beschrieben liegt die Aussagekraft eines Differenzphasenbildes in den Helligkeitsverhältnissen benachbarter Pixel. Eine gleichmäßige Änderung dieser Werte verändert entsprechend nicht die zugrunde liegenden Informationen. Zwar ist es nach diesem Verschieben (Shift) nötig eine Modulo-Operation durchzuführen, um alle Helligkeitswerte wieder auf das Intervall 0-255 zu mappen, da diese Operation jedoch äquivalent zur impliziten Modulo 2π Operation bei der Berechnung der Shearogramme ist, entsteht hierbei kein zusätzlicher Informationsverlust. Im Folgenden beschreibt $PShift_s$ ein Phasenschieben um den Wert s, siehe Gleichung 1. Dabei gilt $I_{in} = PShift_0 = PShift_{256}$.

$$PShift_s(x, y) = modulo_{256}(I_{in}(x, y) + s),\quad \forall x < I_{width},\quad \forall y < I_{height} \tag{1}$$

Zur Berechnung eines von Phasensprüngen bereinigten Gradientenbildes für ein Eingabebild I_{In} werden zunächst $PShift_0$ $(=I_{In})$, $PShift_{85}$ und $PShift_{170}$, sowie die jeweiligen Gradientenbilder $Grad_{I_{in}}$, $Grad_{PShift_{85}}$ und $Grad_{PShift_{170}}$ bestimmt. Anschließend werden $Grad_{Min}$, $Grad_{Max}$ und $Grad_{Sum}$ berechnet, wobei $Grad_{Min}(x,y)$ und $Grad_{Max}(x,y)$ jeweils als Minimum bzw. Maximum von $Grad_{I_{In}}(x,y)$, $Grad_{PShift_{85}}(x,y)$ und $Grad_{PShift_{170}}(x,y)$ definiert sind und $G_{Sum}(x,y) = Grad_{I_{In}}(x,y) + Grad_{PShift_{85}}(x,y) + Grad_{PShift_{170}}(x,y)$ gilt.

Da der Gradient zwischen benachbarten Pixeln nur in maximal einem der drei phasenverschobenen Gradientenbilder durch einen Phasensprung verfälscht werden kann, lässt sich aus der Subtraktion von $Grad_{Min}$ und $Grad_{Max}$ von $Grad_{Sum}$ ein von Phasensprüngen bereinigtes Gradientenbild $Grad_{Diff}$ errechnen, siehe Fig. 4.

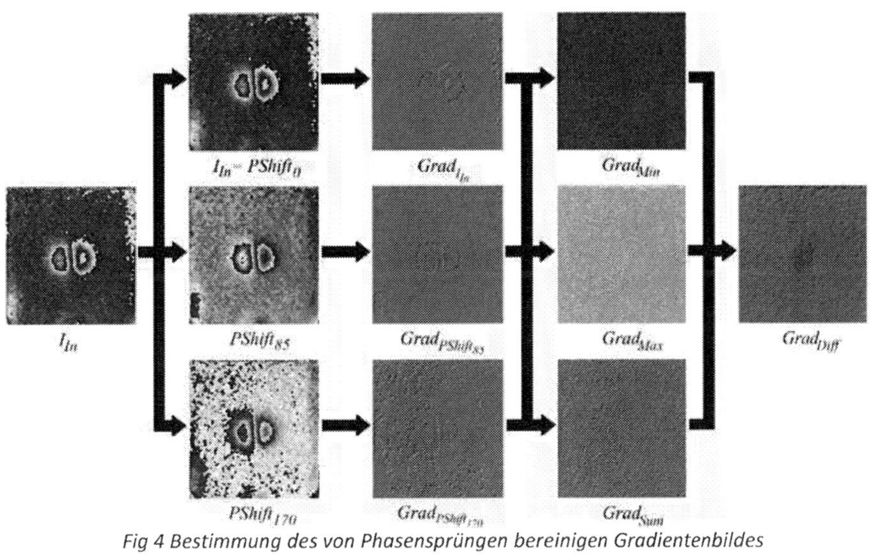

Fig 4 Bestimmung des von Phasensprüngen bereinigen Gradientenbildes

Zur Vorbereitung der Fehlerdetektion wird auf $Grad_{Dif}$ zunächst ein Mean-Filter angewendet. Die eigentliche Fehlerdetektion erfolgt wie beim *MinMaxRoiMatching*-Algorithmus durch Blob-Matching, siehe Fig. 5. Die Bestimmung der ROIs, die Open-Operation und die Blob-Detection erfolgen wie in Abschnitt 4.1 beschrieben. Lediglich beim

Blob-Matching ist zu beachten, dass statt zwei nun drei Blobs gematched werden müssen, da nicht mehr die 1. sondern die 2. Ableitung der Verformung betrachtet wird.

Hierzu wird folgende Regel formuliert: Drei verschiedene Blobs B_1, B_2, B_3 repräsentieren einen Defekt und sind genau dann zu matchen, wenn $B_1, B_2 \in$ **MaxBlobs**, $B_3 \in$ **MinBlobs** und der Mittelpunkt von B_3 im von B_1 und B_2 aufgespannten Rechteck liegt. Außerdem darf die Distanz von B_1 und B_2 zu B_3 jeweils nicht größer als vom Parameter *Blob-Distanz* vorgegeben sein.

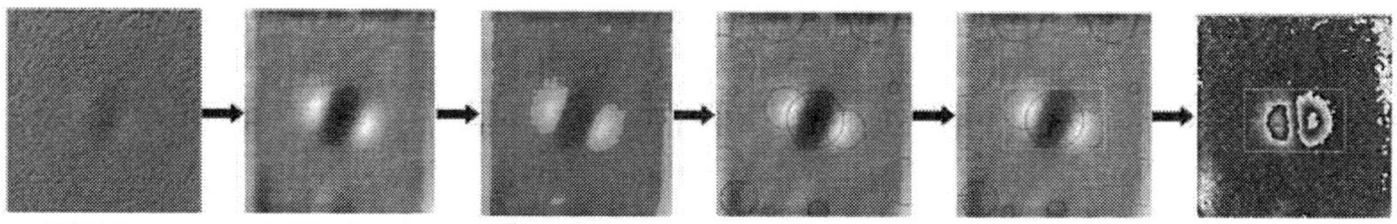

Fig 5 Detektion von Fehlstellen anhand des von Phasensprüngen bereinigen Gradientenbildes

5. Datensatz

Zur Validierung der hier präsentierten Algorithmen werden 50mm x 50mm x 10mm Platten aus Polyoxymethylen (POM) Kunststoff verwendet. Diese wurden zur Simulation von Fehlstellen mit Sacklochbohrungen und Nuten verschiedener Größe und Tiefe versehen, siehe Fig. 6a). Diese Art der Substitution ist in der Shearografie-Praxis üblich [13].

Die Aufnahme der Shearogramme sowie die Berechnung der Demodulationen erfolgt durch das *Technikum für **O**ptische Messtechnik, **G**erätebau, **K**onstruktion und **B**auteiloptimierung (OGKB) [14]* der Hochschule Trier. Dabei werden die Platten einzeln mittels 750 W Quarzstrahler und eines shearographischen Messgeräts (Shearbetrag 3,5 mm in X-Richtung, Laserwellenlänge 532 nm) in einem Abstand von 365 mm angeregt bzw. erfasst.

Um sicherzustellen, dass für alle eingebrachten Defekte geeignete Shearogramme existieren, werden mehrere Prüfreihen durchgeführt. Diese unterscheiden sich in der Dauer der Anregung sowie den verwendeten Filtern. Insgesamt werden 129 Shearogramme bzw. Demodulationen berechnet, welche auf die entsprechenden Datensätze **Phase** und **Demod** verteilt werden. Für jeden der beiden Datensätze werden die Bilder in verschiedene Klassen eingeteilt. $\mathbf{Phase_{OK}}$ und $\mathbf{Demod_{OK}}$ beinhalten alle Bilder der fehlerfreien OK-Prüfteile, alle anderen werden der Klasse $\mathbf{Phase_{NOK}}$ bzw. $\mathbf{Demod_{NOK}}$ (NOK = Nicht-OK) zugewiesen.

Da nicht jeder Defekt in jeder Prüfreihe gut oder auch nur teilweise sichtbar ist, werden die NOK-Aufnahmen zusätzlich auf die Unterklassen $\mathbf{Phase_{GV}}$ (Good Visibility) $\mathbf{Phase_{BV}}$ (Bad Visibility) und $\mathbf{Phase_{NV}}$ (Not Visibile) bzw. $\mathbf{Demod_{GV}}$, $\mathbf{Demod_{BV}}$ und $\mathbf{Demod_{NV}}$ verteilt. Die Beurteilung der Sichtbarkeit erfolgt in Anlehnung an DIN 54180-1:2015-0 [15] bzw. ASTM E258 [13].

Fig. 6 zeigt die Prüfteile und einige der Aufnahmen mit der jeweiligen Klassenzugehörigkeit, dabei beschreibt $phase_{1,g1}$ das Shearogramm des Prüfteils g1 aus der Messreihe 1.

6. Auswertung

Die Auflösung der untersuchten Shearogramme bzw. Demodulationen beträgt 494±6 Pixel x 516±21 Pixel, wobei in einem Vorverarbeitungsschritt zunächst von jedem Bild ein 20 Pixel breiter Rahmen abgeschnitten wird, um Randeinflüsse auszuschließen.

Da noch keine Versuche unternommen wurden die Implementierung der hier präsentierten Algorithmen, beispielsweise durch Parallelisierung, auf Performanz zu optimieren, sind die angegebenen Zeiten als Worst-Case, nicht als kompetitiver Benchmark zu interpretieren. Die Berechnungen erfolgen auf einem handelsüblichen Windows 10 Heimcomputer.

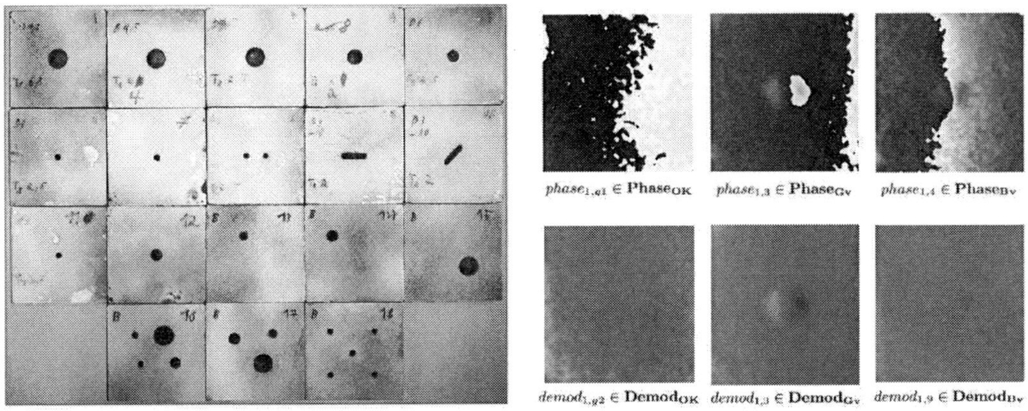

Fig. 6 Prüfteile(links) und Beispiel-Shearogramme mit Klassenzugehörigkeit (rechts)

6.1 Resultate MinMaxRoiMatching

Die Evaluation wird mit verschiedenen Teilmengen des in Absatz 5 beschriebenen Datensatzes durchgeführt:

- $\mathbf{D1 = Demod_{OK} \cup Demod_{GV}}$
- $\mathbf{D2 = Demod_{OK} \cup Demod_{GV} \cup Demod_{BV}}$

Im Durchschnitt dauert die Klassifizierung eines Bildes 0.33 Sekunden, die maximale Klassifikationsdauer beträgt 0.52 Sekunden.

D1	**Richtig klassifiziert**	**Falsch klassifiziert**
OK	34 (100%)	0 (0%)
NOK	47 (97,9%)	1 (2,1%)

Tabelle 1 Ergebnisse D1

D2	**Richtig klassifiziert**	**Falsch klassifiziert**
OK	34 (100%)	0 (0%)
NOK	63 (82,9%)	13 (17,1%)

Tabelle 2 Ergebnisse D2

Die Ergebnisse der Klassifikation sind in den Tabellen 1 und 2 dargestellt. Sie zeigen, dass die FN-Rate bei 0% liegen und dass für die gut sichtbaren Defekte eine Sensitivität von 97,91% erreicht wird. Lediglich bei einem Prüfbild wird ein vorhandener Defekt nicht erkannt. Ursache hierfür ist, dass es sich bei dem Defekt um eine in Shearrichtung orientierte Nut handelt. Dies hat zur Folge, dass zwar der Auf- und Abstieg der Verformung erkannt werden, diese jedoch zu weit auseinander liegen um, bei dem verwendeten *MaxBlobDistanz* Parametern, als zusammengehörig erkannt zu werden.

Von den Demodulationen mit schlecht sichtbaren Defekten konnten nur 57,14% richtig klassifiziert werden.

Insgesamt stellt der *MinMaxRoiMatching*-Algorithmus einen sehr vielversprechenden Ansatz zur Detektion von Defekten auf Basis der Demodulation dar. Die Abhängigkeit von Bildern mit gut sichtbaren Fehlstellen könnte durch die gute Spezifität relativiert werden, da durch die Konjunktion mehrerer Prüfdurchläufe mit unterschiedlichen

Aufnahmepara-metern eine sehr robuste Prüfung gewährleistet werden sollte. Dies gilt es in weiteren Untersuchungen zu verifizieren.

6.2 Resultate GradShift

Die Evaluation wird mit verschiedenen Teilmengen des in Absatz 5 beschriebenen Datensatzes durchgeführt:

- $\mathbf{P1} = \mathbf{Phase_{OK}} \cup \mathbf{Phase_{GV}}$
- $\mathbf{P2} = \mathbf{Phase_{OK}} \cup \mathbf{Phase_{GV}} \cup \mathbf{Phase_{BV}}$

Im Durchschnitt dauert die Klassifizierung eines Bildes 0.59 Sekunden, die maximale Klassifikationsdauer beträgt 1.34 Sekunden. Die Ergebnisse sind in den Tabellen 4 und 5 dargestellt.

P1	Richtig klassifiziert	Falsch klassifiziert
OK	34 (100%)	0 (0%)
NOK	39 (97,5%)	1 (2,5%)

Tabelle 3 Ergebnisse P1

P2	Richtig klassifiziert	Falsch klassifiziert
OK	34 (100%)	0 (0%)
NOK	63 (87,5%)	9 (12,5%)

Tabelle 4 Ergebnisse P2

Wie schon beim MinMaxRoiMatching ist auch beim GradShift anzumerken, dass manche der False-Positives, 100% bei $\mathbf{P_1}$ und 33% bei $\mathbf{P_2}$, auf Defekte mit einer Orientierung orthogonal zur Shearrichtung zurückzuführen sind. Wie in Fig.7c), d) dargestellt, zeigt sich diese Art von Defekten nicht durch das gesuchte Muster aus einem MaxBlob, einem MinBlob und einem MaxBlob in einer Reihe, sondern durch je zwei über Kreuz angeordnete Min- und MaxBlobs. Durch eine zusätzliche Abfrage beim BlobMatching, auf eben diese Konfiguration, sollte es bei Weiterentwicklungen des Algorithmus entsprechend nicht nur möglich sein, diese Art von Defekten zu finden, sondern darüber hinaus die beiden Defektarten voneinander zu unterscheiden.

Die im Vergleich zum *MinMaxRoiMatching* deutlich längere Klassifikationsdauer ist, neben der höheren Anzahl an zu matchenden Blobs, damit zu erklären, dass beim *MinMaxRoiMatching* bereits berechnete Demodulationen als Input verwendet werden, während beim Grad-Shift-Algorithmus zunächst das von Phasensprüngen bereinigte Gradientenbild bestimmt werden muss.

7. Fazit

Sowohl die Demodulation, als auch die hier verwendete Methode zur Berechnung eines von Phasensprüngen befreiten Gradientenbildes, haben sich als gute Basis zur automatischen Klassifikation von shearografischen Ergebnissen erwiesen.

Das in beiden Ansätzen verwendete BlobMatching kann die meisten Testbilder gut klassifizieren, besonders im Hinblick auf in Shearrichtung orientierte Defekte existiert jedoch noch Optimierungspotential, siehe Fig. 7. Eine Option wäre es, verschiedene Shearrichtungen zu kombinieren. Dies würde es auch erlauben die zulässige *MaxBlobDistanz* zu beschränken und so das Risiko für False-Positives zu verringern. Die so erzielten Verbesserungen wären jedoch gegen die aufwändigere Datenerhebung abzuwiegen

Des Weiteren sei anzumerken, dass die vom verwendeten Blob-Detector gewählten Blobs nicht immer nachvollziehbar waren. Eine präzisere Detektion und Beschreibung der Blobs, beispielsweise durch Höhe und Breite statt des Radius, könnte weiteres Verbesserungspotential bieten.

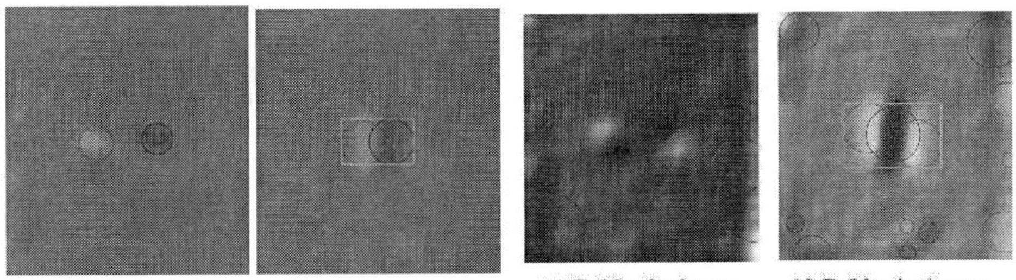

(a) Defektorientierung entlang der Shearrichtung ($demod_{4,9}$)

(b) Defektorientierung ortogonal zur Shearrichtung ($demod_{4,9rotiert}$)

(c) Defektorientierung entlang der Shearrichtung (Phase $_{4,9}$)

(d) Defektorientierung ortogonal zur Shearrichtung (Phase $_{4,9rotiert}$)

Fig 7 Auswirkung von räumlich orientieren Fehlstellen auf das Matching (rosa Quadrat) der Min- und Max-Blobs (blaue bzw. rote Kreise) in Abhängigkeit der Shearrichtung (Hier entlang der X-Achse)

8. Referenzen

[1] D. C. Ghiglia and L. A. Romero, *Robust twodimensional weighted and unweighted phase unwrapping that uses fast transforms and iterative methods, J. Opt. Soc. Am. A*, vol. 11, no. 1, pp. 107–117, 1994. DOI: 10.1364/JOSAA.11.000107. Available: http://josaa.osa.org/abstract.cfm?URI=josaa-11-1-107

[2] 2D Weighted Phase Unwrapping, https://de.mathworks.com/matlabcentral/fileexchange/60345-2d-weightedphase-unwrappingl, Accessed: 2020-09-18.

[3] W. Buerakov, *Interferometrische Bauteilprüfung, Schadenserkennung und Ermittlung der modalen Parameter mittels Belastung*, Shaker Verlag Aachen, M.S. thesis, Universitat Saarbrücken, 2017.

[4] H. Naumann, G. Schröder, and M. Löffler-Mang, *Handbuch Bauelemente der Optik, 7. Vollständig überarbeitete und erweiterte Auflage*. Hanser Verlag, München, 2014.

[5] C. Ghiglia and D. Pritt, *Two-Dimensional Phase Unwrapping - Theory, Algorithms and Software*. John Wiley and Sons, Inc., 1998.

[6] Jacquot and Fournier, *Interferometry in Speckle Light-Theory and Application*. Springer Verlag, 2000.

[7] P. L. Rosin, H. Nyongesa, and A. W. Otieno, *Classification of delaminated composites using neuro-fuzzy image analysis*, 1999.

[8] Y. Ye, K. Ma, H. Zhou, D. Arola, and D. Zhang, *An Automated Shearography System for Cylindrical Surface Inspection*, Measurement, vol. 135, Nov. 2018. DOI: 10.1016/j.measurement.2018.11.085.

[9] M. D. Zeiler and R. Fergus, *Visualizing and Understanding Convolutional Networks*, https://arxiv.org/abs/1311.2901, 2013. eprint: 1311.2901.

[10] C.-Y. Chang, K. Srinivasan, W.-C. Wang, G. Ganapathy, D. Vincent P M, and N. Deepa, *Quality Assessment of Tire Shearography Images via Ensemble Hybrid Faster Region-Based ConvNets*, Electronics, vol. 9, pp. 1–13, Dec. 2019. DOI: 10.3390/electronics9010045.

[11] Y.-C. Wang, J.-C. Lin, and H.-Y. Yang, *Quantitative Post-Processing Module of Online Automatic Image Inspection for Inner Bubble Defects in a Tire*, DEStech Transactions on Engineering and Technology Research, May 2017. DOI: 10.12783/dtetr/imeia2016/9342.

[12] Vandenrijt JF., Georges M. (2014) Automated Defect Detection Algorithm Applied to Shearography in Composites. In: Osten W. (eds) Fringe 2013. Springer, Berlin, Heidelberg. https://doi.org/10.1007/978-3-642-36359-7_36

[13] *Standard Practice for Shearography of Polymer Matrix Composites and Sandwich Core Materials in Aerospace Applications*, ASTM International, Standard, 2019.

[14] Technikum für Optische Messtechnik, Geratebau, Konstruktion und Bauteiloptimierung, https://www.hochschule-trier.de/hauptcampus/technik/ogkb, Accessed:14.10.2020.

[15] *Zerstörungsfreie Prüfung - Shearografie - Teil 1: Allgemeine Grundlagen*, Deutsches Institut für Normung e.V., Standard, 2015.

[16] OpenCV SimpleBlobDetector, https://docs.opencv.org/3.4/d0/d7a/classcv_1_1SimpleBlobDetector.html Accessed: 14.10.2020.

Laser-Shearografie (NDT) Inspektion von Luft- und Raumfahrtkomponenten

Roland WAHLER*, Liam CROSBIE [1]
*[1] Dantec Dynamics GmbH, Ulm

Kontakt E-Mail: product.support@dantecdynamics.com

Kurzfassung

Die Fähigkeit, Defekte in Luft- und Raumfahrtstrukturen mithilfe der Laser-Shearographie effektiv und effizient zu erkennen, ist allgemein bekannt. Die Technologie kann zur Erkennung einer Reihe von Fehlern eingesetzt werden - einschließlich; Delaminierungen, Kissing Bonds, gerissene Kerne, Eindringen und Fremdkörperschäden (FOD) in Laminaten, Waben, Schaumkernen und gebundenen Bauteilen. Shearografie-Systeme wurden seit zwanzig Jahren für eine Reihe von Luft- und Raumfahrtanwendungen, darunter: Radomen, Hubschrauberblätter, Druckbehälter, Tanks und Steuerflächen.

Der Vorteil der Durchführung wiederholbarer NDT-Inspektionen mit Laser-Shearographie mit hohen Inspektionsraten, die nachvollziehbare und reproduzierbare Messergebnisse liefern, ist eine wirklich zeiteffiziente und damit kostengünstige Lösung. Flexible Lösungen für eine wachsende Anzahl von Testanwendungen erfordern die Bereitstellung einer agilen Roboterintegration.

Die Validierung der Testergebnisse muss anhand von benutzerdefinierten Toleranzen festgelegt werden. Zuverlässige Messungen sind ein absolutes Vorrecht für jede ZfP-Technologie. Dies ist an sich schon eine Herausforderung, für die Dantec Dynamics die Lösung für Ihre Testanwendung hat.

Integration der Dichtheitsprüfung in den Produktionsprozess - Typprüfung versus Stückprüfung und praktische Ansätze zur Ableitung von Prüfparametern

Joachim DR. LAPSIEN [1]
[1] CETA Testsysteme GmbH, Hilden

Kontakt E-Mail: joachim.lapsien@cetatest.com

Kurzfassung. Eine Vielzahl von Produkten wird unter den unterschiedlichsten Bedingungen eingesetzt. Entsprechende vielfältig sind die Anforderungen. Hierzu gehört auch die Dichtheit gegen Verschmutzung und Feuchtigkeit, deren Anforderungen in der Definition der IP-Schutzarten beschrieben sind.

Bei den IP-Schutzartenprüfungen handelt es sich um Typprüfungen. Baumuster werden strikt nach den Vorgaben der angestrebten IP-Schutzart im Labor auf die Dichtheit geprüft.

Die Stückprüfung hingegen dient dem Nachweis einer gleichbleibenden Fertigungsqualität. bei der Fertigung großer Stückzahlen. Hierbei wird jedes Produkt zu 100 % produktionsbegleitend auf Dichtheit gegen Feuchtigkeit geprüft wird. . Dieses ist um so wichtiger, je kritischer der Ausfall des Produktes ist.

Somit kommt der Integration der Dichtheitsprüfung in den Produktionsprozess eine hohe Bedeutung zu. Hierbei handelt es sich um eine 100 % Stückprüfung. Hierbei es insbesondere, die Prüfparameter Prüfdruck und Leckrate festzulegen.

1. Übersicht über industrielle Dichtheitsprüfverfahren

Im industriellen Bereich werden – je nach Leckrate – als Prüfmedien Wasser, Druckluft, Wasserstoff (Formiergas 5 % Wasserstoff, 95 % Stickstoff) und Helium eingesetzt. In Abhängigkeit von der zulässigen Leckrate ist vorab zu entscheiden, welches Prüfmedium eingesetzt wird (Tabelle 1).

Tabelle 1: Übersicht über industrielle Dichtheitsprüfmethoden und die damit nachweisbaren Luftleckraten [1]

Prüfmedium	Luftleckrate (*)	Methode
Wasser	> 10^{-2} mbar*l/s	Nachweis von Luftblasen
Druckluft	> 10^{-3} mbar*l/s	Messung des Druckverlustes bzw. Druckanstiegs (Relativdrucksensor, Differenzdrucksensor)
Wasserstoff (Formiergas)	> 10^{-6} mbar*l/s	Messung der H_2-Konzentration
Helium	> 10^{-9} mbar*l/s	Messung der He-Konzentration

(*) Anmerkung: 1 mbar*l/s = 60 ml/min

Für die Dichtheitsprüfung im Produktionsprozess sind als Vorgaben der Prüfdruck und die zulässige Leckrate notwendig.

2. Methoden und Ansätze zur Festlegung der Prüfdruckes

Für die Wahl des Prüfdruckes gibt es verschiedene Ansätze, wenn es keine produktspezifischen Vorgaben für die Dichtheitsprüfung existieren.

Der Prüfdruck kann aus dem Betriebsdruck, Außendruckänderungen im Betrieb (barometrische Druckänderungen), anhand des spezifizierten Temperaturbereiches des Produktes (temperaturbedingte Druckänderungen) oder bisweilen auch anhand der Prüfbedingungen bei einer IP-Schutzartenprüfung (z. B. aus der Tauchtiefe) abgeleitet werden. Zudem ist die Richtung der Druckbelastung festzulegen, d.h. ob das Produkt mit positivem oder negativem Überdruck geprüft wird.

2.1 Betriebsdruck (plus Sicherheitszuschlag)

Wenn es eine Information dazu gibt, welcher maximale Druck in dem Produkt auftreten kann (z. B. Druckbehälter, Pumpen, Zylinder), dann kann dieser für weitere Entscheidungen herangezogen werden. Da es sich um Betriebsdrücke handelt, muss das Produkt auch für höhere Drücke ausgelegt sein. Hierzu gibt es in der Regel Vorgaben zum Sicherheitszuschlag. Der sich so ergebene Druck sollte auch der Prüfdruck bei der Dichtheitsprüfung sein.

2.2 Barometrische Druckänderungen

Einige Produkte sind im Betrieb aufgrund von unterschiedlichen Höhen (z. B. bei Höhenfahrten, Luftfahrt) unterschiedlichen Luftdrücken ausgesetzt. Quantitativ wird der höhenabhängige Luftdruck durch die sogenannte „barometrische Höhenformel“ (Gleichung 1) beschrieben. Für Höhen bis ca. 100 km gilt:

$$p(h) = p_0 \cdot \exp\left(-\frac{h(m)}{7.990\ m}\right) \qquad \text{GL. 1}$$

wobei

p_0 = 101.325 Pa (Luftdruck in Meereshöhe bei 0°C)

h = Höhe in m über Normal-Null

In Tabelle 2 sind die Luftdrücke in unterschiedlichen Höhen und die Differenz zum Normaldruckniveau aufgeführt.

Tabelle 2: Anwendung der barometrischen Höhenformel und Berechnung des Druckunterschiedes zum Normaldruckniveau bei verschiedenen Höhen [1]

Höhe h	Druck p(h)	Druckdifferenz $p(h) - p_0$		
0 m	101.325 Pa	0 Pa	=	0 mbar
500 m	95.178 Pa	-6.146 Pa	=	-61,5 mbar
1.000 m	89.405 Pa	-11.920 Pa	=	-119,2 mbar
5.000 m	54.193 Pa	-47.132 Pa	=	-471,3 mbar
10.000 m	28.574 Pa	-72.750 Pa	=	-727,5 mbar

In der Nähe der Erdoberfläche gilt näherungsweise: Pro 8 m Höhenunterschied ändert sich der Luftdruck um je 100 Pa, entsprechend 1 mbar. Bei sehr genauen Luftdruckberechnungen muss beachtet werden, dass die Lufttemperatur mit der Höhe abnimmt.

Auch bei Dichtheitsprüfungen mit negativem Überdruck ist der höhenabhängige Luftdruck bei der Parametrierung der Prüfaufgabe zu beachten. In Meereshöhe ist es in der Regel problemlos möglich den gewünschten negativen Überdruck im Prüfteil zu erreichen. Anders stellt es sich dar, wenn sich die Produktionslinie und der Prüfstand in höheren Lagen (z. B. in Mexiko) befinden. Aufgrund der Abnahme des Luftdruckes mit der Höhe kann dann der Fall eintreten, dass die Evakuierung des Prüfteils auf den Zieldruck nicht mehr möglich ist.

2.3 Temperaturbedingte Druckänderungen

Wenn das Produkt für einen Temperaturbereich spezifiziert ist, so kann daraus ein entsprechender Druckbereich abgeleitet werden, dem das Produkt in der Praxis ausgesetzt ist.

Wenn das Prüfteil zudem gekapselt ist, so ist dieses auch die im Prüfteilinneren auftretende Druckbelastung. Die Berechnung dieser temperaturbedingten Druckänderungen ist mit Hilfe der idealen Gasgleichung für den Fall eines konstanten Volumens, der isochoren Zustandsgleichung (Gleichung 2), möglich.

$$p_2 = p_1 \cdot \frac{T_2}{T_1} \qquad \text{Gl. 2}$$

Umgeformt ergibt sich Gleichung 3, wobei $T_2 = T_1 + \Delta T$:

$$\Delta p = p_2 - p_1 \rightarrow \Delta p = p_1 \cdot \frac{T_1+\Delta T}{T_1} - p_1 \leftrightarrow \Delta p = p_1 \cdot \left(\frac{T_1+\Delta T}{T_1} - 1\right) \leftrightarrow \Delta p = p_1 \cdot \frac{\Delta T}{T_1} \qquad \text{Gl. 3}$$

In diese Formel sind die Absolutdrücke und die absoluten Temperaturen einzusetzen.

Ist das Produkt für einen Temperaturbereich von -40°C bis +120°C spezifiziert, so ergeben sich ausgehend von dem Ausgangszustand (Atmosphärenluftdruck 1013 mbar und +20°C) die folgenden temperaturbedingten Druckänderungen:

Abkühlung: +20°C (= 293,15 K) auf -40°C, d.h. ΔT = -60 K $\rightarrow \Delta p$ = -207,33 mbar
Erwärmung: +20°C (= 293,15 K) auf +120°C, d.h. ΔT = +100 K $\rightarrow \Delta p$ = +345,56 mbar

Falls sich das Produkt bei Atmosphärendruck auf der Minlmal- bzw. Maximaltemperatur befindet und schockartig erwärmt oder abgekühlt wird, so ergeben sich die folgenden temperaturbedingten Druckänderungen.

Erwärmung: -40°C (= 233,13 K) auf +120°C, d.h. ΔT = +160 K $\rightarrow \Delta p$ = +695,35 mbar
Abkühlung: +120°C (= 393,15 K) auf -40°C, d.h. ΔT = -160 K $\rightarrow \Delta p$ = -412,26 mbar

Je nach dem, welches Szenario in der Praxis am häufigsten auftritt bzw. das größte Risiko darstellt, sind die Prüfdrücke entsprechend zu wählen. Inwiefern hier noch ein Sicherheitsaufschlag zu berücksichtigen ist, ist seitens des Herstellers zu entscheiden. Zudem ist zu beachten, für welche Drücke die verbauten Komponenten ausgelegt sind.

Wenn in dem Produkt ein Druckausgleichselement integriert ist, welches wasserdicht aber luftdurchlässig ist, so gleicht sich der im Inneren auftretende Druck aus und der berechnete Maximaldruck tritt in der Praxis nicht auf. Der zeitliche Druckausgleich hängt vom spezifischen Luftleitwert des Druckausgleichselements, von der durchflussaktiven Öffnung und von der Druckdifferenz ab.

2.4 Ableitung aus der Tauchtiefe bei einer IP-Schutzartenprüfung

Einige Produkte werden gemäß DIN EN / IEC 60529 nach IP-Schutzarten für Gehäuse (International Protection) spezifiziert, z. B. IP 67.

Die erste Ziffer beschreibt den Schutz gegen Fremdkörper und gegen Berührung und die zweite Ziffer den Schutz gegen Wasser. IP-Schutzarten legen fest, in welchem Umfang ein Produkt Umwelteinflüssen ausgesetzt werden kann ohne beschädigt zu werden oder ein Sicherheitsrisiko darzustellen. Bei der industriellen Dichtheitsprüfung geht es sehr häufig darum, dass das Produkt dicht gegen Feuchtigkeit und Flüssigkeit ist.

Bei den IP-Schutzartenprüfungen handelt es sich um Typprüfungen. Hierbei werden Prototypen und Baumuster strikt nach den Vorgaben der angestrebten IP-Schutzart im

Labor auf Dichtheit geprüft. Das Ergebnis der Prüfung wird in einem Prüfzertifikat zusammengefasst.

Die Durchführung einer Typprüfung ist mit hohem experimentellem Aufwand verbunden. Diese Prüfungen werden von besonders ausgestatteten Laboren und Instituten durchgeführt. Hierbei werden spezielle Prüfvorrichtungen eingesetzt, und das Prüfteil wird je nach IP-Schutzart Wasser mit unterschiedlicher Intensität und Einwirkzeit ausgesetzt.

Es ist offensichtlich, dass sich derartige Prüfvorrichtungen nicht als produktionsbegleitende Prüfung integrieren lassen. So kann weder mit Feuchtigkeit oder mit Flüssigkeiten gearbeitet werden, und die Prüfdauer (Einwirkzeiten der Feuchtigkeit oder Flüssigkeit) entspricht in keinster Weise den in der Industrie üblichen Produktionstaktzeiten.

Für die produktionsbegleitende Dichtheitsprüfung liefert die IP-Schutzartprüfung keine direkten Vorgaben. Anhand der Prüfbedingungen einiger IP-Schutzartprüfung (Tabelle 3) kann zumindest der Prüfdruck abgeleitet werden. So handelt es sich bei der IP 67 und IP 68 um Tauchprüfungen, bei der sich das Produkt in einer definierten Tiefe in einem Tauchbecken befindet.

Tabelle 3: Auszug aus der Prüfspezifikation der IP-Schutzarten [2], [3]

IP-Schutzart	**Testvorrichtung**	**Testvorschrift**	**Testdauer**
IP X7 Zeitweilige Flutung	Tauchbecken Tiefe 1 m	150 mm Wassersäule über dem höchsten Punkt des Gehäuses. Niedrigster Punkt des Gehäuses 1 m unter Wasser	30 min
IP X8 Dauerflutung	Tauchbecken Tiefe > 1 m	Wassersäule > 150 mm über dem Prüfling Tauchtiefe wählbar	$t = \infty$

Der in der Tauchtiefe auf das Produkt einwirkende hydrostatische Druck lässt sich gemäß folgender Formel (Gleichung 4) berechnen:

$$\Delta p = \rho \cdot g \cdot \Delta h \qquad \text{Gl. 4}$$

Für $\Delta h = 1$ m Wassertiefe (Wasserdichte $\rho = 998{,}2$ kg/m³ bei 20°C, Erdbeschleunigung $g = 9.81$ m/s²) ergibt sich $\Delta p = 9792{,}3$ Pa $= 97{,}9$ mbar. In der Praxis wird bei 1 m Wassertiefe der Einfachheit halber mit einem Druck von 100 mbar gerechnet.

2,5 Richtung der Druckbelastung

Neben dem Prüfdruck ist auch die Richtung der Druckbelastung festzulegen, d.h. ob mit positivem oder negativem Überdruck geprüft wird. Hier gibt es einige Aspekte zu beachten:

Bisweilen ist es schwierig die Druckbelastung gemäß IP-Schutzart konform zu erzeugen. Dies würde bedeuten, dass man das Prüfteil komplett mit dem Prüfdruck von außen beaufschlagen muss. Dieses ist möglich, erfordert aber eine Haubenprüfung. Da die Haube für die Aufnahme des Prüfteils ausgelegt werden muss, kann es bei vielen Produktvarianten sehr schnell komplex werden.

Alternativ zur Druckbeaufschlagung von außen, kann negativer Überdruck im Inneren des Produktes angelegt werden. Dann entspricht die Richtung der Druckbelastung der der IP-Schutzartprüfung.

Korrelationsuntersuchungen zur Beurteilung, ob die Druckrichtung kritisch ist oder nicht, sind deutlich aufwändiger. Denn es wird zumindest eine Haube benötigt, um die Druckbeaufschlagung von außen auf das Prüfteil nachzustellen.

Wenn die Gefahr besteht, dass der negative Überdruck im Inneren des Prüfteils dazu führen könnte, dass Mikroleckagen zugedrückt werden, so sollte mit positivem Überdruck geprüft werden. Da dieses dann sogar die "schärfere" Prüfung ist, bei der

Leckagen sogar deutlicher erkannt werden, ist dies vor dem Hintergrund der Reduzierung von Risiken durchaus sinnvoll.

Der Einsatz von negativem Überdruck kann unter Umständen sogar zur Montageunterstützung eingesetzt werden. Wenn im Inneren eines Produktes, das durch Klebung gefügt wird, ein negativer Unterdruck angelegt wird, so werden die zu verklebenden Komponenten besser ins Klebbett gedrückt und unter Umständen – und je nach Klebertyp – kann eine bessere Vernetzung erreicht werden.

Grundsätzlich machen sich externe temperaturbedingte Einflüsse bei negativem Überdruck aufgrund der reduzierten Anzahl von Molekülen nicht so stark bemerkbar. Allerdings stellen sich diese Vorteile erst bei nennenswertem negativem Überdruck ein.

3. Methoden und Ansätze zur Festlegung der Leckrate

Für die Wahl der Leckrate gibt es diverse Ansätze, wenn keine produktspezifische zulässige Leckrate vorgeschrieben ist.

So kann die Leckrate durch Messung der aus den Lecks austretenden Gasmenge, durch Umrechnung einer Flüssigkeitsleckrate in eine Gasleckrate, durch eine Viskositätsbetrachtung, durch Vererbung von Leckraten ähnlicher Produkte, durch Zugrundelegung industriell üblicher Orientierungswerte, anhand von Korrelationsversuchen, durch die Vermessung realer Produktionsfehler, durch die Analyse von Feldrückläufern festgelegt werden oder alternativ welche Leckrate bei Festlegung einer Prüftechnik noch prozesssicher erkennbar ist. Und in diesem Zusammenhang ist es unter Umständen notwendig, den Volumenstrom der Leckage auf andere Prüfdrücke umzurechnen bzw. die mit einem Prüfmedium ermittelte Leckrate auf ein anderes Prüfmedium umzurechnen.

3.1 Leckratenermittlung über die aus der Leckage austretenden Luft

Eine Luftleckrate kann experimentell wie folgt ermittelt werden: Ein grenzwertiges Prüfteil wird in einem Wasserbad mit dem Prüfdruck beaufschlagt. Die aus dem Leck austretende Luft wird in einem umgestülpten, mit Wasser gefüllten, Reagenzglas (bzw. in einem geeigneten Gefäß) über einen Zeitraum aufgefangen (Abb. 1). Die aufsteigenden Luftblasen verdrängen das Wasser im Reagenzglas. Nach Ablauf der Messzeit wird das Luftvolumen im Reagenzglas abgelesen und die daraus resultierende Luftleckrate berechnet.

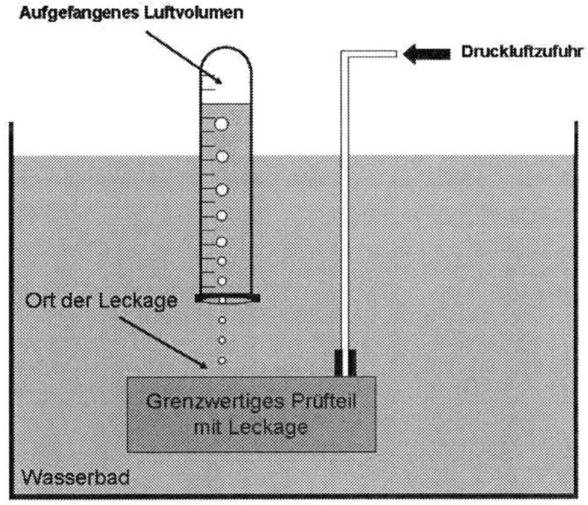

Abb.1: Ermittlung der Leckrate über das aus dem Leck austretende Luftvolumen [1]

Bei sehr geringen Prüfdrücken ist der hydrostatische Gegendruck des Wassers in der Tiefe der Leckage zu berücksichtigen und der Prüfdruck entsprechend zu korrigieren.

3.2 Ableitung einer Gasleckrate aus einer Flüssigkeitsleckrate

Falls eine Flüssigkeitsleckrate vorgegeben ist, so kann diese zugrunde gelegt werden und zur Abschätzung der Luftleckrate dienen.

Das Strömungsverhalten von Gasen und Flüssigkeiten wird durch die dynamische Viskosität η bestimmt (Einheit N·s/m² = kg/(m·s)).

Zur Abschätzung einer Gasleckrate $\Delta V/\Delta t_{Gas}$ (in mbar·l/s) ausgehend von einer Flüssigkeitsleckrate $Q_{Flüssigkeit}$ (in ml/min) kann die folgende Formel (Gleichung 5) verwendet werden:

$$\frac{\Delta V}{\Delta t}_{Gas} = Q_{Flüssigkeit} \cdot \frac{p_1 + p_2}{2} \cdot \frac{\eta_{Füssigkeit}}{\eta_{Gas}} \qquad \text{Gl. 5}$$

Beispiel: Ein Ventil wird mit Wasser und 2 bar positivem Überdruck ($p_{1,absolut}$ = 3013 mbar) beaufschlagt. Alle 10 Minuten tritt ein Wassertropfen (∅: 5 mm) gegen Atmosphäre ($p_{2,absolut}$ = 1013 mbar) aus. Dies entspricht einer Wasserleckrate von $q_{Wasser} = 1{,}09 \cdot 10^{-7}$ l/s oder 3,4 l Wasser pro Jahr. Mit den dynamischen Viskositäten von Wasser und Luft (bei 20°C: $\eta_{Wasser} = 1{,}002 \cdot 10^{-3}$ N•s/m², $\eta_{Luft} = 1{,}815 \cdot 10^{-5}$ N•s/m²) ergibt sich eine Luftleckrate von $\Delta V/\Delta t$ = 0,0121 mbar•l/s (entsprechend 0,727 cm³/min Luft unter Normaldruck).

Bei diesen Betrachtungen ist zu beachten, dass diese für ideale Verhältnisse gelten (laminare Strömung, unveränderliches kapillares Leck). In der Praxis liegen meist gänzlich andere Verhältnisse vor. Handelt es sich bei dem Leck um Mikroporositäten, Haarrisse oder weitet sich das Leck bei Druckbeaufschlagung auf, so lassen sich diese Effekte nicht mehr in geschlossener Form quantitativ beschreiben.

Zu beachten ist, dass die Viskosität von Gasen mit steigender Temperatur zunimmt. Dieses hängt mit der zunehmenden thermischen Bewegung der Gasmoleküle zusammen.

Bei Flüssigkeiten hingegen nimmt die Viskosität mit steigender Temperatur ab. Somit ist die Temperatur ein Einflussfaktor und sollte beachtet werden.

3.3 Viskositätsbetrachtung

Wenn gefordert ist, dass das Produkt dicht gegen ein Medium sein muss, so ist es möglich durch einen Vergleich der dynamischen Viskositäten des Mediums mit dem als Referenzmedium gewählten Wassers einen Abschätzung für eine Leckrate vorzunehmen.

Hierbei sollten auch die verschiedenen Betriebstemperaturen des Produktes beachtet werden. Dabei werden die dynamischen Visikositäten des Betriebsmediums in Abhängigkeit von der Temperatur mit den entsprechenden dynamischen Viskositäten von Wasser gegenübergestellt. D.h. rechnerisch wird ein Bezug zur Wasserdichtheit hergestellt, wobei z. B. für 20°C eine Luftleckrate von 0,6 ml/min als „Ankerwert“ verwendet wird.

Werden Leckraten auf der Basis eines Vergleiches von dynamischen Viskositäten festgelegt, so sollte - je nach Medium – eventuell noch ein Sicherheitsabschlag an der so berechneten Leckrate vorgenommen werden.

3.4 Vererbung von Leckraten

Wenn ähnliche oder leicht modifizierte Produkte hergestellt werden, die sich – aus der Sicht der Dichtheitsprüfung – nur geringfügig voneinander unterscheiden und wenn bei der Produktion ähnlich gut überwachte Montageprozesse zum Einsatz kommen, so kann es durchaus legitim sein, die Leckrate des einen Produkttyps auch bei der anderen Produktvariante zugrunde zu legen.

Zur Beurteilung, ob die Produkte aus prüftechnischer Sicht ähnlich sind, sollten relevante Kriterien herangezogen werden (z. B. Montageprozess, Ausschussquote, Quote der Produktrückläufer aufgrund von Leckagen, befüllbares Volumen, Art der Fügetechnik, Wandstärke, Art der Adaption, intern verbaute Komponenten).

Und es muss geprüft werden, inwiefern trotz gleicher Leckrate Anpassungen am Prüfprozess notwendig sind, wie z. B. an der Füllzeit, an der Stabilisierzeit und damit an der Gesamtprüfzeit. Findet hierzu keine qualifizierte Überprüfung statt, so besteht die Gefahr, dass entweder zu scharf oder zu unscharf geprüft wird.

In der Literatur findet man Informationen zur Dichtheit in Abhängigkeit von der Leckrate und Lochgröße. In Tabelle 4 sind einige Orientierungswerte aufgeführt. Die Leckrate hat üblicherweise die Einheit „mbar*l/s" bzw. „ml/min", wobei 1 mbar*l/s = 60 ml/min.

Tabelle 4: Orientierungswerte zu Dichtheit, Lochgröße und Leckrate [4], [5]

Dichtheit	**Lochgröße**	**Leckrate**	**Gasleckrate bei Δp = 1 bar**
Wasserdicht	10 µm	10^{-2} mbar*l/s	ca. 1 ml / 100 s
Dampfdicht	3 µm	10^{-3} mbar*l/s	ca. 1 ml / 15 Minuten
Bakteriendicht	1 µm	10^{-4} mbar*l/s	ca. 1 ml / 3 Stunden
Öldicht	300 nm	10^{-5} mbar*l/s	ca. 1 ml / 1 Tag
Virendicht	100 nm	10^{-6} mbar*l/s	ca. 1 ml / 10 Tage
Gasdicht	30 nm	10^{-7} mbar*l/s	ca. 1 ml / 100 Tage
"absolut dicht"	1 nm	10^{-10} mbar*l/s	ca. 1 ml / 300 Jahre

Diese Orientierungswerte beruhen auf einer Modellrechnung: In einem auf einen negativen Überdruck von -1 bar evakuierten Behälter befinde sich ein Loch. Wenn dieses plötzlich geöffnet wird, so dringt die über dem Lochquerschnitt anstehende Luftsäule (Atmosphärendruck von 1013 hPa) mit Schallgeschwindigkeit in den Behälter ein. Dies erzeugt einen von der Lochgröße abhängigen Volumenstrom, die Leckrate. Die in Tabelle 4 angegebenen Leckraten können als ersten Ansatz für Prüfungen im Druckbereich bis 1 bar zugrunde gelegt werden.

In der Praxis stellt man fest, dass Produkte, die auf Wasserdichtheit geprüft werden, je nach Prüfteiltyp, mit zulässigen Leckraten zwischen 0,6 ml/min und 8 ml/min geprüft werden. Ähnlich groß ist die Spanne der bei Öldichtheit verwendeten zulässigen Leckraten, die stark von den Eigenschaften des Öls abhängen. Anhand dieser großen Spannbreite ist zu erkennen, dass die Zugrundelegung von Orientierungswerten unter Umständen den Prüfprozess unnötig verschärft.

Weiterhin ist zu beachten, dass nur selten ein einzelnes Loch als Leck vorhanden ist. Die Gesamtleckage ergibt sich eher aus einer Vielzahl von Mikroporositäten.

3.5 Ableitung aus Korrelationsversuchen im Labor

Industriell übliche Orientierungswerte können für die zulässige Leckrate eines Produktes zugrunde gelegt werden.

Sicherheitshalber sollte die Festlegung der Leckrate durch Laboruntersuchungen abgesichert werden, da sonst die Gefahr besteht, dass zu scharf geprüft wird, verbunden mit einer zu hohen Ausschussquote. Hierbei werden Prüfteile mit unterschiedlichen Produktionsgüten mit einer geeigneten Prüfmethode auf Dichtheit geprüft. Dabei ist zu beachten, dass alle in der Produktionspraxis auftretenden Fehlerbilder geprüft werden.

Anschließend erfolgt eine Laborprüfung unter den Bedingungen der angestrebten IP-Schutzart. Diese Prüfung ist in der Regel zerstörend, da das Eindringen von Feuchtigkeit nachgewiesen werden muss. Unter bestimmten Bedingungen kann aber auch eine Funktionsprüfung stattfinden, um die Funktion und die leckagebedingte Beeinträchtigung der Funktion des Produktes nachzuweisen.

Anhand einer Korrelation der Dichtheitsprüfung mit dieser unabhängigen Untersuchung kann dann entschieden werden, welche Leckrate noch tolerabel ist. Dieses ist ein für die Auditierung des Prozesses sehr sinnvolles Vorgehen.

3.6 Vermessung realer Produktionsfehler

Bei Produkten, für die keine IP-Schutzart benannt wird, verzichtet man auf die unabhängige Prüfung. Dann werden Prüfteile mit typischen in der Praxis auftretenden Produktionsfehlern präpariert und mit einer geeigneten Methode zur Dichtheitsprüfung vermessen. Das Ziel ist die eindeutige Erkennung der kritischen Fehler und die Ableitung einer korrespondierenden Leckrate.

3.7 Analyse von Feldrückläufern

Anhand von undichten Rückläufern aus dem Feld kann die während der Inverkehrbringung verwendete zulässige Leckrate bestätigt oder auch angepasst werden. Hierzu können Produkte beispielsweise unter Wasser abgedrückt werden und die austretende Luft aufgefangen werden. Dabei kann auch direkt die Position des Lecks lokalisiert werden. Alternativ kann natürlich auch eine Dichtheitsprüfung zur Leckageermittlung durchgeführt werden.

Allerdings ist hierbei zu beachten, dass Feldrückläufer aufgrund des Praxisbetriebs eventuell durch Feuchtigkeit oder Schmutz kontaminiert sind. Metallische Teile können korrodiert sein. Dieses kann Einfluss auf die gemessene Luftleckrate haben. So kann beispielsweise der Fall eintreten, dass Leckagen sich durch Korrosion oder Verschmutzung temporär verschließen, so dass bei der Nachuntersuchung unter Umständen sogar zu geringe Leckraten festgestellt werden. Bei der Untersuchung von Feldrückläufern müssen die gemessenen Leckagen also besonders kritisch bewertet werden.

3.8 Erkennbarkeit und Nachstellung von Leckagen

Bisweilen stellt sich die Fragen, welche Leckrate mit der zur Verfügung stehenden oder der favorisierten Prüftechnik oder mit vertretbarem Aufwand prozesssicher erkennbar ist. Dieses kann im Rahmen von Machbarkeitsuntersuchungen erarbeitet werden.

Wenn es also keine Spezifikation gibt, werden unter Einsatz von Testlecks Versuche zur Erkennbarkeit von Leckraten durchführt. Hierbei werden verschiedene Testlecks (Abb. 2), die bei dem Prüfdruck unterschiedliche Durchflüsse haben, zusätzlich zu einem Masterdichtteil in den Messkreis geschaltet, und das Messsignal wird bewertet. Damit kann die Entscheidung zur Festlegung einer zulässigen Leckrate unterstützt werden.

Abb. 2: Testleck, das einen definierten Durchfluss bei dem angelegten Druck hat. Testlecks dienen der Nachstellung von grenzwertigen Prüfteilen [1]

3.9 Umrechnung der Volumenstroms auf andere Prüfdrücke

Wenn der Durchfluss eines Kalibriernormals unter definierten Bedingungen ermittelt wurde, so lässt er sich auf andere Betriebsdrücke (bei Einsatz des gleichen Mediums) mittels Gleichung 6 umrechnen:

$$Q_2 = Q_1 \cdot \frac{p^2_{2,innen} - p^2_{2,außen}}{p^2_{1,innen} - p^2_{1,außen}} \qquad \text{Gl. 6}$$

Die Drücke sind hierbei als Absolutdrücke einzusetzen.

Beispiel: Ein Testleck hat einen Durchfluss von Q_1 = 1,00 ml/min bei einem Druck von 1 bar ($p_{1,innen}$ = 2 bar absolut) ausströmend gegen Atmosphäre ($p_{1,außen}$ = 1 bar absolut). Soll das Testleck bei einem Druck von 3 bar ($p_{2,innen}$ = 4 bar absolut) eingesetzt werden, so hat es einen Durchfluss von Q_2 = 5 ml/min, wenn die Luft gegen Atmosphäre ausströmt ($p_{2,außen}$ = 1 bar absolut).

Da diese Formel ideale Verhältnisse voraussetzt (laminare Strömung durch einen zylinderförmigen Flusskanal), ist die Anwendbarkeit nicht universell möglich, sondern nur in einer gewissen „Druckumgebung". So liefert eine Umrechnung z. B. von 1 bar (relativ) auf 20 bar (relativ) keine verbindlichen Ergebnisse. Sicherheitshalber wäre das Kalibriernormal bei dem geänderten Druck zu kalibrieren.

Anmerkung: Wendet man diese Formel auf die zulässige Leckrate von Prüfteilen an, um diese bei anderen Betriebsdrücken zu definieren, so wird die so ermittelte Leckrate der Realität in der Regel nicht gerecht, da z. B. die stärkere Belastung der Nähte und Dichtungen nicht berücksichtigt wird. Diese Formel gilt daher streng genommen nur für die Umrechnung der Durchflüsse durch ein mechanisch stabiles Kalibriernormal (Testleck oder Testdüse). Für die Umrechnung von Leckraten auf andere Betriebsdrücke kann Gleichung 6 als Abschätzung verwendet werden.

3.10 Umrechnung von Leckraten auf andere Prüfgase

Wenn bei der Dichtheitsprüfung des Produktes ein anderes gasförmiges Prüfmedium eingesetzt wird, so müssen die Leckraten (Q_L) von einem Gas auf ein anderes umrechnet werden,. Das Verhältnis der Leckraten ist umgekehrt proportional zum Verhältnis der dynamischen Viskositäten (Gleichung 7):

$$Q_{Gas,2} = Q_{Gas,1} \cdot \frac{\eta_{Gas,1}}{\eta_{Gas,2}} \qquad \text{Gl. 7}$$

Ergänzend sei angemerkt, dass die Viskosität von Gasen mit steigender Temperatur zunimmt. In Tabelle 5 sind die dynamischen Viskositäten verschiedener Gase bei 0°C und 1013,25 hPa angegeben.

Tabelle 5: Dynamische Viskosität von Gasen bei 0°C und 1013,25 hPa [6]

Gas	**Dynamische Viskosität η**
Argon (Ar)	21,2 * 10^{-6} Pa*s
Helium (He)	18,7 * 10^{-6} Pa*s
Kohlendioxid (CO_2)	13,7 * 10^{-6} Pa*s
Luft	17,2 * 10^{-6} Pa*s
Schwefeldioxid (SO_2)	11,6 * 10^{-6} Pa*s
Stickstoff (N_2)	16,5 * 10^{-6} Pa*s
Wasserstoff (H_2)	8,4 * 10^{-6} Pa*s

Wird bei einer Prüfaufgabe die zulässige Leckrate mit 1 ml/min für das Prüfmedium Argon vorgegeben, so entspricht dies einer Leckrate von 1,23 ml/min beim Einsatz des Prüfmediums Luft und 1,28 ml/min bei Verwendung des Prüfmediums Stickstoff.

4. Tücken der Dichtheitsdefinition über den zeitlichen Druckverlust Leckrate

Bisweilen existieren Prüfvorschriften, in denen die geforderte Dichtheitsanforderung bei der Dichtheitsprüfung mit Druckluft über einen maximal zulässigen zeitlichen Druckverlust definiert wird, der einheitlich für verschiedene Prüfteilvolumina gilt.

Die sogenannte Leckratenformel (Gleichung 8) stellt bei einem stabilen Messzustand einen Zusammenhang zwischen der Leckrate Q_L, dem effektivem Prüfvolumen V_{eff} und dem zeitlichem Druckverlust dp/dt her. Die aus dem Leck austretende Luft strömt in die Umgebung auf Atmosphärendruck (1 bar = 100.000 Pa) aus.

$$\frac{\Delta p}{\Delta t}\left[\frac{Pa}{s}\right] = \frac{Q_L\,[ml/min]}{V_{Prüfvolumen}\,[ml]} \cdot \frac{100.000\ Pa}{60\ s/min} \qquad \text{Gl. 8}$$

Der zeitliche Druckverlust ist insbesondere umgekehrt proportional zum Volumen. Wird aber der zeitliche Druckverlust unabhängig vom Volumen vorgeschrieben, bedeutet dies zwangsläufig, dass die zulässigen Leckraten bei den verschiedenen Prüfteilvolumina unterschiedlich sind.

Ein Druckverlust von 100 Pa in 10 s, d. h. von 10 Pa/s, entspricht bei einem Volumen von 100 ml einer Leckrate von 0,6 ml/min, aber bei einem Volumen von 750 ml einer Leckrate von 4,5 ml/min (Abb. 3). Das kleinvolumige Produkt ist wasserdicht, aber das Produkt mit dem größeren Volumen nicht unbedingt.

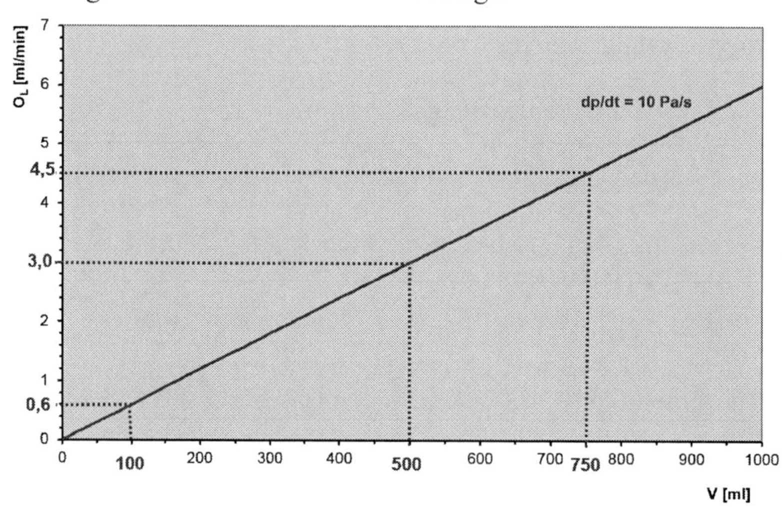

Abb. 3: Leckrate in Abhängigkeit vom Prüfvolumen bei einem zeitlichen Druckverlust von 10 Pa/s [1]

Da der leckagebedingte Druckverlust von dem Prüfvolumen abhängt, wird empfohlen, die Dichtheitsanforderung des Produktes immer über eine zulässige Leckrate zu definieren.

5. Anmerkungen

Bei der Dichtheitsprüfung von Komponenten, die später in ein Gesamtsystem verbaut werden, ist zu beachten, dass sich das Leckratenbudget additiv zusammensetzt. Wenn die zulässige Gesamtleckrate des Systems bekannt ist, so muss für die zulässige Leckrate der Komponente eine entsprechend geringere Leckrate festgelegt werden. Und die

Dichtheitsprüfung der Komponente sollte zumindest bei dem gleichen Prüfdruck stattfinden, mit dem das Gesamtsystem auf Dichtheit geprüft wird.

Falls die Leckrate sehr gering ist und keine hinreichende Auflösung bei der Druckverlustprüfung möglich ist, kann der Prüfdruck (und damit auch die Leckrate umgerechnet auf den neuen Prüfdruck) vergrößert werden, damit größere Messsignale ausgewertet werden können. Dieses ist natürlich nur möglich, wenn der neue Prüfdruck innerhalb der Belastungsgrenzen des Bauteils liegt. Bei höheren Prüfdrücken wird empfohlen eine dem Prüfteil angepasste und entsprechend durch Versuche validierte Leckrate festzulegen.

Montagebedingte Druckänderungen beim Fügen von Teilen können aufgrund des sich einstellenden positiven Überdruckes im Prüfteil Risiken für Klebprozesse darstellen. Es ist sicherzustellen, dass mechanisch bedingte Druckbelastungen einen noch nicht hinreichend ausgehärteten Kleber herausdrücken. Alternativ kann ein Druckausgleichselement integriert werden, durch das der mechanisch bedingte Druck wieder abgelassen wird.

6. Grenzen

Mit dem Prüfdruck lassen sich temperaturbedingte Druckänderungen nachstellen, aber nicht temperaturbedingte Mikrospalte, die sich aufgrund unterschiedlicher Material-Ausdehnungskoeffizienten bilden. Durch entsprechende Materialauswahl, konstruktive Maßnahmen und unabhängige Absicherungen ist sicherzustellen, dass dieses in der Praxis kein Problem darstellt.

Mit der Dichtheitsprüfung im Produktionsprozess lässt sich die Dichtheit des Produktes zum Zeitpunkt der Inverkehrbringung prüfen. Inwiefern das Produkt aber langzeitdicht ist, ist durch unabhängige Tests (künstliche Alterung, Untersuchung der Materialbeständigkeit,) sicherzustellen. Man kann das Produkt auch nach einer Zeit des Betriebes wieder auf Dichtheit prüfen, wobei sicherzustellen ist, dass eventuelle Verschmutzungen, Betriebsstoffe im Produkt oder Korrosionseffekte die Dichtheitsprüfung nicht beeinflussen bzw. eine Gefahr für das Prüfgerät darstellen.

Kriechen von Öl kann nicht bei der Abschätzung der Leckrate auf Grundlage des Vergleiches von dynamischen Viskositäten erfasst werden. In diesen Fällen sollten unabhängige Versuche durchgeführt werden, um abzusichern, dass die Leckratenabschätzung dem Produkt angepasst ist. Bisweilen wird ein zusätzlicher Sicherheitsabschlag (z. B. Halbierung der rechnerisch abgeleiteten Leckrate) zur Berücksichtigung des Kriechverhaltens angewendet.

Referenzen

[1] Fotos, Grafiken und Tabellen
CETA Testsysteme GmbH, Hilden

[2] Übersicht über die IP-Schutzartenprüfung, insbesondere Wasserprüfung
ITS GmbH Innovative Mess- und Testsysteme GmbH

[3] Übersicht IP-Schutzarten
Asskühl GmbH & Co. KG

[4] Leybold GmbH, Köln
https://www.leyboldproducts.de/media/pdf/10/0f/8b/FVT_Grundlagen_der_Vakuumtechnik_DE591eea2256c34.pdf

[5] Deutsche Gesellschaft für Zerstörungsfreie Prüfung e.V., Berlin
Fachausschuss Dichtheitsprüfung, Unterpunkt P2 und V9 im FAQ
http://www.dgzfp.de/Fachausschüsse/Dichtheitsprüfung/FAQ

[6] Kuchling, Taschenbuch der Physik

Charakterisierung der Porositäts- und Rissdichteentwicklung in Wärmedämmschichten von Gasturbinenschaufeln mittels Synchrotron Refraktions Radiographie

Bernd Randolf MÜLLER [1], Daniel E. MACK [2], René LAQUAI [1], Anderas KUPSCH [1], Oliver HELLE [2], Doris SEBOLD [2], Robert VAßEN [2], Giovanni BRUNO [1]
[1] Bundesanstalt für Materialforschung und -prüfung, Berlin
[2] Forschungszentrum Jülich GmbH, Jülich

Kontakt E-Mail: bernd.mueller@bam.de

Kurzfassung. Die Degradation von Wärmedämmschichten (thermal barrier coatings - TBCs) in Gasturbinen durch glasartige Calcium-Magnesium-Aluminiumsilikat (CMAS) Ablagerungen aus verschiedenen Quellen ist seit vielen Jahren ein anhaltendes Problem. In dieser Studie wurde mit Hilfe der Synchrotron-Röntgen-Refraktions-Radiographie (SXRR), und vergleichend mit der Elektronenmikroskopie, das Eindringen von CMAS in die poröse Struktur von atmosphärisch plasmagespritzten (APS) TBCs sowie die Bildung und das Wachstum von Rissen unter thermisch zyklischer Belastung untersucht. Die Ergebnisse deuten darauf hin, dass die Infiltration sowie deren Kinetik im Brenner-Teststand wesentlich vom Benetzungsverhalten des CMAS beeinflusst werden. Trotz des offensichtlichen Angriffs von CMAS auf die Korngrenzen hat die Wechselwirkung von Yttriumdioxid-stabilisiertem Zirkoniumdioxid (YSZ) mit intrudiertem CMAS keinen unmittelbaren Einfluss auf die Struktur und Dichte der innen Oberflächen (Risse, Poren). In einem späteren Stadium wird die Bildung von Rissen senkrecht zur äußeren Oberfläche in einer breiteren Zone der TBC-Schicht beobachtet.

Diese Arbeit ist im Original erschienen in [1]

Einführung

Gasturbinen sind eine wichtige Technologie für die Stromerzeugung und für den Antrieb in der Luftfahrt. Der Gesamtwirkungsgrad einer Gasturbine wird durch das Druckverhältnis der Verdichterstufe und durch die Eintrittstemperatur der Hochdruckturbine bestimmt. Beide wurden in den letzten Jahrzehnten deutlich zu höheren Werten getrieben. Heutzutage werden Turbinen mit Turbineneintrittstemperaturen von bis zu 1700°C betrieben. Das ist anspruchsvoll, denn Grundwerkstoffe wie Superlegierungen auf Nickelbasis oder Keramikmatrix-Verbundwerkstoffe (CMC), die für die Komponenten im Heißteil von Gasturbinen verwendet werden, benötigen bei Betriebstemperaturen von über 1000°C Schutzschichten. Oberhalb dieser Temperaturen kommt es zu einer Verschlechterung der mechanischen Eigenschaften der Trägermaterialien, und sie sind anfällig für Oxidation oder Zersetzung in der Verbrennungsatmosphäre. Barriereschichtsysteme für Legierungen und Siliziumkarbid-CMCs müssen eine Passivierungsschicht aufweisen, um Oxidation zu verhindern. Bei Superlegierungen ist ein zusätzlicher Hitzeschutz obligatorisch, während bei keramischen CMCs eine Zersetzung des Grundmaterials durch wasserdampfinduzierte Korrosion unterdrückt werden muss. Die äußere Schicht dieser Wärme- und/oder Umweltsperrschichtsysteme (T/EBC) besteht in der Regel aus Keramiken wie Silikaten oder Oxiden, die bei diesen Temperaturen eine hohe Stabilität besitzen. Allerdings weisen sie typischerweise eine gewisse Fehlanpassung in der thermischen Ausdehnung im Vergleich zu den Grundmaterialien auf. Da alle Anwendungen in Gasturbinenumgebungen meist den Betrieb unter thermischen Gradienten und thermischen Zyklen beinhalten, sind eine enge Anpassung der thermischen Ausdehnungsfähigkeiten und eine ausreichend hohe Bruchzähigkeit der Beschichtungsmaterialien essentiell, um thermomechanische Belastungen zu bewältigen und die langfristige Stabilität der Mikrostruktur sowie die Integrität des Bauteils zu gewährleisten.

Bei Temperaturen über 1200°C entstehen zusätzliche Stabilitätsprobleme der keramischen Sperrschichten durch Ablagerungen (mit Hauptbestandteilen CaO-MgO-Al2O3-SiO2, den sogenannten CMAS), die in diesem Temperaturbereich schmelzen. Die geschmolzenen CMAS-Schlacken beeinflussen die keramischen Beschichtungen im Allgemeinen auf zwei Arten: Erstens infiltriert die Schmelze die offene Porenstruktur der Beschichtungen (kann säulenförmig oder unregelmäßig sein); beim Erstarren bei niedrigeren Temperaturen wird die Struktur steifer. Zweitens kann auch eine chemische Wechselwirkung mit der Schmelze eine erhöhte Sintergeschwindigkeit oder die Bildung einer Reaktionszone bewirken. In jedem Fall bildet sich eine äußere Schicht, die im Vergleich zur ursprünglichen Beschichtung dichter ist und einen größeren E-Modul besitzt. Infolge dieser Änderung der mechanischen Eigenschaften treten beim Zyklus erhöhte Spannungen auf, und die Lokalisierung des Spannungsmaximums ändert sich. Dabei werden die kritischen Dehnungen, das Risswachstum und die sukzessive Delamination der Schichtsysteme durch die Wechselwirkung mit CMAS-Ablagerungen beeinflusst.

Die Auswirkung der mikrostrukturellen Veränderungen auf die mechanischen Eigenschaften und die potenzielle Veränderung des Versagensmechanismus sind unter Temperaturgradientenbedingungen noch komplexer und ausgeprägter. Wie an Ex-Service-Bauteilen zu sehen ist, kann bei Wärmedämmschichten, die einer CMAS-Penetration unter kombinierten zyklischen und Gradientenbedingungen ausgesetzt sind, Bruch in mehreren Abständen zur Oberfläche beobachtet werden [2]. Die Theorie der zugrunde liegenden Bruchmechanik wurde von Hutchinson et al. untersucht [3, 4].

Neuere Studien in gut kontrollierten Brennerexperimenten untermauern das kompetitive Risswachstum in verschiedenen Tiefen und zeigen den Einfluss der Zyklusparameter auf makroskopische (kritische) Versagensarten [5]. Es ist noch nicht klar, zu welchem Zeitpunkt diese Risse auftreten und ob es zu einer Schwächung durch das Eindringen von CMAS an Korngrenzen kommt. Zusätzlich wurde der Einfluss der typischerweise geringen Infiltration in atmosphärisch plasmagespritzten (APS) TBCs und der Effekt der Verdichtung während der beschleunigten Sinterprozesse noch nicht vollständig berücksichtigt.

Ziel dieser Studie ist es, den Zusammenhang zwischen dem Eindringen von CMAS in das Porengefüge von APS-TBCs und der Bildung und dem Wachstum von Rissen unter Temperaturwechselbelastung zu klären. Konkret bedeutet dies: zu quantifizieren, in welchem Ausmaß die poröse Struktur von CMAS infiltriert ist (Anteil, Tiefe), zu differenzieren, welcher Mechanismus die Verdichtung verursacht (Porenfüllung oder Versinterung), zu identifizieren, wann und wo Risse und Delaminationen im Verlauf der kontinuierlichen CMAS-Exposition und -Zyklisierung auftreten. Aus diesem Grund wurde die Gefügeanalyse mittels klassischer Elektronenmikroskopie mit Röntgenrefraktionsstudien gekoppelt.

Röntgenrefraktionstechniken wurden vor einigen Jahrzehnten eingeführt [6] und werden erfolgreich sowohl zur Materialcharakterisierung als auch zur zerstörungsfreien Prüfung eingesetzt [7]. Diese Techniken werden verwendet, um den Betrag der relativen inneren spezifischen Oberfläche (d. h. Oberfläche pro Volumeneinheit, bezogen auf einen Referenzzustand) einer Probe zu erhalten, und sind daher effektiv bei der Untersuchung von Defekten wie Rissen und Poren innerhalb keramischer Bauteile.

Röntgenbrechung tritt immer dann auf, wenn Röntgenstrahlen mit Grenzflächen zwischen Materialien unterschiedlicher Dichte interagieren, wie im Fall von Rissen, Poren und Partikeln in einer Matrix. Dies ist analog zum Verhalten von sichtbarem Licht in transparenten Materialien, wie z. B. Linsen oder Prismen. Die Differenz der Brechungsindizes zwischen den beiden Grenzflächenmaterialien, das sogenannte Brechungsdekrement, bestimmt den Brechungswinkel an der Grenzfläche (Winkel zwischen der Ausbreitungsrichtung des Primärstrahls und des gebrochenen Strahls). Da das Brechungsdekrement für Röntgenstrahlen in der Größenordnung von 10^{-5} liegt, können röntgenoptische Effekte nur unter sehr kleinen Ablenkwinkeln beobachtet werden, die zwischen einigen Bogensekunden und wenigen Bogenminuten liegen. Röntgenrefraktionsverfahren erkennen Poren und Risse, sobald sie eine Größe oder Öffnung von einigen Röntgenwellenlängen überschreiten. Da die typischen Röntgenwellenlängen etwa 0,1 nm betragen, liegt die kleinste detektierbare Objektgröße im Nanometerbereich. Dies ist nicht zu verwechseln mit der räumlichen Auflösung oder der Größe der Objekte, die abgebildet werden können. Die Ortsauflösung wird durch die Pixelgröße des Detektorsystems begrenzt. Es muss betont werden, dass es aufgrund des unvermeidlichen Hintergrundrauschens unmöglich ist, einen einzelnen Defekt zweifelsfrei zu erkennen. Es ist eine bestimmte Population von Objekten notwendig, um ein integrales Signal oberhalb des Hintergrundrauschens zu erhalten. Daher wird die Röntgenrefraktion primär im Durchstrahlungsmodus mit dünnen Proben (Plättchen) eingesetzt und liefert eine 2,5D-Information über die Mikrostruktur der Probe (2D-Lateralauflösung entsprechend der Anzahl und Größe der Detektorpixel und Signalintegration entlang der Probendicke). Das Ergebnis ist die Detektierung und Abbildung einer Population von Defekten anstelle der Abbildung einzelner Defekte. Diese Analyse kann an Proben von makroskopischer Größe (z. B. einige cm) durchgeführt werden, d. h. das Sichtfeld der Röntgenrefraktionstechniken ist viel größer als das der hochauflösenden Röntgen-Computertomographie und der klassischen Lichtmikroskopie. Darüber hinaus sind Röntgenrefraktionsverfahren sensitiv gegenüber der Defektorientierung, wodurch verschiedene Arten von Defekten identifiziert werden können. Das Refraktionssignal einer isotropen Inhomogenität, wie z. B. sphärische Hohlräume, ist bei jeder Orientierung der Probe vorhanden, während bei Rissen oder länglichen Poren das Signal verschwindet, wenn die Oberflächennormale des Defekts senkrecht zum Streuvektor des Detektionssystems steht. Das Röntgen-Refraktionssignal wurde quantitativ mit mikrostrukturellen Veränderungen korreliert, die mit mikromechanischen Modellen begründbar sind [8, 9].

1. Experimentelles

1.1 Probenherstellung

Die Brennertests in dieser Studie wurden an scheibenförmigen Prüflingen (Knopfprobe) durchgeführt. Es wurden IN738-Substrate mit einer Dicke von 3 mm und einem Durchmesser von 30 mm verwendet. Um Spannungen aufgrund von Kanteneffekten zu reduzieren, wurden die oberen Kanten abgerundet. In die Ränder wurde eine Kerbe gefräst, um die Montage zu erleichtern. Zusätzlich wurde in der Mitte der Probe ein Loch mit einem Durchmesser von 1,2 mm gebohrt, in das ein Thermoelement eingesetzt wurde.

Eine dichte MCrAlY-Bondschicht (Amdry 386) von 150 µm Dicke wurde durch Vakuum-Plasmaspritzen mit einem F4-Plasmabrenner (alle von Oerlikon Metco, Wholen,

Schweiz) bei 60 mbar Kammerdruck abgeschieden. Nach einer Standard-Diffusionswärmebehandlung wurde eine keramische Deckschicht von 400 µm Dicke aus 8YSZ (YSZ 204 NS) durch atmosphärisches Plasmaspritzen in einer MultiCoat-Anlage mit einer TriplexPro 210 Plasmapistole (alle von Oerlikon Metco, Wholen, Schweiz) aufgebracht. Die Sprühparameter sind in Tabelle 1 zusammengefasst. Die Porosität der äquivalenten freistehenden Beschichtungen wurde durch Quecksilberintrusion bestimmt (und betrug 17 ± 1 %).

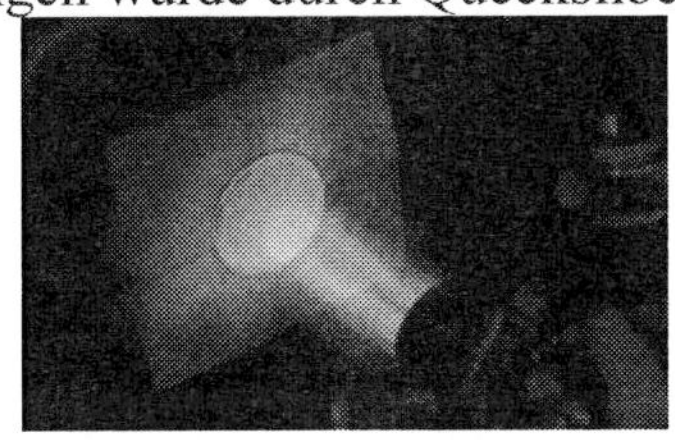

Abbildung 1. Foto einer zu prüfenden Probe in der Brenneranlage mit gleichzeitiger Injektion der CMAS-Lösung. Die orange Färbung zeigt Atomemissionsspektren von gelösten CMAS-Bestandteilen an [10].

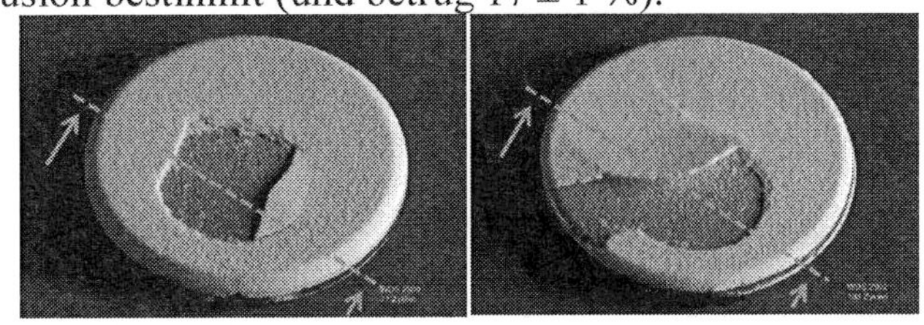

Abbildung 2. Fotos der bis zum makroskopischen Versagen geprüften Proben im Brennerprüfstand mit gleichzeitiger CMAS-Beschichtung: Probe A bei 77 Zyklen (links), Probe B bei 132 Zyklen (rechts). Die Position, die für das Schneiden und die repräsentative Gefügeanalyse aller Proben verwendet wurde, ist durch eine gestrichelte Linie gekennzeichnet.

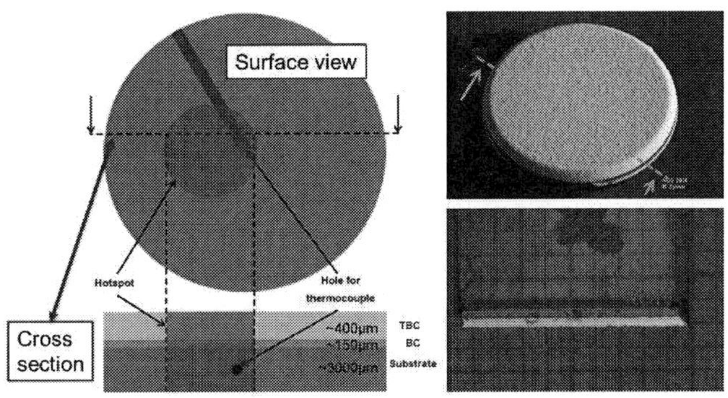

Abbildung 3. Skizzen (links) und Fotos (rechts) einer Knopfprobe, wie sie im Brennerprüfstand verwendet wurde, in der Draufsicht (oberer Teil) und im Schnitt (unterer Teil). Die Schnittlinie ist in den Draufsichten gestrichelt markiert und der Bereich der maximalen CMAS-induzierten Degradation ist in den Skizzen durch rote Einfärbung gekennzeichnet. Position und Abmessungen der Probe, die zur Charakterisierung durch Röntgenrefraktion entnommen wurde, sind ebenfalls angegeben (gestrichelte Linien).

Tabelle 1. Zusammenfassung der bei der Beschichtungsherstellung verwendeten Verarbeitungsparameter.

Parameter	**Bond Coat**	**Top Coat**
Current	640	420 A
Primary Plasma Gas	Ar, 50 NLPM	Ar, 46 NLPM
Secondary Plasma Gas	H_2, 9 NLPM	He, 4 NLPM
Carrier Gas	Ar, 1.7 NLPM	Ar, 2.0 NLPM
Spray Distance	275	200 mm
Robot Velocity	440 mm/s	500 mm/s

1.2 CMAS Exposition

Die für diese Studie verwendeten zyklischen thermischen Gradiententests sind speziell für die Simulation eines CMAS-Angriffs nahe den Motorbetriebsbedingungen ausgelegt. Die Simulation der Gasturbinenumgebung wird erreicht, indem ein mit einem Gemisch aus Sauerstoff und Erdgas betriebener Brenner die Oberfläche der Probe (TBC) aufheizt, während gleichzeitig die CMAS-Lösung axial durch die Brennerdüse injiziert und die Probe von der Rückseite (Substrat) mit Druckluft gekühlt wird (Abbildung 1).

16,17

Eine CMAS-Lösung wurde analog zu Literaturangaben [10, 11] wurde unter Verwendung von synthetischem amorphem kolloidalem Siliziumdioxid LUDOX AM 30 Gew.-% hergestellt, und unter Zugabe von Calcium-, Magnesium-, Aluminium-, Natrium-, Kalium- und Eisennitraten (siehe Tabelle 2) in ein H_2O (Sigma Aldrich, St. Louis, MO) suspendiert. Die Lösung der CMAS-Vorläufer wurde mit destilliertem Wasser auf 0,1 Gew.-% verdünnt, um ihre Aggressivität zu mildern, und mit einer konstanten Rate von 1,2 g/min axial in die Verbrennungsflamme geleitet. Während jedes Zyklus wurde die Oberfläche der Probe 5 Minuten lang auf eine stationäre Temperatur von 1250°C aufgeheizt, während die Temperatur des Substrats bei 1050°C gehalten wurde. Während des Aufheizens wurde ständig CMAS aus Vorstufen auf der Probenoberfläche aufgebaut. Nach jeder Aufheizzeit wurde der Brenner aus der vorderen Position entfernt und die Probe wurde mit Druckluft von beiden Seiten auf Raumtemperatur abgekühlt. Weitere Details zum Aufbau sind in [5, 10] zu finden.

Tabelle 2. Zusammensetzung der Precursor-Lösung (siehe auch [10]. Die Precursor-Lösung wurde in destilliertem Wasser bis zu einer Gesamtkonzentration von 0,1 Gew.-% verdünnt.

Component	Fraction in mol%
Colloidal silica (SiO_2)	50
$Ca(NO_3)_2 \cdot 4H_2O$	38
$Mg(NO_3)_2 \cdot 6H_2O$	5
$Al(NO_3)_3 \cdot 9H_2O$	4
$NaNO_3$	1
KNO_3	1
$Fe(NO_3)_3 \cdot 9H_2O$	1

Da das Ziel dieser Studie darin besteht, die durch CMAS verursachte allmähliche Degradation zu bewerten, wurde ein Prüfplan entwickelt, um Proben mit ausreichend großen Unterschieden in der Degradation, d. h. der Anzahl der erlebten Zyklen, zu erzeugen. Um Proben zu generieren, die so nahe wie möglich am Versagen sind, ohne dass diese versagen, wurden zunächst zwei Proben bis zum Versagen getestet, um einen für die Prüfbedingungen repräsentativen Zeitpunkt des Abplatzens zu bestimmen. Die mittlere Lebensdauer der ausgefallenen Proben (A und B) wurde als Grundlage verwendet, um Zielzahlen für die Prüfung der Proben C bis F bis 1/5, 1/3 und 2/3 der erwarteten Lebensdauer (20 Zyklen, 35 Zyklen bzw. 70 Zyklen) zu definieren. Die Prüfung bis 1/3 der mittleren Spallationslebensdauer wurde zur Überprüfung der Reproduzierbarkeit wiederholt. Als Referenz wurde die Probe G ohne gleichzeitige CMAS-Beschichtung 70 Zyklen lang in einer Brenneranlage gealtert. Eine Übersicht der Proben findet sich in Tabelle 3.

Tabelle 3. Liste der Prüflinge mit Anzahl der Prüfzyklen und maximaler Infiltrationstiefe von CMAS, wie aus hochvergrößernden REM-Bildern abgeleitet.

Specimen	Cycles	Infiltration Depth /µm
A	641 77	n.a. (spalled)
B	132	n.a. (spalled)
C	35	190
D	35	188
E	276 20	108
F	70	251

1.3 Metallographische Präparation

Aufgrund der Einschränkungen des Versuchsaufbaus sind die Oberflächentemperatur und die CMAS-Abscheidungsrate zum Rand der Probe hin deutlich reduziert. Der Bereich der

maximalen Temperatur und CMAS-Abscheidungsrate war leicht exzentrisch. Dies korreliert mit dem Ort der makroskopischen Spallation, wie sie in
Abbildung **2** an der versagten Probe zu sehen ist. Abbildung 3 zeigt Skizzen (links) und Fotos (rechts) der Probe, die bei der Prüfung im Brennerprüfstand verwendet wurde, in der vorderen Seitenansicht (oberer Teil) und in der Querschnittsansicht (unterer Teil). Der Bereich der maximalen Verschlechterung ist in den Skizzen durch rote Einfärbung gekennzeichnet und wurde für die weitere Auswertung verwendet. Metallographische Schnitte für die REM-Analyse wurden genau durch diese Zone hergestellt, wie durch die gestrichelte Linie in Abbildung 2 angedeutet

Plättchen der Größe 1 mm x 1 mm x 10 mm für die Charakterisierung durch Röntgenrefraktion wurden anschließend mit einer Diamantdrahtsäge aus denselben Schnitten herausgeschnitten, die für die REM-Analyse verwendet wurden. Diese Plättchen wurden aus den interessierenden Bereichen extrahiert (Skizze im unteren linken Teil von Abbildung 3) und zur einfachen Handhabung noch an etwas Harzmaterial befestigt (Foto in Abbildung 3 und Abbildung 4).

1.4 REM und Bildanalyse

Es wurde ein Zeiss Ultra55 REM (Carl Zeiss Microscopy GmbH, Oberkochen, Deutschland) verwendet. Die Bilder wurden in verschiedenen Auflösungen aufgenommen, d.h. sowohl für die Darstellung der gesamten Schichtdicke (Pixelgröße 0,6 µm x 0,6 µm , Flächengröße 610 µm x 420 µm) als auch für die Auswertung der mikrostrukturellen Veränderungen (Pixelgröße 66 nm x 66 nm Flächengröße ca. 70 µm x 50 µm).

Für die Analyse der CMAS-Eindringtiefe wurden Bildserien, beginnend an der TBC-Oberfläche und weiter in die Beschichtung hinein, aufgenommen. Jedes Bild wurde auf mikrostrukturelle Anzeichen für Einflüsse von CMAS überprüft, wie sie aus der Literatur bekannt sind [2, 12] und auch in früheren Studien zur CMAS-induzierten Degradation in der Umgebung der Brenneranlage beobachtet wurden [5, 13]. Wenn eine Tiefe erreicht wurde, in der die Bilder keine weiteren Anzeichen für eine Beeinflussung zeigen, wurde der Ort der tiefsten beobachteten Anzeichen für eine Beeinflussung aufgezeichnet. Der Ort wurde dann auf einem Bild mit geringer Vergrößerung abgebildet, um den Abstand zum durchschnittlichen Oberflächenniveau zu diesem Ort zu messen, was die CMAS-Eindringtiefe ergibt.

Serien von hochauflösenden REM-Bildern, die bei festen Aufnahmebedingungen im Elektronenrückstreumodus (EBS) von den Proben F und G (siehe Tabelle 3) in den gleichen Abständen von der Oberfläche (50µm, 150µm, 250µm und 350µm) aufgenommen wurden, wurden für eine quantitative Analyse der Porosität und des CMAS-Eindringens verwendet. Histogramme der Graustufen in den Bildern (entsprechend der EBS-Intensität) wurden über alle 7 Bilder, die in den verschiedenen Tiefenstufen aufgenommen wurden, zusammengefasst. Die Häufigkeiten in den Histogrammen, die den Graustufenbereichen 0-89, 90-150 und 151-255 entsprechen, wurden weiter ausgewertet.

1.5 Röntgenrefraktion

Die SXRR-Messungen wurden am BAM-Synchrotronlabor BAM*line* am Helmholtz-Zentrum Berlin durchgeführt [14, 15]. Drei der Proben, die der CMAS-Abscheidung (20, 35, 70 Zyklen) unterzogen wurden, sowie die Referenzprobe (G) wurden in einem Diarahmen montiert, wie in Abbildung 4.

Ein Doppelkristall (Si (111)) Monochromator (DCM) wurde verwendet, um einen hoch kollimierten monochromatischen Röntgenstrahl mit einer Energiebandbreite von 0,2 % zu extrahieren. Die Strahlenergie wurde auf 50 keV eingestellt, um eine Röntgentransmission der Probe von etwa 15 % zu erreichen. Eine Kamera von Princeton Instrument (1340 x 1300 Pixel) in Kombination mit einem Linsensystem und einem 50 µm dicken CWO-Szintillatorschirm lieferte eine Pixelgröße von 5,3 µm x 5,3 µm und lieferte ein Gesichtsfeld von etwa

7,1 mm x 6,9 mm [16]. Der einfallende Strahl wurde durch ein Spaltsystem auf das Gesichtsfeld eingeengt, um eine Hintergrundbeleuchtung des Detektors zu vermeiden [17].

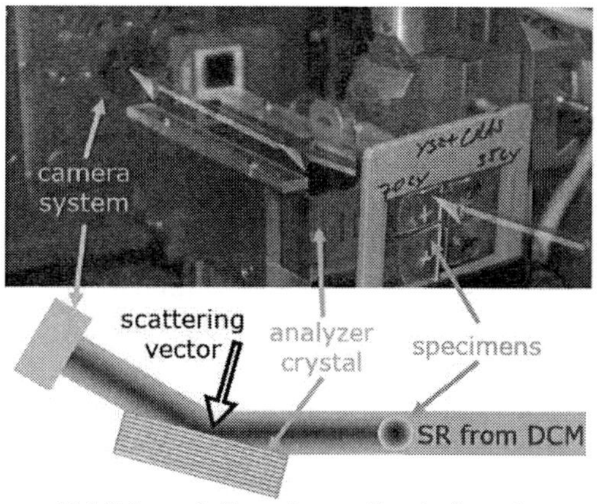

Abbildung 4. Experimenteller Aufbau der Röntgenrefraktionsstation an der BAM*line*. Die blauen Pfeile zeigen den Strahlengang an. Die Proben sind in einem Diarahmen montiert, der rechts abgebildet ist. Eine Skizze des Aufbaus befindet sich unter dem Foto.

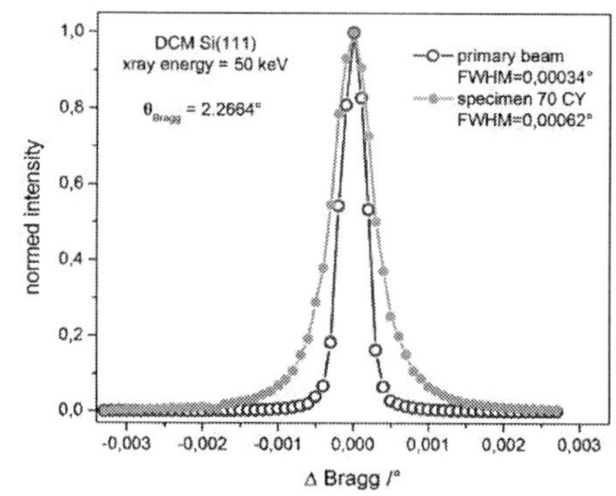

Abbildung 5. In einem Detektorpixel gemessene und auf das Peak-Maximum normierte Rocking-Curves. Offene Kreise: ohne Probe (FWHM = 0,00034°); Gefüllte Kreise: mit Probe (FWHM = 0,00062°).

Im Gegensatz zur traditionellen Radiographie wurde für die Durchführung von Refraktionsmessungen ein Si-(111)-Analysatorkristall in den Strahlengang zwischen der Probe und dem Kamerasystem platziert, wie in Abbildung 4 dargestellt. Der Analysatorkristall reflektiert den aus der Probe kommenden Strahl nur dann in das Detektorsystem, wenn der Einfallswinkel dem Bragg-Winkel entspricht (2,2664° bei 50 keV). Durch Kippen des Analysatorkristalls um eine Achse senkrecht zum Streuvektor wird die sogenannte Rocking-Curve aufgenommen. Diese beschreibt die reflektierte Strahlintensität in Abhängigkeit von der Abweichung vom Bragg-Winkel. Die Rocking-Curve wurde für jede Probe durch 61 Aufnahmen zwischen 2,2641° und 2,2695° mit einer Schrittweite von 0,0001° und einer Belichtungszeit von 5 Sekunden pro Bild aufgenommen. Alle Proben wurden in parallelen und senkrechten Orientierungen ihrer TBC-Oberflächennormalen in Bezug auf den Streuvektor gemessen. Zusätzlich wurden Dunkelfeld- (Strahl aus) und Flatfield-Bilder (Strahl an, aber ohne Proben) aufgenommen: Das Dunkelfeldbild wird verwendet, um den Dunkelstrom und das Ausleserauschen des Detektors von den Proben- und Flatfield-Bildern zu subtrahieren. Die Flat-Field-Bilder quantifizieren die instrumentellen Artefakte und das Rauschen, die zur Korrektur der Röntgenbilder gemäß Gleichung (1) verwendet werden. Die korrigierten Rocking-Curve-Bilder wurden mit einem Inhouse entwickelten Softwarecode auf Basis von LabView® analysiert. Abbildung 5 zeigt eine typische Rocking-Curve, die aus einem beliebigen Detektorpixel ohne (offene Kreise) und mit (gefüllte Kreise) der Probe im Strahl extrahiert wurde. Die Maxima der Kurven sind auf Eins normiert, um die Zunahme der Strahldivergenz aufgrund des Brechungseffekts an Grenzflächen (z. B. Risse und/oder Poren) innerhalb der Probe deutlich zu zeigen. Die Halbwertsbreite (FWHM) der Rocking-Curve ohne Probe repräsentiert die intrinsische Strahldivergenz von etwa 0,00034° (d.h. 0,2% Energiebandbreite des DCM). Die Rocking-Curve mit Probe hat eine erhöhte FWHM von ca. 0,00062° aufgrund der Brechung an Grenzflächen innerhalb der Probe. Die Analysesoftware liefert die charakteristischen Parameter der Rocking-Curve (Kurven-Integral, Maximum, Position, FWHM). Die Größen zur Berechnung der Schwächungseigenschaften und des relativen spezifischen Oberflächenanteils der Proben sind in Tabelle 4 zusammengefasst. Mit Hilfe der Bildbearbeitungssoftware "Fiji Image J" [18] werden die Schwächung (μ·d) und der Refraktionswert (Cm·d) für jedes Pixel nach Gleichung (1) bzw. (2) ausgewertet und graphisch dargestellt. Eine detaillierte Beschreibung der Datenaufbereitung und -auswertung findet sich in [19, 20].

$$\mu \cdot d = -\ln\left(\frac{I}{I_0}\right) \qquad \text{Gleichung 1}$$

$$C_\mathrm{m} \cdot d = 1 - \frac{I_\mathrm{R}}{I_\mathrm{R0}} \cdot \frac{I_0}{I} \qquad \text{Gleichung 2}$$

Der Einfluss der Probendicke d wird eliminiert, indem der lokale Refraktionswert ($C_m \cdot d$) durch die lokale Schwächung ($\mu \cdot d$) dividiert wird. Dies ergibt den relativen spezifischen Refraktionswert (C_m/μ), der mit der relativen spezifischen inneren Oberfläche des Probekörpers korreliert ist.

Tabelle 4 Rocking-Curve-Parameter zur Berechnung der Schwächungseigenschaften und des relativen spezifischen Refraktionswertes der Proben.

Symbol	**Größe**
I_R	Peak-Höhe (Kurve mit gefüllten Kreisen) mit Probe im Strahl
I_{R0}	Peak-Höhe (Kurve mit offenen Kreisen) ohne Probe im Strahl
I	Peak-Integral (Kurve mit gefüllten Kreisen) mit Probe im Strahl
I_0	Peak-Integral (Kurve mit offenen Kreisen) ohne Probe im Strahl
Symbol	Größe
I_R	Peak-Höhe (Kurve mit gefüllten Kreisen) mit Probe im Strahl
I_{R0}	Peak-Höhe (Kurve mit offenen Kreisen) ohne Probe im Strahl

2. Ergebnisse und Diskussion

2.1 REM Analyse

Die maximale Tiefe der CMAS-Infiltration in die unregelmäßige APS-Struktur kann durch eine qualitative Inspektion der REM-Bilder abgeschätzt werden. Das Bild in Abbildung 6 (oberer Teil) wurde von Probe F in einem Abstand von 50 μm zur Oberfläche aufgenommen und zeigt die markanten Merkmale, die mit dem CMAS-Angriff auf die typische Mikrostruktur zusammenhängen:

- CMAS infiltriert in die offenen Hohlräume und Risse des APS-Gefüges inhomogen; größere Poren sind oft unvollständig gefüllt.
- Die Auflösung von YSZ findet nicht nur an den (inneren) Oberflächen von Poren und Rissen statt, sondern auch an den Korngrenzen im Inneren der Spritzer, wo der CMAS-Angriff das säulenförmige Kornmuster auflöst.
- Sphäroidisierung von isolierten Körnern und potentielle Wiederausscheidung von YSZ wird dort beobachtet, wo das Reservoir an CMAS groß genug und gesättigt ist.

Als weiteres Beispiel zeigt Abbildung 7a das Mikrogefüge der Probe F in einem Abstand von 250 μm zur Oberfläche. Oberhalb des großen horizontalen Risses sind einige Anzeichen von CMAS-Intrusion zu erkennen, während unterhalb des Risses keine Anzeichen von CMAS mehr zu beobachten sind. Diese Positionen können zur Abschätzung der Tiefe der CMAS-Intrusion verwendet werden. Die Stellen der tiefsten beobachteten CMAS-Intrusion wurden für alle Proben aufgezeichnet und auf Bildern mit geringer Vergrößerung abgebildet. Die Abstände zur Oberfläche sind in Abbildung 7 aufgeführt und zur Veranschaulichung sind die vertikalen Positionen durch eine gestrichelte weiße Linie auf den Bildern mit geringer Vergrößerung der Proben D, E und F in Abbildung 7b-d dargestellt.

Unsicherheiten bei dieser Art der Auswertung ergeben sich zum Beispiel aus der schwachen Anzeige der CMAS-Intrusion, aus den unregelmäßigen Merkmalen der APS-Mikrostruktur, aus der Verwendung von 2D-Bildern und aus der gewählten Auflösung der REM-Bilder. Berücksichtigt man insbesondere die groben Merkmale der APS-Mikrostruktur, wie die Verteilung größerer Poren und die Rauheit der TBC-Oberfläche, so schätzen wir einen Fehler in der Intrusionstiefe in der Größenordnung von ±20 µm. Dies ist konservativ, wie die geschätzten Werte im Falle der beiden Proben C und D zeigen, die jeweils 35 Zyklen lang getestet wurden: Auch wenn in diesen Fällen ein zusätzlicher Fehler durch die begrenzte Wiederholbarkeit des Experiments eingeführt worden sein mag, lag die Intrusionstiefe in beiden Tests bei etwa 190 µm, mit einer Streuung unter 10 µm.

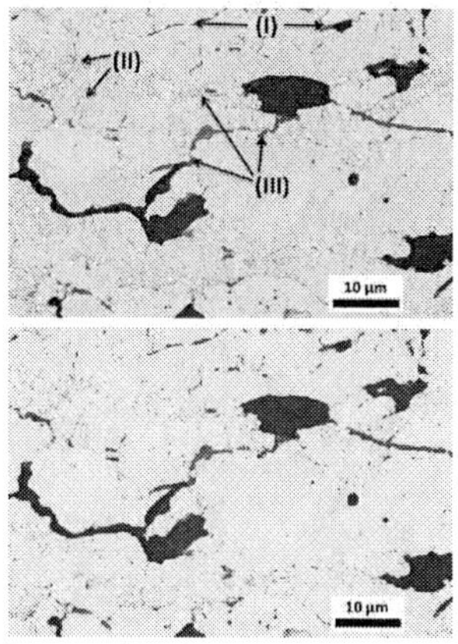

Abbildung 6. (oben) Visualisierung der offenen Porenstruktur eines von CMAS teilweise infiltrierten APS TBC in einem Tiefenbereich von ca. 25µm - 75 µm - nach 70 Zyklen im Brennerprüfstand bei gleichzeitiger Ablagerung von CMAS-Bestandteilen. (unten) Die Pixel sind entsprechend den Graustufenbereichen 0-89, 90-150 bzw. 151-255 farblich in lila, rot und gelb kodiert. Sie stellen Poren, CMAS und YSZ dar.

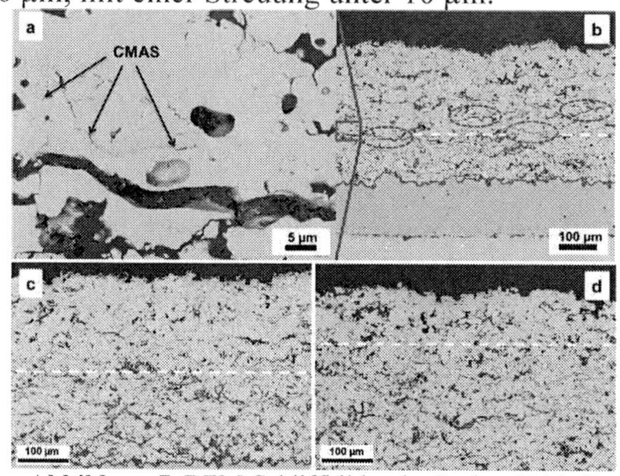

Abbildung 7. REM-Schliffbilder der Proben D bis F, die im Brennerprüfstand bei gleichzeitiger CMAS-Zugabe getestet wurden: 70 Zyklen (a-b), 35 Zyklen (c), 20 Zyklen (d). Weiße gestrichelte Linien zeigen die maximale Tiefe der CMAS-Intrusion, wie aus der REM-Analyse abgeleitet. Elliptische Markierungen zeigen Stellen mit Delaminationsrissen in verschiedenen Abständen zur Oberfläche an.

Wie aus Abbildung 8 ersichtlich ist, nimmt die Intrusionstiefe monoton mit der Anzahl der Zyklen zu. Interessant ist, dass das Fortschreiten der Infiltration zu Beginn proportional zur Anzahl der Zyklen ist, und damit proportional zur Verweilzeit bei hoher Temperatur sowie zur Gesamtmenge des abgeschiedenen CMAS. Aufgrund der geringen Viskosität der CMAS-Schmelze erfolgt die Infiltration an der Oberfläche typischerweise innerhalb weniger Minuten, unabhängig von der Menge an CMAS [12]. Dabei kann der lineare Anstieg über mehrere Stunden auf den experimentellen Ansatz zurückgeführt werden, bei dem der CMAS-Precursor kontinuierlich der Brennerflamme zugeführt und die Abscheidung während der hohen Temperaturverweilzeiten ständig erneuert wird.

In der späteren Phase des Experiments nimmt die Progressionsrate der Intrusion ab. Eine ähnliche Entwicklung der CMAS-Eindringtiefe mit der Zeit wurde unter isothermen Bedingungen von Drexler et al. berichtet [21] und wurde auch von Jackson et al. aus dem viskosen Fließverhalten unter Gradientenbedingungen berechnet [22]. Dennoch deuten beide Studien darauf hin, dass die Porenstruktur vollständig von der CMAS-Schmelze gefüllt wird und die Penetrationsrate mit zunehmendem Porenradius steigt. In Anbetracht unserer REM-Beobachtungen der geringen Infiltration, bei der überwiegend kleine Poren gefüllt werden und der Verschluss der groben Volumina verzögert ist (insbesondere in den unteren Ebenen), kann die abnehmende Penetrationsrate nicht nur auf die sich ändernde Viskosität der CMAS-Schmelze unter den Temperaturgradientenbedingungen zurückgeführt werden.

Kürzlich berichteten Shan et al. über isothermische Infiltrationsexperimente. Sie fanden heraus, dass ausschließlich große Poren der Füllung durch CMAS-Intrusion widerstanden. Dieses Verhalten wurde auf das radiusabhängige Benetzungsverhalten an den Wänden von Kavitäten zurückgeführt, die durch kugelförmige Platzhalter während der Herstellung aufgebaut werden [23]. Unter Berücksichtigung dieser Ergebnisse kann man schlussfolgern, dass die niedrigviskose und gut benetzende Schmelze in der Nähe der

Oberfläche leicht offene Porosität flutet. Da die Viskosität und der Kontaktwinkel in Abhängigkeit von zunehmender Tiefe und abnehmender Temperatur auf ein kritisches Niveau ansteigen [24, 25], wird das zugängliche Porenvolumen effektiv reduziert. Interessanterweise werden auch in der größeren Tiefe noch kleinere Poren gefüllt. Die erhöhte Viskosität und der Kontaktwinkel bewirken keine Verblockung im heterogenen Gefüge.

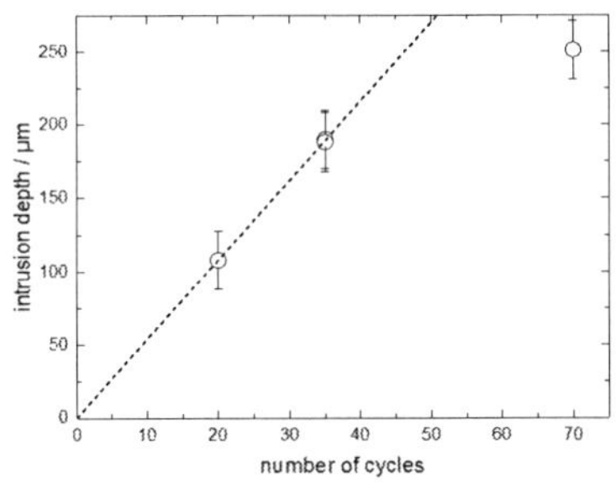

Abbildung 8. Entwicklung der Intrusionstiefe, aufgezeichnet durch Bildanalyse von REM-Bildern als Funktion der Zyklenzahl im Brennerprüfstand.

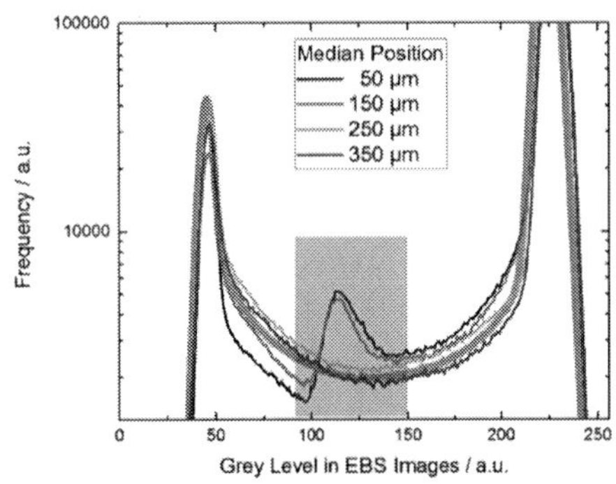

Abbildung 9. Histogramme der REM-Bilder (EBS-Modus). Probe F in verschiedenen Tiefen (70 Zyklen mit CMAS). Probe G graue Kurve (ohne CMAS). Rote Schraffur markiert CMAS Bereich.

Bezogen auf die makroskopischen Veränderungen des YSZ-Mikrogefüges, siehe Abbildung 7b-d, ist eine Verdichtung der oberflächennahen Bereiche erkennbar. Dies kann durch eine erhöhte Sinterrate von YSZ in Gegenwart von CMAS-Bestandteilen wie Si und Al verursacht werden [26]. Zusätzlich werden Delaminationsrisse deutlich vor der mittleren Spallationslebensdauer in der Probe beobachtet, die 70 Zyklen mit CMAS unterzogen wurde (markiert in Abbildung 7b in Tiefen von 150µm bis 250µm). Interessanterweise waren in den Schliffbildern der Proben D und E keine makroskopischen Risse zu sehen, obwohl CMAS unter "Kälteschock"-Bedingungen gelegentlich schon in frühen Stadien ein Versagen der intrudierten Zone begünstigt [2], was auf die hohe Porosität der Beschichtungen zurückgeführt werden kann.

Ein weiterer Ansatz zur Charakterisierung des Grades der CMAS-Infiltration ist durch quantitative Bildanalyse gegeben. Abbildung 9 zeigt die Histogramme der Graustufen in REM-Bildern, die im EBS-Modus von Probe F aufgenommen wurden. Im Bereich der Graustufen 90-150 (rot markiert) wird ein deutlicher Peak in den Histogrammen von Bildern beobachtet, die nahe der Oberfläche aufgenommen wurden. Dieser Peak wird in den Histogrammen der Bilder, die in größerem Abstand zur Oberfläche aufgenommen wurden, nicht beobachtet. Auch im Histogramm der Bilder der Referenzprobe G (geprüft ohne CMAS) ist ein solcher Peak an keiner Stelle erkennbar (grau schattierte Kurve in Abbildung 9).

Abbildung 6 zeigt REM-Bilder mit und ohne farbkodierte Pixel: gelb, rot und lila entsprechen den Grauwertbereichen 0-89, 90-150 bzw. 151-255. Der direkte Vergleich der Merkmale und die EDS-Analyse an den entsprechenden Stellen deuten darauf hin, dass der mittlere Bereich der Graustufen hauptsächlich auf intrudiertes CMAS zurückzuführen ist. Daher ist das Integral der Häufigkeiten in diesem Bereich eng mit der Menge der CMAS-Akkumulation korreliert. In gleicher Weise kann die Häufigkeit des Auftretens in den Grauwertbereichen 0-89 und 151-255 mit der Menge an Poren bzw. YSZ-Keramik korreliert werden.

Abbildung 10 zeigt die Volumenanteile von YSZ, CMAS und Poren, wie sie aus der Graustufenanalyse von REM-Aufnahmen der Proben F und G in verschiedenen Abständen von der Oberfläche ermittelt wurden. Unabhängig von der Tiefe und vom Zustand der CMAS-Abscheidung während der Prüfung beträgt der Volumenanteil von YSZ etwa 88 %. Nur im oberflächennahen Bereich der ohne CMAS-Abscheidung geprüften Probe wird eine leichte Abnahme von 2 % beobachtet, wobei die Abweichung noch innerhalb des statistischen Fehlers liegt. Diese Abnahme des scheinbaren YSZ-Volumens wird größtenteils durch einen erhöhten Volumenanteil der Poren ausgeglichen, während der Volumenanteil des CMAS innerhalb von weniger als 1% konstant bleibt. Bei der Inspektion der Querschnittsaufnahmen konnten keine Risse oder andere offensichtliche Merkmale in der YSZ-Schicht festgestellt werden. Obwohl ein fertigungsbedingter Gradient in der Porosität nicht völlig ausgeschlossen werden kann, ist der wahrscheinlichere Grund für diese Frequenzverschiebung eine sinterinduzierte Vergröberung des YSZ-Gefüges in Oberflächennähe. Dieses frühe Stadium der Sinterung betrifft vor allem Porositäten mit Abmessungen, die kleiner sind als die Auflösungsgrenze der Mikroskopie [27]. Die Nachweisgrenze kann auf etwa 3 Pixel geschätzt werden und entspricht etwa 0,2 µm (in Abbildung 6). Kleinere Poren tragen zu Frequenzen im mittleren Bereich der Graustufen bei, da sowohl YSZ als auch Poren zum detektierten Signal beitragen. Unterschiede zwischen den in Abb.10c dargestellten Werten und der durch Quecksilberintrusion ermittelten Porosität (p ~ 17%) sowie dem scheinbaren minimalen Volumenanteil von CMAS (ca. 2,5%) können ebenfalls auf den Effekt der begrenzten räumlichen Auflösung zurückgeführt werden.

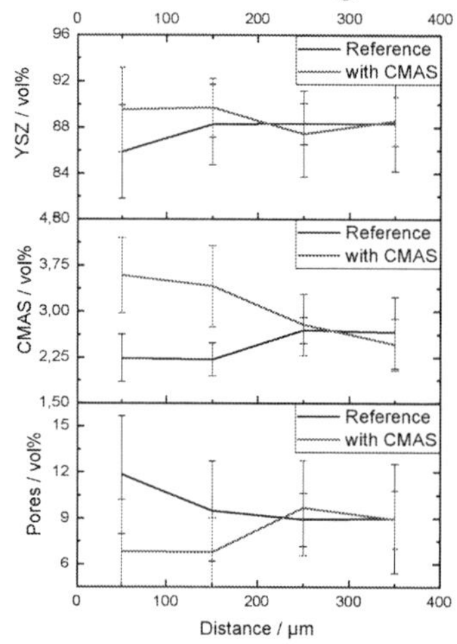

Abbildung 10. Volumenanteile von YSZ, CMAS und ungefüllten Poren, abgeleitet aus der optischen Bildanalyse von REM-Bildern der Proben, die in unterschiedlichen Abständen zur Oberfläche aufgenommen wurden, die 70 Zyklen in einem Brennerprüfstand mit (F) oder ohne (G) gleichzeitige CMAS-Abscheidung getestet wurden.

In Probe F ist im oberflächennahen Bereich ein Anstieg des Volumenanteils von CMAS zu beobachten, der deutlich über dem Fehlerbalken liegt. Dieser Trend ist gegenläufig zum Volumenanteil der Poren, während der Anteil von YSZ nur geringe Schwankungen aufweist. Das Gleichgewicht der Volumina von CMAS und Poren spiegelt somit die teilweise Füllung der Porosität in der Probe im Gegensatz zum vollständig infiltrierten Oberflächenbereich wider. Interessant ist, dass der Grad der Porenfüllung bereits in den Tiefen von ~50 µm und ~150 µm ähnlich ist und weit von 100 % entfernt ist.

Die Tiefe der Änderungen des Anteils von CMAS und Poren stimmt gut mit der Tiefe der Intrusion überein, die durch qualitative Inspektion identifiziert wurde, wenn wir die intrudierten Stellen berücksichtigen, die durch die Graustufenanalyse nicht erkannt werden (siehe Abb.8 in einer Tiefe von ~250 µm). Darüber hinaus wird nur ein geringer Anstieg des Volumenanteils von YSZ im oberflächennahen Bereich beobachtet. Dies könnte mit der in Abbildung 7 beobachteten scheinbaren Verdichtung korreliert sein. Auch in einer Tiefe von ~250 µm könnte eine geringe Abnahme des Volumenanteils von YSZ und eine geringe Zunahme des Volumenanteils von Poren mit den beobachteten Delaminationsrissen korreliert sein.

2.2 Röntgenrefraktion

Wie in der Einleitung dargestellt, bieten SXRR-Experimente ein zerstörungsfreies Werkzeug, um ortsaufgelöste Informationen über die Dichte und den relativen spezifischen Oberflächengehalt einer Probe zu erhalten.

Abbildung 11 zeigt die lokalen Schwächungseigenschaften ($\mu \cdot d$) als 2D-Grauwertbilder (die Grauwertverteilung ist für alle Bilder gleich) und das Tiefenprofil des linearen Schwächungskoeffizienten für jede Probe. Die nummerierten Bereiche zeigen die TBC-Schicht, die BC-Schicht und das Substrat an. Der lineare Schwächungskoeffizient μ (proportional zur Dichte) wurde mit Hilfe der gemessenen Probendicken berechnet und auf die lineare Schwächung der Bondcoat (BC)-Schicht (in der kurzen Versuchszeit nicht degradiert) normiert. Bei der Referenzprobe und bis zu 35 Zyklen ist die Dichte der TBC-Schichten zur äußeren Oberfläche hin um ca. 3% geringer als zur inneren Oberfläche. Nach 70 Zyklen ist das Profil entgegengesetzt: Die Dichte zur äußeren Oberfläche hin ist um etwa 2% höher als zur inneren Oberfläche hin.

Unter Berücksichtigung der Unterschiede in den durchschnittlichen Dichten könnte in erster Näherung eine Erhöhung der Schwächung von bis zu 5 % erwartet werden, wenn Luft (Harz) in der TBC-Beschichtung durch CMAS-Glas ersetzt wird. Obwohl die Empfindlichkeit der SXRR nicht wie bei der REM-Analyse auf grobe Poren beschränkt ist, werden die Profile des Schwächungskoeffizienten bis zu 35 Zyklen ähnlich wie bei der Referenz gefunden. Es wird keine Veränderung der Schwächung beobachtet. Dies korreliert mit der aus den Querschnittsbildern geschätzten Tiefe der Intrusion (Abbildung 8). Eine wahrscheinliche Erklärung ist, dass der Beitrag von CMAS zur gemittelten Schwächung effektiv auf einem niedrigen Niveau bleibt, da bei der schwachen Infiltration überwiegend kleine Poren gefüllt werden und größere Volumina offen bleiben. Folglich würde die beobachtete Zunahme der Dichte im oberflächennahen Bereich der Probe, die 70 Zyklen der CMAS-Abscheidung unterzogen wurde, mit einer Verdichtung der YSZ-Mikrostruktur korreliert sein. Die gleiche Schlussfolgerung könnte aus der Graustufenanalyse der REM-Bilder gezogen werden.

Abbildung 12 (oberer Teil) zeigt den lokalen relativen spezifischen Refraktionswert (C_m/μ) als 2D-Grauwertbilder (die Grauwertverteilung ist für alle Bilder gleich). Die nummerierten Bereiche zeigen die TBC-Schicht, die BC-Schicht und das Substrat an. Im unteren Teil von Abbildung 12 sind die Tiefenprofile des C_m/μ-Wertes für die parallele und senkrechte Orientierung der TBC-Oberflächennormale der Probe bezüglich des Streuvektors zusammengefasst. Mit zunehmendem Abstand von der Außenfläche nimmt C_m/μ in der TBC-Beschichtung für alle Proben und beide Orientierungen linear zu.

C_m/μ ist proportional zum Anteil der inneren Oberflächen, die senkrecht zum Streuvektor stehen. Dabei bedeutet eine gleichzeitige Abnahme von C_m/μ in beiden Probenorientierungen (TBC-Oberflächennormale parallel und senkrecht zum Streuvektor), dass die Anzahl der "Objekte" reduziert wird, und diese Objekte sind entweder von sphärischer Form (Poren) oder von zufällig verteilter Orientierung [9]. Wie bereits erwähnt, enthalten APS-Mikrostrukturen im ungespritzten Zustand eine beträchtliche Anzahl von Poren und Rissen im Submikrometerbereich. Beim Betrieb bei erhöhten Temperaturen verschwinden diese Merkmale aufgrund der Sinterung schnell. Daher kann der Gradient der inneren Oberfläche im Fall der Referenzprobe auf eine allmähliche Vergröberung der TBC-Mikrostruktur während der Tests zurückgeführt werden. Die Beobachtung eines ähnlichen Gradienten bei der Probe, die mit dem Zusatz von CMAS für kürzere Zeit geprüft wurde, deutet darauf hin, dass die Sinterung zu Beginn der Prüfung schnell erfolgt und das Eindringen von CMAS keine zusätzliche Oberfläche in den frühen Stadien hervorruft.

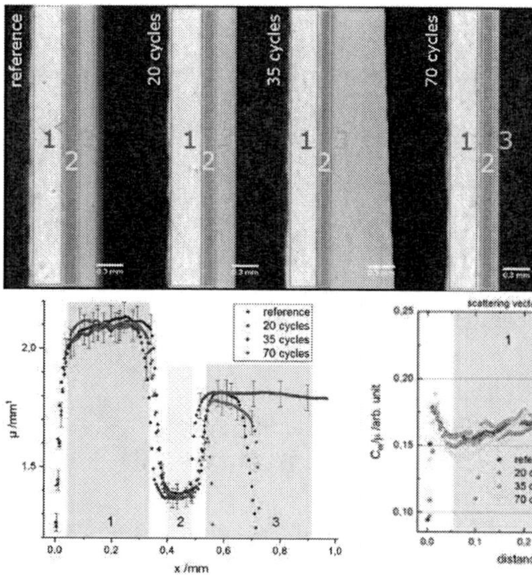

Abbildung 11. Oben, Visualisierung der lokalen Werte der Schwächungseigenschaften μ·d als 2D-Graustufenbilder: Referenz ohne CMAS, nach 20, 35 und 70 Lastwechseln mit CMAS. Die nummerierten Bereiche zeigen: 1) TBC (YSZ, Poren und CMAS), 2) BC (NiCoCrAlY), und 3) das Substrat (Ni-Basis).

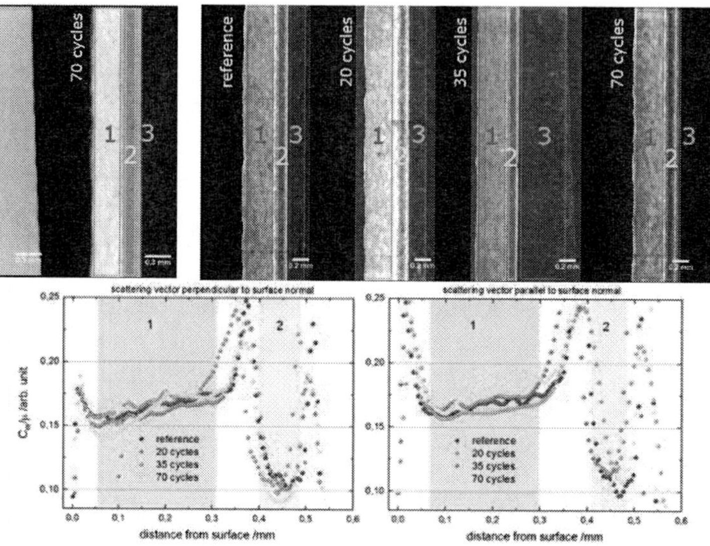

Abbildung 12. Oben, Visualisierung der lokalen Werte der relativen spezifischen Oberfläche C_m/μ als 2D-Graustufenbilder; Bereichs- und Probenbeschreibung siehe Abbildung 11. Unten, Tiefenprofile der relativen spezifischen Oberfläche für jede Probe für senkrechte (links) und parallele (rechts) Orientierung der TBC-Oberflächennormale zum Streuvektor.

C_m/μ zeigt deutliche Maxima an den inneren Schichtgrenzflächen (TBC/BC und BC/Substrat), während der Wert in der BC-Schicht niedrig ist. Die hohen Werte von C_m/μ an den Schichtgrenzflächen können auf die Oberflächengeometrien von Substrat und BC zurückgeführt werden, die bei der Herstellung der Probe durch Sandstrahlen bzw. thermisches Spritzen entstanden sind. Oberflächen, die eine hohe Rauigkeit aufweisen (einschließlich Risse und Hinterschneidungen), sind eine wesentliche Voraussetzung für die Haftung der meisten thermisch gespritzten Schichten. Niedrige Werte von C_m/μ in der BC-Schicht hingegen korrelieren mit der dichten Struktur der metallischen Schicht, bei der die Brechung nur durch die Legierungsstruktur und den sehr geringen Anteil an Poren verursacht wird.

Für die senkrechte Orientierung kann keine signifikante Änderung von C_m/μ als Funktion der Zyklen festgestellt werden. C_m/μ in den TBC- und BC-Schichten ist in der parallelen Ausrichtung nur geringfügig höher als in der senkrechten Ausrichtung für die Referenz-, die 20-Zyklen- und die 35-Zyklen-Probe. Bei der 70-Zyklen-Probe ist der C_m/μ-Wert in der TBC-Schicht in der parallelen Ausrichtung etwa 15 % höher als in der senkrechten Ausrichtung. Dieser Unterschied deutet auf Risse in den Beschichtungen hin, die parallel zur Außenfläche des Probekörpers ausgerichtet sind. Dieses Ergebnis stimmt mit den Rissen und ihrer Ausrichtung überein, die im metallografischen Querschnitt in Abbildung 7b zu sehen sind. Dank der hohen Empfindlichkeit der SXRR-Technik für Objekte im Nanometerbereich bei gleichzeitig großem Gesichtsfeld von mehreren Quadratmillimetern kann die Zunahme von Rissen im Vergleich zu REM-Messungen mit großer statistischer Sicherheit gemessen werden.

3. Zusammenfassung und Schlussfolgerungen

In dieser Studie wurde die klassische Elektronenmikroskopie mit Röntgenrefraktionstechniken gekoppelt, um das Eindringen von CMAS in die poröse Struktur von APS-TBCs und die Bildung und das Wachstum von Rissen unter thermischen Zyklen in einer Brenneranlagenumgebung zu untersuchen. Ein Satz äquivalenter Proben wurde verschiedenen Stadien der Exposition in einer Brenneranlage mit gleichzeitiger CMAS-Abscheidung unterzogen. Die beiden sich ergänzenden Charakterisierungswerkzeuge liefern ein umfassendes Bild der Mikrostrukturentwicklung in der Gegenwart von CMAS.

In Übereinstimmung mit früheren Studien wird eine nur geringe Infiltration der unregelmäßigen APS-Beschichtungen nach Brenneranlagen-Exposition mit gleichzeitiger CMAS-Abscheidung festgestellt. Überwiegend werden kleine Poren gefüllt und der Verschluss von groben Volumina wird nur in der Nähe der äußeren Probenoberfläche beobachtet. Der Gesamtgrad der Porenfüllung ist bereits in einer Tiefe von weniger als 50 µm deutlich reduziert. Obwohl einige Poren nicht vollständig gefüllt sind, nimmt die Intrusionstiefe proportional zur Anzahl der Zyklen zu und sättigt erst in späteren Phasen des Experiments. Dies kann zum einen auf die gleichmäßige Ablagerung von CMAS im gegebenen Aufbau zurückgeführt werden. Andererseits unterstützt dies die Schlussfolgerung, dass das leicht zugängliche Porenvolumen auf die klein skalierte Porosität beschränkt ist. Dies deutet darauf hin, dass das Benetzungsverhalten eine wesentliche Rolle bei der Intrusionskinetik spielt.

Eine Verdichtung des TBC in den infiltrierten Bereichen ist aus den REM-Bildern in allen Proben ersichtlich, aber allgemeine Hinweise aus der quantitativen Analyse sind nicht auffällig. Wie SXRR zeigt, findet bereits nach sehr kurzer Zeit eine allmähliche Vergröberung der Porenstruktur im Submikrometerbereich statt. Dies kann höchstwahrscheinlich durch fortschreitende Sinterung induziert werden. Trotz des offensichtlichen Angriffs von CMAS auf Korngrenzen hat die Wechselwirkung von YSZ mit eingedrungenem CMAS keine unmittelbare Auswirkung auf die Porenstrukturen und auf die Dichte der inneren Oberflächen. Erst zu einem späteren Zeitpunkt, und wenn relativ hohe Mengen an CMAS vorhanden sind, wird eine Verdichtung des YSZ-Gefüges beobachtet. Zu diesem Zeitpunkt wird auch eine signifikante Zunahme der Rissdichte mit horizontaler Orientierung in TBCs, die CMAS ausgesetzt sind, beobachtet. Die SXRR Messungen deutet darauf hin, dass die Rissbildung in einer breiteren Zone stattfindet, die von der mittleren Tiefenebene des TBC bis hinunter zur BC-Grenzfläche reicht (aus metallografischen Querschnitten nicht ersichtlich).

Danksagung

Die Autoren bedanken sich für die wertvolle Unterstützung der Kollegen N. Adels, R. Laufs, K.-H. Rauwald, S. Schwartz-Lückge am Forschungszentrum Jülich GmbH. Wir danken auch den Kollegen des HZB für ihre Unterstützung sowie Ralf Britzke und Thomas Wolk (BAM) für ihre Hilfe während der Messzeit an der BAM*line*.

Referenzen

[1] D.E. Mack, R. Laquai, B.R. Müller, O. Helle, D. Sebold, R. Vaßen, G. Bruno, Evolution of porosity, crack density, and CMAS penetration in thermal barrier coatings subjected to burner rig testing, Journal of American Ceramic Society (2019) 1-13.

[2] S. Krämer, S. Faulhaber, M. Chambers, D.R. Clarke, C.G. Levi, J.W. Hutchinson, A.G. Evans, Mechanisms of cracking and delamination within thick thermal barrier systems in aero-engines subject to calcium-magnesium-alumino-silicate (CMAS) penetration, Materials Science and Engineering: A 490(1-2) (2008) 26-35.

[3] J.W. Hutchinson, A.G. Evans, On the delamination of thermal barrier coatings in a thermal gradient, Surface and Coatings Technology 149(2–3) (2002) 179-184.

[4] M.Y. He, J.W. Hutchinson, A.G. Evans, Simulation of stresses and delamination in a plasma-sprayed thermal barrier system upon thermal cycling, Materials Science and Engineering: A 345(1–2) (2003) 172-178.

[5] D.E. Mack, T. Wobst, M.O.D. Jarligo, D. Sebold, R. Vaßen, Lifetime and failure modes of plasma sprayed thermal barrier coatings in thermal gradient rig tests with simultaneous CMAS injection, Surface and Coatings Technology 324 (2017) 36-47.
[6] M.P. Hentschel, R. Hosemann, A. Lange, B. Uther, R. Bruckner, Small-Angle X-Ray Refraction in Metal Wires, Glass-Fibers and Hard Elastic Propylenes, Acta Crystallogr A 43 (1987) 506-513.
[7] B.R. Müller, M.P. Hentschel, Micro-diagnostics: X-ray and synchrotron techniques, in: H. Czichos (Ed.), Handbook of technical diagnostics - Fundamentals and application to structures and systems, Springer2013, pp. 287-300.
[8] R.C. Cooper, G. Bruno, M.R. Wheeler, A. Pandey, T.R. Watkins, A. Shyam, Effect of microcracking on the uniaxial tensile response of β-eucryptite ceramics: Experiments and constitutive model, Acta Materialia 135 (2017) 361-371.
[9] A. Kupsch, B.R. Müller, A. Lange, G. Bruno, Microstructure characterisation of ceramics via 2D and 3D X-ray refraction techniques, Journal of the European Ceramic Society 37(5) (2017) 1879-1889.
[10] T. Steinke, D. Sebold, D.E. Mack, R. Vaßen, D. Stöver, A novel test approach for plasma-sprayed coatings tested simultaneously under CMAS and thermal gradient cycling conditions, Surface and Coatings Technology 205(7) (2010) 2287-2295.
[11] A. Aygun, A.L. Vasiliev, N.P. Padture, X. Ma, Novel thermal barrier coatings that are resistant to high-temperature attack by glassy deposits, Acta Materialia 55(20) (2007) 6734-6745.
[12] S. Krämer, J. Yang, C.G. Levi, C.A. Johnson, Thermochemical Interaction of Thermal Barrier Coatings with Molten CaO-MgO-Al2O3-SiO2 (CMAS) Deposits, J Am Ceram Soc 89(10) (2006) 3167-3175.
[13] S. Rezanka, D.E. Mack, G. Mauer, D. Sebold, O. Guillon, R. Vaßen, Investigation of the resistance of open-column-structured PS-PVD TBCs to erosive and high-temperature corrosive attack, Surface and Coatings Technology 324 (2017) 222-235.
[14] B.R. Müller, A. Lange, M. Harwardt, M.P. Hentschel, Synchrotron-Based Micro-CT and Refraction-Enhanced Micro-CT for Non-Destructive Materials Characterisation, Advanced Engineering Materials 11(6) (2009) 435-440.
[15] W. Görner, M.P. Hentschel, B.R. Müller, H. Riesemeier, M. Krumrey, G. Ulm, W. Diete, U. Klein, R. Frahm, BAMline: the first hard X-ray beamline at BESSY II, Nucl. Instrum. Methods Phys. Res. Sect. A-Accel. Spectrom. Dect. Assoc. Equip. 467 (2001) 703-706.
[16] A. Rack, S. Zabler, B.R. Müller, H. Riesemeier, G. Weidemann, A. Lange, J. Goebbels, M. Hentschel, W. Görner, High resolution synchrotron-based radiography and tomography using hard X-rays at the BAMline (BESSY II), Nucl Instrum Meth A 586(2) (2008) 327-344.
[17] A. Lange, M.P. Hentschel, A. Kupsch, B.R. Müller, Numerical correction of X-ray detector backlighting, International journal of materials research 103(2) (2012) 174-178.
[18] C.A. Schneider, W.S. Rasband, K.W. Eliceiri, NIH Image to ImageJ: 25 years of image analysis, Nature Methods 9 (2012) 671.
[19] J. Nellesen, R. Laquai, B.R. Müller, A. Kupsch, M.P. Hentschel, N.B. Anar, E. Soppa, W. Tillmann, G. Bruno, In situ analysis of damage evolution in an Al/Al2O3 MMC under tensile load by synchrotron X-ray refraction imaging, Journal of Materials Science 53(8) (2018) 6021-2461.
[20] S. Cabeza, B.R. Müller, R. Pereyra, R. Fernandez, G. Gonzalez-Doncel, G. Bruno, Evidence of damage evolution during creep of Al–Mg alloy using synchrotron X-ray refraction, Journal of Applied Crystallography 51 (2018) https://doi.org/10.1107/S1600576718001449.
[21] J.M. Drexler, A.L. Ortiz, N.P. Padture, Composition effects of thermal barrier coating ceramics on their interaction with molten Ca–Mg–Al–silicate (CMAS) glass, Acta Materialia 60(15) (2012) 5437-5447.
[22] R.W. Jackson, E.M. Zaleski, D.L. Poerschke, B.T. Hazel, M.R. Begley, C.G. Levi, Interaction of molten silicates with thermal barrier coatings under temperature gradients, Acta Materialia 89(0) (2015) 396-407.
[23] X. Shan, L. Luo, W. Chen, Z. Zou, F. Guo, L. He, A. Zhang, X. Zhao, P. Xiao, Pore filling behavior of YSZ under CMAS attack: Implications for designing corrosion-resistant thermal barrier coatings, J Am Ceram Soc 101(12) (2018) 5756-5770.
[24] V.L. Wiesner, U.K. Vempati, N.P. Bansal, High temperature viscosity of calcium-magnesium-aluminosilicate glass from synthetic sand, Scripta Materialia 124 (2016) 189-192.
[25] W. Song, K.-U. Hess, D.E. Damby, F.B. Wadsworth, Y. Lavallée, C. Cimarelli, D.B. Dingwell, Fusion characteristics of volcanic ash relevant to aviation hazards, Geophysical Research Letters 41(7) (2014) 2326-2333.
[26] S. Paul, A. Cipitria, I.O. Golosnoy, L. Xie, M.R. Dorfman, T.W. Clyne, Effects of Impurity Content on the Sintering Characteristics of Plasma-Sprayed Zirconia, J. Therm. Spray. Techn. 16(5) (2007) 798-803.
[27] A. Guignard, G. Mauer, R. Vaßen, D. Stöver, Deposition and Characteristics of Submicrometer-Structured Thermal Barrier Coatings by Suspension Plasma Spraying, J. Therm. Spray. Techn. 21(3) (2012) 416-424.

Multimodales Sensorsystem zur mikromagnetischen Materialcharakterisierung

Kevin SCHMITZ [1], Sargon YOUSSEF [1]
[1] Fraunhofer-Institut für Zerstörungsfreie Prüfverfahren IZFP, Saarbrücken
Kontakt E-Mail: kevin.schmitz@izfp.fraunhofer.de

Kurzfassung

In der Praxis wird heute ein breites Spektrum an zerstörungsfreien Prüfverfahren eingesetzt. Aufgrund von Nachhaltigkeits- und Qualitätsaspekten in der Stahlindustrie gewinnen die mikromagnetischen Verfahren zunehmend an Bedeutung. Diese Verfahren nutzen die gegenseitigen Abhängigkeiten der magnetischen und mechanischen Eigenschaften von ferromagnetischen Materialien. Änderungen der Mikrostruktur, sowie Last- und Eigenspannungen bilden sich in der magnetischen Hysterese ab. Die zerstörungsfreie Messung des magnetischen Werkstoffverhaltens erlaubt durch diese Abhängigkeit Rückschlüsse auf mechanische Eigenschaften, die sonst nur zerstörend bestimmt werden können.

Eine direkte Bestimmung der magnetischen Hysteresekurve ist unter Praxisbedingungen meist nicht möglich, teils wegen der langen Messzeit, teils wegen der Notwendigkeit, gut definierte Proben zur Messung der Flussdichte über eine probenumfassende Spule zu entnehmen. Das am Fraunhofer-Institut für Zerstörungsfreie Prüfverfahren IZFP entwickelte 3MA-X8 Verfahren kombiniert unterschiedliche mikromagnetische Methoden unter Einsatz minimalistischer und robuster Sensortechnik. Als Sensor kommt ein Elektromagnet zum Einsatz, der ein definiertes magnetisches Wechselfeld in das zu messende Objekt einbringt, welches die Impedanz des Elektromagneten beeinflusst. Ziel dieser Technologie ist es, mit hoher Messgeschwindigkeit in Aufsatztechnik an beliebigen Geometrien, zur Hysterese äquivalente Merkmale zu extrahieren und diese in Korrelation zu den mechanischen Referenzwerten zu setzen.

Aufgrund der Charakteristik des hochpermeablen Elektromagneten wird der 3MA-X8-Sensor bei verhältnismäßig geringen Frequenzen betrieben. Durch den Skineffekt werden Eindringtiefen von mehreren Millimetern erreicht. Die Auflösung sehr oberflächennaher Effekte, wie beispielsweise Eigen- bzw. Lastspannungen, ist mit der bisherigen Lösung nur eingeschränkt möglich. Im Rahmen dieses Beitrags wird ein Sensorkonzept vorgestellt, dass die 3MA-X8 Technik dahingehend erweitert, über zusätzliche Sensorperipherien mit höheren Frequenzen eine erhöhte Messempfindlichkeit für oberflächennahe Effekte zu erzielen.

Merkblatt MTHz 01 - Mikrowellenprüfung: Grundlagen und Anwendungen

Stefan BECKER [1], Johann HINKEN [2], Jan SCHÜR [3]
[1] Becker Photonik GmbH, Porta Westfalica
[2] fitm Hinken Consult, Magdeburg
[3] Friedrich-Alexander-Universität Erlangen-Nürnberg, Erlangen

Kontakt E-Mail: stefan.becker@becker-photonik.de

Kurzfassung

Das neue Merkblatt „Mikrowellenprüfung: Grundlagen und Anwendungen“ (MTHz 01) gibt erstmals einen Überblick über die Anwendung der Mikrowellen- und Millimeterwellenprüfung (im Frequenzbereich von 2 GHz bis 300 GHz) zur zerstörungsfreien Prüfung von Bauteilen aus elektrisch nichtleitenden Materialien. Es gibt die erforderlichen Informationen und Entscheidungsgrundlagen für mögliche Einsätze in der Entwicklung, der Fertigung und der Wartung. Das Merkblatt enthält neben einer komprimierten Erläuterung der naturwissenschaftlich-technischen Grundlagen auch die Beschreibung von Anwendungsfällen einschließlich der Durchführung der Prüfung und Angaben zur Gerätetechnik.

Bei der Mikrowellenprüfung handelt es sich primär um ein Verfahren zur Erkennung von Defekten in elektrisch isolierenden, also dielektrischen Materialien und Bauteilen. Aber auch messtechnische Aufgaben lassen sich mit ihr lösen. Das Verfahren beruht auf der Ausbreitung, Reflexion und weiteren Wechselwirkungen zwischen Material und elektromagnetischer Wellen. Zu den prüfbaren Materialien gehören beispielsweise Kunststoffe, glasfaserverstärkte Kunststoffe (GFK), Kunststoffschäume und viele Arten von Keramik. Beispielsweise können Poren, Fremdmaterialeinschlüsse, sowie in GFK Delaminationen und Ondulationen detektiert werden. Wand- und Schichtdicken lassen sich ebenso messen.

Die Mikrowellenprüfung benötigt kein Koppelmittel und kann berührend oder nichtberührend in Reflexions- oder Transmissionsverfahren eingesetzt werden. Anders als z.B. Röntgenstrahlen sind Mikrowellen nicht ionisierend und daher im Vergleich unbedenklich. Ihre Wirkung auf den Körper besteht im Wesentlichen in einer Erwärmung durch Absorption. Eine gesundheitsschädliche Wirkung kann durch eine Begrenzung der Temperaturerhöhung von typischerweise <1 Kelvin erreicht werden. Die dafür relevanten Grenzwerte für die Feldstärken der Mikrowellen werden bei gängigen mikrowellenbasierten ZfP-Verfahren weit unterschritten.

11.05.2021

DEUTSCHE GESELLSCHAFT FÜR ZERSTÖRUNGSFREIE PRÜFUNG e.V.

Poster

Merkblatt MTHz 01 - Mikrowellenprüfung: Grundlagen und Anwendung

Fachausschuss für Mikrowellen- und Terahertzverfahren

Grundlagen

- Physikalische Grundlagen
- Anwendungsgrundlagen
- Verfahren mit konstanter Frequenz
- Verfahren mit variabler Frequenz
- Generatoren und Empfänger
- Antennen

Anwendungen (eine Auswahl)

- Nachweis von Rissen und Inhomogenitäten in Schleifscheiben aus Korund
- Blattfederprüfung
- Radomprüfung
- Prozesstomografie bei der Extrusion von Kunststoffhalbzeugen
- Feuchtemessung
- Lackdickenmessung auf CFK
- Brief- bzw. Postkontrolle
- Personenscanner

11.05.2021

DEUTSCHE GESELLSCHAFT FÜR ZERSTÖRUNGSFREIE PRÜFUNG e.V.

Poster

Merkblatt MTHz 01 - Mikrowellenprüfung: Grundlagen und Anwendung

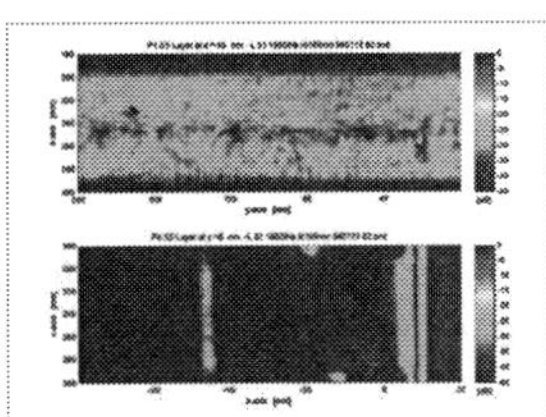

Nachweis von Rissen und Inhomogenitäten in Schleifscheiben aus Korund
Optimierung der Produktion von Schleifscheiben bei 75-110 GHz

Blattfederprüfung
100%ige zerstörungsfreie Prüfung des kompletten Blattfedervolumens bei 24 GHz

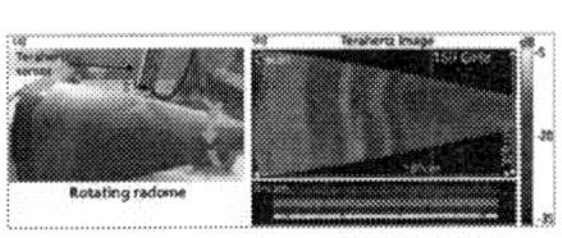

Radomprüfung
Nachweis von Delaminationen, Luft- und Materialeinschlüssen, Feuchtigkeit und Strukturschäden bei 110-170 GHz

Prozesstomografie bei der Extrusion von Kunststoffhalbzeugen
Tomografie unter Berücksichtigung von Beugung, Brechung, Reflexion und Strahlprofil bei 110-170 GHz

11.05.2021

DEUTSCHE GESELLSCHAFT FÜR ZERSTÖRUNGSFREIE PRÜFUNG e.V.

Poster

Merkblatt MTHz 01 - Mikrowellenprüfung: Grundlagen und Anwendung

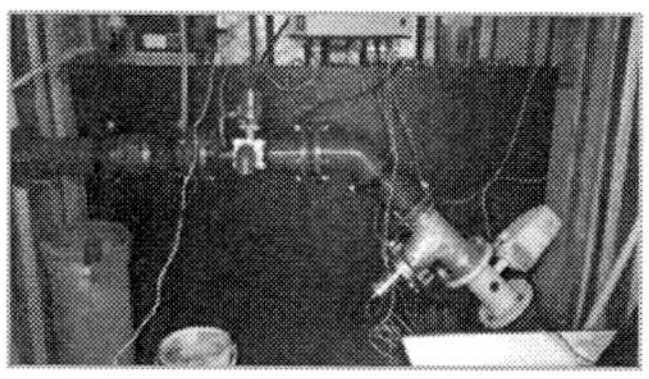

Feuchtemessung
Mikrowellensensoren zur TS-Messung (Trockensubstanz) in Prozessen der Industrie, der Landwirtschaft und der Energieerzeugung

Lackdickenmessung auf CFK
Im Flugzeugbau qualifiziertes Verfahren bei 24 GHz. Der Einsatz erfolgt in F&E, Lackierung und Instandhaltung.

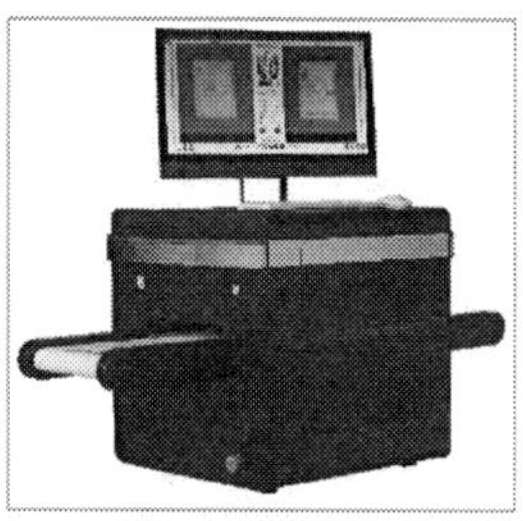

Brief- bzw. Postkontrolle
Neben dem Einsatz als Postscanner bei 75-110 GHz können Dichteschwankungen in Schäumen und Isoliermaterialien visualisiert werden. Auch Feuchtigkeit und Fehlstellen können detektiert werden.

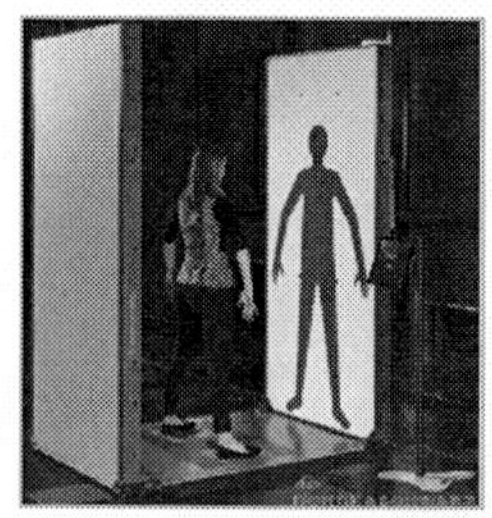

Personenscanner
Abbildung von Personen im Sicherheitsbereich z.B. von Flughäfen.
Das System arbeitet bei 70-80 GHz und detektiert neben Metallgegenständen auch dielektrische Anomalien.

Millimeterwellenprüfung in der Industrie: Anwendungen mit FMCW-Radar bei 50 GHz und 100 GHz im Vergleich

Stefan BECKER [1], Andreas KEIL [1], Ben BECKER [1]
[1] Becker Photonik GmbH, Porta Westfalica

Kontakt E-Mail: stefan.becker@becker-photonik.de

Kurzfassung

Erst seit wenigen Jahren stehen mobile Millimeterwellen-/Terahertz-Prüfsysteme kommerziell zur Verfügung. Diese Systeme arbeiten bisher als FMCW-Radar in Reflexion bei Frequenzen von 100 GHz bzw. 300 GHz und können dielektrische Materialien im Volumen auf verborgene Defekte prüfen. Bei der Untersuchung von Schäumen, Sandwich-Bauteilen und porösen Materialien zeigt die Millimeterwellenprüfung deutliche Vorteile im Vergleich zum Ultraschall und zur Thermografie. Untersucht werden können alle dielektrischen Materialien. Liegt ein Materialmix vor (z. B. Kunststoff/Metall), ist eine Prüfung bis zur ersten leitenden Oberfläche möglich.

In der vorliegenden Arbeit wird erstmals mit Hilfe eines neu entwickelten Millimeterwellen-Radars bei 50 GHz und eines Radars bei 100 GHz die Abhängigkeit der Dämpfung und der Ortsauflösung von der Arbeitsfrequenz in diesem Bereich bei verschiedenen Materialien bzw. Bauteilen untersucht. Es werden sowohl planare wie auch rotationssymmetrische Bauteile untersucht.

Eine untersuchte Anwendung ist die Prüfung von Korund-Schleifscheiben. Dabei zeigt sich, dass durch die Verwendung des 50 GHz-Radars im Vergleich zum 100 GHz-Radar Scheiben mit wesentlich höherer Porosität noch in Reflexion geprüft werden können. Die mit 50 GHz verbundene, reduzierte Ortsauflösung ist in vielen Fällen für eine zuverlässige Bewertung des Bauteils immer noch ausreichend.

Bei der Untersuchung von GFK-Bauteilen zeigt sich mit dem 50 GHz-Radar ebenfalls eine deutlich geringere Dämpfung. Laminate mit einer Wandstärke von bis zu 50 mm können geprüft werden.

Geführte Mikrowellen für die Zerstörungsfreie Prüfung

Johann HINKEN [1], Aschwin GOPALAN [2]
[1] fitm Hinken Consult, Magdeburg
[2] Rohmann GmbH, Frankenthal

Kontakt E-Mail: johann.hinken@fitm.de

Kurzfassung

Mikrowellen und Ultraschallwellen sind zwar von unterschiedlicher physikalischer Natur, jedoch sind ihre Ausbreitungseigenschaften ganz ähnlich. Für bestimmte Anwendungen wie metallene Rohrwände hat sich die Ultraschallprüfung mit geführten Wellen als geeignet erwiesen. Entsprechend bieten sich auch geführte Mikrowellen für bestimmte Prüfaufgaben an. Dazu gehören insbesondere elektrisch isolierende, also dielektrische Rohre, wie z.B. Polyethylen(PE)-Rohre und insbesondere Rohre aus glasfaserverstärktem Kunststoff (GFK). Im Gegensatz zu Mikrowellen können Ultraschallwellen für die ZfP von GFK nur bedingt eingesetzt werden, weil sie eine verhältnismäßig hohe Dämpfung in GFK haben. –

In diesem Beitrag wird zunächst die Theorie geführter Mikrowellen anhand von Plattenwellen zusammengestellt. Sie fußt auf der Beschreibung durch Eigenwellen (Moden), die klassifiziert werden hinsichtlich ihrer Feldkomponenten in Ausbreitungsrichtung und danach, ob ihre Feldverteilung senkrecht zur Plattenausdehnung gerade oder ungerade ist. Die Felder sind in der Platte konzentriert, ragen aber mit exponentiellem Abfall auch in den Außenraum hinein. Die charakteristischen Gleichungen werden für den praktischen Fall von Polyethylen und eine Betriebsfrequenz von 24,125 GHz ausgewertet. –

Anschließend wird eine Ankoppelvorrichtung erläutert, die als Art Adapter zwischen einem Standardhohlleiter und der zu prüfenden Platte wirkt. Ähnlich wie in der Ultraschallprüftechnik nutzt die Ankoppelvorrichtung die Funktion eines Prismas und die konstruktive Interferenz zur Anregung der gewünschten Eigenwelle in der Platte. –

Eine praktische Realisierung der Ankoppelvorrichtung sowie Ergebnisse erster Dämpfungsmessungen der verwendeten Plattenwelle werden dargestellt. Als Anwendungsbeispiel wird die Prüfung der Naht eines stumpfverschweißten PE-Rohres gezeigt.

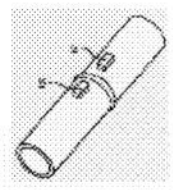

P36 Geführte Mikrowellen für die Zerstörungsfreie Prüfung

Johann Hinken, fitm Hinken Consult, Magdeburg, Deutschland
Aschwin Gopalan, Rohmann GmbH, Frankenthal, Deutschland
DGZfP-Jahrestagung 2021, Osnabrück

fitm Hinken Consult

Ähnlichkeit zwischen Ultraschallwellen und elektromagnetischen Wellen (Mikrowellen (μW)):

Ultraschall-Plattenwellen (Lamb-Wellen), symmetrische (S) und antisymmetrischen (A) Moden. Z.B. in metallenen Platten.

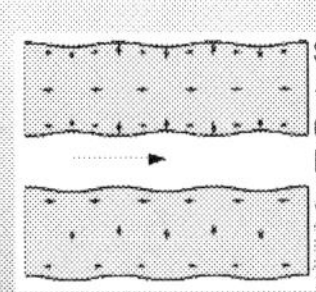

Schwingungsrichtun-gen der S-(oben) und A-(unten) Moden

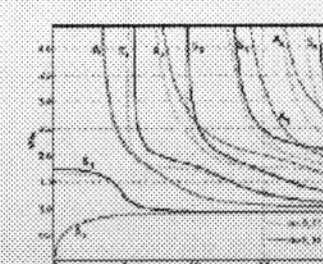

Beispielhaftes Dispersions-diagramm der S-(blau) und A-(rot) Moden: Ausbreitungsgeschwindigkeit über Frequenz, normiert

Elektromagnetische (μW) Plattenwellen, symmetrische und antisymmetrische E- und H-Moden. In dielektrischen Platten.

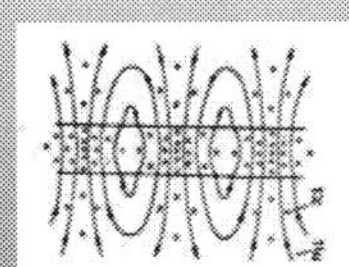

Elektrische (E) und magnetische (H) Feldverteilung der Grundwelle (antisymmetrische E-Mode)

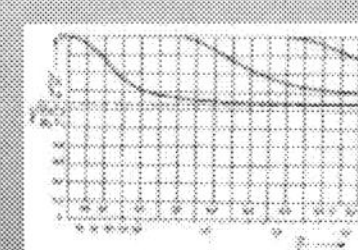

Beispielhaftes Dispersionsdiagramm von antisymmetrischen E-Moden: Wellenlänge λ über Frequenz, normiert

P36 Geführte Mikrowellen für die Zerstörungsfreie Prüfung

fitm Hinken Consult

Prüfung von Schweißnähten in stumpfverschweißten PE-Rohren:

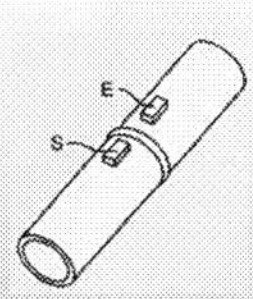

Bauteilskizze

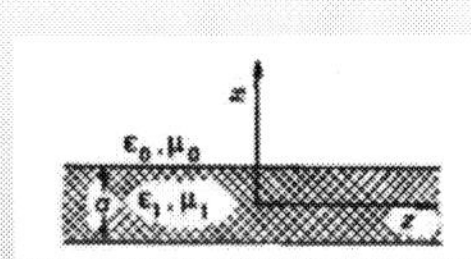

Rohrwand entspricht Platte

An- und Auskopplung der Plattenwelle: prismaartig. Annäherung so dass Felder überlappen, konstruktive Interferenz, in z-Richtung: $\lambda_{z/Koppler} = \lambda_{Platte}$

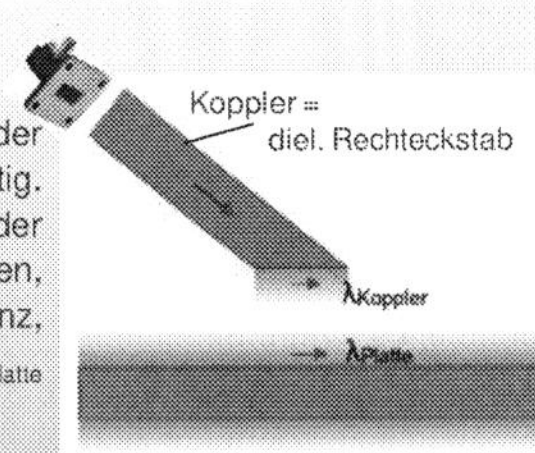

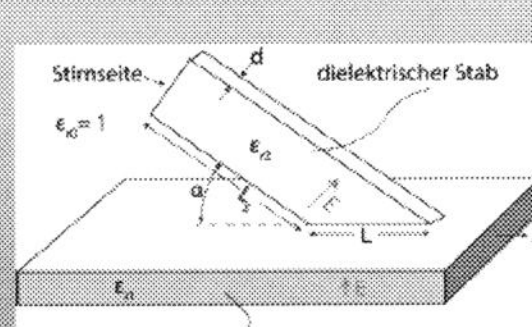

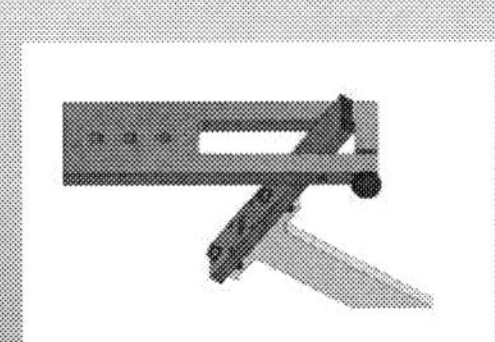

Skizze und 3-D-Modell von praktischer Ausführung des Kopplers

P36 Geführte Mikrowellen für die Zerstörungsfreie Prüfung

fitm Hinken Consult

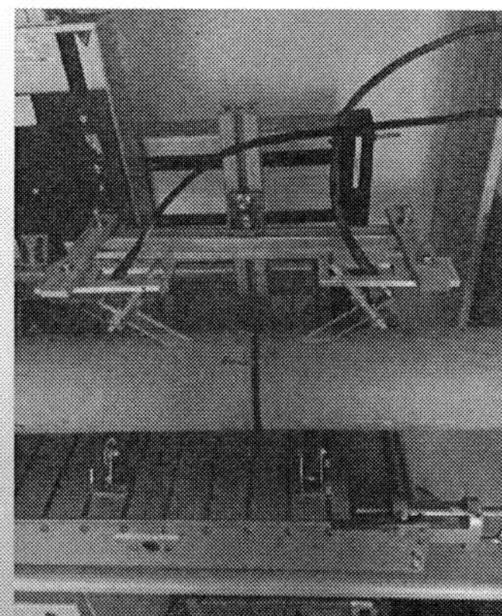

Labormäßiger Aufbau zur Mikrowellenprüfung der Schweißnaht eines stumpfgeschweißten, drehbar gelagerten PE-Rohres ($D_{außen}$ = 125 mm, d_{Wand} = 8,5 mm). Frequenz: 24 GHz. Die beiden Koppler zur Ein- und Auskopplung bestehen aus Plexiglas. Sie sind bei der Prüfung enger zusammen.

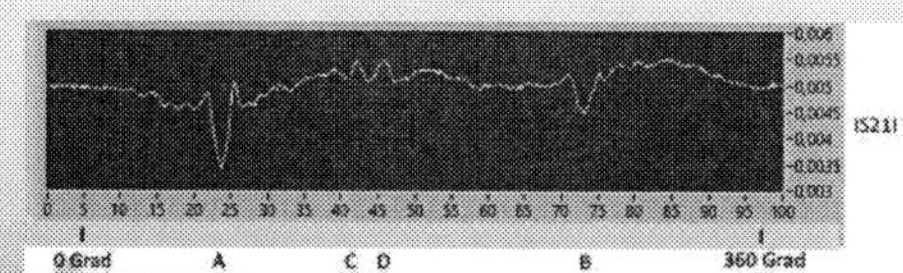

Umfangsscan mit Anzeigen künstlicher Defekte:
A, B - Durchgangsbohrungen mit Ø5mm bzw. Ø3mm.
C, D - Sacklochbohrungen von innen mit Ø3mm und Tiefen von etwa 2 mm bzw. 4 mm.

>> Rohrwand wird in gesamter Dicke geprüft.

Kontakt: Johann Hinken
fitm Hinken Consult
Breitscheidstrasse 17
D-39114 Magdeburg, Germany

Tel.: +49 391 503894-30
Mobil.: +49 171 2053208
Email: johann.hinken@fitm.de
www.fitm.de

Sensormodule für die Mikrowellenprüfung

Johann HINKEN [1]
[1] fitm Hinken Consult, Magdeburg

Kontakt E-Mail: johann.hinken@fitm.de

Kurzfassung

Die Mikrowellenprüfung eignet sich für die zerstörungsfreie Untersuchung von elektrisch nichtleitenden, d.h. dielektrischen Materialien und Bauteilen. Dabei werden Reflexions- und gelegentlich auch Transmissionsmethoden eingesetzt. Es wird die Stärke (der Betrag) und die Phase des Signals bzw. der Realteil und der Imaginärteil des komplexen Signals ausgewertet. Im einfachen Fall wird mit nur einer Frequenz (monofrequent) gearbeitet. Dann geschieht dies zweckmäßiger Weise innerhalb eines sogenannten ISM-Frequenzbandes, für das eine Allgemeinzulassung der Bundesnetzagentur für industrielle, wissenschaftliche und medizinische Zwecke besteht. In der Mikrowellenprüfung wird häufig ein ISM-Frequenzband bei 24 GHz verwendet. - Der Mikrowellenteil eines Reflexionsprüfgerätes besteht aus einer Antenne und einem Sende-Empfänger (Reflektometer). Beim Transmissionsprüfgerät sind es 2 Antennen sowie Sender und Empfänger, die allerdings zumeist in einer Baugruppe zusammengefasst sind.

Die Mikrowellentechnik wird inzwischen in Konsumerprodukten eingesetzt: Mobiltelefon, Mikrowellenherd in der Küche, WLAN, Satellitenfernsehen, Autoabstandswarnradar, Bewegungsmelder usw. In der Folge sind kostengünstige Mikrowellenmodule am Markt verfügbar. In diesem Beitrag werden derartige Modultypen für 24 GHz zusammengestellt, die Ausgänge für den Realteil und den Imaginärteil des Signals besitzen und damit als Sensorbausteine für die Mikrowellenprüfung mit Handgeräten oder Scannersystemen geeignet erscheinen. Diese Modultypen wurden primär für Abstandswarnradars für Automobile und Bewegungsmelder entwickelt. Sie werden in diesem Beitrag hinsichtlich Ihres Einsatzes als Sensor in der Mikrowellenprüfung bewertet.

Zu diesen Modultypen gehören 1. die integrierte Schaltung, 2. die hybrid integrierte Schaltung mit einzelnen Bauelementen auf einer Hochfrequenzleiterplatte und 3. vor allem der sogenannte Gunntransceiver. Letztere besticht durch sein raffiniertes Funktionsprinzip, das zu einem extrem einfachen Aufbau einschließlich Antenne führt.

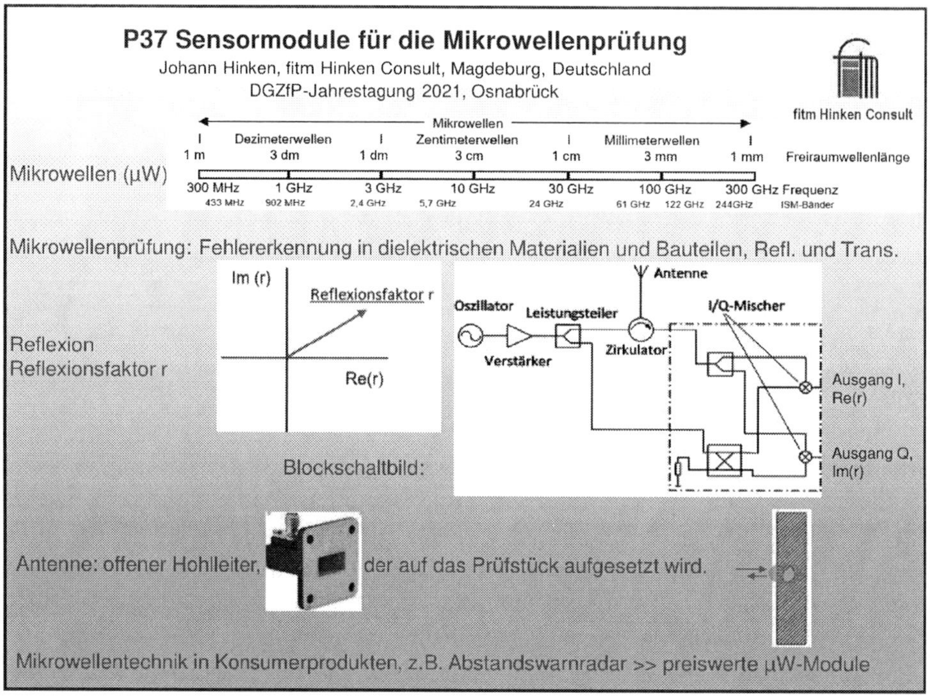
P37 Sensormodule für die Mikrowellenprüfung
Johann Hinken, fitm Hinken Consult, Magdeburg, Deutschland
DGZfP-Jahrestagung 2021, Osnabrück
fitm Hinken Consult
Mikrowellen
Dezimeterwellen
Zentimeterwellen
Millimeterwellen
1 m
3 dm
1 dm
3 cm
1 cm
3 mm
1 mm
Freiraumwellenlänge
Mikrowellen (µW)
300 MHz
1 GHz
3 GHz
10 GHz
30 GHz
100 GHz
300 GHz
Frequenz
433 MHz
902 MHz
2,4 GHz
5,7 GHz
24 GHz
61 GHz
122 GHz
244GHz
ISM-Bänder
Mikrowellenprüfung: Fehlererkennung in dielektrischen Materialien und Bauteilen, Refl. und Trans.
Im (r)
Reflexionsfaktor r
Re(r)
Reflexion
Reflexionsfaktor r
Antenne
Oszillator
Leistungsteiler
I/Q-Mischer
Verstärker
Zirkulator
Ausgang I, Re(r)
Ausgang Q, Im(r)
Blockschaltbild:
Antenne: offener Hohlleiter, der auf das Prüfstück aufgesetzt wird.
Mikrowellentechnik in Konsumerprodukten, z.B. Abstandswarnradar >> preiswerte µW-Module

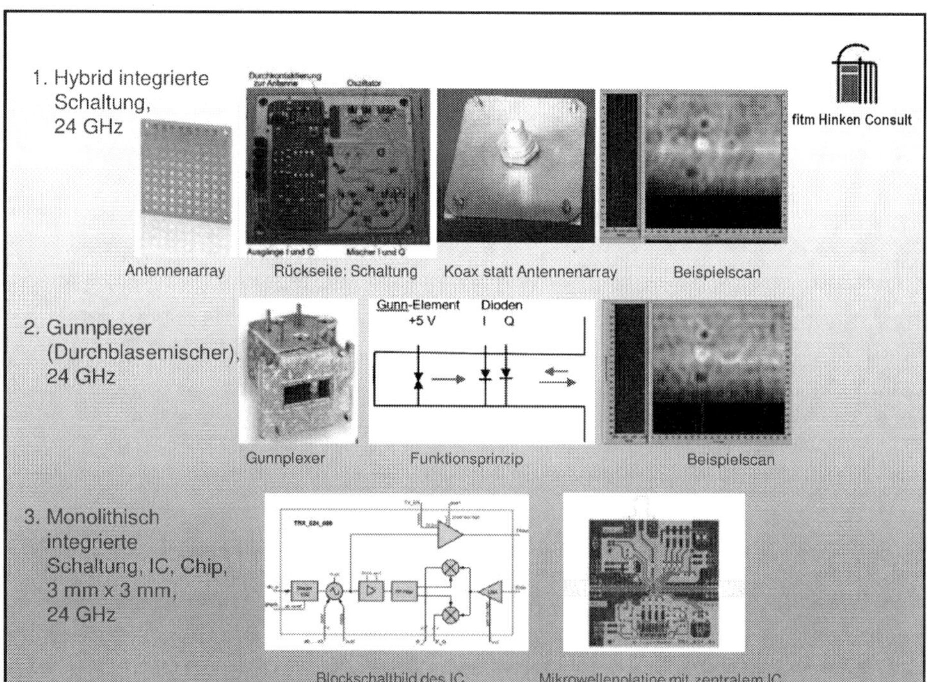
1. Hybrid integrierte Schaltung, 24 GHz
fitm Hinken Consult
Antennenarray
Rückseite: Schaltung
Koax statt Antennenarray
Beispielscan
2. Gunnplexer (Durchblasemischer), 24 GHz
Gunn-Element
+5 V
Dioden
I Q
Gunnplexer
Funktionsprinzip
Beispielscan
3. Monolithisch integrierte Schaltung, IC, Chip, 3 mm x 3 mm, 24 GHz
Blockschaltbild des IC
Mikrowellenplatine mit zentralem IC

P37 Sensormodule für die Mikrowellenprüfung

Johann Hinken, fitm Hinken Consult, Magdeburg, Deutschland

DGZfP-Jahrestagung 2021, Osnabrück

fitm Hinken Consult

Kontakt: Johann Hinken
fitm Hinken Consult
Breitscheidstrasse 17
D-39114 Magdeburg, Germany

Tel.: +49 391 503894-30
Mobil.: +49 171 2053208
Email: johann.hinken@fitm.de
www.fitm.de

Mikrowellen-Prozesstomografie

Marcel MAYR [1]
[1] SKZ - KFE gGmbH, Würzburg

Kontakt-E-Mail: m.mayr@skz.de

Kurzfassung

Es wird ein entwickeltes Mikrowellen-Prozesstomografiesystems vorgestellt, welches einen Einsatz in der Extrusion von Kunststoffprodukten finden soll. Mit Hilfe einer durchdachten mechanischen Einheit kann das Messsystem kontinuierlich gedreht werden. Der Fokus der messtechnischen Erfassung der Kunststoffprodukte liegt in der Erkennung von Fehlstellen und der mathematischen Bestimmung der Geometrien dieser. Durch Zusammenarbeit zwischen dem Kunststoff-Zentrum und dem Lehrstuhl für numerische Mathematik der Universität Saarland, konnten hierbei sehr gute Ergebnisse bei der Erkennung von innenliegenden Defekten erzielt werden.
Das Messsystem nutzt dabei elektromagnetische Wellen im unteren Terahertz- bzw. Mikrowellen-Bereich zwischen 110 und 170 GHz. Das Messprinzip beruht auf einem FMCW-Radar, welches aufgrund der günstigen Eigenschaften beim Einsatz an Kunststoffen Anwendung in der zerstörungsfreien Charakterisierung von diesen findet.
Zur kontinuierlichen Rotation des Messsystems um das zu messende Extrudat, wird eine Drehscheibe, die durch einen Schleifring mit Spannungs versorgt wird und damit von der Umgebung entkoppelt ist, eingesetzt. Das Messsystem befindet sich auf dieser Drehscheibe und setzt sich aus einem Sender und mehreren Empfängern an verschiedenen radialen Positionen zusammen. Die generierten Reflexions- und Transmissionsmessdaten werden genutzt, um das Extrudat tomografisch zu rekonstruieren. Dabei sollen Aussagen zu unterschiedlichen Materialparametern wie Dichteunterschieden, Füllstoffgehalten, Partikelverteilungen sowie Feuchtegehalten getroffen werden können. Zudem sollen Fehlstellen wie Blasen, Lunker und Risse detektiert werden können. Die tomografische Bildgebung bietet außerdem die Möglichkeit zur Bestimmung der Produktgeometrie. In diesem Beitrag werden neben dem Messsystemaufbau und –prinzip auch erste Rekonstruktions-Ergebnisse, die mit dem Messsystem erzeugt werden konnten, vorgestellt.

Einsatz der Shearografie zur Beurteilung der Qualität von widerstandsgeschweißten Punktverbindungen

Eugen PRINTS [1], Igor KRYUKOV [1], Stefan BÖHM [1]
[1] Universität Kassel, Kassel

Kontakt E-Mail: e.prints@uni-kassel.de

Kurzfassung

Ein großer Anteil industriell gefertigter Fügeverbindungen wird als Punktverbindung ausgeführt. Das Widerstandspunktschweißen ist insbesondere in der Automobilindustrie ein weit verbreitetes Fügeverfahren. Die Anzahl der Punktschweißverbindungen liegt bei 3000-5000 pro Autokarosserie. Aufgrund kurzer Prozess- und somit Taktzeiten setzte sich das Verfahren bei der Fließbandfertigung durch. Neben der hohen Produktivität zählen ein geringer Bauteilverzug durch die Schweißwärme sowie sehr gute Automatisierbarkeit zu den Vorteilen des Schweißverfahrens.

Die gesetzten Fügeverbindungen unterliegen in der Automobilindustrie strengen Qualitätsanforderungen. Aktuell wird die Qualität durch zerstörende Prüfverfahren beurteilt, die Untersuchung erfolgt stichprobenartig und im Anschluss an den Fertigungsprozess. Der Nachweis fertigungsrelevanter Mängel kann zum Ausschuss einer gesamten Charge an Fahrzeugkarosserien und somit zu erheblichen Kosten führen.

Seitens der Industrie wird zunehmend nach einem zerstörungsfreien Prüfverfahren gesucht, welches in der Lage ist, jede Schweißverbindung direkt im Fügeprozess zu überprüfen. Zurzeit existieren jedoch keine zerstörungsfreie Prüfverfahren, die die geforderten Bedingungen wie Messdauer, Kosteneffizienz, Möglichkeit der Implementierung in den Fertigungsprozess ohne zusätzliche Prüfstationen sowie einfache Interpretation der Messergebnisse hinreichend erfüllen.

Der Einsatz von Shearografie als zerstörungsfreies Prüfverfahren kann dem Anspruch dieser Prüfaufgabe gerecht werden. Die geometrischen und somit mechanisch-technologischen Eigenschaften der Punktschweißverbindungen können mit Hilfe der Shearografie direkt im Anschluss an den Fertigungsprozess beurteilt werden. Im Rahmen des folgenden Beitrags werden die untersuchten Konzepte zum Aufbau einer Messvorrichtung sowie deren Anbringung an einer Widerstandspunktschweißanlage vorgestellt. Die Ergebnisse der Identifikation von festigkeitsrelevanten Unregelmäßigkeiten beim Widerstandspunktschweißen mittels Shearografie werden ausführlich diskutiert. Die durchgeführten Untersuchungen belegen das hohe Potential der Shearografie für den Einsatz als zerstörungsfreies Prüfverfahren zur Qualitätssicherung von widerstandsgeschweißten Punktverbindungen.

Die deutschen Bestrebungen zur Normierung der Fähigkeits- und Zuverlässigkeitsbewertung der zerstörungsfreien Prüfung

Daniel KANZLER [1], Marija BERTOVIC [2], Florian Dethof [3], Thomas HECKEL [2], Anne JÜNGERT [4], Sylvia KEßLER [3], Vamsi Krishna RENTALA [1], Martina Rosenthal [2], Ricada Stolz [3], Johannes VRANA [5]
[1] Applied Validation of NDT, Berlin
[2] Bundesanstalt für Materialforschung und -Prüfung, Berlin
[3] Helmut-Schmidt-Universität, Hamburg
[4] Materialprüfanstalt, Stuttgart
[5] Vrana GmbH, Rimsting

Kontakt E-Mail: KanzlerD@av-ndt.com

Kurzfassung. Seit 1999 existiert das MIL-HDBK 1823, die us-amerikanische Leitfaden zur Erstellung einer Probability of Detection (POD; Fehlerdetektionswahrscheinlichkeit). Obwohl das Dokument als internationaler Stand der Technik angesehen wird, ist die allgemeine Anwendung in der ZfP-Praxis von einigen Nachteilen begleitet:

1. Die beschriebenen POD's bilden ausschließlich die Grundlagen-POD ab, jeweils mit nur einem Fehlerparameter und einem Signalparameter. Modernere Ansätze werden hier nicht adressiert.
2. Die aktuelle Version verzichtet fast vollständig auf konkrete mathematische Formulierungen.
3. Die Richtlinie richtet sich hauptsächlich an die militärische Luftfahrt.
4. Das Dokument ist nur in englischer Sprache verfügbar.

Mit Hilfe eines BMWi-Förderprojekts wird ein weiterführendes Regelwerk auf Basis der MIL-HDBK 1823 unter deutscher Federführung erarbeitet, welches die Anwendung der POD-Berechnung auf eine breitere Basis stellt und die oben genannten Nachteile der MIL-HDBK 1823 behebt.

Das vorgestellte Projekt „normPOD“ wird eine normative, branchenübergreifend einsetzbare Beschreibung des Vorgehens bei der Berechnung einer POD zur Zuverlässigkeitsbewertung zerstörungsfreier Prüfungen entwickeln. Hierbei wird Klarheit über unterschiedliche POD-Ansätze geschaffen und anhand praktischer Beispiele aus Maschinenbau und Bauwesen ein Leitfaden für den Praxiseinsatz erarbeitet.

Das Poster gibt einen Überblick über die geplanten Arbeiten innerhalb des Projekts und lädt die Beteiligten der DGZfP-Jahrestagung zur Diskussion ein, um eine breite Basis und Akzeptanz für die entwickelten Berechnungsverfahren zu schaffen, insbesondere in Hinblick auf ZfP 4.0 und Digitalisierung.

Einführung

Im Jahr 1969 riss während des Flugs eines Flugzeugs des Typ F-111 ein Stück des Flügels ab. Dies geschah nach weniger als 100 Std. im Betrieb, und das obwohl der Typ für 4000 Std. ausgelegt wurde. Dieses dramatische Erlebnis war eines der prägenden Ereignisse, welche die Welt der zerstörungsfreien Prüfung (ZfP) stark beeinflusst hat.

Jedes Prüfverfahren ist fehlbar. Nach intensiven Untersuchungen wurde der Grundstein für ein Thema gelegt, was heute als "*Zuverlässigkeit von zerstörungsfreien Prüfverfahren*" bekannt ist.
Die Regelwerke der Luftfahrgesellschaften (z.B. FAA) sowie auch die produzierenden Unternehmen, beschäftigten sich mit der Fehlbarkeit von Verfahren. 1997 wurde das Thema erstmals in den Normenkontext aufgenommen. Relativ zeitgleich wurden hierbei Richtlinien im Bereich Energie im Sektor Öl- und Gasförderung [1] und im Bereich militärische Luftfahrt [2] erstellt. Seither gewinnt das Thema immer weiter an Bedeutung. Jedoch fehlt es in vielen Bereichen, die sich mit dem Thema Zuverlässigkeit beschäftigen wollen und auch sollten, an entsprechenden Richtlinien.
Unlängst hat sich im Rahmen des normPOD-Projekts mit dem Namen „Normung für die probabilistische Bewertung der Zuverlässigkeit für Zerstörungsfreie Prüfverfahren" eine Gruppe von unterschiedlichen Expert*innen zusammengefunden, um das Thema der Zuverlässigkeitsbewertung von Prüfverfahren einem größeren Teil der ZfP-Community zugänglich zu machen.

1. Aktueller Stand der Literaturrecherche

1.1 Definition des aktuellen Stands der Technik im Bereich Zuverlässigkeitsbewertung

Obwohl seit den 80er Jahren kontinuierlich im Bereich *Zuverlässigkeitsbewertung von Prüfverfahren* geforscht und publiziert wurde, gibt es nur wenige Expert*innen, die einen Überblick über das Thema besitzen.
Dies hat zwei Gründe: Einerseits steht die zerstörungsfreie Prüfung regelmäßig in der Kritik und wird als „nicht-wert-steigernder" Prozess bezeichnet. Das Aufdecken von Schwachstellen der zerstörungsfreien Prüfung ist darüber hinaus noch unbeliebter. Andererseits liegt der Kern der Auswertung in statistischen Modellen; ein Thema, das das übliche Prüfpersonal dafür gar nicht ausgebildet ist.

Dennoch nimmt die Notwendigkeit der Bewertung von Prüfverfahren stetig zu. Während sich zwischen den 80iger und 90iger Jahren hauptsächlich die militärische Luftfahrt, die Energieerzeugung und die Raumfahrt den Methoden der Zuverlässigkeit bedient haben, so setzen sich heutzutage alle sicherheitskritischen Bereiche mit der Forschung und Entwicklung ihrer Methoden auseinander. Aber es fehlt an allgemein verständlicher Literatur und Richtlinien, die übergreifend verwendet werden können, um so ein breites Verständnis dieser Thematik in Bezug auf die Bewertung der Fähigkeit von Prüfverfahren zu steigern. Die allgemeine Erklärung und Aufbereitung dieser Methoden hat sich das Expertenteam im Projekt „normPOD" zur Aufgabe gestellt.

1.2 Verfügbare Literatur zur Zuverlässigkeitsbewertung

Ein wesentlicher Schritt innerhalb der Erstellung einer Richtlinie, ist die Bewertung der gegenwärtigen Literatur.

Allein zum Thema „Zuverlässigkeitsbewertung von Prüfverfahren“ wurden aktuell für das Projekt über 650 Literaturstellen (Artikel, Dissertation, Buchkapitel und Reports) ausfindig gemacht und ausgewertet (siehe Abb. 1.). „Ausgewertet“ bedeutet, dass die unterschiedlichen Vorgehensweisen gruppiert und jeweils dem Ziel der Bewertung entgegengestellt wurden.

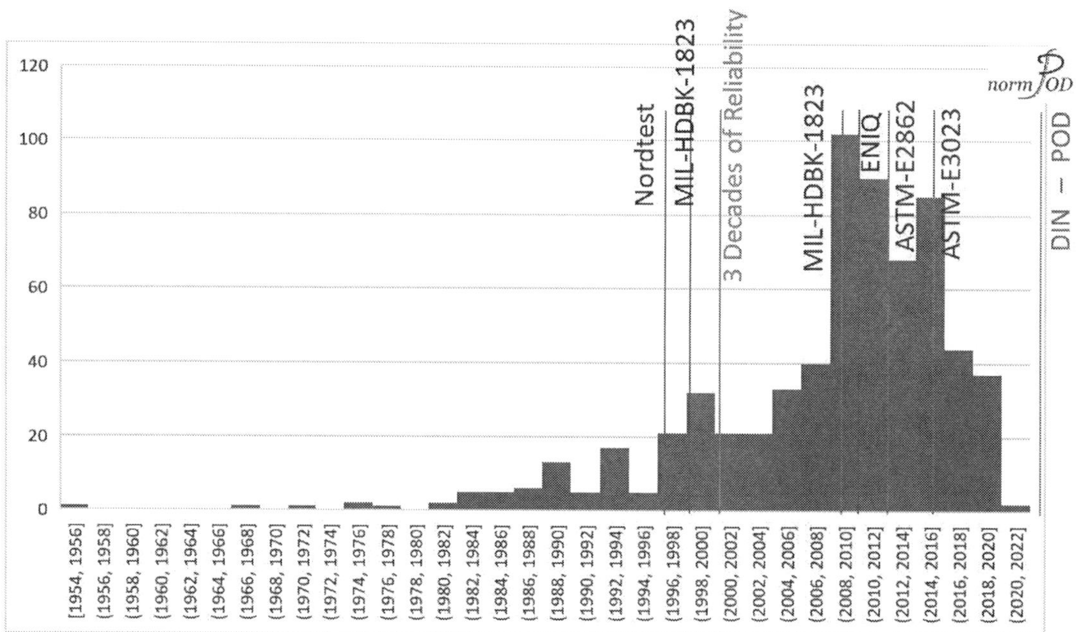

Abb. 1. Literaturrecherche zum Thema Zuverlässigkeitsbewertung im Bereich zerstörungsfreie Prüfung.

Die Tatsache, dass es so viel Spezialliteratur zu einem Thema gibt, zeigt außerdem, dass es kein „Rezept“ für eine Zuverlässigkeitsbewertung gibt. Die Kritikalität der geprüften Komponente, die Eingliederung in das Qualitätskonzept einer Firma und eines Produkts, das Gleichgewicht zwischen verschiedenen ökonomischen Faktoren und der Steigerung der Qualität durch den Einsatz der ZfP, sind Einflüsse, die im Prüfkonzept und somit auch in der Bewertung des Prüfverfahrens einzuschließen sind.

Dennoch bauen viele der Evaluationen auf den gleichen Grundlagen auf: Die systematische Beschreibung der Einflüsse mit Hilfe der Versuchsplanung, die Beschreibung des physikalischen Prüfprozesses durch methodische Modelle und die systematische Durchführung von Versuchen, Simulationen und Erfassung von technischem Wissen sind hierbei die wesentlichen Bauteile. Genau auf diesen Prinzipien wurden im Laufe der Vergangenheit immer wieder Richtlinien in den verschiedenen Bereichen erstellt. Nordtest [1], Mil-Handbook [2] (1999 und 2009), ENIQ-Standard Prozeduren [3] und die ASTM-Reihe (E2862 [4], E3023 [5] in 2012 und 2015). Die meisten dieser Modelle beziehen sich jedoch auf das1989 von Berens publizierte Modell [6].

Die Entwicklungen der Zuverlässigkeitsbewertung in den letzten Jahren werden hier vernachlässigt. Dies ist ein weiterer Grund dafür, einen Überblick zu schaffen und zu veröffentlichen. Der bisher letzte Überblick wurde 2001 unter dem Titel „Three Decades of Reliability Assessment“ von Ripi Singh [7] veröffentlicht. Das hier vorgestellte Projekt hat sich das Ziel gesetzt, die Entwicklungen der folgenden zwei Jahrzehnte zu erfassen, die wesentliche Information aufzubereiten und daraus eine Vorlage für eine DIN-Norm für das Jahr 2022 zu erarbeiten.

Während die meisten Richtlinien und die überwiegende Literatur im Bereich der Luftfahrt und Energie veröffentlicht wurden, so nehmen die Zweige wie Bauingenieurwesen, Automobilbau und Prüfung im Eisenbahnwesen immer weiter zu.

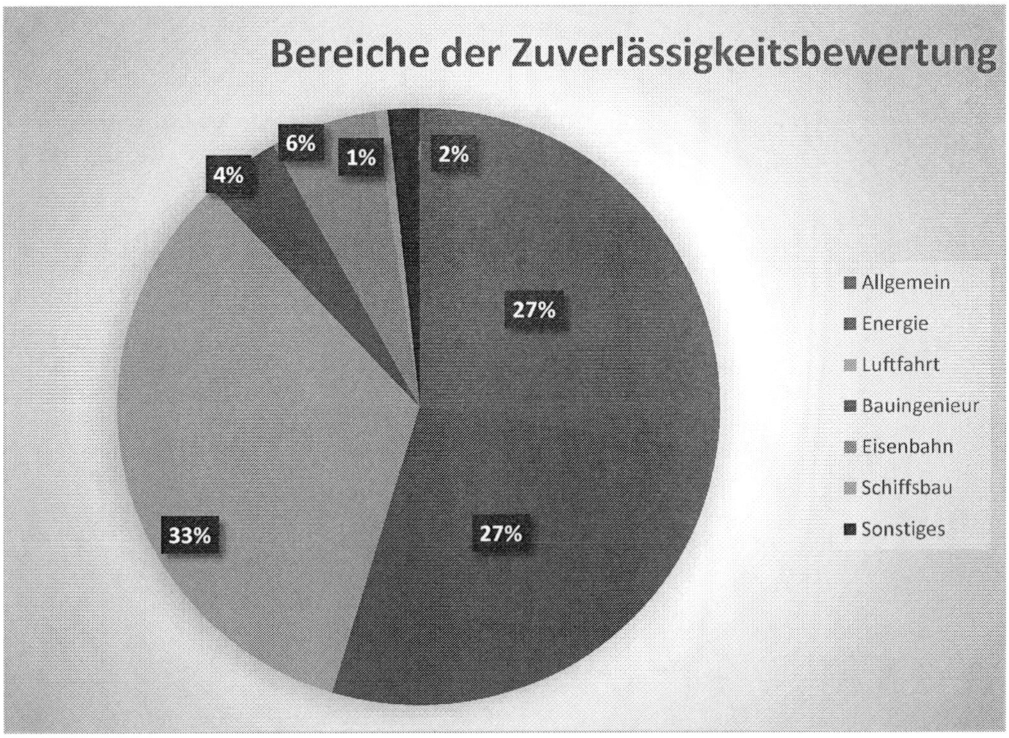

Abb. 2. Branchen, in denen die Zuverlässigkeit von Prüfverfahren aktuell eingesetzt werden.

1.3 Bisherige Arbeiten zur deutschen Richtlinie

Seit dem ersten Workshop zum Thema ZfP-Zuverlässigkeit „*1st European-American Workshop Determination of Reliability and Validation Methods on NDE*" in Berlin im Jahre 1997 spielt dieses Thema in der Forschung in Deutschland eine maßgebliche Rolle [8].

In den letzten zwei Jahrzehnten kamen wesentliche Neuerungen im Bereich Zuverlässigkeitsbewertung aus den Reihen der Forschung in Deutschland (siehe Abb.3), so z.B. MaPOD-Ansätze oder multiparametrische Bewertung, die Datenkombination mit verschiedenen Datenquellen oder auch Forschungsarbeiten zu Themen der menschlichen und organisatorischen Faktoren sowie deren Einfluss auf die Prüfung [9][10][11][12].

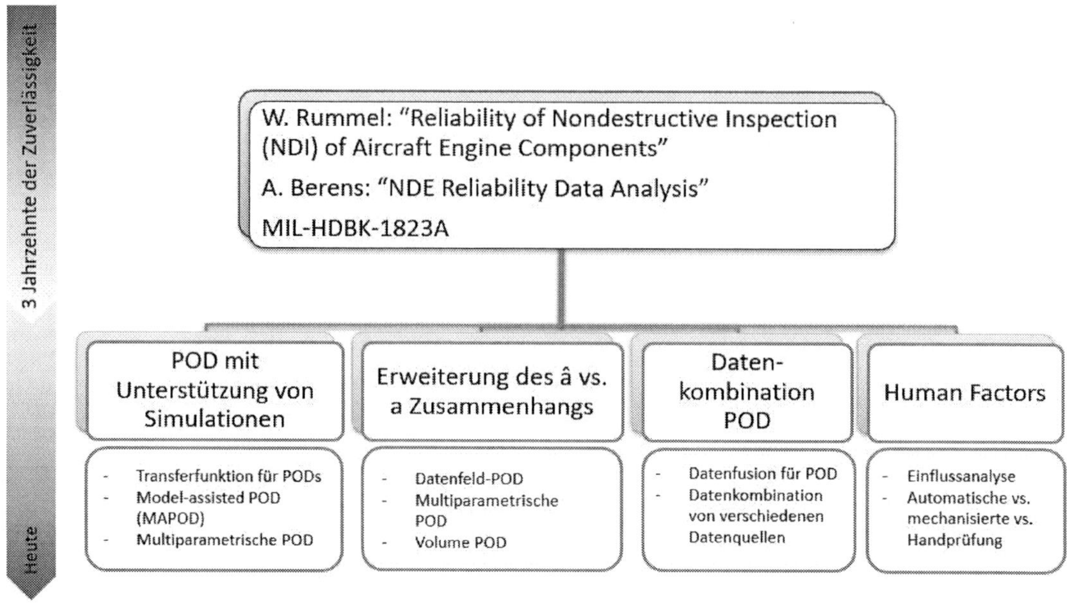

Abb. 3. Ansätze zum Thema Zuverlässigkeitsbewertung von Prüfverfahren

2. Inhalt des Projekts „normPOD“

Die Herausforderung an dieser Stelle wird sein, die grundlegenden Prinzipien der Prüfung zu verschriftlichen und dabei auf die Neuerungen in den letzten Jahrzehnten einzugehen, ohne sich in den Feinheiten jeder einzelnen Evaluation zu verlieren.

Aus diesem Grund hat sich das Projektteam zur Aufgabe gemacht, innerhalb von zwei Jahren zwei unterschiedliche Prüfaufgaben systematisch zu bewerten und diese als Fallstudie der Öffentlichkeit vorzustellen. Hierbei sind beide Studien unterschiedlich voneinander, um verschiedene Aspekte des Bereichs der zerstörungsfreien Prüfung darstellen zu können:

1. Die Schweißnahtprüfung von ferritischen Rohrleitungsschweißnähten mit Hilfe von Ultraschall.
2. Die Tunnelinnenschalenprüfung an Stahlbeton mittels Ultraschall oder Impakt-Echo.

Die Kenntnisse über die Bestimmung des kritischen Defekts für das jeweilige Bauteil, die Auswahl der Prüfung, das Vorwissen innerhalb der Branche, die Materialbeschaffenheit und den Einsatz der Computersimulation für die jeweilige Prüfung sind dabei in hohem Maße unterschiedlich. Im Folgenden ist das jeweilige Vorgehen zu beiden Themen in schematischen Graphiken kurz skizziert:

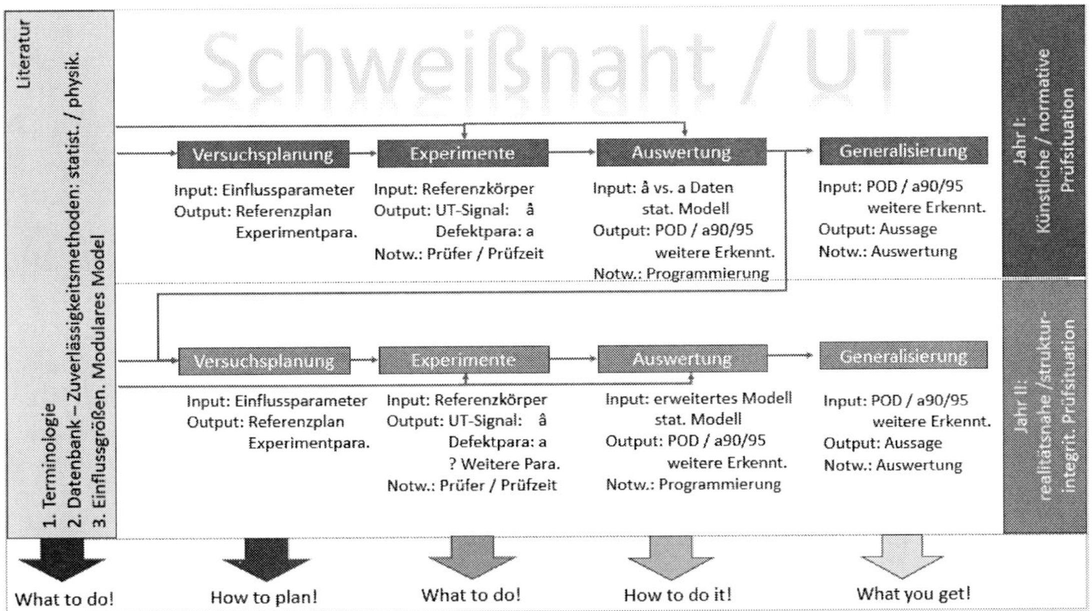

Abb. 4. Ferritische Schweißnahtprüfung im Kraftwerksbereich

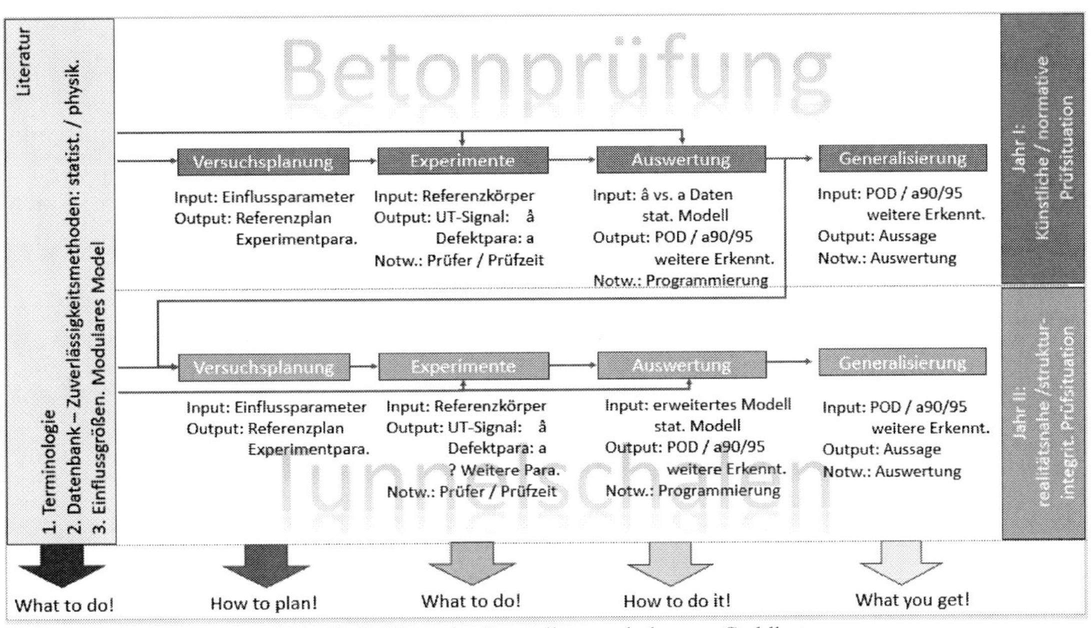

Abb. 5. Prüfung der Tunnelinnenschalen aus Stahlbeton

Menschliche und organisatorische Faktoren wurden, obwohl ihr Einfluss im weithin akzeptierten modularen Zuverlässigkeitsmodell [13] anerkannt wurde, meist als unkontrollierbare Faktoren angesehen, die nicht quantifizierbar sind und daher bei quantifizierbaren Zuverlässigkeitsbewertungen vernachlässigt wurden. In diesem Projekt werden wir die Möglichkeiten von qualitativen und quantitativen Methoden untersuchen, um einige dieser Faktoren in die Zuverlässigkeitsbewertung einzubeziehen.

3. Die nächsten Schritte

Die bisherige Vorarbeit im Projekt hat gezeigt, dass es ein standardisiertes Vorgehen geben muss, welches im zweiten Schritt an die jeweilige Prüfung angepasst werden muss.

Dieses Vorgehen soll in eine standardisierte Richtlinie gefasst werden, wodurch nicht nur zum allgemeinen Verständnis der Bewertung beigetragen, sondern auch eine Plattform geliefert wird, die die Prüfung auf die nächsten Herausforderungen vorbereitet.
Während aktuell noch um die Daseinsberechtigung der Prüfverfahren gestritten wird, sind die Informationen, die ein Prüfverfahren liefert in der Zukunft ein wahrer *Datenschatz*. Dieser Datenschatz ist jedoch nur insoweit wertvoll, sofern er verstanden und bewertet werden kann. Dies ist Aufgabe der Zuverlässigkeitsbewertung und das zu erarbeitende Schriftstück, welches vielseitig in der deutschen Industrie eingesetzt werden kann und dass diese Bewertungen ermöglicht, könnte zukünftig das wichtige Werkzeug sein.

Dies ist die Aufgabe, die sich das Projektteam „normPOD“ gesetzt hat. Das aktuelle Expertenteam würde sich jedoch auf weiteren Input besonders aus der Industrie freuen. Daher zum Abschluss noch ein Anruf an Sie persönlich: Um der hier thematisierten Richtlinie, die Möglichkeit zu geben, eine weitreichende Wirkung zu entfalten, brauchen wir Ihre Unterstützung.
Wie in aktuellen Umfragen zu ZfP 4.0 [14][15] evaluiert wurde, ist das Thema Zuverlässigkeit wichtiger denn je. Helfen Sie uns das Thema zu diskutieren. Richten Sie Ihre Fragestellung an uns, die wir für Sie beantworten. Nur so wird es gelingen eine Richtlinie und einen Standard zu erstellen, der für alle Beteiligte zielführend ist.

4. Förderung durch den BMWi

Das Projekt „normPOD“ wird durch das Bundesministerium für Wirtschaft und Energie unter dem Namen „Normung für die probabilistische Bewertung der Zuverlässigkeit für zerstörungsfreie Prüfverfahren“ gefördert und verzeichnet das Förderkennzeichen 03TN0006A.

Referenzen

[1] O. Førli. “Guidelines for NDE reliability determination and description”, *NT TR 394. Nordtest Technical Report*. Det Norske Veritas AS, 1998
[2] Department of Defense. “Nondestructive Evaluation System Reliability Assessment”, *MIL-HDBK-1823A*. Departments and Agencies of the Department of Defense, 2009.
[3] L. Gandossi und C. Annis. „Probability of Detection Curves: Statistical Best-Practices”, *Statistical best-practices 41. scientific report*. ENIQ, 2010.
[4] ASTM International. “Standard Practice for Probability of Detection Analysis for Hit/Miss Data”, *ASTM E 2862-12*. ASTM International, 2012.
[5] ASTM International. “Standard Practice for Probability of Detection Analysis for â Versus a Data”, *ASTM E 3023-15*. ASTM International, 2015.
[6] A.P. Berens. “NDE Reliability Data Analysis: Nondestructive Evaluation and Quality Control”, in *Metals Handbook*. 9. Aufl. Bd. 17. Materials Park, Ohio: ASM International, 1989, S. 689–701.
[7] R. Singh. “Three Decades of Reliability Assessment*”, Karta- 3510-99-01*. San Antonio: Karta, 2000.
[8] C. Nockemann and C. Fortunko, “Summary of the workshop,” in *Proceedings of the European-American Workshop: Determination of Reliability and Validation Methods on NDE*, 18-20 June 1997, Berlin, Germany, Berlin: DGZfP, 1997, pp. 11–17.
[9] M. Bertovic, M. Gaal, C. Müller, and B. Fahlbruch, “Investigating human factors in manual ultrasonic testing: testing the human factors model,” *Insight*, Vol. 53, Nr. 12, S. 673–676, 2011.
[10] M. Bertovic, “A human factors perspective on the use of automated aids in the evaluation of NDT data,” in *42st Annual Review of Progress in Quantitative Nondestructive Evaluation. AIP Conference Proceedings*, 2016, vol. 1706, p. 020003.
[11] M. Bertovic, “Human-Related Risks in the Non-Destructive Testing (NDT) of Hollow Railway Axles: Implications for the Education and Training of the NDT Personnel,” in *Proceedings of the 29th European Safety and Reliability Conference*, 2019, S. 294–300.

[12] R. Holstein, M. Bertovic, D. Kanzler, and C. Müller, "NDT Reliability in the Organizational Context of Service Inspection Companies," *Mater. Test.*, Vol. 56, Nr. 7–8, S. 607–610, Jul. 2014.
[13] C. Mueller et al., "Paradigm Shift in the Holistic Evaluation of the Reliability of NDE Systems," Mater. Test., Vol. 55, Nr. 4, S. 261–269, Apr. 2013.
[14] J. Vrana, R. Singh, "NDE 4.0—A Design Thinking Perspective", *J Nondestruct Eval Vol* 40, 8 (2021). https://doi.org/10.1007/s10921-020-00735-9
[15] M. Bertovic, S. Feistkorn, D. Kanzler, B. Valeske, J. Vrana, "ZfP 4.0 aus der Sicht der ZfP-Community: Umfrageergebnisse, Herausforderungen und Perspektiven," ZfP-Zeitung, vol. 174, S. 43–49, 2021.

Neue Verfahren der thermografischen Super Resolution mit strukturierter 1D-Laserererwärmung

Samim AHMADI [1], Julien LECOMPAGNON [1], Philipp Daniel HIRSCH [1],
Peter BURGHOLZER [2], Peter JUNG [3], Giuseppe CAIRE [3], Mathias ZIEGLER [1]
[1] Bundesanstalt für Materialforschung und -prüfung, Berlin
[2] RECENDT GmbH, Linz, Österreich
[3] Technische Universität Berlin, Berlin

Kontakt E-Mail: samim.ahmadi@bam.de

Kurzfassung

Die thermografische ZfP basiert auf der Wechselwirkung von thermischen Wellen mit Inhomogenitäten. Die Ausbreitung von thermischen Wellen von der Wärmequelle zur Inhomogenität und zur Detektionsoberfläche entsprechend der thermischen Diffusionsgleichung führt dazu, dass zwei eng beieinander liegende Defekte fälschlicherweise als ein Defekt im gemessenen Thermogramm erkannt werden können. Um diese räumliche Auflösungsgrenze zu durchbrechen, also eine Super Resolution zu realisieren, kann die Kombination von räumlich strukturierter Erwärmung und numerischen Verfahren des Compressed Sensings verwendet werden.

Für unsere Arbeiten benutzen wir Hochleistungs-Laser im Kilowatt-Bereich um die Probe entweder hochaufgelöst entlang einer Linie (1D) abzurastern oder strukturiert zu erwärmen. Die Verbesserung des räumlichen Auflösungsvermögens zur Defekterkennung hängt dann im klassischen Sinne direkt von der Anzahl der Messungen ab. Mithilfe des Compressed Sensings und Vorkenntnissen über das System ist es jedoch möglich die Anzahl der Messungen zu reduzieren und trotzdem Super Resolution zu erzielen. Wie viele Messungen notwendig sind und wie groß der Auflösungsgewinn gegenüber der konventionellen thermografischen Prüfung mit flächiger Erwärmung ist, hängt von einer Reihe von Messparametern, der Messstrategie, Probeneigenschaften und den verwendeten Rekonstruktionsalgorithmen ab.

Unsere Studien befassen sich mit dem Einfluss der experimentellen Parameter, wie z.B. der Pulslänge der Laserbeleuchtung und der Größe des Laserspots. Weiterhin haben wir uns mit der Wahl der Parameter in der Rekonstruktion auseinandergesetzt, die einen Einfluss auf das im Compressed Sensing zugrundeliegende Minimierungsproblem haben. Für jeden getesteten Parametersatz wurde eine Rekonstruktionsqualität berechnet. Schließlich wurden die Defektrekonstruktionen basierend auf den Parametersätzen verglichen, sodass eine Parameterwahl für hohe Rekonstruktionsqualitäten mit thermografischer Super Resolution empfohlen werden kann.

Optisch angeregte, thermografische Prüfung von semi-transparenten thermoplastischen Verbundwerkstoffen

Jürgen GRUBER [1], Günther MAYR [1], Gerhard BÄCK [2]
[1] FH OÖ Forschungs & Entwicklungs GmbH, Wels, Österreich
[2] Engel Austria GmbH, Sankt Valentin, Österreich

Kontakt E-Mail: juergen.gruber@fh-wels.at

Kurzfassung

Im Gegensatz zu faserverstärkten Kunststoffen mit duroplastischer Matrix sind thermoplastische Faserverbunde, wie sie z.B. in der Spritzgussindustrie eingesetzt werden, meist nicht opak, sondern haben vom verwendeten Matrix/Fasersystem abhängige spektrale Eigenschaften. Optisch angeregte Puls-Thermografie Messungen wurden an Probenplatten mit unterschiedlichen, künstlich eingebrachten Fehlstellen durchgeführt. Die Platten wurden aus verschiedenen Materialsystemen, wie Polypropylen (PP) oder Polyamid (PA6, PA6.6) verstärkt mit Glas- bzw. Carbonfasern gefertigt. Zudem erfolgten Messungen an realen 3D-Komponenten mit komplexer Geometrie, die aus sogenannten Tapes gefertigt wurden.

Zur Detektion der Fehlstellen bei unterschiedlichen Materialsystemen kamen Standardmethoden wie die Thermographic-Signal-Reconstruction (TSR) Methode, die Linear-Diffusivity-Fitting (LDF) Methode, Puls-Phasen-Thermografie (PPT) und Methoden basierend auf der Early-Time-Detection zum Einsatz. Die einzelnen Ergebnisse wurden in fünf Detektierbarkeitsklassen eingeordnet und in einer Detektionsmatrix zusammengefasst. Dies gibt einen detaillierten Überblick, welche thermografische Methoden für eine bestimmte Art von Fehlstelle und Materialsystem geeignet sind.

Die thermografische Untersuchung der 3D Komponenten wurden mit Röntgen-Computer-Tomografie Messungen verglichen, um tatsächliche Fehlstellen von Auffälligkeiten aufgrund der komplexen Geometrie unterscheiden zu können.

Hohe Taktraten der Spritzgussindustrie beschränken das Zeitfenster für eine Qualitätssicherung deutlich. Hinzu kommt, dass an realen 3D-Komponenten Standardauswertemethoden zur Bestimmung der Diffusionszeit (TSR- und LDF-Methode) einen weiten Bereich an Ergebniswerten liefern, da aufgrund des Lagenaufbaus oder einer funktionalen Hinterspritzung das Bauteil unterschiedliche Dicken aufweist.

Die hohe Anzahl an baugleichen Komponenten erlaubt die Anwendung bestimmter Bildverarbeitungsmethoden. Durch den Vergleich eines aktuellen Ergebnisbildes mit einem berechneten, fehlerfreien Bild konnte eine schnelle Fehlerdetektion entwickelt werden.

Optimierung der Mehr-Puls-Thermografie für flächige Schichtdickenmessungen

Daniel HOFFMANN [1], Sebastian LULEI [2], Christian KOLB [1], Thomas HOCHREIN [1], Martin BASTIAN [1], Giovanni SCHOBER [1]
[1] SKZ – Das Kunststoff-Zentrum, Würzburg
[2] Julius-Maximilians-Universität, Würzburg

Kontakt E-Mail: d.hoffmann@skz.de

Kurzfassung. Beschichtungen spielen heutzutage für viele Industriezweige eine zentrale Rolle. Dabei ist die Ermittlung der Dicke eine wesentliche Voraussetzung, sowohl zur Qualitätskontrolle bereits während der Produktion als auch, um eine Veränderung während des Bauteilbetriebes durch z. B. Abrieb bzw. Korrosion zu überwachen. Da die Bauteilbeschichtung häufig am Ende der Prozesskette steht, ist der wirtschaftliche Schaden bei fehlerhaft beschichteten Bauteilen aufgrund der fehlenden Möglichkeit bzw. des hohen Aufwands einer Reparatur sehr groß. Neben einer Vielzahl an bereits existierenden meist nur punktuell einsetzbaren Schichtdickenmessverfahren kann die für viele Industrieanwendungen bereits etablierte aktive Thermografie für die Schichtdickenmessung eingesetzt werden, die als zerstörungsfreies, berührungsloses und flächig einsetzbares Messverfahren immer stärker in den Fokus rückt. Bei konventionellen thermografischen Verfahren findet die Erwärmung meist amplitudenmoduliert über Halogenstrahler oder mittels eines kurzen energieintensiven Lichtblitzes statt. Bei der in diesem Beitrag vorgeführten Mehr-Puls-Thermografie wird das Bauteil mit einer Sequenz von Blitzen thermisch angeregt. Dadurch kann eine geringere thermische Belastung des Bauteils und ein größeres und damit besseres Signal-Rausch-Verhältnis (SNR) im Vergleich zur konventionellen Puls-Thermografie sowie eine kürzere Messdauer und ein größerer auswertbarer Schichtdickenbereich im Vergleich zur Lock-in-Thermografie realisiert werden. Schichtdickenunterschiede werden hierbei über die Phaseninformation des thermischen Empfangssignals ermittelt. In diesem Beitrag wurde der flächige Einsatz der Mehr-Puls-Thermografie zur Messung von Schichtdicken im µm-Bereich anhand von Simulationen und experimentell demonstriert.

Einführung

Eine für die zerstörungsfreie Prüfung weit verbreitete Methode ist die aktive Thermografie, bei der das zu untersuchende Bauteil über Anregungsquellen erwärmt und die thermische Antwort meist mit einer Infrarotkamera gemessen wird. Bei der sog. **Lock-in-Thermografie** wird das Bauteil moduliert über einen längeren Zeitraum periodisch angeregt. Die zeitgleich gemessenen Temperaturdaten werden i. d. R. mittels einer diskreten Fourier-Analyse ausgewertet, um Amplituden- bzw. Phasenwerte frequenzselektiv darzustellen [1, 2]. Bei der konventionellen **Puls-Thermografie** wird das Bauteil hingegen über einen energieintensiven Puls kurzzeitig erwärmt und Unterschiede im Abkühlverhalten zur Ermittlung von Inhomogenitäten oder Fehlern untersucht [3]. Es stehen hierbei Auswertemöglichkeiten im Zeit- und Frequenzbereich zur Verfügung. Im Zeitbereich können z. B. lokal auftretende

Temperaturunterschiede Informationen zum Inneren des Bauteils liefern, wobei hierbei auch Rückschlüsse über die Tiefenlage von vorhandenen Grenzflächen gezogen werden können. Bei einer Auswertung im Frequenzbereich werden ähnlich der Lock-in-Thermografie Amplituden- und Phasenbilder frequenzselektiv generiert [4]. Bei einer Fourier-Analyse spielt für beide Methoden die thermische Eindringtiefe μ eine wichtige Rolle Diese beschreibt die Tiefenreichweite der Wärmewellen und lässt sich unter Kenntnis der Temperaturleitfähigkeit des Materials α für eine Auswertefrequenz f wie folgt abschätzen [5, 6]:

$$\mu = \sqrt{\frac{\alpha}{\pi \cdot f}} \tag{1}$$

Für Messungen an Beschichtungen ist bei einer kleineren Schichtdicke entsprechend Gleichung 1 eine größere Auswertefrequenz nötig, die für Schichtdicken im unteren μm-Bereich im ein- bis zweistelligen Hertz-Bereich liegt [7, 8]. Entscheidende Vorteile der konventionellen Lock-in-Thermografie sind das hohe Signal-Rausch-Verhältnis (SNR) und der geringe Einfluss von Störfaktoren. Von Nachteil sind dagegen die verhältnismäßig lange Messdauer von mehreren Minuten und die Beschränkung auf eine auswertbare Frequenz und damit Tiefenlage (vgl. Gleichung 1), die ein Vorwissen zur Schichtdicke voraussetzt, um mehrere aufeinanderfolgende Messungen zu vermeiden. Die konventionelle Puls-Thermografie zeichnet sich durch eine i. d. R. deutlich kürzere Messdauer und damit ein größeres Potential zur Inlinemessung sowie das multifrequente Pulssignal aus, wodurch entsprechend Formel 1 unterschiedliche Dickenbereiche mit einer Messung untersucht werden können. Dabei kann allerdings auch eine erhebliche Verringerung des SNR einhergehen. Bei existierenden Puls-Thermografie-Systemen wird außerdem mit einem einzigen energiereichen Lichtblitz angeregt, was zu einer stärkeren Bauteilerwärmung führt, die Kunststoffe und dünne temperaturempfindliche Beschichtungen nachhaltig schädigen kann. Konventionelle Puls-Thermografie-Messungen sind außerdem meist stark von Störeinflüssen wie einer inhomogenen Erwärmung, schwankenden Umgebungstemperaturen oder einem lokal variierenden Emissionsgrad abhängig [9]. Die Mehr-Puls-Thermografie stellt eine Kombination der beiden Methoden dar, mit der Vorzüge der beiden konventionellen Techniken vereint und Limitationen überwunden werden können. Nachfolgend wird der Einsatz dieser Technik für Schichtdickenmessung vorgestellt und die Ermittlung der Schichtdicke anhand von Simulationen und experimentellen Untersuchungen vorgeführt.

1. Dickenmessung von Beschichtungen

1.1 Etablierte zerstörungsfreie Messmethoden

Grundlegend lassen sich Techniken zur Schichtdickenbestimmung in zerstörende und zerstörungsfreie Messverfahren untergliedern. Nachfolgend werden bereits etablierte zerstörungsfreie Prüfverfahren kurz dargestellt. Zu den am häufigsten eingesetzten Methoden zählen die **Wirbelstrom-Technik** und das **magnetinduktive Verfahren**, bei denen die Schichtdicke durch Veränderung elektromagnetischer Felder gemessen werden kann [10, 11]. Bei **kapazitiven Techniken** hingegen wird die Schichtdicke von isolierenden Beschichtungen auf elektrisch leitendem Substrat über eine Veränderung der elektrischen Kapazität gemessen [11]. Bei **Ultraschall**-Verfahren, ebenso wie bei den **Terahertz-** oder **Mikrowellen-Techniken**, wird i. d. R. die Laufzeit oder die Amplitude der Schallwellen bzw. der Strahlung für die Ermittlung der Schichtdicke genutzt [12, 13]. Bei den bisher genannten Techniken kann die Schichtdicke punktuell bestimmt werden. Für eine flächige

Messung der Schichtdicke ist somit eine kosten- und zeitintensive Abrasterung des Bauteils notwendig. Auf **Röntgen** basierende Messtechniken sind beispielsweise die energiedispersive Röntgenfluoreszenzanalyse (RFA), bei der die emittierende Röntgenfluoreszenzstrahlung nach einer Bestrahlung des Bauteils genutzt wird, oder die Röntgenreflektometrie (XRR), bei der anhand der reflektierten Röntgenstrahlung die Schichtdicke ermittelt werden kann [14, 15]. Zuletzt bestehen noch im **optischen Spektralbereich** messende Verfahren, wie die Weißlichtinterferometrie oder konfokal-chromatische Verfahren, die bei transparenten Beschichtungen eingesetzt werden können [16, 17]. Bei **photothermischen bzw. thermografischen Verfahren** wird der betrachtete Prüfkörper gezielt durch z. B. optische Strahlung erwärmt und das thermische Verhalten an der Bauteiloberfläche gibt Aufschluss über die Schichtdicke. Diese Technik bietet sich für Schichtdickenmessung insbesondere dadurch an, weil große Flächen in verhältnismäßig kurzer Messzeit lokal aufgelöst und berührungslos gemessen werden können, wenn z. B. Blitzlampen oder LED-Arrays zur Anregung und IR-Kameras zur Datenaufnahme eingesetzt werden. Bei der Produktion erlaubt zudem eine direkte Inline-Einsetzbarkeit bestmögliche Voraussetzungen zur Prozessüberwachung [18, 19].

1.2 Mehr-Puls-Thermografie

In der Literatur wurden in den letzten Jahren bereits einige Möglichkeiten vorgestellt, Schichtsysteme mit Thermografie zu untersuchen [7, 8, 20]. In diesem Beitrag wird ein neuer thermografischer Ansatz zur Schichtdickenmessung vorgestellt, die sog. **Mehr-Puls-Thermografie**, bei der das Bauteil periodisch mit einer Sequenz von Pulsen angeregt wird [21]. Durch die Mehr-Puls-Anregung mit Blitztechnik kann ein höheres SNR und eine geringere thermische Belastung im Vergleich zur konventionellen Puls-Thermografie erzielt werden [22]. Gleichzeitig werden größere Anregungsfrequenzen als bei der konventionellen Lock-in-Thermografie mit Halogenstrahlern ermöglicht und die Systemkosten sind im Verhältnis zur Laseranregung gering.
Die thermografischen Messdaten werden, ähnlich wie bei der Puls-Phasen-Thermografie (PPT), über eine Fourier-Transformation in Amplituden- und Phasenwerte überführt [23]. Über den Pulsabstand können gezielt einzelne Frequenzanteile stärker gewichtet werden, um bei der Auswertung dieser Frequenzen ein höheres SNR zu erzielen. In Abb. 1 ist exemplarisch das Temperatur-Zeit-Diagramm eines Messpunktes bei periodischer Anregung mit 6 Blitzen im Abstand von 1,6 s aufgeführt. Da sich der Informationsgehalt je Frequenz insbesondere aus den Amplitudenwerten ablesen lässt, ist in Abb. 1 ebenso das Amplitudenspektrum dargestellt. Die sägezahnähnliche Form des thermischen Messsignals führt bei periodischer Anregung zusätzlich zu einer Ausprägung der Frequenzen der Oberschwingungen (vgl. Abb. 1). Dadurch sind auch bei größeren Pulsabständen, die z. B. bei thermisch sensiblen Materialien notwendig sind, hohe Frequenzen auswertbar, um dünne Schichten zu untersuchen. Entsprechend des Beispiels in Abb. 1 kann in diesem Fall bei einer Frequenz von 600 mHz und bei den entsprechenden Harmonischen der größte Informationsgewinn erzielt werden, wenngleich entsprechend der PPT auch andere Frequenzen untersucht werden können.
Je nach Anwendungsfall und Anforderungen können somit die Messdauer, die thermische Beanspruchung und das SNR flexibel über z. B. die Einzelpulsintensität und die Pulsanzahl angepasst werden [22]. Durch die Auswertung der Phaseninformation kann hierbei die Beeinflussung des Resultats durch Stör- bzw. Umgebungseinflüsse vermieden werden. In mehreren Publikationen wird außerdem auf weitere potenzielle Vorteile einer Mehr-Puls-Thermografie in Form einer effizienteren Energieeinkopplung bei der Prüfung, einer Linearisierung der erzeugten Wellen in longitudinale Richtung und einer Beeinflussung der Frequenzkomponenten des Signals hingewiesen [24, 25, 26].

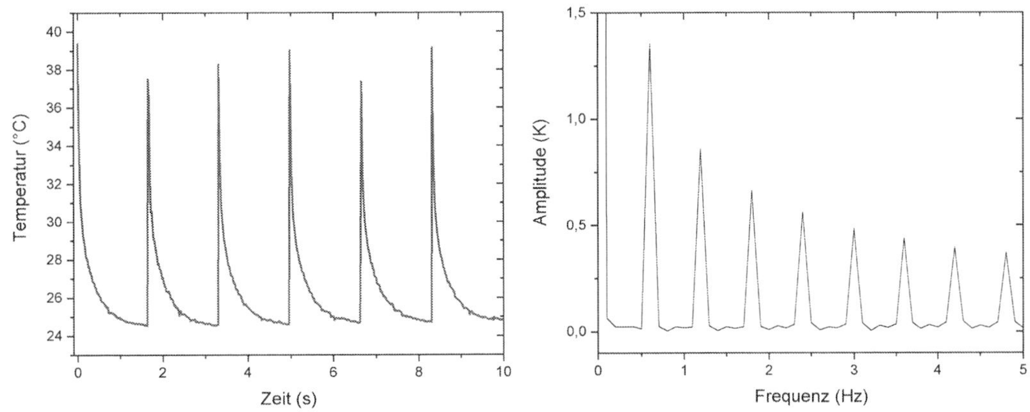

Abb. 1. Temperaturverlauf über die Zeit (links) und durch FFT generiertes Amplitudenspektrum (rechts) der Probe A (siehe Tabelle 1)

2. Prüfkörper

Für die im Beitrag beschriebenen Untersuchungen wurden Probekörper hergestellt, die stufenweise zunehmende Schichtdicken aufweisen. Für Probe A wurde eine 13 mm dicker Aluminiumblock mit Fräsungen unterschiedlicher Tiefe versehen und schichtweise mit Lack befüllt (vgl. Abb. 2 aufgeführt ist). Die Frästiefen entsprechen den Schichtdicken, die in Tabelle 3 aufgeführt sind. Die Oberfläche wurde im Anschluss abgeschliffen und poliert, um eine homogene Topografie zu gewährleisten. Probe B wurde durch schichtweise Applikation des Lacks auf die Oberfläche einer Stahlplatte hergestellt. Tabelle 1 gibt eine Übersicht über die verwendeten Probekörper.

Tabelle 1. Übersicht über Probekörper

Bezeichnung	**Substrat**	**Beschichtungsmaterial**	**Charakteristika**
Probe A	Aluminium	Acryllack	glänzend, blau
Probe B	Stahl	Alkydharzlack	glänzend, grün

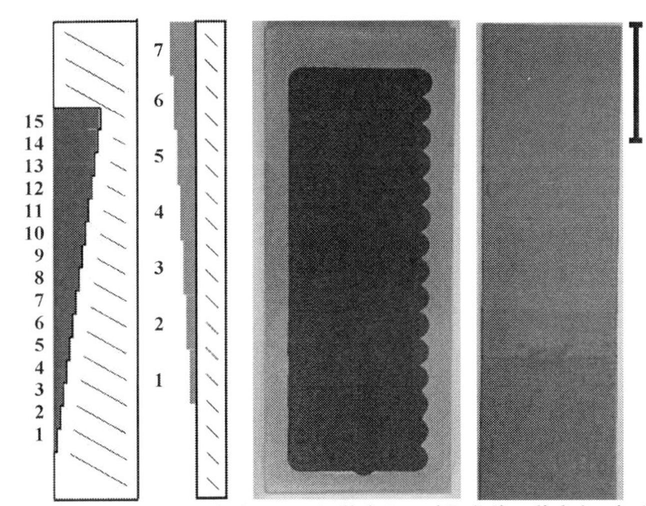

Abb. 2. Schematischer Querschnitt der Probekörper A (links) und B (Mitte links) mit Angabe der jeweiligen Schichtnummer sowie ein Foto der Probe A (Mitte rechts) und der Probe B (rechts) (jeweils Draufsicht)

3. Messaufbau

Der Messaufbau besteht aus der Blitzeinheit VH3-6000 (Hensel-Visit GmbH & Co. KG, Würzburg) zur Pulsanregung, der IR-Kamera VarioCam hr (InfraTec GmbH, Dresden) zur Datenaufnahme und einer Halterung zur Fixierung der Probe (vgl. Abb. 3). Für die Erwärmung der Prüfkörper wurden Blitze mit einer Pulsenergie von bis zu 1.650 J ausgelöst. Die Pulsanzahl wurde zwischen einem Puls und sechs Pulsen variiert. Ebenso wurde der Pulsabstand Δt je nach Auswertefrequenz ($\Delta t = 1/f$) angepasst und bei allen Messungen wurde eine Aufnahmefrequenz von 50 Hz verwendet. Die Probekörper wurden im Abstand von 56 cm zur IR-Kamera und 35 cm zur Blitzlampe platziert.

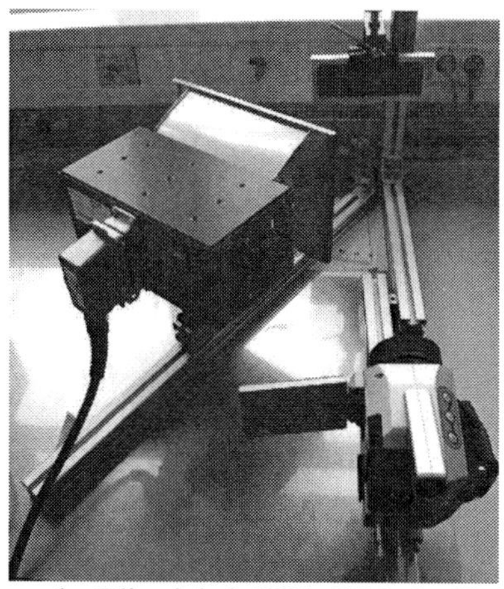

Abb. 3. Messaufbau bestehend aus der Blitzeinheit VH3-6000, der IR-Kamera VarioCAM hr und einer Probenhalterung, in der exemplarisch Probe A fixiert ist

4. Ergebnisse und Diskussion

4.1 Ermittlung der Materialeigenschaften und der Schichtdicke

Für die nachfolgend beschriebenen Untersuchungen wurden zunächst relevante Kennwerte (Dichte, Temperaturleitfähigkeit) der verwendeten Materialien bestimmt. Die Dichte der Beschichtungsmaterialien wurde über das Eintauchverfahren nach ISO 1183-1 ermittelt und die Temperaturleitfähigkeit des Acryllacks konnte über eine Laser-Flash-Analyse (Netzsch LFA 447) bestimmt werden. Die Materialkennwerte für Aluminium konnten dem Datenblatt und die des Stahls der Literatur entnommen werden [27]. Tabelle 2 gibt eine Übersicht über die ermittelten Materialdaten. Auf die Schichtdicke der Probe A konnte durch eine 3D-Profilmessung der Fräsungen vor deren Befüllung rückgeschlossen werden. Die Schichtdicke der Probe B wurde mittels einer Bügelmessschraube (Toleranz: 1 µm) bestimmt. Die resultierenden Schichtdickenwerte sind in Tabelle 3 aufgeführt.

Tabelle 2. Übersicht über die Kennwerte der verwendeten Materialien. Die kursiv gesetzten Werte wurden experimentell bestimmt. Alle weiteren Werte wurden den Datenblättern und der Literatur entnommen.

Bezeichnung	**Dichte in g/cm³**	**Temperaturleitfähigkeit in mm²/s**
Aluminium EN AW 5083	2,66	46 - 58
Edelstahl	7,84	11 - 15
Alkydharzlack	*1,10*	0,085 - 0,134
Acrylharz	*1,22*	*0,085 ± 0,003*

Tabelle 3. Übersicht über die gemessenen Schichtdickenwerte der jeweiligen Probekörper.

	Schichtdicke in µm							
Schichtnummer*	**1**	**2**	**3**	**4**	**5**	**6**	**7**	**8**
Probe A	75,07 ± 0,35	136,74 ± 0,31	196,71 ± 0,41	250,72 ± 0,62	264,36 ± 0,74	295,86 ± 0,73	286,99 ± 0,50	328,91 ± 0,29
	9	**10**	**11**	**12**	**13**	**14**	**15**	
	384,88 ± 0,27	426,67 ± 0,17	484,69 ± 0,18	541,31 ± 0,22	350,55 ± 0,22	401,23 ± 0,26	463,61 ± 0,23	
Schichtnummer*	**1**	**2**	**3**	**4**	**5**	**6**	**7**	
Probe B	39 ± 1	66 ± 1	100 ± 1	137 ± 2	191 ± 3	222 ± 3	255 ± 3	

Schichtnummer*: Siehe Abb. 2.

4.2 Simulation der Phasen-Dicken-Korrelation

Das Verhalten zwischen den Phasenwerten φ und der Dicke der Beschichtung d lässt sich mathematisch wie folgt beschreiben [3, 4, 8]:

$$\varphi = tan^{-1}\left(\frac{-2R \cdot e^{-2\frac{d}{\mu}} \cdot sin\left(2\frac{d}{\mu}\right)}{1-\left(R \cdot e^{-2\frac{d}{\mu}}\right)^2}\right) - 45° \tag{2}$$

Hierfür wird vereinfachend von einem Ein-Schicht-Modell und einer Ausbreitung der thermischen Wellen ausschließlich in z-Richtung mit einer einheitlichen Temperaturleitfähigkeit und einem stetigen lokalen und zeitlichen Temperaturverhalten ausgegangen. R beschreibt hierbei den thermischen Reflexionskoeffizienten zwischen Beschichtungs- und Grundmaterial:

$$R = \frac{e_1 - e_2}{e_1 + e_2} \tag{3}$$

Die Materialparameter e_1 und e_2 stellen die thermische Effusivität des Beschichtungsmaterials (1) und des Substratmaterials (2) dar und können aus der Wärmeleitfähigkeit λ, der Dichte ρ und der spezifischen Wärmekapazität c ermittelt werden [6]:

$$e = \sqrt{\lambda \rho c} \tag{4}$$

Die Gleichungen 3 und 4 verdeutlichen, dass die Reflexion neben der Dichte ausschließlich von den thermischen Eigenschaften beider Materialen abhängt. Ein betragsmäßig großer Reflexionskoeffizient führt zu einer starken Reflexion der thermischen Wellen, wodurch prinzipiell eine höhere Genauigkeit bei der Schichtdickenmessung möglich ist. Dies ist insbesondere bei großen Unterschieden zwischen den thermischen Effusivitäten des Beschichtungs- und des Substratmaterials der Fall. Abb. 4 (links) veranschaulicht die aus Gleichung 2 ermittelte Korrelation zwischen Phase und Schichtdicke für verschiedene Reflexionskoeffizienten grafisch. Da auf der Abszisse die sog. thermische Dicke aufgetragen ist, die die Dicke d in Relation zur Eindringtiefe μ setzt, ist die Grafik unter Berücksichtigung des Reflexionskoeffizienten universell einsetzbar. Bei gleicher Materialkonstellation (konstanter Temperaturleitfähigkeit) und gleicher Auswertefrequenz ist die Eindringtiefe μ konstant (vgl. Gleichung 1) und Phase und Schichtdicke stehen demnach in direktem Zusammenhang. Durch Variation der Auswertefrequenz lässt sich wiederum die

Korrelationsfunktion zwischen Phase und Schichtdicke an den vorliegenden Dickenbereich anpassen (vgl. Abb. 4 (rechts)). Zur Berechnung dieser frequenzabhängigen Verläufe wurde ein Reflexionskoeffizient von -0,9 angenommen und die ermittelte Temperaturleitfähigkeit des Acryllacks von 0,085 mm^2/s verwendet. Die Abbildung verdeutlicht beispielsweise, dass im Bereich zwischen 50 µm und 200 µm bei einer Frequenz von 1 Hz ein annähernd linearer Zusammenhang zwischen Phase und Schichtdicke vorliegt, während ein Phasenwert bei einer Frequenz von 0,3 Hz zum Teil mehrere Dickenwerte repräsentiert und nicht eindeutig zugeordnet werden kann. Bei einer Frequenz von 4 Hz hingegen lassen sich Schichtdicken ab 150 µm aufgrund geringer Phasenunterschiede kaum noch unterscheiden.

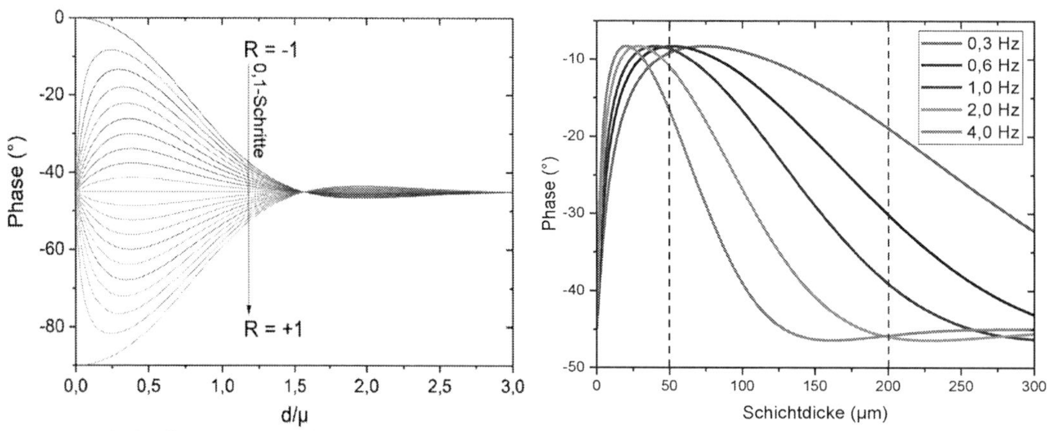

Abb. 4. Grafische Veranschaulichung der Korrelation zwischen Phase und thermischer Dicke d/µ in Abhängigkeit vom Reflexionskoeffizienten R (links) und Darstellung der frequenzabhängigen Phasen-Dicke-Korrelation für Acryllack bei einem Reflexionskoeffizienten von -0,9 (rechts)

4.3 Bestimmung der optimalen Anregungsfrequenz

Das in Abschnitt 4.2 beschriebene Verhalten zwischen Phase und Schichtdicke wurde experimentell anhand der Proben (vgl. Tabelle X) validiert. Aus dem Abkühlverhalten bei der Anregung mit einem einzelnen Puls kann entsprechend der PPT die Phaseninformation der thermischen Wellen gewonnen werden. Die frequenzabhängigen Phasenwerte wurden für jeden Pixel aus dem thermischen Signal, beginnend ab dem Maximum des Pulses, bestimmt. In Abb. 5 sind die Phasenbilder der Probekörper bei einer Frequenz von 1 Hz sowie die definierten Messbereiche mit einer Größe von 15 x 15 Pixel je Schicht dargestellt. Abb. 6 zeigt exemplarisch den Zusammenhang zwischen den Phasenwerten und der thermischen Dicke für verschiedene Frequenzen aus dem Bereich von 0,1 Hz bis 4 Hz. Da die kleinste Schichtdicke der Probe A ca. 75 µm beträgt und sich der Phasenumkehrpunkt für die untersuchten Frequenzen bei kleineren Schichtdicken befindet, beginnen alle Graphen in Abb. 6 (links) im annähernd linearen Bereich, wohingegen die Verläufe der Probe B (Abb. 6, rechts) einen Umkehrpunkt bei etwa 180 aufzeigen. Je nach Schichtdickenbereich ist die Wahl der passenden Anregungsfrequenz entscheidend, um Phasenwerte am annähernd linear verlaufenden Abschnitt des Graphen zu erhalten und somit Dickenunterschiede anhand der Phasenwerte eindeutig voneinander differenzieren zu können. Anhand der Graphen ist erkennbar, dass 0,6 Hz (Probe A) und 2 Hz (Probe B) geeignete Frequenzen darstellen, da hier ein annähernd linearer Verlauf für die untersuchten Schichtdicken vorliegt und der Graph den maximalen Phasenunterschied in diesem Bereich aufweist.

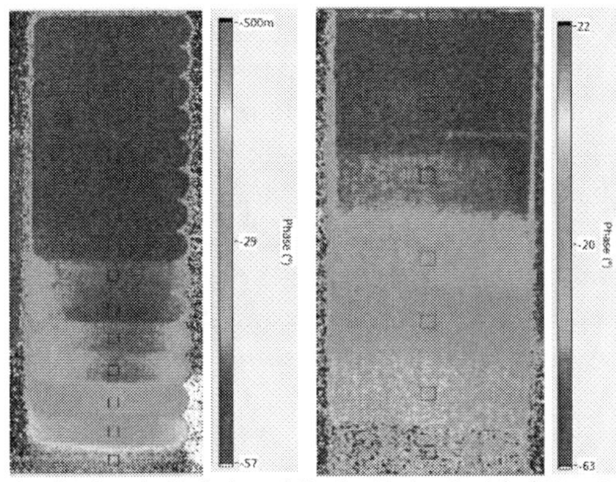

Abb. 5. Phasenbilder der Probe A (links) und Probe B (rechts) bei Erwärmung mit einem Puls. Für die Berechnung wurde das thermische Signal über 4 s ab dem Pulsmaximum verwendet. Die Markierungen (schwarze Quadrate) zeigen die definierten Messbereiche auf.

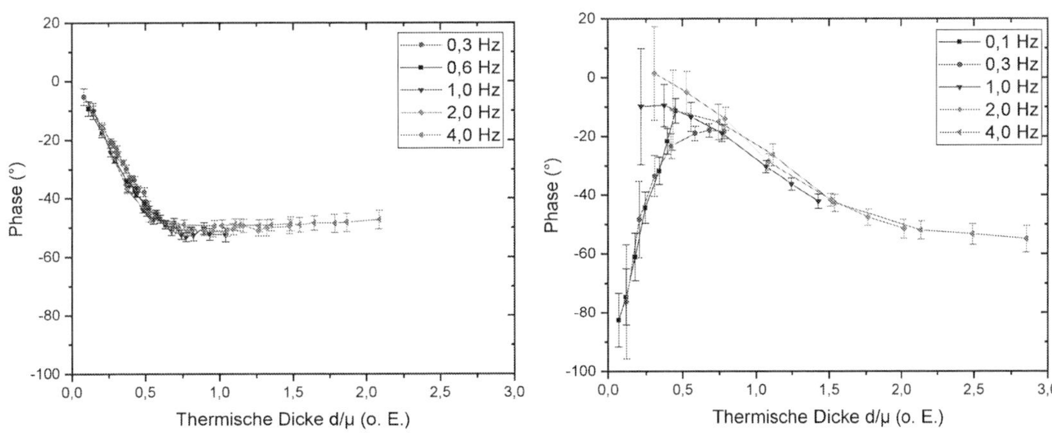

Abb. 6. Korrelation der Phase mit der thermischen Dicke für Probe A (links) und Probe B (rechts). Für die Berechnung der thermischen Dicke wurden die in Tabelle 2 und 3 aufgeführten Werte verwendet.

4.4 Anregung mit einer Pulssequenz der optimalen Frequenz

Entsprechend den Ergebnissen bei einer Ein-Puls-Anregung (vgl. Abschnitt 4.3) wurden die Proben mit einer Sequenz von bis zu 6 Pulsen unter Verwendung einer geeigneten Puls-Trigger-Frequenz angeregt, wobei die Energie der einzelnen Pulse bei größerer Pulsanzahl verringert wurde, sodass die eingebrachte Gesamtenergie bei jeder Messung in Summe gleich war. Abb. 7 (links und Mitte) zeigt die berechneten Phasenbilder beider Proben bei einer Anregung durch 6 Pulse mit einer Energie von 1.650 J. Die Phasenwerte sind mit deutlich geringerem Rauschen im Vergleich zur Ein-Puls-Messung behaftet und die Schichten unterschiedlicher Dicke können größtenteils deutlich voneinander separiert werden, wie die Linienverläufe in Abb. 7 (rechts) veranschaulichen. Im Diagramm der Probe A ist ebenfalls die über eine Profilmessung vor dem Beschichtungsprozess ermittelte Tiefe der Fräsungen dargestellt. Hieraus ist erkennbar, dass anhand der Phasenwerte die Schichtdicken mit Ausnahme der tiefsten Schicht (bei ca. 40 mm) eindeutig voneinander unterschieden werden können. Gleichzeitig ist allerdings zu berücksichtigen, dass kein lineares Verhalten zwischen Phase und Schichtdicke vorliegt (vgl. Abb. 4), weswegen die Phasenunterschiede zwischen den Schichten je nach Schichtdickenbereich variieren.

Die Graphen in Abb. 8 wurden durch Variation der Pulsanzahl bei gleicher Gesamtenergie (1.650 J) für Probe B generiert. Ein Vergleich zeigt, dass eine Verstärkung der jeweils relevanten Frequenzen (entsprechend der vorliegenden Schichtdicken) durch Anregung mit mehreren Pulsen im richtigen Abstand und bei gleicher Gesamtenergie zu einer Rauschminderung führt und Schichtdicken demnach mit einer größeren Genauigkeit ermittelt werden können. Dies ist insbesondere bei den dünnsten Schichten deutlich erkennbar. Zusätzlich reduziert die Aufteilung der Energie auf mehrere Pulse insbesondere bei thermisch sensiblen Beschichtungsmaterialien das Risiko einer Schädigung des Bauteils. Da mit größeren Pulsabständen allerdings ein größerer Energieverlust aufgrund der zeitlichen Streckung der Anregung einhergeht, ist eine Verstärkung des jeweiligen Frequenzanteils durch Energieeinbringung über mehrere Pulse nur bis zu einem gewissen Pulsabstand sinnvoll, der bei den durchgeführten Messungen an Probe B größer als 1 s war (vgl. Abb. 8) [22]. Bei thermisch weniger empfindlichen Materialien könnte hingegen auch der Energieeintrag vervielfacht werden, indem die jeweils maximale Energie bei der Anregung mit mehreren Pulsen verwendet wird, wodurch eine zusätzliche Erhöhung des SNR realisiert werden kann.

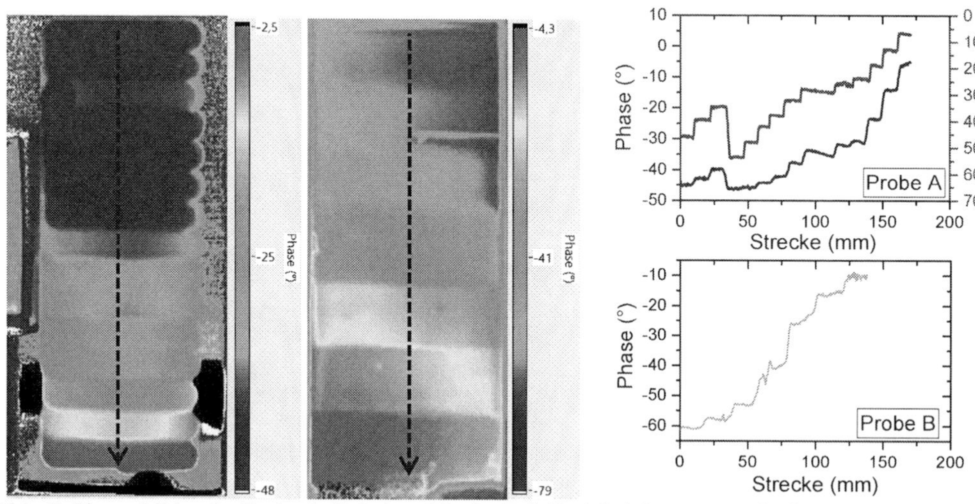

Abb. 7. Phasenbilder der Probe A (links) und Probe B (Mitte) bei Anregung mit einer Sequenz von 6 Pulsen. Die Pulsabstände wurden entsprechend der für die Schichtdicken relevanten Frequenz(en), die in Abschnitt 4.3 ermittelt wurden, gewählt (Probe A: 0,6 Hz, Probe B: 2 Hz). Die Diagramme rechts zeigen die Phasenwerte entlang der gestrichelten Linien in den Phasenbildern.

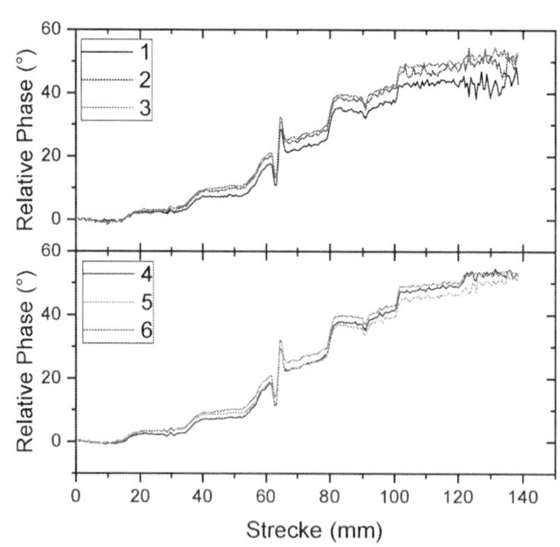

Abb. 8. Phasenverläufe (vgl. gestrichelte Linie in Abb. 7) der Probe B bei Anregung mit variierender Pulsanzahl (1 bis 6). Für jede Messung wurde die gleiche Gesamt-Pulsenergie verwendet. Zur besseren Vergleichbarkeit sind die Phasenverläufe überlappend dargestellt, beginnend ab einem Phasenwert von 0.

5. Zusammenfassung und Ausblick

In diesem Artikel wurde die Mehr-Puls-Thermografie zur flächigen Untersuchung von Schichtdicken anhand zweier mit Lack beschichteter Metall-Probekörper vorgeführt. Über Simulationsversuche wurde der aus der Literatur bekannte Zusammenhang zwischen den Phasenwerten, die aus den Temperaturdaten berechnet werden können, und der Schichtdicke für die beschichteten Metallproben veranschaulicht. Die Ergebnisse zeigen, dass neben den Eigenschaften des Beschichtungs- und Substratmaterials insbesondere die Auswertefrequenz eine entscheidende Rolle für die Ermittlung der Schichtdicke aus den Phasenwerten spielt, die passend für den vorliegenden Schichtdickenbereich gewählt werden muss. Über experimentelle Untersuchungen konnte aufgezeigt werden, wie sich die relevante(n) Auswertefrequenz(en) anhand einer thermografischen Messung mit einer Ein-Puls-Anregung bestimmen lassen. Die experimentell generierten Ergebnisse haben hierbei gut mit den Simulationsergebnissen übereingestimmt. Die Mehr-Puls-Thermografie wurde unter Kenntnis der geeigneten Frequenzen ebenfalls an den Probekörpern angewendet. Dies ermöglicht zum einen eine Verstärkung des relevanten Frequenzanteils und somit eine Verringerung des Rauschniveaus, wie experimentell bestätigt werden konnte. Zum anderen kann durch die Anregung mit einer Pulssequenz je nach Anwendungsfall der Energieeintrag vervielfacht werden oder die thermische Beanspruchung minimiert werden. Durch Einsatz dieser Technik konnten Schichtdicken im Bereich von 70 µm bis 460 µm mit einer Schrittweite von ca. 50 µm bzw. Schichtdicken im Bereich von 30 µm bis 250 µm mit einer Schrittweite von ca. 30 µm klar voneinander unterschieden werden.

Die Mehr-Puls-Thermografie bietet somit eine Möglichkeit zur flächigen, zerstörungsfreien und schnellen Dickenmessung von Beschichtungen, die potentiell auch inline eingesetzt werden kann. Die vorgestellte Messmethodik wird im Zuge aktueller Forschungsvorhaben am Kunststoff-Zentrum – SKZ, einem Mitglied der Zuse-Gemeinschaft, weiterentwickelt und industrienah erprobt, um die Technik für spezifische Anwendungsfälle auszulegen und schließlich eine industrielle Umsetzung zu fördern.

Danksagung

Die Forschungsvorhaben 21678 N und 21365 N von der Forschungsvereinigung „Fördergemeinschaft für das Süddeutsche Kunststoff-Zentrum e. V.“ werden über die Arbeitsgemeinschaft industrieller Forschungsvereinigungen „Otto von Guericke“ e.V. (AiF) vom Bundesministerium für Wirtschaft und Energie (BMWi) aufgrund eines Beschlusses des Deutschen Bundestages gefördert. Wir danken dem BMWi für die Bereitstellung der finanziellen Projektmittel.

Referenzen

[1] D. Wu: *Lockin-Thermographie für die zerstörungsfreie Werkstoffprüfung und Werkstoffcharakterisierung.* Dissertation, Universität Stuttgart, 1996

[2] A. Gleiter, C. Spießberger und G. Busse: *Tiefenaufgelöste Defekterkennung mit optisch angeregter Lockin-Thermografie.* Thermografie-Kolloquium 2, 2-9, 2007

[3] S. D. Holland und R. S. Reusser: *Material evaluation by infrared thermography.* Annual Review of Materials Research 46, 287-303, 2016

[4] X. Maldague: *Theory and practice of infrared technology for nondestructive testing.* Wiley-Verlag, 2001

[5] D. Hoffmann: *Tiefenaufgelöste Detektion von Fehlstellen in Faserverbundkunststoffen – Entwicklung eines Lock-in-Thermografie-Systems zur tomografischen Bauteilprüfung.* Springer Verlag, 2019

[6] C. Spiessberger: *Merkmalsanalyse mit thermischen Wellen in der zerstörungsfreien Werkstoff- und Bauteilprüfung.* Dissertationsschrift, Universität Stuttgart, 2011

[7] J. Y. Zhang, X. B. Meng und Y. C. Ma: *A new measurement method of coatings thickness based on lock-in thermography*. Infrared Physics & Technology 76, 655-60, 2016
[8] S. Lindemann und R. Schaller: *Laser-angeregte Lockin-Thermografie zur zerstörungsfreien und berührungslosen Schichtdickenmessung von thermisch gespritzten Beschichtungen*. DGZfP-Jahrestagung, 2017
[9] F. Bernhard: *Thermografie, Handbuch der Technischen Temperaturmessung*. 1395-463, 2014
[10] D. Stegemann: *Der Einsatz von Wirbelströmen für die zerstörungsfreie Werkstoffprüfung*. DVS Media, 2010
[11] W. Reimche und R. Duhm: *Zerstörungsfreie Prüfung und Bewertung von Beschichtungen*. Moderne Beschichtungsverfahren, 323-47, 2004
[12] R. Lerch, G. Sessler und D. Wolf: *Technische Akustik: Grundlagen und Anwendungen*. Springer-Verlag, 2009
[13] T. Hochrein und I. Alig: *Prozessmesstechnik in der Kunststoffaufbereitung*. Vogel Business Media, 2011
[14] V. Rößiger und B. Nensel: *Analyse von Schichten mit Röntgenfluoreszenz*. Jahrbuch Oberflächentechnik, 195–225, 2004
[15] M. Krumrey, M Hoffmann und M. Kolbe: *Schichtdickenbestimmung mit Röntgenreflektometrie*. PTB Mitteilungen 115.3, 202, 2005
[16] S.-W. Kim und G.-H. Kim: *Thickness-profile measurement of transparent thin-film layers by white-light scanning interferometry*. Applied Optics, 1999
[17] F. Hirth: *Schichtdickenmessung an gedruckten Polymerschichtsystemen*. Dissertation, Technische Universität München, 2011
[18] C. A. Bennett und R. R. Patty: *Thermal wave interferometry: A potential application of the photoacoustic effect*, Applied Optics 21.1, 49-54, 1982
[19] K. Ramspeck, et al.: *In-line thermography for reliable hot spot detection and process control*. Energy Procedia 55, 133-40, 2014
[20] Z. Zeng, et al.: *Absolute peak slope time based thickness measurement using pulsed thermography*. Infrared Physics & Technology 55.2-3, 200-4, 2012
[21] D. Hoffmann, et al.: *Advantages of Multi-Pulse Thermography*. SHM-NDT-Tagung, 2018
[22] G. Schober, et al.: *Multiple flash thermography for non-destructive testing of lightweight components*. Proceedings of the IRS², AMA Conferences, 2017
[23] X. Maldague, S. Marinetti: *Pulse Phase Infrared Thermography*. Journal of Applied Physics 79.5, 2694-8, 1996
[24] R. Krankenhagen und C. Maierhofer: *Einzelblitz vs. Multiblitz – Blitzthermografie mit mehreren Blitzen*. Thermographie-Kolloquium, 2015
[25] S. Neuhäusler, et al.: *Optimierung der Impuls-Thermografie - Prüftechnik durch Laserscans und Blitzsequenzen*. Thermografie-Kolloquium, 2003
[26] A. Ziadi, F. Galmiche und X. Maldague: *Pulse shaping in infrared thermography for nondestructive evaluation*. Review of scientific instruments 74.1, 411-3, 2003
[27] F. Richter: *Die physikalischen Eigenschaften der Stähle: Das 100-Stähle-Programm*. Arbeitskreis Thermophysik in der GEFTA, 2010

Automatisierte Erkennung von Schweiß-nahtunregelmäßigkeiten an Kehlnähten mit-tels Thermographie und 3D-Zeilenscan

Felix KOCH [1], Sebastian T. HÜBNER [2], Georg TRENSCH [1], Katharina SIMMEN [2],
Andreas BREITBARTH [2], Steffen KEITEL [1], Gunther NOTNI [2]
[1] Schweißtechnische Lehr- und Versuchsanstalt Halle GmbH, Halle (Saale)
[2] Technische Universität Ilmenau, Ilmenau

Kontakt E-Mail: felixkoch@slv-halle.de

Kurzfassung. Bei Kehlnähten beschränkt sich der Prüfumfang auf die Oberflächenprüfverfahren Sicht- und Farbeindringprüfung (z.B. gemäß DIN EN ISO 15614). Hintergrund ist die mangelhafte Darstellbarkeit von Fehlern mit standardisierten Volumenprüfverfahren insbesondere an durchgeschweißten Kehlnähten. Im Rahmen von einlagigen MSG-Kehlnaht-Arbeitsproben mit Blechdicken von 10 mm und 12 mm wird mithilfe der passiven Thermographie die Darstellbarkeit von Poren, Bindefehlern und Heißrissen sowie mit dem 3D-Zeilenscan die Detektion von Nahtstärke, -überhöhung, -symmetrie, -übergang und Einbrandkerben systematisch untersucht. Die Aufzeichnung der Temperaturverteilung an der Oberfläche von Grund- und Zusatzwerkstoff erfolgt mit der Wärmbildkamera OPTRIS PI 640, die in Schweißrichtung hinter dem Brenner mitbewegt wird. Eine qualitative Auswertung der Thermogramme z.B. anhand der Temperaturdifferenz zwischen einer Referenztemperatur und den Temperaturgradienten längs und quer zur Naht lässt Rückschlüsse auf die Art von Schweißnahtunregelmäßigkeiten zu. Die 3D-Daten der Schweißnaht werden mittels eines WENGLOR MSL 122 Zeilenscanners erfasst, welcher in Schweißrichtung hinter der Wärmebildkamera angeordnet ist. In den aufgezeichneten Signalen werden diejenigen ermittelt, welche den Basisblechen zuzuordnen sind und ausgehend davon die Naht geometrisch analysieren. Das Ableiten der zugehörigen Fehlergröße aus den optischen Messdaten und die Validierung durch alternative Prüfmethoden sind Gegenstand aktueller Arbeiten. Hierbei werden die Bewertungsgruppen nach DIN EN ISO 5817:2014-06 berücksichtigt. Ziel der Untersuchung ist es eine blechdickenabhängige Datenbasis zu erstellen, mit der eine inline Prozesskontrolle und -steuerung möglich ist. Das lernfähige Messmodul soll in Zusammenarbeit mit den Kooperationspartnern SIBAU Genthin GmbH & Co. KG und Dögel GmbH an einem Schweißtraktor Anwendung finden.

1. Einleitung und Problemstellung

Kehlnähte sind neben Stumpfnähten bei Verbindungsschweißungen im Fahrzeug-, Maschinen- sowie Anlagen- und Stahlbau weit verbreitet. Das beispielsweise im Stahlbau angewendete Regelwerk zur Qualifizierung von Schweißverfahren (DIN EN ISO 15614 [1]) fordert für Stumpfnähte u.a. eine Volumenprüfung via Ultraschall- bzw. Durchstrahlungsprüfung. Bei Kehlnähten beschränkt sich der Prüfumfang auf die Oberflächenprüfverfahren Sicht- und Farbeindringprüfung. Hintergrund ist die mangelhafte Darstellbarkeit von Fehlern mit standardisierten Volumenprüfverfahren. Kritische innere Schweißnahtunregelmäßigkeiten, wie beispielsweise Bindefehler, können an Kehlnähten oftmals nicht detektiert werden. Eine weitere Herausforderung beim Schweißen von langen Kehlnähten besteht in der Prozessüberwachung und Dokumentation der Prozessdaten. Üblicherweise werden lange Kehlnähte mit Schweißtraktoren teilmechanisiert ausgeführt. Die Überwachung und ggf. Korrektur eines solchen Schweißtraktors erfolgen vor Ort durch einen erfahrenen Schweißer. In der vorliegenden Arbeit wird ein Messmodul entwickelt, welches inline die Oberflächentemperatur, und -kontur sowie die Schweißprozessdaten erfasst. Diese Daten können für eine automatische Prozessüberwachung in Kombination mit einer zerstörungsfreien Werkstoffprüfung genutzt werden und bilden die Basis für eine inline Prozesssteuerung.

2. Lösungsweg

Mit dem Messmodul werden die Temperaturfelder und die Oberflächenkontur während des Schweißens am bereits erstarrten Bereich der Kehlnaht untersucht. Zum Einsatz kommt die passive Thermographie (Ausnutzung der Prozesswärme). Über Inhomogenitäten in den Verläufen der Oberflächentemperatur und -kontur werden Schweißnahtunregelmäßigkeiten nachgewiesen. Den Ablauf einer Messung zeigt Abb. 1.

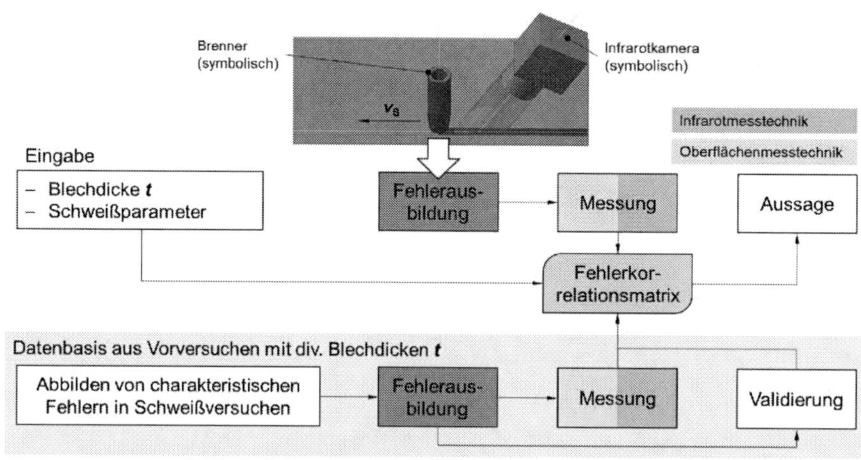

Abb. 1. Lösungsweg mit Fehlerkorrelationsmatrix

Unter Berücksichtigung der Eingabedaten (Blechdicke und Schweißparameter) wird das aktuelle Messergebnis, während der Prozess und die Messung laufen, mit der Fehlerkorrelationsmatrix verglichen (siehe oberer Bereich von Abb. 1). Über- oder unterschreitet das Messergebnis die Toleranzgrenzen für eine i.O.-Schweißung aus der Fehlerkorrelationsmatrix kann der Schweißprozess abgebrochen oder angepasst werden. In der Fehlerkorrelationsmatrix werden den jeweiligen Schweißnahtunregelmäßigkeiten Muster bzw. Grenzwerte (Toleranzgrenzen) hinsichtlich der Oberflächentemperatur und -kontur zugeordnet. Dies erfolgt unter Berücksichtigung der Bewertungsgruppen aus DIN EN ISO 5817 [2]. Grundlage sind mehrere Vorversuche, in denen Schweißnahtunregelmäßigkeiten provoziert werden (siehe unterer Bereich von Abb. 1). Die zugehörigen Messdaten mit den „Fehlermustern" bilden eine Datenbasis für die Fehlerkorrelationsmatrix.

3. Versuchsaufbau und -durchführung

In Kooperation mit den Projektpartnern SIBAU Genthin GmbH & Co. KG und TU Ilmenau werden Arbeitsproben unter Laborbedingungen ausgeführt. Die Proben umfassen einen T-Stoß an dem i.O.-Bereiche und Bereiche mit provozierten Schweißnahtunregelmäßigkeiten gegenübergestellt werden. Die Kehlnähte an Proben aus dem Material S235 (t = 10 mm) mit einem a-Maß von a = 5 mm werden mittels MAG-Prozess (Prozess-Nr. 135) geschweißt. Die Vorgabe der Schweißparameter erfolgte durch eine Schweißanweisung (WPS) der Firma SIBAU Genthin GmbH & Co. KG gemäß Tab. 1.

Tab. 1. Schweißparameter und Probengeometrie

Parameter		**Hinweis**	**Probengeometrie**
U	30,9 V	Schweißspannung	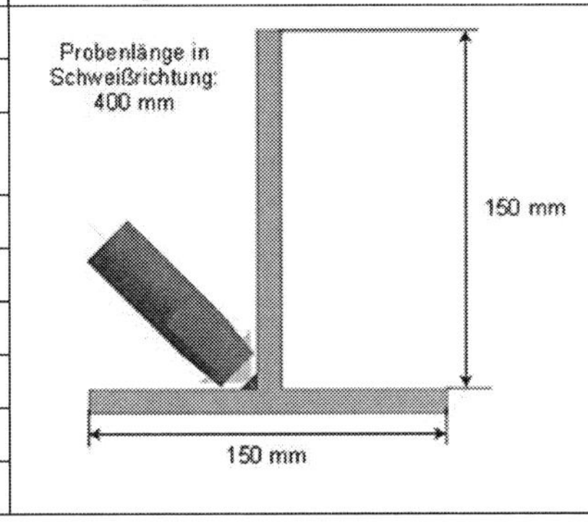
I	275 A	Schweißstrom	
v_S	51 cm/min	Schweißgeschwindigkeit	
v_D	11,1 m/min	Drahtvorschub	
t	10 mm	Blechdicke	
a	5 mm	a-Maß	
Schutzgas	Ar + 18% CO_2	Arcal Force	
G-Wks.	S235	Grundwerkstoff	
Z-Wks.	G4Si1	Zusatzwerkstoff	

Die Infrarot-Gerätetechnik und die Oberflächenscanner werden an einem Ausleger direkt am abgewinkelten Maschinenbrennerhalter des MAG-Brenners befestigt und laufen in Schweißrichtung dem Brenner nach. Geführt wird die Konstruktion von einem MRK-10 Roboter der Fa. Universal Robots A/S gemäß Abb. 2. Als Stromquelle kommt die Maschinenstromquelle iROB Pulse 400 der Fa. Alexander Binzel Schweißtechnik GmbH & Co. KG zum Einsatz.

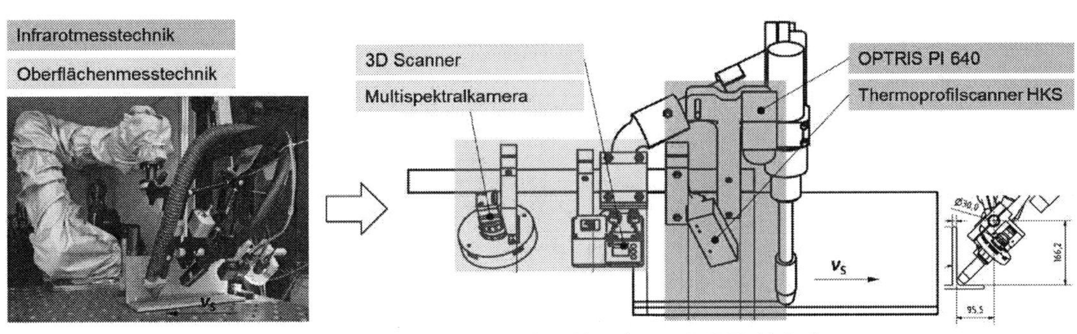

Abb. 2. Versuchsaufbau mit Schweißprobe am MRK-10 Roboter

3.1 Infrarotmesstechnik

Die Oberflächentemperaturen werden mit der Wärmebildkamera OPTRIS PI 640 und dem HKS Thermoprofilscanner erfasst (vgl. Tab. 2).

Tab. 2. Eingesetzte Infrarot-Kameratechnik

Kamera	**Spektralbereich**	**Optische Auflösung**	**Temperaturbereich**
OPTRIS PI 640	7,5 … 13,0 µm	640 x 480 Pixel	150 … 900 °C
HKS Thermoprofilscanner	0,78 … 1,4 µm	0,9 x 21 mm	650 … 1350 °C

Vorversuche bei [3] zeigten, dass der Einsatz der PI 640 Kamera praktikabel ist. Diese Kamera ist im FIR (fernen Infrarot) Bereich von 7,5 bis 13,0 µm sensitiv und eignet sich für die Detektion von Schweißnahtunregelmäßigkeiten beim Metallschutzgasschweißen (MSG).

Gegenüber dem HKS Thermoprofilscanner liefert die PI 640 Kamera eine Folge von zweidimensionalen Bildern, mit denen eine Auswertung des Temperaturfeldes in unterschiedlichen Abständen $\boldsymbol{s}$ zum Brenner möglich ist. Der Thermoprofilscanner liefert die Oberflächentemperaturen entlang einer Linie bzw. Zeile, die sich in einem festen Abstand hinter dem Brenner befindet (an der eine Referenztemperatur von ca. $\boldsymbol{T}_{\mathrm{Ref.}}$ = 1000°C vorliegt). Insbesondere für die Detektion von Rissen ist das zweidimensionale Wärmebild gegenüber einer Zeile bei 1000°C besser geeignet.

Die Auswertung der Infrarot-Bildfolge wird in Analogie zum Thermoprofilscanner mithilfe einer ausgewählten Zeile im Abstand $\boldsymbol{s}$ in Schweißrichtung hinter dem Brenner gemäß Abb. 3 durchgeführt. Ziel ist es aus der Gesamtheit der Daten einer Messung eine Übersichtsdarstellung abzuleiten, die Ausgangspunkt für weitere Auswertungsoperationen ist. Die Zeile befindet sich beispielsweise bei einer Referenz-Spitzentemperatur von $\boldsymbol{T}_{\mathrm{Ref.}}$ = 850°C. Der Temperaturverlauf entlang dieser Zeile $\boldsymbol{T}(\boldsymbol{y})$ wird für alle aufgezeichneten Zeitpunkte aneinandergereiht, sodass sich das Thermogramm $\boldsymbol{T}(\boldsymbol{y},\boldsymbol{t})$ als Fläche ergibt.

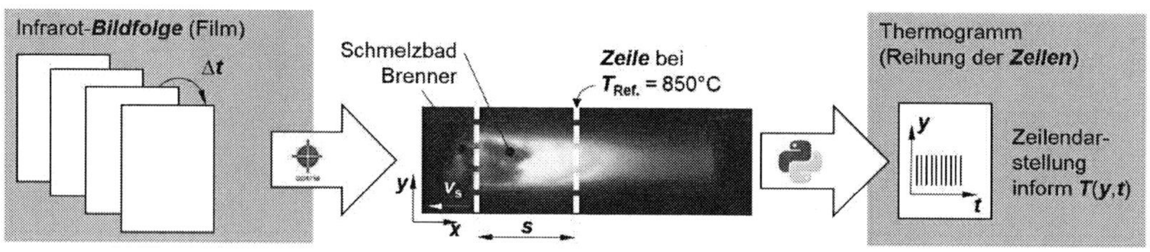

Abb. 3. Auswertung der Infrarot-Messdaten

Mithilfe einer Python-Routine wird auf Basis des Thermogramms der Verlauf der Maximaltemperaturen $\boldsymbol{T}_{\max}(\boldsymbol{t})$, die Temperaturdifferenz $\Delta\boldsymbol{T} = \boldsymbol{T} - \boldsymbol{T}_{\mathrm{Ref.}}$, die Aufheiz- bzw. Abkühlraten $\mathrm{d}\boldsymbol{T}/\mathrm{d}\boldsymbol{t}$ und der Querrichtungsgradient $\mathrm{d}\boldsymbol{T}/\mathrm{d}\boldsymbol{y}$ bestimmt. Für den Querrichtungsgradienten erfolgt die Ableitung in positiver y-Richtung und somit in der hier gewählten Darstellung von „unten nach oben".

3.2 Oberflächenmesstechnik

Zur Erfassung der Nahtoberfläche kommt ein WENGLOR MSL 122 Zeilenscanner zum Einsatz. Dieser arbeitet mit einem Laser der Wellenlänge 660 nm und einer Abtastfrequenz von 200 Hz bei einer Belichtungszeit von 150 µs. Die Ortsauflösung beträgt 42,5 µm. Der Sensor ist in einem Abstand von etwa 20 cm in einer Linie hinter dem Schweißbrenner angebracht. Durch den Arbeitsabstand von 87,5 mm zur Nahtwurzel ergibt sich ein Messfeld mit einer Breite von 46,75 mm, was eine laterale Auflösung von 36, 5 µm bedeutet. Der Zeilenscanner erfasst den Nahtbereich und die umliegenden Basisbleche. Er erzeugt für jedes Profil eine Koordinatenwolke, in der für jeden Punkt Höhe und Breite angegeben werden. Entsprechend DIN EN ISO 5817 (Bewertungsgruppe B) [2] erfolgt die Bewertung der Profildaten und Identifikation der Oberflächenunregelmäßigkeiten. Es gelten nachfolgende Grenzwerte für Kehlnähte (KN) und eine Blechdicke von $\boldsymbol{t}$ = 10 mm:

1. Zu kleine KN-Dicke – nicht zulässig,
2. Zu große KN-Dicke – $\boldsymbol{h} \leq 1$ mm $+ 0{,}15\,\boldsymbol{a}$ aber max. 3 mm,
3. Zu große Nahtüberhöhung (KN) – $\boldsymbol{h} \leq 1$ mm $+ 0{,}1\,\boldsymbol{b}$ aber max. 3 mm,
4. Einbrandkerbe – $\boldsymbol{h} \leq 0{,}05\,\boldsymbol{t}$ aber max. 0,5 mm,
5. Schroffer Nahtübergang – $\boldsymbol{\alpha} \geq 110°$,
6. Übermäßige Asymmetrie der KN – $\boldsymbol{h} \leq 1{,}5$ mm $+ 0{,}15\,\boldsymbol{a}$,
7. Mehrfachunregelmäßigkeiten – $\Sigma\,\boldsymbol{h} \leq 0{,}2\,\boldsymbol{t}$ oder $\Sigma\,\boldsymbol{h} \leq 0{,}15\,\boldsymbol{a}$,
8. Oberflächenpore – nicht zulässig.

Der Übergang zwischen dem Grundmaterial und der Schweißnaht wird innerhalb des Profils ermittelt, um zwischen Naht- und Blechbereich unterscheiden zu können. Dafür werden die Umkehrpunkte identifiziert, welche in der zweiten Ableitung der Koordinaten sichtbar werden. Im Hinblick auf einen robusten Auswertungsprozess wird die zweite Ableitung mit jeder zehnten Koordinate unter Verwendung eines gleitenden Schwellwerts gebildet. Treten Poren oder Schweißspritzern auf dem Grundmaterial auf, kann es zu einer Fehlidentifikation kommen. In diesem Fall wird für das Profil „nicht berechenbar" vermerkt. Die zwei Basisbleche werden durch lineare Regression abgebildet. Mit den ermittelten Gleichungen kann der scheinbare Schnittpunkt der Basisbleche bestimmt werden, welcher notwendig ist, um die Profildaten für die weiteren Berechnungen zu rotieren und/oder translatieren gemäß Tab. 3.

Tab. 3. Identifikation von Unregelmäßigkeiten aus Basis der Oberflächenmessdaten

Unregelmäßig	Auswertung der Messdaten
Kehlnahtdicke ***a***	– Rotation des Profils, sodass die Winkelhalbierende der Basisbleche der Vertikalen entspricht (Schnittpunkt im Koordinatenursprung) – Höhenminimum der Koordinaten im Bereich der Naht = Nahtdicke. – Abgleich mit den Grenzwerten für die minimale und maximale Kehlnahtdicke
Nahtüberhöhung	– Vorgehen analog zur Kehlnahtdicke mit Identifikation vom Höhenmaximum – Abstand zwischen Kehlnahtdicke und Maximum = Nahtüberhöhung – Nahtbreite ***b*** = ***a***/2 (gleichschenkliges Dreieck)
Einbrandkerben	– Rotation des Profils, sodass jeweils ein Basisblech die Basis der Koordinaten bildet (→ Basislinie - Gleichung der linearen Regression = 0) – Suche nach erster Koordinate unter der Basislinie und nachfolgender Koordinate oberhalb der Basislinie (Bereich zwischen den Koordinaten = pot. Einbrandkerbe) – Einbrandtiefe = Minimum der Koordinaten aus dem gefundenen Bereich – Bei ermittelter Einbrandtiefe im Bereich des Fehlers der lin. Regression: Tiefe der Kerbe wird null gesetzt
Nahtübergang	– Winkelberechnung zwischen den Geraden der Basisbleche (aus linearer Regression) und der jeweiligen Tangente am Nahtansatz – ersten 50 Punkte zum Ableiten der Tangentengleichung ausreichend (für vorliegenden Daten und Randbedingungen)
Symmetrie	– Längenbestimmung der Basisblechschenkel ausgehend von scheinbarer Wurzel – Abgleich der Differenz der Längen mit der Norm
Mehrfachunregelmäßigkeiten	– Auswertung unter Berücksichtigung von Einbrandkerben und Nahtüberhöhung (Poren für Detektion ungeeignet)
Oberflächenporen	– Tiefenbestimmung in Folge Streuung des Lasers am Sensor vorbei nicht möglich – Indirekte Nachweisbarkeit über andere Kriterien (Muster die die gesamte Schweißnaht betreffen)

3.3 Schweißen von Unregelmäßigkeiten

Exemplarisch wird hier die Untersuchung der Unregelmäßigkeiten Nahtüberhöhung und Poren vorgestellt. Die zugehörigen Kehlnahtschweißproben, welche jeweils unbeeinflusste Schweißnahtbereiche und Bereiche mit provozierten Unregelmäßigkeiten aufweisen zeigt Abb. 4. Beim Überschweißen von Heftstellen kann eine Nahtüberhöhung auftreten, welche in den Schweißproben anhand von 30 mm bzw. 60 mm langen Heftstellen untersucht wird.

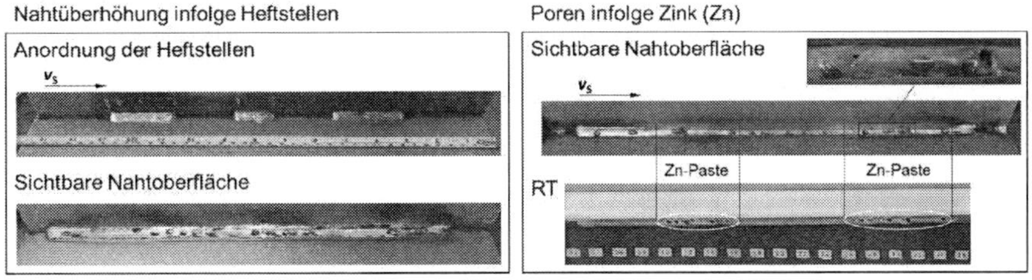

Abb. 4. Kehlnahtschweißproben mit Unregelmäßigkeiten

Poren werden durch das Überschweißen von Zinkpaste provoziert. Die Zinkpaste wird z.B. als Korrosionsschutz verwendet und kann bei unzureichender Nahtvorbereitung als Rückstand vorliegen. Beim Überschweißen verdampft das Zink ($\boldsymbol{T}_{\text{Sieden}}$ = 907°C) und bildet innere und nach außen geöffnete Poren, wie die Röntgenaufnahme und das Bild der sichtbaren Nahtoberfläche in Abb. 4 zeigen.

4. Ergebnisse

4.1 Infrarotmessung

Die Infrarot-Messergebnisse mit der OPTRIS PI 640 Kamera werden exemplarisch für die beiden nachfolgend aufgelisteten Kehlnahtschweißversuche in Abb. 5 und Abb. 6 dargestellt.

1. Nahtüberhöhung infolge Heftstellen mit $\boldsymbol{T}_{\text{Ref.}}$ = 900°C
2. Poren infolge Zink mit $\boldsymbol{T}_{\text{Ref.}}$ = 700°C

Der Verlauf der Maximaltemperaturen in Abb. 5 weist für beide Schweißversuche lokale Temperaturspitzen auf, die auf Schlackeinseln an der jeweiligen Nahtoberfläche zurückgeführt werden können (vgl. Abb. 4).

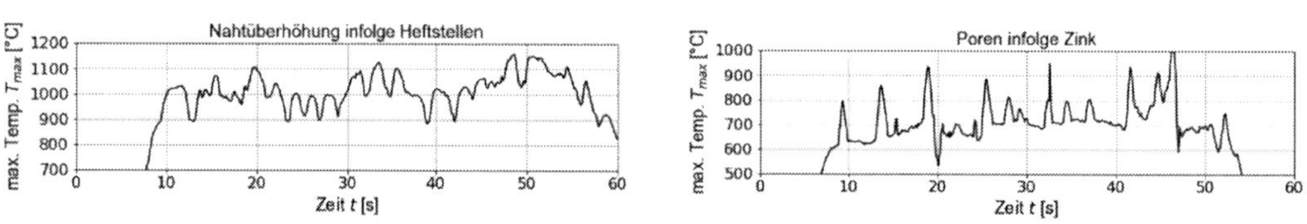

Abb. 5. Verlauf der Maximaltemperaturen gemäß Infrarot-Messung

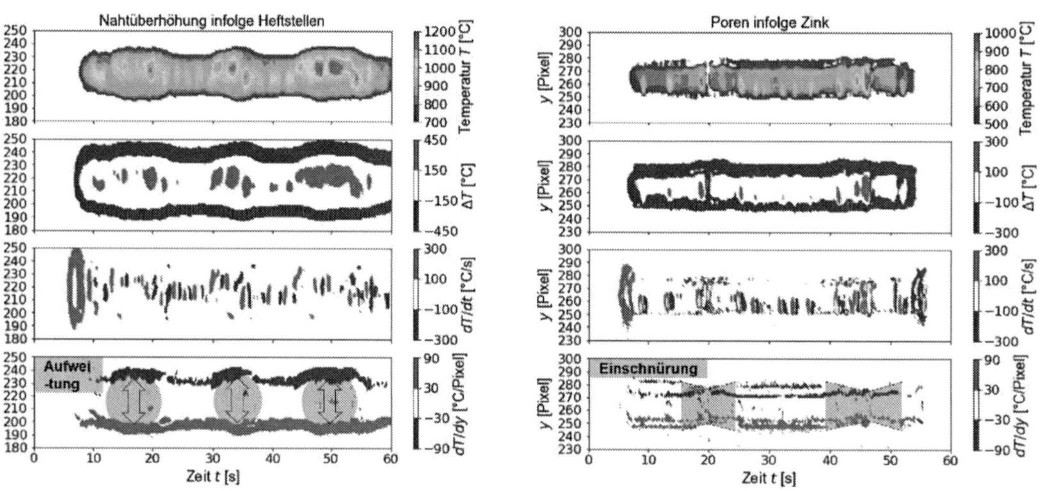

Abb. 6. Auswertung der Thermogramme

Die Thermogrammauswertung in Abb. 6 zeigt für beide Schweißversuche hinsichtlich der Temperaturdifferenzen $\Delta\boldsymbol{T}$ und den Aufheiz- und Abkühlraten d$\boldsymbol{T}$/d$\boldsymbol{t}$ Anzeigen, die in Analogie zum Verlauf der jeweiligen Maximaltemperaturen auf Schlackeinseln zurückzuführen sind. Das d$\boldsymbol{T}$/d$\boldsymbol{t}$ Diagramm ist jeweils durch eine markante Aufheizrate ($\boldsymbol{t}$ = 5 s) und eine markante Abkühlrate ($\boldsymbol{t}$ = 55 s) gekennzeichnet, welche den Start bzw. das Ende der Naht anzeigen. Der Querrichtungsgradient bildet für i.O.-Nähte zwei horizontale Linien aus (in der Darstellung von Abb. 6 rot für Aufheizen und blau für Abkühlen). An den Heftstellen werden diese horizontalen Linien nach außen verschoben (Aufweitung). Für die porenbehafteten Bereiche erfolgt eine Verschiebung der Linien nach innen - in Richtung der Schweißnahtwurzel (Einschnürung).

4.2 Oberflächenmessung

Die Auswertungsergebnisse werden in Bewertungskarten gemäß Abb. 7 zusammengefasst, welche eine Übersicht über die gesamte Naht liefern und nachfolgendes Farbschema nutzen.

1. Dunkelgrün – Kriterium ist normgerecht (bzw. keine Einbrandkerbe)
2. Hellgrün – normgerecht, aber vorhandene Einbrandkerbe
3. Dunkelrot – Unregelmäßigkeit
4. Gelb – keine Berechnung (Detektion der Nahtkanten fehlgeschlagen)
5. Schattierungen – Unregelmäßigkeit wahrscheinlich, bzw. unwahrscheinlich

Alle Testnähte haben im Bereich der ersten und letzten Profile Stellen, die nicht berechnet werden können, da die Messung über Anfang und Ende der Naht hinausgeht.

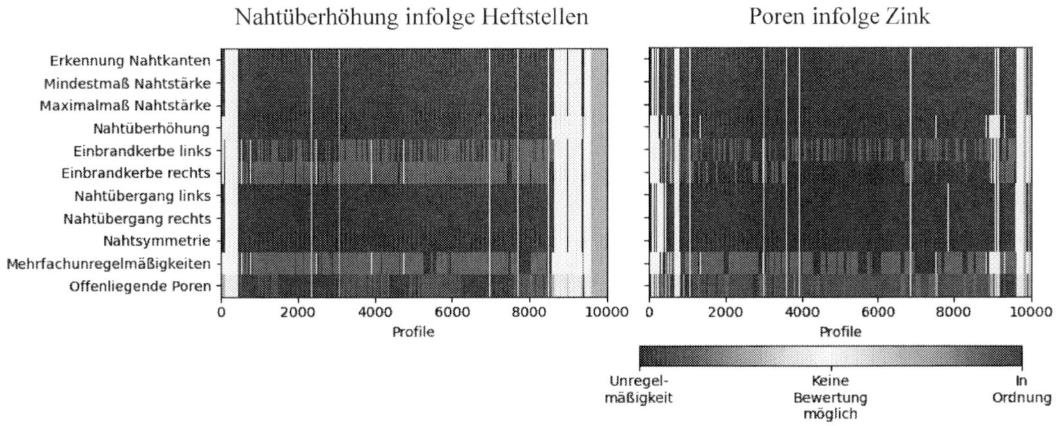

Abb. 7. Bewertungskarte der Oberflächenmessergebnisse

Für die Naht mit den überschweißten Heftstellen (Abb. 7 links) können eindeutig die Bereiche ausgemacht werden, an denen die Heftstellen liegen. Das notwendige Mindestmaß der Nahtstärke wird erreicht. Dies dokumentiert ein generelles Problem der Testmessungen, dass durchgehend die Einzellage nicht die erforderliche Dicke erreicht hat. Mit den überschweißten Heftstellen wird gezeigt, dass der Algorithmus eine normgerechte Schweißnahtdicke korrekt dokumentieren kann. Durchgehend sind nicht normkonforme Mehrfachunregelmäßigkeiten zu verzeichnen, die im Wesentlichen durch die Nahtüberhöhung die vorgegebene Grenze überschreiten. Einzelne Profile der Messung sind frei von Unregelmäßigkeiten. In Abb. 7 rechts sind die Evaluationsergebnisse der Schweißnaht mit den Zink-kontaminierten Basisblechen zu sehen. Trotz Poren und Spritzern können die Nahtkanten korrekt detektiert und damit die Auswertungen durchgeführt werden. Vereinzelt werden Nahtüberhöhungen verzeichnet, diese treten allerdings vor allem in den Bereichen auf, in den Spritzer oder Poren vorliegen und sind deshalb einer nicht korrekten Bestimmung der Nahtdicke zuzuordnen. Auffällig ist eine nahezu durchgehende, zu tiefe Einbrandkerbe auf der rechten Seite, die möglicherweise aus einer ungenauen Brennerführung resultiert und sich auf die Mehrfachunregelmäßigkeiten niederschlägt. In den Profilbereichen um 3000 und zwischen 6500 und 7800 werden korrekt die offenliegenden Poren identifiziert. Gleichzeitig können dort auch Unregelmäßigkeiten in den anderen Kategorien gesehen werden. Diese alleinige Zuordnung funktioniert nicht robust, wie anhand der Fehlanzeigen an den Profilen 2000, 4300 sowie 8200 für diese Naht zu sehen ist.

5. Diskussion

Mit der passiven Thermographie sollen insbesondere innere Unregelmäßigkeiten an Kehlnähten detektiert werden. Die Entstehung der inneren Unregelmäßigkeiten nimmt nur bedingt Einfluss auf die Oberflächentemperatur. Es kann exemplarisch gezeigt werden, dass sich bei der Ausbildung von Poren infolge Zink der Querrichtungsgradient dT/dy der Oberflächentemperaturen einschnürt bzw. in Richtung der Schweißnahtwurzel verschiebt. Ein Rückschluss auf die Größe der Poren ist aktuell nicht möglich. Abhilfe kann hier ggf. die Auswertung an zwei Referenztemperaturzeilen liefern. Beide Messmethoden, der Oberflächenscan und die Thermographie liefern sowohl für die Nahtüberhöhung und die Poren Anzeigen, die vom jeweiligen i.O. Signal abweichen.

In weiterführenden Untersuchungen mit der Blechdicke t = 12 mm und konstanten Schweißparametern (vgl. Tab. 1) hat sich das hier vorgestellte Muster im Umfeld von Poren bestätigt. Aufgrund der verbesserten Wärmeableitung infolge der größeren Blechdicke tritt das thermographische Muster jedoch in abgeschwächter Form auf.

Die Nutzbarkeit der Profildaten des 3D-Zeilenscanners kann durch Schweißspritzer auf dem Basismaterial, wie durch offenliegende Poren im Nahtbereich beeinträchtigt sein. Dieser Einfluss kann nur teilweise algorithmisch aufgelöst werden. Auch durch die Bildung von Schlackeinseln im Bereich des Nahtübergangs können sich die Reflexionseigenschaften der Oberfläche derart ändern, dass es zu einer fehlerhaften Auswertung kommt. Eine alleinige, erfolgreiche Weiterentwicklung mit den aufgenommenen 3D-Daten ist an dieser Stelle nicht mehr wahrscheinlich. Dafür kann der multimodale Ansatz, also die Fusion aller aufgenommenen Sensordaten gemäß [4], hier eine korrekte Bewertung ermöglichen.

6. Zusammenfassung

Es wird ein Messmodul entwickelt und unter Laborbedingungen angewendet, mit dem die Oberflächentemperatur und -kontur während des Schweißens von Kehlnähten aufgezeichnet werden können. Anhand von Schweißversuchen mit einer provozierten Nahtüberhöhung und Porenbildung konnten den jeweiligen Unregelmäßigkeiten Messdatenmuster zugeordnet werden. Insbesondere der Querrichtungsgradient hat sich bei der Thermogrammauswertung für die Identifikation von Mustern als geeignet erwiesen. Mit dem eingesetzten 3D-Zeilenscanner können eine Mehrzahl der möglichen Oberflächenunregelmäßigkeiten identifiziert und korrekt bewertet werden. Die daraus resultierenden Bewertungskarten können eine gute Hilfestellung für eine normgerechte Qualitätskontrolle sein. Für sämtliche Auswertungsschritte werden eigens entwickelte Python-Routinen verwendet. Eine finale Aussage hinsichtlich der Schweißnahtqualität steht aus und wird durch die Kombination der Messdaten mit den Schweißprozessdaten ggf. möglich.

Das entwickelte Messmodul soll in Zusammenarbeit mit den Kooperationspartnern SIBAU Genthin GmbH & Co. KG und Dögel GmbH an einem Schweißtraktor Anwendung finden. Dieses Projekt ist gefördert durch: Bundesministerium für Wirtschaft und Energie aufgrund eines Beschlusses des Deutschen Bundestages.

ZIM Zentrales Innovationsprogramm Mittelstand

Gefördert durch: Bundesministerium für Wirtschaft und Energie

aufgrund eines Beschlusses des Deutschen Bundestages

Referenzen

[1] DIN EN ISO 15614-1:2020-05, *Anforderung und Qualifizierung von Schweißverfahren für metallische Werkstoffe_- Schweißverfahrensprüfung_- Teil_1: Lichtbogen- und Gasschweißen von Stählen und Lichtbogenschweißen von Nickel und Nickellegierungen.*

[2] DIN EN ISO 5817:2014-06, *Schweißen - Schmelzschweißverbindungen an Stahl, Nickel, Titan und deren Legierungen (ohne Strahlschweißen) - Bewertungsgruppen von Unregelmäßigkeiten.*

[3] Trensch, G.: *Einfluss des Spektralbereichs auf thermografische Messungen an Schweißnähten*, Berichtsband Thermographie-Kolloquium 2019, Vortrag 14, 2019.

[4] Simmen, K.; Buch, B.; Breitbarth, A. und Notni, G.: *Non-Destructive Inspection System for Welding Processes by applying Data Fusion*, Berichtsband 14th Quantitative InfraRed Thermography Conference, 2018.

Thermografische Super Resolution mit 2D-strukturierter Erwärmung

Julien LECOMPAGNON [1], Samim AHMADI [1], Philipp HIRSCH [1], Mathias ZIEGLER [1]
[1] Bundesanstalt für Materialforschung und -prüfung (BAM), Berlin

Kontakt E-Mail: julien.lecompagnon@bam.de

Kurzfassung

Thermografische Super Resolution ermöglicht die Auflösung von Defekten/Inhomogenitäten unterhalb des klassischen Limits, welches durch die Diffusionseigenschaften der thermischen Wellenausbreitung bestimmt wird. Basierend auf einer Kombination aus der Anwendung spezieller Abtaststrategien und einer anschließenden numerischen Optimierungsschritt bei der Datenauswertung hat sich die thermografische Super Resolution bereits bei der Detektion von 1D-Defekten gegenüber den Standard-Thermografieverfahren als überlegen erwiesen. In unserer Arbeit erweitern wir die Möglichkeiten der Methode zur effizienten Detektion und Auflösung von Defektquerschnitten mit einer vollständig 2D-strukturierten Erwärmung.
Der experimentelle Ansatz basiert auf einer wiederholten räumlich strukturierten Erwärmung durch einen Hochleistungslaser. In einem zweiten Nachbearbeitungsschritt werden mehrere kohärente Messungen mittels mathematischer Optimierung und unter Ausnutzung der (Joint-) Sparsity der Defekte innerhalb des Prüfkörpers kombiniert. Als Ergebnis kann eine 2D-sparse Defekt-/ Inhomogenitätskarte erhalten werden. Da die Kombination von räumlich strukturierter Erwärmung und anschließender numerischer Kombination mehrerer kohärenter Messungen nicht nur die Auflösung verbessert, sondern auch die Messkomplexität drastisch erhöht, werden verschiedene Scanstrategien untersucht. Abschließend werden die erhaltenen Ergebnisse mit denen konventioneller thermografischer Prüfverfahren verglichen.

Qualifizierung der aktiven Thermografie zur Prüfung von Schweißverbindungen an Prüfkörpern mit realitätsnahen Unregelmäßigkeiten

Malte MUND [1], Eugen PRINTS [2], Igor KRYUKOV [2], Jonas HENSEL [1], Stefan BÖHM [2], Klaus DILGER [1]

[1] Technische Universität Braunschweig, Braunschweig

[2] Universität Kassel, Kassel

Kontakt E-Mail: m.mund@tu-braunschweig.de

Kurzfassung. Im Schweißprozess kann es zur Entstehung einer Vielzahl von Unregelmäßigkeiten kommen, die in Risse, Hohlräume, feste Einschlüsse, Bindefehler oder ungenügende Durchschweißungen, Form- und Maßabweichungen sowie sonstige Unregelmäßigkeiten eingeteilt werden. Die Bewertung der Unregelmäßigkeiten hinsichtlich ihrer Zulässigkeit erfolgt anhand normativ festgelegter Bewertungsgruppen. Grundlage der Bewertung der Schweiß- bzw. Bauteilqualität sind dabei oftmals die Ergebnisse zerstörungsfreier Prüfungen zur Ermittlung der Ausprägungen und Lagen der Schweißnahtunregelmäßigkeiten. Die aktive Thermografie wird trotz der bedeutenden Potenziale (wie etwa der robusten und bildgebenden Ergebnisse) in diesen Normen nicht berücksichtigt. Somit sind thermografische Verfahren bisher nicht hinreichend zur Prüfung von Schweißnähten qualifiziert.

Im Forschungsprojekt „QualiTWeld", wird daher die Qualifizierung thermografischer Verfahren mit aktiver Anregung für die Prüfung von Schweißverbindungen betrachtet. Zur objektiven Bewertung der Prüfverfahren und -systeme der aktiven Thermografie werden dazu im Rahmen des Projektes realitätsnahe Prüfkörper aus relevanten Werkstoffgruppen mit typischen Schweißnahtunregelmäßigkeiten entwickelt. Dabei ist es das Ziel, auf Basis der Messergebnisse Normentwürfe zur Prüfung von Schweißverbindungen mittels der aktiven Thermografie zu erarbeiten. Das Projekt trägt somit dazu bei, die thermografische Prüfung zur Anwendung an Schweißverbindungen zu etablieren und diese Normungslücke zu schließen.

Im Rahmen dieses Beitrags wird zum einen auf die Fertigung von Prüfkörperprototypen sowie deren Validierung anhand etablierter Verfahren der zerstörungsfreien Prüfung eingegangen (VT, RT). Zum anderen werden die ersten Ergebnisse bezüglich der Eignung thermografischer Verfahren zum Nachweis dieser Unregelmäßigkeiten vorgestellt. Dadurch kann gezeigt werden, dass thermografische Verfahren grundsätzlich zum Nachweis typischer Schweißnahtunregelmäßigkeiten eingesetzt werden können.

Einführung

Das Schweißen ist eines der gebräuchlichsten Verfahren zum Fügen metallischer Komponenten. Dazu wird eine große Bandbreite an unterschiedlichen Verfahren eingesetzt, sodass es möglich ist, für jede Fügeaufgabe das geeignete Verfahren auszuwählen. Unabhängig vom eingesetzten Schweißverfahren ist es dabei eine Herausforderung, die geforderten Qualitätsanforderungen sicherzustellen, da es aufgrund von Abweichungen im Schweißprozesses zur Ausbildung von Unregelmäßigkeiten im Bereich der Schweißnaht kommen kann. Um die Bewertung zu vereinfachen, werden in der Normung (z. B. ISO 5817) Bewertungsgruppen definiert, die die Zulässigkeitsgrenzen für die möglichen Unregelmäßigkeiten festlegen, wobei die Bewertungsgruppe die Qualität unter Berücksichtigung der Art, Ausprägung und Anzahl der Unregelmäßigkeiten beschreibt. [1] Die Bewertungsgruppen bilden dabei keinen speziellen Anwendungsfall ab, sondern definieren die allgemein zu erfüllende Merkmale und werden für jeden Fall individuell festgelegt. [2] Um eine verlässliche Einordnung der Schweißnähte in die Bewertungsgruppen zu ermöglichen, sind zerstörungsfreie Prüfungen notwendig, in deren Rahmen die Unregelmäßigkeiten detektiert, lokalisiert und quantifiziert werden. Dazu steht eine Reihe von zerstörungsfreien Prüfverfahren wie Ultraschallprüfungen (UT), röntgenografische Verfahren (RT) oder die Farbeindringprüfung (PT) zur Verfügung, die allerdings verfahrensspezifische Beschränkungen aufweisen. Daher ist es nicht möglich, eine umfassende Bewertung einer Schweißnaht durch die Anwendung eines einzelnen Verfahrens durchzuführen und es ist notwendig, verschiedene Verfahren zu kombinieren.

Die aktive Thermografie hat sich in den vergangenen Jahren in zahlreichen Anwendungen als verlässliches Verfahren zur zerstörungsfreien Prüfung etabliert. Die Anwendungen reichen dabei vom Nachweis volumetrischer Unregelmäßigkeiten in Faserverbundwerkstoffen [3] bis hin zur Rissprüfung in geschmiedeten Bauteilen [4]. Diese große Bandbreite an Anwendungen ist eine Folge der Funktionsweise des Verfahrens. Dabei werden durch externe Anregungsquellen gezielt Wärmeströme in dem zu prüfenden Bauteil erzeugt. Diese Wärmeströme werden durch die Unregelmäßigkeiten beeinflusst, wodurch sich die Temperaturen an der Bauteiloberfläche gegenüber einem fehlerfreien Referenzprüfkörper ändern. Dies ermöglicht es, Rückschlüsse bezüglich der vorliegenden Unregelmäßigkeiten zu ziehen. Das Prüfergebnis wird dabei von einer Vielzahl von Einflussparameter bestimmt, die von der Wahl der Anregungsquelle über die Größe, Lage und Ausprägung der Unregelmäßigkeiten sowie der Oberfläche der Prüfkörper, die Datenerfassung bis hin zu den angewandten Auswertealgorithmen reichen. So kann sich das Prüfergebnis durch die Wahl der Anregungsquellen zur Initiierung der Wärmeströme im Bauteil und die Anregungsgestaltung, genauso wie durch die Änderung der eingesetzten Kameratechnik oder der Auswertealgorithmen ändern. Die Detektionsgrenzen der Verfahren sind daher von einer Vielzahl von Faktoren abhängig und es bedarf daher einer anwendungsfallspezifischen Betrachtung, ob die Prüftechnik zum Nachweis der jeweils relevanten Unregelmäßigkeiten geeignet ist. [5]

Das Ziel des Projektes „QualiTWeld“ ist daher, die Detektionsgrenzen der Verfahren der aktiven Thermografie zu ermitteln und darauf aufbauend die Potentiale zur Schweißnahtprüfung zu erfassen und auf diesem Weg die thermografischen Verfahren für die Schweißnahtprüfung zu qualifizieren. Um dieses Ziel zu erreichen, sind Prüfkörper erforderlich, die schweißtypische Unregelmäßigkeiten abbilden und anhand derer eine objektive Bewertung der Möglichkeiten und Grenzen der thermografischen Verfahren ermöglicht wird.

1. **Kenntnisstand**

1.1 Unregelmäßigkeiten in Schweißverbindungen und deren Bewertung

Beim Schweißen metallischer Bauteile handelt es sich, unabhängig vom eingesetzten Schweißprozess, um einen komplexen Prozess, der durch eine Vielzahl von Parametern beeinflusst wird. Beim Schweißen kann es zu zahlreichen Unregelmäßigkeiten kommen. Diese werden in den Normen DIN EN ISO 6520-1 für Schmelzschweißungen und DIN EN ISO 6520-2 für Pressschweißungen aufgeführt. Dabei erfolgt eine Zuordnung in eine der nachfolgenden Gruppen:

- Risse
- Hohlräume
- Feste Einschlüsse
- Bindefehler und ungenügende Durchschweißungen
- Form- und Maßabweichungen
- Sonstige Unregelmäßigkeiten

Zur Bewertung wird, unabhängig vom verwendeten Schweißverfahren, für Stahl, Nickel, Titan und deren Legierungen die ISO 5817 und für Aluminium und seinen Legierungen die ISO 10042 genutzt. Dabei erfolgt die Bewertung anhand von drei Gruppen, wobei die einzelnen Unregelmäßigkeiten in diesen Gruppen direkt oder als Gruppe aus den Normen ISO 6520-1 und ISO 6520-2 übernommen werden. In den Normen werden für die einzelnen Unregelmäßigkeiten, in Abhängigkeit der Bewertungsgruppe, Grenzwerte definiert. Daraus ergeben sich unterschiedlich hohe Anforderungen an die Schweißnahtqualität. Die zulässigen Grenzwerte orientieren sich dabei an den geometrischen Abmessungen der Schweißnaht und der Blechdicke. Alternativ werden die Unregelmäßigkeiten als nicht tolerierbar ausgeschlossen. [6–9] Daneben gibt es für einige Verfahren, z.B. die Strahlschweißverfahren und das Rührreibschweißen, verfahrensspezifische Normen. Die Grundlage hierfür bilden für strahlgeschweißte Verbindungen die Normen ISO 13919-1 und ISO 13919-2 und für rührreibgeschweißte Verbindungen die ISO 25239-5. Analog zu den anderen Schweißverfahren ergeben sich die Grenzwerte aus den geometrischen Abmessungen der Schweißnähte oder werden als nicht tolerierbar ausgeschlossen. [2, 10, 11]

In der Normung werden somit Grenzwerte für die Ausprägung zulässiger Unregelmäßigkeiten definiert. Um jedoch eine Eingruppierung der Schweißnähte in die Bewertungsgruppen vornehmen zu kommen, sind zerstörungsfreie Prüfverfahren zur Erfassung der Größe der Fehlstellen notwendig.

1.2 Zerstörungsfreie Prüfung von Schweißverbindungen

Um eine Evaluierung von Schweißverbindungen vornehmen zu können, sind neben dem Nachweis der Unregelmäßigkeiten die Lokalisierung, die Quantifizierung sowie darauf aufbauend die Einordnung der Unregelmäßigkeit notwendig. [12] Grundlage der Bewertung der Schweiß- bzw. Bauteilqualität sind die Ergebnisse zerstörungsfreier Prüfungen zum Ausschluss nicht zulässiger Schweißnahtunregelmäßigkeiten oder aber zur Ermittlung der Ausprägungen und Lage der selbigen.

Die zur zerstörungsfreien Prüfung einsetzbaren Verfahren sind dabei vielfältig. Die Detektionsmöglichkeit der Fehlstellen und die Ergebnisqualität hängen maßgeblich von den eingesetzten Prüfverfahren, der Anlagentechnik, der Erfahrung des Prüfers, der Bauteilgeometrie sowie der Lage, Größe und Ausprägung der Unregelmäßigkeiten im Bauteil ab. Daher ist die Auswahl der Prüfverfahren, ebenso wie die Durchführung und Bewertung der Prüfungen, eine sehr komplexe und anspruchsvolle Aufgabe. [13] In der

Tabelle 1 sind die in der DIN EN ISO 17635 spezifizierten Verfahren zum Nachweis schweißtypischer Unregelmäßigkeiten aufgeführt. Die Zulässigkeit der Verfahren ist dabei werkstoffabhängig. Zum Nachweis von innenliegenden Unregelmäßigkeiten stehen lediglich röntgenografische Verfahren oder aber Ultraschallprüfungen zu Verfügung, während zugängliche Oberflächeninhomogenitäten mittels Sichtprüfungen (VT), Wirbelstromprüfungen (ET), Magnetpulverprüfungen (MT) oder Farbeindringprüfungen nachgewiesen werden können. Allerdings ist keines der Verfahren uneingeschränkt und Werkstoffunabhängig für alle Unregelmäßigkeiten zulässig. [1]

Tabelle 1: Verfahren zum Nachweis von Inhomogenitäten an Stumpfstößen nach DIN EN ISO 17635 [1]

<table>
<tr><th rowspan="2">Verfahren zum Nachweis von...</th><th colspan="5">Werkstoffgruppe</th></tr>
<tr><th>Ferritischer Stahl</th><th>Austeniti-scher Stahl</th><th>Aluminium</th><th>Nickel- und Kupferlegier ungen</th><th>Titan</th></tr>
<tr><th>... zugänglichen Oberflächenin-homogenitäten</th><td colspan="2">VT
VT und MT
VT und PT
VT und (ET)</td><td colspan="3">VT
VT und PT
VT und (ET)</td></tr>
<tr><th>... inneren Inhomogenitäten</th><td>(RT) oder (UT)</td><td>(RT) oder (UT)</td><td>RT oder (UT)</td><td>-</td><td>-</td></tr>
</table>

Die Verfahren der aktiven Thermografie werden in der Normung bislang nicht berücksichtigt. Dies ist auf die mangelnde Kenntnis der Detektionsgrenzen zurückzuführen. Zwar konnten in zahlreichen Veröffentlichungen gezeigt werden, dass ein Nachweis schweißtypischer Unregelmäßigkeiten prinzipiell möglich ist, die systematische Verknüpfung zwischen den in der Normung definierten und der den Bewertungsgruppen zugrundeliegenden Ausprägungen sowie den Möglichkeiten und Grenzen der thermografischen Verfahren steht allerdings noch aus. Somit werden die Vorteile der aktiven Thermografie in diesem Anwendungsbereich nicht hinreichend berücksichtigt und es bedarf der Qualifizierung der thermografischen Schweißnahtprüfung. [14–16]

2. Prüfkörperherstellung und Validierung

Zur objektiven Bewertung von Schweißnahtunregelmäßigkeiten sind Prüfkörper erforderlich, die typische Schweißnahtunregelmäßigkeiten abbilden. Da die thermografischen Verfahren insbesondere für solche Unregelmäßigkeiten geeignet sind, die die Wärmeflüsse im Bauteil stark beeinflussen, wurde zunächst die Herstellung von zwei Arten von Unregelmäßigkeiten angestrebt. Auf der einen Seite wurden idealisierte Risse hergestellt und auf der anderen Seite idealisierte Poren erzeugt. Um die Unregelmäßigkeiten zu validieren, wurden in Abhängigkeit der angestrebten Unregelmäßigkeiten zerstörende und zerstörungsfreie Prüfverfahren eingesetzt. Zur Validierung der idealisierten Risse wurden Schliffbilder angefertigt und eine Farbeindringprüfung durchgeführt, während für die idealisierten Poren eine Bewertung mittels µCT-Aufnahmen erfolgte.

2.1 Herstellung und Validierung idealisierter Risse durch Rührreibschweißen

Das Rührreibschweißen zählt zu den Pressschweißverfahren. Bei diesem Schweißverfahren wird ein rotierendes Werkzeug, das aus einer Werkzeugschulter und einem Stift besteht, zur Herstellung der Schweißnaht genutzt. Dabei werden die zu verschweißenden Werkstücke fest eingespannt. Das Werkzeug wird in Rotation versetzt und auf das Werkstück gepresst. In Folge der dabei entstehenden Reibungswärme geht das Werkstück in einen teigigen Zustand über, sodass der Stift in das Werkstück eintaucht. Im Anschluss wird das Werkzeug entlang der Stoßkante der Werkstücke bewegt. Durch die Rotation wird der Werkstoff entlang der Stoßkante verrührt und es kommt zur festen Verbindung der Werkstücke. Die Einschweißtiefe lässt sich dabei durch die Wahl der Stiftlänge beeinflussen. Dies wurde ausgenutzt, um in einem zweistufigen Prozess (Abbildung 1) idealisierte Risse herzustellen. Zur Probenfertigung wurde eine Portalrührreibschweißmaschine der Fa. PTG Heavy Industries Ltd. (Elland, UK) eingesetzt. Die Proben wurden aus der Aluminiumlegierung EN AW 6082-T6 gefertigt.

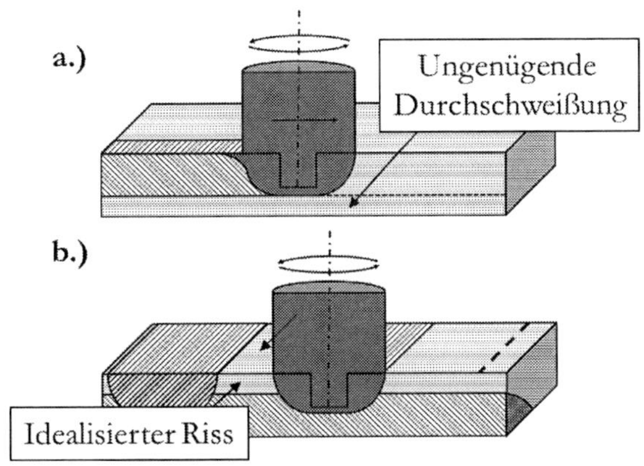

Abb. 1: Vorgehen zur Herstellung idealisierter Risse mittels Rührreibschweißen – a.) Herstellung einer unvollständigen Durchschweißung und b.) Herstellung der idealisierten Risse

Die idealisierten Risse wurde durch den Einsatz eines, für die im Rahmen der Arbeiten betrachtete Blechstärke von 8 mm, zu kurzen Stifts erzeugt, sodass zwei Blech zwar verbunden wurden, es allerdings zu einer unvollständigen Durchschweißung kommt (Abbildung 1a)). Im Anschluss an das Verbindungsschweißen wurde zur Begrenzung der idealisierten Risse (Definition: In ihrer Länge begrenzte und zur Oberfläche geöffneten 2D-Unregelmäßigkeiten) der Prüfkörper umgedreht und orthogonal zur Stoßkante Blindnähte gesetzt, die die unvollständige Durchschweißung in einzelne Unregelmäßigkeiten unterteilen (Abbildung 1b.)). Um die Prüfkörper zu validieren, wurden Schliffbilder angefertigt und Farbeindringprüfungen durchgeführt. Exemplarische Ergebnisse dieser Untersuchungen zeigt Abbildung 2.

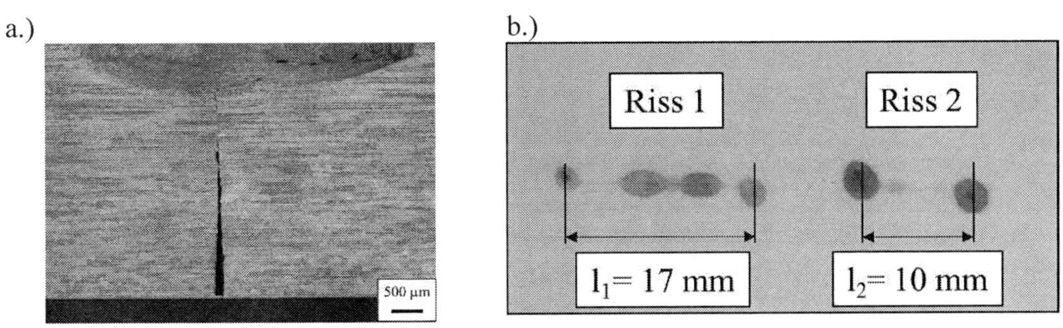

Abb. 2: Ergebnisse der Referenzuntersuchungen für idealisierte Risse – a.) Schliffbild durch eine erstellte Unregelmäßigkeit und b.) Farbeindringprüfung an zwei Stellen eines hergestellten idealisierten Risses

Das Schliffbild in Abbildung 2a.) illustriert einen idealisierten Riss, der sich an den Stoßkanten der Bleche ausbildet. Durch eine spanende Bearbeitung wurde die für das rührreibschweißen typische Oberflächenstruktur entfernt, sodass ein Prüfkörper mit idealer Oberfläche vorliegt. Die Abbildung 2a.) zeigt das Ergebnis einer Farbeindringprüfung, auf deren Basis die Risslänge bestimmt werden kann.

2.2 Herstellung und Validierung idealisierter Poren

Mithilfe additiver Fertigung durch Laser Powder Bed Fusion (LPBF) können räumliche Strukturen schichtweise aus einem pulverförmigen metallischen Ausgangsstoff hergestellt werden. Auf einer Trägerplatte werden dünne Schichten des Pulvers aufgetragen und durch Laserstrahlung aufgeschmolzen. Dabei rastert der Laser entlang vordefinierter Pfade über das Pulverbett und schmilzt das Pulver auf. Nach jedem Laserschritt wird eine neue Schicht Pulver aufgetragen und der Schmelzvorgang wiederholt, sodass sukzessive eine dreidimensionale Struktur entsteht.

Der im Rahmen der Untersuchungen hergestellte Prüfkörper aus der Aluminiumlegierung AlSiMg10 besteht aus einer quadratischen Platte (80 mm x 80 mm x4 mm), in die kugelförmige Poren in unterschiedlichen Größen und Tiefenlagen eingebracht sind. An der Unterseite der einzelnen Poren befindet sich ein Kanal zum Entfernen von überschüssigem, nicht aufgeschmolzenem Pulver. Eine schematische Darstellung des Prüfkörpers findet sich in der Abbildung 3.

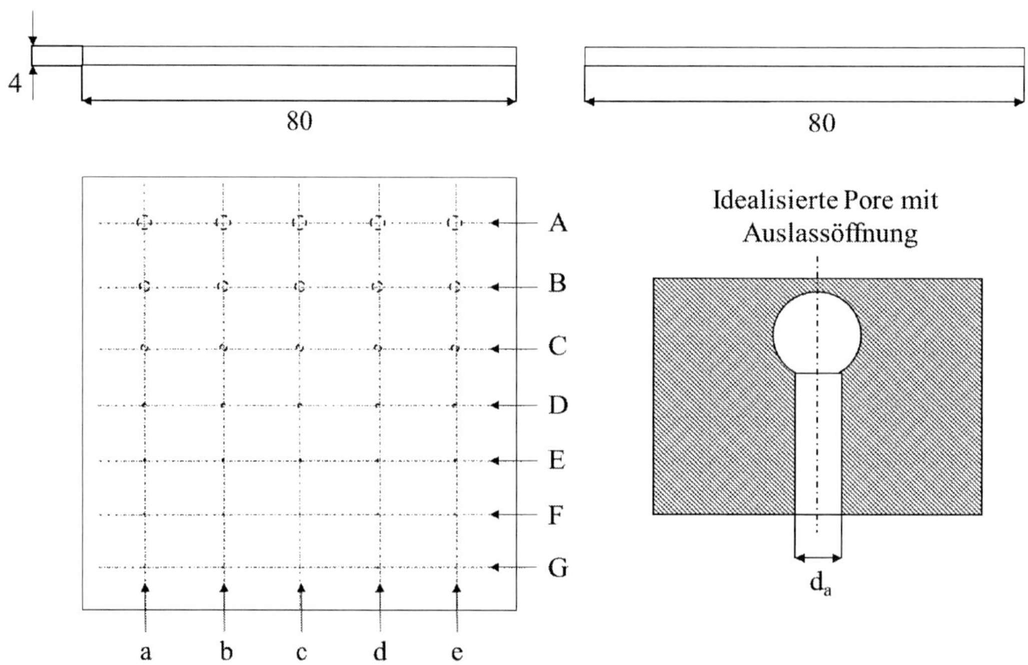

Abbildung 3: . Schematische Darstellung des Prüfkörpers 2 mit idealisierten Poren

Auf dem Prüfkörper sind insgesamt 35 idealisierte Poren angeordnet, die sich in ihrem Durchmesser und ihrer Tiefenlage, das heißt dem geringsten Abstand der Poren zur Oberfläche des Prüfkörpers, unterscheiden. Diese Werte sind für beide Parameter in der Tabelle 2 dargestellt. Die Porendurchmesser wurden so definiert, dass sowohl die höchsten Anforderungen der drei schweißtechnischen Bewertungsgruppen berücksichtigt werden.

Tabelle 2: Übersicht über die geometrischen Eigenschaften (Porendurchmesser und Tiefenlage) der eingebrachten idealisierten Poren

Porendurchmesser [mm]	**Reihe**						
	A	B	C	D	E	F	G
	3,2	2,4	1,6	0,8	0,4	0,2	0,1

Tiefenlage [mm]	**Spalte**				
	a	b	c	d	e
	0,1	0,2	0,4	0,8	1,6

Die Abbildung 4 zeigt die Ergebnisse röntgenografischer Untersuchungen, die zur Validierung der Unregelmäßigkeiten durchgeführt wurden und als Referenz für die thermografischen Messungen dienen.

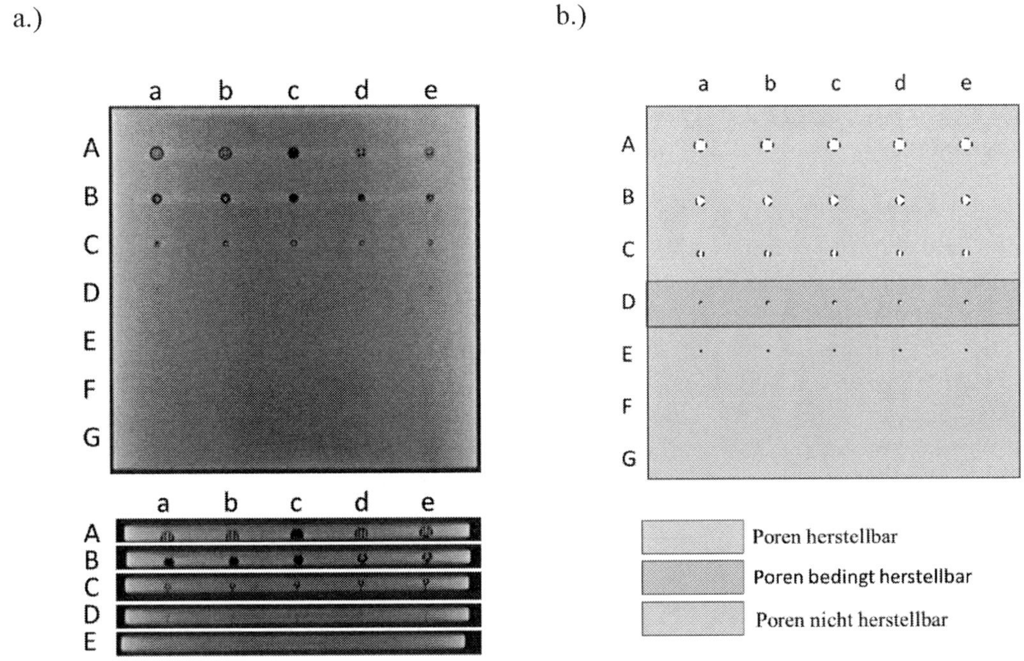

Abbildung 4: .Ergebnisse der Untersuchung des Prüfkörpers anhand von µCT-Aufnahmen - a.) Messergebnisse und b.) schematische Darstellung der nachgewiesenen, idealisierten Poren

Wie aus der Abbildung 4a.) hervorgeht, lassen sich mittels des LPBF-Verfahrens kugelförmige Poren mit definierten Tiefenlagen erzeugen. Allerdings ist dabei die herstellbare Größe begrenzt. So lassen sich lediglich Poren mit einem Durchmesser von 1,6 mm (Reihe 3) oder größer nachweisbar erzeugen. Die Poren mit einem Durchmesser von 0,8 mm zeichnen sich zwar in den µCT-Aufnahmen ab, allerdings kann nicht bestimmt werden, ob das während der Fertigung aufgetragene Pulver durch die Auslassöffnung entfernt werden konnte. Poren mit einem kleineren Durchmesser ab 0,4 mm oder kleiner lassen sich ebenfalls nicht realisieren. Die Abbildung 4b.) illustriert die Möglichkeiten zur Herstellung der idealisierten Poren farblich.

3. Thermografische Messungen

Um die Möglichkeiten und Grenzen der thermografischen Verfahren zum Nachweis von schweißtypischen Unregelmäßigkeiten bewerten zu können, werden die Probenkörper im Rahmen des Projektes mit verschiedenen Verfahren der aktiven Thermografie untersucht. Nicht alle thermographischen Verfahren sind zum Nachweis der idealisierten Unregelmäßigkeiten geeignet. Insbesondere die laserangeregte Wärmeflussthermografie, die induktiv angeregte Puls-Phasen Thermografie sowie die ultraschallangeregte Lockin-Thermografie haben gute Ergebnisse zum Nachweis von Rissen und rissähnlichen Unregelmäßigkeiten gezeigt. Zum Nachweis von Poren sind insbesondere optische Anregungstechniken sowie die induktive Erwärmung geeignet, wohingegen eine Anregung mittels Hochleistungsultraschall zum Nachweis dieser Unregelmäßigkeiten nicht zielführend ist. Nachfolgend sind exemplarische Ergebnisse dargestellt, die eine erste Einordnung der

Verfahren ermöglichen. Dabei wurde die laserangeregte Wärmeflussthermografie betrachtet, sowie zum Nachweis der idealisierten Poren die optisch angeregte Puls-Phasen Thermografie.

3.1 Thermografischer Nachweis idealisierte Risse

Für die laserangeregte Wärmeflussthermografie wurde zur Anregung ein Lasersystem eingesetzt, das aus einem Faserlaser der Fa. SPI Lasers UK Limited, (Southampton, UK), einer Scanneroptik der Firma Raylase GmbH (Wessling, Deutschland) sowie einer Steuerungseinheit besteht. Der Laserspot wird während der Prüfung entlang einer definierten Linie über die Probe geführt. Zur Datenerfassung wurde eine IR-Kamera von Typ VarioCAM HD head und die zugehörige Software IRBIS3plus der Firma Infratec GmbH (Dresden, Deutschland) eingesetzt. Die Prüfung erfolgte in Reflexionsanordnung. In der Abbildung 5 ist ein exemplarisches Messergebnis der laserangeregten Wärmeflussthermografie dargestellt. Dabei wurde der im Abschnitt 2.1 dargestellte Prüfkörper mit den zwei idealisierten Rissen unterschiedlicher Länge untersucht. Es wurde mit einer Anregungsleistung von 14 W, einer Scangeschwindigkeit von 10 mm/s und einem Spotdurchmesser von ca. 1 mm gearbeitet. Die Abbildung 5a.) zeigt dazu eine Akkumulation der Rohwerte sowie die Lage der in der Abbildung 5b.) dargestellten Messlinien, wobei hier die Maximaltemperaturen dargestellt sind. Aus den Abbildungen wird deutlich, dass es möglich ist, mit dieser Thermografietechnik die Unregelmäßigkeiten zu detektieren sowie deren Länge sehr gut zu quantifizieren.

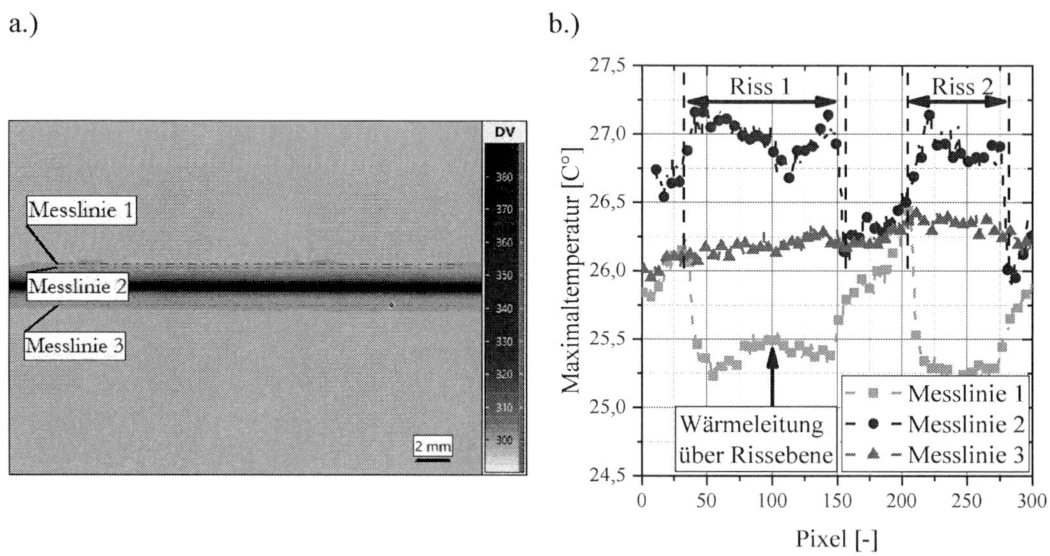

Abbildung 5: Ergebnisse der Unterschung des Prüfkörpers mit idealisierten Rissen- a.) Akkumulierte Messergebnisse und b.) Maximaltemperaturen entlang der Messlinien 1-3

Bei der Betrachtung der Messlinien fällt allerdings auf, dass es, im Zentrum der Unregelmäßigkeiten zu einem Temperaturabfall kommt. Dies kann auf eine Wärmeleitung über die Rissebene zurückgeführt werden. Dies ist relevant, da bei realen Rissen in der Regel zum Kontakt der Rissflanken kommt. Daher ist zu erwarten, dass es bei einem geschlossenen Riss nicht möglich ist, die Unregelmäßigkeiten nachzuweisen. Daher ist eine intensive Betrachtung dieses Einflussfaktors notwendig und es wird derzeit an der Herstellung von Prüfkörpern gearbeitet, die die Einstellung definierter Kontaktbedingungen ermöglichen.

3.2 Thermografischer Nachweis idealisierter Poren

Nachfolgend werden die Ergebnisse zum Nachweis der idealisierten Poren im mittels LPBF hergestellten Prüfkörper aus Abschnitt 2.2 durch zwei optisch angeregte Thermografietechniken dargestellt. Während bei der laserangeregten Wärmeflussthermografie die gleiche Anlagentechnik wie bei der Prüfung der idealisierten Risse eingesetzt wurde, erfolgte die Anregung bei der optisch angeregten Puls-Phasen Thermografie durch einen Blitzlampe mit einer maximalen Energie von 6 kJ. In diesem Fall erfolgte die Datenerfassung mit einer IR-Kamera der Firma. Flir Systems Inc. (Wilsonville, USA) vom Typ Flir SC5600-M. Zur Durchführung der Messungen wurde die Software DisplayImg7 der Fa. edevis GmbH (Stuttgart, Deutschland) genutzt.

In der Abbildung 6 sind die Ergebnisse der laserangeregten Wärmeflussthermografie dargestellt. Dabei wurde mit einer Anregungsleistung von 28 W, einer Scangeschwindigkeit von 10 mm/s und einem Spotdurchmesser von ca. 1 mm gearbeitet. Wie aus den Thermogrammen mit den akkumulierten Maximaltemperaturen in Abbildung 6a.) hervorgeht, zeichnet sich die zur Anregung genutzte Scanlinie mit hohen Temperaturen stark ab. In diesem Bereich ist keine Auswertung möglich. Zudem sind die Auswirkungen der idealisierten Poren in dieser Darstellung nur schwer erkennbar. Daher wurden die Maximaltemperaturen in direkter Nähe zur Scanlinie (Abstand ca. 1 mm) ausgelesen und im Diagramm in Abbildung 6b.) dargestellt.

a.) b.)

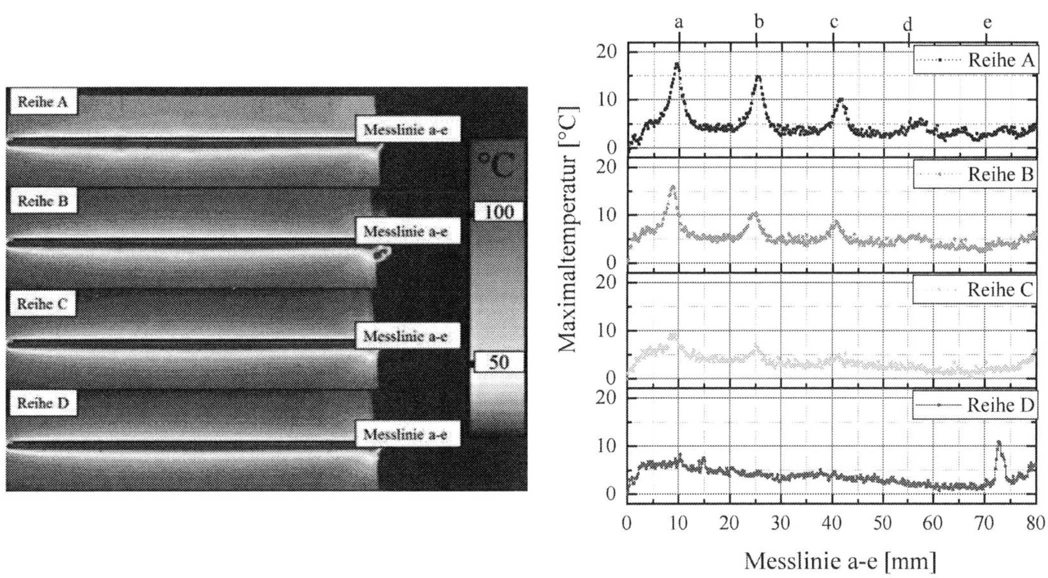

Abbildung 6: Ergebnisse der Untersuchung des Prüfkörpers mit idealiserten Poren mittels der laserangeregten Wärmeflussthermografie - a.) Akkumulierte Maximaltemperaturen der Reihen A-D und b.) Maximaltemperaturen entlang der Messlinien für die der Reihen A-D

Hier zeichnen sich durch die veränderte Skalierung die Unregelmäßigkeiten deutlich ab. Insbesondere in den Reihen A und B lassen sich die Unregelmäßigkeiten sehr gut identifizieren, aber auch in Reihe C sind noch durch Poren ausgelöste Temperaturerhöhungen erkennbar. Zudem wird deutlich, dass neben dem Durchmesser der Poren, der die absolute Höhe der Maximaltemperaturen bestimmt, auch die Tiefenlage durch das Messverfahren abgebildet wird, da die Temperaturspitzen mit zunehmender Tiefe kontinuierlich abnehmen. Problematisch ist dabei, dass ein Peak entweder eine kleine Pore unter der Oberfläche oder eine große Pore weiter im Material sein repräsentieren kann und nur bei einer bekannten Tiefenlage auf die Porengröße geschlossen werden kann. Um sowohl die Größe und die Lage erfassen zu können, ist eine detaillierte Auswertung des zeitlichen Temperaturverlaufs erforderlich.

Die Abbildung 7 zeigt das Ergebnis einer Prüfung an der gleichen LPBF-Probe, die mittels der optisch angeregten Puls-Phasen Thermografie durchgeführt wurde. Dabei wurde die Probe mit einem Anregungsimpuls der Länge 10 ms und der maximal möglichen Anregungsenergie von 6 kJ angeregt. Zur Auswertung wurde das Phasenbild (Abbildung 7a.)) bei einer Auswertefrequenz von 5 Hz betrachtet. Dabei zeichnen sich die Poren der Reihen A und B klar ab, wohingegen die Reihe C lediglich schemenhaft erkennbar ist. Die Poren der Reihe D, die in den Ergebnissen der µCT-Aufnahmen erkennbar sind, können hier nicht detektiert werden. Werden die Phasenverläufe (Abbildung 7b.)) entlang der farblich markierten Messlinien betrachtet, so bestätigt sich diese Erkenntnis. Dies bedeutet, dass mit abnehmender Porengröße die Detektierbarkeit abnimmt. Auf einen Einfluss der Tiefenlage kann lediglich auf Basis der Ergebnisse der Reihe C geschlossen werden. Hier sind die weniger tief liegenden Poren ansatzweise erkennbar, wobei das starke Rauschen eine klare Identifikation verhindert.

a.) b.)

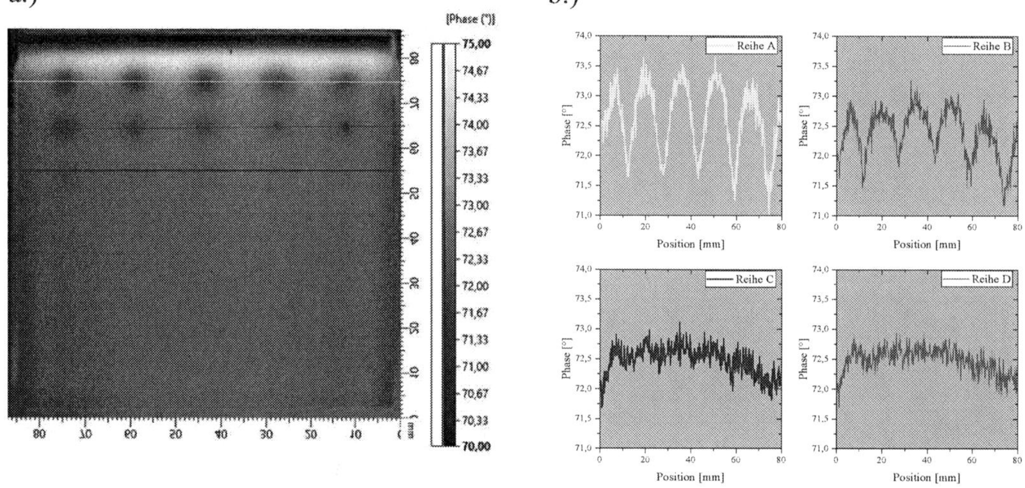

Abbildung 7: Ergebnisse der Untersuchung des Prüfkörpers mit idealiserten Poren mittels der optisch angeregte Puls-Phasen Thermografie - a.) Phasenbild bei einer Auswertefrequenz von 5 Hz und b.) Phasenverläufe entlang der Messlinien für die der Reihen A-D

Werden die Ergebnisse verglichen, so zeigen sich Ähnlichkeiten in der Erkennbarkeit. Hierbei ist allerdings zu beachten, dass bei der laserangeregten Wärmeflussthermografie eine ungekühlte IR-Kamera eingesetzt, weshalb nach [17] eigentlich schlechtere Ergebnisse erwartete wurden. Trotz dieses Nachteils kann allerdings der Einfluss der Tiefenlage beim Einsatz der laserangeregten Wärmeflussthermografie besser herausgearbeitet werden. Die Ursache hierfür dürfte im geringen Energieeintrag bei der optisch angeregten Puls-Phasen Thermografie zu sehen sein, der eine bessere Auflösung der Unregelmäßigkeiten verhindert.

4. Zusammenfassung und Ausblick

Wie in den Ergebnissen dargestellt, konnten mit verschiedenen Herstellungsverfahren Prüfkörper gefertigt werden, die schweißtypische Unregelmäßigkeiten idealisiert abbilden. Dabei zeigt sich jedoch, dass einige Einschränkungen bestehen. Insbesondere bei den idealisierten Poren zeigt sich, dass noch ein erheblicher Verbesserungsbedarf bei der Prüfkörperherstellung besteht, da kleinste Unregelmäßigkeiten nicht hergestellt werden können. Hier sind weitere Anstrengungen notwendig, um die Prüfkörper zu verbessern um eine qualitative und objektive Bewertung der Thermografieverfahren zu ermöglichen.

Die Prüfkörper wurden thermografische geprüft und es kann gezeigt werden, dass potenziell beide dargestellten Thermografieverfahren zur Detektion von für die Schweißtechnik relevanten Poren und Rissen geeignet sind. Besonders im Bereich der Rissprüfung ist aufgrund der ersten Ergebnisse und der bekannten Erfahrungen ein hohes Anwendungspotential zu sehen. Nach derzeitigem Stand ist es allerdings nicht möglich, eine allein auf der aktiven Thermografie basierende Einordnung in die Bewertungsgruppen vorzunehmen, da tief liegende, relevante Poren nicht detektiert werden können. Die Verfahren sind lediglich zum Nachweis oberflächennaher Poren geeignet. Bezüglich der Tiefenauflösung reichen dementsprechend beide Verfahren nicht an die als Referenz durchgeführten µCT-Messungen heran. Weiter ist eine Weiterentwicklung der Auswerteverfahren notwendig, um kleine Oberflächenporen von großen tiefliegenden Poren unterscheiden zu können. Zudem bedarf es einer tiefergehenden Betrachtung des Einflusses der Anregungs- und Aufzeichnungsparameter und deren Korrelation mit den Messergebnissen, sodass die Bereiche, abgesteckt werden können, in denen die thermografischen Verfahren als ergänzende oder alternative Prüfmethode zu den etablierten Verfahren eingesetzt werden können.

5. Förderhinweis

Die Untersuchungen sind im Rahmen des Projektes QualiTWeld (Fkz: 03TN0003) durchgeführt worden, das im Rahmen des Förderprogramms "WIPANO - Wissens- und Technologietransfer durch Patente und Normen" durch das Bundesministerium für Wirtschaft und Energie gefördert wird. Die Autoren bedanken sich für die Zusammenarbeit mit den Projektpartnern. Die Verantwortung für den Inhalt dieser Veröffentlichung liegt bei den Autoren.

Literaturverzeichnis

[1] *DIN EN ISO 17635:2017-04, Zerstörungsfreie Prüfung von Schweißverbindungen_- Allgemeine Regeln für metallische Werkstoffe (ISO_17635:2016); Deutsche Fassung EN_ISO_17635:2016*

[2] *DIN EN ISO 13919-1:2020-03, Elektronen- und Laserstrahl-Schweißverbindungen_- Anforderungen und Empfehlungen für Bewertungsgruppen für Unregelmäßigkeiten_- Teil_1: Stahl, Nickel, Titan und deren Legierungen (ISO_13919-1:2019); Deutsche Fassung EN_ISO_13919-1:2019*

[3] MAIERHOFER, Christiane ; RÖLLIG, Mathias ; GOWER, Michael ; LODEIRO, Maria ; BAKER, Graham ; MONTE, Christian ; ADIBEKYAN, Albert ; GUTSCHWAGER, Berndt ; KNAZOWICKA, Lenka ; BLAHUT, Ales: *Evaluation of Different Techniques of Active Thermography for Quantification of Artificial Defects in Fiber-Reinforced Composites Using Thermal and Phase Contrast Data Analysis.* In: *International Journal of Thermophysics* 39 (2018), Nr. 5

[4] BOUTEILLE, P. ; LEGROS, G. ; WALASZEK, H. ; BODNAR, J. L.: *Non-destructive testing of metallic materials using passive and active infrared thermography.* In: *Mechanics & Industry* 15 (2014), Nr. 4, S. 313–321

[5] MALDAGUE, Xavier P. V.: *Theory and practice of infrared technology for nondestructive testing*. New York, NY : Wiley, 2001 (Wiley series in microwave and optical engineering)

[6] *DIN EN ISO 6520-1:2007-11, Schweißen und verwandte Prozesse_- Einteilung von geometrischen Unregelmäßigkeiten an metallischen Werkstoffen_- Teil_1: Schmelzschweißen*

[7] *DIN EN ISO 6520-2:2013-12, Schweißen und verwandte Prozesse_- Einteilung von geometrischen Unregelmäßigkeiten an metallischen Werkstoffen_- Teil_2: Pressschweißungen*

[8] *DIN EN ISO 5817:2014-06, Schweißen_- Schmelzschweißverbindungen an Stahl, Nickel, Titan und deren Legierungen (ohne Strahlschweißen)_- Bewertungsgruppen von Unregelmäßigkeiten (ISO_5817:2014); Deutsche Fassung EN_ISO_5817:2014*

[9] *DIN EN ISO 10042:2019-01, Schweißen_- Lichtbogenschweißverbindungen an Aluminium und seinen Legierungen_- Bewertungsgruppen von Unregelmäßigkeiten (ISO_10042:2018); Deutsche Fassung EN_ISO_10042:2018*

[10] *DIN EN ISO 13919-2:2020-05, Elektronen- und Laserstrahl-Schweißverbindungen_- Anforderungen und Empfehlungen für Bewertungsgruppen für Unregelmäßigkeiten_- Teil_2: Aluminium, Magnesium und ihre Legierungen und reines Kupfer (ISO/DIS_13919-2:2020); Deutsche und Englische Fassung prEN_ISO_13919-2:2020*

[11] *DIN EN ISO 25239-5:2020-12, Rührreibschweißen_- Aluminium_- Teil_5: Qualitäts- und Prüfungsanforderungen (ISO_25239-5:2020); Deutsche Fassung EN_ISO_25239-5:2020*

[12] RYTTER, Anders: *Vibration based inspection of civil engineering structures*. Aalborg, University of Aalborg, Dept. of Building Technology and Structural Engineering. Dissertation. 1993

[13] STEEB, Siegfried ; BASLER, G. ; DEUTSCH, Volker ; GAUSS, G. ; GRIESE, A. ; GÜTTINGER, T. W. ; KOLB, Klaus ; SCHUR, F. ; STAIB, W. ; STEIN, W. ; VOGT, M. ; WEZEL, H.: *Zerstörungsfreie Werkstück- und Werkstoffprüfung : Die gebräuchlichsten Verfahren im Überblick*. 5., aktualisierte Auflage. Tübingen : expert, 2019 (Kontakt & Studium 243)

[14] BROBERG, Patrik ; RUNNEMALM, Anna: Detection of Surface Cracks in Welds using Active Thermography. In: *18th WCNDT : Durban, South Africa, 2012 ; 18th World Conference on Non-Destructive Testing : 16 - 20 April 2012, International Convention Centre, Durban, South Africa*. Durban : South African Inst. for Non-Destructive Testing, 2012

[15] SRAJBR, Christian ; TANASIE, Gheorghe ; DILGER, Klaus ; BÖHM, Stefan: *NDT of laser beam welded single lap joints by active thermography* 53 (2009), S. 355–359

[16] DORAFSHAN, Sattar ; MAGUIRE, Marc ; COLLINS, William: *Infrared Thermography for Weld Inspection: Feasibility and Application*. In: *Infrastructures* 3 (2018), Nr. 4, S. 45

[17] MAIERHOFER, C. ; ROTHBART, N. ; GOLDAMMER, M. ; HOHLSTEIN, F. ; KOCH, J. ; KRYUKOV, I. ; MAHLER, G. ; STOTTER, B. ; WALLE, G. ; OSWALD-TRANTA, B. ; SENGEBUSCH, M.: A round robin test of flash thermography – detectability and quantification of artificial and natural defects in CFRP and metal structures. In: *Proceedings of the 2016 International Conference on Quantitative InfraRed Thermography* : QIRT Council, 4-8 July, 2016

Entwicklung eines Echtzeit - Detektionssystems zur Identifizierung von Lack- und Farbschichten auf Betonoberflächen

Andreas PESTEL [1], Sven ECKART [1], Hartmut KRAUSE [1]
[1] Institut für Wärmetechnik und Thermodynamik, TU Bergakademie Freiberg, Freiberg

Kontakt E-Mail: andreas.pestel@iwtt.tu-freiberg.de

Kurzfassung

In dieser Arbeit wird ein in der Entwicklung befindliches Messsystem vorgestellt, mit welchem eine bildgebende Echtzeitüberwachung des lasergestützten Abtrages von organischen Beschichtungen von Betonoberflächen ermöglicht wird. Das Verfahren wird im Rahmen eines FORKA - Projektes des BMBF entwickelt, bei welchem eine laserbasierte Dekontaminationstechnologie für den Einsatz im nuklearen Rückbau qualifiziert wird. Dabei erfolgt die optische Kontrolle des Dekontaminationsprozesses mittels aktiver Thermografie. Das gewählte Verfahren basiert auf der Bestimmung des zeitlichen Verlaufes von Eigenstrahlung und Reflexionen im infraroten (IR) Strahlungsspektrum. Zur Entwicklung des Verfahren wurden unterschiedliche Beschichtungsmaterialien auf Epoxidharz-Basis und das Basissubstrat vermessen. Die Messdaten wurden numerisch ausgewertet und mehrere Verfahrensvarianten evaluiert. Die einzelnen Bereiche der dekontaminierten Oberfläche konnten durch die Erstellung des daraus resultierenden Temperaturprofils eindeutig charakterisiert werden.

Durch die systematische Klassifizierung der Stoff- und Prozessparameter wird im Rahmen dieses Projektes eine Heuristik erstellt, welche die optimale Auswertung der Messdaten in Echtzeit ermöglicht. Abschließend soll eine miniaturisierte Sensortechnik in einen Arbeitskopf integriert werden, um die In-Situ-Überwachung der Oberflächenbeschaffenheit nach abgeschlossener Laserbearbeitung zu ermöglichen. Die visuell aufbereiteten Sensordaten werden in Echtzeit für das Bedienpersonal ausgewertet, um den vollständigen Abtrag der Beschichtung zu gewährleisten.

Flächige photothermische Schichtdicken- und Materialcharakterisierung an Ein- und Mehrschichtsystemen

Johannes RITTMANN [1], Marc KREUTZBRUCK [1]
[1] Institut für Kunststofftechnik der Universität Stuttgart, Stuttgart

Kontakt E-Mail: johannes.rittmann@ikt.uni-stuttgart.de

Kurzfassung

Die hohe Beleuchtungsstärke auf dem Niveau von Blitzlampen bei einer gleichzeitig hohen zeitlichen Flexibilität mit einer vollflächigen Abstrahlungscharakteristik in einem VCSEL-Array lässt die beiden Regime Puls- und Lockinanregung in einer einzigen Anregungsquelle verschmelzen und macht dies zu einer überlegenen Anregungsquelle in der aktiven Thermografie. In Kombination mit einer schnellen Thermografiekamera kann das (zerstörungsfreie) Prüfverfahren zu einem flächig abbildenden Messverfahren zur quantitativen Bestimmung von Schichtdicken und zur Materialcharakterisierung erweitert werden. Insbesondere kann damit bei bekannter Schichtdicke die lokale Verteilung der Temperaturleitfähigkeit in dünnen Materialien ermittelt werden. In diesem Beitrag wird die Leistungsfähigkeit des VCSEL-Arrays zur flächigen Materialcharakterisierung an ebenen Bauteilen aufgezeigt und mit der analytischen Lösung sowie bestehenden Referenzverfahren zur Bestimmung der Temperaturleitfähigkeit und der Schichtdicke verglichen. Die bestehenden Modelle eines Einschichtsystems werden innerhalb dieses Beitrags um einen Ansatz für Mehrschichtsysteme erweitert. Viele der untersuchten Kunststoffe sind im Infraroten teiltransparent, wodurch neue Ansätze zur tiefenaufgelösten Anregung und Auswertung herangezogen werden müssen. Abschließend werden die Grenzen der flächigen photothermischen Charakterisierung von (teiltransparenten) Schichtsystemen aufgezeigt.

Durchführung komplexer Prüfaufgaben mittels individuell angepasster Prüfköpfe - unter Berücksichtigung der physikalischen und technischen Voraussetzungen

Dr. Johannes BRESLER [1], Dr. Thomas REHFELDT [1],
Christian FARTELY [1], Karsten ROHDE [1]
[1] Framatome GmbH, Paul-Gossen-Straße 100, 91052 Erlangen

Kontakt E-Mail: johannes.bresler@framatome.com; karsten.rohde@framatome.com

Kurzfassung

Zur Durchführung von komplexen Prüfaufgaben mittels Ultraschall sind die notwendigen Prüfköpfe von entscheidender Bedeutung. Das maßgebende Kriterium sind dabei die physikalischen Eigenschaften des Prüfkopfes, welche sich aus den verwendeten Materialien, dem Prüfkopfdesign sowie der elektrischen Ansteuerung ergeben und die Grundlage eines jeden Prüfkopfes bilden. Das zweite wichtige Kriterium sind die technischen Voraussetzungen am Einsatzort beispielsweise hinsichtlich Zugänglichkeit, Temperatur oder zu erwartender Prüfzeit.

An ausgewählten Anwendungsfällen soll exemplarisch gezeigt werden, wie individuell angepasste Prüfköpfe komplexe Prüfaufgaben lösen und welche physikalischen sowie technischen Voraussetzungen dafür erfüllt werden müssen.

Entwicklung einer Bohrlochsonde für Ultraschalluntersuchungen an Abschlussbauwerken in Endlagern

Frank MIELENTZ [1], Heiko STOLPE [1], Ute EFFNER [1], Matthias BEHRENS [1], Thomas BERNSTEIN [1], Ernst NIEDERLEITHINGER [1]
[1] Bundesanstalt für Materialforschung und -prüfung, 12200 Berlin

Kontakt E-Mail: frank.mielentz@bam.de

Kurzfassung. Für die Qualitätssicherung von Abschlussbauwerken für Endlager wird eine Ultraschall-Bohrlochsonde entwickelt. Mithilfe dieser Sonde, die aus einer Vielzahl von einzelnen koppelmittelfreien Ultraschall-Punktkontaktprüfköpfen besteht, soll die Rissfreiheit der Versuchsbauwerke überprüft werden.

Ein erster Prototyp der Sonde wurde mit einem kommerziellen Ultraschallgerät betrieben und bestand aus 12 Transversalwellen-Punktkontaktprüfköpfen von denen jeweils sechs als Sender und sechs als Empfänger parallelgeschaltet waren. Um den erzeugten Schalldruck der Bohrlochsonde zu steigern, wurde bei der Neuentwicklung die Prüfkopfanzahl erhöht und zusätzlich die laufzeitgesteuerte Anregung der einzelnen Prüfköpfe vorgesehen. Für die Anregung der Prüfköpfe mit programmierten Zeitverzögerungen wurde ein neuartiger mehrkanaliger Sender für bipolare Rechtecksignale entwickelt.

Durch die Entwicklung der Bohrlochsonde soll eine dynamische Anpassung der Prüfkopf-Apertur sowie eine Fokussierung des Schallfeldes in Abhängigkeit der zu untersuchenden Tiefe erfolgen. Mithilfe entsprechender Anregungsfunktionen kann das Schallfeld der Bohrlochsonde unterschiedlich geformt werden, z. B. ist auch ein Schwenken des fokussierten Schallbündels möglich. Dadurch wird das erfasste Prüfvolumen begrenzt und auf diese Weise das Signal-Störverhältnis der Empfangssignale verbessert. In Kombination mit SAFT-Rekonstruktionsrechnungen wird durch eine optimierte Abstrahlcharakteristik der Sonde mit einem hohen Schalldruck unter verschiedenen Winkeln eine verbesserte Signalqualität und damit eine erhöhte Aussagesicherheit der Ergebnisse in der Objektabbildung erwartet.

Einführung

Für die Qualitätssicherung von Abschlussbauwerken wird eine Ultraschall-Bohrlochsonde entwickelt. Mithilfe dieser Sonde, die aus einer Vielzahl von einzelnen koppelmittelfreien Ultraschall-Punktkontaktprüfköpfen besteht, soll die Rissfreiheit von Abschlussbauwerken in Endlagern überprüft werden.

Um die Dichtheit der Abschlussbauwerke zu gewährleisten, müssen die verwendeten Materialien, die technische Ausführung sowie die Qualitätssicherung beim Bau und die anschließende Überwachung untersucht werden. Da im bisher verwendeten Salzbeton Risse aufgrund von Schwinden und/oder Wärmeentwicklung entstanden sind und dies auch bei alternativen Materialien nicht auszuschließen ist, ist eine Kontrolle der Abdichtbauwerke notwendig **[1]**. Die Entwicklung der Bohrlochsonde zielt zunächst auf die Untersuchung von Versuchsbauwerken, da die Dichtwirkung von Realbauwerken nicht durch Bohrkernentnahme beeinträchtigt werden darf.

1. Aufbau der Bohrlochsonde

Ein erster Prototyp der Sonde wird mit einem kommerziellen Ultraschallgerät betrieben und besteht aus 12 Transversalwellen-Punktkontaktprüfköpfen, von denen jeweils sechs als Sender und sechs als Empfänger parallelgeschaltet sind (s. **Abbildung 1**, links). Über zwei Kunststoff-Rundteile wird die Sonde an einer Schiene in die gewünschte Tiefe geschoben und dort pneumatisch an das umgebende Material angekoppelt.

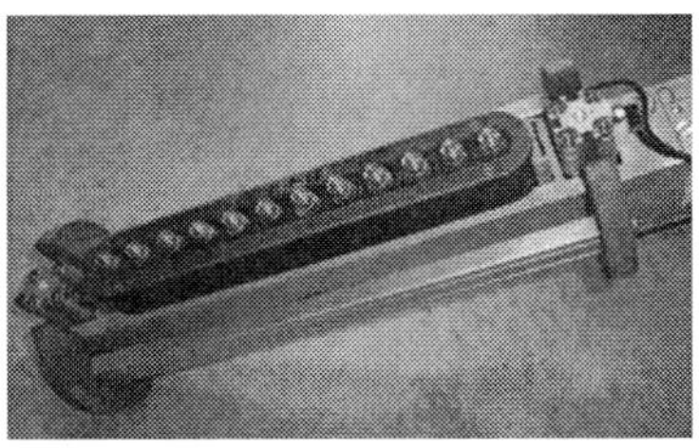

Abbildung 1: Bohrlochsonden (unterschiedliche Ausführungen)

Abbildung 2 zeigt einen einzelnen Vorverstärker mit Gehäuse, wie er für die Verstärkung der Ultraschallsignale der Bohrlochsonde der ersten Generation Verwendung findet; die Speisung des Verstärkers erfolgt über die Signalleitung.

Abbildung 2: Vorverstärker für Ultraschallsignale

Um den erzeugten Schalldruck der Bohrlochsonde zu steigern, wurde bei der Neuentwicklung die Prüfkopfanzahl erhöht und zusätzlich die laufzeitgesteuerte Anregung der einzelnen Prüfköpfe vorgesehen (s. **Abbildung 1**, rechts).

Durch die Weiterentwicklung der Bohrlochsonde soll mithilfe der Gruppenstrahlertechnik eine dynamische Anpassung der Prüfkopf-Apertur sowie eine Fokussierung des Schallfeldes in Abhängigkeit der untersuchten Tiefe erfolgen. Mithilfe entsprechender Anregungsfunktionen kann das Schallfeld der Bohrlochsonde unterschiedlich geformt werden, z. B. ist auch ein Schwenken des fokussierten Schallbündels möglich. Dadurch wird das erfasste Prüfvolumen begrenzt und auf diese Weise das Signal-Störverhältnis der Empfangssignale verbessert **[2]**.

Abbildung 3 zeigt schematisch die Möglichkeiten der Schallfeldbeeinflussung beim laufzeitgesteuerten Ultraschall-Gruppenstrahler. Für jedes Schwingerelement der Bohrlochsonde ist praktisch ein komplettes Ultraschallgerät notwendig, das mit vorgegebener Verzögerungszeit Ultraschall-Sendesignale abstrahlt, mit einem für alle Geräte gemeinsamen Takt. Zurzeit ist die Ansteuerung der Prüfköpfe und die Datenerfassung noch nicht in das Gehäuse der Bohrlochsonde integriert. Für Weiterentwicklungen der

Bohrlochsonde ist die Elektronik bereits für 16 Kanäle ausgelegt. **Abbildung 4** zeigt das Blockschaltbild des Gruppenstrahler-Messsystems mit der Bohrlochsonde.

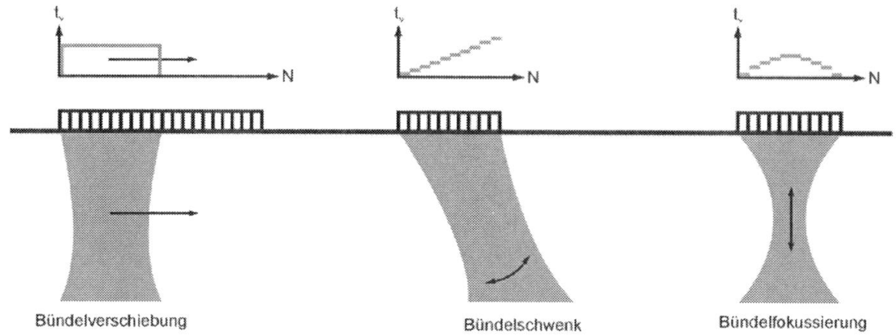

Abbildung 3: Möglichkeiten der Schallfeldbeeinflussung beim laufzeitgesteuerten Ultraschall-Gruppenstrahler

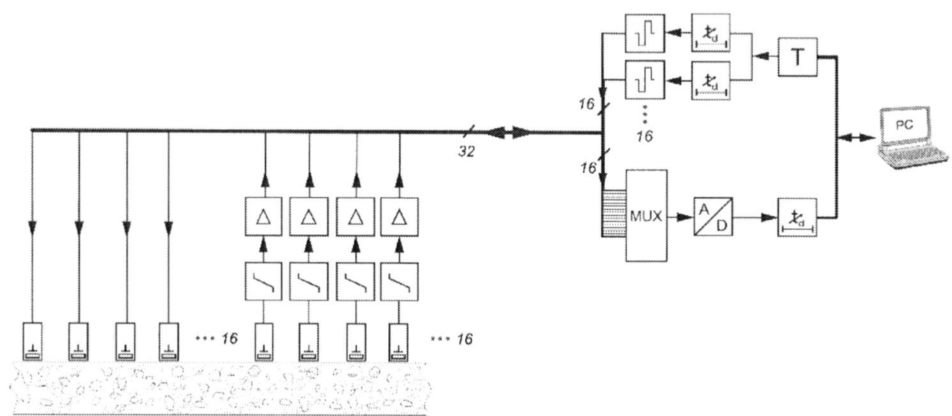

Abbildung 4: Laufzeitgesteuerter Ultraschall-Gruppenstrahler (Blockschaltbild)

Für die Anregung der Prüfköpfe mit programmierten Zeitverzögerungen wurde ein neuartiger mehrkanaliger Sender für bipolare Rechtecksignale entwickelt. **Abbildung 5** zeigt einen Einschub des mehrkanaligen Hochspannungssenders und das Blockschaltbild einer einzelnen Sendestufe.

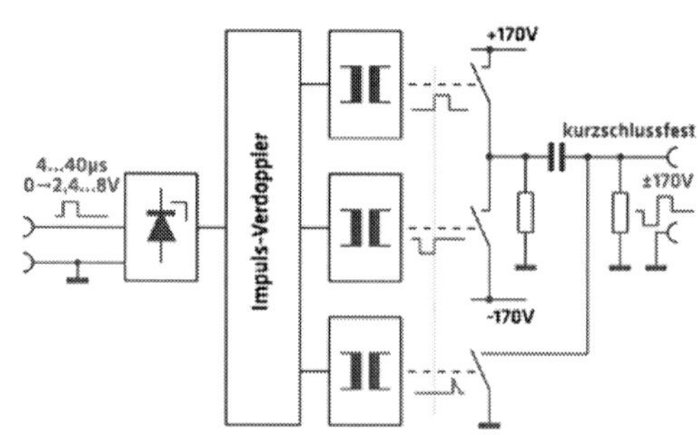

Abbildung 5: Einschub des mehrkanaligen Senders (links) und Blockschaltbild einer Sendeendstufe (rechts)

2. Schallfeld Modellierung

Mit der Punktquellensynthese lassen sich die Schallfelder beliebiger Prüfkopfanordnungen realitätsnah dreidimensional modellieren, wobei die Prüfköpfe, wie beim zeitlich gesteuerten Gruppenstrahler, auch zeitlich gegeneinander verzögerte Anregungen besitzen können **[3]**, **[4]**. Durch die Modellierung kann beispielsweise der Schwenkbereich für verschiedene Prüfkopfanordnungen untersucht und eine für die Anwendung optimierte Anordnung gefunden werden. Mithilfe von Modellierungen werden die notwendigen Verzögerungszeiten der Sendeimpulse für die einzelnen Schwingerelemente berechnet und für die automatisierte Prüfung mit Bildgebung in einer „Look-Up-Tabelle" gespeichert.

Abbildung 6 zeigt das Ergebnis der Schallfeldmodellierung für eine Fokussierung unter einem Schwenkwinkel von 11 Grad und **Abbildung 7** die Simulation der Wellenausbreitung.

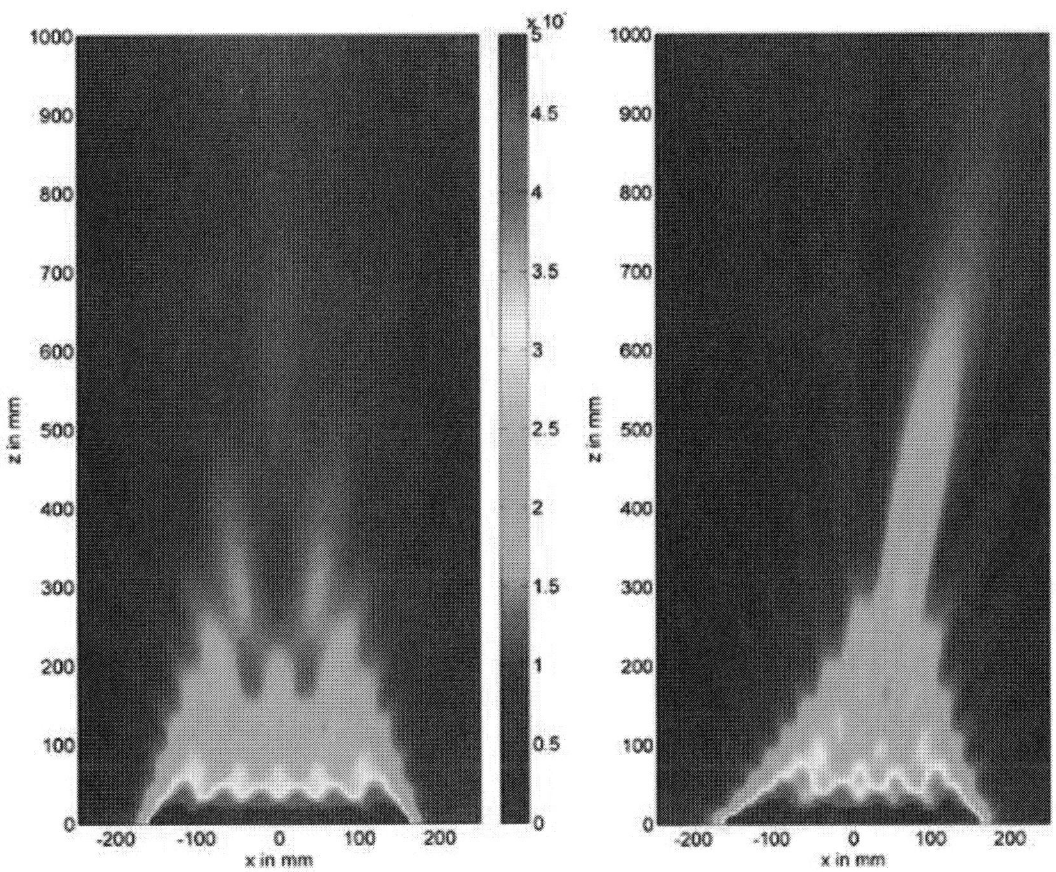

Abbildung 6: Modellierung der Schallfelder (links: ohne Fokussierung, rechts: mit Fokussierung, Schwenkwinkel 11 Grad)

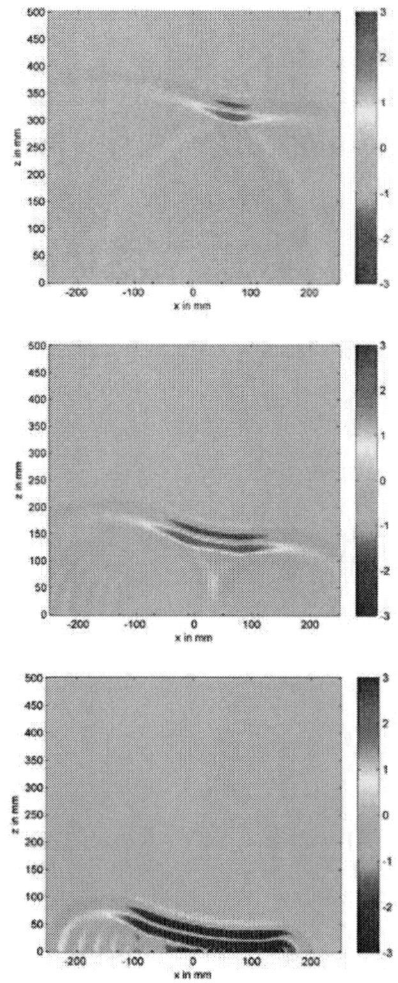

Abbildung 7: Simulation der Wellenausbreitung (Fokussierung, Schwenkwinkel 11 Grad)

3. Ausblick

Zum Testen der Bohrlochsonde im Labor werden zurzeit großformatige Testkörper gebaut. Für unterschiedliche Arrayanordnungen der Punktkontaktprüfköpfe sollen experimentell die Möglichkeiten der Schallfeldformung untersucht und mit den Modellierungsstudien verglichen werden. Geplant sind Schallfeldprofilmessungen an Betontestkörpern unterschiedlicher Dicken in Durchschallung entlang von Linien senkrecht zur akustischen Achse des Gruppenstrahlers.

An konkreten Prüfaufgaben soll die Aussagesicherheit studiert werden. Für die Erfassung und Auswertung der Messsignale ist der Einsatz der Gruppenstrahlertechnik in Kombination mit SAFT-Rekonstruktionsrechnungen geplant **[5]**. Ein möglichst großer Divergenzwinkel der Bohrlochsonde kann durch einen Winkelschwenk der Hauptkeule des Schallfeldes erreicht werden, mit dem Vorteil eines geringen Schalldruckabfalls auch unter größeren Winkeln. In Kombination mit SAFT-Rekonstruktionsrechnungen wird durch die optimierte Abstrahlcharakteristik der Sonde eine verbesserte Signalqualität und damit eine erhöhte Aussagesicherheit der Ergebnisse in der Objektabbildung erwartet.

4. Literatur

[1] Effner, U., Mielentz, F., Niederleithinger, E., Friedrich, Ch., Mauke, R., Mayer, K.: *Prüfung von Abdichtbauwerken für Endlager auf Risse – eine Herausforderung/ Testing repository engineered barrier systems for cracks - a challenge*. Materialwissenschaft und Werkstofftechnik/ Materials Science and Engineering Technology, zur Veröffentlichung angenommen, DOI: 10.1002/mawe.202000118

[2] Mielentz, F.; Feller, V.; Krause, M.; Orglmeister, R.: *Ultraschallprüfung von Betonbauteilen, Laufzeitgesteuerte Gruppenstrahler mit Punktkontaktprüfköpfen.* Z. MP Materials Testing, Hanser-Verlag München (2015) Band 57, Ausgabe 4, S. 329-336, DOI 10.3139/120.110723.

[3] Spies, M.; Walte, F.; Hübschen, G.: *Einsatz der generalisierten Punktquellen-Synthese zur Vorbereitung automatischer Ultraschallprüfungen.* In: Deutsch-Französisches Seminar Automatisierung und Modellierung für die Zerstörungsfreie Prüfung, Aachen, 17.-18. März 1997.

[4] Mielentz, F.; Feller, V.; Krause, M.; Orglmeister, R.; Mayer, K.: *Schallfeldmodellierung von Ultraschall-Transversalwellen-Prüfköpfen - Modellierung von Prüfkopfarrays mit der Elastodynamischen Finiten Integrationstechnik und der Punktquellensynthese.* Z. MP Materials Testing, Hanser-Verlag München (2013) Band 55, Heft 11-12, S. 856-864, DOI: 10.3139/120.110510.

[5] Schickert, M.; Krause, M.; Müller, W.: *Ultrasonic imaging of concrete elements using reconstruction by synthetic aperture focusing technique.* Z. Journal of Materials in Civil Engineering, 2003, Nr. 15, S. 235–246.

Entwicklung einer Bohrlochsonde für Ultraschalluntersuchungen

BAM Bundesanstalt für Materialforschung und -prüfung

F. Mielentz, H. Stolpe, U. Effner, M. Behrens, T. Bernstein, E. Niederleithinger

Für die Qualitätssicherung von Abschlussbauwerken für Endlager wird eine Ultraschall-Bohrlochsonde entwickelt. Mithilfe dieser Sonde, die aus einer Vielzahl von einzelnen koppelmittelfreien Ultraschall-Punktkontaktprüfköpfen besteht, soll die Rissfreiheit der Versuchsbauwerke überprüft werden.

Ein erster Prototyp der Sonde wird mit einem kommerziellen Ultraschallgerät betrieben und besteht aus 12 Transversalwellen-Punktkontaktprüfköpfen, von denen jeweils sechs als Sender und sechs als Empfänger parallelgeschaltet sind.

Prototyp I der Bohrlochsonde

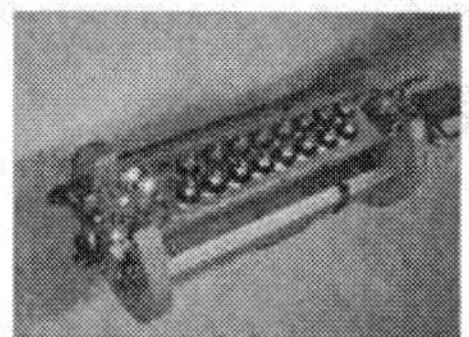

Prototyp II der Bohrlochsonde

Beim Prototyp II wurde die Anzahl der Prüfköpfe erhöht und die Anordnung der Prüfköpfe in der Bohrlochsonde verändert.

Ein in die Sonde integrierter Vorverstärker wird über die Prüfleitung mit Spannung versorgt.

Vorverstärker für Ultraschallsignale

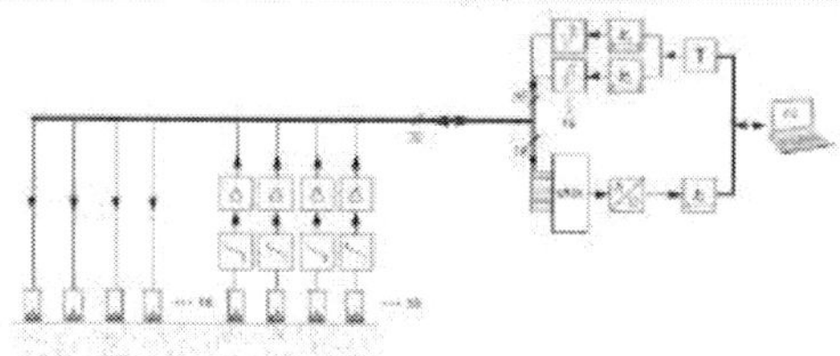

Laufzeitgesteuerter Ultraschall-Gruppenstrahler (Blockschaltbild)

Um den Schalldruck der Bohrlochsonde zu steigern, wird bei der Neuentwicklung die Prüfkopfanzahl auf 16 erhöht und zusätzlich die laufzeitgesteuerte Anregung der einzelnen Prüfköpfe vorgesehen.

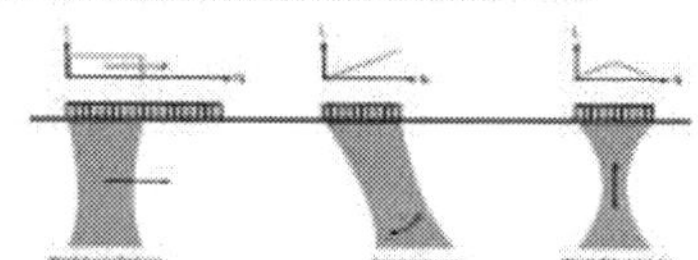

Möglichkeiten der Schallfeldbeeinflussung beim laufzeitgesteuerten Ultraschall-Gruppenstrahler

In Kombination mit SAFT-Rekonstruktionsrechnungen wird durch eine optimierte Abstrahlcharakteristik der Sonde mit einem hohen Schalldruck unter verschiedenen Winkeln eine verbesserte Signalqualität und damit eine erhöhte Aussagesicherheit der Ergebnisse in der Objektabbildung erwartet.

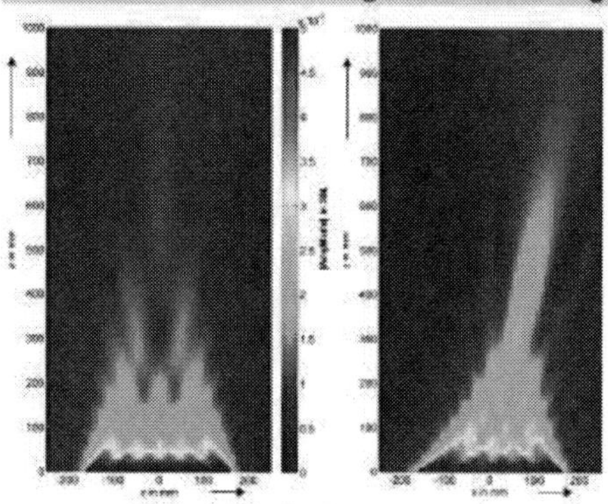

Modellierung der Schallfelder (links: ohne Fokussierung, rechts: mit Fokussierung, Schwenkwinkel 11 Grad)

Mithilfe entsprechender Anregungsfunktionen kann das Schallfeld der Bohrlochsonde unterschiedlich geformt werden, z. B. ist auch ein Schwenken des fokussierten Schallbündels möglich.

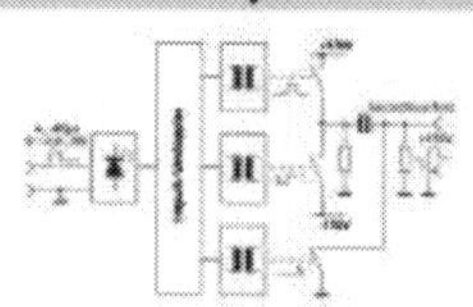

Blockschaltbild einer Senderendstufe

Einschub des mehrkanaligen Senders

Für die Anregung der Prüfköpfe wurde ein neuartiger mehrkanaliger Sender für bipolare Rechtecksignale entwickelt.

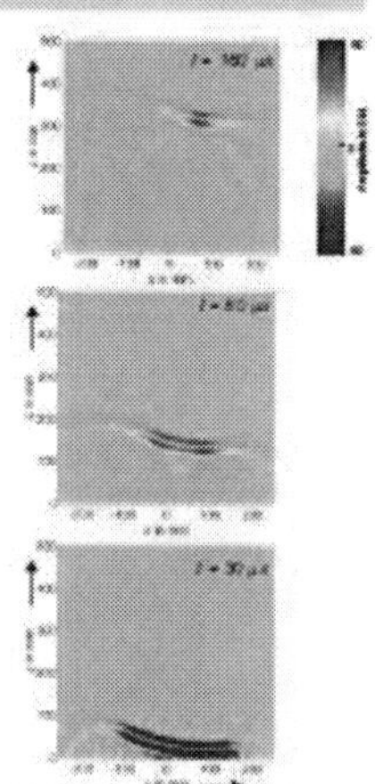

Simulation der Wellenausbreitung (Fokussierung, Schwenkwinkel 11 Grad)

Sicherheit in Technik und Chemie

www.bam.de

FOCUS AREA ENERGY

Anwendung eines Luftultraschall-Prüfsystems (CPS) für die algorithmische Verarbeitung von Luftschallsignalen von komplexen Bauteilgeometrien für die Qualitätskontrolle im Fertigungsprozess

Hans RIEDER [1], Hanae EL-HAJJAJI [1], Wilhelm REPPLINGER [2]
[1] RD Systemtechnik GmbH, Haldystraße 1b, 66123 Saarbrücken
[2] MPT Mess- und Prüftechnik, Dillingerstraße 76b, 66763 Dillingen/Saar

Kontakt E-Mail: hanae.elhajjaji@rd-systemtechnik.de

Kurzfassung

Auf der Dach-Tagung 2019 haben wir ein konfigurierbares, eingebettetes Ultraschallsystem vorgestellt, das auf Basis eines Cyber-physischen-Systems (CPS) entworfen ist. In diesem Beitrag möchten wir eine Anwendung für das CPS vorstellen, bei welcher Luftschall verwendet wird, um optisch schlecht ausleuchtbare Oberflächenkonturen und komplexe Bauteilgeometrien (z.B. Gewindebohrungen) mittels Luftschall detailliert abzubilden. Dabei sollen Fertigungsfehler durch einen Soll- und Istwert-Vergleich auf Basis von Referenzmodulen im Sinne einer Qualitätssicherung festgestellt werden.

Wir verarbeiten Luftschallsignale in Impuls-Echo-Technik mit Signalverarbeitungsmethoden im Zeit- und Spektralbereich unter Anwendung der Rekonstruktionsverfahren SAFT (Synthetic Aperture Focussing Technique) berechneten Abbildungen. Die dafür notwendigen Hardware- und Softwaremodule auf Basis eines CPS werden ebenfalls skizziert.

Korrelationsanalyse und vergleichen die Ergebnisse mit den durch das

Der Beitrag basiert auf einer Masterarbeit, die bei RD Systemtechnik im Jahr 2020 erfolgreich durchgeführt wurde und spezifische Sende- und Empfangskomponenten für den Einsatz von Luftschall von dem Ingenieurbüro MPT, Mess- und Prüftechnik verwendet.

Keywords:

Embedded System, Cyber-Physisches-System, Luftschall, komplexe Bauteilgeometrie, Qualitätskontrolle, SAFT-Verfahren

Luftgekoppelte Ultraschallprüfung, eine Alternative in der zerstörungsfreien Prüfung

Tobias GAUTZSCH [1], Artur SZEWIECZEK [2], Wolfgang HILLGER [2], Mate GAAL [3], Giovanni SCHOBER [4], Wolfgang ESSIG [5]
[1] SONOTEC GmbH, Halle (Saale)
[2] Hillger NDT GmbH, Braunschweig
[3] Bundesanstalt für Materialforschung und -prüfung (BAM), Berlin
[4] SKZ-KFE gGmbH, Würzburg
[5] Institut für Kunststofftechnik, Universität Stuttgart, Stuttgart

Kontakt E-Mail: tobias.gautzsch@sonotec.de

Kurzfassung

Die luftgekoppelte Ultraschallprüfung (ACUT) ist ein vielfach bewährtes zerstörungsfreies Prüfverfahren, welches von vielen Anwendern jedoch nur am Rande oder gar nicht wahrgenommen wird. Insbesondere die nach wie vor in der Ultraschallausbildung gelehrten Theorien zur wellenlängenabhängigen minimalen detektierbaren Fehlergröße und die vermeintliche Notwendigkeit der Verwendung von Koppelmittel schrecken viele potentielle Anwender davon ab für ihr Prüfproblem ACUT in Betracht zu ziehen. Des Weiteren wird ACUT häufig nicht als eigenständiges Prüfverfahren erkannt, so dass versucht wird flüssigkeitsgekoppelte Ultraschallprüfungen ohne Beachtung der Besonderheiten zu ersetzen.

Für eine Einführung in die Möglichkeiten und Grenzen der luftgekoppelten Ultraschallprüfung werden an repräsentativen und typischen Fehlermerkmalen die Ergebnisse der Vergleichsverfahren Phased-Array-Ultraschallprüfung, Tauchtechnik-Ultraschallprüfung, Thermografie, Wirbelstrom, Terahertz und Röntgen mit der luftgekoppelten Ultraschallprüfung verglichen und die Vor- und Nachteile der jeweiligen Methode analysiert.

USBUS - eine neue Familie von Ultraschallprüfsystemen

Artur SZEWIECZEK [1], Wolfgang HILLGER [1], Detlef ILSE [1]
[1] Hillger NDT GmbH, Braunschweig
Kontakt E-Mail: info@hillger-ndt.de

Kurzfassung

USBUS bezeichnet eine neue Familie von leistungsfähigen und preiswerten Ultraschallsystemen für die Bereiche Forschung, Entwicklung und Ausbildung.

Im Einzelnen sind folgende Systeme lieferbar: das 200 MHz Hochfrequenz-Ultraschallprüfsystem USBUS 3060 UHF, das 65 MHz Ultraschallprüfsystem USBUS 3010 VHF und das USBUS 4000 AirTech für berührungslose Prüfungen mit Ankopplung über Luft. Diese Geräte werden über eine USB-Schnittstelle an vorhandenen PC's oder Laptop's betrieben. Die einfach zu bedienende Software Hillgus stellt die Prüfparameter ein und wertet das A-Bild in mehreren Blenden bezüglich der Amplituden, Laufzeiten und Frequenzen automatisch aus. Ferner sind Langzeitbeobachtungen mit einem Datenlogger möglich, der in wählbaren Zeitintervallen Amplituden, Laufzeiten und vollständige A-Bilder speichert.

Die optionale FFT stellt das Frequenzspektrum dar und wertet automatisch max. Frequenz, Bandbreite sowie untere und obere Grenzfrequenz aus.

Für das luftgekoppelte System USBUS 4000 AirTech sind spezielle Prüfköpfe im Bereich von 50 bis 300 kHz erhältlich. Die Empfangsprüfköpfe können mit einem eingebauten Vorverstärker in Ultra-Low-Noise Technik geliefert werden, der mit einer Rauschspannung von unter 0,8 nV / Wurzel (Hz) ca. 4 dB rauschärmer ist als unsere Standardvorverstärker.

3D Hybridmodellierung zur Porositätsprüfung an Grobblechen mit einem Ultraschall-Array-Prüfkopf: Simulation und deren experimentelle Validierung

Dr. Sanjeevareddy KOLKOORI [1], Dr. Roman Heinrich KOCH [1], Dr. Stephan FALTER [2]
[1] ROSEN Technology and Research Center GmbH, Alzenau
[2] ROSEN Germany GmbH, Stutensee

Kontakt E-Mail: skolkoori@rosen-group.com

Kurzfassung

Durch den Einsatz angepasster Simulationsmethoden kann die Entwicklungszeit und die Anzahl der Prototypen zur applikationsspezifischen Optimierung des Designs von Ultraschall-Array-Prüfköpfen stark reduziert werden. Zur Erzielung hoher Genauigkeiten (Amplitudenabweichung < 1 dB) bei reduzierten Rechenzeiten benötigt man zur Simulation nicht nur eine hochfrequente Näherung für die akustische Wellenausbreitung, sondern auch ein hochpräzises elektroakustisches Kopplungsmodell.

In diesem Beitrag berichten wir über ein effizientes 3D-Hybridmodell zur Modellierung eines Ultraschall-Array-Prüfkopfes für die Inspektion von Grobblechen auf Porosität. Diese Methode basiert auf einer dreidimensionalen Finiten-Elementen-Analyse (FEA) und der semi-analytischen Simulation „Ray-Tracing". Zuerst wird das FEA-Modell des Array-Prüfkopfs mit den Komponenten Komposite-Schwinger, Anordnung der Arrayelemente, leitfähige Elektroden, Anpassschicht, Dämpfungsmaterial, elektrische Beschaltung mit einem 50Ω-Koaxialkabel und der Keilgeometrie eines Prüfkopf-Arrays vorgestellt. Zusätzlich werden hier das akustische und elektrische Übersprechen (Cross-Talk) zwischen benachbarten Elementen in der FEA Simulation berücksichtigt. Die FEA modellierten Pulse-Echo Signale des Array-Wandlers im Zeit- und Frequenzbereich eines Stahlreflektors im Fernfeld werden als Referenzsignale in dem semi-analytischen Simulationsverfahren „CIVA-UT Software" weiterverwendet, um die quantitative Bestimmung der Porosität in Grobblechen zu simulieren. Die Vorteile dieses Hybridverfahrens sind die Reduktion des zeit- und kostenaufwendigen Array-Prüfkopf-Prototypenbaus und die Berücksichtigung des realen Sendeimpulses des in der Industrie eingesetzten Ultraschall-Prüfgeräts „ROMIS (ROSEN Modular Inspection System)" in der Modellierung. Die Abhängigkeit der Detektierbarkeit der Porosität von der Array-Prüfkopffrequenz und der virtuellen Prüfkopfapertur werden quantitativ analysiert.

Die als 3D-Hybridmodel simulierten Fehlerechosignale und TCG Kurven in einem Grobblech werden mit den experimentellen Daten verglichen und es wird eine gute quantitative Übereinstimmung zwischen dem Experiment und der Simulation erzielt.

Sensorische Überwachung des Ultraschallschweißprozesses

Mike KORNELY [1], Johannes Rittmann [1], Marc KREUTZBRUCK [1]
[1] Institut für Kunststofftechnik, Stuttgart

Kontakt E-Mail: mike.kornely@ikt.uni-stuttgart.de

Kurzfassung

Das Ultraschallschweißen ist ein anerkanntes und weit verbreitetes Fügeverfahren, um thermoplastische Bauteile dauerhaft miteinander zu verbinden. Das Verfahren zeichnet sich durch eine lokale Erwärmung der Bauteile in der Fügeebene, eine geringe Schweißzeit sowie eine hohe Wirtschaftlichkeit des Prozesses aus. Die Schweißnahtqualität hängt dabei von vielzähligen Faktoren ab. Ausgehend von den Prozessparametern, den Toleranzen der Fügeteile bis hin zu Theorien über ein chaotisches Werkstoffverhalten im Grenzbereich des Ultraschallschweißens wird der Prozess gewollt und ungewollt beeinflusst. So führt eine z.B. Erhöhung der Schweißkraft zu einer Reduzierung der Schweißzeit und zu einer Verbesserung der Schweißnahtfestigkeit. Bei zu hohen Kräften wird die Schmelze allerdings aus der Fügezone gedrückt, was zu einer Reduzierung der Festigkeit führt. Dies kann zu schwankenden Prozessqualitäten führen. Die Bewertung der Schweißnahtqualität erfolgt bisher durch eine zerstörende Prüfung der Schweißnaht.

Die sensorische Überwachung des Ultraschallschweißprozesses ermöglicht es, schon während des Prozesses Aussagen über die Schweißnahtqualität treffen zu können. Im Rahmen dieser Arbeit wird die sensorische Überwachung der im Amboss auftretenden mechanischen Schwingungen mithilfe von Piezosensoren sowie die Temperaturentwicklung in der Fügezone der Schweißnaht mit einer Thermografiekamera aufgezeigt. Aus jeweils für die sensorische Überwachung charakteristischen Werten, wie Amplitude und Frequenz, wird ein Vergleich zur Schweißnahtqualität mittels anschließender Zugversuchen angestellt. Dabei zeigt sich eine signifikante Korrelation zwischen den ermittelten Zugfestigkeiten und den am Piezoschwinger erfassten Energiedichten.

Universität Stuttgart

IKT KUNSTSTOFF TECHNIK STUTTGART

Sensorische Überwachung des Ultraschallschweißprozess

Stand der Technik

Durch Ultraschallschweißen können thermoplastische Kunststoffe innerhalb kurzer Zykluszeiten (< 1 s) gefügt werden. Für das Verfahren ist kein Schweißzusatzwerkstoff notwendig, weshalb das Ultraschallschweißen, auch wegen der robusten Anlagentechnik, häufig in der Großserienfertigung eingesetzt wird. Die wichtigsten Prozessparameter sind die Größe der Schwingungsamplitude, die Schweißzeit sowie die Schweißkraft. Diese werden meist aus Erfahrungswerten bestimmt, wobei die Wahl der richtigen Prozessparameter einen großen Einfluss auf die Qualität der Schweinaht hat. Zum aktuellen Zeitpunkt existiert noch kein zerstörungsfreies Inline-Überwachungsverfahren für das Ultraschallschweißen.

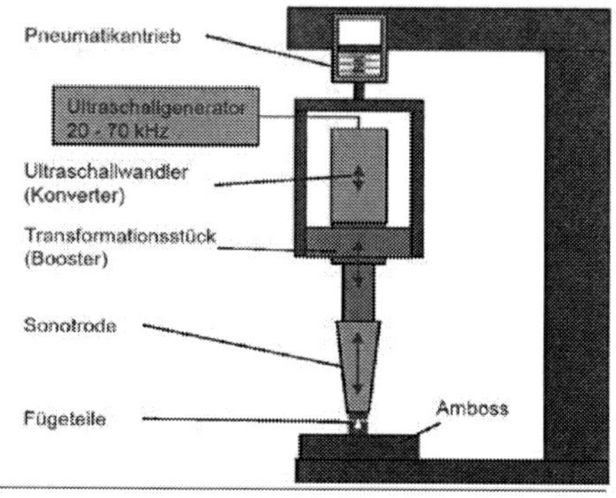

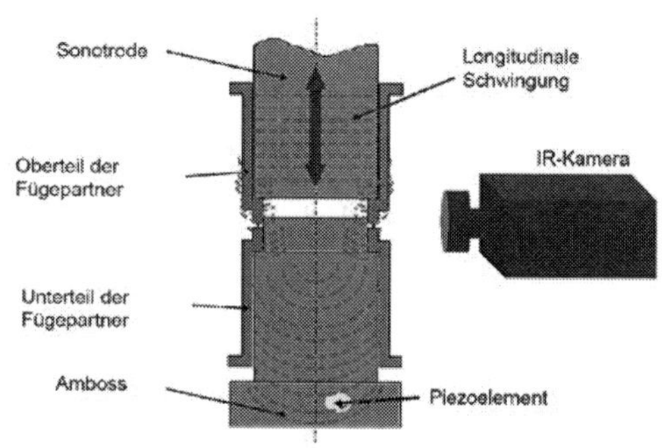

Experimentelles

Es wurden unterschiedliche Messsysteme getestet, mit denen eine Überwachung des Schweißprozesses möglich ist. Neben der Verwendung einer Thermografiekamera zur Untersuchung der Wärmeentwicklung in der Schweißnaht wurde ein akustisches Mikrofon sowie Piezoelemente zur Messung der Schwingung im Amboss eingesetzt. Die Piezoelemente werden auf den Amboss aufgeklebt und zeichnen die im Amboss auftretende Schwingung als elektrisches Signal auf. Unter Berücksichtigung des Umsetzungsfaktors des Piezoelements, kann die mechanische Auslenkung und dadurch die Schallenergiedichte am Piezoelement berechnet werden. Die Reißkräfte der Schweißverbindung dienen als Qualitätsmerkmal und können über Zugversuche ermittelt werden.

Fazit und Ausblick

In ersten Untersuchungen konnten mit Hilfe der Überwachung mittels Piezoelementen vielversprechende Ergebnisse generiert werden. So lässt sich für einzelne Messungen eine Korrelation zwischen hohen Energiedichten und hohen Reißkräften herstellen, wodurch eine Echtzeitüberwachung des Schweißprozesses einfach realisiert werden kann.

Durch die große Anzahl an Einflussfaktoren auf den Schweißprozess ist diese Überwachungsmethode sehr anfällig für Störeinflüsse, sodass hier die Reproduzierbarkeit verbessert werden muss. Eine Möglichkeit besteht in der Kopplung der Messsignale mit den Daten des Generators. Aktuell wird die Energiedichte über den gesamten Schweißprozess ermittelt. Eine Betrachtung der zeitlichen Änderung bietet die Möglichkeit weitere Daten aus dem Schweißprozess zu generieren

$$E_{ij} = A^2 * (2\pi * f_i)^2 * \rho$$

$$E_i = \int_0^{t_s} E_{ij}\, dt$$

$$E = \sum_i E_i$$

E: *Energiedichte*
A: *Amplitude*
f: *Frequenz*
ρ: *Dichte*

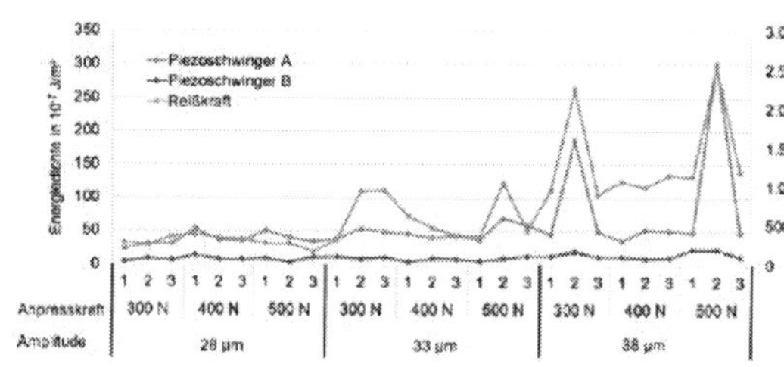

Danksagungen

Wir bedanken uns bei der Firma Herrmann Ultraschall, Karlsbad für die Bereitstellung der Versuchsmachinen und Versuchswerkstoffe.

Ansprechpartner

M.Sc. Mike Kornely
Pfaffenwaldring 32
Mike.Kornely@ikt.uni-stuttgart.de

INSTITUT FÜR KUNSTSTOFFTECHNIK

Charakterisierung und Qualitätssicherung von Ultraschall-Prüfköpfen

Andreas MÜCK [1]
[1] SONOTEC GmbH, Halle Saale

Kontakt E-Mail: andreas.mueck@sonotec.de

Kurzfassung

Prüfköpfe sind wesentlicher Bestandteil jeder Ultraschall-Prüfanlage. Bei der Konzipierung einer Anlage, beim Einrichten und in der Prüfung nutzt der Prüfer die Herstellerangaben zu den Prüfkopfeigenschaften und verlässt sich auf die zugesicherte Qualität. Die sich daraus ergebenden Anforderungen an die Hersteller von Ultraschallprüfköpfen sind in der Norm EN 12668-2 beschrieben. In den vergangenen Jahren wurde diese Norm grundlegend überarbeitet. Ziel war es, unter Berücksichtigung anderer internationaler Standards eine Norm zur Verfügung zu stellen, welche die Gewohnheiten, Erfahrungen und Anforderungen der weltweiten Anwender berücksichtigt. Das Ergebnis liegt nun in Form der ISO 22232-2 vor.

Nahezu unverändert geblieben sind die Verfahren zur Bestimmung der wesentlichen Eigenschaften von Prüfköpfen. Konkretisiert hingegen wurden Vorgaben, welche Prüfkopf-Eigenschaften zu ermitteln und zu dokumentieren sind. Während Standard-Prüfköpfe für die manuelle Ultraschallprüfung in sehr großer Stückzahl gefertigt und entsprechend ausreichend Daten für eine statistische Qualitätskontrolle vorliegen, werden kundenspezifische Prüfköpfe für automatisierte Prüfanlagen oft nur in kleinen Mengen gefertigt. Daraus ergeben sich Unterschiede bei der Bewertung der Ergebnisse.

Im Vortrag werden Beispiele dargestellt, wie Ermittlung und Bewertung in der Praxis durchgeführt werden. Es wird darauf eingegangen, welche Messunsicherheiten bestehen und welchen Einfluss diese auf das Messergebnis haben.

3D-US-Raytracing mit Augmented Reality

Oliver NEMITZ [1], Robert DEPPE [2]
[1] Salzgitter Mannesmann Forschung GmbH, Duisburg
[2] Hochschule Düsseldorf

Kontakt E-Mail: o.nemitz@du.szmf.de

Kurzfassung

Bei einer Ultraschallprüfung kann es hilfreich sein, den Verlauf des Ultraschalls im Prüfstück zu visualisieren. Hierfür haben wir eine Software geschrieben, die für ebene Prüfstücke eine solche Visualisierung mittels Augmented Reality im Videobild eines Tablets vornimmt. Mittels vordefinierter Marker werden die dreidimensionale Position und Orientierung des Prüfkopfes und des Prüfstücks im Videobild erkannt. Daraufhin wird der Schnittpunkt des vom Prüfkopf ausgehenden Ultraschall-Zentralstrahls mit dem Prüfstück berechnet. Unter Berücksichtigung des Gesetzes von Snellius wird dann der weitere Strahlverlauf im Prüfstück für eine einstellbare Anzahl an Reflexionen simuliert.

Das Videobild wird mit dem so berechneten Strahlverlauf überlagert und in Echtzeit aktualisiert. Auf diese Weise erkennt der Prüfer unmittelbar und in einer intuitiven Art und Weise, wie der Schall gerade im Prüfstück verläuft. An den Reflexionspunkten können weiterhin die zugehörigen Schalllaufzeiten eingeblendet werden, um Anzeigen im A-Scan einfacher zuordnen zu können.

Ein mobiles Prüf- und Datenerfassungssystem für -fast- alle Anwendungen

Hans RIEDER [1]
[1] RD Systemtechnik GmbH, Haldystraße 1b, 66123 Saarbrücken
Kontakt E-Mail: hans.rieder@rd-systemtechnik.de

Kurzfassung

Für unterschiedliche Prüfszenarien in der mechanisierten und automatisierten Ultraschallprüfung stellt die Skalierbarkeit ein wichtiges Kriterium dar, um flexibel und rasch auf die unterschiedlichen Anforderungen reagieren zu können. Dazu gehört auch die Möglichkeit verschiedene Prüftechnologien, z.B. Ultraschall, EMAT oder Luftschall, gemeinsam oder in einer teilweise gemischten Anordnung in einem Prüfprozess einsetzen zu können.

Die Struktur des vorgestellten Prüfsystems SigDAQ von RD Systemtechnik basiert auf der Aufteilung in Front- und Backendmodul, daher in physikalische Module aus den verschiedenen Technologie-bereichen und einem innovativen Datenerfassungssystem. Komplettiert wird das Prüfsystem durch verschiedene Manipulator-Steuerungen mit verschiedenen Leistungswerten. Zentrales Steuerelement ist eine leistungsfähige Mensch-Maschinen-Schnittstelle (GUI), welche den gesamten Prüfprozess, bestehend aus Parametrierung, Aufnahmesteuerung, Datenerfassung, Signalverarbeitung, Daten-archivierung und die Bilddarstellungen in Echtzeit abbildet. Die vielfältigen Positions- und Trigger-Einstellungen werden u.a. auch für Monitoring Anwendungen eingesetzt. Die Ethernet-basierte Fernsteuerung erlaubt die räumliche Trennung der gesamten Struktur in Vor-Ort- und Fernwarte. Die Aus- und Bewertung wird im Wesentlichen durch eine offline SAFT-Rekonstruktion abgebildet. Das Prüfsystem ist für den mobilen Prüfeinsatz, den Laboreinsatz sowie den Einsatz in der Ausbildung ausgelegt.

Wir beschreiben die Konzeption, die Struktur und die erzielten Leistungsdaten des Systems und berichten über verschiedene Einsätze mit Ultraschall und gemischten Technologien, z.B. Ultraschall und EMAT sowie Luftschall.

Einsatz eines mobilen Multikanal-Ultraschallprüfsystems für die qualitätsgesicherte Prüfung von Schiffspropellerflügel im Reparaturjob

Hans RIEDER [1], Frank W. BONITZ [2]
[1] RD Systemtechnik GmbH, Haldystraße 1b, 66123 Saarbrücken
[2] Frank W. Bonitz, Neunkirchen/Saar

Kontakt E-Mail: hans.rieder@rd-systemtechnik.de

Kurzfassung

Die deutsche maritime Industrie genießt ein hohes Ansehen. Kreuzfahrtschiffe, Fähren, Marine- und Spezialschiffe sind so gefragt wie innovative Antriebs- und Navigations- und Sicherheitssysteme. Größere Wirtschaftlichkeit, höhere Sicherheit und optimierte Umweltverträglichkeit sind unter anderem die Randbedingungen, denen sich die deutsche Schiffbauindustrie angesichts der starken Konkurrenz aus Fernost stellen muss. Die ZfP mit den verschiedenen Verfahren leistet dabei für die Sicherheit einen wichtigen Beitrag. Neben dem Einsatz der ZfP im Neubaugeschäft ist auch der Einsatz im Reparaturjob nach wie vor gefragt.

Wir beschreiben den mechanisierten Prüfeinsatz auf Basis des Multikanal-Ultraschallprüfsystems SigDAQ.US bei der Prüfung von mehreren Propeller- und Abbruchkanten bei einem maritimen Dienstleister unter den erschwerten Randbedingungen in einem Reparaturjob. Die mechanisierte Ultraschallprüfung in Kombination mit dem bildgebenden Verfahren „SAFT“ führte zu einer wesentlich verbesserten Fehlerdetektion der schwer prüfbaren Bronzelegierung CU3 und erhöhte mit der hohen Reproduzierbarkeit die Zuverlässigkeit der Prüfaussage.

Den Hintergrund dieses Beitrages bildet eine in Norddeutschland durchgeführte mechanisierte Ultraschallprüfung im Reparaturjob unter den vorgefundenen schwierigen Prüfrandbedingungen.

USPC 3073: ein universelles 48 kanaliges NF-Ultraschallprüfsystem

Artur SZEWIECZEK [1], Wolfgang HILLGER [1], Detlef ILSE [1]
[1] Hillger NDT GmbH, Braunschweig

Kontakt E-Mail: info@hillger-ndt.de

Kurzfassung

Das neue USPC 3073 FlexPac Niederfrequenz - Ultraschallprüfsystem hat 48 parallele Kanäle und ermöglicht dadurch eine schnelle Datenaufnahme. Das System zeichnet sich durch hohe Rauscharmut der Verstärker sowie durch hochwertige 16 Bit und 20 MS/s Analog Digital Converter mit kleinem Offset aus, so dass erfolgreich Signalanalyse eingesetzt werden kann. Jeder Kanal kann als Sender und /oder Empfänger betrieben werden, was sowohl Reflektions- als auch Transmissionsmessungen erlaubt. Die Takte und ihre Abfolge sind frei konfigurierbar. Der Frequenzbereich liegt zwischen 20 und 450 kHz (-3 dB).

Durch den modularen Aufbau können Sensoren mit unterschiedlichen Ankopplungstechniken und Anwendungsbereichen angeschlossen werden. Mögliche Anwendungen sind etwa die Prüfung von Bauteilen aus Holz, Ziegel oder Beton, der Zustandsüberwachung (Structural Health Monitoring) oder eine luftgekoppelte Prüfung mit passenden Prüfkopfarrays.

Kapazitive Mikromechanische Ultraschallwandler für die Anwendung in der zerstörungsfreien Prüfung

Uwe VÖLZ [1], Sandro G. KOCH [1], Marco KIRCHER [1], Marcel KRENKEL [1]
[1] Fraunhofer IPMS, Dresden

Kontakt E-Mail: uwe.voelz@ipms.fraunhofer.de

Kurzfassung. Kapazitive mikromechanische Ultraschallwandler (CMUTs) haben aufgrund ihrer Konstruktion und des physikalischen Wirkprinzips eine hohe Empfangsempfindlichkeit und Bandbreite. Die Entwicklung dieser Sensoren ist in den vergangenen Jahrzehnten vor allem durch die medizinische Diagnostik initiiert worden. Da sie eine natürliche Anpassung an Wasser besitzen eignen sie sich sehr gut für die klassische Sonographie. Ihre gute Anpassbarkeit an Luft ermöglicht aber auch den Einsatz für Diagnoseverfahren, bei denen die Verwendung von Koppelmedien ausgeschlossen ist, wie zum Beispiel im Gehörgang oder am Augapfel.

Durch die Fortschritte bei der Optimierung der CMUT-Strukturen am Fraunhofer IPMS können jetzt auch andere Anwendungsfelder, wie die zerstörungsfreie Prüfung, adressiert werden. CMUTs eignen sich dabei insbesondere für die Realisierung von kleinen Aperturen und Arrays mit hohen Elementzahlen bis 30 MHz, wobei ihre Vorteile gegenüber Piezokeramiken speziell bei bildgebenden Ultraschallverfahren voll zum Tragen kommen.

In diesem Beitrag wird ein Überblick zu den Vorteilen von CMUT-Sensoren gegeben und anhand von Beispielen werden die Möglichkeiten ihrer Anwendung in der zerstörungsfreien Prüfung gezeigt. Die verfügbaren Ultraschallwandler und Anwendungsdemonstrationen des Fraunhofer IPMS werden vorgestellt.

Einführung

Kapazitive mikromechanische Ultraschallwandler (CMUTs) auf Siliziumbasis wurden bereits vor mehr als 25 Jahren erstmals in Fachveröffentlichungen beschrieben [1]. Die Entwicklungen in der Fertigungstechnologie der vergangenen 20 Jahre ermöglicht heute eine effiziente Herstellung von leistungsfähigen CMUT-Strukturen auf Silizium-Wafern, die aufgrund ihrer hohen Empfangsempfindlichkeit insbesondere für die medizinische Diagnostik mit Phased-Arrays von Interesse sind [2]. Diese Entwicklung wird von einer Vielzahl an Herstellern medizinischer Ultraschalltechnik und Forschungseinrichtungen, wie dem Fraunhofer IPMS, erfolgreich vorangetrieben [3, 4, 5]. Neben den Anwendungen in der medizinischen Diagnostik wird aber zunehmend auch die Anwendung von CMUTs in der zerstörungsfreien Prüfung adressiert, wie im Folgenden gezeigt wird.

1. Eigenschaften von CMUTs

1.1 Funktionsprinzip eines CMUTs

Kapazitive mikromechanische Ultraschallwandler arbeiten im Empfang nach dem Prinzip eines Kondensatormikrofons (Abb. 1). Durch die Schallwelle wird eine flexible Kondensatorplatte in mechanische Schwingung versetzt. Die sich dadurch ändernde Kapazität erzeugt über eine Biasspannung einen Wechselstrom, der mit einem Strom-Spannungswandler in eine Wechselspannung umgewandelt wird. Diese Spannung kann mit einem handelsüblichen Ultraschallprüfgerät weiterverarbeitet werden.

Beim Senden wird die flexible Platte durch eine Wechselspannung, die zwischen den Kondensatorplatten eine elektrostatische Kraft erzeugt, ausgelenkt. Dazu kann der Sendeimpuls eines Ultraschallprüfgerätes, der die Platte mit der Resonanzfrequenz der elektromechanischen Struktur zum Schwingen bringt, direkt auf den CMUT geschaltet werden (Abb. 1). Durch das Anlegen einer Gleichspannung kann die flexible Platte zusätzlich statisch ausgelenkt und so ein definierter Arbeitspunkt eingestellt werden.

Mikromechanische Ultraschallwandler werden mit Methoden der Mikrosystemtechnik durch Abscheidung verschiedener Materialschichten und Ätzen von elektromechanischen Strukturen auf einem Siliziumwafer aufgebaut. Mit Grundstrukturen im Mikrometerbereich (Abb. 2) werden die gewünschten Ultraschallparameter wie Impedanz und Resonanzfrequenz eingestellt. Durch elektrisches Zusammenschalten mehrerer solcher CMUT-Zellen auf dem Wafer (Abb. 2), können ebene Ultraschallschwinger beliebiger Form, Größe und Elementanzahl realisiert werden [6].

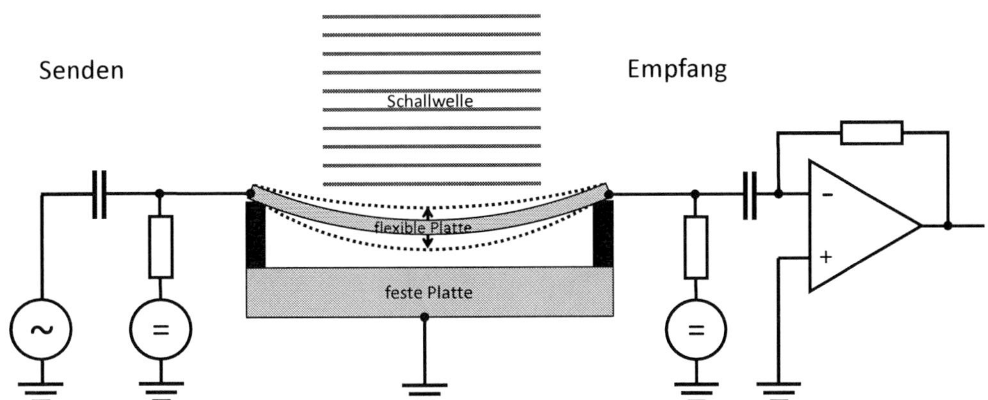

Abb. 1. Funktionsprinzip einer CMUT-Zelle.

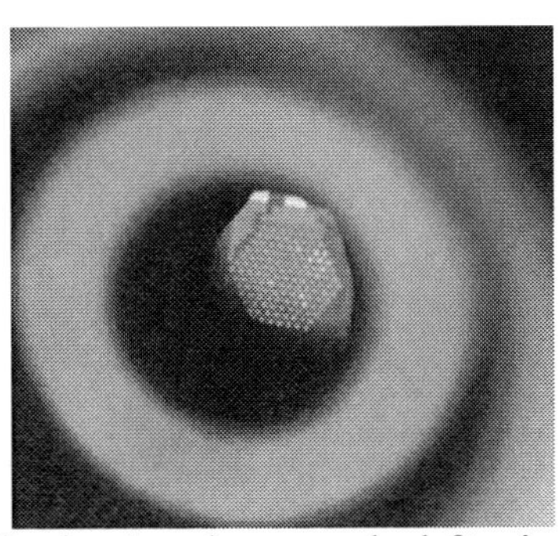

Abb. 2. Wabenförmige Anordnung von kreisförmigen CMUT-Zellen auf einem Ultraschallsensor mit 1mm Durchmesser.

1.2 Vorteile von CMUTs

Aus dem oben beschriebenen Funktionsprinzip und den genannten Eigenschaften von CMUTs ergeben sich einige Vorteile gegenüber anderen Wandlerprinzipien:

- Aufgrund der geringen mechanischen Kopplung zwischen den einzelnen CMUT-Zellen können Arrays mit großen Elementzahlen und kleinem Pitch ohne Spalt zwischen den Elementen gefertigt werden.
- Die CMUT-Zellen besitzen je nach mechanischer Struktur eine natürliche Anpassung an Luft oder Wasser und erreichen eine große Bandbreite.
- Durch die frei bewegliche Platte und den elektrostatischen Wandlermechanismus wird eine hohe Empfangsempfindlichkeit erreicht.
- Arbeitsfrequenz und Bandbreite können unabhängig von Form und Größe des Sensors durch die Variation der elektromechanischen Strukturen der einzelnen CMUT-Zellen eingestellt werden.
- Der Aufbau auf Siliziumwafern ermöglicht, in Kombination mit einer CMOS-Technologie, die Integration von analogen und digitalen Schaltungselementen auf einem CMUT-Chip.
- Da CMUTs und auch deren Fertigungsprozesse frei von Blei und anderen Schadstoffen sind, erfüllen sie die RoHS-Richtlinie der EU.

2. CMUT-Prüfköpfe des Fraunhofer IPMS

Am Fraunhofer IPMS sind derzeit verschiedene CMUT-Prüfköpfe verfügbar (Abb. 3). Dazu gehören Einzelelement-Sensoren für Gase und Flüssigkeiten mit 0,5 bis 1 mm Durchmesser, Annular-Arrays für Flüssigkeiten mit 10 mm Durchmesser und bis zu 13 Ringelementen sowie Linear-Arrays ab 80 µm Pitch mit bis zu 256 Elementen. Die möglichen Arbeitsfrequenzen reichen von 0,4 bis 30 MHz. Durch eine Beschichtung können die an Flüssigkeiten angepassten Sensoren auch an Festkörper angekoppelt werden.

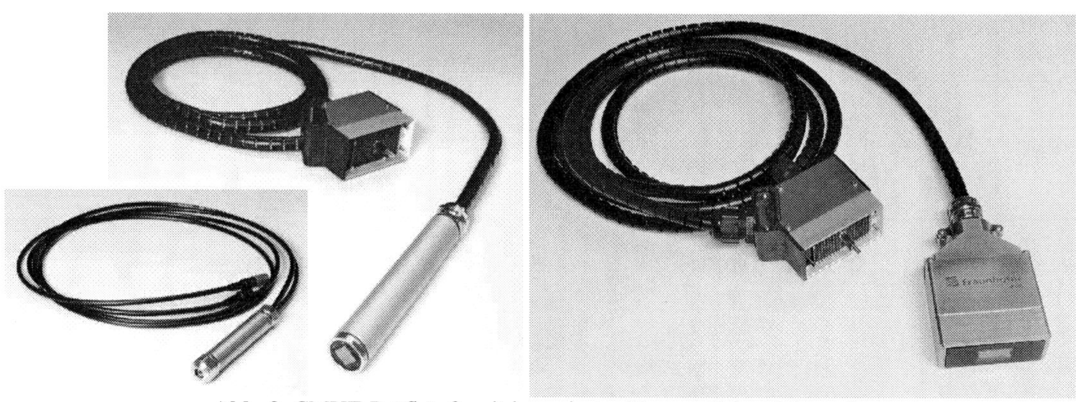

Abb. 3. CMUT-Prüfköpfe mit integrierter Vorverstärkerelektronik, links: Einzelelement-Sensor, Mitte: Annular-Array, rechts: Linear-Array

Die CMUT-Prüfköpfe werden mit einer Vorverstärkerelektronik im Gehäuse aufgebaut, die mit einer externen Spannung von 5V versorgt werden muss. Die Array-Prüfköpfe werden mit einem in der zerstörungsfreien Prüfung weit verbreiteten Hypertronics-Stecker verbunden. In diesem Stecker ist ein DC-DC-Wandler zum Erzeugen der Biasspannung integriert. Über ein Kabel mit USB-A-Stecker werden der DC-DC-Wandler im Stecker und die Vorverstärker im Prüfkopfgehäuse mit Betriebsspannung versorgt. Damit können die Array-Prüfköpfe ohne zusätzliche Maßnahmen an einem handelsüblichen Phased-Array-Ultraschallprüfgerät betrieben werden.

Abb. 4. Evaluation-Kit für CMUTs mit Red Pitaya Mikrocontroller-Board

Zur Evaluierung der Sensoren steht ein Evaluation-Kit auf Basis eines Red Pitaya Mikrocontroller-Boards zur Verfügung (Abb. 4) [7]. Das dafür entwickelte Analog-Frontend, stellt einen Sendekanal und bis zu zwei Empfangskanäle sowie die Betriebsspannung für die Vorverstärkerelektronik und die Biasspannung der CMUTs bereit.

Eine browserbasierte Bedienoberfläche ermöglicht die Parametrierung und Aufzeichnung von einzelnen A-Bildern. Mit einem SDK (Software Development Kit) für Windows® und Linux® lässt sich das System über eine Netzwerkschnittstelle fernbedienen, so dass eigene Software zur kontinuierlichen Aufzeichnung und Auswertung von Messdaten entwickelt werden kann.

3. Anwendungsbeispiele

3.1 Luftultraschall

Sensoren für Luftultraschall sind im Bereich von 1 bis 2,5 MHz verfügbar. Sie eignen sich unter anderem für Abstands-, Füllstands- und Durchflussmessungen (Abb. 5) und als Arrays für hochauflösende Oberflächenscans (Abb. 6 links).

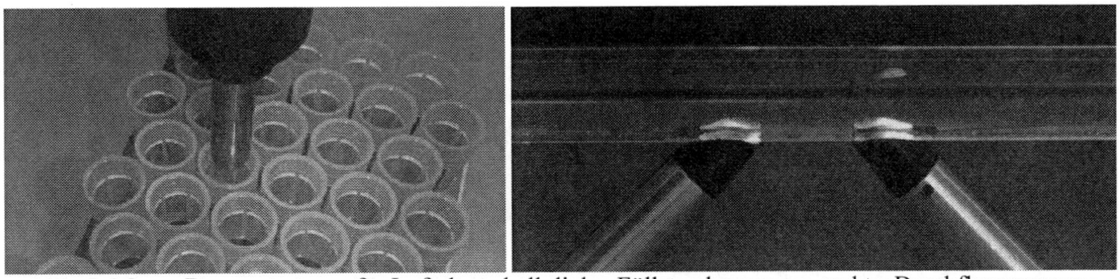

Abb. 5. Messe-Demonstratoren für Luftultraschall, links: Füllstandsmessung, rechts: Durchflussmessung

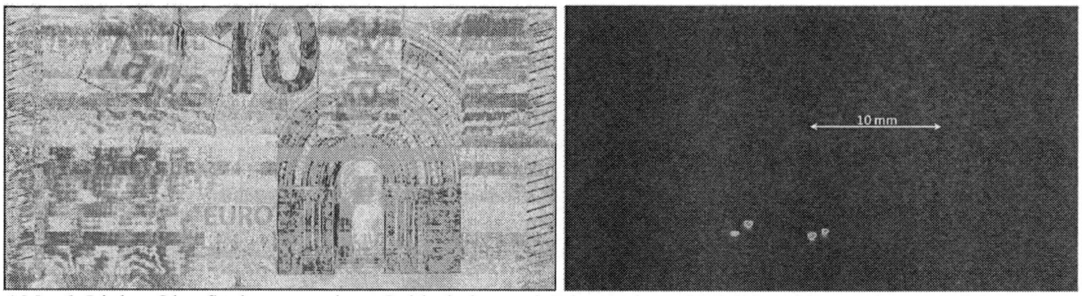

Abb. 6. Links: Oberflächenscan eines Geldscheines mit Riss und zwei Klebestreifen, rechts: B-Bild an einem Bodyphantom mit 100 µm dicken Filamenten und einem schallstreuenden Volumen mit 10 mm Durchmesser

3.2 Tauchtechnik

Für die Tauchtechnik sind Sensoren im Frequenzbereich von 1 bis 15 MHz verfügbar. Annular-Arrays mit 10 mm Durchmesser und bis zu 13 Ringelementen sowie Linear-Arrays mit bis zu 256 Elementen und einem Pitch ab 80 µm können gefertigt werden. Als Beispiel wird in Abb. 6 rechts die Bildgebung mit einem 5 MHz Linear-Array an einem medizinischen Bodyphantom gezeigt.

3.3 Kontakttechnik

Die für die Tauchtechnik entwickelten CMUT-Prüfköpfe können auch in Kontakttechnik verwendet werden (Abb. 7). Durch eine Beschichtung lassen sich diese Sensoren problemlos an Festkörper ankoppeln.

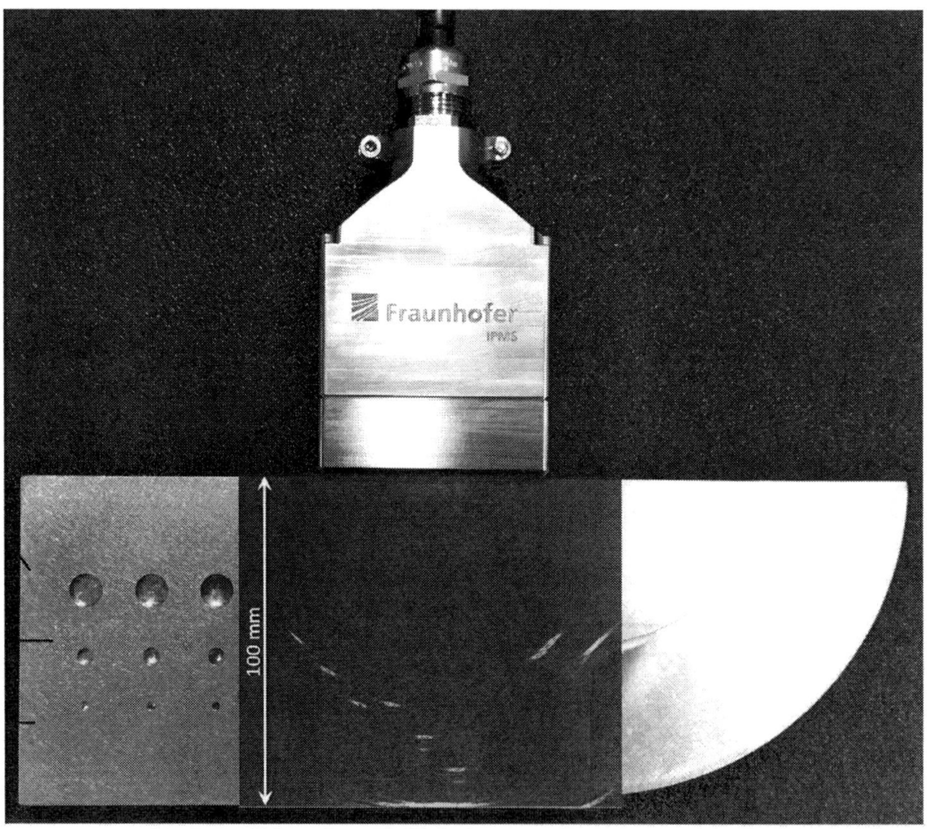

Abb. 7. B-Bild an einem Kalibrierkörper mit 1 mm Querbohrungen

4. Fazit und Ausblick

Am Fraunhofer IPMS ist bereits eine umfangreiche Bandbreite von CMUT-Prüfköpfen verfügbar, die für Anwendungen in der zerstörungsfreien Prüfung geeignet sind. Durch die Integration der Vorverstärkerelektronik in das Prüfkopfgehäuse, können die CMUT-Arrays an handelsüblichen Phased-Array-Ultraschallprüfgeräten betrieben werden. Die akustischen Eigenschaften der CMUTs können in einem weiten Bereich an kundenspezifische Anforderungen angepasst werden.

Aktuelle Weiterentwicklungen der CMUT-Technologie zielen insbesondere auf eine Erweiterung des Frequenzbereiches sowie eine Erhöhung der Sendeleistung im Impuls-Echo-Betrieb ab. Ebenso wird intensiv an einer Integration von CMUT-Strukturen und Vorverstärkerelektronik auf einem Siliziumchip gearbeitet, was besonders für die praktische Anwendung von zweidimensionalen Matrix-Arrays mit großen Elementzahlen von Interesse ist.

Danksagung

Die hier dargestellten Inhalte sind das Ergebnis verschiedener Forschungsvorhaben.

- Diese Maßnahme wird mitfinanziert mit Steuermitteln auf Grundlage des vom Sächsischen Landtag beschlossenen Haushaltes.
- Teile der Arbeit wurden aus Mitteln des ECSEL Projekts „Advanced Distributed Pilot Line for More-than-Moore Technologies“ (Fördernummer 661796) finanziert.
- Teile der Arbeit wurden gefördert im Rahmen der Internen Programme der Fraunhofer-Gesellschaft, Fördernummer MAVO 836940.

Referenzen

[1] M. I. Haller, B. T. Khuri-Yakub, "A surface micromachined electrostatic ultrasonic air Transducer", Proceedings of the IEEE Ultrasonics Symposium, 1994, pp. 1241-1244

[2] B. T. Khuri-Yakub, Ö. Oralkan, "Capacitive micromachined ultrasonic transducers for medical imaging and therapy", J. Micromech. Microeng., Vol. 21(5), May 2011, DOI: 10.1088/0960-1317/21/5/054004

[3] A. Debray, J. Mouly, "Ultrasound Sensing Technologies 2020", Market and Technology Report, Hg. Yole Dévelopement, 2020

[4] M. Krenkel, M. Kircher, M. Kupnik, S. G. Koch, "CMUT with mechanically coupled plate actuators", IEEE 19th International Conference on Thermal, Mechanical and Multi-Physics Simulation and Experiments, in Microelectronics and Microsystems (EuroSimE), April 2018, DOI: 10.1109/EuroSimE.2018.8369874

[5] M. A. Moehring, G. A. Gates, D. M. Kreindler, J. A. Chesavage, R. Singh, "Apparatus and method for characterization of acute otitis media", US Patent Application Publication US20200187899A1, June 2020

[6] AIR COUPLED CAPACITIVE ULTRASONIC TRANSDUCERS (CMUT), Data Sheet, Fraunhofer IPMS, https://www.ipms.fraunhofer.de/content/dam/ipms/en/products/CMUT/FraunhoferIPMS_CMUT.pdf

[7] EVALUATION KIT FOR CMUTS, Data Sheet, Fraunhofer IPMS, https://www.ipms.fraunhofer.de/content/dam/ipms/common/products/SAS/Fraunhofer IPMS - CMUT Evaluation-Kit.pdf

Für die Anwendung optimierte Sendesignale in der Ultraschallprüfung

Thomas WÜRSCHIG [1]
[1] Baker Hughes Digital Solutions GmbH, Robert-Bosch-Str. 3, 50354 Hürth

Kontakt E-Mail: thomas.wuerschig@bakerhughes.com

Kurzfassung

Die bisherigen Konzepte der Ultraschallprüfung beruhen im Wesentlichen auf dem Einsatz von Prüfköpfen, die spezifisch für die Anwendung angepasst sind und mit einer geeigneten Elektronik betrieben werden. Während es auf der Empfängerseite für die Auswertung inzwischen eine Vielzahl von teilweise komplexen Rekonstruktions- und Filteralgorithmen zur anwendungsoptimierten Verbesserung gibt, ist die senderseitige Ansteuerung der Ultraschallsender immer noch sehr vereinfacht und nahezu unverändert geblieben.

Mit der neuesten ShapeUT™ Technologie ist es nun möglich, die vollständige Anregungsfunktion sowohl für konventionelle Prüfköpfe als auch separat für die Elemente von Phased-Array-Prüfköpfen frei zu modulieren und damit die Optimierungsmöglichkeiten hinsichtlich der Schallfeldformung deutlich zu erweitern. Neben der Verbesserung bestehender Prüfanwendungen eröffnen sich darüber hinaus gänzlich neue Anwendungsgebiete.

Im vorliegenden Beitrag werden aktuelle Praxisbeispiele aus verschiedenen Anwendungsgebieten der zerstörungsfreien Werkstoffprüfung vorgestellt. Es wird darauf eingegangen, welche physikalischen und signaltheoretischen Grundlagen zur Erzeugung der Sendesignale verwendet und wie diese dann auf die jeweilige Anwendung angepasst wurden. Zu den Grundprinzipen zählen dabei u.a. die elektronische Einstellung der Prüffrequenz, die Erzeugung von multifokalen Schallfeldern als auch die genaue Modulierung der eingebrachten Schallenergie sowie der Sendeimpulsform. Wirtschaftlichen Vorteile ergeben sich u.a. durch die Reduzierung der Anzahl der für die Prüfung notwendigen Prüfkopf-Typen und die durch die Zusammenfassung der Prüffunktionen in einem Schuss erhöhte Prüfgeschwindigkeit. Darüber hinaus wird eine erhöhte Fehler-Auffindbarkeit bei gleichzeitiger Reduzierung von Falschanzeigen erzielt.

Einfluss der Fehlergüte auf die effektive Fehlergröße

Thomas WÜRSCHIG [1]
[1] Baker Hughes Digital Solutions GmbH, Robert-Bosch-Str. 3, 50354 Hürth

Kontakt E-Mail: thomas.wuerschig@bakerhughes.com

Kurzfassung. Der Leistungsnachweis für automatisierte Prüfanlagen beruht auf der Detektion von künstlich eingebrachten Referenzfehlern, welche durch die gängigen Normen oder kundenspezifisch vorgegeben sind und die möglichen natürlichen Defekte nachbilden. Die Fehlergüte leitet sich dabei aus der Reflexionscharakteristik der Referenzfehler ab und hat bewiesenermaßen Einfluss auf die gemessene Reproduzierbarkeit.

Neben der Reproduzierbarkeit spielt für die automatisierte Prüfung die Fehlerausdehnung eine zentrale Rolle, weil diese sich linear im gewählten Schussabstand und damit in der Produktivität niederschlägt. Bei ausgedehnten Fehlern, die größer als die Schallfeldbreite sind, wird die Fehlergröße über die Halbwertsbreite bestimmt. Um den geforderten Reproduzierbarkeiten zu entsprechen müssen allerdings höhere Schwellen angewendet werden. Selbst im optimalen Fall ist damit die gemessene effektive Fehlergröße bereits kleiner als die mechanisch eingebrachte. Außerdem steigen die Anforderungen an die Homogenität der Referenzenfehler. Genaue Untersuchungen bezüglich der sich daraus ergebenden effektiven Fehlerlänge fehlen bisher jedoch.

Im Artikel werden die theoretischen Grenzen der effektiven Fehlerlänge in Abhängigkeit der geforderten Reproduzierbarkeit hergeleitet und mit Messdaten verglichen. In der empirischen Auswertung eines großen Datensatzes verschiedener Referenznuten zeigt sich ein universeller Zusammenhang zwischen der Fehlergüte und der erzielten effektiven Fehlergröße. Damit ist es möglich, Referenzfehler geringer Güte auszuschließen oder mit geringerer Prüfgeschwindigkeit zuzulassen. In der Praxis ist dies von großer Bedeutung, weil so die kosten- und zeitaufwendige Neuanfertigung von zusätzlichen Referenzen für die Abnahme oder das Audit umgangen werden kann.

1. Einführung

Die zerstörungsfreie Materialprüfung mit automatisierten Ultraschallprüfanlagen ermöglicht u.a. den Nachweis von Defekten sowohl im Volumen wie auch an den Oberflächen. Das Verfahren beruht auf dem Vergleich der Prüfergebnisse mit denen von künstlich eingebrachten Referenzreflektoren, deren Geometrie durch Normen vorgegeben ist. Dazu ist ein vorheriger Abgleich der Anlage an ebendiesen notwendig. Die Einstellungen müssen nach einer gewissen Anzahl von Prüfzyklen und bei Prüfungsende kontrolliert werden.

Für die Fehlerprüfung ist die gemessene Amplitude des Ultraschallsignals relevant. Nuten repräsentieren dabei z.B. für die Rissprüfung [1], [2] einen typischen Referenzreflektor eindimensionaler Ausdehnung. Die vorgeschriebene Geometrie, d.h. Länge, Position und Orientierung der Nut, hängen vom jeweiligen Anwendungsfall und der damit angewandten Norm ab. Zur Absicherung einer 100% Nachweiswahrscheinlichkeit ist die

Prüfgeschwindigkeit so ausgelegt, dass der Defekt mindestens zweimal innerhalb der vorgegebenen Fehlerlänge getroffen wird. Wird ein idealer Reflektor angenommen so kann durch Wiederholungsmessungen die Genauigkeit des Prüfsystems ermittelt werden. Allerdings konnte bereits in einer früheren Arbeit gezeigt werden, dass die Güte der Referenz einen Einfluss auf die Messung hat [3].

Das Dilemma in der aktuellen Situation ist das Fehlen von Messgrößen anhand der eine Klassifizierung der Referenzgüte und damit verbunden ein Modus Operandi zum Umgang mit Referenzen verminderter Güte möglich ist. Im vorliegenden Artikel werden die Fehlerhomogenität und die effektive Länge als quantitative Größen zur Beschreibung der Referenzgüte eingeführt und in Zusammenhang gestellt. Die effektive Länge bestimmt maßgeblich die zu wählende Prüfgeschwindigkeit und damit den Durchsatz.

1. Messverfahren

1.1 Abgleich

Der Abgleich der Ultraschallprüfanlage basiert auf der Amplitudenmessung der am Referenzfehler reflektierten Ultraschallwelle. Die Messung erfolgt für alle relevanten Kanäle mit einem feinen Raster für den Schussabstand, um die Fehlerregion gut abzutasten. Typischerweise wird ein Schussabstand von 1 mm in beiden Richtungen gewählt. Für jeden Rasterpunkt wird die Amplitude gemessen und das Maximum aller Punkte mit einem Abgleichwert verglichen. Der resultierende Skalierungsfaktor wird als Korrekturverstärkung (in dB) auf den jeweiligen Kanal angewendet.

1.2 Verifizierung

Nach dem Abgleich muss das Ergebnis in einer erneuten Messung verifiziert werden. Das ermittelte Maximum darf sich nur in einem vorgegebenen Rahmen vom Abgleichwert unterscheiden. Die Abweichung spiegelt den systematischen Fehler der Amplitudenmessung wider. Die Verifizierung wird nach einer festgelegten Anzahl von Prüfzyklen wiederholt. Sollten die Abweichungen zu groß sein muss ein neuer Angleich durchgeführt werden.

1.3 C-Bild Aufnahme und Extrahierung des Reflexionsprofils

Werden alle Amplitudenwerte zusammen mit den Ortskoordinaten gespeichert, kann das Reflexionsverhalten der Referenz im C-Bild dargestellt werden (siehe Abb. 1). Im Falle eindimensional ausgedehnter Referenzen wie z.B. Nuten ist das Reflexionsprofil durch die Projektion auf die Fehlerachse gegeben. Die Koordinatentransformation entspricht einer Drehung um den negativen Fehlerwinkel. Jede Nut kann von zwei Seiten aus angeschallt werden, die jeweiligen Messungen der beiden Profile sind unabhängig voneinander.

1.4 Wiederholungsfahrten

Wiederholungsfahrten werden zur Anlagenabnahme und bei Audits durchgeführt. Sie entsprechen einer Reihe von Prüfläufen mit dem für den Abgleich verwendeten Referenzstück. Sie werden mit Produktionsgeschwindigkeit durchgeführt, um die Genauigkeit der Prüfanlage unter Produktionsbedingungen zu ermitteln. Als quantitatives Maß wird das Verhältnis von Maximal- und Minimalwert der Messreihe (in dB) ermittelt. Die Produktionsgeschwindigkeit ist so gewählt, dass der Reflektor mindestens zweimal innerhalb der nominellen Länge getroffen wird.

2. Charakterisierung von Referenzfehlern

Durch die Auswertung des Reflexionsprofils kann die Qualität der eingebrachten Referenz ermittelt werden. In dieser Arbeit wird der Fokus dabei auf zwei Messgrößen gelegt: die effektive Fehlerlänge und die Fehlerhomogenität. Darüber hinaus existieren noch weitere Kriterien, welche in einem anderen Beitrag genauer diskutiert werden [4].

2.1 Fehlerhomogenität

Die Fehlerhomogenität ergibt sich aus dem Flächenverhältnis des Reflexionsprofils oberhalb der 6dB-Schwelle und der einschließenden Rechteckfläche (siehe Abb. 1). Im Falle eines idealen Reflektors wird dieser Wert nur durch die Flanken des Schallfeldes bestimmt. Ist die Fehlerausdehnung im Vergleich zur Schallfeldbreite hinreichend groß ergeben sich Werte von deutlich über 80% (siehe auch Abb. 4). Inhomogenitäten im Reflexionsprofil führen zu einer Abminderung des Wertes womit eine quantitative Messung bzgl. der Fehlerqualität möglich ist. Weitere Details werden in Kapitel 3 diskutiert.

2.2 Effektive Fehlerlänge

Sofern die Ausdehnung des Referenzfehlers deutlich größer als die Schallfeldbreite ist, kann dessen Größe über die Halbwertsbreite (HWB), d.h. den zusammenhängenden Bereich mit Amplitudenwerten oberhalb von 50% des Profilmaximums, bestimmt werden. Dies entspricht einer Schwelle von 6dB. Für einen idealen Reflektor ist die HWB auf Grund der Schallfeldausdehnung etwas größer als die nominale Fehlerlänge. Wird die Schwelle weiter nach oben verschoben dann verringert sich auch die effektive Fehlerlänge (sieh Abb. 2). Stärkere Einbrüche im Fehlerprofil wirken sich auch auf hier die effektive Länge aus. Im Weiteren wird die effektive Fehlerlänge definiert als Summe aller Teilstücke innerhalb der HWB mit Amplitudenwerten oberhalb der gewählten Schwelle.

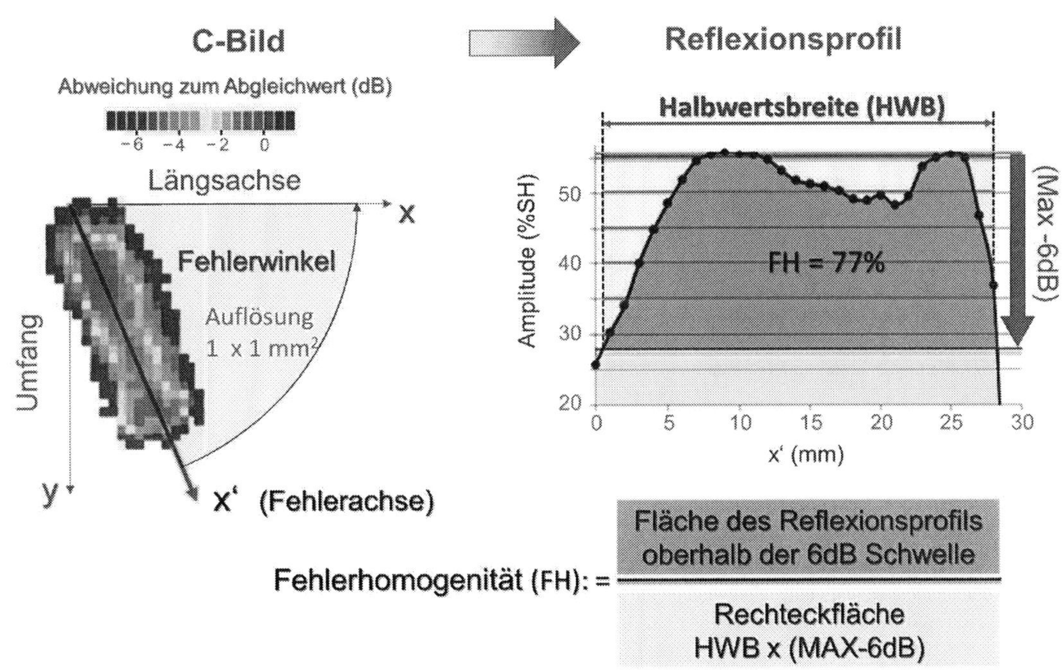

Abb. 1. Darstellung zur Berechnung der Fehlerhomogenität (FH).

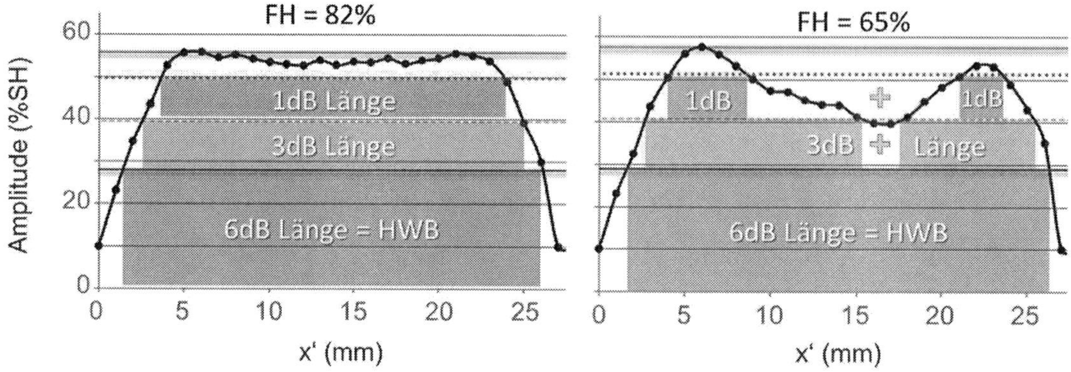

Abb. 2. Darstellung der effektiven Fehlerlänge für einen Schwellwert von 1dB, 3dB und 6 dB unterhalb des Maximums. Im Falle einer hohen Fehlerhomogenität (FH) ist diese nur durch die Flanken bestimmt. Andernfalls können Einbrüche im Reflexionsprofil zu einer zusätzlichen Verringerung führen.

3. Theoretische Beschreibung

Das erhaltene Reflexionsprofil kann vereinfacht als Faltung des Schallfeldprofils mit dem eingebrachten geometrischen Profil der Referenz beschrieben werden. Für die weiteren Betrachtungen werden dabei ein Gaußsches Profil bzw. ein Rechteckprofil angenommen. Je nach deren Verhältnis können drei verschiedene Bereiche unterteilt werden [5]. Ist die Rechtecklänge (L_{nom}) kleiner als die Schallfeldbreite (SFB) ergibt sich ein verbeitertes gaußförmiges Reflexionsprofil (Bereich I). Liegt das Verhältnis zwischen 1 und ca. 2,2 (Bereich II), dann weicht die Form des Reflexionsprofils immer weiter von einer gaußschen Form ab. Sie kann in guter Näherung mit einer exponentiellen Potenzfunktion beschrieben werden, die zu einer Plateaubildung führt [6]. Liegt das Verhältnis über 2,2 (Bereich III) dann ändert sich die Form der steigenden und fallenden Flanke nicht mehr und es kommt nur zu einer Verbreiterung des Plateaus. An Abb. 3 ist jeweils ein Beispiel aus jedem Bereich gezeigt.

Basierend auf dem oben skizzierten Ansatz ist es möglich, theoretische Grenzen für die aus dem Reflexionsprofil ermittelte Fehlerlänge eines idealen Reflektors zu berechnen [5]. Ergebnisse für verschiedene Schwellen sind auf der linken Seite von Abb. 4 gezeigt. Auf

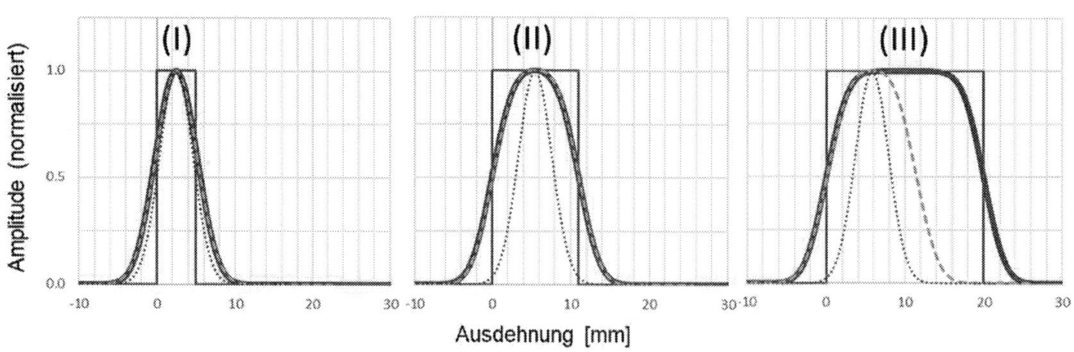

Abb. 3. Reflexionsprofil (rot) resultierend aus der Faltung eines gaußförmigen Schallfelds (blau gepunktet) mit einer Rechteckfunktion (blaue Linie) zur Approximation des eingebrachten Referenzfehlers. Die Flanken sind mit einer exponentiellen Potenzfunktion angepasst (grau gestrichelt). Gezeigt werden drei verschiedene Verhältnisse von nomineller Rechtecklänge (L_{nom}) und Schallfeldbreite (SFB):
(I) : $L_{nom}/SFB \leq 1$, (II) : $1 < L_{nom}/SFB \leq 2{,}2$ und (III) : $L_{nom}/SFB > 2{,}2$

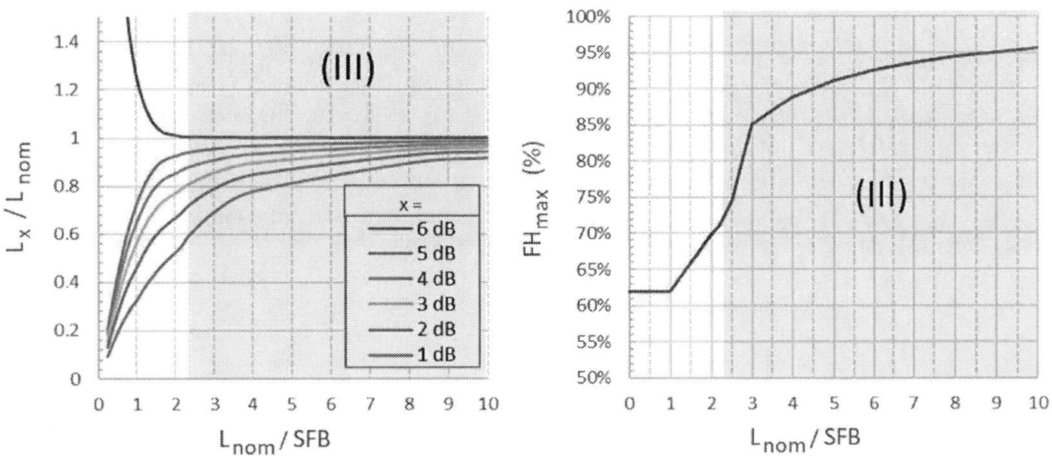

Abb. 4. Theoretische Limits für die effektive Fehlerlänge (links) und die Fehlerhomogenität (FH_{max}) in Abhängigkeit des Verhältnisses zwischen Rechtecklänge (L_{nom}) und Schallfeldbreite (SFB). Die errechnete effektive Länge für verschiedene Schwellen ist relativ zur Rechtecklänge dargestellt. Der dB-Wert entspricht der Absenkung der Schwelle in Bezug auf das Maximum. Der Bereich, in dem sich im Reflexionsprofil ein Plateau bildet (III) ist blau unterlegt.

der x-Achse ist dabei das Verhältnis von Rechtecklänge zu Schallfeldbreite aufgetragen. Es zeigt sich, dass die Halbwertsbreite (6 dB-Schwelle) immer größer als die Rechtecklänge ist, wobei Abweichungen schnell gegen Null konvergieren und in Bereich III nur noch im Promillebereich liegen. Für höhere Schwellen liegen die Werte zum Teil deutlich unterhalb der Rechtecklänge. Zum Erreichen von 70% und 80% der Rechtecklänge muss diese im Falle der 1dB-Schwelle bereits um einen Faktor 3 bzw. 4,5 größer sein als die Schallfeldbreite.

Ebenso wie für die effektive Fehlerlänge können theoretische Grenzwerte für die maximal zu erreichende Fehlerhomogenität errechnet werden [5]. Die Resultate sind auf der rechten Seite in Abb. 4 zu sehen. Der kleinste Wert von ca. 62% ergibt sich für ein gaußförmiges Profil (Bereich I). Im Übergangsbereich (Bereich II) steigt dieser dann auf 71% an. In Bereich III werden bei klarer Herausbildung eines Plateaus deutlich höhere Werte erreicht. Ist die Rechtecklänge dreimal größer als die Schallfeldbreite ergibt sich ein Wert von 85%, welcher bei einem Verhältnis von 10:1 bis auf 95% ansteigt.

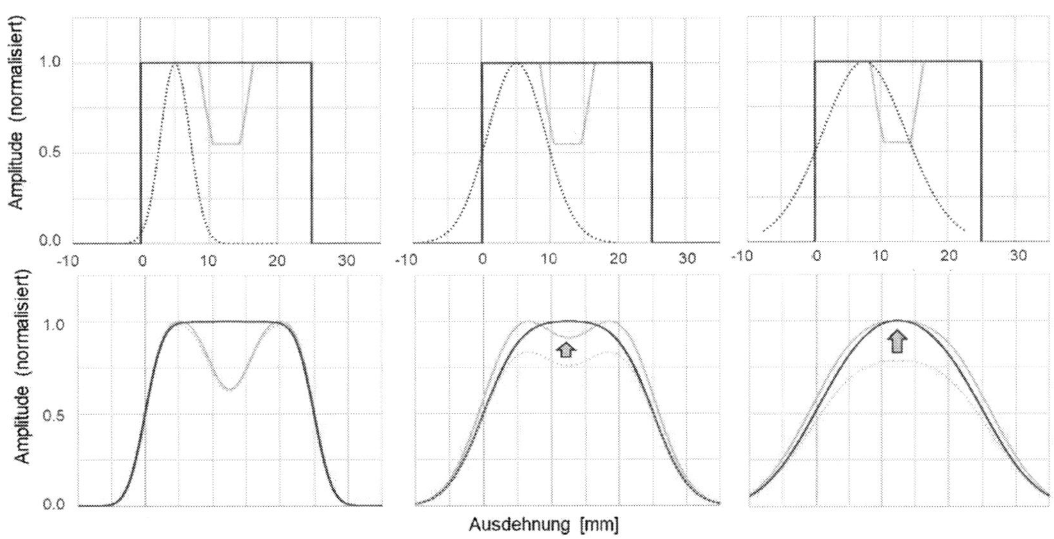

Abb. 5 Oben: Störung (gelb) im Rechteckprofil (blau) für verschiedene Schallfeldprofile (grau gepunktet). Unten: Auswirkung auf das Reflexionsprofil. Eine auf Grund der Normierung hervorgerufene Re-Skalierung ist durch den gelben Pfeil gekennzeichnet.

Zum Abschluss soll die Auswirkung von Störungen im Rechteckprofil betrachtet werden. Wichtigstes Kriterium für den Einfluss auf die ermittelte Homogenität ist die verbleibende Restlänge des ungestörten Teils. Ist diese größer als die Schallfeldbreite dann wirkt sich jegliche Störung direkt in einer Verringerung der Werte aus. Wird sie kleiner dann kann der Maximalwert nicht mehr erreicht werden (siehe Abb. 5). In diesem Fall ist zwar noch eine Auswirkung auf die Form des Profils erkennbar, Re-Skalierungseffekte können sich aber z.T. auch in einer Erhöhung der FH-Werte auswirken. Ab einem gewissen Punkt hat die Störung des Rechteckprofils keinen Einfluss mehr auf die Form, sondern nur noch auf die Profilhöhe. Es ergeben sich gaußförmige Profile mit einem FH-Wert von 62%.

4. Messergebnisse

Die hier vorgestellten Untersuchungen erfolgten mit vier verschiedenen Referenzrohren, die für eine Anlagenabnahme angefertigt wurden. Sie wiesen eine Länge von 8 m auf und lagen in einem Dimensionsbereich zwischen 114 mm und 273 mm im Durchmesser und Wanddicken zwischen 5,5% und 7,5% relativ zum Durchmesser. Alle Referenzrohre enthielten Nuten sowohl an der Innen- wie auch der Außenwand. Insgesamt wurden 64 Längsfehler, 64 Querfehler und 32 Schrägfehler mit Orientierungen zwischen 11° und 45° ausgewertet. Da die Messung beider Schallseiten unabhängig ist wurden somit in Summe 320 Nutprofile ausgewertet. Die Nutlänge betrug entweder ½ Inch (12,7 mm) oder 1 inch (25,4 mm), die Einbringtiefe lag bei 5% oder 10% der nominellen Wanddicke.

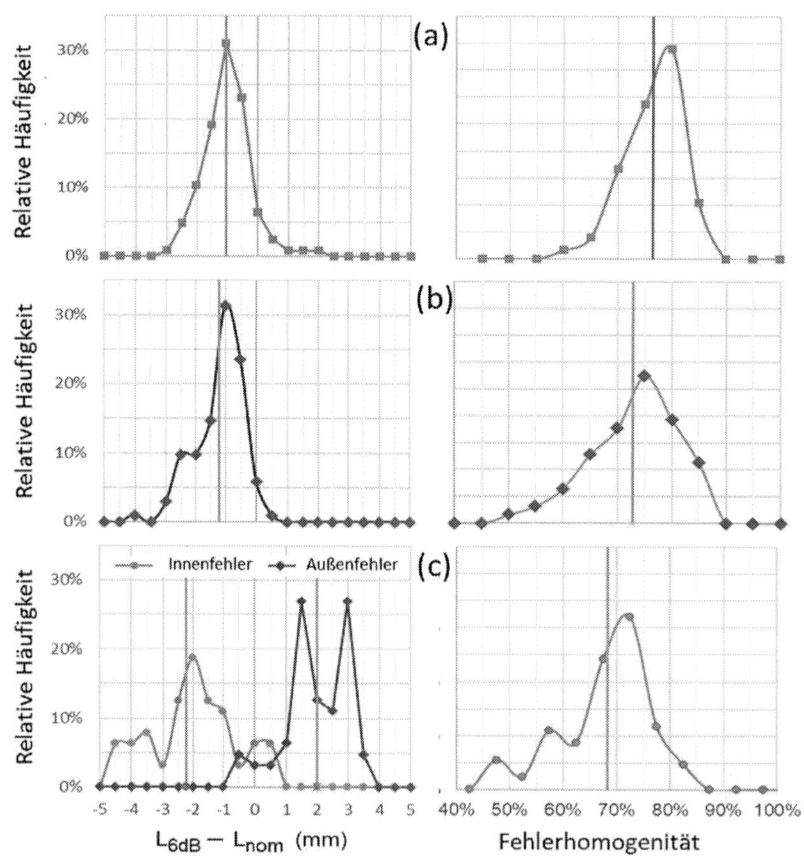

Abb. 7 Häufigkeitsverteilungen für die Abweichung der gemessenen Halbwertsbreite (L_{6dB}) von der nominellen Nutlänge (L_{nom}) und die Fehlerhomogenität verschiedener Fehlertypen: (a) Längsfehler, (b) Schrägfehler und (c) Querfehler. Die graue Linie zeigt den Mittelwert.

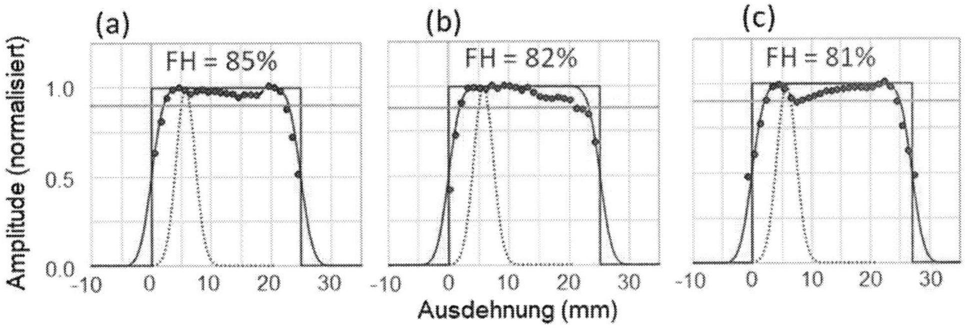

Abb. 8 Gemessene Reflexionsprofile höchster Fehlerhomogenität (FH) für (a) Längsfehler, (b) Schrägfehler und (c) Querfehler. Die roten Punkte entsprechen den Messwerten. Die rote Kurve beschreibt die beste Anpassung für das Reflexionsprofil, das für die Faltung verwendete Schallprofil ist grau gepunktet dargestellt. Die grüne Linie kennzeichnet die Schwelle 1dB unterhalb des Maximums.

Alle Messungen wurden an einem Teststand mit einem 3 MHz Matrixprüfkopf durchgeführt. Auf Grund der vollständigen elektronischen Einstellung aller Schallwinkel konnte somit eine hohe Vergleichbarkeit erreicht werden. Zur weiteren Verringerung des Messfehlers wurde die Messung für jedes Profil sechsmal wiederholt. Zur Ermittlung der Genauigkeit für die Amplitudenmessung wurden alle gemessenen Profilmaxima aus der Verifizierung herangezogen. Für deren Abweichung vom Abgleichwert ergibt sich eine gaußförmige Verteilung mit einer Standardabweichung von 0,2 dB, welcher als Messfehler angenommen werden kann. Er ist somit deutlich kleiner als der Abstand der höchsten ausgewerteten Schwelle (1dB unter Abgleichwert).

In Abb. 7 sind die Verteilungen der gemessenen Differenz der 6dB Fehlerlänge von der nominellen Fehlerlänge (links) sowie der Fehlerhomogenität (rechts) zusammengefasst. Offensichtlich ist, dass die besten Ergebnisse für die Längsfehler erzielt werden. Für die Querfehler zeigt sich neben der deutlich geringeren Fehlerhomogenität auch eine Aufsplittung der gemessenen Fehlerlänge hinsichtlich der Innen- und Außenfehler, welche höchstwahrscheinlich auf eine unzureichende Anpassung der Fehlereinbringung an die unterschiedliche Rohrkrümmung zwischen Innen- und Außenseite zurückzuführen ist.

Wie in Abb. 8 zu sehen werden im besten Fall für alle drei Fehlerarten sehr homogene Profile mit FH-Werten von über 80% erreicht. Schwankungen im Plateaubereich liegen innerhalb von 1 dB. Basierend auf dem in Kapitel 3 skizzierten Modell kann über die Anpassung der Profilflanken die Schallfeldbreite extrahiert werden. Sie liegt für alle drei Fehlertypen bei ca. 3.75 mm und damit um einen Faktor von 3,4 und 6,7 unterhalb der Nominallänge von ½ bzw. 1 Inch. Die dazugehörigen theoretischen Grenzwerte für die Fehlerhomogenität liegen bei 86% bzw. 93% (siehe Abb 4). In Abb. 9 werden zum Vergleich Beispiele von Reflexionsprofilen mit größeren Einbrüchen gezeigt.

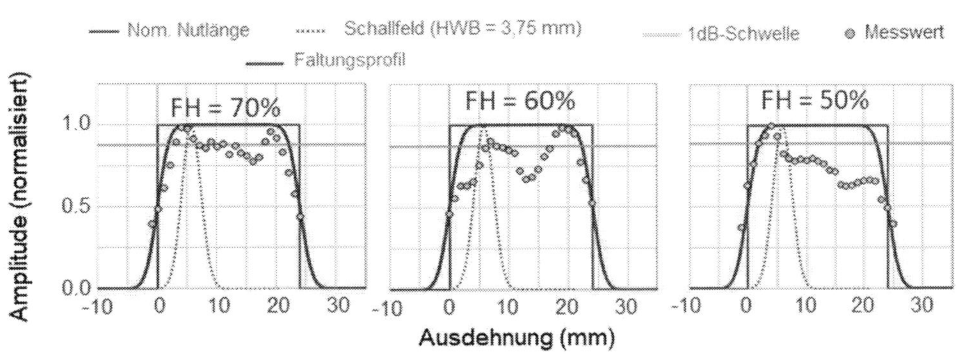

Abb. 9 Beispiele von Reflexionsprofile für Nuten geringerer Fehlerhömogenität (FH).

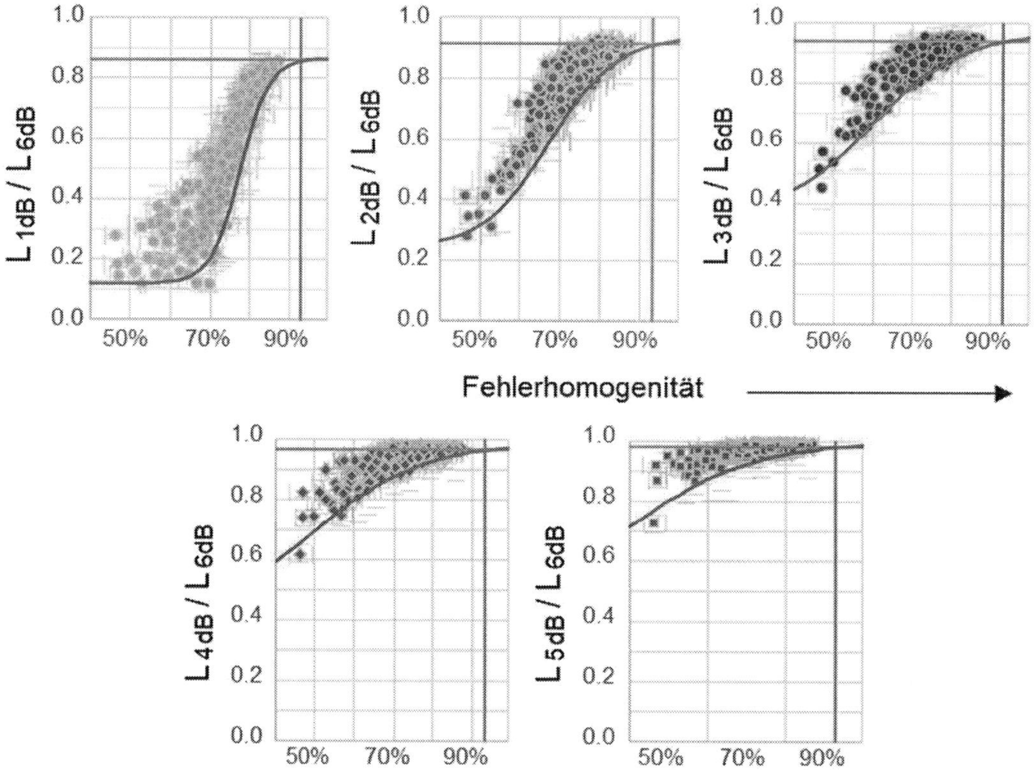

Abb. 10 Darstellung der ermittelten effektiven Längen relativ zu Halbwertsbreite in Abhängigkeit der Fehlerhomogenität. L_x bezeichnet die effektive Länge bzgl. einer Schwelle „x" dB unter dem Maximum, womit L_{6dB} der Halbwertsbreite entspricht. Die Symbole stehen für den Mittelwert der Messreihe einer Nutseite, umgebende dünne Linien für Minimal- und Maximalwerte. Die rote Linie entspricht einer sigmoidalen Anpassungsfunktion. Die orangenen Linien zeigen die theoretischen Limits für 1 Inch-Nuten.

Die finale Zusammenfassung aller Messungen ist in Abb 10 zu sehen. Dort werden separat für verschiedene Schwellen die effektiven Fehlerlängen relativ zur Halbwertsbreite (y-Achse) in Abhängigkeit der Fehlerhomogenität (x-Achse) dargestellt. Jeder Datenpunkt entspricht einer Nutseite. Die orangene Linie symbolisiert die theoretische Grenze für Nuten einer Länge von 1 Inch. Wie erwartet konvergieren die Messwerte für hohe FH-Werte gegen diese Grenzen. Der Gesamtverlauf der effektiven Fehlerlänge in Abhängigkeit der Fehlerhomogenität kann durch ein Sigmoid beschrieben werden [5]. Die Varianz der effektiven Länge bei ähnlichen FH-Werten hängt von der genauen Form des Fehlerprofils ab. Da jedoch in der Praxis immer der schlechteste Fall von Bedeutung ist, erfolgt die Anpassung hinsichtlich der unteren Grenze.

Die Parametrisierung der in Abb. 10 visualisierte Anpassung kann verwendet werden, um eine Prozedur zum Umgang mit Referenzen verminderter Güte auszuarbeiten. In der Abnahmeprozedur oder bei Audits muss der Fehlernachweis in Wiederholungsfahrten mit Prüfgeschwindigkeit durchgeführt werden, wobei die maximal zulässige Schwankung der gemessenen Amplitudenwerte vorgegeben ist. Die Auslegung der Prüfgeschwindigkeit basiert darauf, dass die Referenz unter der Annahme eines idealen Reflexionsverhaltens mindestens zweimal innerhalb des Plateaus getroffen wird. Abweichungen vom Idealfall äußern sich zum einen durch Profileinbrüche unterhalb der durch die Prüfgenauigkeit geforderten Schwelle, anderseits durch eine verkürzte effektive Länge des Fehlers.
Um möglichst sicherzugehen, dass die Profileinbrüche nicht bereits im Bereich der geforderten Reproduzierbarkeit liegen, können zum einen Mindestvorgaben an die Fehlerhomogenität vorgegeben werden. Referenzen entsprechend geringer Homogenität würden damit für die Auswertung ausgeschlossen. Normalerweise ist in diesem Fall eine

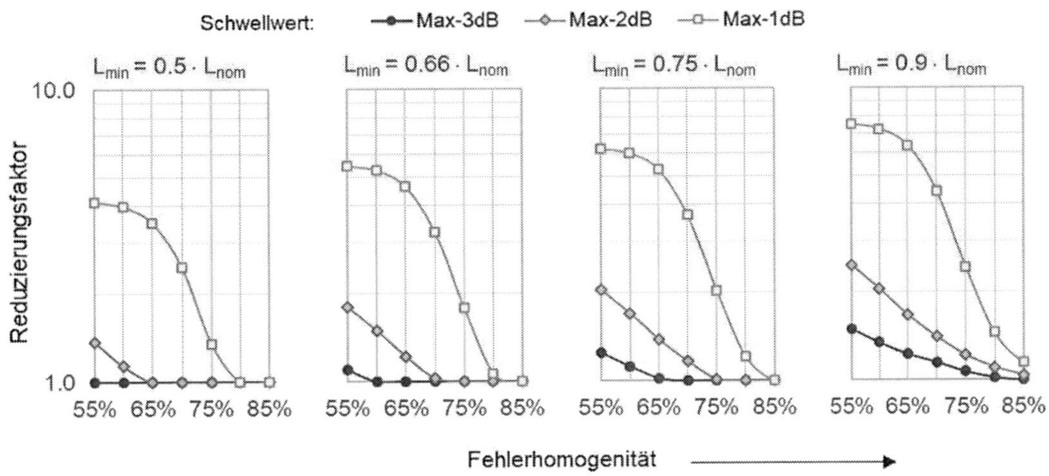

Abb. 11 Extrahierte Reduzierungsfaktoren in Abhängigkeit der Fehlerhomogenität für verschiedene Vorgaben an die minimale effektive Länge (L_{min}) in Bezug auf die nominale Fehlerlänge (L_{nom}). Die Ermittlung dieser Faktoren basiert auf der in Abb. 10 als roter Linie gekennzeichneten Anpassung. Die verschiedenen Kurven in den Diagrammen entsprechen jeweils der Auswertung bzgl. eines vorgegebenen Schwellwerts.

Nacharbeitung oder Neuanfertigung notwendig, welche sehr kostenintensiv und meistens im Rahmen der zeitlichen Frist sehr schwierig ist. Eine vielversprechende Alternative bietet deshalb die Einführung eines Reduzierungsfaktors für die anzuwendende Prüfgeschwindigkeit, der im ersten Schritt auf der Vorgabe einer minimalen effektiven Länge fußt. In Abb. 11 ist dieser in Abhängigkeit der Fehlerhomogenität für verschiedene Vorgaben gezeigt. Die minimal geforderte Länge ist mit der Aperturgröße und der zur Verfügung stehenden Überlappung der Prüfhelix verbunden. Die Wahl des Reduzierungsfaktors kann dann bezüglich einer geforderten Schwelle erfolgen. Es ist offensichtlich, dass diese höher liegen muss als die geforderte Reproduzierbarkeit um eine Aussage zu der Leistungsfähigkeit der Prüfanlage zu erhalten.

5. Zusammenfassung

Die effektive Fehlerlänge und die Homogenität des Reflexionsprofils ausgedehnter Fehler ermöglichen eine quantitative Messung der Fehlergüte. Mit dem vorgestellten Aufbau ist eine verlässliche Messung dieser Parameter an einem unabhängigen System hoher Genauigkeit möglich. Die prüfbaren Objekte können eine Länge von bis zu 8m und einen Durchmesser von bis zu 800 mm haben und sind damit typischerweise zu groß für herkömmliche Laborsysteme.

Die präsentierte Studie basiert auf einem großen Datensatz für Referenznuten. Die Zusammenfassung der Ergebnisse für verschiedene Fehlertypen (Längs-, Quer- und Schrägfehler) gibt einen ersten Einblick in die grundlegende Statistik des Herstellungsprozesses hinsichtlich der erzielten Fehlergüte. Die wichtigsten Erkenntnisse dieser Studie ergeben sich durch die Verknüpfung der effektiven Fehlerlänge mit der Fehlerhomogenität. Hier offenbart sich ein universelles Verhalten unabhängig von Rohrgeometrie, Nutposition (Innen- oder Außenfehler) oder Fehlerorientierung. Der Zusammenhang kann durch ein Sigmoid parametrisiert werden.

Durch die steigenden Anforderungen an die Genauigkeit der Prüfanlagen rückt die Fehlergüte der eingebrachten Referenzen immer mehr in den Blickpunkt. Auf Grund fehlender oder ungenauer Vorgaben in den Normen besteht das Dilemma aktuell dadrin, wie mit Referenzen verminderter Güte umgegangen werden soll. In diesem Kontext kann das vorgestellte Verfahren zur Implementierung eines Zertifizierungsverfahrens in Anlehnung an bestehende Prozeduren z.B. für die Prüfköpfe oder die Prüfelektronik herangezogen werden.

Durch die eingeführte Bewertung kann die Prozedur für die Anlagenabnahme oder Audits deutlich erleichtert werden. Es ermöglicht es die Vorgabe von Mindestanforderungen an die Fehlerhomogenität in Abhängigkeit der geforderten Reproduzierbarkeit für die Prüfanlage. Eine weitere interessante Möglichkeit ist die Herleitung eines Reduzierungsfaktors für die Prüfgeschwindigkeit der Abnahmefahrten im Falle von Referenzen mit verminderter Fehlergüte. Mit dieser Option kann die kostspielige und zeitaufwendige Neuanfertigung von zusätzlichen Referenzen umgangen werden kann.

Schlussendlich soll erwähnt werden, dass das präsentierte Konzept von ein- auf zweidimensional ausgedehnten Referenzreflektoren ausgedehnt werden kann. Außerdem kann es auch auf die Charakterisierung natürlicher Defekte übertragen werden.

Referenzen

[1] DIN EN ISO 10893-10:2011, Automated full peripheral ultrasonic testing of seamless and welded (except submerged arc-welded) steel tubes for the detection of longitudinal and/or transverse imperfections

[2] API Spec 5CT:2016, "Specification for Casing and Tubing", American Petroleum Institute, 2016

[3] Th. Würschig, Christof Breidenbach, Benjamin Hömske, Rene Pfortje, Stephan Falter „Einfluss der Fehlercharakteristik auf die Reproduzierbarkeit von Prüfanlagen", DGZfP Jahrestagung 2018, Leipzig (NDT.net Issue: 2018-09)

[4] Th. Würschig, „Vorstellung eines Verfahrens zur Zertifizierung von Referenzfehlern", DGZfP Jahrestagung 2021

[5] Th. Würschig, "Impact of the reference defect quality on the effective reflector size", Eingereicht bei Materials Testing, 2021

[6] Mineo, A. M., Ruggieri, M., "A software tool for the exponential power distribution: The normalp package.", Journal of Statistical Software, 12(4), 1-24, 2005

Vorstellung eines Verfahrens zur Zertifizierung von Referenzfehlern

Thomas WÜRSCHIG [1]
[1] Baker Hughes Digital Solutions GmbH, Robert-Bosch-Str. 3, 50354 Hürth

Kontakt E-Mail: thomas.wuerschig@bakerhughes.com

Kurzfassung. Die gesamte zerstörungsfreie Ultraschallprüfung beruht auf einer Vergleichsmessung des Prüfmaterials bezüglich eines vorherigen Abgleichs an künstlich eingebrachten Fehlern in einem Referenzstück. Dementsprechend muss auch der Leistungsnachweis des Prüfsystems an ebendiesen demonstriert werden. Allgemeinhin wird davon ausgegangen, dass die Referenz selbst keinen Einfluss auf die erzielten Ergebnisse hat. Mit den erhöhten Prüfanforderungen und der daraus resultierenden steigenden Genauigkeit der Prüfsysteme stellt sich allerdings zunehmend die Frage, in wieweit die Fehlergüte der eingebrachten Referenz selbst berücksichtigt werden muss. Für die Prüfelektronik und die Prüfköpfe existieren bereits ausgefeilte Normen und Zertifizierungen. Bemerkenswerter Weise fehlen entsprechende Vorgaben für das Herzstück der Prüfung, die Referenz selbst, gänzlich oder sind nur sehr vage umrissen.

Im Artikel wird ein Verfahren vorgestellt, mit dem es möglich ist, Referenzfehler quantitativ und qualitativ zu erfassen. Dabei wird sich auf die Bewertung von Nuten als Referenzreflektor konzentriert. Diese wurde auf Basis der Auswertung einer großen Anzahl verschiedener Referenzfehler für die Rohrprüfung entwickelt und in der Praxis erprobt, kann aber auch auf andere Fehlertypen übertragen werden. Die Ausführungen sollten als Grundlage dienen, die Zertifizierung der Referenzen in die entsprechenden Normen aufzunehmen.

1. Einführung

Die Ultraschallprüfung ist ein Relativverfahren, das auf dem Abgleich an definierten Referenzreflektoren basiert. Art und Größe der Referenzen hängen vom speziellen Anwendungsgebiet ab und sind in entsprechenden Normen spezifiziert. Relevante Messgröße ist die Amplitude oder die Laufzeit des Ultraschallsignals. Für die Einstellung und Bewertung der Prüfergebisse automatisierter Prüfanlagen sind zwei Schwellen entscheidend: (1) der Abgleichwert, d.h. die geforderte einzustellende Amplitudenhöhe für den Referenzreflektor sowie (2) die Ereignisschwelle, welche zur Fehlerbewertung herangezogen wird.

Der Abstand der Ereignisschwelle vom Abgleichwert muss sowohl den Messfehler der Amplitudenmessung der Prüfanlage als auch Abweichungen im Reflexionsverhalten der Referenz selbst einschließen (siehe Abb. 1). Mit zunehmender Genauigkeit der Prüfanlagen wird somit der Einfluss der Güte der eingebrachten Referenz immer wichtiger [1], [2]. Eine Überbewertung der Referenzgüte kann dazu führen, dass in den für die Abnahmefahrten durchzuführenden Wiederholungsmessungen Referenzen nicht zur Anzeige kommen. Eine geringe Referenzgüte erfordert die Verschiebung der Ereignisschwelle weiter in Richtung

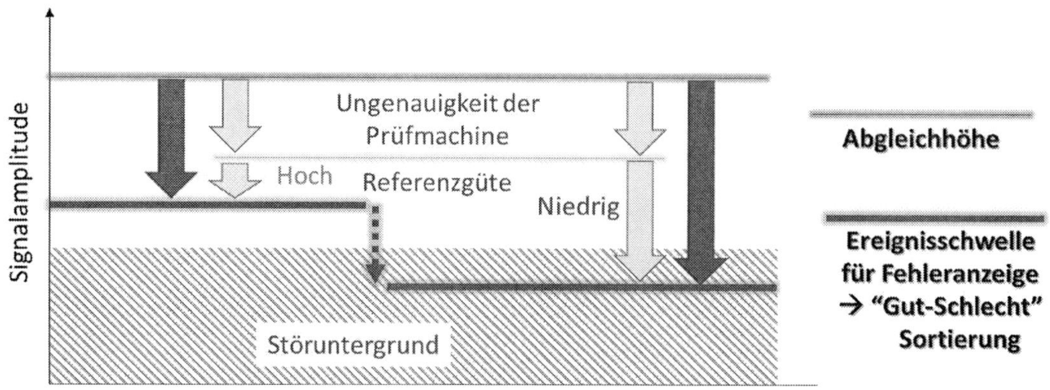

Abb. 1. Darstellung der Festlegung der Ereignisschwelle. Im Falle einer hohen Referenzgüte geht im Wesentlichen die Ungenauigkeit der Prüfmaschine ein (links). Durch eine verminderte Güte der Referenz besteht die Gefahr, dass die Ereignisschwelle in den Bereich des Störuntergrunds verschoben wird.

Störuntergrund, womit es vermehrt zu Fehlanzeigen kommt. Diese sind kostspielig, weil sie entweder direkt die Ausschussquote erhöhen oder aufwendige Nachprüfungen erfordern.

Das Dilemma in der Evaluierung der Referenzgüte besteht bisher darin, dass die bestehenden Methoden hinsichtlich des für das Prüfsystem relevanten Reflexionsverhaltens nicht ausreichend sind. Zwar wird in vielen Fällen mit mikroskopischen Aufnahmen oder Abdruckverfahren gearbeitet. Mit diesen können jedoch nur grundlegende geometrische Parameter wie nominelle Tiefe, Länge oder Form überprüft werden. Hinsichtlich des Ultraschallverhaltens sind diese Angaben unzureichend. Es fehlen unter anderem:

- Genaue Fehlerorientierung
- Resultierendes Reflexionsprofil entlang der Fehlerlänge
- Einfluss der umgebenden Geometrie auf den Schalllaufweg
- Isotropie des Materials, d.h. Abhängigkeit der Schallschwächung von Einschallrichtung

Im Folgenden werden zuerst relevante Messgrößen zur Bewertung der Referenzgüte eingeführt. Anschließend wird ein dafür geeignetes Prüfsystem vorgestellt. Am Ende werden exemplarisch einige Anwendungsbeispiele illustriert.

2. Messgrößen für die Güte des Reflexionsverhaltens von Referenzfehlern

1.1 Fehlerhomogenität

Für die Messung der Fehlerhomogenität erfolgt die Aufnahme eines C-Bildes für den entsprechenden Fehlerbereich. Das C-Bild entspricht der zweidimensionalen Farbdarstellung der gemessenen Signalamplituden. Ein Beispiel ist in Abb. 2 zu sehen. Für eindimensional ausgedehnte Referenzen wie z.B. Nuten oder Seitenbohrungen existiert eine Hauptachse. Das Reflexionsprofil der Referenz entspricht der eindimensionalen Projektion auf diese Achse.

Für die Fehlerhomogenität (FH) wird nur der zusammenhängende Teil des Reflexionsprofils innerhalb der Halbwertsbreite (HWB) ausgewertet. Zur Berechnung wird die Fläche oberhalb der Halbwertslinie ermittelt und ins Verhältnis zur maximalen Rechteckfläche gesetzt (siehe Abb. 2, unten). Im Idealfall wird die Fehlerhomogenität nur durch die fallende und steigende Flanke des Schallfeldes beeinflusst. Wird ein im Vergleich zur Fehlerausdehnung hinreichend kleines Schallfeld angenommen, liegen die theoretischen Grenzwerte bei 85% und mehr [3], [4]. Schwankungen im Reflexionsprofil vermindern diesen Wert deutlich und sind damit ein quantitatives Maß für die Fehlerhomogenität.

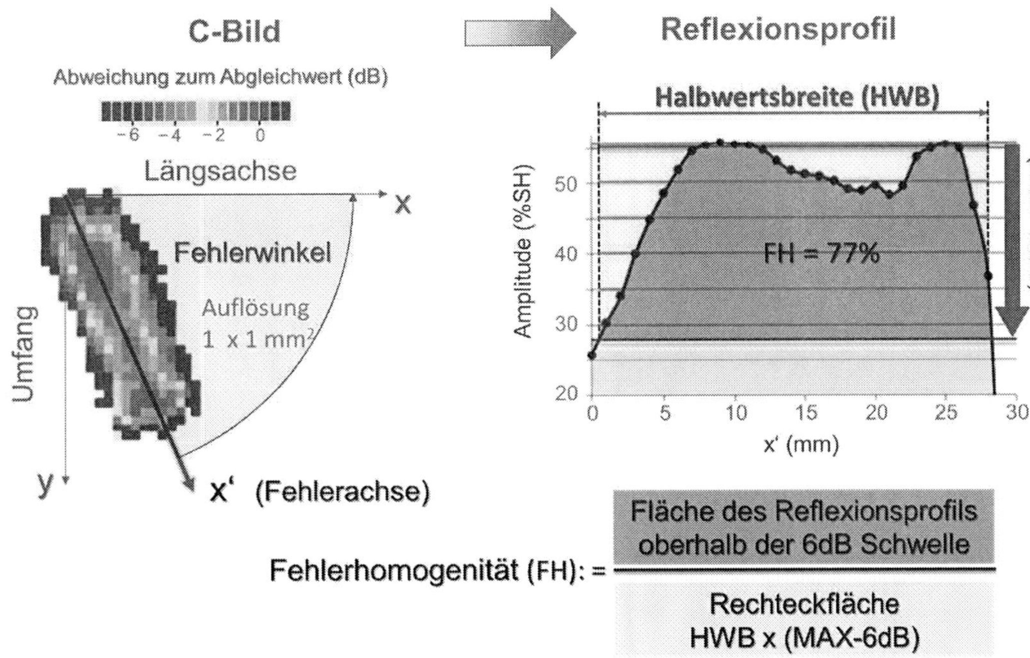

Abb. 2. Darstellung zur Berechnung der Fehlerhomogenität (FH).

1.2 Effektive Fehlerlänge

Unter der Annahme, dass die Ausdehnung der Referenzreflektoren größer ist als die Schallfeldbreite, wird die Fehlergröße über die Halbwertsbreite bestimmt. Allerdings bestehen hinsichtlich der Reproduzierbarkeit der Prüfanlage deutlich strengere Vorgaben. Demzufolge wird die effektive Fehlerlänge als Summe aller Teilabschnitte oberhalb der entsprechenden Schwelle definiert (siehe Abb. 3)

Wie im Vergleich der beiden in Abb. 3 gezeigten Beispiel zu sehen ist spiegelt sich die Referenzgüte in der ermittelten effektiven Fehlerlänge wider. In Kombination mit der Fehlerhomogenität lässt sich somit eine starke Aussage über die Referenz hinsichtlich der Einstellung des Prüfsystems stellen.

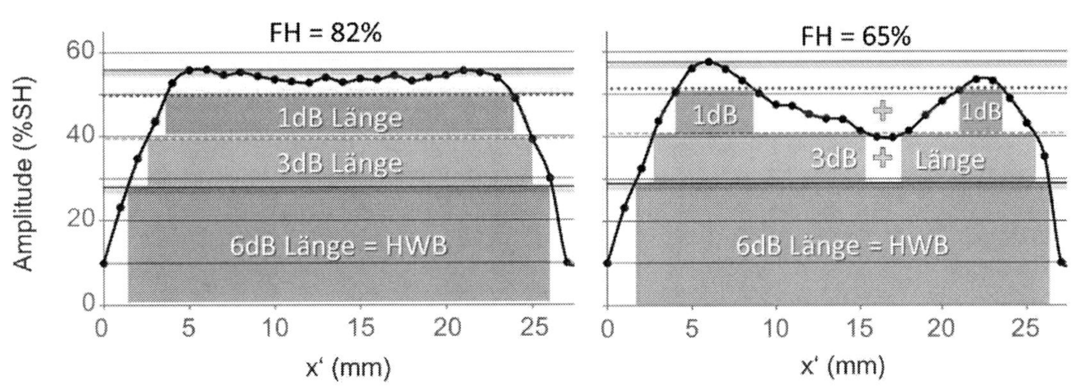

Abb. 3. Darstellung zur Berechnung der effektiven Fehlerlänge. Diese bezieht sich auf den Abstand der jeweiligen Ereignisschwelle zum Abgleichwert, welcher hier in Einheiten von dB angegeben ist. Während bei einer hohen Fehlerhomogenität (FH) die effektive Länge nur an den Enden auf Grund des Schallfeldprofils beeinflusst wird (links), tritt für Referenzen verminderter Güte und einem entsprechend kleinen FH-Wert im Vergleich dazu eine deutliche Verkürzung der effektiven Fehlerlänge auf (rechts).

1.3 Fehlerorientierung

Zur Bestimmung der Fehlerorientierung ist eine Untersuchung über den vollständigen Polarwinkel (360°) notwendig. In der Auswertung des Polardiagrams kann der nominelle Fehlerwinkel überprüft werden. Wie in Abb. 4 zu sehen ergibt sich für einen eindimensional ausgerichteten Referenzreflektor das erste Maximum im Bereich des Fehlerwinkels sowie bei X + 180° ein zweites Maximum, das die entgegengesetzte Schallrichtung präsentiert.

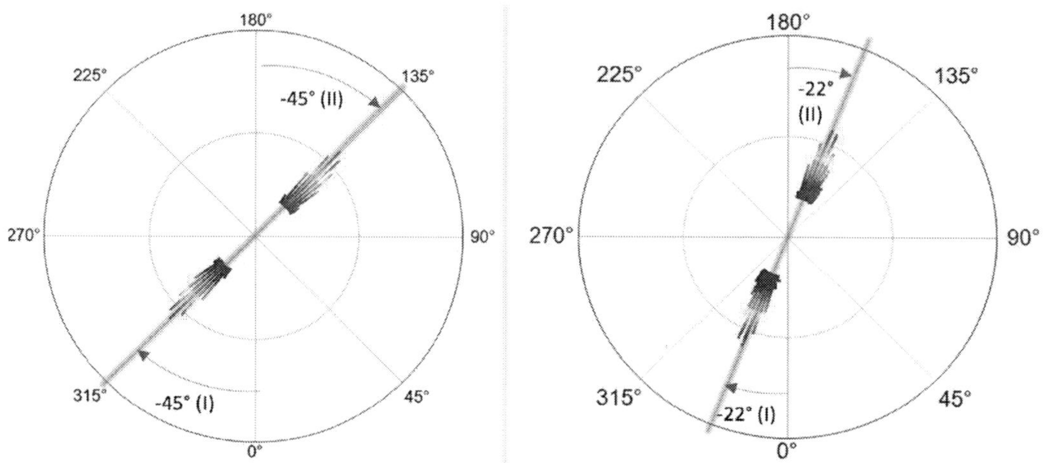

Abb. 4. Polardarstellung der gemessenen Amplitudenverteilung zur Überprüfung des Sollwinkels für zwei Referenz-Nuten. Die rote Linie entspricht dem Sollwinkel, (I) und (II) stehen für die beiden Schallrichtungen.

1.4 Fehlerisotropie

Ein eindimensionaler Referenzreflektor kann von zwei Schallseiten aus nachgewiesen werden. Beide Messungen sind voneinander unabhängig. Bei hoher Fehlergüte sind die Verstärkungen beider Schallrichtungen nach dem Abgleich nahezu identisch. Auftretende Verstärkungsunterschiede können durch ein unterschiedliches Reflexionsverhalten der Schallseiten des eingebrachten Referenzreflektoren selbst hervorgerufen werden.

In den meisten Fällen hängt die Anisotropie derVerstärkungswerte jedoch nicht direkt mit der eingebrachten Referenz zusammen, sondern ist durch eine unterschiedliche, richtungsabhängige Schallschwächung im Material zu erklären. Darüber hinaus spielen Verluste auf Grund einer unterschiedlichen Geometrie eine Rolle. Beispiele hierfür sind z.B. verschiedene Einkopplung ins Material, Koppelverluste auf Grund einer unterschiedlichen Oberflächenbeschaffenheit oder unterschiedliche Reflexionsverluste an der Rückwand im Falle eines Nachweises im Sprungabstand. Für das Gesamtreflexionsverhalten der Referenz sind diese Effekte zu berücksichtigen, vor allem, wenn die Einlegerichtung in der automatisierten Prüfung nicht kontrolliert wird.

2. Messsystem zur Fehlerevaluierung

2.1 Messaufbau

Der vorgestellte Messaufbau (siehe Abb. 5) ermöglicht eine Untersuchung rotationssymmetrischer Objekte wie z.B. Rohre und Stangen mit einer Länge von bis zu 8 m in einem Durchmesserbereich von ca. 60 mm bis 600 mm. Darüber hinaus besteht auch eine

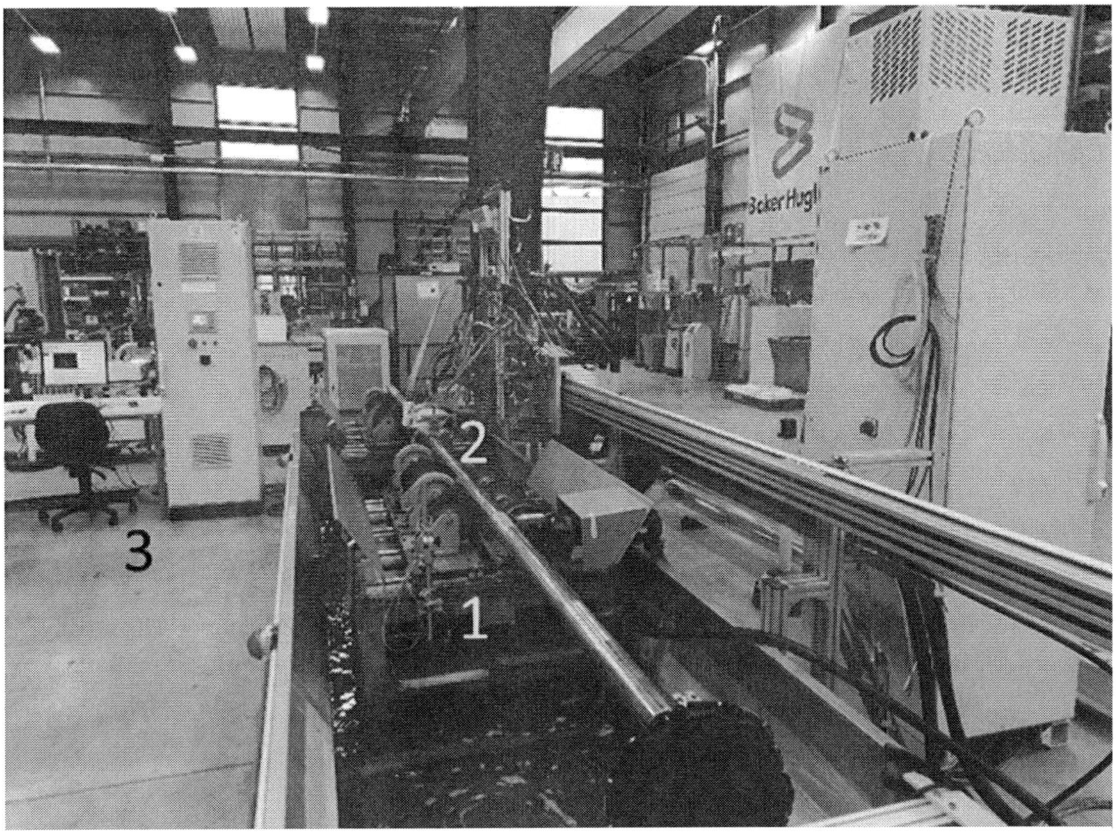

Abb. 5. Foto des Messplatzes zur Zertifizierung von Referenzfehlern in rotationssymmetrischen Objekten: 1: Rollgang, 2; Lineareinheit; 3: Auswerteplatz

Umbaumöglichkeit hin zu kleineren Durchmessern bis ca. 20 mm. Als Referenzreflektor-Typen können damit u.a. Nuten, Seitenbohrungen oder Flachbodenbohrungen untersucht werden.

Der Messaufbau besteht aus einer Lineareinheit und einem Rollgang, mit dem die eingelegten Objekte um die Längsachse gedreht werden können. In dieser ist ein Matrixprüfkopf eingebaut, der mit einer USIP|xx-Elektronik [5] betrieben wird. Die SPS-Steuerung ermöglicht einen synchronisierten Vorschub mit einer Genauigkeit von 1 mm auch für Objekte mit großem Durchmesser.

2.2 Messprinzip

Zur Minimierung des systematischen Messfehlers wird auf einen Matrixkopf zurückgegriffen, der die vollständige elektronische Einstellung jedes beliebigen Schallwinkels ermöglicht. Somit können alle Messungen mit demselben Prüfkopf und mit derselben mechanischen Einstellung durchgeführt werden. Zur weiteren Reduzierung des Messfehlers werden die Objekte um die Querachse gedreht („A zu B“ und „B zu A“), wobei die Vorschubrichtung die gleiche bleibt. Pro Seite werden drei hochauflösende C-Bilder im 1 mm-Raster aufgenommen. Insgesamt werden somit für jede Schallseite der Referenz sechs Messpunkte aufgenommen. Die Genauigkeit der Messung wird durch den Einsatz der ShapeUT-Technologie erhöht, welche neben der reinen Anwendung von Verzögerungsgesetzen die komplette Anregungsfunktion pro Element vorgibt [6].

3. Ergebnisse

In diesem Abschnitt werden Beispiele erstellter Fehlerzertifikate aus durchgeführten Anlageabnahmen gezeigt. Diese beinhalten die Zusammenfassung der zuvor durchgeführten Messungen. In der Mitte ist das Polardiagramm zu sehen, welches die Überprüfung des Fehlerwinkels zulässt. Daneben sind für beide Schallseiten die C-Bilder des Fehlerbereichs und die daraus extrahierten Reflexionsprofile zu sehen. Die resultierenden Messgrößen zusammen mit der Verstärkungsdifferenz zwischen den Abgleichwerten beider Schallseiten sind in der Tabelle links zusammengefasst. Zur Veranschaulichung sollen drei verschiedene Fälle diskutiert werden.

In der ersten Abbildung (Abb. 6) handelt es sich um einen Referenzfehler hoher Güte. Die Schwankungen in den Reflexionsprofilen auf beiden Schallseiten liegen innerhalb von 1dB. Die Werte für die Fehlerhomogenität liegen um die 80% und damit nahe am theoretischen Limit [4]. Die effektive Länge wird nur durch die Flankensteilheit beeinflusst. Diese wiederum ist hier im Wesentlichen durch das Schallfeldprofil gegeben. Auch der Unterschied in den Verstärkungswerten ist sehr gering.

In Abb. 7 ist der Beispielfall eines homogenen Referenzfehlers zu sehen, der jedoch eine hohe Verstärkungsdifferenz von 2,2 dB zwischen den beiden Schallseiten aufweist. Der Wert übersteigt bereits die in diesem Fall geforderte Reproduzierbarkeit von 2 dB, weshalb es zum Farbumschlag kommt. Das bedeutet, dass Wiederholungsfahrten mit Drehung des Referenzrohres nicht für die Abnahmeprozedur der Anlage herangezogen werden können. Auf Grund der guten Reflexionsprofile an sich kann die Referenz allerdings verwendet werden, wenn auf die Einlegerichtung geachtet und separat ein neuer Abgleich für beide Richtungen („A zu B" und „B zu A") erfolgt.

In Abb. 8 ist eine Referenz geringer Güte abgebildet. In dieser kommt es zu Einbrüchen von bis zu 3 dB innerhalb des Reflexionsprofils. Die Fehlerhomogenität fällt auf Werte unterhalb von 65% und die effektive 2dB Länge sinkt auf weniger als 60% der nominalen Länge. Der Farbumschlag signalisiert, dass in Wiederholungsfahrten mit hoher Geschwindigkeit die durch die Referenz selbst induzierte Amplitudenschwankung bereits im Bereich der eigentlich nachzuweisenden Genauigkeit für die Anlage liegt. Deshalb wurde im die Referenz im Rahmen der Abnahme nicht für die Auswertung herangezogen.

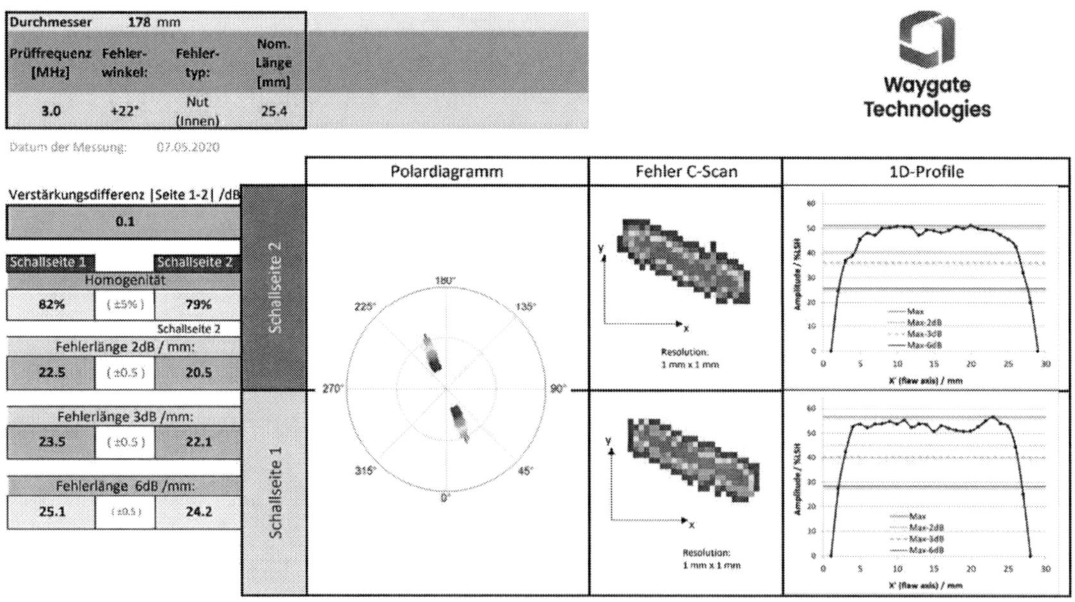

Abb. 6. Auszug eines Zertifizierungsprotokolls für einen Referenzfehler hoher Güte.

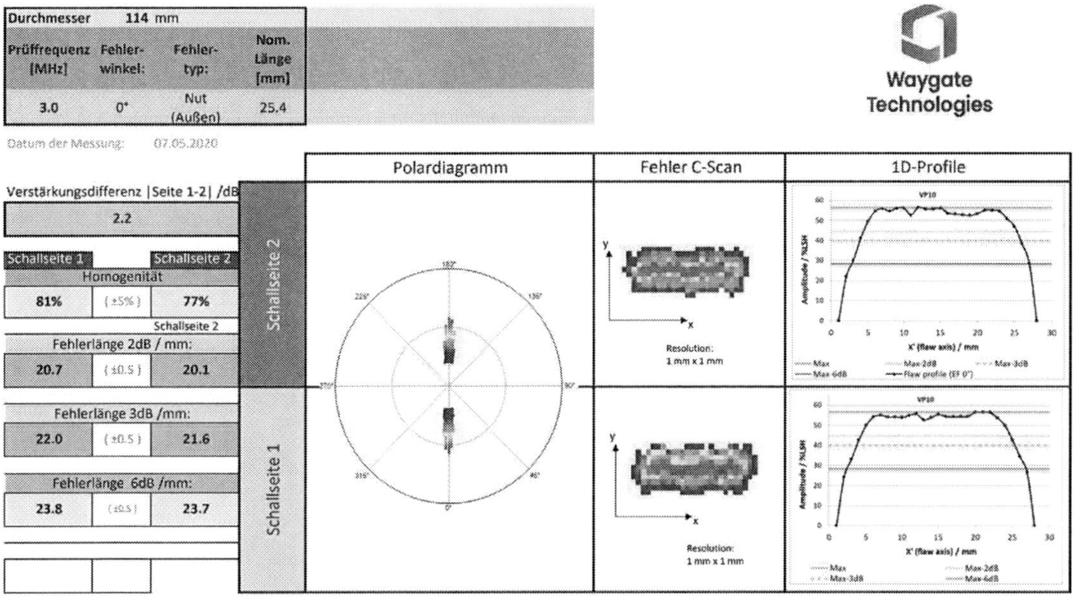

Abb. 7. Auszug eines Protokolls für einen Referenzfehler hoher Homogenität mit anisotroper Signalstärke beider Schallseiten. Der Farbumschlag signalisiert, dass die Referenz im vorliegenden Fall nicht für Wiederholungsfahrten mit Rohrdrehung verwendet werden kann.

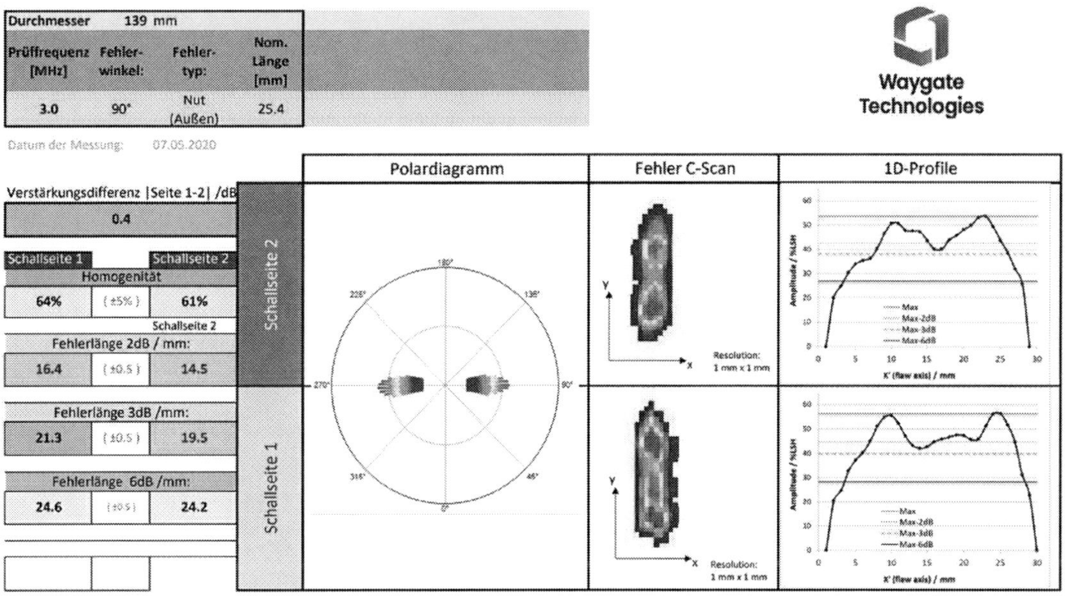

Abb. 6. Auszug eines Protokolls zur Fehlerzertifizierung für einen Referenzfehler verminderter Güte. Der Farbumschlag erfolgt auf Grund der von beiden Vertragsseiten für die Abnahme der Anlage abgestimmten Kriterien zur Berücksichtigung der Referenz im Rahmen der Abnahmeprozedur.

Neben der einmaligen Zertifizierung der Referenzen ist analog zum Vorgehen für Prüfköpfe („Probe check") oder der Elektronik auch ein Screening über einen längeren Zeitraum sinnvoll, da die Güte der Referenzen mit der Zeit sinkt. In Abb. 9 ist ein Beispiel für die Degradierung der Fehlergüte zu sehen. Die obere Aufnahme stammt von der Eingangskontrolle eines Referenzrohres vor der Abnahmeprozedur, die untere wurde im Anschluss daran angefertigt. Im vorliegenden Fall konnte die signifikante Verschlechterung des Außenfehlers auf die ungünstige Führung des Rohres im Rollgang während der Abnahmefahrten zurückgeführt werden, welche zur mechanischen Beschädigung des Referenzfehlers geführt hat.

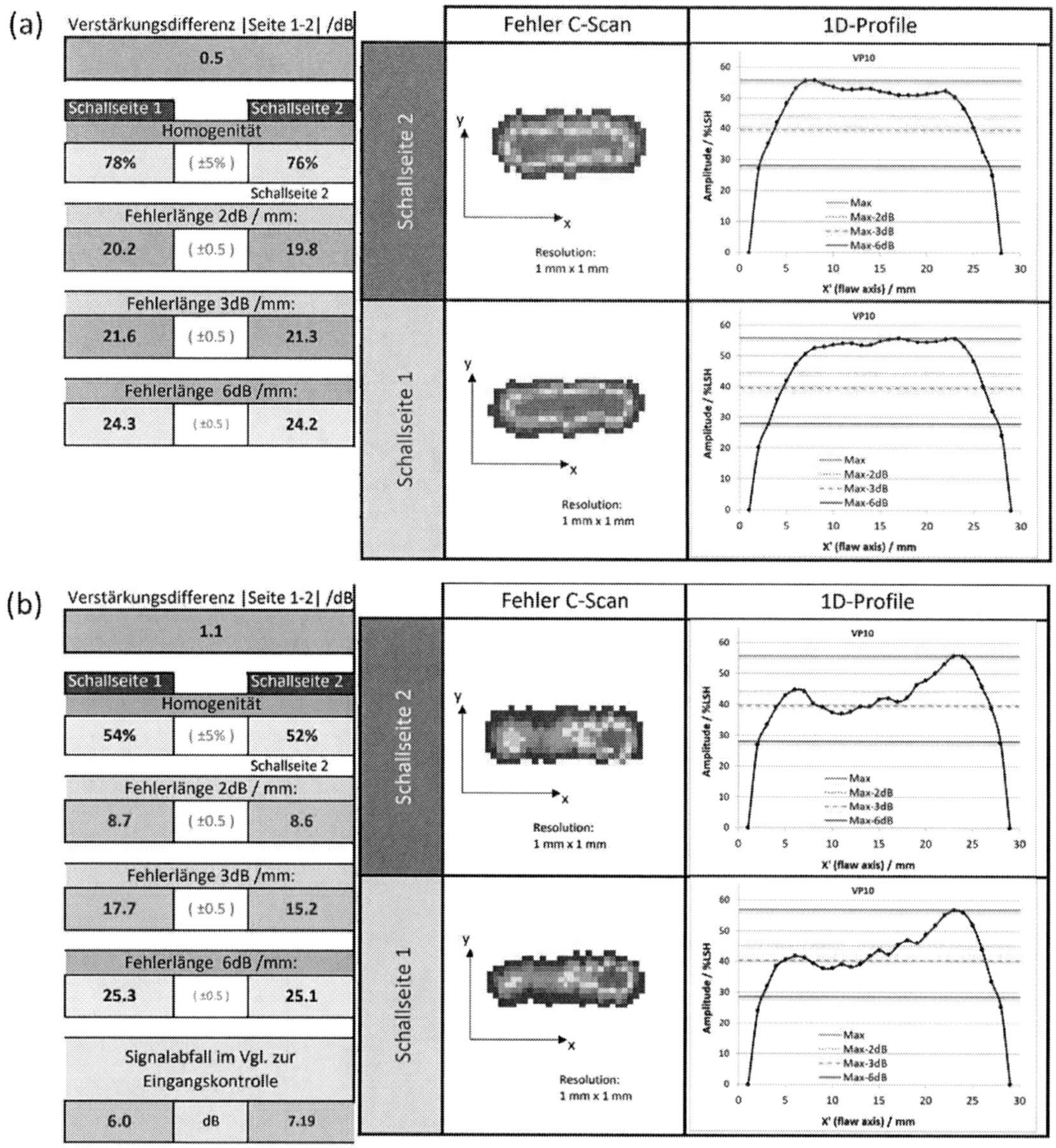

Abb. 9. Zertifizierungsprotokoll für einen Referenzfehler bei der Eingangskontrolle (a) und nach der Durchführung der Abnahmefahrten (b). Die signifikante Verminderung der Referenzgüte kam im vorliegenden Fall durch eine ungünstige Rohrführung im Rollgang zustande.

4. Zusammenfassung

Durch steigendende Anforderungen an die automatisierte Prüfung und die damit einhergehende Verbesserung der Prüfanlagen wird eine exakte Evaluierung der Güte der eingebrachten Referenzen immer wichtiger, um in Abnahmen oder Audits die wahre Leistungsfähigkeit der Prüfanlage entsprechend der Vorgaben nachzuweisen. Im vorliegenden Artikel werden die dazu notwendigen Messgrößen für Referenzfehler mit einer eindimensionalen Ausdehnung hergeleitet und ein Aufbau vorgestellt, der die benötigte Präzision zur Durchführung der Messungen gewährleistet. Das Konzept kann auch auf Referenzen mit einer zweidimensionalen Ausdehnung übertragen werden. Die präsentierten Zertifizierungsprotokolle veranschaulichen eine Möglichkeit der Dokumentation und Bewertung der erzielten Ergebnisse.

Das gesamte Verfahren wurde auf Basis eines großen Datensatzes verschiedener Referenzfehler und Abmessungsbereiche entwickelt und bereits mehrfach in der Praxis zur Unterstützung der Abnahmeprozedur eingesetzt. Die Möglichkeit einer vom eigentlichen Prüfsystem unabhängigen Bewertung der Referenzgüte stieß dabei in allen Fällen auf große Akzeptanz. Auch konnte die Robustheit des Verfahrens in der Vielzahl der durchgeführten Messungen hinlänglich bestätigt werden.

Waygate Technologies verfügt damit bereits über einen großen Erfahrungsschatz hinsichtlich der Evaluierung von Referenzreflektoren. Basierend auf diesen Erfahrungen wäre es wünschenswert, wenn das vorgestellte Konzept Eingang in gängige Normen finden würde. Es wäre ein Ansatz, die fehlende Lücke in der Standardisierung für die Ultraschallprüfung durch die Hinzunahme einer definierten Vorgehensweise zur Bewertung der Referenzgüte zu schließen.

Referenzen

[1] Th. Würschig, Christof Breidenbach, Benjamin Hömske, Rene Pfortje, Stephan Falter, "Einfluss der Fehlercharakteristik auf die Reproduzierbarkeit von Prüfanlagen", DGZfP Jahrestagung 2018, Leipzig

[2] K. Kapoor, K. Sunder Krishna, Shaik Allah Bakshu, „On Parameters Affecting the Sensitivity of Ultrasonic Testing of Tubes: Experimental and Simulation", J Nondestruct Eval (2016) 35:56

[3] Th. Würschig, "Impact of the reference defect quality on the effective reflector size", Eingereicht bei Materials Testing, 2021

[4] Th. Würschig, "Einfluss der Fehlergüte auf die effektive Fehlergröße", DGZfP Jahrestagung 2021

[5] Waygate Technologies, "High-End Electronics Platform for Ultrasonic Testing Machine" Datenblatt BHCS38592, 10/2020

[6] Th. Würschig, „Automatisierte Ultraschallprüfung von Nahtlosrohren mit Matrix-Arrays", DGZfP Frühjahrstagung 2018, Leipzig

Pfadplanung für robotergeführte Ultraschallprüfung auf Basis lokaler geometrischer Eigenschaften

Sebastian ZAMBAL [1], Kastor FELSNER [1], Klaus SCHLACHTER [1], Christian EITZINGER [1]
[1] PROFACTOR GmbH, Im Stadtgut D1, Steyr-Gleink, Österreich

Kontakt E-Mail: sebastian.zambal@profactor.at

Kurzfassung. Pfadplanung für die robotergeführte Inspektion von Bauteilen mit komplexer Geometrie stellt in vielen Anwendungsbereichen eine Herausforderung dar. In der Regel müssen viele Randbedingungen berücksichtigt werden: Optimale Positionierung der Sensorik relativ zum Bauteil, möglichst kurze Pfade (Optimierung der Inspektionszeiten), maximale Abdeckung des Bauteils, Vermeidung von Kollisionen, etc.

Wir schlagen eine Methode zur automatischen Bewegungsplanung eines Roboters für die Inspektion von komplex geformten Bauteilen vor. Die Methode basiert auf der Berechnung eines Vektorfeldes von lokalen Krümmungen der Bauteilgeometrie. Teilbewegungen der robotergeführten Sensorik werden zunächst entlang von Strömungslinien dieses Vektorfeldes geplant. Einzelne Teilbewegungen werden dann unter Berücksichtigung von Kollisionsvermeidung und Abdeckung zu einem kompletten Pfad kombiniert. Am Beispiel von Ultraschallprüfung werden die Ergebnisse für verschiedene Bauteilgeometrien vorgestellt und im Detail erläutert.

1. Einführung

Für die Inspektion von komplex geformten Freiformflächen unterschiedlicher Produkte oder Halbzeuge in der Industrie, eignet sich in vielen Fällen der Einsatz eines Industrieroboters. Dieser übernimmt die Positionierung eines Sensors relativ zum Bauteil während gleichzeitig Sensordaten aufgenommen werden. Ausgehend von einer möglichst genauen 3-dimensionalen Modellierung von Bauteil, Roboter und Sensor kann die notwendige Bewegungsplanung für den Roboter virtuell erfolgen. Abhängig vom Bauteil sind hunderte oder tausende Einzelpositionen für die gesamte Inspektion eines Bauteils notwendig. Damit ist die Planung eines passenden Pfades für den Roboter keine triviale Aufgabe.

In vielen Fällen kommt für die Planung eines Inspektionspfades eine einfache Rasterung der Bauteiloberfläche zum Einsatz [1]. Dabei wird die Oberflächengeometrie durch mehrere parallele Ebenen geschnitten und die Schnittlinien werden zu einem meanderförmigem Pfad zusammengesetzt.

Einfache Rasterung der Bauteiloberfläche stößt dann an ihre Grenzen, wenn stärkere Krümmungen vorhanden sind bzw. die Bauteilgeometrie insgesamt komplexer wird. In diesen Fällen ergeben sich unregelmäßige Abstände auf der Bauteiloberfläche zwischen den einzelnen Bahnen. Darüber hinaus wird es bei steigender Komplexität der Prüfgeometrien immer schwieriger, den Sensor entlang des Pfades zu positionieren ohne dabei einen

Konfigurationswechsel des Roboters notwendig zu machen. Die Mitberücksichtigung von Konfigurationswechseln in der Pfadplanung erhöht die Komplexität für die Pfadplanung stark. Bei komplexeren Geometrien wird die Frage nach dem optimalen Inspektionspfad zunehmend komplex. Es ergeben sich kombinatorische Problemstellungen (Roboterkonfigurationen, Reihenfolge von Einzelpositionen, etc.), die sich angesichts vieler Inspektionspositionen nicht analytisch lösen lassen. Praktikable Lösungen sind daher auf Heuristiken oder Vereinfachungen des Problems angewiesen.

Mehrere vorgeschlagene Lösungen für die Pfadplanung zur Umsetzung von Oberflächeninspektion basieren auf dem Zusammenführen von einzelnen Positionen zu einem Gesamtpfad [2][3]. Bei dieser Formulierung des Problems kommen oft Algorithmen zur Lösung des „Travelling Salesman Problems" (TSP) zum Einsatz.

In dieser Arbeit schlagen wir einen alternativen Ansatz basierend auf der Berechnung von Strömungslinien vor. Strömungslinien wurden in der Vergangenheit bereits mehrfach für Roboterpfadplanung eingesetzt. Allerdings betrifft das in erster Linie Problemstellungen für Bewegungen von mobilen Robotern [4][5]. Entsprechende Ansätze basieren auf der Erstellung eines Vektorfeldes in der Ebene.

In Kapitel 2 erläutern wir das Konzept von Strömungslinien allgemein. In Kapitel 3 beschäftigen wir uns mit der flächendeckenden Berechnung von Strömungslinien und mit der Zusammenführung von Einzelpfaden zu einem Inspektionspfad für das gesamte Bauteil. Abschließend stellen wir in Kapitel 4 einige ausgewählte Ergebnisse vor.

2. Strömungslinien

Allgemein wird eine Strömung durch ein Vektorfeld definiert. An jedem Punkt legt das Vektorfeld Richtung und Größe der Strömung fest. Ausgehend von einer Startposition beschreibt eine Strömungslinie die Bewegung eines Partikels durch die Strömung. Dabei entwickelt sich die Position des Partikels über die Zeit so, dass die momentane Bewegung dem Vektorfeld der Strömung entspricht.

Ein Inspektionspfad kann allgemein als Bewegung relativ zu der Oberfläche eines inspizierten Bauteils aufgefasst werden. Die Darstellung der Bewegung kann damit von einer Kurve auf der Bauteiloberfläche abgeleitet werden. Eine Strömungslinie ist definiert als

$$\frac{d\vec{s}_t}{dt} \times \vec{v}(\vec{s}_t) = 0$$

wobei $\vec{v}$ das zugrunde liegende Vektorfeld bezeichnet. Die Parameterdarstellung der Streamline $\vec{s}_t = \vec{s}_t(t)$ als Kurve ist abhängig vom Parameter t. Das Vektorkreuzprodukt wird durch $\times$ bezeichnet. Abgesehen von degenerativen Fällen (wenn entweder das Vektorfeld oder die Ableitung der Strömungslinie gleich dem Nullvektor sind) bedeutet das, dass Vektorfeld und Ableitung parallel oder anti-parallel verlaufen. Beide Vektoren unterscheiden sich also lediglich um die Größe ihres Betrages:

$$\frac{ds_x}{dv_x} = \frac{ds_y}{dv_y} = \frac{ds_z}{dv_z}$$

wobei $\vec{s}_t = \begin{pmatrix} s_x \\ s_y \\ s_z \end{pmatrix}$ und $\vec{v} = \begin{pmatrix} s_x \\ s_y \\ s_z \end{pmatrix}$. Abb. 1 zeigt ein Beispiel für ein Vektorfeld in 2D. Der schwarze Punkt markiert den Ursprung ($t = 0$) der Strömungslinie.

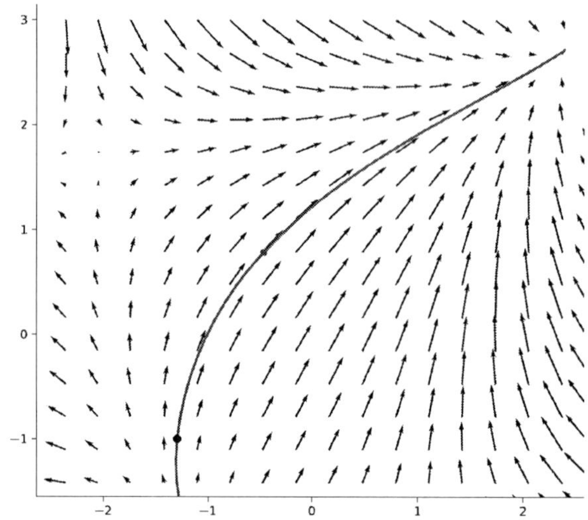

Abb. 1: Beispiel für eine Strömungslinie in einem 2-dimensionalen Vektorfeld.

Für die Pfadplanung mittels Strömungslinien wird also zunächst ein Vektorfeld benötigt. Als Basis dafür schlagen wir die minimale lokale Krümmung auf der Oberfläche des inspizierten Bauteils vor. Für 3D Oberflächen existieren in jedem Punkt unendlich viele Tangentiallinien. Die Krümmung der Oberfläche kann jeweils als Abweichung der Oberfläche entlang der Tangentiallinie aufgefasst werden. Allgemein gibt es eine Tangentiallinie mit minimaler lokaler Krümmung k_{min} und eine mit maximaler lokaler Krümmung k_{max}. Diese beiden Krümmungen nennt man auch Hauptkrümmungen. Die Tangentiallinien der Hauptkrümmungen stehen senkrecht aufeinander. Abb. 2 veranschaulicht die beiden Hauptkrümmungen auf einer konvexen Oberfläche in R3. Entsprechend der Hauptkrümmungen und dem Normalvektor lässt sich ein lokales Koordinatensystem definieren mit:

- Tangentiallinie mit maximaler Krümmung (grüner Pfeil) als X-Achse,
- Tangentiallinie mit minimaler Krümmung (roter Pfeil) als Y-Achse, und
- Oberflächennormale (blauer Pfeil) als Z-Achse.

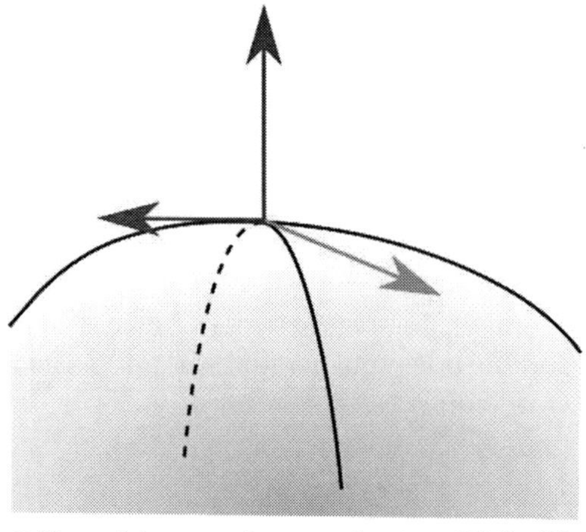

Abb. 2: lokale Krümmung in 2 Hauptrichtungen (roter und grüner Pfeil). Die Ultraschall-Sensorik wird so positioniert, dass die Elemente des Phased Array in Richtung der Stärksten Krümmung (grüner Pfeil) ausgerichtet sind. Die Bewegungsrichtung des Sensors richtet sich an der minimalen Krümmung (roter Pfeil) aus.

Für diskretisierte Oberflächen (z.B. Dreiecksnetze) müssen die relevanten geometrischen Eigenschaften lokal bestimmt werden. Um diese Berechnung vorab durchzuführen, nähern wir zunächst die Oberfläche durch ein Gitter an Punkten an. Für jeden Punkt werden dann Krümmung und Normalvektor berechnet. Zur Bestimmung der Hauptkrümmungsrichtungen wird eine Singulärwertzerlegung auf Basis der Normalen in einer bestimmten Kugelumgebung durchgeführt. Bei der Berechnung der Strömungslinien selbst kann dann auf diese vorberechneten Werte effizient zugegriffen werden.

Prinzipiell erfolgt die Berechnung einer kompletten Streamline nach dem Prinzip einer numerischen Integration. Ausgehend von einem Startpunkt wird die Strömungslinie parallel und anti-parallel zur lokalen Tangentiallinie mit maximaler Krümmung integriert. Die Berechnung von Startpunkten, Abbruchkriterien und spezielle Randbedingungen für die Nutzung zur Pfadplanung werden im nächsten Kapitel behandelt.

3. Pfadplanung

Für die eigentliche Berechnung eines Roboterpfades werden zunächst vollflächig Strömungslinien auf der Oberfläche des inspizierten Bauteils berechnet. Danach werden diese Strömungslinien unter Berücksichtigung von Roboterkinematik und Vermeidung von Kollisionen in einen Roboterpfad umgewandelt. Die einzelnen Teile des Algorithmus werden in den nachfolgenden Abschnitten im Detail erläutert.

3.1. Prüfbereiche definieren

Im ersten Schritt werden die zu prüfenden Bereiche des Bauteils definiert. Dies geschieht durch Selektion eines zufälligen Startpunktes auf der Oberfläche. Ausgehend von diesem Startpunkt werden zusammenhängende Bereiche selektiert. Übersteigt der Winkel zwischen zwei Flächen einen vorab definierten Schwellwert, so bricht die Selektion an dieser Stelle ab. Auf diese Weise wird das Prüfobjekt also zunächst in Teilbereiche zerlegt. Im Folgenden werden diese Teilbereiche separat betrachtet.

3.2 Diskrete Repräsentation der Abdeckung

Es wird eine Punktewolke generiert, die die Abdeckung der betrachteten Oberfläche repräsentiert. Dafür wird die Geometrie durch ein 3-dimensionales Raster unterteilt. Schnittpunkte zwischen Geometrie und Raster werden in die Punktewolke der diskretisierten Repräsentation eingefügt. Jeder Punkt repräsentiert lokal die Abdeckung der Oberfläche.

3.3 Startpunkt für erste Strömungslinie

Für die erste Strömungslinie wird zunächst ein erster Startpunkt benötigt. Zur Festlegung dieses Punktes kommen zwei Möglichkeiten in Frage: Der Startpunkt wird entweder (1) manuell durch den Benutzer definiert (durch Klick auf einen Punkt auf der Oberfläche) oder (2) automatisch als jener Punkt mit der maximalen Krümmung auf der Oberfläche. Falls mehrere Punkte mit maximaler Krümmung existieren, wird zufällig einer davon ausgewählt.

3.4 Expansion der Strömungslinien

Ausgehend vom Startpunkt werden Strömungslinien in zwei Richtungen expandiert – parallel und anti-parallel zur Richtung der kleinsten Krümmung am Startpunkt. Durch numerische Integration werden schrittweise Punkte entlang der Strömungslinie hinzugefügt. Dafür wird entweder eine fixe Schrittweite verwendet, oder adaptiv die Schrittweite an die lokale Krümmung angepasst. Für jeden neuen Punkt entlang der Strömungslinie werden alle Punkte innerhalb eines bestimmten Radius, die Teil der diskretisierten Oberfläche sind als „gesehen“ markiert. Der entsprechende Radius wird adaptiv an die lokale Krümmung angepasst. Die Expansion der Strömungslinie schreitet so lange fort, bis eine der folgenden Abbruchbedingungen zutrifft:

1.) Die Strömungslinie überschreitet den Rand der betrachteten Oberfläche.
2.) Alle Punkte der diskretisierten Oberfläche in einer bestimmten Kugelumgebung wurden bereits als „gesehen“ markiert.
3.) Die Strömungslinie unterschreitet einen Mindestabstand zu einer benachbarten Strömungslinie oder zu sich selbst. Um diese Überprüfung effizient durchführen zu können werden alle Strömungslinien in einen kD-Baum eingetragen.

3.5 Neue Startpunkte auf Basis abgeschlossener Strömungslinien

Sobald eine Strömungslinie abgeschlossen ist, werden auf Basis ihrer Stützpunkte neue potentielle Startpunkte für weitere Strömungslinien berechnet. Dazu wird für jeden Stützpunkt in einem bestimmten Abstand normal zur Strömungslinie auf beiden Seiten ein neuer potentieller Startpunkt bestimmt.

Sobald eine Strömungslinie abgeschlossen ist und neue Startpunkte bestimmt wurden, wird wieder mit der Expansion der nächsten Strömungslinie fortgesetzt (wie in Abschnitt 3.4 erläutert). Abwechselndes Hinzufügen von Strömungslinien und potentiellen Startpunkten wir so lange fortgesetzt, bis das Hinzufügen von neuen Strömungslinien nicht mehr möglich ist.

3.6 Einbindung von Kinematik und Kollisionsvermeidung

Im letzten Schritt werden aus bestehenden Strömungslinien entsprechende Roboterpfade generiert. Zunächst werden für einen Endpunkt alle Lösungen der inversen Kinematik berechnet. Für jede dieser Lösungen werden entlang der Strömungslinie – sofern möglich – Lösungen mit derselben Roboterkonfiguration bestimmt. Gibt es keine durchgehende Lösung ohne Konfigurationswechsel so wird die Streamline an der entsprechenden Stelle geteilt. Falls überhaupt keine Lösung der inversen Kinematik existiert, müssen die entsprechenden Inspektionspositionen komplett entfernt werden. Das gleiche gilt für Abschnitte auf Strömungslinien, die auf Grund von Kollisionen ausgeschlossen sind.

Zuletzt werden Pfade für einzelne Strömungslinien zu einem Gesamtpfad kombiniert. Dafür wird ein Strömungslinienpfad nach dem anderen auf Basis von zusammenpassenden Roboterkonfigurationen hinzugefügt. Die Bewegung des Roboters von einer Strömungslinie zur nächsten wird dabei mittels „Rapidly-exploring Random Tree“ (RRT) Punkt-zu-Punkt Pfadplanung gelöst.

4. Ergebnisse

Im Folgenden sind die Ergebnisse für die Berechnung von Strömungslinien dargestellt. Abb. 3 stellt die Strömungslinien auf der Oberfläche von vier ausgewählten Geometrien dar. Die ersten drei Geometrien stammen aus einer frei verfügbaren Sammlung von Daten[1], die ursprünglich für roboterbasierte Greifprozesse verwendet wurden [6]. Die letzte Geometrie (rechts unten) stellt einen kohlefaserverstärkten Bauteil (bzw. einen Ausschnitt davon) aus der Luftfahrt dar.

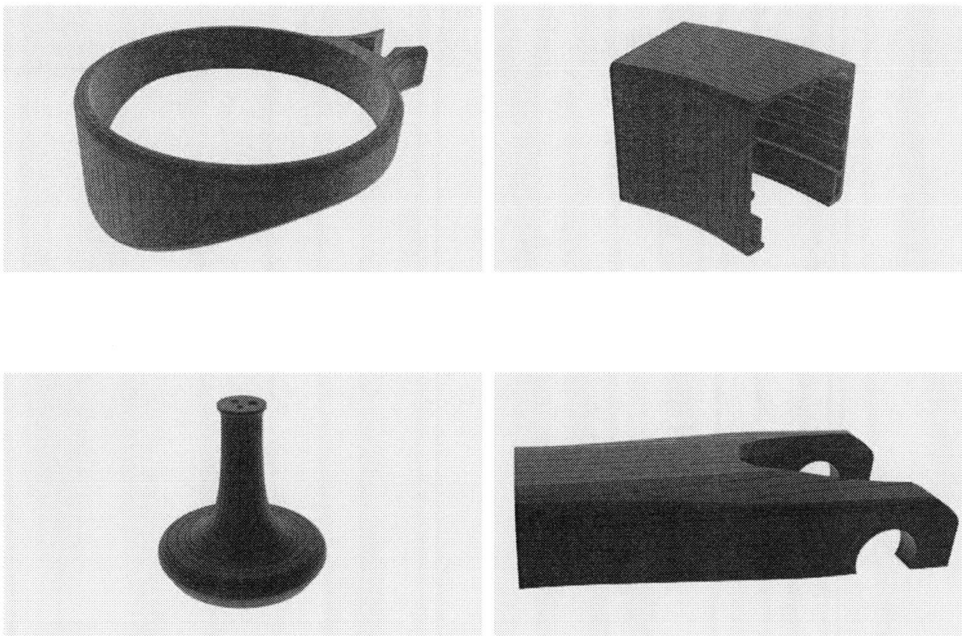

Abb. 3: Ergebnisse für die Berechnung von Strömungslinien basierend auf lokaler Krümmung für 4 unterschiedliche Bauteilgeometrien.

Abb. 4 zeigt einen Konkreten Roboterpfad der auf Basis der entsprechenden Strömungslinien des Bauteils links oben in Abb. 3 berechnet wurde.

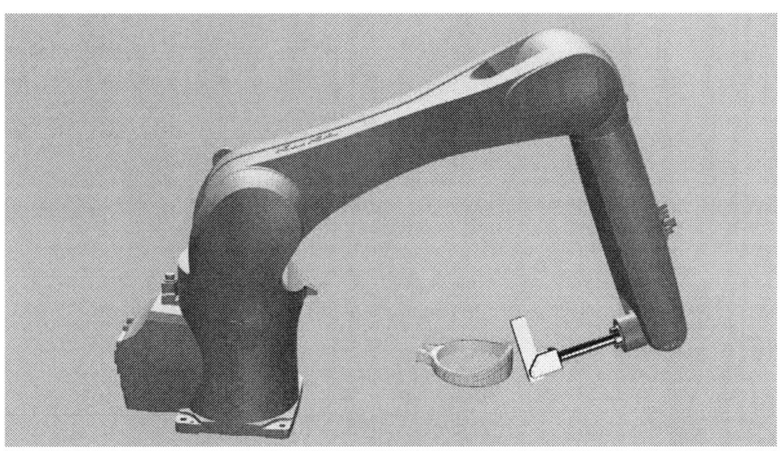

Abb. 4: Roboterpfad zur inspektion eines Bauteils mit komplexer Geometrie. Der Pfad ist vollständig von entsprechenden Strömungslinien entlang der Bauteiloberfläche abgeleitet. Zusätzlich sind hier Roboterkinematik und Kollisionsvermeidung mitberücksichtigt.

---

1 Thingiverse pruned meshes: https://berkeleyautomation.github.io/dex-net/#dexnet_4 – Raw Data, Experiments and Analysis Code – raw_data – synthetic_data – object_models – thingiverse-pruned-meshes.zip

5. Zusammenfassung und Ausblick

Wir stellen eine Methode für die Berechnung von Roboterpfaden für Inspektionsaufgaben – speziell Ultraschallprüfung – vor. Wir gehen dabei grundlegend von der Annahme aus, dass der Bewegungsablauf des Roboters bzw. die Positionierung des Sensors durch lokale geometrische Eigenschaften des inspizierten Bauteils vorgegeben wird. Zunächst wird über unsere Methode eine Strömungslinie entlang der Bauteiloberfläche generiert. Diese verläuft entlang der betragsmäßig kleineren der beiden Hauptkrümmungsrichtungen. Unser Ansatz vermeidet das Lösen umfangreicher kombinatorischer Probleme („Travelling Salesman Problem") durch die Annahme, dass die Positionierung entlang von Strömungslinien effiziente Prüfpfade ermöglicht.

Acknowledgements

This work has received funding from the Clean Sky 2 Joint Undertaking (JU) under grant agreement No 831830. The JU receives support from the European Union's Horizon 2020 research and innovation programme and the Clean Sky 2 JU members other than the Union.

Referenzen

[1] M. Morozov, S.G. Pierce, C.N. MacLeod, C. Mineo, R. Summan, Off-line scan path planning for robotic NDT, Measurement, Volume 122, 2018, Pages 284-290, ISSN 0263-2241, https://doi.org/10.1016/j.measurement.2018.02.020.t

[2] Yamin Li, Long Zeng, Kai Tang, Chun Xie, Orientation-point relation based inspection path planning method for 5-axis OMI system, Robotics and Computer-Integrated Manufacturing, Volume 61, February 2020

[3] Bo Li, Pingfa Feng, Long Zeng, Chao Xu, Jianfu Zhang, Path planning method for on-machine inspection of aerospace structures based on adjacent feature graph, Robotics and Computer-Integrated Manufacturing, Volume 54, 17-34, 2018, 10.1016/j.rcim.2018.05.006.

[4] Robert Daily and David M. Bevly, Harmonic Potential Field Path Planning for High Speed Vehicles, American Control Conference, 2008

[5] Han-Jung Chou, Pei-Li Kuoand, Jing-Sin Liu, Numerical streamlinepath planning based on log-space harmonic potential function: a simulation study, IEEE International Conference on Real-time Computing and Robotics (RCAR), 535-542. 2017

[6] Jeffrey Mahler, Matthew Matl, Vishal Satish, Michael Danielczuk, Bill DeRose, Stephen McKinley, Ken Goldberg, Learning ambidextrous robot grasping policies, Science Robotics, Volume 4, no. 26, 2019

Alternative Sensoren zur Schweißspaltverfolgung

Gerhard MOOK [1], Tino ADAM[2], Yury SIMONIN [1], Johannes KLICHE[2]
[1] Otto-von-Guericke-Universität Magdeburg, Magdeburg
[2] Sondermaschinenbau Calvörde GmbH, Calvörde

Kontakt E-Mail: mook@ovgu.de

Kurzfassung

Bei der Fertigung von Wagenkästen für den Schienenfahrzeugbau, vom Hochgeschwindigkeitszug im Fernverkehr bis zu S- und U-Bahnen im Nahverkehr, hat es in den letzten Jahren erhebliche Veränderungen der Konstruktionen, der eingesetzten Werkstoffe und Füge¬verfahren gegeben. Zunehmend kommen Laserstrahl- und das Plasmaschweißen zum Einsatz. Diese Schweißverfahren ermöglichen Blechverbindungen im Stumpfstoß ohne Überlappung und benötigen keinen Zusatzwerkstoff.

Um diese Schweißprozesse automatisiert einsetzen zu können, ist eine exakte Verfolgung der Schweißnaht mit einer Genauigkeit von wenigen Zehntelmillimetern notwendig. Da die Bleche aber beim Stumpfstoß versatzfrei zu verschweißen sind, können die bisher eingesetzten Lichtschnittsensoren einen Nahtverlauf nicht erkennen. Auch taktile Sensoren eigenen sich nicht, da eine Körperkante zum Ab¬tasten fehlt. Bedingt durch die Größe der Bauteile und ihre nicht immer ausreichende Genauigkeit ist ein Schweißen mit einer festen Bahnsteuerung nicht möglich. Die einzig mögliche Alternative ist derzeit das exakte Teachen jeder einzelnen Schweißnaht vor dem Schweißen. Dafür kann die Naht mit einem Pilotlaser geringer Leistung abgefahren und die manuell vermessenen Abweichungen im Programmablauf korrigiert werden. Der Personal- und Zeitaufwand dafür sind erheblich und müssen bei jeder Schweißung wiederholt werden. Ein automatisches Schweißen der Bauteile ist somit nicht möglich.

Da es sich beim Schweißspalt um eine Werkstofftrennung handelt, besteht die grundlegende Idee darin, Wirbelstromsensoren für ihre exakte Verfolgung einzusetzen. Die Sensoren liefern neben der Spaltposition auch Angaben zum Versatz der Bleche und zur Spaltbreite.

Zerstörungsfreie Prüfmethoden zur Merkmalsextraktion für den digitalen Zwilling der Thermoplast-Composite Wertschöpfungskette

Jannik SUMMA [1], Ute RABE [1], Sergey PUDOVIKOV [1],Christian JUNGMANN [1], Dirk KOSTER [1], Hans-Georg HERRMANN [1], Tobias LINK [2], Marianne JOHN [3], Frank NAGEL [3], Ralf SCHLIMPER [3], Ahmad DELFOROUZI [4], Josef ROGGENBUCK [4], Klaus WOLF [4]

[1] Fraunhofer-Institut für Zerstörungsfreie Prüfverfahren IZFP, Saarbrücken, Campus E3 1

[2] Fraunhofer-Institut für Chemische Technologie ICT, Pfinztal

[3] Fraunhofer-Institut für Mikrostruktur von Werkstoffen und Systemen IMWS, Halle (Saale)

[4] Fraunhofer-Institut für Algorithmen und Wissenschaftliches Rechnen SCAI, Sankt Augustin

Kontakt E-Mail: jannik.summa@izfp.fraunhofer.de

Kurzfassung

Während digitale Zwillinge bereits zu deutlichen Effizienzsteigerungen im industriellen Umfeld führen, ist ihr Potenzial für die wertschöpfungsstufenübergreifende Prozesssteuerung noch weitgehend ungenutzt. Dies gilt insbesondere für die zunehmende Serienproduktion von kunststoffbasierten Composite-Strukturen. Der digitale Zwilling für thermoplastische Composite soll dieses anhand der großserientauglichen Hybridspritzgusstechnologie, bei der kontinuierlich faserverstärkte Thermoplast-Composite-Halbzeuge umgeformt und hinterspritzt werden, demonstrieren. Dabei stellen die komplexen Einflüsse der Teilprozessschritte auf die Mikrostruktur des Werkstoffes und die Merkmale des finalen Bauteils eine enorme Herausforderung zur Prozesskontrolle und Qualitätssicherung dar, was eine durchgängige Digitalisierung des kompletten Produktionsprozesses erfordert. Das Ziel der übergreifenden, ganzheitlichen Betrachtung aller Teilprozessschritte von der Halbzeug- bis zur Bauteilherstellung erfolgt durch die Rückkopplung der Herstellungsparameter mit den Qualitätsmerkmalen, welche durch den Einsatz geeigneter prozessintegrierter Sensorik in den Teilprozessschritten erfasst werden. Der Beitrag zeigt experimentelle Ergebnisse aus verschiedenen zerstörungsfreien Prüfverfahren, welche die Qualitätsmerkmale entlang der Wertschöpfungsstufen „unidirektional kohlenstofffaserverstärkter Tapes“ und der anschließend daraus hergestellten „Laminate“ wiederspiegeln. Anhand der Ergebnisse werden die Verfahren (Dickenmessung, Wirbelstromprüfung, Thermografie und Luft-Ultraschall) hinsichtlich ihres Detektionsvermögens qualitätskritischer Merkmale bewertet und unter Berücksichtigung der Online-Tauglichkeit in den digitalen Zwilling eingeordnet. Hierbei werden zur Einbindung in moderne Informationsmanagement Architekturen Ontologiekonzepte angewendet.

Ortsaufgelöste Zustandsüberwachung von Brückenbauwerken mittels faseroptischer Sensoren

Aleksander WOSNIOK [1], Rob JANSEN [2], Lun CHENG [2], Sebastian CHRUSCICKI [1]
[1] BAM, Berlin
[2] TNO, Delft, Niederlande

Kontakt E-Mail: aleksander.wosniok@bam.de

Kurzfassung. Das stetig steigende Verkehrsaufkommen mit schweren Lkws beschleunigt die fortschreitende Verschlechterung der Bausubstanz von Brücken. Die schädlichen Auswirkungen der von schweren Lkws ausgehenden Schwingungen und Lastbeanspruchungen werden zusätzlich durch die Alterung der Infrastruktur, die oft vor Jahrzehnten errichtet wurde und manchmal sogar ihre Lebensdauer erreicht hat, noch verstärkt. Der durch Lkw-Verkehr bedingte überproportionale Anstieg von Infrastrukturschäden hat oft aufwendige und deshalb teure Erneuerungsmaßnahmen zur Folge. Dies wiederum führt zu erheblichen Kosten für Bund, Länder und Kommunen. Angesichts der begrenzten finanziellen Mittel suchen die zuständigen Behörden ständig nach neuen kostengünstigen Wartungslösungen, die auf eine erhebliche Verlängerung der Lebensdauer der verfügbaren Infrastruktur abzielen. Die in dieser Arbeit vorgestellten ortsverteilten faseroptischen Messmethoden sind eine interessante Alternative zur Beurteilung der strukturellen Integrität und Sicherheitsbewertung bestehender Betonbrücken.

In der vorliegenden Studie wurde der Einfluss der statischen Verkehrsbelastung auf die geringen Durchbiegungseffekte in der Betonkonstruktion einer bestehenden Brücke mittels ortsauflösender faseroptischer Sensoren untersucht. Dabei tragen die Ergebnisse der an der Amsterdamer Brücke 705 durchgeführten Belastungstests wesentlich zum Verständnis des Strukturverhaltens bei. Das Konzept der statischen Belastung basierte auf dem Einsatz von zwei 36-Tonnen-Lastwagen, die an mehreren vorbestimmten Stellen auf der Brücke anhielten. Die auf diese Weise aufgebrachte Last führte zu ortsabhängigen kleinen Durchbiegungseffekten, die als lokale Längsdehnung der an der Unterseite der Brücke integrierten Sensorfaser aufgezeichnet wurden. Die reflektometrischen Messungen beruhten auf dem Prinzip genannt TW-COTDR (Tunable Wavelength Coherent Optical Time Domain Reflectometry). Die Messgenauigkeit lag im Bereich von 0,5 µm/m.

Einführung

Bedingt durch die steigenden Anforderungen an die Tragwerksanalyse stehen die existierenden Brückenbauwerke heutzutage unter besonderer Beobachtung. Im Hinblick auf Ihre Ermüdungssicherheit und Gebrauchstauglichkeit führt die rasante Verkehrsentwicklung, speziell beim signifikanten Anstieg des Gütertransports mit schweren Lkws, zu einer neuen Dimension der Lastbeanspruchungen, die bei der Planung und Errichtung bei weitem nicht vorgesehen wurden. Die negativen Auswirkungen auf die Bausubstanz von Brücken werden zusätzlich noch durch altersbedingte Verschleißerscheinungen verstärkt. Die Beseitigung von Brückenschäden ist öfters aufwendig und deshalb kostspielig. Angesichts der begrenzten finanziellen Mittel und hoher politisch-wirtschaftlicher Hürden beim Rechtfertigen teurer Sanierungsmaßnahmen setzt man verstärkt auf Mess- und Monitoringkonzepte zur zuverlässigen Zustandsbeurteilung zwecks frühzeitiger Schadenserkennung. Die heutigen Überwachungskonzepte gehen weit hinaus über regelmäßige Inspektionen und Hot-Spot-Messung mittels herkömmlicher Dehnungsmessstreifen (DMS). Die neue Ära von Big Data and der intelligenten Datenanalyse mit Algorithmen des maschinellen Lernens eröffnet schöpferisches Potenzial für eine enorme Effizienzsteigerung in der Erstellung von zuverlässigen und aussagekräftigen Monitoringkonzepten auf der Basis von lückenlosen Langzeitmessdaten.

Die in dieser Arbeit vorgestellten ortsverteilten faseroptischen Messverfahren bieten vorteilhafte Lösungen zur Gewinnung lückenloser Messdaten über große Entfernungen als Grundlage zur präzisen Beurteilung der strukturellen Integrität und Sicherheitsbewertung bestehender räumlich ausgedehnter Infrastruktur. Die Anwendung der faseroptischen Sensoren schreitet in gewissen technischen Bereichen aufgrund ihrer vorteilhaften Materialeigenschaften, wie geringe Abmessungen, Unempfindlichkeit gegenüber elektromagnetischen Störungen und Einsetzbarkeit in einer explosiven Umgebung sowie unter hohem Druck, weltweit fort. Dazu zählen Erdöl- und Erdgasindustrie sowie Fahrzeugbau sowie Luft- und Raumfahrt [1]. Im Bausektor dagegen kommt die faseroptische Sensorik bis jetzt bedingt durch konservative Einstellung und begleitende monetäre Aspekte nur an ausgewählten Bauvorhaben zum Einsatz. Die allgegenwärtige digitale Wende kann jedoch in den nächsten Jahren zur relevanten Leistungssteigerung der Monitoringkonzepte auf der Basis von lückenlosen und kontinuierlichen Messdaten führen, was über eine neue Kosten-Nutzen-Analyse entscheidend zur Etablierung der ortsauflösend messenden faseroptischen Systeme im Bausektor beitragen kann.

In der vorliegenden Studie wurde der Einfluss der statischen Verkehrsbelastung auf die geringen Durchbiegungseffekte in der Betonkonstruktion einer bestehenden Amsterdamer Brücke mittels ortsauflösender faseroptischer Sensoren untersucht. Das Konzept der statischen Belastung der Brücke 705 basierte auf dem Einsatz von zwei 36-Tonnen-Lastwagen, die an mehreren vorbestimmten Stellen zwecks Durchführung ortsabhängigen Dehnungsmessungen anhielten. Die Brücke 705 ist ein Viadukt für den Straßenbahn- und Autoverkehr, der 1962 in Betrieb genommen wurde. Die Untersuchung der Konstruktionssubstanz dieser Brücke ist nicht nur wegen der Alterungseffekte interessant. Vielmehr wurden infolge der Umgestaltung und der Verkehrsausweitung um eine zusätzliche ursprünglich nicht eingeplante Straßenbahnlinie bereits in einer frühen Phase der Inbetriebnahme der Brücke wichtige bauliche Veränderungen vorgenommen. Aus diesem Grund mussten Öffnungen in die neu gebaute Brücke gebohrt werden, um die Treppe zu den beabsichtigten Straßenbahnhaltestellen zu errichten [2]. Daher sind es gerade die Auswirkungen der strukturellen Veränderungen aus der frühen Betriebsphase, die die Brücke 705 für messtechnische Untersuchungen so attraktiv machen.

1. Faseroptische Sensorik

Zur frühzeitigen Erkennung von sicherheitsrelevanten Versagensmechanismen in Brückenbauwerken kann eine Reihe von faseroptischen Sensoren eingesetzt werden. Dank der Nutzung von Lichtreflexion und -streuung bei der Übertragung über Glas- (GOF) bzw. Polymerfasern (POF) können dabei physikalische und chemische Messgrößen punktuell sowie ortsaufgelöst erfasst werden. Ferner erfolgt das Erkennen von mechanischen Verformungen, Rissbildungen und Stauchungen über die Messung der Längs- und

Querdehnung sowie Erfassung von Schwingungen. Die Korrosionsgefährdung von Stahlbetonbauwerken lässt sich zusätzlich über die Überwachung des PH-Wertes und Messung der Feuchte beurteilen. Sind darüber hinaus die genauen messsignifikanten Positionen am Messobjekt im Vorfeld nicht bekannt, kann eine punktuelle bzw. quasiverteile Hot-Spot-Messung zu Fehlinterpretationen führen. Dies kann nur durch Einsatz von vollständig ortsaufgelöst messenden Sensorsystemen vermieden werden. Solche in diesem Beitrag thematisierte ortsverteilte faseroptische Sensorsysteme verwenden optische Fasern (GOF bzw. POF) als Sensoren (Messaufnehmer) zur kontinuierlichen Messgrößenerfassung auf der Basis der im Fasermaterial auftretenden Streueffekte entlang der kompletten Faserstrecke. Die Auswertung der Messignale erfolgt über an einem bzw. an beiden Faserenden angeschlossene Messgeräte.

1.1 Sensorfasern

Materialtechnisch lassen sich alle Sensorfasern in zwei Gruppen unterteilen. Bei den meisten Messverfahren kommen standardmäßig die quarzglasbasierten verlustarmen GOF zum Einsatz. Dagegen ist die Nutzung von POF, bei denen der Faserkern aus Polymeren wie z.B. Polymethylmethacrylat (PMMA) besteht, nach wie vor hauptsächlich ein Gegenstand der Entwicklung und Erprobung. Bedingt durch komplementäre physikalische Eigenschaften beider Faserarten finden die faseroptischen Messsysteme ein breites Anwendungsfeld. So lassen sich mit multimodigen POF extreme Dehnungszustände mit Werten um 400000 $\mu\varepsilon$ („Microstrain“: 1 $\mu\varepsilon$ = μm/m) [3] entlang etwa hundert Meter langen Faserstrecken erfassen, während sich die dämpfungsarmen GOF bestens für Überwachung von räumlich ausgedehnten Objekten mit Messreichweiten von mehreren Kilometern eigenen. Dank der möglichen monomodigen Faserausführung von GOF können dabei sogar Messgenauigkeiten in der Größenordnung von 0,5 $\mu\varepsilon$ im Dehnungsbereich bis zu etwa 20000 $\mu\varepsilon$ erreicht werden.

Die faseroptische quantitative Erfassung von geringfügigen Stauchungs- und Dehnungseffekten sowie Rissbildungen erfordert eine zuverlässige möglichst verlustfreie Kraftübertragung vom Messobjekt auf die einzusetzende Sensorfaser. Bei Betonbauwerken kann der faseroptische Sensor oberflächlich appliziert werden, eingebettet im Klebstoff wie Urethanacrylat und Epoxidharze [4]. Neben der wichtigsten Aufgabe der Übertragung von Verformungen auf den Sensor übernimmt die Klebung gleichzeitig die Schutzfunktion gegen unerwünschte mechanische und chemische Einflüsse. Abb.1 zeigt einen Abschnitt der Unterseite der Brücke705 mit der durch die vollständige Einbettung in einer Epoxidharzmatrix implementierten Sensorfaser.

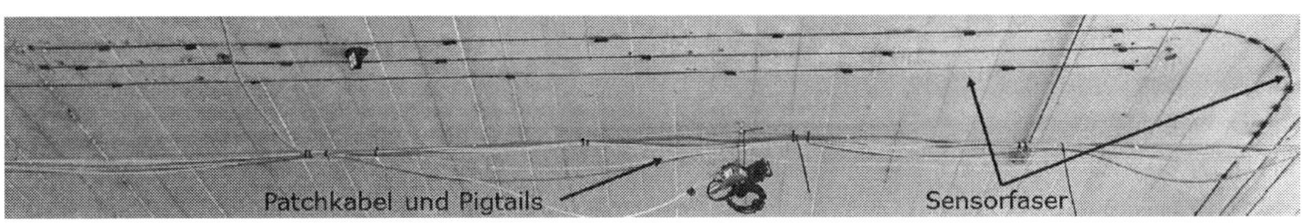

Abb. 1. Sensorapplikation an der Unterseite der Betonbrücke 705.

Im Fall der Sensorapplikation an der Amsterdamer Betonbrücke 705 wurde eine Standard-Corning-Glasfaser SMF-28 Ultra in einer etwa 250 m langen Schleife quer und entlang der Brücke oberflächlich appliziert. Der sensorisch relevante Faserabschnitt, dessen Verlauf in Abb. 3 schematisch markiert ist, wurde dabei in eine eingefräste Nut mittels Epoxidharzklebers bei der per Hand angebrachten Dehnvorspannung einlaminiert. Die Länge dieser Sensorstrecke beträgt 93,9 m. Der Rest der Faserschleife wird durch angrenzende spannungsfreie Faserabschnitte (SMF-28 Ultra) sowie faseroptische Kabelzuleitungen

(Patchkabel und Pigtails) zwecks Anschlusses an die sich im Messcontainer befindenden Messgeräte gebildet.

1.2 Ortsaufgelöst messende faseroptische Sensorsysteme

Die etablierten Messsysteme können je nach Art des genutzten Lichtstreueffektes unterschieden werden. Durch Abtasten der Rayleigh-Streuung entlang einer standardmäßig eingesetzten GOF-Sensorfaser kann eine relative Quantifizierung der dehnungs- und temperaturbedingten lokalen Änderungen vorgenommen werden. Bei der Frequenzbereichsreflektometrie (OFDR) mit der Einkopplung von durchstimmbaren Dauerstrichlasersignalen in ein Mach-Zehnder-Interferometer, bestehend aus einer eingebauten Referenzfaser und einer zu vermessenden Sensorfaser, lassen sich sehr hohe Ortsauflösungen von bis zu 1 mm entlang einer einige Dutzend Meter langen Sensorfaser erfassen [5]. Das bei den Belastungstests an der Brücke 705 eingesetzte alternative Messsystem auf der Basis des kohärenten Verfahrens der Zeitbereichsreflektometrie TW-COTDR (engl.: tunable wavelength coherent optical time domain reflectometry) [6] ermöglicht Messungen entlang über 20 km langen Sensorfaserstrecken. Da die Rayleigh-Streuung den stärksten Lichtstreueffekt darstellt, können bei Rayleigh-basierten Messverfahren die höchsten Messgenauigkeiten unter 1 µε für eine Dehnungs- bzw. unter 0,1 °C für eine Temperaturmessung erreicht werden. Dagegen bietet die DSTS-Technik (engl.: DSTS – distributed strain and temperature sensing) [7] unter Nutzung der Brillouin-Streuung eine absolute Bestimmung der beiden Messgrößen, während die Raman-Streuungsbasierten Systeme [8] für reine Temperaturmessung geeignet sind.

Tabelle 1 fasst die wichtigsten Eigenschaften der kommerziell erhältlichen Messsysteme der beiden in Amsterdam genutzten Messverfahren zusammen.

Tabelle 1. Messtechnische Standardeigenschaften marktüblicher faseroptischer Messsysteme DSTS und TW-COTDR zu kombinierten statischen Dehnungs- und Temperaturmessungen für die Zustandsüberwachung

Messverfahren	Streuungsart	Messlängen	Genauigkeit	Ortsauflösung	Art der Messung
DSTS	Brillouin	20 km – 50 km	5 µε - 10 µε / 0,25 °C - 0,5 °C	50 cm – 100 cm	Absolut-messung
TW-COTDR	Rayleigh	20 km - 25 km	0,5 µε / 0,05 °C	20 cm – 100 cm	Relative Quantifizierung in Bezug zur Referenz-messung

1.2.1 Ortsverteilte Brillouin-Sensorik

Die Brillouin-Sensorik basiert auf der Vermessung der Frequenzverschiebung ϑ_B zwischen den Frequenzen der in die Sensorfaser eingekoppelten Laserlichtsignale und der im unelastischen Rückstreuprozess verstärkten niederfrequenten Brillouin-Signale. Demzufolge lässt sich die Temperatur- bzw. Dehnungsverteilung entlang der Sensorfaser mittels folgender Gleichung bestimmen:

$$\vartheta_B = \vartheta_{B0} + C_T \cdot (T - T_0) + C_\varepsilon \cdot \varepsilon \tag{1}$$

wobei C_T und C_ε die Fasermaterial- und wellenlängenspezifischen Temperatur- bzw. Dehnungskoeffizienten darstellen. ϑ_{B0} in Gl. (1) ist als eine materialabhängige charakteristische Brillouin-Frequenzverschiebung einer ungedehnten Faser bei einer Referenztemperatur T_0 zu verstehen.

Bei den marktüblichen Messgeräten wird die Bestimmung von ϑ_B entweder im Zeit- oder im Frequenzbereich realisiert. Die ansatzspezifischen Eigenschaften der beiden Messprinzipien sind in [9] und [10] detailliert vorgestellt.

Da sich die Brillouin-Messtechnik gem. (1) bei einem bekannten Temperaturzustand zur absoluten Quantifizierung der Dehnungsverteilung eignet, wurde eine Brillouin-Messung zwecks Überprüfung der bei der Sensorintegration angebrachten Vordehnung vor den Belastungstests an der Brücke 705 vorgenommen. Wie im Abschnitt 2.2 dargestellt, lieferte diese auf der Basis der Brillouin-Reflektometrie durchgeführte Überprüfung wichtige Aussagen zur vordehnungsbedingten Belastbarkeit der applizierten Sensorfaser.

1.2.2 Rayleigh-basierte Sensortechnik TW-COTDR

Bei dem TW-COTDR-Verfahren werden durchstimmbare Laserdioden verwendet, um Leistungsspektren des Rayleigh-Rückstreulichts als Funktion des durchgeführten Frequenzscans zu erzeugen. Da die Leistungsverläufe der Rayleigh-Streusignale entlang der Sensorfaser abhängig von den im Fasermaterial stochastisch verteilten lokalen Defekten und Störungen fluktuieren, so entsteht für jedes bestimmtes Sensorfasersegment ein charakteristischer spektraler Fingerabdruck, der bei konstanten Temperatur- und Dehnungsbedingungen stabil bleibt. Wird eine der beiden Messgrößen lokal verändert, so wird der spektrale Fingerabdruck in dem beeinflussten Fasersegment gestreckt bzw. gestaucht, sodass zwischen den beiden Zuständen eine Frequenzverschiebung $\Delta\vartheta_R$ zu beobachten ist. Die Frequenzverschiebung $\Delta\vartheta_R$ ist in Abb. 2 schematisch dargestellt. Sein Wert lässt sich mittels Kreuzkorrelation beim Vergleich beider spektralen Rückstreuprofile bestimmen. Die Umrechnung in einen Temperatur- ΔT bzw. Dehnungsgradienten $\Delta\varepsilon$ erfolgt gemäß:

$$\Delta\vartheta_R = C_R^T \cdot \Delta T + C_R^\varepsilon \cdot \Delta\varepsilon \tag{2}$$

wobei die Konstanten C_R^T und C_R^ε den Temperatur- bzw. Dehnungseinfluss auf die lokalen Änderungen der Rayleigh-Streuprofile beschreiben.

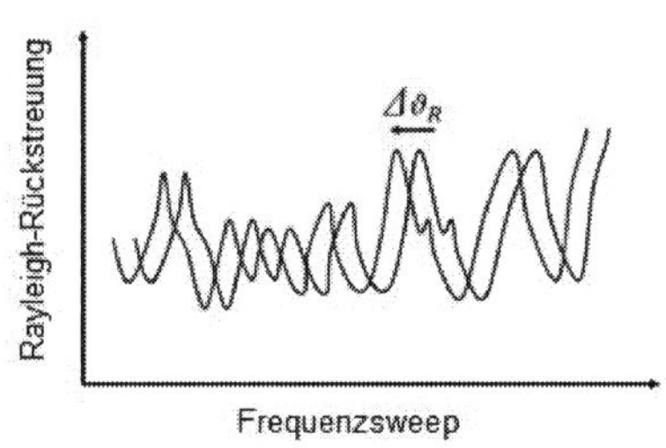

Abb. 2. Spektrale Leistungsdichte der Rayleigh-Rückstreuung in einem bestimmten Fasersegment entlang der Sensorstrecke – Dehnungs- bzw. temperaturbedingte Frequenzverschiebung gegenüber der Referenzmesskurve (schwarz).

2. Statische Belastungstests an der Amsterdamer Betonbrücke 705

Die ortsaufgelösten faseroptischen Messungen zur Detektion der kleinsten Durchbiegungseffekte, verursacht durch statische punktuelle Belastung der Amsterdamer Brücke 705 mit zwei 36-Tonnen-Lastwagen, wurden in vier Messserien mit jeweils 13 Einzelmessungen durchgeführt. Dabei konnten biegebedingte Verformungen als lokale Änderungen der Längsdehnung der an der Unterseite applizierten Sensorfaser im Größenbereich von einigen µm/m gemessen werden. Die Positionen der beiden Lkws während der Einzelmessungen sowie der Verlauf der applizierten 93,9 m langen Sensorfaser sind in Abb. 3 schematisch dargestellt. Zur Verbesserung der räumlichen Auflösung der erwarteten lokalen Dehnungseffekte wurde die Sensorfaser in den Bereichen A und B abschnittsweise dreifach verlegt.

2.1 Belastungskonzept zur Detektion von Durchbiegungseffekten

Bei der ersten Messserie wurde die Brücke nur mit dem Lkw 1 betastet. Jede der weiteren drei Messserien wurde für die in Abb.3 markierten Positionen des Lkw 2 a bis c durchgeführt. Für jede einzelne Messung der jeweiligen Messserie durchlief der Lkw 1 stets die gekennzeichneten Positionen 01 bis 13.

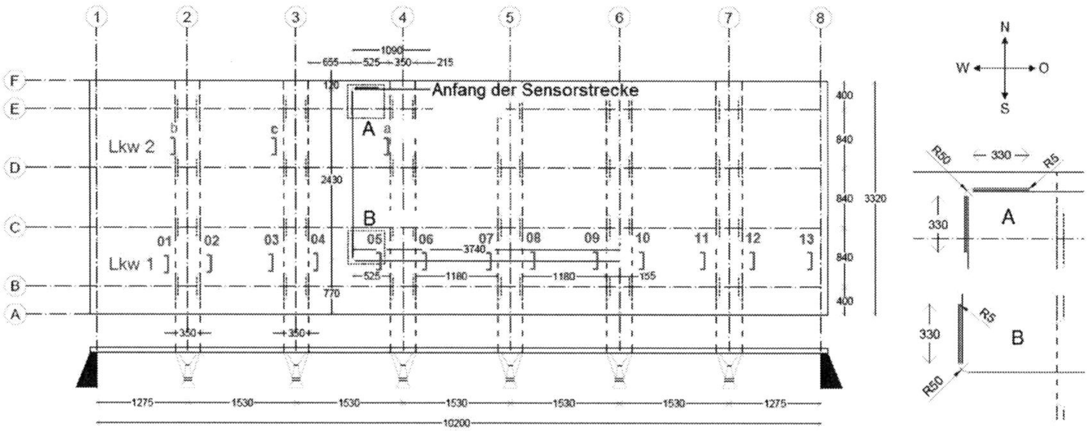

Abb. 3. Konzept zur ortsverteilten faseroptischen Detektion von Durchbiegungseffekten bei der punktuellen statischen Belastung mittels zweier Lkws – Längenmaße in cm.
Die rot markierten Positionen entsprechen der Lage der Vorderräder des jeweiligen Lkw.

2.2 Qualitätsüberprüfung der applizierten Sensorfaser

Da während der Sensorinstallation einzelne Arbeitsschritte messtechnisch nicht überwacht werden konnten, musste bei der Überprüfung der eventuell auftretenden kritischen Vorbelastungen auf Messverfahren zur Absolutmessung der Dehnungsverteilung zurückgegriffen werden.

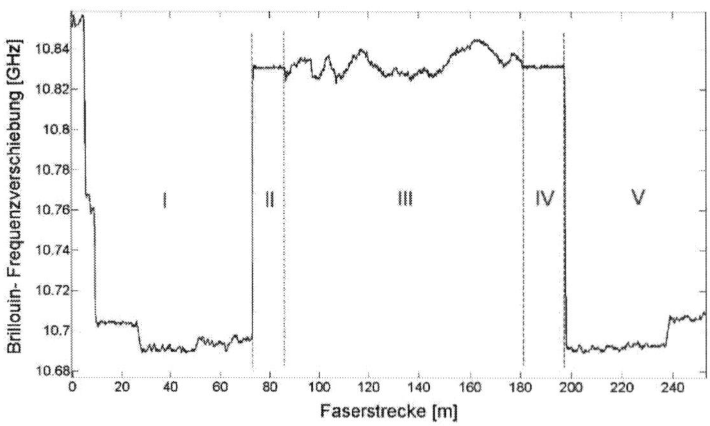

Abb. 4. Brillouin-basierte DSTS-Messung entlang der kompletten Faserschleife bestehend aus der Sensorfaser sowie Vor- und Nachlaufleitung (Patchkabel und Pigtails).

Abb. 4 zeigt die vor den Belastungstests mittels Brillouin-Reflektometrie aufgenommene Dehnungsverteilung der kompletten Faserschleife. Die sensorisch relevante in eine eingefräste Nut geklebte Sensorfaser befindet sich hierin im Abschnitt III. Die angrenzenden Bereiche II und IV entsprechen den beiden spannungsfrei an der Unterseite der Brücke befestigten Sensorfaserenden (SMF-28 Ultra). Die Segmente I und V zeigen die charakteristische Brillouin-Frequenzverschiebung der Anschlusskabel. Dabei ist die signifikante Differenz zur der Grundfrequenz der Sensorfaser (Abschnitte II bis IV) durch Unterschiede in der Faserdotierung zu erklären. Vergleich man ferner den Frequenzverlauf im Abschnitt III mit den mechanisch entkoppelten Bereichen II bzw. IV, so ergeben sich Frequenzdifferenzen bis 15 MHz. Dies wiederum weist auf unkritische Werte der Vordehnung der applizierten Faser bis 300 µm/m hin.

2.3 Analyse der Testergebnisse

Die hier präsentierten Ergebnisse unterstreichen die Eignung des Verfahrens TW-COTDR zur präzisen Detektion von lastbedingten Durchbiegungseffekten.

Wie in 1.2.2 erläutert, bei diesem Verfahren handelt es sich um eine relative Quantifizierung der lokalen Änderungen der Dehnungszustände. Die erforderliche Referenzmessung wurde hier direkt vor den statischen Tests aufgenommen.

Abb. 5 belegt die hohe Reproduzierbarkeit der erfassten Messkurven, die am Beispiel von zwei repräsentativen Messserien die Auswirkung der statischen Belastung beider Lkws (grüne Markierung für Lkw 1 und die blaue für Lkw 2) zeigen.

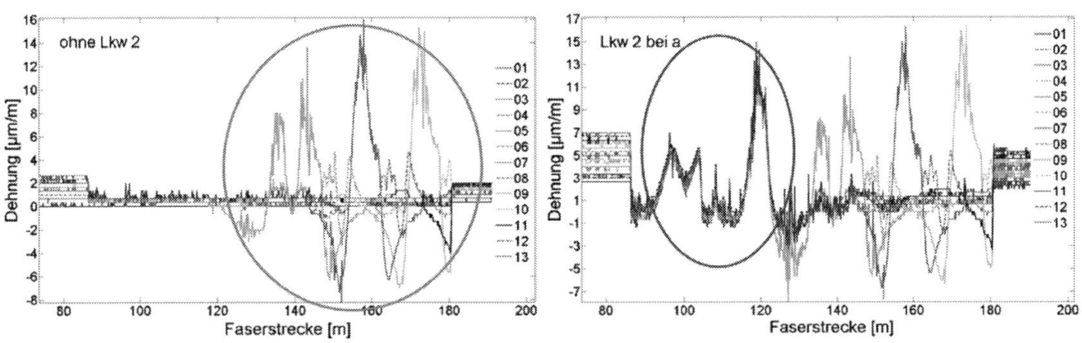

Abb. 5. Komplette Messreihe ohne Einsatz von Lkw 2 (links) und mit Lkw 2 bei der Position a (rechts). Der Lkw 1 durchläuft jeweils die Positionen 01 bis 13. Die umkreisten Bereiche belegen quantitativ die Lastbeanspruchung von Lkw 1 (grün) bzw. Lkw 2 (blau).

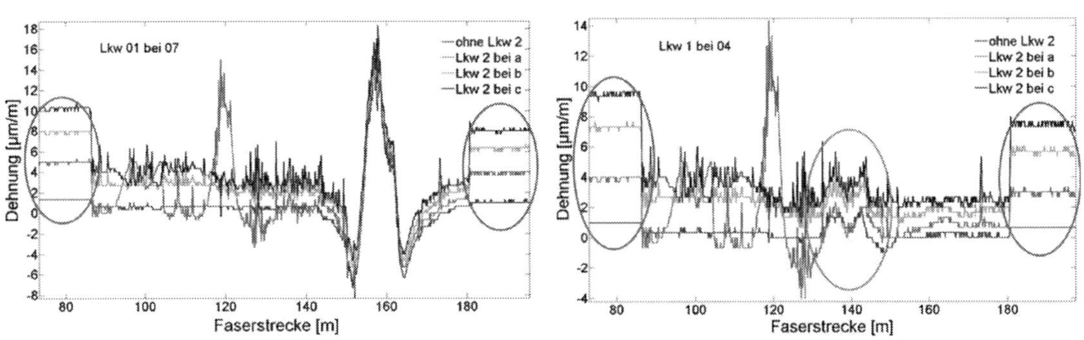

Abb. 6. Dehnungsprofile während aller vier Messreihen für Lkw 1 bei der Position 07 (links) und 04 (rechts). Der grün umkreiste Bereich zeigt die kleinste lastinduzierte gemessene longitudinale Dehnung. Die rot markierten Signaloffsets der stressfreien Faserabschnitte belegen eine Temperaturänderung im Größenbereich von etwa 1 °C während der kompletten Testdurchführung.

In den rot markierten Bereichen in Abb. 6 sind gem. (2) die Temperaturänderungen während der Dauer der statistischen Tests abzulesen. Da es sich ferner hier um die mechanisch entkoppelten Abschnitte handelt, soll die Änderung von $\Delta\vartheta_R$ nicht als Dehnungsgradient von maximal 10 µm/m, sondern als Temperaturanstieg von maximal 1 °C interpretiert werden. Die Bereiche II und IV dienen somit als Temperaturindikatoren.

Der rechts in Abb. 6 grün markierte Abschnitt zeigt in der Form von Dehnungsgradienten im Größenbereich von 2 µm/m die kleinsten auflösbaren Durchbiegeeffekte.

3. Schlussfolgerungen

Die erzielten Messergebnisse bestätigen die Eignung der ortsauflösend messenden faseroptischen Systeme zur präzisen Detektion von statischen Belastungen mit einer Ortsauflösung von 20 cm.

Die Messungen belegen beim Vergleich der Positionen des Lkw 1 die Entlastungsfunktion der Brückenpfeiler.

Das mit der Testdauer zunehmende Signalrauschen weist auf die aufgrund der Belastung in der Sensorfaser bleibende geringe lokale Restdehnung hin.

Referenzen

[1] A. Kindler, S. Großwig, *Distributed Strain Sensing in der Geotechnik*, Bautechnik 95(5), 385-393 (2018)

[2] P.H. Kiers, JH. Stork, *De geschiedenis van de Amsterdamse elektrische tramlijnen*, Rotterdam, Wyt (1974)

[3] S Liehr, M Wendt, K Krebber, J. C. Münich, L. Stempniewski, H. Metschies, *Distributed polymer optical fiber sensors integrated in technical textiles for monitoring of masonry structures*, Proc. of SHMII-4, Zurich,1-7 (2009)

[4] M Schallert, D Hofmann, W Habel, *Strukturanalyse von Betonpfählen durch eingebettete faseroptische Sensoren*, Technisches Messen 75(9), 1-16 (2008)

[5] D. Samiec, *Verteilte faseroptische Temperatur- und Dehnungsmessung mit sehr hoher Ortsauflösung*, Photonic 6(4), 34-37 (2011)

[6] K. Kishida, CH. Li, K. Nishiguchi, Y. Yamauchi, A. Guzik, and T. Tsuda, *Hybrid Brillouin-Rayleigh distributed sensing system*, Proc. of SPIE 8421, 84212G-1 - 84212G-4 (2012)

[7] L. Thévenaz, K. T. Chang, M. Niklès, *Monitoring of large structures for safety issues using Brillouin distributed sensing*, Proc. of OFS-16, 506-509 (2003)

[8] E. Hurtig, J. Schrötter, S. Großwig, K. Kühn, B. Harjes, W. Wieferig, R.P. Orrell, *Borehole Temperature Measurements Using Distributed Fibre Optic Sensing*, Scientific Drilling 3(6), 283-286 (1993)

[9] M. A. Soto, *Distributed Brillouin Sensing: Time-Domain Techniques, Handbook of Optical Fibers*, 1-91 (2017)

[10] A. Wosniok, *Distributed Brillouin Sensing: Frequency-Domain Techniques, Handbook of Optical Fibers*, 1-25 (2017)

AUTHOR INDEX